AF325464

NOUVEAU COURS

COMPLET

D'AGRICULTURE

DU XIXe SIÈCLE.

MES—OPI.

TOME DIXIÈME.

NOMS DES AUTEURS.

THOUIN, Professeur d'Agriculture au Jardin du Roi.

TESSIER, Inspecteur-général des Établissement ruraux appartenant au Gouvernement.

HUZARD, Inspecteur-général des Écoles Vétérinaires de France.

SILVESTRE, Secrétaire de la Société royale et centrale d'Agriculture de Paris.

BOSC, Inspecteur-général des Pépinières royales et de celles du Gouvernement.

YVART, Professeur d'Agriculture et d'Économie rurale à l'École royale d'Alfort, etc.

CHASSIRON, de la Société d'Agriculture de Paris, Propriétaire-Cultivateur.

CHAPTAL, Membre de l'Institut, Propriétaire-Cultivateur, etc.

DE LACROIX, Membre de l'Institut et Propriétaire.

DE PERTUIS, Membre de la Société d'Agriculture de Paris, Propriétaire-Cultivateur.

DE CANDOLLE, Professeur de Botanique et Membre de la Société d'Agriculture.

DU TOUR, Propriétaire-Cultivateur à Saint-Domingue.

DUCHESNE, Membre de la Société d'Agriculture de Versailles.

FÉBURIER, Membre de la même Société.

DE BRÉBISSON, Membre de la Société d'Agriculture et des Arts de Caen.

Composant la Société d'Agriculture de l'Institut royale de France.

Les articles signés (R.) sont de ROZIER.

OUVRAGE IMPRIMÉ PAR Mme HUZARD,

(NÉE VALLAT LA CHAPELLE).

IMPRIMERIE DE A. ÉVERAT ET C°,
rue du Cadran, 16.

NOUVEAU COURS

COMPLET

D'AGRICULTURE

DU XIX.ᵐᵉ SIÈCLE,

CONTENANT LA THÉORIE ET LA PRATIQUE DE LA GRANDE ET DE LA PETITE CULTURE,
L'ÉCONOMIE RURALE ET DOMESTIQUE, LA MÉDECINE VÉTÉRINAIRE, ETC.,

OU

DICTIONNAIRE RAISONNÉ ET UNIVERSEL

D'AGRICULTURE,

Ouvrage rédigé sur le plan de celui de feu l'abbé ROZIER, duquel on a conservé les
articles dont la bonté a été prouvée par l'expérience;

Par les Membres

DE LA SECTION D'AGRICULTURE DE L'INSTITUT DE FRANCE, ETC.

Avec des Figures en taille-douce.

NOUVELLE ÉDITION,

revue, corrigée et augmentée.

DU FONDS DE M. DETERVILLE.

PARIS,

A LA LIBRAIRIE ENCYCLOPÉDIQUE DE RORET,

RUE HAUTEFEUILLE, 10 BIS.

1838.

NOUVEAU

COURS COMPLET

D'AGRICULTURE.

MES

MÉSANGE. Genre d'oiseaux de l'ordre des passereaux, renfermant en France cinq à six espèces, qui en même temps sont utiles et nuisibles aux cultivateurs.

Les mésanges vivent indifféremment de chair et de graines, sur-tout de graines huileuses. Elles sont très-vives, très-courageuses, tres-fécondes. La plupart font leur nid dans les trous des arbres ou des rochers.

Celle des mésanges qu'il est le plus intéressant aux cultivateurs de connaître est la MESANGE CHARBONNIÈRE, *Parus major,* Lin. ; c'est la plus grosse et la plus commune. Elle est olivâtre en dessus, jaune en dessous ; sa tête est noire, avec les tempes blanches et la nuque jaune, la queue et les grandes plumes des ailes noires, ces dernières cependant bordées de blanc.

Pendant l'hiver les mésanges charbonnières vivent en petites sociétés, et se rapprochent des habitations rurales. Elles voltigent de branche en branche sur les arbres des vergers, mangent les insectes qui se sont réfugiés dans les fentes de leur écorce, ou sous les lichens dont ils sont couverts. Je les ai vues plusieurs fois déchirer les nids de la chenille commune (*Bombyx chrysorhoea, Fab.*) et en détruire les habitans. C'est presque exclusivement de chenilles qu'elles nourrissent leurs petits. Elles rendent réellement de grands services aux cultivateurs ; mais aussi elles causent de grands dommages à ceux qui possèdent des ruches, car elles recherchent aussi beaucoup les abeilles, ce qui les a fait appeler *croque-abeilles* dans quelques cantons. Dans les beaux jours d'hiver elles venaient constamment, vers le midi, faire une tournée dans mon jardin pendant ma retraite dans la forêt de Montmorency, et ne manquaient jamais de visiter mes ruches et d'enlever des abeilles lorsqu'il s'en présentait à la porte. Le coup de fusil qui en faisait tomber une n'épouvantait nullement les autres. J'ai été obligé de les tuer ou de les prendre presque toutes pour m'en débarrasser. Elles donnent facilement dans les piéges de toute espèce, surtout dans les trébuchets, lorsqu'ils sont amorcés avec du chenevis, des noix, du suif, etc. : une d'elles, servant d'appelant, assure encore mieux leur capture. Leur chair est recherchée dans quelques pays. (B.)

MESLIER. Variété de VIGNE. On donne aussi ce nom au NÉFLIER dans quelques endroits. (B.)

MESOYAGE. On donne ce nom, dans le département de la Meurthe, à la petite culture, c'est-à-dire, à celle qui se fait à la Bêche. *Voyez* ce mot et LABOUR. (B.)

MESSUGUE Nom des CYSTES dans la cidevant Provence, où on les fait servir de LITIÈRE. *Voyez* ces mots. (B.)

MESURES. La connaissance des mesures est de la plus haute importance dans les diverses branches de l'économie sociale, et encore plus dans l'agriculture que dans toute autre. C'est elle qui sert de base à l'application du calcul aux questions qui nous intéressent le plus, et qui se présentent journellement : ce n'est donc pas un vain luxe de science que l'établissement d'un système métrique bien ordonné. Cette vérité, qui s'aperçoit à la simple réflexion, que de nombreux abus avaient portée au plus haut degré d'évidence, et qui avait fait désirer depuis près d'un siècle une réforme dans les mesures, semble pourtant méconnue aujourd'hui, du moins si l'on en juge par l'obstination presque générale avec laquelle on continue à penser, à s'exprimer en anciennes mesures, et à retarder ainsi les heureux effets du plus utile des présens que les savans aient pu faire à la société. C'est principalement à fixer l'attention des lecteurs sur tous les avantages du *système métrique décimal* que sera consacrée la première partie de cet article ; la seconde renfermera quelques applications des nouvelles mesures au calcul des superfices et des volumes ou capacités ; et l'article sera terminé par des tableaux de comparaison entre les anciennes et les nouvelles mesures.

PREMIÈRE PARTIE. *Exposition générale du système métrique.* 1. En parlant des avantages de ce système, je ne saurais sans doute que répéter ici ce qui a déjà été dit un grand nombre de fois ; mais, sur un pareil sujet, il ne faut pas se lasser de répéter, tant qu'on n'a pas perdu l'espérance de produire quelque bien ; et il est d'autant plus nécessaire de multiplier les efforts, qu'outre la résistance que le commun des hommes oppose à tout ce qui contrarie ses habitudes, les nouvelles mesures ont encore contre elles les souvenirs de l'époque orageuse à laquelle on les a promulguées. L'esprit de parti et la légèreté s'unissent pour les proscrire ; néanmoins, indépendamment de toute considération du passé, il y a dans les choses susceptibles d'une vérité absolue, et le système métrique est de ce genre, des principes à l'évidence desquels on ne saurait se refuser.

Qu'est-ce que mesurer ? C'est déterminer le rapport d'une grandeur quelconque à une autre de même espèce, que l'on est convenu de prendre pour terme de comparaison de toutes celles de cette espèce ; il y aura donc d'abord dans les mesures une variété relative à celle des espèces de grandeurs et même de substances que l'on veut comparer ; car on aura à mesurer ou une *longueur,* ou une *superficie,* ou un *volume,* ou une *capacité,* ou enfin une *quantité de matière* qui s'apprécie par le poids. Ensuite lorsqu'on aura choisi pour chacune de ces espèces de grandeur une unité, il faudra composer, avec cette unité, des mesures plus grandes pour éviter l'emploi de nombres trop considérables, dont on se forme difficilement une idée, et qui embarrassent le calcul ; il faudra aussi diviser cette unité pour mesurer les quantités qui sont plus petites qu'elle. N'est-il pas évident qu'on soulagerait beaucoup la mémoire, si l'on établissait dans toutes les mesures, à quelque espèce de grandeur qu'elles appartinssent, les mêmes rapports d'accroissement et de décroissement à l'égard de leur unité ? et c'est précisément ce qu'on a fait dans le nouveau système métrique.

2. L'unité pour les longueurs ou l'*unité linéaire* étant le *mètre,*

L'unité pour les superficies étant l'*are,*

L'unité pour les volumes étant le *stère,*

L'unité pour la capacité des vases avec lesquels on mesure les graines et les liquides étant le *litre,*

L'unité pour les poids étant le *gramme,*

Enfin l'unité monétaire étant le *franc,*

On a formé les mesures composées dans chacune de ces espèces, en prenant 10 fois, 100 fois, 1000 fois, 10000 fois l'unité fondamentale indiquée ci-dessus ; et pour les mesures plus petites, la même unité a été divisée d'abord en 10 parties ou *dixièmes,* chacune de ces parties en 10 autres ou *centièmes* de l'unité fondamentale, chacune de ces dernières en 10 autres ou *millièmes* de l'unité fodamentale, ainsi de suite.

Quoi de plus simple que cette uniformité de rapports conformes à notre manière de compter par *dixaines*, par *centaines*, par *mille*, etc., et l'introduction des parties de dix en dix fois plus petites, ou la division décimale de l'unité, qui, rendant le calcul des fractions semblable à celui des nombres entiers, fait disparaître de l'arithmétique les opérations sur les *nombres complexes*, c'est-à-dire avec livres, sous et deniers, toises, pieds, pouces et lignes, etc. ? La difficulté de ces opérations, presque inconnues dans les petites écoles, était cause que l'immense majorité de ceux qui savaient lire et écrire ne connaissaient d'autres règles que celles de l'addition et de la soustraction. Je demande pardon au lecteur de l'entretenir de choses aussi triviales ; mais j'y suis forcé, car c'est là le point le plus important du sujet que je traite. Si le calcul décimal pouvait s'introduire dans les petites écoles, avec l'usage des nouvelles mesures, non-seulement la ménagère serait en état de faire tous les calculs dont elle a besoin, mais l'ouvrier exécuterait sans peine tous ses toisés ; puis en y joignant l'usage de la règle et du compas pour tracer quelques figures de géométrie, il construirait lui-même ses plans, et le cultivateur n'éprouverait aucun embarras dans la pratique de l'arpentage.

3. Après avoir pourvu à la facilité du calcul par l'emploi de la numération décimale, il convenait d'appliquer aux différentes mesures composées, ou aux subdivisions de l'unité, des noms qui rappelassent cette numération. Tel est l'objet des mots

Déca, hecto, kilo, myria,

qui répondent respectivement aux nombres

10, 100, 1000, 10000,

et des mots

Deci, centi, milli,

qui répondent respectivement aux

10mes., 100mes., 1000mes.

de l'unité fondamentale.

Ces mots ne s'emploient jamais seuls ; mais ils s'appliquent à toutes les mesures : ainsi l'on dit également un *hectomètre* et un *hectogrmame* pour cent mètres et cent grammes ; un *centimètre* et un *centigramme* pour la centième partie d'un mètre et pour celle d'un gramme. A l'égard des *monnaies*, dont l'usage est si répété, pour abréger on s'est borné à dire *décime, centime,* au lieu de *décifranc, centifranc.* En jetant les yeux sur le tableau ci-joint, on se fera, dès le premier coup d'œil, une idée exacte et complète du système métrique.

Tableau des Mesures décimales, montrant le système méthodique de leur nomenclature;

RAPPORTS DES MESURES de chaque espèce A LEUR MESURE PRINCIPALE.		PREMIÈRE PARTIE du Nom qui indique le rapport à la mesure principale.	MESURES PRINCIPALES					EXEMPLES des NOMS COMPOSÉS pour exprimer différentes unités de mesures.
EN LETTRES.	EN CHIFFRES.		de LONGUEUR.	de CAPACITÉ.	de POIDS.	AGRAIRE.	pour LE BOIS DE chauffage.	
Dix mille. . .	10000	Myria. . . . (M)						MYRIAMÈTRE, longueur de dix mille mètres.
Mille.	1000	Kilo. . . . . (K)						KILOGRAMME, poids de mille grammes.
Cent	100	Hecto.. . . . (H)						HECTARE, mesure agraire de cent ares.
Dix.	10	Déca. . . . . (D)	MÈTRE (mè.)	LITRE (li.)	GRAMME (gr.)	ARE (ar.)	STÈRE (st.)	DÉCALITRE, mesure de capacité de dix litres.
Un	1	. . . .						DÉCIMÈTRE, dixième partie du mètre.
Un dixième. .	0,1	Déci. . . . . (d.)						CENTIGRAMME, centième partie du gramme.
Un centième .	0,01	Centi. . . . . (c.)						
Un millième .	0,001	Milli. . . . . (m.)						*Nota.* Plusieurs composés, tels que *décaare*, *kiloare*, et tous ceux qui sont formés avec le stère, ne seront point d'usage.
Rapport des Mesures principales entre elles et avec la grandeur du méridien..			Dix millionième partie de la distance du pôle à l'équateur.	Un décimètre cube.	Poids d'un centimètre cube d'eau distillée.	Cent mètres carrés.	Un mètre cube.	MONNOIES. L'unité monétaire s'appelle FRANC. Le franc se divise en dix DÉCIMES. Et le décime en dix CENTIM. La valeur du franc est celle d'une pièce d'argent à neuf dixièmes de fin, pesant cinq grammes.

Qu'on rapproche maintenant ce système de l'ancien, tel qu'il était adopté dans la capitale ; peut-on de bonne foi méconnaître l'avantage que l'enchaînement régulier de toutes ses parties a sur la bigarrure qu'offraient les divisions incohérentes

De la *toise* en 6 pieds, du *pied* en 12 pouces, etc. ,

Du *muid* en 12 setiers, ou en 10 (selon qu'il s'agissait du blé ou du charbon de bois), de la *mine* en 2 minots, du *minot* en 3 boisseaux , et ensuite du *boisseau* en demi , quart, demi-quart, huitième, seizième ou litron, etc. ,

De la *livre de poids* en 2 *marcs*, du *marc* en 8 *onces*, de l'*once* en 8 *gros*, du *gros* en 3 *scrupules*, du *scrupule* en 24 *grains* ,

Enfin de la *livre tournois* en 20 *sous*, et du *sou* en 12 *deniers?*

Il fallait pour ainsi dire autant de règles de calcul qu'il y avait de genre de mesures, et un effort de mémoire assez grand pour apprendre et retenir leurs noms et leurs rapports; et ce dernier inconvénient , très-grave à l'égard des personnes peu instruites, est inséparable de toute nomenclature qui ne serait pas formée comme celle qui est exposée ci-dessus. Il affecte particulièrement les dénominations qu'à diverses reprises , et seulement par condescendance pour d'anciennes habitudes, l'autorité a permis d'appliquer aux mesures du nouveau système ; les mots anciens qu'on retrouve parmi ces dénominations, tels que ceux de *lieue, arpent, pinte, livre de poids*, etc., ne pourraient manquer d'occasionner beaucoup d'équivoques, puisqu'ils expriment des choses très-différentes selon le système auquel on les applique.

4. La difficulté qu'on oppose à l'admission des noms des nouveaux poids , parce qu'ils sont tirés du grec et du latin , ne mérite aucune considération. La langue la plus usuelle est remplie de mots grecs tout aussi difficiles à prononcer. Si le peuple les estropie quelquefois, cela n'empêche pas qu'on ne les reconnaisse, et lorsqu'on dit *chirurgien* et *apothicaire* , on peut bien dire *kilogramme*. Ajoutez à cela que les gens les moins éclairés sont bientôt instruits dans ce qui concerne leur intérêt , et l'on ne pourra plus se refuser à convenir de la supériorité d'un système métrique, dont l'intelligence ne repose que sur le plus petit nombre possible de mots. Celui qui saura ce que c'est qu'un *centimètre* saura en même temps ce que c'est qu'un *centigramme* , qu'un *centilitre* , qu'un *centiare*; tandis que celui qui sait qu'un sou est la vingtième partie de la livre tournois peut ignorer toujours ce que c'est que le gros par rapport à la livre de poids.

En ramenant toutes les mesures à l'uniformité dans un pays aussi étendu que la France, où elles variaient, non-seulement de province à province, mais de ville à ville, et quelquefois de village à village, on ne pouvait s'empêcher de contrarier un grand nombre d'habitudes; dès-lors pourquoi s'arrêter à l'ancien système, qui n'était pas généralement adopté, et se priver par-là de l'avantage de faire accorder la progression des mesures avec notre système de numération, en usage chez toutes les nations civilisées.

Voilà, ce me semble, plus de motifs qu'il n'en faut pour appuyer l'utilité du nouveau système métrique à l'égard de toutes les professions, indépendamment du prix qu'il peut avoir par les bases astronomiques et physiques sur lesquelles il est établi, et dont je vais maintenant donner une idée. Je n'ai point voulu les placer en première ligne, comme on a coutume de le faire, parce que c'est ainsi que beaucoup de gens se sont persuadés que le résultat de travaux aussi étrangers à leurs connaissances ne pouvoir leur être bon à rien.

5. Toutes les mesures relatives à l'étendue, c'est-à-dire les mesures de longueur, de superficie, de volume ou de capacité, dérivent immédiatement du mètre.

L'*are* est un carré, dont le côté a 10 mètres de longueur, et qui contient par conséquent 100 mètres carrés.

Le *stère* est le mètre cube, c'est-à-dire un espace fermé par six faces carrées, dont chaque côté a un mètre de longueur.

Le *litre*, quelque forme qu'on lui donne, renferme un espace équivalent au décimètre cube; et comme on le verra plus bas, 1000 litres, ou un kilolitre, font un volume égal au stère ou mètre cube.

Le *gramme*, ou l'unité de poids, est celui d'un volume d'eau pure égal à un centimètre cube. Par eau pure, on entend celle qui a été distillée; et comme la densité de l'eau change avec la température, on a choisi le point où cette densité est au maximum, un peu avant la congellation.

L'unité monétaire se tire de l'unité de poids; le *franc* pèse 5 grammes, et contient neuf dixièmes d'argent fin et un dixième d'alliage.

Pour achever de prendre dans la nature les bases du système métrique, il ne restait donc plus qu'à déduire le mètre de quelque ligne donnée par l'observation; et afin qu'il n'y eût rien de local dans une opération qui devait intéresser également tous les peuples instruits, on est convenu de donner au mètre une longueur égale à la dix millionième partie de la distance du pôle à l'équateur, mesurée sur le méridien terrestre. Ce n'est pas ici le lieu de parler des grandes et belles opérations effectuées par MM. Delambre et Méchain pour déterminer cette longueur, continuées par MM. Biot, Arago et quelques astronomes espagnols; on en trouve le détail dans un assez grand nombre d'ouvrages que doivent nécessairement consulter ceux qui veulent acquérir des notions exactes sur l'un des plus importans travaux scientifiques de ces derniers temps.

Je me bornerai à dire ici que c'est d'après ces observations qu'on a fixé le rapport exact du mètre à la toise ; et afin d'éviter les erreurs que pouvaient faire naître les dilatations et les condensations que les changemens de température occasionnaient dans la longueur des étalons, fabriqués en platine, on a toujours évalué cette longueur, pour la température de la glace fondante. On l'a trouvée de 443 lignes, 296, ou 3 pieds o pouces 11 lignes, 296.

On n'a pas apporté moins de soins dans la détermination du rapport des unités de poids, ancienne et nouvelle. MM Haüy et Le Fèvre Gineau, qui se sont occupés successivement de cette recherche, y ont employé des procédés aussi exacts qu'ingénieux : ils n'ont point opéré sur le gramme, son volume est trop petit ; mais ils ont déterminé, en poids anciens, la pesanteur du kilogramme d'eau distillée dont le volume est égal à un décimètre cube. Ce poids s'est trouvé de 18 827 grammes, 15, ou 7 livres o onces 5 gros 52 grains, 15, poids de marc.

Non-seulement les sciences mathématiques et physiques ont déployé toutes leurs ressources pour assurer l'exactitude des bases du système métrique décimal ; les arts ont rivalisé avec elles. Des instrumens nouveaux ont été inventés par nos plus habiles mécaniciens, MM. Fortin et Lenoir, pour la construction des étalons, pour leur comparaison avec les autres mesures ; les mesures vulgaires même ont acquis une perfection qui peut influer beaucoup dans la pratique des métiers qui demandent quelque précision. M. Kutsch, en employant une machine à diviser, a exécuté, en buis, des doubles décimètres, dont les divisions sont aussi nettes qu'exactes, et dont le prix n'est pas supérieur à celui des *pieds-de-roi*, de la même matière, le plus souvent très-mal exécutés (1). Il est bien importans de remarquer que l'ouvrier, qui borne ordinairement l'exactitude de ses travaux à la dernière division de la mesure dont il se sert, ne pourrait manquer d'acquérir plus de précision en employant une mesure, non-seulement mieux faite que le pied, mais encore dont la dernière division (le millimètre) étant environ deux fois plus petite que la ligne, l'obligerait à prendre plus exactement les dimensions des objets qu'il se propose de construire. Ces doubles décimètres peuvent, le plus souvent, servir d'échelle pour la construction des plans (*voyez* l'article ARPENTAGE), et sont d'un usage très-commode quand les mesures ont été prises sur le terrain avec le déca-

(1) Il tient à Paris, rue de la Tixeranderie, un dépôt de ces mesures et de toutes les autres, dont l'exécution est également bien soignée.

mètre et le mètre, et que la réduction s'opère par l'un des diviseurs du nombre de 10.

Enfin, pour ne rien laisser à désirer, les savans qui ont concouru à l'établissement du système métrique n'ont cessé de répandre les instructions les plus claires et les plus détaillées sur ce système et sur la comparaison des anciennes mesures avec les nouvelles. Ils ont rassemblé des diverses parties de la France, tous les renseignemens qu'il était possible de se procurer sur les mesures locales, dont la plupart étaient à-peu-près inconnues hors du lieu où elles étaient en usage. Il n'est donc aucun titre sous lequel la réforme des poids et mesures n'ait été avantageuse à la société, et, par conséquent, si la raison était toujours écoutée, le succès de cette belle opération eût été complet; mais, comme je l'ai déjà dit, les préjugés et l'insouciance s'y sont fortement opposés, et, par une exécution maladroite de la loi, ont rendu les calculs plus compliqués qu'ils ne l'étaient dans l'ancien système.

7. En effet, au lieu de se hâter de substisuer dans les opérations les mesures nouvelles aux anciennes, on a presque généralement continué de se servir de celles-ci; et on s'est imposé la tâche d'en convertir les résultats en mesures décimales, lorsqu'il faut les rendre légaux. Ainsi, outre les opérations qu'un ouvrier avait à faire pour dresser un devis ou un mémoire par les anciennes mesures, il faut encore qu'il y joigne la conversion de ces mesures en mesures décimales; opération longue, dont il n'aurait pas eu besoin s'il avait pris ses mesures avec le mètre, le décimètre, s'il eût pesé avec le kilogramme, le gramme, etc. S'il portait avec lui le mètre au lieu de sa toise ou de sa règle de 4 pieds, et dans sa poche le double décimètre au lieu du pied, n'aurait-il pas bientôt dans le coup d'œil la grandeur du décimètre, du centimètre et même du millimètre, comme il y a celle du pied, du pouce et de la ligne; et alors ne lui serait-il pas aussi commode de se régler sur les premières divisions comme sur les secondes? Je ne parle point de la toise, car le double mètre en approche de si près qu'à l'œil la différence en est insensible. Ce qui était à éviter sur-tout, et qui malheureusement a eu presque toujours lieu et a jeté le ridicule, et par conséquent la défaveur, sur les nouvelles mesures, ce sont les traductions maladroites que l'on a faites, jusque sur les affiches publiques, de l'ancien système dans le nouveau. Pourquoi décendre jusqu'au millimètre, par exemple, pour exprimer un nombre, qui, dans les anciennes mesures, n'est exact qu'à 5 ou 6 pouces près? Quand on dit qu'une plante s'élève à un pied de haut, ne faut-il pas se contenter d'écrire 3 décimètres, au lieu de 324 millimètres; et, ce qui serait encore plus ridicule, 3 décimètres, 2 centimètres, 4 mil-

limétres? Quand on veut indiquer une grandeur d'une ligne à une ligne et demie, n'a-t-on pas aussitôt fait de dire 2 à 3 millimètres, et n'est-il pas superflu d'écrire jusqu'à des millièmes de millimètres? Enfin, toutes les fois que l'on projette une construction quelconque, que l'on doit indiquer des mesures à volonté, ne doit-on pas les prendre en nombres ronds dans le nouveau système, comme on l'aurait fait dans l'ancien. On disait autrefois, par exemple, qu'un mur de clôture devait avoir 6 pieds sous chaperon; il faut dire aujourd'hui qu'il doit avoir 2 mètres et non pas un mètre 949 millimètres, comme l'indiquerait la conversion exacte de la toise en mètre. Avec ce soin, les expressions dans le nouveau sytème métrique ne seraient pas plus compliquées que dans l'ancien, et les calculs seraient infiniment plus simples.

8. Comme dans l'ordre naturel des choses on ne saurait avoir à convertir les mesures nouvelles en anciennes, je me suis borné, dans les tables qui terminent cet article, à donner les élémens nécessaires pour convertir les anciennes mesures en nouvelles. Le tableau particulier des mesures agraires cité dans cet ouvrage, rendra frappante la bizarrerie de ces mesures, qui ne forment cependant qu'une petite partie de toutes celles qui étaient usitées en France, et dont on trouve les valeurs dans l'ouvrage de M. Gattey, ayant pour titre, *Elémens du nouveau système métrique*, et dans les rapports sur ce sujet, adressés au ministre de l'intérieur par les administrations départementales.

DEUXIÈME PARTIE. *Du calcul des aires et des volumes.* Ces calculs, et les opérations de mesurage qui fournissent les données, composent ce qu'on appelle le *toisé* des surfaces et des solides, ce que, dans les nouvelles mesures, on devrait appeler le *métrage*.

9. J'ai déjà rapporté à l'article ARPENTAGE, tome 1er., p. 461, les formules qui servent à calculer les aires des principales figures géométriques. Toutes ces formules conduisent à la multiplication de deux nombres exprimant des mesures linéaires. Cette multiplication, souvent très-longue quand il faut l'opérer sur des nombres exprimés en toises, pieds, pouces et lignes, ne diffère pas de la multiplication des nombres entiers lorsqu'on emploie les nouvelles mesures. La seule attention particulière au calcul décimal consiste dans la place qu'il faut donner à la virgule après l'opération, et se trouve expliquée dans la plupart des instructions publiées par l'administration des poids et mesures, et dans presque tous les traités d'arithmétique. (*Voyez* entre autres le *Traité élémentaire d'arithmétique à l'usage de l'école centrale des Quatre-Nations*, p. 64 et suivantes.)

Qu'on ait, par exemple, un rectangle de 49 mè, 54 de base sur 15 mè, 27 de hauteur, on fera d'abord le produit des deux nombres 4954 et 1527, qu'on obtient en supprimant la virgule qui sépare les décimales des mètres; on trouvera le nombre 7 564 758, et il suffira de séparer quatre chiffres sur sa droite par une virgule pour exprimer le résultat en mètres carrés; on aura ainsi 756 mètres carrés, et les quatre chiffres restant 4758 exprimeront des parties décimales du mètre carré.

S'il s'agissait de la mesure d'une pièce de terre, on ne tiendrait aucun compte de ces fractions, et on transformerait sur-le-champ la mesure en ares et centiares; en séparant par une virgule deux chiffres sur la droite du nombre 756, il viendrait 7 ares et 56 centiares. Si le nombre de mètres carrés était de plus de quatre chiffres, le champ à mesurer contiendrait alors des hectares : 43 927 mètres carrés, par exemple, comprennent 4 hectares 39 ares et 27 centiares.

10. Lorsqu'on se propose d'évaluer de petites superficies, comme pour la maçonnerie ou la menuiserie, il faut tenir compte des parties du mètre carré; et, dans ce cas, il faut bien se garder de confondre le dixième du mètre carré avec le décimètre carré, et le centième du mètre carré avec le centimètre carré. Le mètre linéaire contenant 10 décimètres, le mètre carré contiendra dix fois dix, ou cent carrés d'un décimètre de côté, et qui seront par conséquent des décimètres carrés (*voyez Pl. 1, fig.* 1): on trouverait de même que, puisque le mètre linéaire contient 100 centimètres, le mètre carré contiendrait dix mille carrés d'un centimètre de côté, ou dix mille centimètres carrés. Il suit de là qu'il faut séparer de deux en deux, à partir de la virgule, les décimales du mètre carré pour obtenir des parties carrées de son aire. Dans l'exemple du numéro précédent, les 4758 dix millièmes de mètre carré fournissent 47 décimètres carrés, 58 centimètres carrés.

Si les chiffres décimaux se trouvaient en nombre impair, pour les traduire en mesures carrées, il faudrait en rendre le nombre pair en écrivant un zéro à la suite. Par exemple, un rectangle ayant 27 mètres de base sur 4 mè, 3 de hauteur, donne pour produit 116,1. En mettant un zéro à la droite de ce nombre, il devient 116,10, nombre qui s'énonce en disant 116 mètres carrés, et 10 décimètres carrés. Quelle différence entre cette facilité de convertir les unes dans les autres les mesures décimales, et ces opérations répétées qu'il fallait effectuer dans l'ancien système pour passer des toises aux pieds, des pieds aux pouces, etc., et qui devenaient plus compliquées quand il s'agissait de pieds carrés, de pouces carrés, etc.!

11. Les travaux de terrasse et de maçonnerie qu'on a souvent à faire exécuter à la campagne, et qui s'évaluaient à la

toise cube, doivent être rapportés au mètre cube; ces travaux, qui tiennent de près à l'agriculture, reposant sur le calcul des superficies et des volumes des corps, j'ai cru nécessaire de donner ici les principales formules de ce calcul, avec quelques applications.

Pour mesurer les superficies et les volumes des corps, on distingue ceux qui sont terminés par des surfaces planes de ceux qui sont arrondis. La superficie des premiers se calcule par les formules rapportées dans l'article ARPENTAGE; ainsi il ne sera question ici que de leur volume.

Le corps dont le volume se mesure le plus aisément est le *parallélépipède rectangle*. Il est indiqué dans la *figure* 2 : toutes ses faces sont des rectangles; on peut s'en représenter la capacité comme celle d'une boîte. Il est visible que si le fond de cette boîte est partagé en un certain nombre de petits carrés, sur chacun desquels on pose un petit cube ayant même face, on formera une espèce de couche dont l'épaisseur sera celle du petit cube, c'est-à-dire égale au côté du petit carré, et on pourra placer autant de ces couches de cubes dans la boîte, que l'épaisseur d'une couche est contenue de fois dans la hauteur de cette boîte. Le nombre total des petits cubes se trouvera en multipliant le nombre de cubes contenus dans chaque couche par le nombre de ces couches. Or, si l'on prend pour côté du petit cube la division linéaire qui mesure exactement les dimensions de la boîte, le nombre des carrés contenus dans sa base exprimera l'aire de cette base (ARPENTAGE, n°. 25 et 26); et en le multipliant par le nombre des mesures linéaires contenues dans l'épaisseur de la boîte, on aura le nombre de petits cubes qu'elle renferme, ce qui donnera par conséquent sa mesure à l'égard de ceux-ci.

Il suit de là que la mesure du volume d'un parallélépipède rectangle est *le produit de l'aire de l'une quelconque de ses faces, multipliée par son épaisseur, prise perpendiculairement à cette face.*

Celle des faces qu'on choisit dans ce calcul se nomme *base*, et l'épaisseur correspondante s'appelle *hauteur*, parce que le plus souvent il s'agit de corps qui sont posés horizontalement et dont l'épaisseur est verticale. On dit en conséquence que la *mesure du volume d'un parallélépipède rectangle est le produit de l'aire de sa base par sa hauteur.* Soit, par exemple, AB de 7 mètres, BC de 4, et AE de 5; l'aire ABCD contiendra quatre fois 7 ou 28 mètres carrés, et ce produit, multiplié par la hauteur de 5 mètres, donnera 140 mètres cubes : on voit que cela revient à multiplier successivement les nombres 7, 4 et 5 entre eux.

12. Les parties décimales qui pourraient se trouver dans la

mesure des dimensions du parallélépipède proposé ne rendraient pas l'opération plus difficile.

Soient, par exemple, les deux côtés de la base 49 mè, 54, 15 mè, 27 et la hauteur 8 mè, 5. En multipliant, sans faire attention aux virgules, le premier de ces nombres par le second, et leur produit par le troisième, on obtiendra 643004430 ; mais comme il y a en tout 5 chiffres décimaux, savoir, 2 dans chacun des deux premiers nombres, et 1 dans le troisième, il en faut séparer un pareil nombre sur la droite du produit que l'on a trouvé, qui deviendra ainsi 6430,04430. La partie du nombre située à gauche de la virgule exprimera des mètres cubes.

Si l'on veut tenir compte des chiffres décimaux placés à droite, il faut observer que les parties qu'ils expriment sont successivement le 10e, le 100e, etc., du mètre cube, et qu'on ne doit pas confondre le 10e du mètre cube avec le décimètre cube ; car un mètre linéaire contenant 10 décimètres, la base du mètre cube contient 100 décimètres carrés, et multipliant par 10, on aura 1000 cubes d'un décimètre de côté, ou 1000 décimètres cubes. On trouvera de même que le décimètre cube contient 1000 centimètres cubes. Il résulte de là que le décimètre cube est la 1000 partie du mètre cube, le centimètre cube est la 1000 partie du décimètre cube, et qu'en général il faut prendre les chiffres décimaux de 3 en 3, pour qu'ils répondent à des mesures cubiques.

La partie décimale du nombre 6430,04430 ne contenant pas 6 chiffres, ne peut se partager en groupes de 3 chiffres ; mais on y supplée, en ajoutant un zéro à droite, ce qui ne change pas la valeur totale du nombre, et alors on trouve 6430,044300, nombre qui s'énonce ainsi : 6430 mètres cubes, 44 décimètres cubes et 300 centimètres cubes.

13. Pour mesurer le volume des corps terminés par des surfaces planes, on les décompose dans ceux que je vais définir.

1°. Le *prisme*, dont la base est un polygone quelconque, et dont toutes les faces latérales sont des parallélogrammes. *Voyez la fig.* 3.

Son volume s'obtient en multipliant l'aire de sa base par sa hauteur.

2°. La *pyramide*, corps dont la base est un polygome quelconque, et dont toutes les autres faces sont des triangles ayant leur sommet au même point. *Voyez la fig.* 4.

Son volume s'obtient en multipliant l'aire de sa base par le tiers de sa hauteur.

3°. Le *prisme triangulaire tronqué droit*, représenté dans la *figure* 5, et dont la base supérieure n'est pas parallèle à l'inférieure.

Son volume s'obtient en multipliant l'aire du triangle qui lui

sert de base, par le tiers de la somme des trois côtés perpendiculaires à sa base inférieure.

Les aplombs et les équerres marqués sur les figures montrent comment on prend les hauteurs de ces corps, soit en
dedans, soit en dehors.

14. Pour donner un exemple de l'emploi de ces formules,
j'indiquerai comment on peut évaluer le volume de terre enlevé pour creuser un fossé dont le contour est un rectangle,
les bords sont en talus et le fond est horizontal, *fig.* 6.

La partie qui répond à plomb sur la surface inférieure du
fossé n'offre aucune difficulté, parce que c'est un parallélépipède rectangle, si, comme je le suppose ici, le terrain primitif est horizontal : il reste donc à mesurer l'évasement. En le
prenant d'abord carrément sur les côtés de la figure, on forme
un prisme triangulaire dont les bases sont des triangles rectangles A C E, B G F, et dont la hauteur est A B : son volume
se calcule par la formule du prisme rapportée ci-dessus. Entre
la base de ce prisme et la jonction des deux talus contigus, on
trouve une pyramide qui a pour base le triangle B G F, et
pour hauteur F D, différence entre le côté intérieur et le côté
extérieur du talus. Cette pyramide se calcule par la formule
propre à cette espèce de corps. En répétant l'opération pour
chaque talus différent, et prenant la somme des résultats par-
tiels, on aura le volume total.

Si les bords du fossé étaient verticaux, le fond horizontal,
mais que la surface du terrain ne fût pas de niveau, il faudrait
employer la formule du prisme triangulaire tronqué, en partageant le fond en triangles, et mesurant les profondeurs sur
chaque angle du triangle. C'est à quoi servent les buttes ou *témoins* qu'on laisse dans les grandes excavations.

15. Quand il s'agit de mesurer des matériaux en tas, on
leur donne autant qu'il est possible une forme régulière. Les
pierres, le bois se rangent en parallélépipèdes rectangles et se
mesurent aisément. Les terres prennent un talus dont il faut
tenir compte. L'inspection de la *fig* 7 montre la décomposition
d'une masse de terre en prismes et en pyramides ; les lignes
cotées indiquent les dimensions qu'il faut mesurer. Ceux de nos
lecteurs qui ont étudié avec attention l'article ARPENTAGE
comprendront sans peine que ces volumes peuvent être cal-
culés, soit par les sommes des parties qui les composent, soit
en les renfermant dans un corps régulier, et retranchant du
volume de ce corps celui des espaces qui demeurent vides. Le
plus souvent, quand ces espaces sont petits, on se contente
de les estimer à la vue, ou de les compenser par des espaces en
excès dans le volume à mesurer, comme on l'a indiqué pour
les aires. (ARPENTAGE, n° 34.)

16. Je passe aux formules qui regardent les corps arrondis ; et comme pour mesurer ces corps il faut mesurer la superficie du cercle, je ferai observer,

1°. Que la circonférence d'un cercle s'obtient en multipliant son diamètre par le nombre 3,14159, dont on ne prend que 2 ou 3 chiffres décimaux, si l'on n'a pas bssoin d'une grande exactitude ; 2°. que si l'on a mesuré la circonférence, on en conclura le diamètre en la multipliant par le nombre décimal 0,31831 ; 3°. que l'aire d'un cercle s'obtient en multipliant l'aire du carré construit sur son rayon par le nombre 3,14159 déjà cité, ou celle du carré construit sur son diamètre par le nombre 0,7854, quart du précédent.

Cela posé j'indiquerai les corps ronds les plus simples.

1°. Le *cylindre droit* ou perpendiculaire sur sa base qui est un cercle. *Voyez la figure* 8.

Sa superficie s'obtient en multipliant la circonférence de sa base par sa hauteur, et son volume, en multipliant l'aire de sa base par sa hauteur.

2°. Le *cône droit*, dont la pointe, ou le *sommet*, répond à-plomb sur le centre du cercle qui forme sa base. *Voyez la figure* 9.

Sa superficie s'obtient en multipliant la circonférence de sa base par la moitié de la longueur A B, *qu'on nomme son côté, et son volume en multipliant l'aire de sa base par le tiers de sa hauteur.*

3°. Le *tronc de cône droit*, ou cône droit coupé parallèlement à sa base. *Voyez la fig.* 10.

Sa superficie s'obtient en multipliant la somme des circonférences des deux bases par la moitié de son côté A B.

Pour en obtenir le volume, il faut prendre le rayon de la base supérieure, celui de la base inférieure, calculer l'aire du carré construit sur leur somme, et en retrancher leur produit, puis multiplier le reste par le tiers de la hauteur de ce tronc et par le nombre 3,1459.

Cette formule étant plus compliquée que les précédentes, voici un exemple de son application. Je suppose que la base inférieure ait 4 décimètres de rayon, la base supérieure 3, et que la hauteur soit de 5 ; on ajoutera 3 à 4, ce qui fera 7 ; on multipliera ce nombre par lui-même pour obtenir l'aire du carré, ce qui donnera 49 ; on en retranchera le produit de 3 par 4, ou 12, et il restera 37, qu'on multipliera d'abord par 5 : on trouvera 185 décimètres cubes ; il suffira à cause de la petitesse du décimètre cube de prendre les trois premiers chiffres du nombre 3,14159 : multipliant donc 185 par 3, 14, il viendra 580,90 , dont on prendra le tiers, ce qui donnera 193,63 , c'est-à-dire environ 194 décimètres cubes.

4°. La sphère, ou boule parfaitement ronde dans tous les sens. *Voyez la figure* 11.

Sa superficie s'obtient en multipliant l'aire du carré construit sur son diamètre, par le nombre 3,14159, *et son volume, en multipliant son aire par le tiers de son rayon ou demi-diamètre, ou ce qui revient au même, par le sixième du diamètre.*

17. Les formules qui donnent la superficie et le volume du cylindre servent à calculer la maçonnerie des puits, des parties rondes dans les constructions; les formules de la sphère s'appliquent à quelques voûtes de four, etc. Pour me borner aux volumes ou capacités, objet spécial de cet article, je ferai remarquer que la forme cylindrique est celle des litres, décalitres, hectolitres, des anciens litrons, boisseaux, etc., et d'un grand nombre de vases employés à mesurer les graines ou les liquides : on peut donc avec la formule du volume du cylindre calculer ou vérifier la contenance de ces mesures; car quand on a la mesure d'une capacité en mètres cubes et parties du mètre cube, rien n'est plus aisé que de la convertir en litres, puisque le litre est équivalent au décimètre cube, et se trouve par conséquent la millième partie du mètre cube. Dans l'exemple de la page précédente, les 194 décimètres cubes représentent 194 litres, s'il s'agit de graines ou de liquides, ou bien 1 hectolitre, 9 décalitres et 4 litres. J'observerai en passant que le kilolitre contenant 1000 litres est par conséquent équivalent au mètre cube.

Dans cette circonstance, le nouveau système métrique a encore un grand avantage sur l'ancien, puisqu'une capacité exprimée par la toise cube et ses parties ne pouvait être convertie en pintes, boisseaux, etc., que par des opérations fort compliquées, et dont les élémens n'étaient pas très-connus.

La formule du cône tronqué doit être remarquée ; car elle est d'un usage fréquent : les cuves, les baquets, les chaudières, et beaucoup de grands vases s'y rapportent immédiatement.

Les tonneaux, quand on ne cherche pas une grande exactitude, peuvent être regardés comme composés de deux cônes tronqués. *Voyez la fig* 12.

Si l'on voulait plus de précision, sans recourir à une formule compliquée, il n'y aurait qu'à partager le tonneau en quatre cônes tronqués, comme dans la *fig.* 13, ou même en six. Par ce moyen on tiendrait compte de la courbure des douves du tonneau vers son milieu.

Le tonneau étant ainsi posé sur son fond, on peut, lorsqu'il n'est pas plein, déterminer le vide qui s'y trouve, en plongeant une baguette jusqu'à la surface du liquide, et mesurant soit la circonférence, soit le diamètre du tonneau, à la même distance au-dessous de son fond supérieur ; on calculera le volume du cône tronqué ayant pour bases le fond et la surface du liquide, ce qui donnera le vide du tonneau. Si le liquide n'en atteignait pas la moitié, il faudrait plonger la baguette jusqu'au fond inférieur, et considérer le cône tronqué compris entre ce fond et la surface du liquide.

On a donné dans les livres sur le jaugeage des formules appropriées à des courbures particulières des douves ; mais elles ne sont bien sûres que pour l'espèce de tonneaux qui s'en rapproche.

La formule la plus usitée prescrit de *calculer l'aire du cercle ayant pour diamètre, $\frac{2}{3}$ de celui du fond, plus $\frac{2}{3}$ de celui du bouge (ou milieu du tonneau) et de la multiplier par la longueur du tonneau.* Cette règle donne un résultat plus grand que la somme des deux cônes tronqués indiqués ci-dessus ; mais les personnes qui ne craignent pas le calcul, et qui désirent savoir à quoi s'en tenir sur l'exactitude du résultat de leurs opérations, peuvent, au moyen des divers diamètres qu'ils ont mesurés, et des distances de ces diamètres, construire sur le papier la coupe du tonneau, comme l'indique la *fig.* 14 ; puis calculer en même temps les troncs de cônes marqués par les lignes intérieures à la courbe des douves, et par les lignes extérieures : la somme des uns donnera un total plus petit que la capacité du vaisseau, et celle des autres un total plus grand ; et le milieu entre les deux sera sensiblement exact, l'erreur étant au-dessous de la différence de ces résultats.

Ceci ne s'adresse qu'aux lecteurs qui ont quelque goût pour ce genre d'opérations, afin de les mettre sur la voie des procédés qu'il faut employer à l'égard des vaisseaux terminés par des courbes plus irrégulières encore, et de leur montrer comment ils peuvent apprécier la justesse de leurs pratiques.

La table n°. I, ne contenant que la valeur de chaque unité des anciennes mesures, n'a besoin d'aucune explication. On concevra sans peine l'usage des autres en observant que pour prendre 10 fois, cent fois, 1000 fois les nombres qu'elles contiennent, il suffit de reculer la virgule de 1, 2 ou 3 places vers la droite.

Soient, par exemple, 1437 arpens 59 perches, mesure de Paris, à convertir en hectares et en ares.

On trouvera dans la table IIIe,

	Hectares.
Pour 1000 arpens.	341, 8870
400.	136, 7548
30.	10, 2566
7.	2, 3932
Pour 50 perches. . . .	1709
9.	308
Somme.	491, 4933

C'est-à-dire, 491 hectares, 49 ares et 33 centiares.

Iere. *Table du rapport des mesures anciennes aux nouvelles.*
Mesures de longueur.

	Mètres.
Lieue commune, de 25 au degré, de 2280 toises.	4444
Lieue marine, de 20 au degré.	5556
Lieue petite, de 2000 toises.	3898
Lieue petite, de 2500.	4873
Perche des Eaux et forêts, de 22 pieds.	7,1465
Perche de Paris, de 18 pieds.	5,8471
Aune de Paris, 3 pieds 7 pouces 10 lignes. . .	1,888
Toise de Paris, 6 pieds.	1,94904
Pied de roi, 12 pouces.	0,32484
Pouce, 12 lignes.	0,02707
Ligne.	0,002256

Mesures de superficie.

	mèt. carr.	ares.
Arpent des Eaux et forêts, de 100 perches carrées des Eaux et forets.	5107,2	51,072
Arpent de Paris, de 100 perches carrées de Paris.	3418,9	34,189
Perche carrée des Eaux et forêts, 484 pieds carrés	51,072	0,51072
Perche carrée de Paris, 324 pieds carrés.	34,189	0,34189
Aune de Paris, carrée.	1,412	
Toise carrée, 36 pieds carrés.	3,79874	
Pied carré, 144 pouces carrés.	0,10552	
Pouce carré, 144 lignes carrées.	0,000733	
Ligne carrée.	0,000005	

Suite de la Ire *Table. Mesures de volume et de capacité.*

Toise cube, 216 pieds cubes. .	7,40389	mètres cubes.
Pied cube, 1728 pouces cubes.	34,2773	décimèt. cub.
Pouce cube, 1728 lignes cubes.	19,8364	centimèt. cub.

Ligne cube. . . . . 11,479 millimèt. cub.
Solive de charpente, 3 pieds
   cubes. . . . . 102,8318 décimèt. cub.
Corde des eaux et forêts. . . . 3,839 stères ou mèt. cubes.
Muid de blé de Paris, 12 se-
   tiers. . . . . 1872 litres.
Setier de Paris, 240 livres, 2 mines, 4
   minots ou 12 boisseaux. 156
Boisseau de Paris, 16 litrons, ou 655,8
   pouces cubes. 13
Litron, ou 49,9 pouces cubes. 0,8125
Muid de vin de Paris, 288 pintes. . . . 268,2144
Pinte de Paris, un peu moins de 47 pouces
   cubes, 2 chopines ou setiers, 8 poissons,
   16 roquilles. 0,9313

N. B. Le quart du boisseau d'avoine se nomme *Picotin*, et vaut environ 3 litres.

Mesures de poids.

Tonneau de mer, 2000 livres. . . . . . 979,01 kilog.
Quintal, 100 livres. 48,95058
Livre, 2 marcs, 16 onces. 0,489506
Marc, 8 onces. . . . . 2,44753 hecto.
Once, 8 gros. . . . . 3,05941 décag.
Gros, 72 grains. . . . . 3,8243 gram.
Grain. 0,05311
Karat de joaillier, environ 4 grains. . . 0,21244
Karat des essayeurs, $\frac{1}{24}$ du tout. 0,041667
$\frac{1}{12}$ du karat des essayeurs. 0,001302
Denier des essayeurs, 24 grains, $\frac{2}{12}$ du tout. 0,083333
Un grain des essayeurs. 0,003472

Monnaie.

Livre tournois, 20 sous, 240 deniers. . . 0,9877 franc.
Sou, 12 deniers 0,0494
Denier. 0,0041

Mesures astronomiques et physiques.

Heure ancienne, 0h 41' 67''.. 1' $=$ 69'', 4..
   1'' $=$ 1'', 16 décimale.
Degré, ou $\frac{1}{360}$ du cercle $=$ 1^d, 1111.. 1' $=$ 1', 854..
   1'' $=$ 3'', 09 décimale.
Degré Réaumur, $\frac{1}{80}$ $=$ 1^d, 25 centigrade.

N. B. Le prix d'une nouvelle mesure est égal au prix de l'ancienne,
   divisé par le nombre écrit après l'ancienne.

2 *

MES

IIᵉ. *Table pour réduire les toises, pieds, pouces et lignes, en mètres et parties du mètre.*

Toises.	Mètres.	Pieds.	Décimètres.	Pouces	Centimètres.	Lignes	Millimètres
1	1,94094	1	3,2484	1	2,7070	1	2,256
2	3,89807	2	6,4968	2	5,4140	2	4,512
3	5,84711	3	9,7452	3	8,1210	3	6,768
4	7,79615	4	12,9936	4	10,8280	4	9,024
5	9,74519	5	16,2420	5	13,5350	5	11,280
6	11,69422	6	19,4904	6	16,2419	6	13,536
7	13,64326	7	22,7388	7	18,9489	7	15,792
8	15,59230	8	25,9872	8	21,6559	8	18,048
9	17,54133	9	29,2356	9	24,3629	9	20,304
10	19,49037	10	32,4840	10	27,0699	10	22,560
				11	29,7769	11	24,816

IIIᵉ. *Table pour convertir les arpens en hectares, et les perches en ares.*

Arpens ou Perches.	Arp. des Eaux et Forêts en hectares, *ou* Perches carrées en ares.	Arpens de Paris en hectares *ou* Perches carrées en ares.
1	0,510720	0,341887
2	1,021440	0,683774
3	1,532160	1,025661
4	2,042880	1,367548
5	2,553600	1,709435
6	3,064320	2,051322
7	3,575040	2,393209
8	4,085760	2,735096
9	4,596480	3,076983
10	5,107200	3,418870.

IVᵉ. *Table pour convertir les poids anciens en nouveaux.*

	Grains en décigram.	Gros en grammes.	Onces en décagramm.	Livres en kilogramm.	Quintaux en myriagram.
1	0,531	3,824	3,059	0,48951	4,8951
2	1,062	7,648	6,119	0,97901	9,7901
3	1,593	11,472	9,178	1,46852	14,6852
4	2,124	15,296	12,238	1,95802	19,5802
5	2,655	19,120	15,297	2,44753	24,4753
6	3,186	22,944	18,356	2,93704	29,3704
7	3,717	26,768	21,416	3,42654	34,2654
8	4,248	30,592	24,475	3,91605	39,1605
9	4,779	34,416	27,535	4,40555	44,0555
10	5,310	38,240	30,594	4,89506	48,9506

Ve. TABLE pour convertir les livres en francs.

Deniers.	Centimes	Livres.	Francs	Cent.	Livres.	Francs	Cent.
3	1	1	0,	99	600	592,	59
6	2	2	1,	98	700	691,	36
9	4	3	2,	96	800	790,	12
1 sou	5	4	3,	95	900	888,	89
2	10	5	4,	94	1000	987,	65
3	15	6	5,	93	2000	1975,	31
4	20	7	6,	91	3000	2962,	96
5	25	8	7,	90	4000	3950,	62
6	30	9	8,	89	5000	4938,	27
7	35	10	9,	88	6000	5925,	93
8	40	20	19,	75	7000	6913,	58
9	45	30	29,	63	8000	7901,	23
10	49	40	39,	51	9000	8888,	89
11	54	50	49,	38	10000	9876,	54
12	59	60	59,	26	20000	19753,	08
13	64	70	69,	14	30000	29629,	63
14	69	80	79,	01	40000	39506,	17
15	74	90	88,	89	50000	49382,	71
16	79	100	98,	77	60000	59259,	25
17	84	200	197,	53	70000	69135,	80
18	89	300	296,	30	80000	79012,	34
19	94	400	395,	06	90000	88888,	89
		500	493,	83	100000	98765,	43

VIe. TABLE. *De quelques autres mesures citées dans ce Dictionnaire.*

Observations. Les valeurs de ces mesures sont tirées des *Elémens du nouveau Système métrique*, par M. Gattey (1); on n'y a mis que peu de décimales, parce qu'on les a rassemblées seulement dans l'intention de donner un exemple frappant de la complication des anciennes mesures, et pour cela on a indiqué quelquefois le nombre des mesures différentes portant le même nom dans un même département.

Un tableau circonstancié de toutes ces mesures détaillées une à une, suivant les localités, passerait de beaucoup les limites prescrites à un article de dictionnaire. D'ailleurs il a été publié dans chaque préfecture, sur l'invitation du ministre de l'intérieur, des tables de comparaison de toutes les mesures en usage dans cette préfecture. Les anciennes mesures légales du département de la Seine ne sont point relatées ici, parce qu'on en trouve la valeur dans les tables précédentes.

---

(1) Cet ouvrage se trouve au *Dépôt des lois*, chez M. Rondonneau.

Acre (Calvados), quatorze grandeurs différentes, variant de 36,5 ares à 97,2, suivant les lieux.

Acre légal d'Angleterre, 40,4 ares.

Arpent de Résigny (Aisne), 43,1 ares.

Aune de Brabant (Ardennes), 0,72 mètre.

Aune de Nice (Alpes-Maritimes), 1,57 mètre.

Bicherée (Ain), 10,5 ares.

Boisseau (superficie) (Aisne), 2,6 ares.

Boisseau (superficie) (Bouches-du-Rhône), 1,1 are.

Boisselée (Allier), de 7 à 7,6 ares.

Bonier (Ardennes), de 54 ares à 95.

Brasse (Cantal), de 1,7 mètre à 1,8.

Cartonnade (Haute-Loire), 7,6 ares.

Cartonnée (Loire), de 4,5 ares à 10,5.

Canne (Basses-Alpes), 1,98 mètre.

Cent de terre (la Lys), 8,9 ares.

Chaine (Indre-et-Loire), 8,12 mètres.

Charge (Hautes-Alpes), de 39,9 à 64 ares.

Civadier (Bouches-du-Rhône), de 1,1 are à 2,5.

Compas (Gironde), 1,78 mètre.

Concade (Haute-Garonne), 98,8 ares.

Corde (superficie) (Côtes-du-Nord), 0,6 are.

Cosse (Bouches-du-Rhône), 0,4 are.

Coupée (Ain), 6,6 ares.

Danrée (Marne), de 5,4 ares à 5,9.

Dextre (Bouches-du-Rhône), de 0,14 are à 0,87.

Dinerade (Haute-Garonne), 38,4 ares.

Eminée (Hautes-Alpes), de 7,6 ares à 22,8.

Eminée (Haute-Garonne), de 42,6 ares à 56,5.

Empan (Basses-Pyrénées), 0,232 mètre.

Escat (Gers), de 0,05 are à 0,40.

Essain (Aisne), 12,1 ares à 28,4.

Essein (Oise), 27,6 ares.

Euchenne (Bouches-du-Rhône), de 1 are à 1,2.

Fauchée de pré (Marne), de 28,4 ares à 56,3.

Faucheur (Hautes-Alpes), 30,4 ares.

Faux de pré (Aisne), 41,2 ares à 48,4.

Fessoirée (Ardèche), de 4,8 ares à 6,4.

Fessorée (Hautes-Alpes), 4,7 ares.

Feuillette, mesure de capacité, 134 litres.

Foudre, mesure de capacité (Bas-Rhin), 10,9 hectolitres.

Garaval (Bouches-du-Rhône), 0,15 are.

Gaule (Morbihan), 2,598 mètres.

Hommée (Aisne), 0,5 are.

Huitelée (Jemmapes) 29,3 ares.

Huitelée (Nord), de 23,8 ares à 47,8.

JALLOIS (Aisne), 15,4 ares à 61,3.
JOUR (Ille-et-Vilaine), de 68 ares à 72,9.
JOURNADE (Landes), de 14,9 ares à 45,1.
JOURNAL (Ain), de 16 ares à 21.
JOURNAL DU MEIGE (Aisne), 26,7 ares.
JOURNEL (Marne), de 28,4 ares à 140,7.
LIGNE (superficie) (la Lys), 15 ares.
MANCAUDÉE (Jemmapes), de 23,4 ares à 29,5.
MANCAULT (Oise), de 15,8 ares à 18,9.
MAREAU (Vienne), 15,2 ares.
MENCAUD (Aisne), de 12,1 ares à 17,2.
MENCAUDÉE (Nord), 31 grandeurs différentes, de 22,7 ares
    à 39,1.
MESURE DE TERRE (Ain), de 5,8 ares à 8,3.
METANCHÉE (Loire), 10,7 ares.
METENCHÉE (Ardèche), 9,5 ares.
MÉTÉRÉE (Loire), de 4,7 ares à 11,4.
MINÉE (Maine-et-Loire), 39,6 ares.
MONTURAL (Alpes-Maritimes), 1 are.
MOUÉE (Moselle) 4,4 ares.
MUID (le grand) (superficie) (Loiret), 675,3 ares.
OUVRÉE DE VIGNE (Ain), de 2,5 ares à 3,7.
PAN (Basses-Alpes), 0,25 mètre.
PANAL (Bouches-du-Rhône), de 5,9 ares à 9,9.
PAS (la Lys), 0,68 mètre.
PERCHE ou verge linéaire dite de Saint-Médard (Aisne),
    5,47 mètres.
PERCHE (Calvados) de 4,8 mètres à 7,8.
PERCHE (Cher), de 6,5 mètres à 7,8.
PICHET (Aisne), de 10,2 ares à 17,2.
PICOTIN (superficie) (Bouches-du-Rhône), de 0,6 are à 1,4.
PIED anglais, 0,305 mètre.
PIED marchand (Aisne), 0,3 mètre.
PIED (Marne), de 0,270 mètre à 0,316.
PIED du Rhin, 0,314 mètre.
POGNERÉE (Dordogne), de 10 ares à 13,7.
POGNEUX (Aisne), 8,6 ares.
POIGNARDIÈRE (Bouches-du-Rhône), de 1,1 are à 1,4.
POSE (Léman), 27,013 ares.
POSE (Mont-Terrible), 34,4 ares.
PUGNET (Aisne), 6 ares à 7,6.
QUARTEL (Aisne), 15,3 ares.
QUARTENÉE (Vienne), 27,3 ares.
QUARTENÉE (Bouches-du-Rhône), de 20,5 ares à 23,7.
QUARTIER (Aisne), 8,6 ares.
QUARTIER (Charente-Inférieure), de 67,5 ares à 102,1.

Raie (Côtes-du-Nord), 0,4 are.
Rand (Hautes-Alpes), 1,92 mètre.
Rasière (Nord), de 27,9 ares à 45,2.
Sadon (Gironde), 7,9 ares.
Salmée (Gard), vingt et une grandeurs différentes de 60,9 ares
    à 89,3.
Salmée (Bouches-du-Rhône), de 63,4 ares à 70,8.
Septérée (Allier), 51,1 ares.
Septier (Aisne), 20,6 ares à 37,9.
Setyve (Ain), de 26 ares à 50.
Sextérée (Dordogne), de 25,5 ares à 182,6.
Sillon (Ille-et-Vilaine), 2,4 ares.
Trabuc (Mont-Blanc), 3,085 mètres.
Verge (Dyle), de 5,5 mètres à 5,7.

Quoique la livre de poids présentât bien moins de variétés que les mesures agraires, il s'en fallait bien qu'elle fût uniforme dans toute la France ; elle avait diverses valeurs suivant les lieux et l'espèce de marchandise, ainsi que le montre la table suivante, où les valeurs sont exprimées en fractions décimales du kilogramme d'après la *Métrologie terrestre* de M. Louis Pouchet.

	kilogr.
Avignon, 1 livre de poids valait.	0, 409
Bourges.	0, 463
Douai.	0, 428
Dunkerque.	0, 421
Lille, *poids pesant.*	0, 461
—— *poids léger.*	0, 427
Lyon, *pour les grosses marchandises.*	0, 422
—— *pour la soie.*	0, 457
Marseille.	0, 400
Mayenne.	0, 550

N. B. On appelle charge, dans cette ville, un poids de 300 livres, valant 245 livres poids de marc, environ 120 kilogrammes.

	kilogr.
Montpellier.	0, 400
Paris, *la livre poids de marc.*	0, 489
—— *pour la soie.*	0, 459
Rouen, *poids de Vicomté.*	0, 509
Strasbourg.	0, 480

D'après ce qui précède, il est impossible de ne pas voir la confusion qui peut résulter de l'application des anciens noms *perche*, *arpent*, *livre*, aux nouvelles mesures, puisque la signification de ces mots a varié de tant de manières ; et que par conséquent il est à-propos de bien conserver la nomenclature méthodique indiquée plus haut (page 4) , qui ne saurait donner lieu à aucune équivoque , et dont les mots ne sont pas plus difficiles à retenir et à prononcer que beaucoup d'autres faisant partie de la langue vulgaire. (L. C.)

METADIE. C'est le méteil dans le département du Var.

MÉTAIRIE , FERME DE MOYENNE CULTURE. ARCHITECTURE RURALE. Les bâtimens nécessaires à une ferme de cette classe de notre agriculture , dépendent en grande partie de l'espèce d'industrie agricole qui fait l'objet principal des occupations du fermier ; et, ainsi qu'on l'a vu dans l'article AGRICULTURE , cette industrie n'est pas la même dans tous les pays de moyenne culture.

Il ne serait donc pas possible de réunir, dans un seul cadre , comme pour la grande culture , tous les bâtimens qui doivent composer cette espèce de construction rurale.

Cependant, comme la manière de calculer le nombre et l'étendue de ces bâtimens est absolument la même dans quelque localité que l'établissement se trouve placé , nous nous contenterons de donner ici un seul exemple de métairie pris dans un cas particulier.

Nous la supposons placée dans une localité abondante en pâturages naturels , mais éloignée de lieux de grande consommation , et où le principal objet des occupations du fermier est l'éducation et l'engraissement des bestiaux.

L'exploitation d'une métairie de cette espèce est ordinairement de 30 à 40 hectares de terre. Dans ce nombre, le métayer en cultive environ les trois quarts en froment ou en méteil, en orge ou avoine, et en jachère ; le surplus est en nature de prés ou de pâturages.

L'éducation et l'engraissement des bestiaux sont l'objet de ses principales attentions ; et si , par une clause expresse de son bail, il n'était pas forcé d'ensemencer annuellement en céréales une quantité déterminée de terres , il n'en cultiverait que celle nécessaire à la consommation de son ménage et à la nourriture de ses bestiaux , et tout le surplus serait en pâtures sèches.

Sous le rapport de la culture, les métairies ne rapportent qu'une bien faible rente à leurs propriétaires, laquelle consiste dans la moitié ou le tiers franc des récoltes en grains ; car cette culture est généralement si négligée, que des terres qui , bien cultivées , produiraient huit cents gerbes par hectare , en rapportent à peine cent vingt grosses , équivalentes à-peu-près à deux cent quarante des premières , et bien moins grenées.

Aussi les propriétaires , ne trouvant pas un grand intérêt à l'amélioration de ces fermes , se déterminent difficilement à faire des avances pour corriger la construction vicieuse de leurs bâtimens.

Cependant cet intérêt est réel ; car, avec une culture aussi mauvaise, le revenu de ces métairies consiste principalement dans les profits de bestiaux, et ce n'est qu'avec des bâtimens plus sains et plus commodes qu'on peut les conserver en bon état de prospérité, et les préserver des épizooties auxquelles on les voit si souvent exposés.

Le nombre des bestiaux qu'un propriétaire fournit à son métayer est ordinairement supérieur aux besoins de sa culture, parce que ces bestiaux étant employés à leur reproduction, ils ne peuvent être en même temps assujettis à un travail pénible et continu ; d'ailleurs ils sont presque jour et nuit dans les pâturages pendant l'été et l'automne, et alors ils ne font point de fumier : il faut donc en augmenter le nombre, afin d'en obtenir, pendant leur séjour dans les étables, autant de fumier qu'un plus petit nombre plus sédentaire aurait procuré.

Le cheptel d'une métairie bien garnie de bestiaux est composé, 1°. de trois jumens poulinières ; 2°. de deux paires de bœufs ; 3°. de six à huit vaches laitières ; 4°. d'une ou de deux truies ; 5°. de cinquante à soixante bêtes à laine ; 6°. et des élèves de ces différens bestiaux.

C'est d'après ces données que l'on doit calculer le nombre et l'étendue des bâtimens dont elle a besoin ; mais, en les bornant au nécessaire le plus strict, il faut avoir l'attention de procurer au métayer la surveillance la plus directe sur tous, sans négliger aucune des commodités qu'il peut désirer, et l'on y parviendra en conservant l'ordonnance générale que nous avons adoptée pour la ferme de grande culture. (DE PER.)

Mon collaborateur, dans l'article précédent et dans celui AGRICULTURE, a signalé les inconvéniens des métairies relativement à la fortune publique ainsi qu'à celle du propriétaire et du métayer ; mais il n'a pas insisté sur ceux qui ont rapport au perfectionnement de l'agriculture, et ils ne sont pas moins importans à mes yeux, car ils agissent pendant des siècles.

Pour surmonter leur malheureux penchant à la paresse, les hommes ont besoin d'être excités par l'espoir de jouissances plus vives que celles que donne le repos, et pour pouvoir augmenter leur bien-être par un travail utile, ils ont besoin d'une éducation suffisamment étendue. Or, les métayers partageant les produits de leur culture avec leurs propriétaires, dans une proportion très-désavantageuse, lors même que le mot par moitié se lit dans le contrat, et les terres qu'on leur délaisse étant généralement d'une petite étendue, ils se trouvent dans l'impossibilité de faire apprendre à lire et à écrire à leurs enfans. Ils se contentent par-tout de vivre comme ont vécu leurs pères, et leur intelligence s'exerce seulement sur les moyens de tromper leurs propriétaires : aussi par-tout leur physionomie annonce-t-elle en même temps le manque d'intelligence, et, ce qui semble contradictoire, l'habitude de la finesse et de la ruse.

Rarement un métayer cherche à améliorer sa culture par l'application des procédés nouveaux, même se prête-t-il de bonne grâce aux injonctions de son propriétaire à cet égard, lors même que ce propriétaire lui offre des avantages assurés ; j'en ai vu de nombreux exemples dans toutes les parties de la France où il s'en trouve et où j'ai voyagé. Je suis aujourd'hui en état de reconnaître au seul aspect des cultures, si je suis dans un pays à fermiers, ou dans un pays à métayers, le premier annonçant plus l'habileté et l'aisance des cultivateurs.

Quelle différence il y a entre les cultivateurs des Etats-Unis, qui savent tous lire, écrire, compter, qui sont tous propriétaires ou fermiers à longs baux, qui sont toujours occupés de chercher les moyens d'augmenter leurs revenus par quelque invention de leur cru ou par l'adoption des méthodes qui leur sont indiquées par les journaux, et nos métayers qui font ce qu'ont fait leurs pères !

Généralement, comme le remarque mon collaborateur de Perthuis, les métayers ne cultivent que les meilleures terres de leur exploitation, ou celles qui sont les plus rapprochées de leur habitation ; le reste est livré à la dépaissance de leurs bestiaux, et ne rapporte par conséquent pas le quart de ce qu'il devrait rapporter : encore s'ils y semaient des prairies artificielles ! mais non, c'est de la pâture qu'il leur faut. La plupart se livrent au commerce des bestiaux, ou à faire des charrois pour le commerce, pour les manufactures, de sorte qu'ils sont presque tous hors de chez eux, laissant à leurs femmes et à leurs enfans le soin de la culture.

Comme il est fréquent que les métayers élèvent et engraissent des bœufs, ils ont été déterminés à former des clôtures, et c'est chez eux qu'on voit le plus de HAIES VIVES, généralement mal entretenues, mais remplissant cependant leur objet.

D'après ces observations, je dois faire des vœux pour que les propriétaires, mieux guidés par leur intérêt, qui ici est en concordance avec celui de la société, ou transforment toutes leurs métairies en fermes, en en augmentant l'étendue par des réunions, des échanges ou des acquisitions, car une petite ferme, loin d'une grande ville, ne peut être exploitée avantageusement, ou les fassent valoir par des maîtres-valets, qui, quand ils sont bien choisis, offrent tous les avantages désirables. (B.)

MÉTANCHIÉ, ou MÉTENCHÉ. Ancienne mesure de su- perficie. *Voyez* Mesure.

MÉTEIL. Par cette dénomination, on entend ordinairement un mélange de froment et de seigle, semés, cultivés et récoltés ensemble ; les proportions différentes où se trouvent ces deux grains ont donné lieu à ces désignations particulières de *gros méteil, petit méteil* ou *blé ramé.*

On ne conçoit pas sur quel fondement cette pratique a pu être établie et trouve encore quelques partisans ; sous quelque point de vue qu'on la considère, il est prouvé, par l'expérience, qu'elle est contraire à la saine raison, à l'intérêt du fermier et de l'agriculture, puisque les grains qui entrent dans cette composition de semaille ne demandent pas une même nature de sol, et qu'ils mûrissent à des époques différentes, d'où il résulte évidemment qu'en les moissonnant à-la-fois, la plus grande partie du seigle s'égrène sur le sol, ou pendant son transport à la ferme.

On a dit sans doute qu'en semant l'un et l'autre concurremment, si le seigle manque, le froment réussira, *et vice versâ ;* mais ce raisonnement, tout spécieux qu'il est, n'en est pas moins absurde. Si, pour ne pas perdre le seigle, on coupe le froment avant sa maturité, c'est le froment, au contraire, dont on fait le sacrifice en faveur du seigle : tout bien considéré, ne vaut-il pas mieux semer sur le même champ le froment et le seigle, les récolter et les conserver séparément jusqu'au moment de les employer? *Voyez* Mélange (1).

On sème, pour l'ordinaire, le méteil que l'on a recueilli ; mais comme il est rare de voir en même temps réussir le seigle et le froment, il en résulte qu'à la longue il ne se trouve plus aucune proportion entre ces deux grains, et on finit par avoir presque tout seigle ou tout froment.

Notre collègue Yvart, l'un des cultivateurs les plus distingués, a déjà fait sentir les désavantages réels de semer concurremment le froment et le seigle dans le même champ. Il se félicite de ce que cette culture devient de plus en plus rare, et il forme des vœux pour qu'elle soit entièrement abandonnée ; mais ce qu'il y a d'étonnant, c'est que ce vice de culture soit encore en considération dans un terrain aussi fertile que la ci-devant Beauce : le seigle ne devrait être réservé que pour les terres légères, et s'il est nécessaire d'en semer un peu par-

---

(1) Une observation constante, c'est que du Froment semé avec du Seigle (*voyez* ces mots) mûrit plutôt que du froment semé seul dans le champ voisin : ce fait peut être expliqué par l'abri que le second fournit au premier.   (*Note de M. Bosc.*)

tout, c'est qu'il fournit la paille la plus flexible, et par conséquent la meilleure pour faire des liens.

Nous ferons voir au mot Pain combien cette pratique de moudre ces deux grains ensemble est contraire à l'économie ; cependant beaucoup de cultivateurs tiennent encore à cet usage, tant les vérités utiles ont de peine à braver les préjugés : il faut aux hommes une longue expérience, et souvent la leçon du malheur, pour les convaincre. (Par.)

MÉTÉORES. On appelle ainsi tous les effets simples ou combinés, et non habituels, des principes qui se trouvent dans l'atmosphère.

On distingue communément quatre espèces de météores ; savoir,

Les aériens, tels que les grands Vents ;

Les aqueux, comme les Nuages, l'Humidité, les Brouillards, la Bruine, la Pluie, la Rosée, la Neige, la Grêle, lorsqu'ils sortent de leur mesure commune ;

Les ignés, ainsi que les Feux follets, les Globes enflammés, les Pierres météoriques, les Eclairs, le Tonnerre ;

Les lumineux, tels que l'Arc-en-ciel, les Parélies, les Aurores boréales, etc.

La plupart de ces météores influent sur l'atmosphère, et par suite sur les animaux et les végétaux : ceux qui semblent n'avoir aucune action directe sur eux, comme les derniers, en ont ou peuvent en avoir une indirecte ; il est donc de l'intérêt des cultivateurs de les étudier.

Je suis, à l'égard de presque tous, entré dans de grands détails aux articles qui les concernent ; j'y renvoie le lecteur, ainsi qu'aux mots Chaud, Froid, Gelée, Dégel. (B.)

MÉTÉORISME TYMPANITE. Médecine vétérinaire. C'est une tuméfaction du ventre produite par la raréfaction de l'air.

Le ventre est distendu, la respiration s'exécute avec peine, l'animal bat des flancs, les matières fécales sont souvent retenues ; l'animal témoigne de la douleur par l'agitation continuelle où il est ; lorsqu'on frappe le ventre, il résonne à peu près comme un tambour.

Première espèce. *Tuméfaction des estomacs du bœuf, de la chèvre et de la brebis, causée par la raréfaction de l'air.* Si l'air se ramasse ou se développe en grande quantité dans les estomacs du bœuf, de la chèvre et de la brebis, il s'y raréfie ; le ventre se tuméfie, la respiration devient difficile, la digestion se dérange ; l'animal souffre, s'agite, bat du flanc, et ne rend point de vents par l'anus ; le ventre résonne quand on le frappe, sans donner aucun signe de fluctuation de matière liqüide. Nous n'avons aucun signe pour découvrir la tuméfaction de l'estomac du cheval ; la petitesse et la situation de ce viscère dans cet animal, la grandeur des gros intestins empêchent toujours de s'en apercevoir, tandis que la panse du bœuf, de la chèvre et de la brebis est si grande, qu'elle ne saurait être distendue sans augmenter sensiblement le volume du ventre.

On attribue cette maladie aux substances nutritives trop abondantes en air, telles que les pommes, les courges, les trèfles, la luzerne, etc., puisque ordinairement les animaux ne sont attaqués du météorisme tympani e qu'après avoir mangé avec avidité de ces alimens et sur-tout de la luzerne.

Le météorisme est presque toujours accompagné de douleur: plus le ventre est tendu, plus la douleur est vive et le danger considérable.

L'indication qui se présente à remplir est de faire disparaître l'air, et on y parvient en faisant boire à l'animal de l'Alcali étendu d'eau, sur-tout d'alcali volatil, comme agissant plus promptement. *Voyez* ce mot.

Si malgré tous ces moyens le météorisme augmente avec le battement des flancs, plongez le troiscart dans le bas-ventre, et laissez-y la canule jusqu'à ce que l'air contenu dans la panse soit dissipé ; il vaut mieux, dans un cas désespéré, tenter un remède incertain que de laisser périr évidemment l'animal. D'ailleurs la blessure de la panse avec le troiscart n'est pas aussi dangereuse qu'on le prétend ; l'expérience prouve que la canule étant retirée, les bords de la plaie se rapprochent, et les matières contenues dans la panse ne peuvent plus y passer. *Voyez* Hygiène.

Le météorisme dépend quelquefois d'une forte inflammation des orifices du feuillet : dans ce cas, ayez recours à la saignée, aux boissons adoucissantes, aux lavemens émolliens et mucilagineux, et à tous les médicamens capables de diminuer l'inflammation.

Deuxième espèce. *Tuméfaction des intestins par la raréfaction de l'air.* Cette espèce de météorisme attaque rarement le bœuf, la chèvre et la brebis, parce que les gros intestins de ces animaux sont musculeux, étroits, et chassent avec facilité l'air contenu ; mais le cheval, dont les gros intestins occupent la plus grande partie du ventre, et qui ne sont pas assez épais pour s'opposer aux efforts de l'air raréfié, est beaucoup plus exposé à cette maladie, qui le réduit en très-peu de temps à la dernière extrémité. Le ventre présente un gonflement considérable ; les matières fécales sont retenues, la respiration est difficile, les fonctions de l'estomac troublées, l'animal s'agite avec violence ; le ventre est dur, élastique et sonore lorsqu'on le frappe, et s'il sort des vents par l'anus, l'animal paraît soulagé.

Il n'y a pas de temps à perdre si l'on veut sauver l'animal. Il faut se hâter de livrer passage, par l'anus, à l'air renfermé dans l'intestin cœcum et colon. Ôtez donc promptement, avec les mains enduites d'huile d'olive, les matières contenues dans l'intestin rectum ; administrez aussitôt des lavemens composés de la seule infusion de fleurs de camomille romaine, de même que les breuvages indiqués dans la tuméfaction de la première espèce. M. Vitet conseille d'introduire la fumée de tabac dans l'intestin rectum, à l'aide d'un long tuyau de bois ou de métal bien poli.

Quelques auteurs vantent les oignons et le savon triturés, mêlés, ajoutés au poivre, et introduits ensemble dans l'intestin rectum, après l'avoir nettoyé avec la main ; d'autres préfèrent un lavement de savon blanc dissous dans l'eau commune. Nous n'avons jamais éprouvé ce remède ; mais il nous paraît qu'il doit être contre-indiqué s'il y a la plus légère inflammation ; dans ce cas, la saignée, la décoction de racine de guimauve saturée de crême de tartre, l'oxycrat prescrit en lavemens, sont les remèdes à employer. Selon M. Vitet les lavemens et les boissons à la glace ne conviennent pas au cheval; ils diminuent bien la raréfaction de l'air, mais ils augmentent la tension et l'inflammation des intestins, et mettent l'animal dans le cas de périr promptement. (R.)

MÉTÉOROLOGIE. Science qui a pour objet l'étude des météores et de leurs effets sur les animaux et les végétaux.

Mais cette science est beaucoup plus étendue que l'acception actuelle du mot dont elle tire son nom ne le comporte : elle embrasse tous les phénomènes qui se passent dans l'atmosphère.

On ne peut nier l'influence des météores pris dans ce dernier sens; car il n'est personne qui ne l'ait senti mille et mille fois dans le cours de sa vie, et qui n'ait observé très-souvent qu'elle a lieu de la manière la plus marquée sur les produits de l'agriculture.

En effet, la chaleur vivifie les animaux, fait pousser les plantes lorsqu'elle est modérée, les affaiblit et les dessèche lorsqu'elle est considérable : point de pluie ou trop de pluie est également contraire à l'abondance des récoltes. Les vents de l'est, du midi, de l'ouest et du nord ont une action tout-à-fait différente sur la santé des animaux et sur la fécondation des fleurs, la maturité des fruits, etc.

On a senti dans ces derniers temps la grande utilité qui résulterait, pour les agriculteurs, de l'étude de la météorologie et de son application aux travaux de la culture :

Duhamel, le premier, je crois, l'a recommandée. Plusieurs savans français, entre lesquels je citerai MM. Cotte, Sennebier, Dumont-Courset, Mourgues, Lamarck, d'Hombres Firmas, se sont occupés après lui d'en fixer les bases. Cette science marche rapidement vers la perfection ; mais elle n'est pas encore arrivée au point de pouvoir conduire à prévoir, par la connaissance du passé, ce qui devra avoir lieu dans l'avenir. Afin de ne la pas confondre avec l'astrologie, qui, à la honte de l'esprit humain, a si long-temps gouverné le monde, il faut encore, à mon avis, que les agriculteurs la bornent à la simple observation des indications qui précèdent immédiatement, ou presque immédiatement, le moment qu'ils ont besoin de connaître. Or, ils y parviendront jusqu'à un certain point au moyen du BAROMÈTRE, du THERMOMÈTRE, de l'HYGROMÈTRE, de la GIROUETTE, et des phénomènes indiqués au mot PRONOSTIC. C'est donc à l'étude de la marche de ces instrumens et de ces phénomènes que je crois qu'ils doivent se borner, et c'est pour cela que je leur ai consacré un article, et que je me suis fort étendu sur la plupart des météores, tels que HUMIDITÉ, BROUILLARD, PLUIE, GIVRE, NEIGE, GRÊLE, SÉCHERESSE, AIR, GAZ, VENT, CHALEUR, FROID, GELÉE, GLACE, ÉLECTRICITÉ, TONNERRE, ORAGE, etc. *Voyez* tous ces mots.

Cependant, si les cultivateurs doivent laisser aux savans de profession le soin de combiner les faits que présente la météorologie pour les coordonner et en former un ensemble utile, c'est à eux qu'il appartient de leur fournir ces faits. Aussi, pour faire concourir aux progrès de la science ceux qui y seraient portés par goût, vais-je transcrire le plan d'observations proposé par M. Cotte pour chaque année.

1°. TERRES. On indiquera les effets de la gelée, des pluies, de la sécheresse sur les terres selon leurs différentes natures, c'est-à-dire selon qu'elles sont plus ou moins mélangées de terreau, d'argile, de sable, de marne, de calcaire, etc. On notera aussi les températures qui ont concouru avec les différens labours qu'on a donnés à ces terres.

2°. FROMENT et SEIGLE. Quelles ont été les circonstances de la température froide ou chaude, sèche, humide ou pluvieuse, les vents dominans, à l'époque des semailles et pendant l'hiver.

Quelle a été la température générale de chaque mois du printemps, celle qui a concouru avec les époques du développement des tuyaux et des épis, époques que l'on notera, ainsi que celles des brouillards, et les effets qu'ils ont produits sur les grains.

Quels ont été et la température générale, et les vents dominans de chaque mois de l'été, celle qui a concouru avec la floraison des grains et avec leur récolte. On en marquera les époques; on parlera de leur produit et de leurs qualités.

3°. ORGE, AVOINE ET AUTRES GRAINES QUI SE SÈMENT EN MARS. Quelle a été la température correspondante à l'époque de leurs semailles, à celle de la levée de ces grains, du développement des épis, de la fleur et de la récolte. Chaque espèce de grain cultivé formera une section particulière de cet article.

On tiendra note des différentes maladies des grains qui se manifesteront, et des températures qui y auront concouru et auxquelles on croira devoir les attribuer.

4°. FOURRAGE ET PLANTES LÉGUMINEUSES. On notera les températures qui ont été plus ou moins favorables aux prairies tant naturelles qu'artificielles, en distinguant les différentes espèces de ces dernières, soit relativement au progrès de leur végétation, soit à leur récolte. On fera les mêmes observations sur les plantes légumineuses, telles que pois, haricots, fèves de marais, lentilles, etc. On fera la note de l'époque de leur floraison, de leur récolte, de la quantité ou de la qualité de leurs produits.

5°. POMME DE TERRE ET TOPINAMBOUR. Quelle a été la température correspondante à l'époque de leur plantation, de leur fleuraison et de leur récolte, dont on notera la quantité et la qualité.

6°. PLANTES PROPRES A LA FILATURE, A LA TEINTURE, etc. On fera les mêmes observations sur l'influence de la température à l'égard du chanvre, du lin, du safran, de la garance, de la gaude, du chardon des bonnetiers ou à foulon, du houblon, etc.

7°. ARBRES FRUITIERS. On indiquera les époques de la feuillaison, de la fleuraison et de la maturité des fruits de chacune des différentes espèces d'arbres fruitiers qu'on cultive ; les effets que les gelées de l'hiver et du printemps, ainsi que les vicissitudes de la température de l'été, ont produits sur chacun d'eux ; la multiplication plus ou moins grande des insectes qui les attaquent; l'époque de la chute de leurs feuilles, les causes favorables ou non à la conservation des fruits, dont on fera connaître la qualité et la quantité.

8°. VIGNES. On parlera de l'effet de la température de l'hiver sur le bois de la vigne, de celle qui a concouru avec la taille; des époques des pleurs de la vigne; du développement de ses bourgeons et de la température qui a accompagné cette circonstance critique de sa végétation ; l'époque de sa floraison et la température correspondante; des températures qui ont régné pendant les différentes façons qu'on a données à la vigne. On observera les effets que produit la température sur les différentes espèces de vignes, et relativement à leur exposition, sur-tout dans les mois d'août et de septembre, époque de la maturité des raisins. On notera, à l'époque des vendanges, la température qui a concouru avec la récolte, la durée plus ou moins longue de la fermentation du moût dans les cuves, la quantité, la qualité du vin récolté.

Dans les pays où l'on cultive les pommiers pour convertir les pommes en cidre, on fera de pareilles observations sur les époques de la végétation comparées avec les températures régnantes, et sur les produits en cidre.

La culture du houblon, de l'olivier, du noyer, donnera lieu aussi à des observations du même genre.

9°. BESTIAUX. Si quelque maladie dépendante de la température se manifestait sur les bestiaux, on noterait le caractère de la maladie propre à chaque espèce d'animal, le rapport de cette maladie avec la température correspondante, ses symptômes, le traitement suivi, les succès qu'on a obtenus.

10°. OISEAUX DE PASSAGE, INSECTES et VERS. On tiendra compte des époques du départ et du retour des oiseaux qui quittent notre climat, soit pendant l'hiver, soit pendant l'été, tels que les hirondelles, le rossignol, la caille, le coucou, les canards et les oies sauvages.

On fera mention de la multiplication plus ou moins grande des insectes malfaisans, comme les chenilles, les hannetons, les cantharides, les pucerons, les cochenilles, et des dégâts qu'ils auront faits. Il en sera de même des limaçons, des escargots, etc.

11°. ABEILLES. Ces insectes précieux doivent occuper une place distinguée dans le registre du cultivateur. Il parlera de l'effet de la température de l'hiver sur les ruches; de celle du printemps plus ou moins favorable à la multiplication des essaims; de celle de l'automne, temps où les abeilles font leurs provisions pour l'hiver; des maladies que les abeilles éprouveront et de leur cause présumée; de la quantité de la récolte de miel et de cire; de leurs qualités relatives à la nature des plantes qui sont à leur disposition.

12°. HAUTEUR DES EAUX. Il sera bon de noter dans les différentes saisons la hauteur des eaux, soit de rivière, soit de source et de puits, en disant seulement qu'elles ont été ou hautes, ou basses, ou à leur niveau moyen.

13°. OBSERVATIONS DIVERSES. Les cultivateurs n'oublieront pas de noter aussi,

1°. Les époques des gelées, leur durée, les effets qu'elles auront produits;

2°. Les époques des grêles, les effets dont elles auront été suivies, leur fréquence plus ou moins grande, les orages et les tempêtes considérables, les grandes pluies d'orage, etc. ;

3°. Les époques des inondations des rivières, les ravages qu'elles occasionneront.

4°. A ces observations, ils ajouteront la hauteur du baromètre et du thermomètre prise chaque jour à six heures du matin, à midi et à six heures du soir.

Ils auront un registre divisé en autant de sections qu'il y a de numéros ci-dessus, et écriront journellement les notes indiquées.

On ne doit pas croire que ce que M. Cotte demande aux cultivateurs emploie beaucoup de temps. Quelques minutes chaque jour leur suffiront, et une fois qu'ils seront accoutumés à ce travail, il se fera comme de lui-même. Ce zélé météorologiste ne propose que ce qu'il a fait lui-même pendant plus de quarante ans. (B.)

MÉTÉRÉE. Ancienne mesure de superficie. *Voyez* Mesure. (B.)

MÉTÉRÉOLITHE. *Voyez* Pierres météoriques. (B.)

MÈTRE. *Voyez* au mot Mesure.

METTRE A FRUIT. Un arbre jeune, planté en bon fond et abandonné à lui-même, ne donne du fruit que lorsque la plus grande partie de sa vigueur est épuisée. Cette époque varie selon l'espèce, le climat, le sol, le sujet sur lequel il est greffé, etc.

Un arbre qui est planté dans un mauvais terrain, qui a souffert dans ses premières années par quelque cause que ce soit, qui est greffé sur une espèce ou une variété d'une faible nature, dont on gêne la circulation de la sève, soit en écartant ses branches du tronc, soit en les recourbant, soit en les incisant ou les ligaturant, ou les pinçant, ou les tordant, ou les cassant, se met beaucoup plus tôt à fruit que le précédent. Il en est de même de celui auquel on enlève une partie de ses feuilles, qu'on taille long, qu'on transplante plusieurs fois.

On dit que ces arbres *se sont mis à fruit* lorsque la nature seule a opéré, ou *ont été mis à fruit* lorsque l'art les a forcés de produire plus tôt.

Parmi les arbres fruitiers, le poirier sauvage, de semis, est celui qui se met le plus tard à fruit, quelquefois pas avant quinze à vingt ans; après, vient le poirier greffé sur le précédent, puis le franc, puis le poirier greffé sur franc ; enfin le poirier greffé sur coignassier, qui donne ordinairement des fruits la troisième année. Parmi les variétés, il en est aussi qui, toutes circonstances égales, se mettent plus tôt à fruit que les autres, telles que le beurré et le doyenné.

Tout arbre qu'on force de porter du fruit avant l'époque

fixée par la nature, c'est-à-dire avant que ses racines et ses branches aient acquis la consistance et l'étendue nécessaires pour fournir de la nourriture à ces fruits, s'épuise en peu d'années et finit par mourir. Voilà pourquoi ces quenouilles de poiriers greffés sur coignassier, de pommiers greffés sur paradis, ces abricotiers, ces pêchers greffés sur amandier, et qui rapportent si promptement de si beaux et bons fruits, sont déjà dans la décrépitude lorsque les mêmes arbres provenant de semis et abandonnés à la nature, commencent à peine à se mettre à fruit. A chaque article des arbres fruitiers, on trouvera des indications propres à les faire mettre à fruit. (B.)

MÉTURE ou MITURE. (*Voyez* MIXTURE.) C'est aussi le synonyme de MÉTEIL.

MEUBLE. Une terre meuble est celle qui est friable et facile à labourer, ou celle qui a été rendue très-friable par des labours très-soignés ou par de nombreux labours. *Voyez* LABOUR.

Le plus souvent une terre meuble est avantageuse à la végétation des plantes; mais il est des cas où elle lui nuit, ou parce que ses molécules ne sont pas assez en contact avec l'extrémité des racines des plantes, ou parce qu'elle laisse passer trop rapidement l'eau des pluies, ou parce qu'elle laisse trop facilement évaporer l'humidité du sol. *Voyez* PLOMBAGE. (B.)

MEULE DE CHAMPIGNON. On donne ce nom aux COUCHES de fumier de cheval uniquement construites dans le but d'obtenir des CHAMPIGNONS. *Voyez* ces mots.

MEULE A FOIN. Tas de foin de forme conique, plus haut que large, qu'on forme momentanément dans les prairies, ou définitivement autour de l'habitation pour garantir ce foin des effets de la pluie et du soleil.

La construction des premières de ces meules n'est point difficile, puisqu'il ne s'agit que de mettre du foin sur du foin jusqu'à ce que le tas soit arrivé à la hauteur convenable, et à peigner le pourtour avec un râteau pour lui donner la forme ronde.

La construction des secondes demande un peu plus d'habitude. Elle diffère peu des *gerbiers*, ou *meules à grains*, qui ont été décrits à la fin de l'article GRANGE (*voyez* ce mot), ou du moins les principes d'après lesquels ils doivent être élevés sont absolument les mêmes.

Dans les pays chauds, le foin en meules couvertes de chaume se conserve bien plus long-temps odorant et savoureux, que celui qui est placé sous la tuile, ainsi que l'a constaté, en Italie, mon malheureux ami Roland de la Platière. *Voyez* son *Mémoire sur la culture de France comparée à celle d'Angleterre*, lu à la Société d'agriculture de Lyon.

J'ai figuré, volume XII, page 351 de la seconde série des *Annales d'agriculture*, une meule de foin telle qu'on les forme en Angleterre, pour donner une idée de leur perfection. Leur toit est fixé au moyen de cordes de paille attachées, à des distances égales, à de longues fiches de bois.

Les meules oblongues peuvent être accolées, par une de leurs extrémités, à une grange mobile sur des roues, de manière qu'on peut en enlever journellement les gerbes pour les battre sans crainte des dangers de la pluie. Tous les soirs, on rapproche la grange de la meule au moyen d'un ou deux longs leviers. Une telle disposition est figurée dans le second volume de l'important ouvrage de Lasteyrie, intitulé *Collection des outils, instrumens, machines et constructions employés en agriculture.*

Comme il sera question des uns et des autres à l'article PRAIRIE, je me dispenserai d'entrer ici dans les détails qui les concernent. *Voyez* PRAIRIE. (B.)

MEULE. On fait aussi, dans quelques pays, de petites meules provisoires, où le blé et autres céréales achèvent de se dessécher. Elles sont connues sous le nom de MOYETTE. *Voyez* ce mot.

MEUM. *Voyez* au mot AETHUSE.

MEUNIER. Petit poisson du genre CYPRIN, qui vit dans les eaux vives et que l'on prend en grande quantité aux vannes des moulins. Il est remarquable par la grosseur de sa tête : c'est un bon manger. On l'appelle aussi *testard, vilain, boxel, chevane, barboteau, chaboisseau* et *garbotin.*

MEUNIER. Variété de RAISIN dont les feuilles sont couvertes, même en dessus, de poils blancs.

Les jardiniers donnent aussi ce nom aux URÈDES qui couvrent quelquefois les feuilles des arbres, sur-tout du pêcher, et qui nuisent beaucoup à leur végétation. (B.)

MEURON. Nom vulgaire du fruit de la RONCE. (B.)

MEY. Huche ou coffre dans lequel on pétrit le pain.

MEZEREUM. Nom latin de la LAURÉOLE GENTILLE.

MEZO. C'est, dans le midi de la France, la grappe de la VIGNE avant sa floraison. (B.)

MIASME. On a donné autrefois ce nom à des principes invisibles, qui, se combinant avec l'air, altèrent ses qualités et donnent lieu aux maladies épidémiques et autres.

Aujourd'hui que la composition de l'air est mieux connue, ce mot tombe en désuétude. On ne l'emploie plus guère dans les ouvrages de chimie, de physique et d'histoire naturelle ; cependant il faut le mentionner ici comme se trouvant dans plusieurs autres.

C'est une erreur de croire que certaines maladies, comme

la peste, la petite vérole, le charbon, etc., se communiquent au moyen des miasmes qu'elles répandent dans l'air ; mais il est très-vrai que certaines altérations de l'air causent souvent des maladies connues, ainsi qu'elles, sous le nom d'ÉPIDÉMIE (*voyez* ce mot), telles que les fièvres bilieuses, parmi lesquelles il faut ranger la fièvre jaune, la fièvre putride, la fièvre pernicieuse, etc. C'est dans les chaleurs de l'été que ces fièvres se développent, par conséquent la chaleur y contribue ; c'est dans le voisinage des marais et autres eaux croupissantes, qu'elles se montrent le plus fréquemment et qu'elles sont les plus dangereuses, et par conséquent les émanations de ces marais y contribuent aussi. Or, on sait que c'est du GAZ HYDROGÈNE CARBONÉ OU SULFURÉ qu'exhalent les eaux corrompues : donc, dans ce cas, les miasmes sont ce GAZ même. *Voyez* l'article qui le concerne ainsi que les mots GAZ et AIR.

Dans les salles des hôpitaux et des prisons, où beaucoup d'hommes malades ou malpropres sont rassemblés, l'air est changé dans sa composition, l'oxygène est absorbé ; le gaz azote domine, le gaz acide carbonique se trouve dans une forte proportion : de là les fièvres si dangereuses, connues sous le nom de ces localités. Les deux derniers gaz sont dans ce cas les miasmes qui causent ces maladies. *Voyez* leur article.

Des feux allumés à l'entrée de la nuit sur le bord des marais et des étangs marécageux, un régime tonique à l'intérieur et rafraîchissant à l'extérieur, etc., sont le remède contre les effets des miasmes de la première sorte.

Des vapeurs d'acide muriatique oxygéné suffisent pour salubrifier les appartemens les plus infectés. La chaux produit encore le même effet. Les fumigations de résines odorantes, de baies de genièvre ; l'évaporation du vinaigre, ne servent qu'à pallier la mauvaise odeur, et font généralement plus de mal que de bien.

Je renvoie pour le surplus aux ouvrages de médecine. (B.)

MIAU. Synonyme de MIEL.

MICOCOULIER, *Celtis*. Genre de plantes de la polygamie monoécie, et de la famille des amentacées, qui renferme une demi-douzaine d'arbres de seconde grandeur, dont le bois est très-dur, très-flexible, et par conséquent utile pour beaucoup d'usages et dont les fruits sont bons à manger et propres à fournir de l'huile.

Tous les micocouliers ont les feuilles alternes, pétiolées, accompagnées de stipules caduques, et partagées inégalement par la nervure principale, c'est-à-dire qu'un de leur côté est plus large et descend plus bas que l'autre ; leurs fleurs, verdâtres et peu apparentes, sont ou solitaires ou réunies en petits paquets dans les aisselles des feuilles, les mâles mêlés avec les femelles, ou ces dernières placées plus bas. Elles se développent assez tard au printemps et avant les feuilles.

Le Micocoulier Austral a l'écorce unie, grise; les feuilles ovales, lancéolées, acuminées, dentées, velues dans leur jeunesse et rudes au toucher; les fleurs solitaires et les fruits noirâtres. C'est un arbre de 40 à 50 pieds, qui croît naturellement dans les parties méridionales de l'Europe, qu'on peut cultiver en pleine terre dans le climat de Paris, et qui n'est nulle part aussi commun qu'il devrait l'être, à raison des avantages qu'il présente. Son bois est noir, dur, compacte, sans aubier, très-souple, très-tenace, inaltérable lorsqu'il est à l'abri, non sujet à la vermoulure et aux gerçures. Aucun autre ne peut lui être comparé pour faire des brancards de chaise et autres pièces de charronnage. On en fait d'excellens cercles de cuves, de la sculpture, des instrumens à vent, de la superbe menuiserie et de la marqueterie. Il est susceptible d'un beau poli et imite le bois satiné lorsqu'on le coupe obliquement à ses fibres; son écorce est astringente et s'emploie comme celle du chêne pour la teinture noire et la préparation des peaux. C'est avec ses jeunes pousses qu'on fait ces excellens manches de fouets de cochers dont on se sert à Paris. Les bestiaux et surtout les chèvres et les moutons aiment beaucoup ses feuilles, et on pourrait le cultiver utilement sous ce seul rapport. Ses fruits sont du goût de tous les enfans; ils sont sucrés et réellement agréables au goût. S'ils n'étaient pas si longs à cueillir, on en pourrait tirer parti pour fabriquer des boissons. On en fait usage dans les dysenteries : ils restent sur l'arbre jusqu'à la fin de l'hiver et servent, pendant cette saison, de nourriture aux grives et autres oiseaux, qui en sont très-friands. Leur noyau fournit une huile que l'on compare pour la douceur à celle d'amande douce.

Tout terrain convient au micocoulier austral; cependant il se plaît davantage dans celui qui est léger et chaud. Je ne l'ai jamais vu ni en France, ni en Espagne, ni en Italie, où j'en ai observé de grandes quantités, dans les lieux argileux et marécageux; il ne devient qu'un buisson dans les terres arides, mais ce buisson fournit un bon chauffage par son bois, et une bonne nourriture aux chèvres et aux moutons par ses feuilles. C'est dans les sols profonds, sur le bord des rivières, vers la partie inférieure des vallées qu'il développe toute sa vigueur végétative. Il est très-propre à entrer dans la composition des massifs des jardins paysagers, par la couleur sombre et permanente, ainsi que par la durée de son feuillage et la disposition pendante de ses rameaux. On peut le conduire comme la charmille, au moyen de la taille, et en faire, dans les jardins d'ornement, des allées, des palissades, des berceaux, etc. Il est très-peu attaqué par les insectes. On en connaît une variété à feuilles panachées.

On voit, par cette énumération des qualités du micocoulier, combien il serait intéressant de le multiplier davantage, non-seulement dans les parties méridionales de la France, où, quoique commun, il peut être regardé comme rare, relativement à la quantité de terrain qui devrait lui être consacré, mais encore dans les parties septentrionales, où, s'il craint les gelées, ce n'est que dans sa jeunesse et dans l'extrémité de ses rameaux de l'année. Sa transplantation est facile, son accroissement rapide et sa culture nulle quand il a passé trois ou quatre ans. On le reproduit par ses semences qu'il faut mettre en terre aussitôt qu'elles sont cueillies; car elles rancissent très-aisément lorsqu'elles sont conservées dans un lieu sec, et deviennent alors impropres à la germination. Malgré cette précaution, une partie de ces graines, dans le climat de Paris du moins, ne lève pas la première année, de sorte qu'il faut laisser le plant deux ans dans la planche avant de le relever. Ce plant n'acquiert guère, dans le même climat, plus de 8 à 12 pouces la première année et gèle souvent jusqu'au collet de ses racines; mais il ne faut pas s'en inquiéter. Repiqué à deux ans dans une autre partie de la pépinière, il donne plusieurs jets, que l'on rabat l'année suivante rez terre, afin de lui en faire repousser de plus vigoureux dont on ne conserve qu'un pour le tailler en crochets et en faire une tige de belle venue. (*Voyez* au mot PÉPINIÈRE.) Ce n'est donc qu'à cinq ou six ans que cet arbre est dans le cas d'être planté à demeure.

Dans les parties méridionales de la France, on se contente de relever à deux ou trois ans les jeunes micocouliers qui ont naturellement cru sous les gros, et de les transporter où on le juge à propos.

Je n'ai jamais vu cet arbre en forêts, mais seulement dans des haies, des buissons, des avenues, etc.; cependant il doit y avoir des endroits où il croît en masse et abondamment. Dans les environs de Narbonne, on le cultive pour en faire les manches de fouets dont j'ai déjà parlé. Pour cela, on plante des micocouliers dans un bon sol et assez près les uns des autres; lorsqu'ils ont dix à douze ans, on les coupe rez terre, et on laisse croître les vigoureux rejets qu'ils poussent, en les privant de tous leurs bourgeons latéraux, jusqu'à 2 toises de haut; après quoi, on les coupe, on les redresse au feu, si besoin y est, et on les expédie pour Paris et autres grandes villes. Le but des propriétaires de ces taillis doit être de faire pousser des jets très-longs et très-minces en moindre temps possible. Ils tirent, dit-on, un bon revenu de ces taillis, qu'il serait impossible de rendre fructueux, sous ce rapport, dans le climat de Paris, à raison du peu de vigueur des pousses qu'y fait cet arbre. Dans ce climat, c'est principalement à la plantation des routes qu'on devrait l'employer; il y remplacerait avantageusement l'orme sous tout autre rapport que celui de la rapidité de la croissance. Ces plantations ont besoin d'être soumises à un assolement régulier, comme toutes les autres. *Voyez* au mot ASSOLEMENT.

En Sicile, on plante cet arbre, qui vit plusieurs siècles, en quinconce, et lorsqu'il est parvenu à une certaine grosseur, on lui coupe la tête, et on le fait mourir en supprimant ses bourgeons à mesure qu'ils poussent. Ces têtards servent à soutenir les vignes et durent un grand nombre d'années.

Olivier rapporte dans son Voyage dans l'Empire ottoman que les habitans de Lesbos tirent une couleur jaune foncée des rameaux du micocoulier, couleur qu'ils savent fixer sur la soie.

La petite ville de Sauve, département du Gard, fait un commerce important des fourches que fabriquent ses habitans avec les pousses du micocoulier, dirigées à cet effet pendant cinq à six ans. On peut voir, dans le huitième volume des Mémoires de la Société d'agriculture de la Seine, des détails très-curieux sur cet objet. Ces fourches sont plus durables qu'aucune autre.

Le MICOCOULIER DE VIRGINIE, *Celtis occidentalis*, Lin., a les feuilles ovales, acuminées, dentées, minces, rudes au toucher, luisantes en dessus; les fleurs en bouquets axillaires, et les fruits d'un pourpre foncé. Il est originaire de l'Amérique septentrionale, où il croît dans les bons fonds, sur le bord des rivières : c'est un arbre encore plus grand et plus beau que le précédent, qui possède les mêmes qualités à un plus haut degré. J'en ai vu de superbes pieds en Caroline, où son bois est estimé un des meilleurs. On le cultive dans les jardins des environs de Paris et il y réussit fort bien, étant peu sensible aux gelées; il y est même plus commun que l'espèce précédente, parce qu'il y donne de bonnes graines. Je dois faire des vœux pour que cette précieuse espèce devienne de plus en plus commune.

Le MICOCOULIER DE LA LOUISIANE a les feuilles moins acuminées, plus minces, dentées plus grossièrement et un peu plus arrondies à la base que celles du précédent. Il est commun à l'embouchure du Mississipi, et se cultive dans quelques jardins d'Europe. On l'a regardé comme une variété du précédent; mais je me suis assuré que c'était une espèce bien distincte. Il croît en pleine terre dans le climat de Paris; mais comme il y est extrêmement sensible à la gelée, on doit craindre qu'il ne puisse pas y être cultivé d'une manière utile.

Le Micocoulier a feuilles en cœur, *Celtis crassifolia*, a les feuilles légèrement cordiformes, très-allongées, très-épaisses, très-rudes au toucher; ses fruits sont plus gros qu'aucun de ceux des précédens, et d'un rouge verdâtre. Il croît en Caroline, où je l'ai observé et où j'ai souvent mangé de ses fruits. C'est une superbe espèce, qui réussit fort bien en pleine terre dans le climat de Paris.

Ces deux dernières espèces sont également propres à figurer dans les jardins paysagers, à être employées dans les arts, et se multiplient par marcottes, et par la greffe sur celle d'Europe.

Le Micocoulier de Tournefort, ou Micocoulier du Levant, a les feuilles ovales, grossièrement crénelées, presque en cœur, presque glabres, et les fruits jaunâtres. Il croît dans le Levant, se cultive en pleine terre dans le climat de Paris, sans y redouter les gelées, du moins quand il est arrivé à un certain âge, mais ne parvient pas à la même hauteur que les précédens. Il donne quelquefois de bonnes graines, mais cependant se multiplie généralement par marcotte ou par greffe. Au reste il ne se trouve guère que dans les jardins de botanique. Ses feuilles, qui ont à peine un pouce de long, empêchent qu'il puisse figurer dans ceux d'agrément.

Le Micocoulier coriace a les feuilles coriaces, ovales, aiguës, très-inégalement dentées et seulement au tiers supérieur, à lobes peu inégaux, à surface supérieure, glabre et d'un vert foncé. Il se distingue du *C. australe* par ses feuilles plus épaisses, moins acuminées, plus glabres, et d'un vert plus foncé en dessus; du *C. occidentalis*, par ses feuilles moins acuminées, plus petites, plus glabres, moins également dentées, et plus arrondies à la base (la variété de cette espèce est citée par Lamark, Encyclopédie méthodique); du *C. crassifolia*, par ses feuilles plus petites et non en cœur; du *C. lima*, par le peu de longueur, et la surface supérieure de ses feuilles, qui est glabre.

Il est originaire de la Louisiane : on en cultivait depuis quelques années un seul pied dans la pépinière de Trianon; mais, malgré mon opposition, il a été arraché en 1806, au moment où il commençait à porter des fruits. Je n'en connais de pieds dans aucun jardin.

Le Micocoulier lime a les feuilles lancéolées, dentelées, très-rudes au toucher, et d'un vert noir. Il croît en Amérique. On le cultive en pleine terre dans les jardins et pépinières des environs de Paris : c'est l'espèce dont les feuilles sont les plus rudes et les plus étroites. Je doute qu'il s'élève beaucoup; car les plus vieux pieds que j'en connais ont à peine 2 toises de hauteur. On le multiplie principalement par la greffe sur l'espèce commune ; cependant il commence à donner de bonnes graines dans nos jardins.

Il y a encore le Micocoulier de Chine, qui a les feuilles en cœur, glabres, luisantes en dessus et distiques ; mais il est encore trop rare pour être mis en pleine terre, quoiqu'il y ait lieu de croire qu'il pourra braver nos hivers : c'est une très-belle espèce, qu'on multiplie par la greffe sur l'espèce d'Europe. *Voyez* un mémoire de M. de Cubière sur ce genre, inséré parmi ceux de la Société d'agriculture de Versailles. (B.)

MIDI ou SUD. Point du Ciel où paraît être le Soleil au milieu du Jour. *Voyez* ces mots.

Je parle ici d'après l'illusion, puisque que le soleil est fixe au centre du système planétaire.

L'opposé du midi est le Nord ou septentrion. *Voyez* ce mot.

Le cercle mitoyen qui indique la marche apparente du soleil s'appelle l'équateur, parce que lorsque le soleil s'y trouve les jours sont égaux aux nuits.

Le globe terrestre est idéalement divisé en deux hémisphères par l'équateur, et les cercles parallèles à cet équateur constituent les Climats, qui sont d'autant moins chauds qu'ils s'éloignent le plus de lui. *Voyez* ce mot et celui Pole.

Ainsi les pays du midi, ou les pays méridionaux, sont plus chauds que les pays du nord ou septentrionaux.

Chaque climat a des animaux et des plantes qui lui sont propres. Les animaux et les plantes du midi ne peuvent vivre dans les climats du nord ; ces dernières Gèlent (*voyez* ce mot) lorsqu'elles y sont transportées.

Par suite on a appelé le midi le côté d'une montagne, d'une forêt, d'un mur, d'une haie, etc., qui est exposé au soleil au milieu du jour. *Voyez* Exposition.

Dans les pays froids, l'exposition du midi est la plus importante pour le succès des cultures des plantes des pays plus chauds, parce que la végétation y est plus précoce et plus active : aussi est-ce là qu'on cultive les Primeurs, qu'on place les Espaliers. *Voyez* ces mots.

Cependant l'expérience prouve que les plantes gèlent plus souvent au midi qu'au nord d'un mur dans les climats froids ; ce qui s'explique par l'accélération de leur végétation dans le premier cas. *Voyez* Gelée.

Quelquefois l'exposition du midi est trop chaude pendant l'été dans le climat de Paris, et il faut, en conséquence, garantir les semis et les espaliers qui s'y trouvent par des claies, des toiles, etc.

Je pourrais beaucoup développer le sujet que je traite, mais

..omme les considérations qui en découlent sont mentionnées aux articles précités, je crois devoir m'arrêter. (B.)

MIEL. Matière sucrée que les fleurs des plantes sécrètent, et que les abeilles ramassent pour leur nourriture et pour fabriquer la cire dont sont composées les alvéoles où elles élèvent leurs petits, et où elles déposent la partie de ce miel qu'elles réservent pour l'hiver.

Au mot ABEILLE, j'ai traité du miel sous les rapports d'économie agricole : ici, je voudrais en parler sous ceux de physiologie végétale; mais, à ma connaissance, aucun observateur ne s'est encore livré à des recherches propres à éclairer cette importante matière.

Le miel n'est autre chose qu'une solution de sucre dans le mucilage. Il sort de toutes les parties du pistil, mais particulièrement du germe. Sa vraie destination paraît être de retenir, par sa viscosité, le pollen, ou poussière fécondante des étamines, et de l'entraîner, par sa réabsorption, jusqu'au germe pour le féconder. Une preuve, c'est que dans les fleurs monoïques ou dioïques les mâles ne sécrètent point de miel, et que, dans les années très-sèches où il n'y a presque pas de production de miel, ainsi que dans les années très-pluvieuses, où le miel est trop fluide, il n'y a pas autant de fleurs fécondées que dans les autres. *Voyez* FÉCONDATION.

Les abeilles et autres insectes, en suçant le miel des fleurs, loin de nuire à la fécondation, lui sont utiles; car, d'un côté, elles favorisent la production de ce miel en enlevant celui qui se dessèche; et de l'autre, elles répandent dessus la poussière fécondante, dont elles brisent les capsules. L'irritation qu'elles occasionnent doit aussi avoir de l'effet : c'est donc bien à tort qu'on les accuse de nuire aux récoltes, qu'on place des assiettes remplies de miel empoisonné autour des champs de sarrasin, comme je l'ai vu, pour les détruire. *Voyez* POLLEN.

Le miel a la propriété de se conserver un temps indéterminé et d'empêcher la décomposition des subtances animales et végétales qu'on y plonge. Abd-Allatif, médecin arabe, qui a publié dans le quatorzième siècle une Relation de l'Egypte, traduite par Sylvestre de Sacy, rapporte que des Arabes trouvèrent dans un caveau une cruche scellée pleine de miel, et dans laquelle se trouvait un enfant bien conservé qui devait y être depuis deux à trois mille ans.

C'est la meilleure matière qu'on puisse employer pour envoyer des GREFFES au loin. *Voyez* ce mot.

Les cultivateurs qui n'ont pas toujours une provision de miel à la disposition de leurs enfans ne calculent pas bien.

Après le miel de Narbonne, qui est dû aux fleurs du Ro-

MARIN, le meilleur en France est sans contredit celui de la ci-devant haute Provence, qui est fourni par la LAVANDE. (*Voyez* ces mots.) Le romarin gèle régulièrement dans le climat de Paris lorsqu'on l'y cultive en pleine terre; mais ce n'est que dans les hivers extraordinaires qu'il arrive la même chose à la lavande. Je ne doute pas que ce ne soit une bonne spéculation dans les pays chauds et arides du climat de Paris de semer de la lavande uniquement dans l'intention de la faire servir à la nourriture des abeilles. (*Voyez* LAVANDE.) Cette plante croîtrait fort bien dans les terres de bruyère, qui sont constamment sèches, et c'est là où il serait le plus utile de la placer, parce que la bruyère, qui commence à fleurir lorsqu'elle cesse de le faire, donne aussi un miel abondant et de bonne qualité.

Le miel vert de Bourbon est recueilli, au rapport de du Petit-Thouars, par l'abeille propre au pays, sur les fleurs de l'acacia hétérophylle de Lamark : il est fort estimé dans le pays. J'en ai reçu deux ou trois fois, et il m'a paru en effet fort bon. (B.)

MIÉLAT, MIELLÉE. Matière sucrée plus ou moins dissoluble dans l'eau, se rapprochant du miel, et encore plus de la manne, qui transsude des feuilles, des tiges, des fleurs et des fruits de la plupart des plantes, principalement pendant l'été, et dont l'écoulement leur nuit sous deux rapports; savoir, en les privant d'une partie de leur substance déjà élaborée, et en mettant des obstacles à leur transpiration ainsi qu'à l'absorption des gaz atmosphériques. *Voyez* MIEL et ABEILLE.

Les pucerons qui, pour s'en nourrir, vont, au moyen de leur trompe, puiser le miélat dans le parenchyme des feuilles et des bourgeons, augmentent considérablement son écoulement, soit en lui ouvrant de plus grandes issues, soit en le rendant à peine altéré par leur anus; mais il ne leur est pas exclusivement dû, comme quelques écrivains l'ont prétendu : c'est une des sécrétions naturelles des plantes. Les fourmis, qui le recherchent avec ardeur, ainsi que les abeilles et autres insectes, n'ont aucune influence sur sa formation, comme l'ignorance le proclame en beaucoup de lieux. *Voyez* PUCERON.

Les plantes les plus faibles, celles qui croissent dans un terrain aride, sont plus sujettes au miélat que les autres de la même espèce. Les étés secs et chauds sont sur-tout une des causes les plus influentes de sa production, et alors ce sont les plantes les plus vigoureuses qui en fournissent le plus. On peut conclure de ce fait que le miélat est tantôt l'effet d'une maladie, tantôt celui d'un excès de santé, comme dans l'homme les sueurs; mais dans l'un ou l'autre cas, l'excès de la sécrétion nuit beaucoup aux plantes ; il empêche les fruits de grossir, de prendre de la saveur, les fait même tomber avant le temps.

La poussière qui flotte continuellement dans l'air se fixe sur le miélat, et lorsqu'il est desséché il ressemble à de la suie ; ce qui la fait appeler Fumago dans quelques cantons. *Voyez* ce mot.

Les années abondantes en miélat ne sont point favorables à la croissance des arbres dans les pépinières.

Les jardiniers et les pépiniéristes sont plus souvent dans le cas de se plaindre des effets du miélat que les cultivateurs ; cependant les céréales en sont aussi affectées, et il produit sur elles les effets indiqués, effets qui sont plus sensibles, à raison de leur nature. Il n'est pas rare, dans ce cas, de n'obtenir que du blé de très-mauvaise qualité, de perdre même entièrement la récolte.

On a indiqué un grand nombre de moyens pour garantir les plantes du miélat ; mais il n'y en a pas d'autre véritablement utile en la puissance de l'homme que les arrosemens sur les feuilles et les tiges : or, comment arroser par le sommet tous les arbres d'un jardin, d'un verger, d'une pépinière, tous les épis de blé et autres productions ? C'est donc uniquement des pluies que les cultivateurs doivent attendre la disparition du miélat. La rosée le dissout aussi, mais par son évaporation le laisse sur les plantes, à moins qu'un vent fort ne le fasse tomber. L'observation a conduit à penser qu'en frappant les blés miélés avec des baguettes, ou en faisant passer sur eux des cordes pour faire tomber la rosée, on les débarrasserait du miélat ; et en effet ce résultat a été obtenu plus ou moins complétement.

Il serait nécessaire que le miélat fût pris spécialement en considération par un bon observateur ; car ce que nous savons à son égard est bien incomplet. L'analyse de ses différentes espèces manque, et cependant il suffit de goûter celui de l'érable et celui du chêne pour juger de la différence des principes qui entrent dans leur composition. Il a été reconnu que celui du frêne purgeait comme la Manne. (*Voyez* ce mot.) Le miélat qui a passé à travers le corps des pucerons doit y avoir éprouvé une modification, et par conséquent n'être plus complétement semblable à celui immédiatement sorti des pores de la plante. Il est d'ailleurs des circonstances qui influent sur la formation du miélat, puisqu'il se trouve dans une plantation des arbres qui n'en offrent pas, tandis que d'autres en sont surchargés ; qu'il est des localités où il ne paraît jamais, d'autres où il paraît plus tard ou en moins grande quantité, etc., etc.

En dernier résultat cependant, le miélat est un mal que les cultivateurs doivent se résoudre à souffrir, puisqu'ils ne peuvent y apporter en grand des remèdes suffisans. Heureusement que les années où il cause des pertes entières de récoltes se présentent rarement, et que généralement les dommages qu'il occasionne se réduisent à une plus faible végétation et à une diminution dans la grosseur et la saveur des fruits.

Voyez aux mots Végétation et Sucre. (B.)

MIELLATION. Sorte de maturité reconnue par les cultivateurs du Gâtinais sur une variété de poire à poiré appelée *poire de sauge*. Elle a lieu après la récolte et se termine par le blotissement : c'est pendant cette sorte de maturité que le principe sucré se développe et qu'il convient par conséquent de fabriquer le poiré. (B.)

MIEILLERO. On donne ce nom aux champs plantés en maïs dans le sud-ouest de la France. (B.)

MIGE. Semis sur chaume, usité dans le département des Deux-Sèvres.

MIGNARDISE. Espèce de petit œillet dont on fait fréquemment des bordures. *Voyez* OEillet.

MIGNONNETTE. On donne quelquefois ce nom à la saxifrage granuleuse.

MIL. *Voyez* Millet et Houlque.

MIL. On donne ce nom au maïs dans les départemens du sud-ouest de la France.

MIL-GLOUUN. Nom breton de la renouée aviculaire.

MILLEFEUILLE. Espèce du genre Achillée. *Voy.* ce mot.

MILLARAL. Un champ planté en maïs porte ce nom dans le midi de la France. (B.)

MILLARGO. C'est dans le midi de la France la tige verte du maïs. (B.)

MILLARGOU. C'est, dans le midi de la France, le maïs semé pour fourrage. (B.)

MILIASSE. Nom de la Bouillie de Maïs dans les Cévennes. *Voyez* ces deux mots.

MILLEPERTUIS, *Hypericum*. Genre de plantes de la polyadelphie polyandrie et de la famille des hypéricoïdes, qui renferme près de cent espèces de plantes, dont plusieurs fournissent des remèdes à la médecine, et quelques-unes sont si communes qu'il n'est pas permis d'ignorer leur nom.

Il est des millepertuis frutescens, des herbacés, soit vivaces, soit annuels; tous ont des feuilles simples, opposées ou verticillées, et des fleurs jaunes ou rougeâtres, disposées en corymbes ou en panicules terminaux. Les plus communs d'entre eux sont :

Le Millepertuis commun, *Hypericum perforatum*, Lin., qui a les fleurs trigynes; la tige aplatie; les feuilles ovales, obtuses et parsemées de points transparens. Il croît par toute l'Europe dans les bois, les haies, les champs incultes, etc.; est vivace, s'élève à 2 ou 3 pieds, et fleurit pendant tout l'été et l'automne. Sa saveur est un peu salée et amère; ses fleurs et ses semences ont une odeur résineuse. Il tient le premier rang parmi les vulnéraires, et est de plus résolutif, diurétique et vermifuge. On en fait, en mettant infuser ses sommités fleuries dans l'huile d'olive, un remède qui n'a pas d'autre propriété que celle de l'huile pure. C'est lui qui a donné le nom au genre, parce qu'en regardant ses feuilles à travers le jour, elles semblent percées de mille trous; c'est-à-dire qu'elles présentent, comme je l'ai dit plus haut, des points transparens formés par des vésicules d'huile essentielle, huile qu'on obtient par le moyen de l'esprit de vin, et qui prend une couleur rouge propre à être communiquée sans inconvénient aux liqueurs de table et aux mets qu'on veut déguiser.

Les moutons, les chèvres et sur-tout les bœufs mangent cette plante quand elle est jeune, mais n'y touchent plus dès qu'elle est fleurie. Comme elle est excessivement abondante dans certains lieux, sur-tout dans les taillis situés en bons fonds, les cultivateurs doivent la faire couper à la fin de l'été, soit pour chauffer leur four, soit pour augmenter la masse de leurs fumiers. Elle est très-propre à ces deux objets par le nombre de ses tiges et la quantité de feuilles dont elles sont garnies.

Son beau port, le nombre et la durée de ses fleurs la rendent propre à entrer dans la composition des jardins paysagers, où on peut la placer presque par-tout, s'accommodant de tous les aspects et de tous les terrains.

On la multiplie très-facilement par ses graines ou par le déchirement des vieux pieds, qui poussent annuellement une grande quantité de rejetons; mais il ne faut pas que cette division soit trop rigoureuse, car une grosse touffe est beaucoup plus agréable qu'une petite.

Le Millepertuis de montagne a les fleurs trigynes, le calice bordé de glandes noirâtres, les tiges rondes, les feuilles amplexicaules, non perforées et bordées de taches noires. Il croît dans les bois des montagnes, souvent avec autant d'abondance que le précédent, dont il diffère peu par l'aspect. Je ne sache pas qu'on l'emploie en médecine; mais Romme nous a appris que les Tartares voisins de la Chine en prenaient la décoction comme les Turcs prennent l'opium, c'est-à-dire pour se plonger dans une stupeur qui leur fait oublier leurs maux. On doit aussi le récolter pour faire du fumier, et le placer dans les jardins paysagers, aux lieux secs et exposés au soleil.

Les Millepertuis velu et quadrangulaire diffèrent peu de celui-ci, et ce que j'en ai dit leur est applicable. Ils se trouvent quelquefois très-abondamment dans les mêmes lieux.

Le **Millepertuis élégant**, *Hypericum pulchrum*, Lin., a les tiges cylindriques; les feuilles ovales, oblongues, amplexicaules, et est glabre dans tous ses parties. Il se trouve dans les bois montagneux et argileux en petites touffes, qui se font remarquer par la couleur rouge que prennent en automne les tiges et les feuilles. Il est réellement plus élégant que les autres, et mérite par conséquent de trouver une place distinguée dans les jardins paysagers.

Le **Millepertuis couché**, *Hypericum humifusum*, Lin., a la tige aplatie, couchée, filiforme, les fleurs solitaires et à trois styles. Il est vivace et croît sur les montagnes argileuses, dans les pâturages secs. Je le cite, parce qu'il est quelquefois très-commun, et se fait remarquer par l'éclat de ses fleurs et la délicatesse des rosettes qu'il forme sur la terre.

Le **Millepertuis tout sain**, *Hypericum androsæmum*, Lin., est frutescent, a les tiges aplaties, les feuilles ovales, les fleurs trigynes; ses fruits sont une baie. Il croît dans les parties méridionales de l'Europe, et passe pour vulnaire, vermifuge, résolutif, etc., d'où vient son nom. Il s'élève à 2 ou 3 pieds, et se cultive fréquemment dans les jardins, à raison de la grandeur et de l'éclat de ses fleurs, qui se développent successivement pendant tout l'été et une partie de l'automne. On le multiplie par ses graines, qu'on sème, aussitôt qu'elles sont mûres, dans une planche abritée et bien préparée, ou plus communément par le déchirement des vieux pieds, déchirement qui en procure souvent un grand nombre de nouveaux. Cette opération peut se faire pendant tout l'hiver.

On place ce millepertuis dans les partères au milieu des plates-bandes et dans les jardins paysagers autour des massifs, au pied des fabriques, des rochers, etc. Il produit des effets assez agréables. Toute espèce de terre lui est indifférente; mais il vient mieux dans celle qui est fertile et chaude.

Le **Millepertuis calicinal** est frutescent; a les tiges tétragones et couchées; les feuilles ovales et distiques; les fleurs solitaires, terminales et de plus d'un pouce de diamètre. Il est originaire des parties orientales et méridionales de l'Europe, et se cultive fréquemment dans les jardins, à raison de la grandeur et de l'éclat de ses fleurs. Il est sur-tout très-précieux pour les jardins paysagers par sa propriété de conserver ses feuilles toute l'année, de croître à l'ombre des arbres mieux qu'au soleil, et par conséquent de pouvoir garnir le sol des massifs, sol qui est ordinairement nu et désagréable à la vue. On ne peut donc trop le multiplier, et par sa nature il se prête parfaitement aux désirs des cultivateurs à cet égard; car outre qu'il pousse annuellement une grande quantité de rejetons qui peuvent être séparés en hiver, il suffit de couvrir de terre la base de ses tiges pour qu'elles prennent racine à chaque nœud. Lorsque le terrain est frais et fertile, on doit être assuré que des pieds plantés à une demi-toise l'un de l'autre en couvriront la surface en deux ou trois ans au plus. On peut aussi le multiplier par ses graines, qu'on sème comme celle du précédent ; mais on emploie rarement ce moyen, à raison de la facilité, de la promptitude de celui que je viens d'indiquer. Par-tout cette plante se fait remarquer des plus indifférens, et elle mériterait d'être plantée même dans les bois, où elle croîtrait sans culture aussi bien que dans les jardins.

Le MILLEPERTUIS KALMIEN a la tige frutescente, haute de 3 ou 4 pieds, et les feuilles linéaires, lancéolées. Il est originaire du Canada, et se cultive fréquemment dans les jardins, à raison de la beauté des touffes qu'il forme, sur-tout lorsqu'il est en fleur. Il conserve sa verdure toute l'année. Une terre très-légère, telle que celle de bruyère, et une exposition ombragée lui sont nécessaires ; en conséquence on ne peut le placer par-tout. C'est dans les corbeilles ou plates-bandes irrégulières, dites de terre de bruyère et exposées au nord, qu'il convient de le planter dans les jardins paysagers. Ses fleurs se succèdent pendant l'été et l'automne, et souvent couvrent les feuilles, tant elles sont nombreuses. On le multiplie presque exclusivement de semences, qu'on répand sur une terre de bruyère à l'exposition du nord. On ne doit presque pas les enterrer. Le plant qui en provient se repique la seconde année à 6 ou 8 pouces, et peut être mis en place la quatrième. Il est également agréable, soit qu'on lui fasse former une boule sur une tige, soit qu'on la tienne en buisson.

Le MILLEPERTUIS LANCÉOLÉ, qui croît au cap de Bonne-Espérance, acquiert la grosseur d'un homme, et fournit une liqueur balsamique résineuse, qu'on estime beaucoup dans les blessures.

Le MILLEPERTUIS A FEUILLES SESSILES se trouve dans les forêts de la Guiane : c'est aussi un grand arbre qui porte les noms de *bois dartre*, *bois de sang*, *bois à la fièvre*, *bois-d'acossais*, et dont on fait un fréquent usage comme purgatif, antidartreux et antifiévreux.

Le MILLEPERTUIS BACCIFÈRE, qui est originaire des mêmes pays, est encore un arbre qui laisse fluer un suc jaune qu'on emploie comme purgatif, et qui, rendu concret, constitue ce qu'on appelle la *gomme gutte d'Amérique*. (B.)

MILLET. On donne ce nom à plusieurs sortes de graines. Le *millet des oiseaux* est le PANIC (*Panicum italicum*, Lin.) ; le *grand millet* ou *millet d'Afrique* est la HOULQUE-SORGHO

(*Holcus sorghum*, Lin.); le *millet d'Inde* ou *gros millet* est le Maïs (*Zea maïs*, Lin.) *Voyez* ces trois mots.

MILLET NOIR. On cultive en Moravie un millet noir dont l'épi est en aigrettes et dont on tire un grand parti pour la nourriture du peuple et des bestiaux; c'est toujours avant le froment qu'on le sème.

Il est probable que c'est la variété brune de la Houlque-Sorgho. *Voyez* ce mot.

MILLET DE TURQUIE. La plus forte et la plus tardive des variétés de maïs porte ce nom à Turin. (B.)

MILLORQUE. Nom du sarrasin dans les environs de Carcassonne. (B.)

MIMARELOS. On appelle ainsi, dans le midi de la France, les sarmens de vigne, que l'on conserve frais en terre pour les planter au printemps. *Voyez* Bouture et Crocette. (B.)

MINE. On donne ce nom tantôt aux lieux où l'on trouve des métaux, de la houille, etc., tantôt à ces métaux mêmes dans leur état brut, c'est-à-dire oxidés, ou combinés avec le soufre, l'arsenic et autres substances.

Il y a des mines en filons, il en est en couches : les premières se trouvent dans les fentes des rochers; les secondes, qui sont principalement celles de fer dites d'alluvion, s'étendent quelquefois sous une grande étendue de pays.

Je ne dois parler des premières que pour dire qu'il n'est pas vrai, comme on l'a cru si long-temps, que leurs émanations produisent la stérilité des terres sous lesquelles elles se trouvent. Cette erreur provient de ce que le gneiss, le schiste, sortes de pierres qui les renferment le plus ordinairement, sont d'une nature peu fertile, ainsi qu'on le peut voir à leur article.

Lorsque les mines en couches sont à plusieurs pieds de la surface, elles ne nuisent pas à la fertilité du sol; mais lorsqu'elles sont superficielles, elles le rendent tout-à-fait impropre à la culture. (*Voyez* aux mots Fer et Oxide.) Il n'y a pas de moyen connu de les utiliser sous ce rapport autrement qu'en les couvrant de bonne terre; mais il est rare que l'oxide de fer soit seul : il est généralement uni avec l'Argile et souvent avec le Calcaire (*voyez* ces deux mots), et alors il nuit peu aux récoltes.

La loi regarde les mines de houille comme appartenant au propriétaire du fonds, ce qui, quoique juste en principe, est fort nuisible à l'intérêt général, parce que les cultivateurs à qui appartient ce fonds n'ont le plus souvent ni la volonté ni la faculté de les exploiter et encore moins l'instruction nécessaire. *Voyez* au mot Houille.

En général, c'est un fort mauvais bien qu'une mine, et ce en raison inverse de la valeur que les métaux ont dans l'opinion, c'est-à-dire que les mines d'or sont les moins profitables de toutes; les mines de fer seraient les plus avantageuses si elles n'étaient pas si communes, et si le bois était moins rare.

Je n'entrerai pas dans de plus grands détails sur cet objet, qui n'intéresse qu'indirectement l'agriculture. (B.)

MINE. Ancienne mesure de superficie en usage dans l'Orléanais. *Voyez* Mesure.

MINÉE. Ancienne mesure de superficie. *Voyez* au mot Mesure.

MINER. On donne ce nom, dans quelques cantons, aux environs de Lyon, par exemple, aux défoncemens (*voyez* ce mot), qu'on exécute dans les sols pierreux pour y planter de la vigne. Ces défoncemens, dont il sort une grande quantité de pierres, sont indispensables, mais très-coûteux. Ordinairement on y travaille tant de jours chaque hiver dans chaque lot de vigne, dont la culture est confiée à une seule famille, de manière que tous les ans on arrache et plante à-peu-près la même quantité de vigne : j'ai été extrêmement content de la manière de faire ce défoncement dans un vignoble du Beaujolais, vignoble dont j'ai dirigé la culture pendant quelque temps. (B.)

MINÉRALOGIE. Science qui a pour objet l'étude des minéraux. *Voyez* ce mot.

Quoique les métaux (*voyez* ce mot) soient pour la plupart d'une grande importance pour les agriculteurs, il n'est pas obligatoire pour eux d'étudier la minéralogie, quoique cela leur soit toujours utile; mais il est indispensable qu'ils étudient la géologie (*voyez* ce mot), science qui en a été séparée dans ces derniers temps.

Dans cet ouvrage, j'ai eu soin de m'étendre beaucoup sur les articles de géologie, et de ne dire qu'un mot des minéraux. *Voyez* Terre et Pierre. (B.)

MINET. Nom que portent, dans les landes de Bordeaux, les paniers dans lesquels on met fermenter les pains de froment; ils sont d'osier ou de ronce. (B.)

MINETTE DORÉE. Nom vulgaire de la luzerne-houblon, *Medicago lupulina*, Lin.

MINSI. Mélange de son et d'ortie hachée, qu'on donne aux dindons dans le département des Deux-Sèvres.

MIOIT BI. Synonyme de petit-vin dans le midi de la France, c'est-à-dire eau mise sur la rafle après son pressurage, pour en enlever les dernières portions de jus. (B.)

MIGNE. Préparation de farine de maïs dont on fait usage dans les landes de Bordeaux et contrées voisines : elle consiste à pétrir cette farine avec de l'eau chaude salée, à disposer la pâte en boules de la grosseur d'une pomme, à les faire cuire à grande eau, qu'on ne laisse pas arriver à l'ébullition, à les couper en tranches et à les faire griller des deux côtés. (B.)

MIRIOFLE, *Miriophyllum*. Genre de la monoécie polyandrie constitué par deux plantes vivaces à feuilles verticillées, pinnées et à fleurs disposées en épi terminal, qui croissent dans les eaux dormantes, et qui y sont souvent si communes, qu'elles les remplissent entièrement ; je ne les cite ici que parce que cette abondance indique que les cultivateurs doivent les arracher pendant l'été avec de grands râteaux, pour, après les avoir laissées sécher sur le bord de ces eaux, les faire transporter sur leurs terres ou sur leur fumier : souvent une marre qui n'était d'aucune utilité à un propriétaire devient productive par ce moyen.

Les deux miriofles en question se distinguent, parce que l'un a les épis nus, et l'autre les a garnis de feuilles. (B.)

MIRLIROT. Nom altéré du MÉLILOT.

MIROIR DE VÉNUS. Nom vulgaire d'une espèce de CAMPANULE qui croît abondamment dans les blés.

MIRTIL. Nom vulgaire de l'AIRELLE COMMUNE.

MISOLTE. Nom vulgaire du PATURIN MARITIME aux environs de la Rochelle. (B.)

MISONI. Les Chinois nomment ainsi la boisson qu'ils font avec l'eau qui sort de la CHOUCROUTE. *Voyez* ce mot et celui CHOU. (B.)

MISSOLE. Variété de FROMENT qui se cultive dans le département de la Haute-Garonne : elle est très-productive, mais s'égrène facilement. (B.)

MISTRAU. VENT du nord-ouest, qui à Narbonne cause la sécheresse, et nuit beaucoup aux produits des récoltes. (B.)

MITADENC. On donne ce nom, dans le département de la Haute-Garonne, à un mélange de deux variétés de fromens, dont l'une a les chaumes creux, et l'autre les a solides. *Voyez* FROMENT. (B.)

MITCHELLE, *Mitchella*. Plante fruticuleuse de l'Amérique septentrionale, qui se cultive en pleine terre dans les jardins de Paris, et qui forme un genre dans la tétrandrie monogynie et dans la famille des rubiacées.

La MITCHELLE RAMPANTE croît dans les bois humides, et fleurit au milieu du printemps. Ses tiges sont menues, rampantes, radicantes ; ses feuilles petites, presqu'en cœur et persistantes ; ses fleurs axillaires, blanches et odorantes ; ses fruits d'un rouge de corail très-vif et subsistant d'une année sur l'autre. Elle est fort élégante, et produit de très-agréables effets, soit qu'elle soit en fleur, soit qu'elle soit en fruit ; mais sa petitesse fait que, quoique très-facile à multiplier, n'exigeant aucune culture et ne craignant point les gelées du climat de Paris, elle est encore fort rare autour de cette ville : c'est en Amérique où j'ai pu apprécier tous les avantages dont elle serait dans nos jardins paysagers si on l'y multipliait abondamment. En effet, elle croît uniquement à l'ombre des grands arbres, couvre le sol ordinairement nu des massifs d'une verdure perpétuelle, se garnit de fleurs nombreuses, mais assez grandes, d'un blanc éclatant et d'une odeur suave, et ensuite de fruits d'un rouge vif et par conséquent propres à contraster avec le feuillage des plantes environnantes : on se la procure par graines et par la séparation des tiges, qui prennent racine à presque tous leurs nœuds ; il ne s'agit que d'empêcher les grandes plantes de l'étouffer, et bientôt elle couvrira d'elle-même le terrain. (B.)

MITTE, *Acarus.* Genre d'insectes aptères qui n'est pas celui de Fabricius, mais celui de Latreille : ce dernier naturaliste a formé, aux dépens des autres insectes qui avaient été confondus sous ce nom, les genres CIRON, IXODE, SARCOPTE et autres moins importans à faire connaître aux cultivateurs.

Les deux mittes, dans le cas d'être citées ici, sont :

La MITTE DOMESTIQUE, qui est ovale, velue, blanche, avec deux taches rousses ; elle se trouve en quantité dans le vieux fromage, qu'elle réduit en poussière, sur la viande sèche, le pain abandonné depuis long-temps, les confitures sèches, les collections d'histoire naturelle, etc.

La MITTE DE LA FARINE, qui est allongée, velue, blanche, avec la tête rousse ; elle vit aux dépens de la farine, dont elle accélère beaucoup l'altération.

Ces deux insectes, à peine visibles, se rapprochent beaucoup, mais sont cependant distincts ; souvent ils causent de grands dommages aux cultivateurs, et il n'est pas toujours facile d'en débarrasser les alimens qui en sont infestés. Une chaleur très-élevée, soit dans un four, soit au moyen de l'eau, peut seule faire arriver à ce but, et plusieurs articles de consommation ne comportent pas ce moyen : en général, c'est par une surveillance toujours active, une propreté recherchée, et sur-tout en ne gardant pas plus long-temps qu'il ne convient les objets destinés à la nourriture, qu'on peut y parvenir.

Dans ces espèces, les femelles sont plus grosses que les mâles, et pondent, pendant presque toute l'année, des œufs blancs réticulés de brun, qui ne tardent pas à éclore, de sorte que les générations se succèdent avec une incroyable rapidité : de là vient qu'un fromage qui ne paraissait pas en être attaqué est quelquefois détruit en peu de temps.

On donne aussi le nom de mitte à la BLATTE et à la BRUCHE DES POIS *Voyez* ces mots. (B.)

MIXTURE ou **MITURE**. Mélange de pois gris, de fève de marais, de vesce, de froment, de seigle, d'avoine, etc., qu'on sème pour fourrage et qu'on fauche au moment de la floraison. Quelquefois cette mixture n'est composée que de froment et de seigle ; mais elle n'offre pas les mêmes avantages que celle où entrent des plantes grimpantes qui s'attachent aux graminées. *Voyez* Mélange. (B.)

MOELLE DES PLANTES. Tissu cellulaire, ordinairement blanchâtre, qui remplit un canal au centre des tiges des plantes dicotylédones, au moins dans leur jeunesse, qui communique à travers le corps ligneux avec la surface de l'aubier par des prolongemens rayonnans et fort apparens dans certains bois, le chêne, par exemple. Des fibres longitudinales traversent la moelle, ainsi qu'on le voit facilement dans le sureau.

Quelques personnes croient que la moelle est nourrie par l'écorce ; d'autres, au contraire, pensent que c'est la moelle qui nourrit le liber : le vrai est qu'on n'a encore sur cet objet que des opinions vagues. Les usages de la moelle sont encore inconnus. Duhamel, Sennebier et autres, ont enlevé la moelle à de jeunes arbres, parmi lesquels quelques-uns continuèrent à végéter, comme s'ils n'avaient pas subi cette opération ; on est d'ailleurs certain qu'elle n'est pas nécessaire à la vie ni à la reproduction, témoin ces arbres creux si fréquens, qui vivent des siècles et se chargent annuellement de fruits.

Dans le sureau, chaque bourgeon qui se développe n'est qu'une moelle verdâtre entourée d'écorce. Peu-à-peu il se forme du bois, et la moelle blanchit et diminue de diamètre, ainsi que tous les cultivateurs l'ont remarqué ; mais ce n'est pas par l'effet de nouvelles couches ligneuses intérieures, comme on l'a dit, c'est par celui de la contraction du bois à mesure qu'il se durcit.

La forme de la moelle n'est pas toujours circulaire, comme on le croit communément ; elle est le plus souvent anguleuse et dépend toujours de la disposition des feuilles sur les branches. Dans le chêne précité, elle offre un pentagone, parce que le système des feuilles de cet arbre est de cinq autour de la branche ; les plantes à feuilles opposées sont souvent ovales, souvent carrées.

Tous les faits semblent se réunir pour prouver que la moelle est d'autant moins nécessaire, qu'elle appartient à une partie d'arbres plus vieille : ainsi celle des troncs de plus de dix ans d'âge est supposée n'être plus utile à rien ; elle disparaît très-fréquemment même dans le sureau.

Lorsqu'on plante un jeune arbre, en lui coupant la tête il se développe sur son tronc des bourgeons qui n'ont d'abord aucune communication appartenante avec l'étui médullaire ;

mais à la fin de l'été, cette communication est très-marquée. Il en est de même, ainsi que M. Juge de Saint-Martin l'a constaté, et comme je l'ai souvent vérifié, lorsqu'on place une greffe en écusson sur le tronc d'un jeune arbre. Comment ce canal se forme-t-il? C'est ce que je ne puis dire, et ce que n'ont pas dit ceux qui ont si longuement écrit sur la moelle dans ces dernières années.

Les arbres qui sont le plus pourvus de moelle se greffent rarement en fente avec succès, parce que l'évaporation qui se fait par la plaie amène promptement la dessiccation de la partie où est placée la greffe. Parmi les fruitiers, le noyer est principalement dans ce cas; par la même raison, on doit, dans les pépinières, ne rapprocher ou receper ces arbres qu'à la dernière extrémité, et lorsqu'on le fait sur une espèce précieuse, il faut sur-le-champ recouvrir la plaie avec de l'onguent de Saint-Fiacre, ou autre englument.

Les usages économiques de la moelle sont peu importans : on fait quelques joujoux avec celle du sureau, et des mèches de lampes avec celle du jonc.

Lorsqu'on dit qu'on mange la moelle des PALMIERS, on emploie une vicieuse expression, puisque ces arbres n'en ont point, ainsi qu'on peut le voir à leur article : c'est la FÉCULE interposée entre leurs fibres, qu'on confond avec elle, comme on peut le voir également à son article. (B.)

MOETTE. On donne ce nom, dans le département de la Somme, à la tenaille propre à échardonner. *Voyez* CHARDON.

MOFETTE. C'est l'acide méphitique qui se développe dans les mines. *Voyez* MÉPHITISME.

MOIE. Ce sont, dans la ci-devant Picardie, les tas de tiges de cameline battus et conservés pour chauffer le four. (B.)

MOIGNON. Dans quelques cantons, on donne ce nom à la partie laissée sur l'arbre d'une branche qu'on vient de couper : c'est un gros CHICOT (*voyez* ce mot). Les moignons ne sont pas agréables à la vue; mais ils évitent les CHANCRES, les GOUTTIÈRES (*voyez* ces mots), qui sont la suite de la coupe trop rapprochée des grosses branches. Il est donc toujours avantageux d'en laisser, sauf à les faire disparaître l'année suivante, si c'est dans des jardins d'agrément. *Voyez* ELAGAGE. (B.)

MOINEAU, *Fringilla domestica*, Lin. Oiseau du genre des PINÇONS, excessivement commun en France, et presque domestique. Il quitte rarement les habitations, et vit au milieu des plus grandes villes. Tout le monde connaît son piaulement monotone. Il fait généralement trois couvées par an, et place son nid dans des trous : ce n'est qu'à défaut de cavités qu'il les construit sur des arbres ou les saillies des édifices. Chaque couvée est de cinq à six œufs. Il se réunit en grandes bandes pendant l'automne et l'hiver.

Les cultivateurs n'ont point d'ennemis plus acharnés au pillage de leurs récoltes que cet oiseau. Il mange leur blé et autres graines sur pied, dans les granges, dans les greniers, lorsqu'on le sème. Rien n'égale sa hardiesse et son avidité : ce n'est pas à tort qu'on dit proverbialement *rusé comme un moineau*. Il semble ne pas craindre l'homme, et cependant il est très-difficile à prendre dans les piéges où les autres oiseaux tombent sans coup férir.

Il est généralement admis comme certain que chaque moineau mange 10 livres ou un demi-boisseau de blé par an ; mais ce calcul est beaucoup trop faible pour ceux qui se trouvent dans les pays de grande culture. Plusieurs observations positives constatent que le jabot d'un de ces oiseaux contient aisément à-la-fois cent grains de blé : or, digérant très-promptement, il est des circonstances où il peut le remplir deux fois par jour. En se réduisant à cette quantité et à neuf mille deux cent seize grains par livre, cela fait à très-peu près 40 livres ou deux boisseaux par an. Rougier de la Bergerie diminue encore ce nombre de moitié ; et calculant sur dix millions de moineaux en France, ce qui, à mon avis, est bien au-dessous de la réalité, il trouve une perte annuelle de dix millions de francs.

Cette énorme diminution, causée par les moineaux dans les produits de l'agriculture, a depuis très-long-temps déterminé les Anglais à mettre leur tête à prix, et ils ont été imités dans quelques cantons de l'Allemagne. Pourquoi donc n'en agissons-nous pas de même en France ? Qu'est-ce que 50,000 fr., par exemple, à quoi on pourrait fixer la dépense annuelle de leur destruction pendant chacune des dix premières années, à 2 sous par tête, comparativement au résultat des calculs de Rougier de la Bergerie ? Faisons donc des vœux pour que le gouvernement ouvre les yeux sur cet objet, et fasse des lois de proscription contre ces oiseaux, qui n'offrent aucun avantage capable de contre-balancer leurs inconvéniens ; car leur chair est coriace et de mauvais goût.

Vivant au milieu des villes et des villages, les moineaux n'ont guère pour ennemis que les chouettes et les chats, et il ne paraît pas que la destruction qu'ils en font soit bien considérable. Les seuls enfans d'une ferme, pendant qu'ils nichent, en font périr plus du double de ceux qui seraient victimes de tous les animaux carnassiers dans l'espace d'une année : c'est donc l'homme qui doit se charger du soin d'en diminuer le nombre ; mais les moyens n'en sont pas faciles, comme je l'ai déjà observé, d'après la méfiance qui est le propre de leur caractère, et la facilité que leur donne leur hardiesse pour se procurer facilement des moyens de subsistance.

On les tue facilement et souvent en grand nombre au fusil ; mais la dépense de la poudre et du plomb arrête bien des cultivateurs. Pour diminuer cette dépense, on doit faire des traînées, de 6 à 8 pieds de longueur sur 2 ou 3 pouces de large, de poussière de foin ou de balayures de grange, dans le voisinage de la maison et dans la direction d'une fenêtre. Les moineaux, qu'on laisse souvent manger tranquillement les graines qui s'y trouvent, s'accoutument à y venir, et de temps en temps on leur lâche des coups de fusil chargés de cendrée de plomb, qui en abattent des douzaines à-la-fois.

Comme dans les pays de plaine ils se couchent ordinairement dans les haies, un homme se place, lorsque la nuit est bien noire, à une des extrémités de cette haie, tenant étendu un filet contre-maillé, de 6 pieds de large, attaché à 2 bâtons de 10 à 12 pieds de haut, c'est-à-dire un *rafle*, et en fait placer un autre à quelque distance derrière lui avec une torche allumée, tandis qu'un troisième va sans bruit, et en prenant un détour, gagner l'autre extrémité de la haie, d'où il revient lentement en frappant de temps en temps la haie d'un bâton. Les moineaux effrayés se sauvent du côté de la lumière et s'embarrassent entre les mailles du filet, où on les tue lorsque le batteur est arrivé près de celui qui tient ce filet. Quand cette rafle est plus grande que celle dont les dimensions viennent d'être indiquées, il faut deux personnes pour la tenir. Cette chasse, lorsqu'on la fait pendant que les moineaux sont en bandes, est extrêmement destructive. J'en ai, dans ma jeunesse, pris quelquefois plusieurs centaines en peu d'instans. Il suffit de connaître les haies où ils préfèrent se réfugier pendant tel ou tel vent : c'est à l'époque des gelées qu'elle est la plus fructueuse.

Il est encore facile de prendre de grandes quantités de moineaux avec un filet à allouettes ou un filet tombant, au milieu duquel ou sous lequel on met une moquette, c'est-à-dire un moineau attaché par la patte ou enfermé dans une cage, et quelques poignées de blé. Lorsqu'on place ces filets assez près d'une maison pour que le chasseur puisse s'y cacher, on doit s'attendre à une réussite encore meilleure ; car la présence d'un homme qui reste tranquille inquiète bien plus les moineaux que celle d'une douzaine qui agissent.

Un fermier qui surveille ses intérêts doit toujours disposer un de ses greniers de manière qu'il n'y ait que deux fenêtres, dont l'une est garnie d'un filet contre-maillé fixé à demeure, et l'autre d'un ou deux volets, qui tombent ou se croisent, au moyen d'une poulie de renvoie et d'une corde, à la volonté d'une personne placée dans la cour ou dans une pièce voisine. Lorsqu'il voit des moineaux très-nombreux autour de sa demeure, il les attire dans ce grenier au moyen de quelques poignées de mauvaises graines, et dès que la bande y est entrée, il fait fermer la fenêtre à volets : tous les moineaux aussitôt se jettent vers celle fermée du filet et s'y prennent. On peut renouveler cette opération plusieurs fois par semaine, et je sais, par expérience, que, l'hiver sur-tout, on peut promptement détruire la plus grande partie des moineaux de son voisinage.

Les pots, que dans beaucoup de lieux on présente aux moineaux pour faire leurs nids, en favorisent beaucoup la diminution, sur-tout quand avec les petits on peut prendre la mère, chose qui est toujours assez facile.

Lasteyrie, dans sa Collection des machines et ustensiles employés dans l'économie rurale, donne, tome 1er., la figure d'un arbre sec, aux branches duquel sont fixés beaucoup de pots dans le même but.

Je ne parle pas de ces petits piéges d'un grand nombre de sortes avec lesquels les enfans prennent quelques moineaux, parce que le temps qu'exige ou leur fabrication ou leur service ne permet pas à des hommes utilement occupés de les employer : je me borne seulement à dire qu'on doit en encourager la tendue autant que possible. Leur grand nombre donne en définitif des résultats très-avantageux.

Duhamel a observé que les moineaux faisaient beaucoup moins de dégâts dans les seigles et dans les fromens barbus que dans les autres espèces de céréales : en effet leurs grains étant cachés et défendus par des barbes, il leur faut plus de temps pour les prendre.

Tous les fantômes et autres épouvantails qu'on met dans les campagnes au milieu des champs ensemencés, sur les arbres couverts de fruits, servent fort peu contre les moineaux. Un jour suffit pour qu'ils s'y accoutument ou qu'ils apprennent à les braver : il n'est personne qui n'en ait acquis fréquemment la preuve. Un ou plusieurs enfans suffisent quelquefois à peine pour les empêcher de marauder dans une chenevière, ou autre semis de graines qu'ils aiment beaucoup. (B.)

MOIS DE L'ANNÉE. Le cercle que parcourt la terre en tournant autour du soleil a été divisé en douze parties presque égales, et on a donné le nom de mois au temps qu'elle met, ou, à raison de l'illusion, au temps que met le soleil à parcourir une de ses parties.

Chaque mois de l'année amène des différences dans les circonstances atmosphériques, et par conséquent dans la végétation; il doit donc en amener aussi dans les travaux du cultivateur. J'ai eu soin d'en indiquer la série en gros, et principalement pour le climat de Paris, à chacun de leurs noms; j'y renvoie le lecteur.

La réunion de trois mois fait ce qu'on appelle une SAISON; chacune d'elles a encore plus que les mois un caractère agricole qui lui est propre : il a donc fallu aussi énumérer les principaux de ces caractères, et c'est ce que j'ai fait à leur article. (B.)

MOISISSURE, *Mucor*. Genre de plantes cryptogames, de la famille des CHAMPIGNONS, dont les espèces ne végètent que sur les substances où se trouve un principe muqueux uni à de l'eau, sur-tout sur celles qui commencent à entrer en putréfaction. Non-seulement elles hâtent la décomposition de ces substances, mais elles communiquent à celles destinées à la nourriture des hommes et des animaux une saveur nauséabonde très-désagréable, et qui empêche de les manger. Leur histoire intéresse donc le cultivateur et sa ménagère.

Tantôt les filamens des moisissures sont isolés, tantôt ils sont réunis en groupes plus ou moins étendus. Leur croissance est tellement rapide, que quelques heures suffisent pour les amener à leur parfait développement; aussi sont-elles délicates au point que le plus petit attouchement, un léger souffle anéantissent leur organisation. Comme il n'est personne qui ne les connaisse, tout ce que je dirais de plus serait inutile.

Les espèces les plus communes dans ce genre sont,

La MOISISSURE CRUSTACÉE, qui a ses tiges extrêmement petites. Elle croît principalement sur le FROMAGE salé, où elle forme des plaques d'abord blanches et ensuite rouges. *Voyez* ce mot.

La MOISISSURE ORANGÉE. Elles a les tiges rameuses, rampantes, et forme sur le bois mort les bouchons de liége, l'intérieur des tonneaux vides, etc., de petites plaques d'un jaune doré, qui donnent presque toujours le goût de moisi au vin qu'on y met. Ce n'est qu'au moyen de l'eau bouillante, avec laquelle on lave à diverses reprises les tonneaux et les bouchons, qu'on peut parvenir à empêcher les effets de sa présence. *Voyez* TONNEAU.

La MOISISSURE OMBELLÉE a les tiges terminées par une houppe de graines blanchâtres. Elle croît sur toutes les matières en état de putréfaction, principalement sur les fruits et les confitures : c'est elle dont les ménagères ont le plus à se plaindre. Une surveillance continuelle sur les fruits, c'est-à-dire en enlevant tous ceux qui commencent à se gâter, et mettant les autres dans des lieux secs et aérés, faire repasser au feu les confitures, sont les seuls moyens certains de détruire ses désastreux effets. *Voyez* FRUIT et CONFITURE.

La MOISISSURE GRISATRE, *Mucor mucedo*, Lin. a les tiges

simples et terminées par un globule. Elle est la plus commune et celle qui répand l'odeur la plus désagréable : c'est principalement elle qu'on indique lorsqu'on prend le mot *moisissure* dans une acception générale. Elle croît sur la plupart des substances que l'homme emploie à sa nourriture, principalement sur le pain, dont elle fait perdre d'immenses quantités. Le moyen d'empêcher qu'elle s'y développe aussi promptement et aussi abondamment, c'est de ne faire entrer dans sa fabrication que la quantité d'eau convenable, de le laisser cuire suffisamment, et sur-tout de le conserver dans un lieu très-aéré et très-sec. Quand on s'aperçoit à temps que le pain commence à s'altérer, on le coupe par sa plus grande largeur, et on le met de nouveau au four pour faire mourir les germes de la moisissure. Si l'on veut le consommer sur-le-champ, il faut le tremper quelques instans dans l'eau bouillante, pour enlever sa mauvaise odeur et son mauvais goût : il faut encore l'arroser d'un peu de vinaigre.

Il résulte des expériences de M. Gohier, professeur à l'Ecole vétérinaire de Lyon, que le pain moisi est mortel pour le cheval, et de nul effet pour les chiens. Les symptômes qu'offrent les chevaux qui en ont mangé sont : pouls petit et accéléré, sueur froide, tremblement des muscles, dévoiement fétide ; les remèdes sont les boissons et les lavemens acidulés à grande dose.

Des douleurs d'estomac et des vomissemens tourmentent quelquefois les hommes qui ont mangé des choses moisies : les mêmes moyens les guérissent promptement.

Beaucoup de personnes supposent qu'il est possible d'empêcher les herbes cuites, les confitures, etc., de se moisir, en les fermant exactement, quoique l'expérience prouve journellement le contraire. Je ne crois pas cependant qu'elles naissent spontanément ; mais il suffit qu'on abandonne les matières en question exposées quelques minutes à l'air pour qu'il s'y transporte des semences.

Les autres moyens de conservation sont de mettre plus de sel dans les herbes, plus de sucre dans les confitures, de les faire plus cuire, et de les déposer dans des lieux très-secs, très-aérés et très-éclairés en même temps. On parvient quelquefois au même résultat en couvrant les pots avec du beurre, de la graisse ou du miel ; mais tous ces procédés ne sont jamais certains. Il faut donc qu'une ménagère visite souvent ses provisions, et mette de côté, pour les employer, toutes celles qui commencent à donner des signes de moisissure. La vigilance est en tout et par-tout la première des qualités de l'agriculteur et de sa compagne.

Un moyen certain de diminuer les inconvéniens des blés moisis a été indiqué par M. Hatchett, c'est de les laver dans de l'eau alcalisée bouillante, et ensuite dans plusieurs eaux froides.

Les botanistes allemands ont divisé ce genre en plusieurs autres; mais je n'ai pas dû faire usage ici de leur nomenclature, qui ne servirait qu'à embrouiller la matière. (B.)

MOISSINE ou MOINSINE. Sarment de VIGNE, garni de feuilles et de grappes, que les vignerons coupent au moment de la vendange, et qu'ils suspendent au plancher de leur maison pour en manger plus tard les raisins. Il est des moissines qui conservent jusque après l'hiver leurs raisins en bon état. Cette méthode est préférable sans doute à celle employée le plus communément pour arriver au même but, mais elle exige un vaste emplacement, et à moins d'être pratiquée avec ménagement, elle peut nuire aux récoltes suivantes. *Voyez* RAISIN. (B.)

MOISSON, MOISSONNER, MOISSONNEUR. Le premier de ces mots indique la récolte du blé et des autres céréales, le second l'action par laquelle on la fait, et le troisième celui qui y emploie ses bras. *Voyez Pl. II.*

On emploie encore ce mot comme synonyme de champs semés en céréales, par exemple dans cette phrase : *Il y a beaucoup d'herbe cette année dans les moissons.*

L'époque de la moisson varie non-seulement dans tous les climats, non-seulement chaque année, mais dans la même année selon la nature des terres, l'exposition, l'espèce ou la variété, l'époque des semis et autres circonstances : la fixer, même pour la localité la plus circonscrite, est chose impossible.

Les signes auxquels on reconnaît qu'il est temps de moissonner sont assez certains pour qu'on ne doive pas craindre de s'y tromper, et il y a trop peu d'inconvéniens à en avancer ou à en retarder le moment de quelques jours, pour qu'on puisse s'en inquiéter.

Lorsqu'on accélère trop la coupe du blé, on récolte un grain RETRAIT (*voyez* ce mot), qui est plus petit, se garde moins bien, donne moins de farine : ce n'est donc que par cause de nécessité qu'il est permis de moissonner avant la maturité complète.

Lorsqu'on les retarde trop, on est exposé à perdre beaucoup de grain par le fait même de l'opération, par les oiseaux, par les vents, les pluies, etc.; mais ces inconvéniens peuvent être diminués par des soins et de la surveillance.

Pour la plus grande partie de la France, le mois d'août est celui de la moisson, de là le nom d'AOUT qu'elle porte dans beaucoup de lieux.

C'est toujours par un temps sec qu'on doit désirer faire la moisson, sauf à la suspendre dans le milieu du jour si la chaleur est trop forte et l'égrenage trop considérable, car la pluie lui est nuisible sous plusieurs rapports.

Un cultivateur jaloux du succès de ses travaux n'attend pas au moment de la récolte pour faire ses dispositions préparatoires, parce qu'il sait que l'ouvrage sera toujours plus fort, que le monde ou les bestiaux dont il pourra disposer ne le comporteront. En conséquence il arrête ses moissonneurs, fait réparer ses voitures, ses harnois, remplir les ornières des chemins qui conduisent à ses champs, nettoyer ses greniers et ses granges, préparer ses liens, etc., etc.

Mongès, dans une Dissertation sur les instrumens aratoires des anciens, insérée vol. 3 des Mémoires de l'académie de littérature ancienne, figure le tombereau pour moissonner, décrit par Palladius, tombereau poussé par un bœuf contre les épis qui s'engagent dans ces dents recourbées dont son bord postérieur est armé, et tombent dans sa caisse.

La célérité et la simplicité de cette manière de moissonner fait regretter qu'elle soit tombée en désuétude, et désirer que quelques amis de la prospérité agricole de la France la remettent en activité.

Les Égyptiens, les Grecs et les Romains, ainsi que le constatent les monumens et les écrivains, faisaient souvent la moisson en deux temps, c'est-à-dire coupaient d'abord les épis avec une petite faucille, et ensuite fauchaient le chaume. Cette pratique qui double la dépense, n'est pas à conseiller par-tout et dans toutes les circonstances; mais l'avantage qu'elle a de fournir le grain le plus net, d'en faire perdre le moins possible, d'assurer sa conservation en permettant de le laisser dans les épis, devrait la faire adopter au moins dans les pays de petite culture et pour les Semences. *Voyez* ce mot. D'ailleurs il est des cas où il y a tout à gagner à la suivre, comme lorsque les fromens sont versés, lorsque des pluies continues font craindre que le grain ne germe dans l'épi, etc., etc.

Les fromens ainsi récoltés peuvent être battus avec une rapidité incroyable et sans perte, en faisant passer les épis dans un moulin à farine dont les meules sont écartées, avantage immense aux yeux de ceux qui ont suivi les opérations du Battage au moyen du Fléau, ou le Dépiquage au moyen des bestiaux et du Rouleau. *Voyez* ces mots.

La manière la plus commune de faire la moisson est en coupant les céréales avec une Faucille; mais depuis quelques années, on y emploie aussi le Fauchon et la Faux. *Voyez* ces mots.

Des expériences comparatives faites par un grand nombre de cultivateurs, au nombre desquels se trouve M. Ch.-S.-N. Lullin, auteur de l'Almanach du Léman, constatent que quand on prend les précautions convenables, c'est-à-dire qu'on opère sur des céréales qui ne sont pas trop desséchées, il y a un avantage réel à les couper avec la grande faux. La coupe au fauchon, qui est intermédiaire, est cependant celle qui prévaut aux environs de Paris et dans tout le nord de la France. D'un côté, il est toujours bon de laisser les céréales se dessécher sur le champ où elles ont végété, avant de les rentrer dans la GRANGE ou de les mettre en MEULES (*voyez* ces mots), parce qu'il y aurait à craindre qu'elles ne MOISISSENT, POURRISSENT ou s'ENFLAMMENT si on les entassait en grandes masses pendant qu'elles sont encore HUMIDES (*voyez* ces mots) ; de l'autre, il est souvent dangereux de les y laisser trop long-temps, à raison des PLUIES, des VENTS, des GRÊLES, des ravages des BESTIAUX, des OISEAUX, des VOLS, etc. Un absurde préjugé y fait sur-tout laisser l'AVOINE pendant des mois entiers, ce qui diminue considérablement ses produits généraux. J'ai vu des récoltes entières, quoiqu'excellentes, ne pas fournir la semence, par suite de cette manie, qu'on appelle JAVELAGE. *Voyez* ces mots.

Généralement les céréales se mettent en BOTTES (*voyez* ce mot, qui ici est synonyme de GERBE) sur le champ même, et sont transportées à la maison dans des charrettes ou à dos de cheval. Pour les lier, on emploie des liens de bois (*voyez* HART), ou des liens d'écorce (*voyez* TILLEUL), ou des liens de PAILLE (*voyez* SEIGLE), ou des liens de FOIN. *Voyez* ce mot.

Faire une botte ou gerbe vite et bien, c'est-à-dire dont la grosseur soit la même, dont les tiges soient égalisées, dont la ligature soit solide, n'est pas une opération aussi facile qu'on peut le croire, quand on n'a pas mis la main à l'œuvre.

Les gerbes peuvent varier de pays à pays, cependant de peu, car il est désirable que leur poids soit tel qu'un homme les manie aisément, sans cependant les multiplier plus qu'il n'est nécessaire ; mais il est bien que toutes celles de la récolte du même propriétaire ou du même fermier soient aussi égales que possible, afin qu'il puisse se rendre plus facilement compte des produits probables, et continuer plus rigoureusement le battage.

Je me suis souvent élevé en voyant opérer contre le peu de soin qu'apportent les ouvriers, même les propriétaires, à ne pas trop secouer les javelles, les gerbes, soit en les formant, soit en les chargeant, soit en les déchargeant. Le résultat de cette insouciance est probablement une perte de plusieurs millions, peut-être de cinquante, dans les produits généraux de l'agriculture. Je voudrais donc que, sans nuire à la célérité, on ménageât davantage ces secousses ; que les voitures fussent par-tout, comme je l'ai vu dans quelques lieux, garnies de toile.

Quant à la manière d'arranger les gerbes dans les Granges ou en Meules, *voyez* ces mots.

Cet article est susceptible d'être très-étendu ; mais les objets qui le concernent n'étant que la réunion de beaucoup d'autres qui sont développés ailleurs, ce serait faire un double emploi que d'allonger celui-ci davantage. En conséquence je renvoie de nouveau aux mots Froment, Seigle, Avoine, Orge, Blé, Sciage, Faucille, Faux, Faucher, Maturité, Javelage, etc. (B.)

MOITANGE. *Voyez* Méteil.

MOLASSE. Les cultivateurs donnent ce nom, dans quelques départemens, à une pierre calcaire mêlée de sable et d'argile, c'est-à-dire à une espèce de marne non susceptible de se déliter à l'air, qu'on trouve en couches plus ou moins épaisses, immédiatement au-dessous de la terre végétale. Cette molasse étant complétement infertile, et ne laissant pas passer les racines des plantes, nuit beaucoup aux produits de la culture. Son extraction est le seul moyen d'en débarrasser une localité ; mais ce moyen est trop coûteux pour être souvent employé. Lorsqu'elle est réduite en poudre elle est un bon amendement. *Voyez* Marne. (B.)

MOLDAVIE et MOLDAVIQUE. Espèce de Dracocéphale et de Mélisse. *Voyez* ces mots.

MOLEINE. C'est une taupinière dans le département des Vosges. (B.)

MOLÈNE, *Verbascum.* Genre de plantes de la pentandrie monogynie et de la famille des solanées, qui renferme plus de vingt espèces, dont plusieurs sont d'usage en médecine, et presque toutes remarquables par leur grandeur. Ce sont des plantes à feuilles alternes, souvent très-velues, et à fleurs jaunes, disposées en épis terminaux. Les principales d'entre elles sont,

La Molène officinale, *Verbascum thapsus,* Lin. Elle a une tige simple, haute de 3 ou 4 pieds ; des feuilles décurrentes, ovales, oblongues, velues des deux côtés ; des fleurs presque sessiles et très-rapprochées, couvrant un tiers ou un quart de la tige. On la trouve dans les champs incultes, sur le revers des fossés, parmi les décombres, souvent en très-grande abondance. Elle est bisannuelle et fleurit pendant presque tout l'été. On en fait, sous le nom de *bouillon blanc,* ou de *bonhomme,* un assez fréquent usage en médecine comme émolliente, adoucissante, antispasmodique, calmante, béchique, vulnéraire et détersive. Ce sont principalement ses fleurs qu'on emploie à l'intérieur. Ses racines, cuites, servent, dit-on, dans quelques endroits, à nourrir la volaille; mais il en est d'autres qui peuvent plus avantageusement remplir cette destination. Sa grandeur et son abondance doivent engager les cultivateurs à la couper pour chauffer le four, ou pour augmenter leurs fumiers; car aucun animal domestique n'en mange les feuilles, qui exhalent une odeur désagréable et ont une saveur nauséabonde. On peut la placer dans les jardins paysasagers, qu'elle ornera par son port, par le contraste de la couleur blanche de ses feuilles, et par la grandeur de ses épis de fleurs: il ne s'agit que d'en répandre les graines et de savoir en attendre les fleurs jusqu'à la seconde année. En général elle croît dans tous les terrains et à toutes les expositions; mais elle devient plus belle dans ceux qui sont fertiles et à celles qui sont chaudes. Les abeilles trouvent sur ses fleurs une abondante récolte de miel.

La Molène lychnite a les tiges rameuses, hautes de 2 à 3 pieds; les feuilles ovales, lancéolées, peu velues en dessous, et les inférieures pétiolées. Ses fleurs sont presque blanches. Elle croît dans les lieux sablonneux ou pierreux, quelquefois en si grande abondance, qu'elle en couvre des espaces considérables. Ce que j'ai dit de la précédente lui convient presque complétement. Elle est aussi bisannuelle.

La Molène noire a les feuilles pétiolées et en cœur oblong; elle croît dans les mêmes terrains que la précédente: ses fruits et ceux de la suivante s'emploient dans quelques lieux pour enivrer le poisson.

La Molène blattaire, ou simplement la blattaire, a les tiges rarement rameuses; les feuilles amplexicaules, oblongues, glabres; les fleurs solitaires et écartées. Elle est annuelle et se trouve dans les terrains argileux et frais, dans les bois, le long des haies. Sa hauteur surpasse rarement 2 pieds. Elle fleurit pendant une partie de l'été, et n'est pas alors sans une certaine élégance, qui doit lui valoir une place dans les jardins paysagers. On en fait usage en médecine. (B.)

MOLETTE. Médecine vétérinaire. Les extrémités des os, et les os qui forment les différentes articulations mobiles du corps des animaux, sont maintenus dans leur position naturelle par les ligamens qui viennent de l'un à l'autre, et par les masses musculaires qui les entourent. Au-dessous des ligamens, et tout autour des os des articulations est une membrane fine qui ressemble assez aux membranes séreuses, et qui sécrète un liquide limpide, jaunâtre, albumineux, doux au toucher: ce liquide baigne toutes les parties qui composent l'articulation, et qui, dans les mouvemens qu'elle exécute, frottent les unes sur les autres : il sert à les lubrifier, à les empêcher de s'user, de s'irriter, de s'enflammer par le frottement continu, et est ainsi indispensable pour leurs mouvemens. Ce liquide a été appelé la synovie, et les membranes qui le sécrètent, capsules synoviales.

Dans les endroits où les tendons des extrémités éprouvent de grands mouvemens, par conséquent où ils frottent les uns sur les autres ou sur les parties environnantes, la nature les a pourvus d'une pareille membrane et d'une pareille sécrétion. C'est dans le cheval où l'anatomie les démontre le mieux, et c'est aux tendons, qui passent à la partie postérieure des canons, près les boulets, que sont les plus considérables de ces membranes ou capsules synoviales.

Dans l'état d'intégrité, les capsules synoviales des articulations contiennent une petite quantité de synovie ; les capsules synoviales qui environnent les tendons en contiennent à peine. Dans certains cas maladifs cette sécrétion est beaucoup augmentée, l'absorption n'étant plus en raison de la sécrétion ; la synovie s'accumule dans les capsules, les boursouffle, et leur fait former dans certaines parties de petites tumeurs molles, ordinairement indolentes, qui ont reçu le nom de *molettes*. C'est le plus souvent dans les monodactyles, et quelquefois dans les chiens, qu'on les rencontre : dans les premiers, elles se font apercevoir à l'articulation du genou, à l'articulation du jarret, entre la pointe du calcanéum et la partie inférieure du tibia, sur les côtés des tendons qui viennent s'attacher à la pointe du calcanéum ; enfin, et le plus souvent, au-dessus des boulets, de chaque côté des tendons qui passent à la face postérieure des canons. Quand elles forment une saillie de chaque côté des tendons, on les a appelées *molettes chevillées* ou *molettes soufflées*. Aux molettes situées au jarret on a donné le nom de *vessigons*.

Les causes les plus ordinaires des molettes sont les grandes fatigues et un repos trop long-temps prolongé ; on les remarque donc sur les animaux dont les extrémités se fatiguent le plus facilement : tels sont ceux qui ont des extrémités grêles, hors de leur aplomb ; les tendons faillis, peu prononcés ; les jarrets faibles et droits. Quelquefois elles ne font point boiter l'animal, quelquefois elles le font boiter après un exercice plus ou moins prolongé : toujours le cheval qui en est affecté se fatigue plus vite ; elles indiquent en général un animal qui a travaillé, qui commence à se ruiner, ou un animal qui a de fort mauvaises extrémités ; c'est donc un grand défaut, particulièrement pour les jeunes chevaux. On prendra garde cependant de les confondre avec ces engorgemens qui arrivent quelquefois aux extrémités des jeunes chevaux au moment de la gourme, de la dentition; quoique dans ce cas les capsules synoviales soient aussi plus grosses que dans l'état ordinaire, elles ne forment point de tumeurs saillantes, elles participent seulement à l'engorgement qu'éprouve toute l'extrémité, et reviennent dans leur état naturel, à mesure que l'engorgement se dissipe.

Le traitement des molettes doit être approprié aux causes qui les ont produites. Ainsi l'exercice doux et modéré, si elles sont dues à un trop long séjour à l'écurie; le repos, le régime diététique, et la promenade au pas, si elles sont dues à des fatigues trop grandes, sont les premiers moyens à mettre en usage. Ensuite doit venir tout ce qui est capable d'augmenter l'absorption des capsules synoviales; les frictions douces, longtemps prolongées, souvent répétées; les frictions avec l'eau-de-vie camphrée, avec le liniment ammoniacal, avec les infusions de plantes aromatiques; les bains d'eau fraîche dans une eau courante; les compressions exercées autour des jambes avec des ligatures médiocrement serrées.

Si tous ces secours sont insuffisans, il faut avoir recours à des moyens plus actifs, et il faut souvent produire même une légère inflammation de la capsule synoviale, au moyen des frictions vésicantes sur la peau, au moyen des vésicatoires, des emplâtres poisseux, animés par un peu de poudre de cantharides. Soit que la sécrétion de la synovie diminue, soit que l'absorption augmente, soit que les fluides se portent vers la peau, où ils sont appelés par l'irritation, la synovie diminue dans la capsule synoviale, et la molette disparaît : il ne faut pas craindre que la chute des poils, qui accompagne souvent l'emploi de ces moyens, laisse une difformité; les poils repoussent ensuite sans laisser aucune cicatrice.

Le feu est le dernier moyen à employer quand tous ceux déjà cités n'ont point réussi : comme il laisse des traces de son application, comme il est le plus incertain, c'est celui dont il ne faut user qu'à la dernière extrémité pour un cheval jeune et de grande valeur. Il faut moins le redouter quand les molettes viennent à des extrémités ruinées ou mal conformées : c'est souvent un moyen de leur redonner de la force.

Quelques auteurs ont conseillé, dans le cas de molettes rebelles à tous les traitemens, d'ouvrir la capsule synoviale et de donner écoulement à la synovie; cette opération est toujours excessivement dangereuse pour les capsules synoviales des articulations, et doit être rejetée : quoique moins dangereuse pour les capsules synoviales des tendons, comme elle ne produit qu'une évacuation momentanée de la synovie, sans diminuer la sécrétion trop abondante, elle ne peut produire qu'un effet momentané et doit être également rejetée, à cause de la difficulté de guérir la fistule synoviale qui en résulte.

On a distingué autrefois des molettes séreuses, lymphatiques, par épaississement du sang, etc., et l'on a prescrit des traitemens pour ces différentes espèces. Le sujet s'est embrouillé au lieu de s'éclaircir : ces divisions étaient venues non de la différence de la maladie, mais de ce que l'on réussissait quelquefois avec un traitement, et de ce que l'on ne réussissait pas dans d'autres cas. C'était une très-mauvaise marche, qui d'une affection en faisait plusieurs, multipliait les difficultés de l'étude sans aucun avantage. On sait aujourd'hui que les traitemens ne réussissent pas toujours, et l'on ne veut plus expliquer par de pures hypothèses pourquoi ils ne réussissent pas.

Quand les molettes sont très-anciennes elles deviennent quelquefois dures. La synovie laisse déposer dans la capsule qui la sécrète une matière blanchâtre, semblable à du plâtre : cet accident n'arrive pas sans être accompagné de la cessation des mouvemens des articulations et de ceux des tendons, enfin sans de fortes boiteries incurables qui amènent bientôt la perte de l'animal. (Huz. fils.)

MOLLIÈRE. On appelle ainsi les parties du sol cultivé en céréales qui donnent issue, dans les années pluvieuses, à des sources petites, nombreuses et ayant fort peu d'écoulement.

C'est presque exclusivement par des fossés et des pierrées qu'on peut dessécher les mollières, qui heureusement sont rarement d'une grande étendue. *Voyez* Desséchement. (B.)

MOLUCELLE, *Molucella*. Genre de plantes de la didynamie angiospermie et de la famille des labiées, qui renferme une demi-douzaine d'espèces remarquables par l'ampleur de leur calice, et dont deux se cultivent dans les jardins.

Ces deux espèces sont :

La Molucelle lisse, plus connue sous le nom de *mélisse des Moluques*, dont la racine est annuelle, la tige droite, carrée, haute de 2 pieds ; les feuilles opposées, pétiolées, rondes, crénelées et glabres ; les fleurs rougeâtres, verticillées dans les aisselles des feuilles supérieures. Elle est originaire de Syrie, et intéresse à raison de son singulier aspect et de ses propriétés médicinales ; elle a une saveur âcre, et répand, lorsqu'on la froisse, une odeur aromatique, analogue à celle du melon : on la dit cordiale, céphalique, vulnéraire et astringente.

La Molucelle épineuse est plus grande que la précédente dans toutes ses parties, et les divisions de son calice sont épineuses : elle vient du même pays, et est plus propre qu'elle à être employée en ornement ; mais elle est plus sensible à la gelée, parce qu'elle fleurit plus tard, et pour peu que ces gelées soient hâtives, elle ne porte pas de semences; ce qui la rend rare.

Ces deux deux plantes se sèment en pot, sur couche, dès que les gelées ne sont plus à craindre, et lorsqu'elles ont acquis 4 à 6 pouces d'élévation, on les transplante dans le lieu où elles doivent rester : il leur faut des arrosemens fréquens, mais légers dans les commencemens, ensuite elles n'exigent plus aucun soin. (B.)

MOLUQUE ODORANTE. *Voyez* MOLUCELLE.

MOMORDIQUE, *Momordica*. Genre de plantes de la monoécie triandrie et de la famille des cucurbitacées, qui renferme une douzaine d'espèces dont deux sont dans le cas d'être connues des cultivateurs. *Voyez* CUCURBITACÉE.

Ces deux espèces sont :

La MOMORDIQUE LISSE, qui a la racine annuelle, pivotante; les tiges grimpantes, anguleuses, crénelées, hautes de 2 à 3 pieds, terminées par une vrille; les feuilles alternes, pétiolées, palmées, glabres, souvent avec une vrille extra-axillaire; les fleurs jaunes, solitaires dans les aisselles des feuilles; les fruits ovales, oblongs, rouges, anguleux et tuberculeux : elle est originaire de l'Inde, et se cultive dans les jardins pour l'agrément et l'utilité.

On sème la graine de la momordique lisse sur couche lorsqu'on ne craint plus les gelées : le plant qui en provient se repique contre un mur exposé au midi et dans une terre bien amendée lorsqu'il a 3 à 4 pouces de haut; à défaut de treillage, on lui donne une ramée sur laquelle il puisse monter. Il faut l'arroser pendant les chaleurs si le sol n'est pas humide.

Les anciens ont appelé cette plante *balsamine*, à cause de la propriété balsamique de ses fruits : les modernes l'ont appelée *pomme de merveille*, parce qu'ils attribuaient à ses fruits des qualités extraordinaires : le fait est qu'ils sont rafraîchissans, et par suite anodins ou balsamiques et vulnéraires. On les emploie assez fréquemment dans les cas de brûlures, d'hémorrhoïdes, de gerçures des mamelles, d'engelures, de piqûres des tendons, etc. On peut les manger : leur longueur est de 2 ou 3 pouces sur un de diamètre au milieu.

La MOMORDIQUE PIQUANTE, *Momordica elaterium*, Lin., a les racines charnues, vivaces; les tiges en partie couchées, épaisses, hérissées de poils raides, hautes d'environ un pied; les feuilles alternes, pétiolées, en cœur, épaisses, hérissées de poils raides, rarement dentées; les fleurs petites, axillaires et jaunâtres; les fruits ovales, verdâtres, de la grosseur du pouce et hérissés comme les feuilles. Elle croît dans les parties méridionales de l'Europe : on la cultive assez souvent dans les jardins du climat de Paris, quoiqu'elle y devienne annuelle, parce que ses racines gèlent tous les hivers, tant à cause de ses propriétés médicinales, que par la faculté qu'ont ses fruits mûrs de se détacher au moindre attouchement et de lancer au loin, par leur contraction, les semences et la pulpe qu'ils contiennent, faculté dont l'effet est amusant, mais peut avoir des suites graves, si la pulpe entre dans les yeux de ceux qui la font développer.

Il pourra devenir très-intéressant de greffer des melons sur cette plante en suivant les procédés indiqués par M. Tschudy, procédés dont il a été fait mention au mot GREFFE. *Voyez* ce mot.

Toutes les parties de cette plante, qui, desséchée, fuse sur les charbons ardens comme le nitre, sont amères et employées, principalement les racines et les fruits, comme purgatives, emménagogues et anthelmintiques : on en prépare un extrait, connu dans les boutiques sous le nom d'*élatérion ;* son usage doit être dirigé par des personnes habiles, parce qu'il est quelquefois dangereux. *V.* GICLET et CUCURBITACÉE. (B.)

MONADELPHIE. Seizième classe du système de Linnæus, qui renferme les plantes à plusieurs étamines réunies par leurs filets et un seul corps ; la plupart des plantes qui la composent appartiennent à la famille des malvacées de Jussieu. *Voyez* aux mots BOTANIQUE, PLANTE et MALVACÉE. (B.)

MONANDRIE. Première classe du système de Linnæus, qui comprend les plantes qui n'ont qu'une seule étamine : cette classe est une des moins nombreuses. *Voyez* aux mots BOTANIQUE et PLANTE. (B.)

MONARDE, *Monarda.* Genre de plantes de la diandrie monogynie et de la famille des labiées, qui renferme sept à huit espèces, dont deux ou trois se cultivent dans les jardins d'agrément.

La MONARDE VELUE, *Monarda fistulosa*, Lin., a les racines vivaces ; les tiges tétragones, droites, velues, hautes de 3 à 5 pieds ; les feuilles opposées, pétiolées, cordiformes, pointues, velues et dentées ; les fleurs rouges et disposées en têtes terminales. Elle croît naturellement dans l'Amérique septentrionale, et fleurit au milieu de l'été ; elle passe dans ce pays pour résolutive, nervine, tonique. Sa saveur est âcre et piquante, et son odeur forte.

La MONARDE POURPRE, *Monarda didyma*, Lin., a les racines vivaces ; les tiges quadrangulaires et presque glabres ; les feuilles opposées, pétiolées, lancéolées, dentées ; les fleurs longues, d'un rouge foncé, disposées en grosses têtes terminales et verticillées. Elle croît dans les mêmes pays que la précédente, et fleurit presqu'en même temps. Ses feuilles, qui répandent une odeur agréable, sont employées en Amérique en guise de thé sous le nom de *thé d'Oswego*.

La Monarde ponctuée a les racines bisannuelles ; la tige tétragone, haute de 2 pieds ; les feuilles opposées, pétiolées, linéaires, légèrement dentées ; les fleurs jaunes, ponctuées de pourpre, disposées en verticilles au sommet des tiges, et accompagnées de bractées colorées : elle est aussi originaire d'Amérique.

Ces trois plantes sont propres à orner les jardins, et sur-tout les jardins paysagers ; la seconde principalement a beaucoup d'éclat quand elle est en fleur : elles demandent une terre légère et substantielle, une exposition ombragée et cependant chaude. On les place entre les buissons des derniers rangs des massifs, à l'abri des rochers et des fabriques ; une fois plantées, les deux premières s'étendent beaucoup par leurs racines traçantes, qui poussent un grand nombre de bourgeons. On les multiplie par la séparation de ces bourgeons, et la dernière par ses graines, qu'on sème dans un pot sur couche et sous châssis, et dont on repique le plant lorsqu'il a quelques pouces de haut ; aucunes ne craignent les gelées du climat de Paris. Il est bon de les changer de place tous les trois ou quatre ans, parce qu'elles épuisent beaucoup le terrain. (B.)

MONBIN, *Spondias*, Lin. Arbre exotique, de la famille des térébinthacées, qui croît naturellement sur le continent de l'Amérique méridionale, aux Antilles et dans quelques îles de la mer du Sud. Il appartient à un genre du même nom, composé de trois ou quatre espèces, les seules connues jusqu'à ce jour.

La première espèce est le Monbin a fruits rouges, *Spondias monbin*, qu'on nomme vulgairement *prunier d'Espagne*, et qu'on trouve aux environs de Carthagène et dans les îles de l'archipel du Mexique. C'est un arbre haut d'environ 30 pieds, qui a un tronc droit, et un petit nombre de branches disposées irrégulièrement et garnies de feuilles alternes, composées de dix-neuf à vingt et une folioles à-peu-près ovales et entières ; ses fleurs viennent ordinairement au sommet des rameaux, où elles forment des grappes plus courtes que les feuilles. Elles sont petites et rouges, solitaires ou réunies deux à deux sur chaque pédoncule ; leur calice est caduc, en cloche et à cinq dents ; leur corolle a cinq pétales ouverts ; leurs étamines sont au nombre de dix, avec des filets alternativement grands et petits, et leur ovaire est surmonté de trois à cinq styles. Aux fleurs succèdent des fruits communément ovales : ce sont des drupes ou prunes, dont la couleur est mélangée de pourpre et de jaune, et qui contiennent une pulpe douce, légèrement acide, d'une odeur suave et d'une saveur assez agréable ; cependant on les mange rarement.

La seconde espèce est le MONBIN A FRUITS JAUNES, ou MONBIN BLANC, *spondias myrobolanus*, qui croît à Cayenne et à Saint - Domingue. Cet arbre a quelque ressemblance pour le port avec le frêne d'Europe ; il est très-élevé ; son tronc, qui est fort gros, est revêtu d'une écorce raboteuse, grise en dehors, rouge en dedans, gommeuse et de bonne odeur. La gomme qui en découle est jaunâtre et claire. Sa tête est ample, touffue et formée par un grand nombre de branches garnies de feuilles ailées, d'un vert gai, douces au toucher, et trois fois plus grandes que celles de l'espèce précédente ; les fleurs, petites et blanches, sont disposées en panicules aussi longs que les feuilles, et les fruits, revêtus d'une peau mince et jaune, sont remplis d'une pulpe succulente, ondulée et un peu acerbe : dans le pays, on en fait une marmelade agréable, qui a le goût du raisiné ; ses fruits portent le nom de *prunes de monbin.*

Les monbins restent dépouillés pendant quelques mois de leurs feuilles, qui ne poussent qu'après la naissance des fleurs ; on les multiplie de boutures, qui reprennent avec la plus grande facilité. Tous les terrains leur conviennent, et on les plante quelquefois à l'entrée ou autour des habitations ; leur bois est blanc, tendre et léger.

En Europe, on peut élever ces arbres de la même manière, pourvu qu'on les tienne en serre chaude ; quand leurs boutures ont repris, elles poussent facilement des racines. On doit les planter aussitôt dans des pots remplis d'une terre riche et légère, et les plonger dans une couche de chaleur modérée, ayant soin de les abriter du soleil et de les couvrir d'une cloche de verre. La saison la plus favorable à cette opération est le printemps, avant que les plantes aient poussé leurs feuilles ; on peut aussi les multiplier par leurs noyaux, s'ils ont été envoyés frais.

Il y a une troisième espèce de monbin que Commerson a apportée de l'île Taïti à l'Ile-de-France ; c'est le MONBIN DE CYTHÈRE, *spondias cytherea*, Lin., appelé aussi *hevy*, ou *arbre de Cythère.* Son fruit est assez estimé des habitans de ces îles ; il a une chair fibreuse, dont le goût approche de celui de la pomme de reinette, mais il n'est pas aussi agréable. (D.)

MONDER. Synonyme d'ÉBOURGEONNER la VIGNE dans le département de l'Ain. (B.)

MONGETTE. Nom commun des HARICOTS à Bordeaux et autres lieux des parties méridionales de la France.

MONNAIE DU PAPE. C'est la LUNAIRE.

MONOCOTYLEDONES. La seconde des trois grandes divisions des végétaux, c'est-à-dire celle dont les semences ne se divisent pas par l'effet de la germination. *Voyez* au mot PLANTE.

Cette division doit paraître d'un grand intérêt aux yeux des agriculteurs; car elle renferme les graminées, qui sont principalement l'objet de leur culture, soit à raison de leurs semences, qui servent de nourriture à l'homme et à tous les animaux domestiques, soit à raison de leurs feuilles, qui sont la pâture ordinaire d'une partie de ces derniers. *Voyez* au mot GRAMINÉE (B.)

MONOECIE. C'est la vingt-unième classe du système botanique de Linnæus, celle qui est formée de plantes dont les fleurs ont les sexes séparés sur le même pied, c'est-à-dire qui offrent des fleurs mâles et des fleurs femelles. Quelques botanistes ont supprimé cette classe, ainsi que la dioécie et la polygamie, sous prétexte que le plus souvent la division des sexes n'avait lieu que par l'avortement des organes de l'un d'eux. Ils seraient dans le cas d'être approuvés si dans ces classes ne se trouvaient pas les plantes à fleurs à chatons, dont l'organisation, sous le rapport des fleurs, diffère tant de celle des autres. (B.)

MONOGAMIE. Nom donné par Linnæus aux plantes pourvues d'étamines réunies par leurs anthères, dont les fleurs ne sont point rassemblées sur un réceptacle entouré d'un calice commun. (*Voyez* au mot SYNGÉNÉSIE) Cette division a été supprimée par quelques botanistes modernes, et les plantes qui s'y trouvaient comprises ont été rejetées dans les classes auxquelles elles appartenaient par le nombre de leurs étamines. (B.)

MONOPETALE. Fleur dont la corolle est composée d'une seule pièce, ou corolle d'un seul pétale. *Voyez* au mot BOTANIQUE et au mot PLANTE. (B.)

MONOPHYLLE. Se dit d'un calice, d'une corolle, etc. , qui n'est pas de plusieurs pièces, ou dont les divisions ne s'étendent pas jusqu'à la base. *Voyez* PLANTE. (B.)

MONQUET. C'est la fleur de FARINE dans le midi de la France. (B.)

MONSTRE, MONSTRUOSITÉ. On donne ce nom à toute production organisée dans laquelle la conformation de quelques parties s'écarte de la règle ordinaire. On trouve donc des monstres et des monstruosités dans le règne animal et dans le règne végétal.

Il est des monstres et des monstruosités par excès comme par défaut: un agneau qui naît avec deux têtes, un poulain qui naît avec cinq pieds, sont des monstres, comme un veau

qui n'a qu'un œil, un cochon qui manque de pieds de devant
ou de derrière. Ces erreurs de la nature ne sont pas encore
expliquées : le plus souvent elles sont nuisibles; mais quelquefois elles deviennent utiles lorsqu'elles se propagent par
la génération.

Ainsi, dans le règne animal, le mouton à large queue, la
vache sans cornes, etc., sont des monstres utiles. Le chien
sans poils, la poule à plumes renversées, etc., sont des monstres singuliers. On appelle même monstre ce qui sort des proportions ordinaires; un bœuf de Hollande du double plus gros
qu'un bœuf de France, ainsi qu'un bœuf du Bengale de moitié
plus petit que ce dernier, sont qualifiés souvent de cette épi-
thète. Le mulet ordinaire et tous les autres animaux provenant de l'accouplement de deux espèces voisines peuvent aussi
être rangés dans la même catégorie.

Excepté dans ces races extraordinaires nées par hasard et
qui se propagent assez facilement par la génération, l'homme
n'a point d'influence sur la formation ou non formation des
monstres parmi les animaux. Il n'est donc pas nécessaire que
je m'étende ici sur ce qui les concerne : c'est l'objet d'un traité
de physiologie. Ceux de ces monstres qui intéressent l'agriculture seront cités à l'article de l'espèce à laquelle ils appartiennent.

La nature des monstres qui se font remarquer dans le règne
végétal n'est pas plus facile à expliquer : la même division
peut leur être appliquée.

Toutes les parties des végétaux sont susceptibles de devenir
monstrueuses : le chou seul en montre un grand nombre
d'exemples, c'est-à-dire que ses racines dans le chou-navet;
sa tige dans le chou-rave et le chou-cavalier; ses feuilles dans
le chou-quintal, le chou-milan, le chou-violet; ses pétioles dans
le chou à larges côtes; ses pédoncules dans le chou-fleur,
sont beaucoup plus grosses qu'à l'ordinaire. Toutes les FLEURS
DOUBLES (*voyez* ce mot), telles que la rose (n'en déplaise aux
belles), sont des monstres; les fruits perfectionnés par la culture en sont aussi. Les fleurs et les fruits prolifères sont une
des monstruosités les plus singulières; les rameaux du frêne-
parasol en sont une autre; tant d'espèces de feuilles et de fleurs
panachées de diverses couleurs en sont encore. Je pourrais
citer mille et mille monstruoités, mais cela ne conduirait à rien
d'utile.

Je ne parle pas des monstruosités produites par maladie,
telles que ces tiges si larges et si plates qu'on remarque dans
beaucoup d'herbes et d'arbres, ces loupes qui naissent sur le
tronc des arbres, ni celles qui sont la suite de la piqûre d'un
DIPLOLÈPE (*cynips,* Fab.), d'une TIPULE, d'une MOUCHE, etc. :

il en sera fait mention lorsqu'elles intéresseront les cultivateurs, et à l'article de la plante et à celui de l'insecte. *Voyez* GALLE.

Les monstruosités de quelques végétaux sont souvent avantageuses à propager, et l'homme est parvenu à se les approprier, si je puis me servir de cette expression, soit par la voie ordinaire de la multiplication, le semis de leurs grains, soit par la greffe, les marcottes, les boutures, etc. On ne sait pas plus pourquoi les graines de chou-fleur, par exemple, reproduisent un chou-fleur, qu'un mouton à large queue reproduit un mouton à large queue. Je ne chercherai pas approfondir ce mystère, je renverrai aux ouvrages de physiologie végétale ceux qui voudront savoir quelles sont les diverses opinions émises à cet égard. Tout ce que je pourrais dire de plus ici sortirait du but que je me suis proposé. (B.)

MONTAGNE. Saillies plus ou moins hautes, plus ou moins longues, qui existent sur la surface de la terre.

Si je voulais ici considérer les montagnes sous tous les rapports directs et indirects qu'elles ont avec l'agriculture, il me faudrait écrire un volume. En effet ce sont elles qui donnent naissance aux grands fleuves et aux rivières, qui offrent les plus puissans abris, qui modifient l'action des vents, même (leurs grandes chaînes) qui déterminent la chute des pluies pour des pays entiers : or, qui ignore combien est grande l'influence des EAUX, des VENTS, des ABRIS sur la culture ? (*Voyez* tous ces mots et GÉOGRAPHIE AGRICOLE.) De plus elles offrent des genres de culture qui leur sont propres. Il est des plantes et des arbres qui ne croissent que sur leurs flancs, sur leurs sommets, dans leurs VALLÉES, etc.

Celui qui achète une propriété rurale doit toujours considérer la situation de cette propriété relativement aux montagnes voisines, car il est des localités placées si défavorablement à cet égard, que les OURAGANS et les GRÊLES d'un côté, le défaut de PLUIE et la prolongation des GELÉES de l'autre, ôtent toute certitude de jouir des produits des récoltes, et même s'opposent à beaucoup de sortes de cultures. Il est peu de personnes qui, ayant changé plusieurs fois de domicile rural, ne puissent citer des faits à l'appui de ce que je viens d'avancer. J'en connais personnellement beaucoup, même aux environs de Paris.

C'est à la chaîne des Alpes et aux montagnes qui lui servent de prolongement, que la plus grande partie de la France, et principalement le climat de Paris et autres plus au nord, doivent d'avoir le plus souvent la pluie par le vent du sud-ouest, et la sécheresse par le vent du nord-est. Dans le bas Languedoc, c'est le nord-nord-ouest qui est le garant des beaux jours ;

dans un autre point autour des Alpes, ce sera un autre vent. (*Voyez* au mot VENT.) Les Gates qui partagent la presqu'île de l'Inde en deux parties presque égales déterminent alternativement la pluie et la sécheresse sur chacune de ces parties. Ce sont les montagnes de l'Abyssinie et celles des Cordilières qui empêchent la pluie de fertiliser le sol de l'Egypte et celui du Pérou. *Voyez* au mot VENT.

Comme le froid augmente sur les montagnes à mesure qu'elles s'élèvent, leur agriculture et celle des vallées qui les sillonnent, doivent varier à chaque échelon et finir avant celui où les neiges et les glaces ne fondent plus. En Europe, le point des neiges et des glaces perpétuelles est à environ 1500 toises au-dessus du niveau de la mer. Immédiatement au-dessous se trouvent des pâturages couverts de neige pendant sept à huit mois de l'année, et qui, hors cet intervalle, nourrissent de nombreux troupeaux de vaches, dont le lait fournit des fromages et du beurre. Ensuite vient la zone où croissent les mélèzes, puis celle où se trouvent les sapins, celle des pins, celles des hêtres, des chênes, etc. Dans toutes ces zones celles des plantes changent à chaque pas qu'on fait en montant, comme je l'ai remarqué, ainsi que tous ceux qui ont herborisé dans les Alpes. Il faut donc à ces plantes un degré de chaleur et d'humidité très-peu variable ; aussi tous les cultivateurs savent combien il est difficile de les conserver dans les jardins des environs de Paris, quelques soins qu'on y apporte.

Je dis qu'il faut à ces plantes beaucoup d'humidité, parce qu'en effet les pentes des hautes montagnes sont presque toujours imbibées d'eau suintant des rochers qui les composent, et de plus dans une atmosphère presque toujours brumeuses. Il se passe peu de jours sans brouillards ou sans pluie au sommet du Saint-Gothard et autres sommets des Alpes, ainsi que je l'ai personnellement observé.

On évalue que 200 mètres de hauteur perpendiculaire équivalent, pour la température, en France, à un degré de latitude, et cette évaluation, quelque peu rigoureuse qu'elle soit, suffit aux besoins des cultivateurs.

La hauteur à laquelle la végétation des pins cesse sur les montagnes varie sur les Alpes selon l'exposition et les abris. Ainsi la règle établie par Deluc, règle par laquelle cette végétation cesserait entre 7 à 800 toises, n'est pas générale ; aussi Villars cite-t-il des localités où des arbres croissent encore à 1200 toises dans les Alpes du Dauphiné.

Plus les montagnes sont élevées et plus il pleut (ou neige) souvent et abondamment. Les voyageurs rapportent qu'il tombe chaque jour des torrens d'eau sur le Chimboraco, le plus haut point des Cordilières sur lequel on ait monté : c'est par cette cause que tous les grands fleuves sortent du pied des montagnes les plus gigantesques ; car les pentes qui conduisent dans ces fleuves les eaux de celles qui sont moins saillantes peuvent être considérées comme appartenant au même système.

Il n'y a pas de doute pour tout géologue qui a étudié les montagnes actuelles, qu'elles étaient jadis peut-être sept à huit fois plus élevées. On ne passe pas hors le temps des gelées, sur-tout au moment du dégel, dans une haute vallée des Alpes, sans entendre les roches tomber de tous côtés autour de soi ; et toute pierre, toute particule de terre qui est descendue ne remonte plus. Si l'on consulte les habitans de ces vallées, ils citent des montagnes entières qui se sont éboulées ; les papiers publics annoncent même quelquefois ces événemens. Or, d'après ce que j'ai dit plus haut, ces montagnes plus élevées devaient amener de plus constantes et de plus fortes pluies : de la grande largeur de l'ancien lit des rivières, largeur qu'on reconnaît encore presque par-tout ; de là l'extrême grosseur des rochers qu'entraînaient les torrens, grosseur équivalente à plusieurs toises cubes ; de là enfin les immenses amas de pierres roulées, de sablon et d'argile qui couvrent dans une épaisseur souvent inconnue, tant elle est considérable, et dans une étendue qui n'a jamais pu être calculée, et les vallées qui sont dans ces montagnes, et les plaines qui les entourent à une grande distance.

L'agriculture s'exerce souvent dans ces débris des montagnes. *Voyez* GALET et SABLON.

La dégradation des montagnes ne suit pas l'ordre de leur hauteur ni de la dureté des pierres qui les composent. Celles qui sont perpétuellement couvertes de neige et celles qui le sont de pâturages, en sont plus garanties que les rochers nus et exposés à l'action des élémens. Ce sont sur-tout les alternats de gel et de dégel, même seulement de froid et de chaud, d'humide et de sec, qui agissent dans ce cas et mécaniquement. Les collisions, les frottemens causés par les chutes, le roulement dans les torrens, achèvent ensuite de réduire les premiers fragmens en roches arrondies, puis en cailloux roulés, puis en sablon, enfin et successivement en argile ou en marne. La décomposition chimique agit à son tour, et quoique peu remarquée, n'en est pas moins réelle et très-active, sur-tout dans les pierres siliceuses composées, qui, par leur exposition à l'air, se changent en argile. Il suffit de lever une pierre de cette nature, détachée anciennement d'une roche, pour s'assurer que la surface supérieure est plus avancée dans sa décomposition que l'inférieure. Sa cassure montre encore plus positivement ce fait, par la différence d'épaisseur de la couche tendre et autrement colorée.

Lorsque les montagnes sont couvertes de terre végétale, elles fournissent, dans les averses, des élémens de fertilité aux vallons ; mais lorsque, par des déboisemens et des défrichemens inconsidérés, cette terre végétale a disparu, les mêmes averses ne portent plus dans les vallons que des sables improductifs.

Les géologues distinguent cinq sortes de montagnes :

1°. Les *montagnes primitives*, c'est-à-dire celles qui servent ou sont supposées servir de charpente au globe. Elles sont composées de granit et recouvertes, 1°. de gneiss, 2°. de schiste, 3°. de grès primitif, 4°. de pierre calcaire primitive, etc. Elles n'offrent aucune trace de corps organisé ; leur surface présente généralement une forte petite épaisseur de terre végétale. Ce sont elles qui forment la plupart des hautes chaînes, celles qui ont fourni le plus de débris ; les sources y sont très-fréquentes, mais peu abondantes ; tous leurs élémens se décomposent, mais le granit, le gneiss et le schiste plus rapidement que le grès et le calcaire. Voilà pourquoi le granit, le plus ancien de tous, et qui devrait toujours présenter les sommets les plus élevés, est souvent surmonté par le calcaire et même par le schiste : Ramond a mis ce fait dans tout son jour.

Il existe beaucoup de lacs grands et petits dans les montagnes primitives ; mais il y en existait bien davantage autrefois. Saussure père a cité la localité de plusieurs dans les Alpes, et je puis indiquer celle de cinq à six autres dont il n'a pas parlé. On reconnaît ces localités à l'ouverture à parois perpendiculaires qu'ont faites les eaux dans le rocher qui leur barrait le passage, et au fond plat de la vallée supérieure à cette ouverture. On peut voir combien le lac Majeur, par exemple, a déjà diminué, en allant de Bellinzone jusqu'à ses eaux actuelles, cette ville ayant été originairement bâtie sur ses bords, et en étant aujourd'hui éloignée de près d'une lieue. *Voyez* LAC.

Les montagnes primitives, soit à raison de leur élévation, soit à raison de leur nature, offrent des productions végétales souvent différentes des montagnes secondaires, tertiaires et autres. Leur agriculture, par les mêmes causes, est généralement chétive, et par conséquent leurs habitans pauvres. Ce n'est qu'à force de travail et d'économie qu'une partie de ces habitans peut subsister du produit de leur sol, tandis que l'autre quitte le pays pour aller gagner, pendant l'hiver, dans les grandes villes de quoi se créer des ressources pour l'avenir.

Comme l'instruction est rarement la compagne de la misère, il s'en faut beaucoup que les pays granitiques soient aussi bien cultivés qu'ils pourraient l'être. Aucun auteur n'a traité spécialement de leur culture, et même fort peu en ont parlé, comme distincte de celle des pays à couches calcaires ou autres; cependant ces pays offrent en France une surface considérable.

Mon opinion est que les montagnes granitiques ont été formées par la précipitation et la cristallisation de leurs élémens dissous dans une eau plus que bouillante, lorsque cette eau a commencé à se refroidir et à diminuer de quantité. *Voyez* TERRE et VOLCAN.

Je prends dans le *Journal de physique*, de janvier 1787, la note des chaînes de montagnes granitiques de la France.

Les Cévennes paraissent un point central; et en effet la masse de ces montagnes y a le plus d'étendue, et il en sort une douzaine de branches dont quelques-unes se subdivisent et se rattachent à d'autres.

La première de ces branches longe le Rhône, passe à Lyon, à Tarare, à Thezi, à Beaujeu, à Mont-Cenis, à Autun, à Semur et à Avalon, où elle finit. Elle a plus de 60 lieues de longueur. Sa largeur commune n'est que de 5 à 6 lieues; cependant en quelques endroits, comme de Roanne à Lyon, elle en a plus de 12.

La seconde quitte la masse au-dessus de Saint-Rambert, passe à Thiers, et va se perdre au-delà de Saint-Pierre-le-Moutier. Elle est bien moins longue que la précédente.

La troisième se sépare de la précédente au-dessus d'Issoire, c'est la plus large et la plus longue de toutes; elle passe à Saint-Flour, à Aurillac, à Limoges. Un de ses rameaux se prolonge par Nantes, où il est traversé par la Loire, jusqu'à Rennes, où il se subdivise encore pour se perdre d'un côté sur trois points différens, Brest, Quimper et Vannes, et de l'autre sur deux, Cherbourg et Alençon.

La quatrième branche s'étend du côté de Toulouse, passe à Foix et va se perdre dans les Pyrénées, qu'on doit regarder comme un autre centre qui s'unit avec celui de la Biscaye, des Asturies, de la Galice et autres, observés en Espagne.

La cinquième est fort petite. Elle se sépare au-dessus de Viviers et vient finir aux environs d'Alais.

Enfin la sixième traverse le Rhône vis-à-vis de Tournon, passe à Vienne, et se réunit du côté de Briançon aux Alpes, qui sont encore un autre centre qui fournit de nouveaux rameaux à l'Italie et à l'Allemagne méridionale, même en France, car les Vosges qui sont granitiques s'y rattachent. Ces dernières offrent quelques branches qui s'étendent du côté de Liège, de Valenciennes, etc., et même, sous les dépôts calcaires, jusqu'à Boulogne, où il s'en montre une extrémité, laquelle sans doute se lie avec les granits d'Angleterre.

Il serait difficile d'établir exactement sur ces indications la mesure des terrains granitiques qui se trouvent en France ; mais ils suffisent pour juger que leur quantité est très-considérable , et que l'amélioration de leur culture peut être d'un intérêt majeur pour la prospérité de ma patrie , prospérité pour laquelle je ne cesse de faire des vœux. C'est ce qui me porte à désirer que les hommes éclairés portent leurs recherches sur les moyens d'y parvenir. *Voyez* GRANIT.

La décomposition des granits commence toujours par le feld-spath ; elle est d'autant plus rapide que ce dernier contient plus d'argile. Le résultat de cette décomposition est pour les arts le KAOLIN ou terre à porcelaine (*voyez* ce mot) , et pour l'agriculture un sable argileux très-aride , qui ne devient susceptible de quelque culture qu'au bout d'un grand nombre d'années, c'est-à-dire lorsqu'il s'y est introduit une certaine quantité d'humus par la destruction des plantes à qui leur nature permet d'y végéter ; mais, presque par-tout, cet humus est entraîné par les eaux à mesure qu'il se forme.

Les résultats de la décomposition des granits étant en petits fragmens et sans consistance , sont facilement entraînés par les eaux pluviales ; aussi dans les montagnes les plus en décomposition voit-on presque toujours le roc à nu ou presqu'à nu : il n'y a que les dépressions et les vallées où l'épaisseur de terre soit assez considérable pour donner naissance à des productions végétales de quelque importance.

Dans les montagnes de granit en masse , les eaux pluviales coulent sur leur surface et descendent en torrens dans les vallées ; dans celles de granit en couches , une partie de ces eaux s'infiltre dans les nombreuses fentes de ces granits , et en sort en petites fontaines que quelques jours de beau temps suffisent pour faire tarir. Les unes et les autres sont donc de la plus grande aridité pendant les sécheresses , et cet obstacle à leur culture peut difficilement être surmonté , ainsi que j'ai pu souvent en juger.

Il résulte de ce petit nombre de faits que les vallées seules des pays granitiques, comme je l'ai dit plus haut , doivent être cultivées en céréales et autres plantes annuelles ; que leurs pentes et leurs plateaux , ou sommets , doivent être constamment tenus en bois et en pâturages. C'est ce qui a lieu dans les montagnes granitiques très-élevées , c'est-à-dire où la longueur de l'hiver et le peu de chaleur de l'été ne permettent pas la culture ; mais lorsque ces montagnes se sont abaissées par suite de la décomposition de leurs sommets, leurs habitans ont voulu se conformer à l'usage de leurs voisins , et tous les lieux susceptibles d'être labourés l'ont été. J'ai vu , dans beaucoup de cantons, en France et en Espagne, la fureur des défrichemens poussée au point que des intervalles de rochers qui avaient à peine quelques mètres de largeur, où la terre n'avait pas un décimètre de profondeur et où la pente était de plus de 45 degrés, étaient mis en culture ; mais aussi quels produits ! Pendant deux ou trois ans au plus, des seigles d'un pied, des avoines de 2 ou 3 pouces, les uns et les autres si clairs, qu'on pouvait les traverser sans en fouler les tiges. *Voyez* aux mots GRANIT, GNEISS et SCHISTE.

2°. Les *montagnes secondaires*. Elles sont formées de pierre calcaire secondaire, de grès secondaire, de houille, etc., présentent des coquilles fossiles d'un ordre particulier, et n'existant plus dans les mers actuelles, telles que les ammonites, les bélemnites, les trigonies, les nummulites, etc. Elles ne sont jamais recouvertes par les roches primitives. Les sources y sont peu fréquentes, mais très-abondantes. Leurs pentes sont souvent recouvertes d'argiles et d'une assez grande épaisseur de terre végétale, parce que leurs débris se broyent facilement et offrent des élémens plus actifs à la végétation. L'abondance et l'excellence de la chaux que produisent les pierres calcaires secondaires fournissent de plus des moyens puissans d'amélioration aux cultivateurs qui les habitent. *Voyez* CHAUX et MARNE.

Je n'ai pas dû faire mention des minéraux et de plusieurs sortes de pierres qui entrent quelquefois dans la composition des montagnes primitives et secondaires, parce qu'ils ne peuvent influer en rien sur leur agriculture, quoique autrefois leurs émanations jouassent un grand rôle dans les livres qui traitaient de l'agriculture. (*Voyez* MINE.) Il faut cependant noter encore ici les ARGILES et les GYPSES primitifs comme pouvant être utiles aux cultivateurs. *Voyez* ces deux mots.

Pallas annonce dans ses Voyages que les montagnes calcaires attirent plus les nuages que les autres. Ce fait peut être vrai ; mais je ne l'ai pas observé, quoique j'aie voyagé dans les montagnes élevées, soit calcaires, soit granitiques ou schisteuses de l'intérieur de la France, de la Suisse et de l'Espagne. Il peut être de quelque intérêt pour les cultivateurs de le vérifier.

3°. Les *montagnes tertiaires*. Les roches qui les composent, roches dont les couches sont toujours horizontales et parallèles entre elles, et l'abondance des coquilles de genres semblables à ceux qui existent encore dans les mers actuelles, prouvent qu'elles sont le dépôt des eaux d'une mer qui a couvert les continens bien postérieurement à celle qui a formé les montagnes secondaires, mais cependant à une époque extrêmement éloignée du moment actuel. On y trouve des grès tertiaires, des sables et des argiles de plusieurs sortes. La marne y est commune. Les sources n'y sont ni abondantes ni fréquentes.

Une partie de la France est composée de cette sorte de montagnes, que la similitude de leurs couches correspondantes annonce avoir fait partie de masses immenses, depuis sillonnées par les eaux. Leur élévation est peu considérable, et leur sommet toujours arrondi ou aplati.

Les gypses secondaires, ou plâtres, quoique formés, ainsi que les primitifs, dans l'eau douce, doivent être rangés dans la même catégorie. *Voyez* PLATRE.

4°. Les *montagnes*, ou, mieux, les *collines d'alluvion*. Elles sont dues aux débris des précédentes amoncelés par les eaux de la mer ou des fleuves Elles sont composées de cailloux roulés, quelquefois agglutinés, plus souvent noyés dans une argile plus ou moins souillée de fer. Les sources y sont très-rares. *Voyez* au mot GALET.

5°. Les *montagnes volcaniques* sont dues aux déjections des feux souterrains. Leur élévation est souvent très-considérable et leur forme généralement conique. Les pierres qui les forment sont celles qui composaient les montagnes primitives ou secondaires, même quelquefois tertiaires, dans lesquelles brûlaient les volcans à qui elles doivent l'existence; mais ces pierres ont été fondues, ou au moins calcinées sont devenues noires, et ont pris des caractères nouveaux. (*Voyez* au mot VOLCAN.) Il est de ces pierres qui sont solides, dures et d'une décomposition fort lente; d'autres celluleuses, d'autres aussi friables que la cendre. Dans quelques localités, les feux ont mélangé les pierres calcaires et les pierres argileuses de manière à en former de la marne, que l'air réduit facilement en poudre, que les eaux pluviales détrempent aisément, et qui vont former au bas des montagnes des plaines d'une extrême fertilité : telle est la fameuse Limagne d'Auvergne, telles sont les vallées du Vicentin. J'ai eu occasion d'être témoin d'un orage au milieu des volcans qui forment ces dernières vallées, volcans sans doute les plus modernes parmi ceux qui sont éteints, qui aient brûlé en Europe, et j'ai pu observer la rapidité avec laquelle ils diminuent en hauteur. Ce n'était point de l'eau qui découlait de leurs sommets, c'était de la boue, et de la boue fort épaisse dans certains endroits.

Les cantons volcaniques manquent généralement de sources, ce qui rend leur habitation peu commode et leur culture quelquefois peu productive. Ils sont assez nombreux en Auvergne, dans le Vivarais, le Vélay et sur les bords du Rhin, du côté de Coblentz et d'Andernac.

Ce que j'ai dit de l'abaissement des montagnes et de son influence sur la diminution des eaux et des abris fait voir combien nos pères ont eu tort de détruire les arbres qui en couronnaient les sommets, et combien nous sommes coupables vis-à-vis la postérité de ne pas replanter ceux de ces sommets qui en sont encore susceptibles. Combien de montagnes sont aujourd'hui entièrement dégarnies de terre, et par conséquent impropres à toute culture! Il ne faut pas avoir beaucoup voyagé dans l'intérieur de la France pour pouvoir citer des milliers d'endroits ainsi perdus à jamais pour la société, sur-tout dans les départemens méridionaux; c'est à cette cause que tant de villages jadis bien fournis de sources manquent aujourd'hui d'eau pendant l'été, ou même pendant toute l'année.

Un grand nombre de faits tendent à prouver que la limite de la partie boisée des très-hautes montagnes s'abaisse continuellement : cela tient sans doute à une cause générale, cause qui ne peut être que le refroidissement graduel du globe. *Voyez* Chaleur.

Les bois du sommet des montagnes arrêtent d'un côté une partie des eaux pluviales, qui alors s'infiltrent petit à petit dans la terre, et diminuent de l'autre la rapidité de l'écoulement de celle qui ne peut être absorbée : or, on sait que c'est de la lenteur de l'infiltration que résulte la permanence des fontaines, comme c'est de la masse, ainsi que du mouvement accéléré des eaux, que résulte l'entraînement des terres.

La destruction des bois étant, dans le cas dont je m'occupe en ce moment, un délit contre la société en général, le gouvernement est fondé à provoquer contre elle des lois répressives : je voudrais donc qu'après que, dans chaque canton, des hommes estimables et éclairés auront été nommés pour désigner les sommets encore couverts de bois qui ne devront jamais être défrichés et ceux qui devront en être regarnis, il fût défendu, sous les peines les plus sévères, d'arracher ces bois, et ordonné d'en planter. Il est bon de rappeler à cette occasion qu'il est en Suisse, pays où les forêts sont devenues presque aussi rares qu'en France, sur la pente de certaines montagnes, des bois qui garantissent les villages des avalanches de neige, et qu'il y a peine de mort contre celui qui couperait un des arbres de ces bois.

On doit à l'estimable M. Dugied, préfet des Basses-Alpes, un excellent projet imprimé en 1819, pour reboiser les montagnes de ce département; mais ce projet étant basé sur des mesures administratives, ne paraît pas dans le cas d'être mis de long-temps à exécution.

On appelle Avalanche, ou lavalanche (*voyez* ce mot), une masse de neige qui se détache, sur-tout au commencement du dégel, du sommet des montagnes, qui s'augmente successivement en roulant sur leurs pentes, qui acquiert quelquefois un volume et un mouvement si grands, qu'elle détruit en un instant un village entier, ensevelit les hommes et les animaux domestiques, renverse les murs, brise les arbres, arrête le cours des rivières, etc., etc.

Souvent une avalanche, dans les hautes vallées, ne fond pas de tout l'été, tant elle est considérable, et porte l'infertilité non-seulement sur le champ où elle s'est arrêtée, mais encore sur ceux qui en sont voisins à une distance de plusieurs toises; on cite même des glaciers dans les Alpes, qui ont eu pour commencement une simple avalanche.

Chaque hiver, les avalanches font périr beaucoup de personnes dans les Alpes, principalement des voyageurs; car les habitans, lorsqu'ils sont en route, savent les prévoir et s'en garantir. Les maisons sont généralement placées de manière à peu les craindre, et lorsque cela n'a pas lieu, on les met à l'abri par des plantations de bois, ou des digues fort larges en pierres sèches.

Les ravages que causent les TORRENS dans les pays de hautes montagnes sont incalculables, on peut les diminuer par différens moyens; mais il est presque impossible de leur opposer des obstacles insurmontables. J'ai indiqué à leur article quels sont ceux de ces moyens qui sont les plus efficaces et le plus à la portée des cultivateurs, je me borne, en conséquence, à dire ici que le meilleur est de redresser le cours de ces torrens, et à inviter le gouvernement à proclamer des lois coercitives pour forcer les propriétaires riverains qui se refuseraient à concourir au vœu de la majorité, à le faire : voilà la seconde fois que, dans cet article, j'appelle l'intervention de la puissance publique, quoique je n'aime pas la voir se mêler des affaires des particuliers, parce que le bien, dans ces cas, ne peut réellement se faire que par elle, puisque toujours il se trouvera des individus qui, par défaut de moyens, par ignorance ou autres causes, empêcheront les autres d'arriver au but. Cet objet a aussi fixé l'attention de M. Dugied dans le projet précité, et ce qu'il en dit ne peut être contesté.

La culture des hautes montagnes est presque nulle : des pâturages et des bois sont les seules ressources certaines qu'elles offrent; le fond de leurs vallées présente cependant quelques prairies et quelques cultures d'orge, d'avoine ou de gros légumes : c'est à la fabrication du beurre et du fromage que doit se borner l'industrie agricole des habitans, qui ne peuvent jamais être très-nombreux relativement au terrain dont ils disposent.

Dans les montagnes immédiatement inférieures, on peut cultiver au midi, sur les pentes les moins rapides, la plupart des céréales, et au nord des châtaigniers, si le sol n'est pas calcaire; de plus, on peut faire de bons prés au fond des vallons, et autour des villages des jardins plantés d'arbres frui-tiers. A cette élévation, c'est le châtaignier qui donne les ré-coltes les plus sûres et les plus abondantes : aussi les habitans se nourrissent-ils de son fruit pendant cinq à six mois de l'année. *Voyez* au mot CHATAIGNIER.

Une des cultures qu'il est le plus avantageux de voir se consolider dans les montagnes, celle de la pomme de terre, accélérerait la dénudation de leurs pentes, si on se refusait à disposer ces pentes en TERRASSES ; car les binages mul-tipliés qu'elle exige favorisent les effets des eaux pluviales, c'est-à-dire, l'entraînement des terres de ces pentes dans les vallées.

Plus bas encore le nombre des objets qu'il est possible de cultiver s'étend : on commence à sentir l'utilité des irrigations pour augmenter le produit des prés. Déjà la vigne se montre dans les expositions les plus chaudes. Dans quelques endroits, on sait faire des terrasses en pierres sèches pour utiliser avec plus d'avantage les pentes rapides. J'ai fait voir que des haies transversales très-basses étaient plus avantageuses. *Voyez* au mot HAIE.

Enfin, dans les degrés qui suivent et jusqu'aux collines les plus basses, toutes les sortes de cultures que le climat com-porte, et sur-tout la vigne, peuvent être entreprises avec succès.

Voyez, pour le surplus, aux mots VALLÉE, VALLON, COL-LINE, SOURCE, FONTAINE, etc.

Les inégalités et les variations de sol ou d'aspect qui exis-tent à chaque pas dans les montagnes doivent rendre et rendent en effet le mode de leur culture différent de celui des plaines.

Dans beaucoup d'endroits, il est impossible de labourer à la charrue, de semer des céréales, etc. ; ce n'est qu'avec des soins constans, une activité toujours renaissante, que l'on peut tirer de la terre des produits de quelque valeur. La nature même des montagnes les destine à la petite culture, c'est-à-dire à celle où les propriétaires ou les fermiers ne portent leur in-dustrie que sur une petite étendue de terre : aussi ne voit-on pas de ces exploitations de deux, trois, quatre cents arpens, comme il s'en trouve tant dans les plaines, encore moins de plus fortes. Toutes les personnes qui ont voulu entreprendre d'en établir s'y sont bientôt ruinées : aussi l'importante ques-tion si long-temps débattue des avantages pour un pays d'y conserver ou d'y introduire la grande ou la petite culture se trouve résolue par le fait dans les montagnes ; elle l'est de même dans les plaines, où de petits propriétaires ou fermiers ne pourront jamais entrer utilement sous les rapports de l'é-conomie avec les grands. Je crois donc que, dans un état bien organisé, il faut laisser à chacun la liberté de cultiver, comme il le juge à propos, en facilitant les échanges autant que possible, bien assuré qu'il arrivera un moment où tout se mettra dans un rapport harmonique. Point de doute pour moi que les grandes fermes ne soient utiles à un pays et ne concourent à l'augmentation de ses richesses ; mais les petites exploitations seules peuvent faire vivre une grande population sur un petit espace, peuvent amener le bonheur qui est la suite de la médiocrité. Les pays de montagnes seront toujours habités par des hommes plus forts, plus actifs, plus courageux, plus industrieux, plus indépendans que les pays de plaines. Si les préjugés y sont plus enracinés, les mœurs y sont plus pures : ce sera toujours dans de tels pays que je voudrai fixer ma demeure.

Les moyens agricoles sont différens dans les montagnes que dans les plaines : on y fait usage de la pioche plus que de la bêche, du bœuf plus que du cheval ; l'âne et le mulet y sont préférables à ce dernier animal.

La longue vie, la vigueur, la résistance au travail, le peu de dépense et la vitesse des mulets, les rendent extrêmement précieux pour la culture dans les pays de montagnes ; ils font deux fois plus de travail lorsqu'on les y emploie au labour ou au charroi, que les bœufs, et marchent d'un pas plus sûr que les chevaux sur les chemins rocailleux. (B.)

MONTAGNES A GRAISSE. Les cultivateurs de la ci-devant Auvergne appliquent ce nom aux sommets sur lesquels paissent les bœufs et les vaches qu'on destine à l'engrais : on les distingue des montagnes qui nourrissent les vaches à lait, par la meilleure qualité et la plus grande abondance des plantes qui y croissent. (B.)

MONTAGNE A LAIT. Cette dénomination s'applique dans le même pays aux sommets spécialement consacrés à la nourriture des vaches destinées à fournir le lait avec lequel se fabriquent les FROMAGES appelés FOURMES. (B.)

MONTE-AU-CIEL. Ridicule nom de la PERSICAIRE DU LEVANT.

MONTER EN GRAINE. Expression usitée parmi les jardiniers pour indiquer qu'une plante qui d'abord n'avait que des feuilles radicales, développe la tige qui doit porter ses fleurs et ses fruits.

Toutes les plantes qu'on ne cultive que pour leurs feuilles, sur-tout les annuelles, telles que les choux, les laitues, les épinards, etc., perdent la plus grande partie de leur valeur lorsqu'elles commencent à monter en graine : aussi emploie-t-on tous les moyens pour en retarder le moment. Ces moyens sont :

1°. Le choix de la variété : il y a des choux et des laitues qui, semés dans les mêmes circonstances, montent les uns plus tôt que les autres. *Voyez* VARIÉTÉ.

2°. L'époque du semis : les plantes mises en terre par un temps froid et humide montent moins vite, s'il se prolonge, que dans le cas contraire, lors même que le temps devient plus chaud. *Voyez* SEMIS.

3°. L'exposition : les plantes végétant au nord parcourent moins rapidement les phases de leur végétation. *Voyez* EXPOSITION.

4°. Les arrosemens pendant la chaleur du jour avec des eaux fraîches pour empêcher l'effet de cette chaleur, etc. *Voyez* ARROSEMENT.

Quelques personnes pensent qu'en coupant beaucoup de feuilles ou toutes les feuilles à une plante, on retarde sa fructification. Cela a lieu pour les arbres et quelques grandes plantes vivaces, mais non pour les plantes annuelles.

On perd, dans les jardins des particuliers, une grande quantité de plantes montées en graine, faute de pouvoir les utiliser pour la nourriture des bestiaux ; il faudrait plutôt les mettre en tas pour en faire du terreau, que de les laisser se dessécher dans les allées ou sur les planches. *Voyez* COMPOST.

Quant à celles de ces plantes qu'on réserve pour la graine, on doit les défendre de la dent des bestiaux et des efforts des vents, surveiller toutes les phases de leur végétation jusqu'à ce que la graine soit formée. *Voyez* au mot GRAINE. (B.)

MONTURAL. Ancienne mesure agraire. *Voyez* MESURE.

MONTURE. Nom qu'on donne, dans quelques cantons, aux MOUTONS que les propriétaires de troupeaux permettent à leur berger de réunir à ces troupeaux, pour les mener en commun à la pâture. Les abus sans nombre qui sont la suite de cette faculté donnée au berger, doit empêcher les propriétaires de s'y prêter. *Voyez* au mot BÊTES À LAINE. (B.)

MOQUETTE. C'est la même chose qu'APPELANT. (B.)

MORAILLE. On donne ce nom à un instrument avec lequel on pince d'une manière permanente le nez des chevaux méchans, lorsqu'on veut les ferrer ou leur faire quelque opération douloureuse.

Il est composé de deux branches de fer tournant d'un côté sur une charnière, et terminées de l'autre par deux boucles dans lesquelles on fait passer une ficelle pour les serrer.

C'est moins, à ce qu'il paraît, la douleur que la surprise ou l'inquiétude, suite de sa position, qui adoucit le cheval pris par la moraille. Le TORCHE-NEZ (*voyez* ce mot) remplit le même objet.

On fait aussi des morailles en bois, ou on les supplée par deux bâtons d'un pied de long, qu'on lie par leurs deux extrémités; mais dans ce dernier cas il devient quelquefois difficile de les fixer au nez du cheval.

On met aussi des morailles aux oreilles des chevaux. (B.)

MORANDÉ. Cep de vigne qui meurt par suite de la maladie du Blanc des racines. *Voyez* ce mot et celui Isaire.

Il n'y a d'autre moyen à employer pour s'en garantir, que de former des fosses autour des pieds qui environnent celui qui est mort, et d'en rejeter la terre en dedans. *Voyez* Mort du safran. (B.)

MORDETTE. Synonyme de ver blanc. *Voyez* Hanneton. (B.)

MORÉE. On donne ce nom, dans le département de la Haute-Marne, à l'argile ferrugineuse que l'eau entraîne lorsqu'on lave les mines de fer limoneuses exclusivement employées dans les forges de ce pays. Cette argile se dépose le long des lavoirs et au fond des ruisseaux qui les traversent, et on l'enlève de loin en loin pour la porter sur les terres arables ou les prés. Quoiqu'elle soit infertile par elle-même, elle améliore, au bout de deux ou trois ans, les lieux où on la répand. (B.)

MORELLE, *Solanum.* Genre de plantes de la pentandrie monogynie et de la famille des solanées, qui renferme environ cent quarante espèces, dont plusieurs sont extrêmement importantes comme articles d'alimens, et dont quelques - unes passent pour des poisons plus ou moins lents, quoique la médecine en fasse usage. Dire que c'est parmi ces espèces que se trouve la parmentière ou pomme de terre, *solanum tuberosum*, Lin., suffit pour intéresser tous les amis de l'humanité, tous les cultivateurs qui ont su apprécier les immenses avantages qu'on en retire ou qu'on peut en retirer.

Il est des morelles arborescentes et herbacées, des morelles vivaces et annuelles; leurs feuilles sont alternes, quelques-unes ont des épines sur leurs tiges ou sur leurs feuilles. La plupart sont originaires des pays chauds de l'Amérique et ne peuvent se conserver en pleine terre dans le climat de Paris; mais plusieurs s'y cultivent pour l'utilité : deux seulement sont indigènes à l'Europe.

Ces dernières, dont il convient d'abord de parler, sont,

La Morelle a fruit noir, *Solanum nigrum*, Lin. Elle a les racines annuelles; la tige anguleuse, rameuse, haute d'un à 2 pieds; les feuilles pétiolées, ovales, anguleuses et dentées, tantôt glabres, tantôt velues, ordinairement géminées, c'est-à-dire rapprochées d'un même côté de la tige; les fleurs blanchâtres, disposées en petits corymbes dans les aisselles des feuilles ou le long de la tige ; les fruits noirs , de la grosseur d'un pois.

Cette plante croît abondamment dans les jardins, les vignes, le long des haies , parmi les décombres , et fleurit pendant tout l'été. Elle se retrouve en Amérique et dans l'Inde ; ses feuilles ont une odeur musquée , virulente , narcotique , et une saveur âcre, nauséabonde. Aucun animal domestique n'y touche ; elle passe pour un poison : cependant à l'Ile-de-France on en mange habituellement les feuilles en guise d'épinards , sous le nom de BRÈDE ; on en fait fait usage en médecine, où elle passe pour anodine , rafraîchissante et répercutive, mais rarement à l'intérieur ; ses fruits sont acidules et inodores.

Comme elle est souvent excessivement abondante autour des fermes , il convient de la faire arracher à la fin de l'été pour la porter sur le fumier et en augmenter la masse.

La MORELLE GRIMPANTE , *Solanum dulcamara*, Lin. , plus connue sous les noms de *douce-amère*, *vigne-de-Judée*, a la tige ligneuse, grêle, sarmenteuse et grimpante ; les feuilles pétiolées, ovales oblongues, souvent auriculées à leur base , et légèrement velues ; les fleurs violettes , disposées en petits corymbes dans les aisselles des feuilles ou le long des tiges ; les fruits rouges de la grosseur d'un pois : elle croît abondamment en Europe dans les bois humides , les haies , les buissons , et fleurit à la fin du printemps. C'est une assez jolie plante qu'on cultive fréquemment dans les jardins pour faire des tonnelles , garnir les murs exposés au nord , former des guirlandes qui pendent des arbres, etc. ; ses feuilles sont sans odeur, mais leur saveur est d'abord douce , ensuite amère , et enfin âcre; on les emploie fréquemment en médecine comme apéritives, détersives, résolutives et expectorantes. C'est surtout dans les maladies ulcéreuses et arthritiques qu'elles produisent des effets marqués ; Linnæus les caractérisait de *remède héroïque*. Les moutons et les chèvres la mangent , mais les autres bestiaux n'y touchent pas ; ses baies sont recherchées par les renards , et on en met utilement dans les appâts qu'on offre à ces animaux pour les prendre : on fait des corbeilles avec ses tiges. Cette plante présente deux variétés, l'une à fleurs blanches, l'autre à feuilles panachées ; on les multiplie comme elle par marcottes et boutures, qui prennent racine avec la plus grande facilité.

La MORELLE MÉLONGÈNE ou AUBERGINE. *Voyez* ce dernier mot.

La MORELLE POMME D'AMOUR ou TOMATE. *Voyez* ce dernier mot.

La Morelle tubéreuse ou Pomme de terre. *Voyez* ce dernier mot.

La Morelle cerisette, *Solanum pseudocapsicum*, Lin., qu'on connaît encore sous les noms de *faux piment*, de *petit cerisier d'hiver*, et sur-tout d'*amome*, est frutescente ; haute de 3 ou 4 pieds ; a les feuilles pétiolées, lancéolées, entières ou sinuées, lisses et luisantes ; les fleurs blanchâtres, inclinées, ordinairement solitaires et sessiles à côté des rameaux. Elle est originaire de Madère, et se cultive fréquemment à cause de son feuillage élégant et permanent et de ses fruits qui, lorsqu'ils sont mûrs, ressemblent à de petites cerises, et persistent pendant tout l'hiver ; elle craint les fortes gelées, se tient en pots pour pouvoir être mise dans les serres ou dans les appartemens. On la multiplie de graines, qu'on sème au printemps sur couche et sous châssis, et dont le plant est repiqué l'année suivante isolément dans d'autres pots, et conservé également sur couche jusqu'à l'hiver qu'on les rentre dans l'orangerie. Rien n'est plus joli que cet arbuste lorsqu'il est couvert de fruits ; il orne également bien une cheminée, une console et la table d'un festin. Il présente deux variétés, l'une à fruit jaune et l'autre à feuilles panachées, qu'on multiplie par marcottes.

Quelques autres espèces de morelles peuvent supporter la pleine terre dans le climat de Paris ; mais elles ne méritent d'être cultivées que sous des rapports très-peu importans. (B.)

MORFONDU. Terme employé par Roger Schabol pour indiquer les effets du froid sur les greffes du printemps et sur les greffes enterrées : il n'a pas été adopté. *Voyez* Greffe.

MORFONDURE. Maladie des chevaux analogue au rhume dans l'homme, et qui reconnaît la même cause, c'est-à-dire une suppression de transpiration.

Les causes les plus ordinaires de la morfondure sont l'exposition à un air froid ou à la pluie après avoir eu chaud, et, dans le même cas, des bains ou des boissons trop fraîches. Ses symptômes sont la toux, un écoulement de mucosité par le nez, écoulement fluide et abondant dans les commencemens, épais et en petite quantité ensuite, enfin tristesse et perte d'appétit.

Quelquefois la difficulté de respirer est très-considérable, et menace la vie de l'animal ; d'autres fois la maladie dégénère en Morve. *Voyez* ce mot.

Aussitôt que la morfondure est reconnue, il faut faire respirer au cheval des fumigations émollientes, dans la vue de détacher la matière et de diminuer l'engorgement des glandes. L'eau blanche nitrée et miellée lui servira de boisson ; on diminuera sa nourriture ; il sera tenu dans une écurie chaude et propre, et une couverture de toile couvrira son corps jour et nuit.

C'est une erreur de croire que dans ce cas il faille faire suer les chevaux par tous les moyens possibles ; au contraire ce traitement concourt à aggraver la maladie, à provoquer des inflammations de poitrine qui conduisent l'animal à la mort. (B.)

MORFÉE ou MORPHÉE. Nom vulgaire des cochenilles de l'olivier et de l'oranger sur la rivière de Gênes. Il paraît qu'une DORTHÉSIE de ce dernier arbre s'appelle de même.

Ces insectes et les gelées sont les deux plus grands fléaux des industrieux cultivateurs de ce canton. *Voyez* COCHENILLE. (B.)

MORGELINE, *Alsine*. Plante annuelle de la décandrie trigynie et de la famille des caryophyllées, à racine fibreuse ; à tiges cylindriques, grêles, couchées, articulées, velues, rameuses et radicantes ; à feuilles opposées, pétiolées, ovales, aiguës, souvent cordiformes ; à fleurs blanches, pédonculées et solitaires dans les aisselles des feuilles, qu'on trouve très-abondamment dans toute l'Europe, dans les champs, les jardins et autres lieux cultivés, et qui est généralement connue sous le nom de MOURON DES OISEAUX, à cause de l'usage qu'on en fait.

La MORGELINE DES OISEAUX, la seule des quatre espèces composant ce genre qui soit dans le cas d'être citée, diffère des autres principalement parce que ses pétales sont échancrées. Elle fait à Paris l'objet d'un petit commerce, à raison du grand nombre d'oiseaux qu'on y élève en cage, oiseaux à qui elle est nécessaire pour contre-balancer les effets du ré-gime de graines sèches auquel ils sont soumis pendant toute l'année ; non-seulement ils en mangent les graines, mais les feuilles et les fleurs. Il suffit d'être présent à sa distribution, de voir avec quelle vivacité ils se jettent dessus, pour juger combien elle leur est agréable. On la regarde en médecine comme vulnéraire et détersive, mais on l'emploie rarement. Elle est en fleur toute l'année, quoiqu'elle soit annuelle, parce qu'elle se ressème continuellement, et qu'il lui faut un faible degré de chaleur pour végéter. Son abondance paraît quelque-fois un fléau pour l'agriculture ; mais la faiblesse et le peu d'élévation de ses tiges ne lui permettent pas de nuire essen-tiellement aux productions de la culture ; au contraire, comme elle est dans toute sa force au printemps, elle fournit aux graines des plantes, qui germent alors, un ombrage et une fraî-cheur salutaire ; de plus elle donne, lorsqu'on l'enterre, un peu d'humus au sol. Il ne faut donc pas s'inquiéter de la voir couvrir les jardins, les champs et les vignes. D'ailleurs il n'est rien moins que facile de la détruire, ses graines, pour peu qu'elles soient enfoncées en terre, se conservant un nombre d'années indéterminé et germant aussitôt que le hazard des labours les ramène à la surface. Tous les bestiaux la mangent, et les vaches et les cochons l'aiment beaucoup ; aussi dans quelques pays, et il serait bon qu'il en fût de même par-tout, les ménagères ont-elles soin de la ramasser, soit à la main, soit au moyen d'un râteau, pour la leur donner.

La surabondance du carbone est moins nuisible à cette plante qu'à la plupart des autres : c'est toujours elle qui paraît la première dans les lieux stérilisés par l'excès des engrais, comme on peut s'en assurer là où il a été déposé des excrémens humains, des charognes, des tas de fumier.

Cette capacité plus ou moins grande des plantes pour le carbone pourrait devenir l'objet de recherches importantes. (B.)

MORILLE, *Phallus*. Genre de plantes de la cryptogamie et de la famille des champignons, qui offre un pédicule terminé par un chapeau celluleux, dans les anfractuosités duquel sont logées les semences, et qui renferme une quinzaine d'espèces, dont une est fréquemment employée comme aliment.

Cette espèce est la MORILLE ESCULENTE, dont le pédicule est fistuleux et le chapeau adhérent dans toute son étendue. Elle se trouve au printemps dans les bois, s'élève au plus à 3 pouces, et en a un ou 2 de diamètre. Dans sa jeunesse, elle est d'un gris brunâtre et répand une odeur agréable ; dans sa vieillesse, elle est presque noire et sans odeur. Il ne faut pas la cueillir lorsqu'elle est arrivée à ce dernier état, parce qu'elle est alors pleine de larves d'insectes. On la mange fraîche ou sèche ; pour la dessécher on l'enfile et on la suspend dans un appartement : elle se garde par ce moyen plusieurs années.

Il est quelques endroits où l'on ramasse les morilles pour en faire commerce, et le bénéfice qu'elles procurent ne laissent pas que d'être de quelque importance pour les habitans des campagnes qui se livrent à sa recherche. (B.)

MORILLON. Variété de raisin. *Voyez* VIGNE.

MORPHÉE. *Voyez* MORFÉE.

MORSURE. Plaie faite à la peau d'un animal par la dent d'un autre.

Les chiens sont dans le cas de mordre tous les autres animaux, les chevaux et les cochons mordent aussi quelquefois. Il en résulte des blessures plus ou moins considérables, mais rarement très-dangereuses, et qui se guérissent, soit d'elles-mêmes, soit au moyen du plus simple pansement. *Voyez* PLAIE.

Il est deux sortes de morsures, dont les suites sont souvent mortelles et toujours suivies d'accidens très-graves ; ce sont celles des animaux enragés et des vipères. Il en sera question aux mots RAGE et VIPÈRE. (B.)

MORT-BOIS. S'entend d'essence de bois de peu de valeur que l'on permettait autrefois de prendre, même dans les bois du roi. Tous les bois blancs, dans le principe, en faisaient partie; mais depuis la cherté des combustibles, la désignation des morts-bois est restreinte aux arbustes. *Voyez* AMÉNAGE-MENT DES BOIS. (DE PER.)

MORTAIN. MARNE jaune très-argileuse des environs d'Aubenas, qui est regardée comme très-avantageuse à la vigne, dont elle assure les récoltes, parce qu'elle se dessèche difficilement. (B.)

MORT DES RACINES. On donne vulgairement ce nom, dans quelques cantons, à la maladie produite par le champignon filamenteux appelé ISAIRE, laquelle fait périr tant de racines et par conséquent tant d'arbres. (B.)

MORTES. Nom des FLAQUES d'eau aux environs de Nancy. (B.)

MORTFLATS. Maladie des vers à soie, qui s'annonce par un dévoiement et qui finit toujours par la mort de l'animal, qui alors est flasque, noir et fétide. Il paraît que cette maladie est principalement due ou à l'air vicié des chambres où on tient les vers, ou aux feuilles mouillées qu'on leur donne à manger. *Voyez* au mot VER A SOIE. (B.)

MORTIER. Vase de bois, de pierre, de fonte, de verre, de fer, de porcelaine, dont le fond est arrondi, et qui sert, au moyen d'un PILON (*voyez* ce mot) à réduire en poudre ou en bouillie une infinité d'objets utiles aux arts, à l'économie domestique, à la médecine.

L'emploi des mortiers est si fréquent, que je ne puis concevoir comment il n'y en a pas au moins un dans chaque ménage de cultivateur. Leur prix, en bois, en pierre, en fonte de fer, est généralement très-bas.

Certains MOULINS à TAN, à FOULON à HUILE, à POUDRE, etc., ne sont que la réunion de plusieurs mortiers dans lesquels l'eau fait tomber des pilons. (B.)

MORTIERS, MASTICS. ARCHITECTURE RURALE. On donne ces noms à un mélange de terre cuite, ou de sable, ou de matières calcinées, avec l'eau et la chaux. Ils entrent pour un cinquième dans le cube des maçonneries.

Nous avons dit, à l'article MAÇONNERIE, que leur durée dépendait particulièrement de la qualité des mortiers employés dans leur construction : cette qualité est relative à celle des substances qui entrent dans leur composition, aux proportions de chacune d'elles, et à la bonté de leur fabrication.

SECTION Ire. *Des substances qui entrent dans la composi-*

tion des mortiers. Ces substances sont, 1°. la terre cuite, 2°. le sable, 3°. l'eau, 4°. la chaux, 5°. et autres qui peuvent remplacer les deux premières dans quelques circonstances. Quant à *la terre franche* ou *terre à bâtir*, *voyez* le mot Pisé.

§ 1. *De la terre cuite*. Cette substance n'est autre chose que de la brique, ou de la tuile que l'on pile pour la réduire en poudre. Elle entre particulièrement dans la composition des mortiers des ouvrages hydrauliques, appelés *mortiers de ciment*. On nomme aussi Ciment (*voyez* ce mot) cette terre cuite pulvérisée.

Suivant M. Loriot, on peut suppléer à la brique pilée avec des pelotes de terre franche que l'on fait sécher et cuire ensuite dans un four à chaux, ou dans un fourneau particulier. Ces pelotes se réduisent aisément en poudre et valent de la brique pilée.

M. de Lafaye pense que la glaise sèche, convenablement préparée, peut aussi entrer dans la composition des mortiers de ciment.

§ 2. *Du sable*. Les sables dont on se sert pour fabriquer les mortiers, sont, 1°. le sable de terre ou de ravine ; 2°. celui de rivière ou de mer.

Le sable de terre, dont les grains sont anguleux et rudes au toucher, est celui que les Romains préféraient pour leurs constructions. Celui de ravine est bon ; mais lorsqu'il est terreux, ou fin et doux au toucher, il ne fait pas un aussi bon mortier.

Le sable de rivière est meilleur que le dernier ; mais il ne vaut pas le premier, parce qu'il s'arrondit en roulant dans l'eau.

Celui de mer est moins bon ; on peut cependant l'employer, faute d'autre, après l'avoir bien lavé avec de l'eau douce.

Les sables doivent être employés aussitôt qu'ils sont tirés de la terre ou des rivières, parce qu'en restant exposés à l'air pendant un certain temps ils deviendraient terreux.

Pour reconnaître si le sable n'est pas terreux ou glaiseux, on en répand une poignée sur un drap, ou sur un linge blanc ; si, en secouant ensuite le tissu, il n'y reste point de parties terreuses, c'est une preuve qu'il est de bonne qualité ; dans le cas contraire, il est d'autant plus mauvais qu'il en reste davantage.

§ 3. *De l'eau*. Les eaux de la mer ne valent rien dans la fabrication des mortiers ; le sel qu'elles contiennent se dissout par l'eau des pluies et attire l'humidité de l'air ; les mortiers dans lesquels elle entrerait resteraient toujours humides.

L'expérience apprend aussi que les eaux séléniteuses ne font que de mauvais mortiers.

§ 4. *De la chaux*. On sait que cette substance est le produit de la calcination des pierres calcaires. *Voyez* le mot CHAUX.

La meilleure pierre à chaux, dit Rozier, est celle qui est remplie de pierres coquillières; le ciment qui les unit est également calcaire. Le marbre vient ensuite, et les autres pierres calcaires suivant leurs différens degrés de pureté (1).

Pour découvrir si une pierre est propre à faire de la chaux, il faut l'éprouver par la propriété qu'ont toutes les substances calcaires de faire effervescence avec les acides. A cet effet, on en lave un morceau dans l'eau, on le laisse sécher, et l'on verse ensuite dessus la pierre quelques gouttes de bon vinaigre, ou d'eau forte. Si l'effervescence est prompte et vive, c'est une preuve que la pierre a la qualité que l'on désire; plus, d'ailleurs, elle sera pesante et d'un grain fin et serré, et meilleure elle sera pour faire de la chaux.

Toutes les coquilles, soit de terre, soit de mer, soit d'eaux douces, quoique dans leur état naturel, font de la chaux, mais non pas aussi bonne que celle fournie par les pierres dont nous venons de parler.

Plus la chaux est cuite ou calçinée, plus elle exige d'être promptement éteinte, parce qu'elle attire l'humidité de l'air en raison de sa siccité, et cette attraction de l'humidité est la preuve de sa bonne qualité.

La chaux s'éteint presque toujours sur l'atelier même de construction, et il est bon de connaître les véritables procédés de cette opération.

Si on l'éteint avec une trop petite quantité d'eau, on la brûle, et la chaleur qu'elle contracte fait dissiper en trop grande partie le gaz hydrogène qu'elle contenait, et qui paraît nécessaire dans la suite pour la cristallisation du mortier.

Si, au contraire, on éteint la chaux à trop grande eau, on la noie, et elle ne se cristallise plus aussi facilement.

---

(1) Les pierres calcaires les plus exemptes d'argile sont celles qui donnent la meilleure chaux; il est par conséquent des marbres qui en donnent de l'excellente, tels que celui de Carrare.

Descotils nous a appris que ce qui rendait certaines chaux si propres à faire des mortiers susceptibles de se consolider promptement sous l'eau, c'est que la pierre calcaire avec laquelle on les confectionnait contenait de la silice en poudre, laquelle étant dissoute par la chaux caustique, se régénérait dès que cette dernière qualité diminuait d'intensité. Ces sortes de chaux étaient connues et très-employées par les anciens. On les connaît aujourd'hui sous les noms de CHAUX MAIGRE, CHAUX HYDRAULIQUE. Ce sont principalement les pierres des montagnes de calcaire secondaire qui les fournissent; mais il s'en trouve quelquefois dans les pays à couches, témoin celle de Champigny près Paris: j'en ai suffisamment parlé au mot CHAUX. *(Note de M. Bosc.)*

C'est donc un moyen terme qu'il faut prendre en éteignant la chaux. Il consiste à jeter dans le bassin, pellée à pellée, et alternativement, de la chaux et de l'eau, de manière que la chaux soit perpétuellement environnée d'eau sans en être totalement submergée. Un ouvrier armé d'un broyon remue et agite cette masse de temps à autre, afin qu'elle soit bien divisée, bien pénétrée par l'eau, et pour en retirer les pierres qui, n'ayant pas été tout-à-fait calcinées, ne pourraient pas s'éteindre. On appelle *pigeons-rigauds* ces pierres incuites.

Lorsque le bassin est rempli, on le recouvre avec du sable jusqu'à ce qu'il ne reste plus de chaleur à la masse.

§ 5. *Des autres substances.* Un tuf sec et pierreux, bien pulvérisé et passé au sas, peut remplacer le sable et la terre franche, et donner un mortier plus léger.

Les marnes exactement pulvérisées et délayées avec précaution sont propres aussi à être incorporées avec les chaux.

La poussière du charbon de bois, les cendres de lessives, les vitrifications des fourneaux, celles des forges et des fonderies, les crasses, les laitiers, les scories, les mâchefers, sont également susceptibles de former avec les chaux de bons mortiers de différentes couleurs.

Enfin, la pierre pilée, les gravas des démolitions et des constructions originairement faites avec la chaux et le sable, peuvent être de la plus grande utilité pour bonifier les mortiers.

Section II. *Des différentes espèces de mortiers ordinaires.* On connaît cinq espèces de mortiers, 1°. mortiers de fondation et des gros murs; 2°. mortier fin, ou de pose de pierres de taille, etc.; 3°. mortier pour briques, paremens, etc.; 4°. mortiers de ciment; 5°. mortier ou mastic de rejointement ou de cirage des pierres de taille de couronnement et de parement.

Il est d'ailleurs impossible de déterminer d'une manière précise les proportions qui doivent exister entre la chaux, le le sable et l'eau pour composer un bon mortier d'une espèce donnée, parce que la qualité de la chaux varie souvent : ici, elle est grasse; là, elle est maigre, c'est-à-dire que la dernière exige moins de sable que la première, parce qu'elle contient peu de parties calcaires mélangées avec beaucoup de parties vitrifiables. L'autre, au contraire, demande plus d'eau pour l'éteindre, et plus de sable pour en faire un bon mortier.

C'est pourquoi on ne doit prendre les proportions que nous allons indiquer que comme des bases moyennes qu'il faudra varier suivant les circonstances.

§ 1. *Mortier de fondations et du corps des gros murs de bâtimens.* Il doit être composé de deux tiers de sable de terre

Tome X.

ou de rivière sec, non terreux, et criant à la main, et d'un tiers de chaux non éventée, de bonne qualité et cuisson, sans rigaux, et bien éteinte sans être noyée. On le corroiera et battra avec peu d'eau et à forcce de bras, et on le fera trois jours au moins avant d'être employé. Il sera battu et corroyé chaque jour de manière à ne pas distinguer le sable d'avec la chaux, et rebattu de nouveau toutes les fois qu'on voudra l'employer.

Ces mêmes précautions doivent être scrupuleusement observées dans la fabrication et dans l'emploi des autres espèces de mortiers.

§ 2. *Mortier fin* ou *de la deuxième espèce*. Il est employé pour la pose des pierres de taille et les paremens des nettes maçonneries, ainsi que pour leurs rejointoiemens. Il est composé de trois cinquièmes de sable criant à la main, le plus fin, le plus sec et le plus pur que l'on pourra trouver, passé, s'il est nécessaire, à une fine claie, et de deux cinquièmes de chaux bien éteinte nouvellement, sans cailloux ni galets, ni rigaux ; on le bat et on le corroie à plusieurs reprises, et encore avec plus d'attention que dans la fabrication du mortier de la première espèce.

§ 3. *Mortier de la troisième espèce*, ou *mortier pour briques*. On le fait avec deux tiers de bon sable très-fin, passé à la claie si cela est nécessaire, et un tiers de chaux bien éteinte. On en bat et corroie le mélange de la même manière que ci-dessus.

§ 4. *Mortier de ciment* ou *de la quatrième espèce*. Celui-ci est exclusivement employé dans les constructions hydrauliques.

On le compose avec deux cinquièmes de bonne chaux bien éteinte, et trois cinquièmes de ciment fait avec de vieux tuileaux de terre bien cuite, broyés à la meule ou au pilon, et passés au tamis de boulanger.

Pour procurer à ce mortier toute la qualité qu'il peut obtenir, il faut le fabriquer avec peu d'eau trois semaines à l'avance, et le battre et le corroyer ensuite à plusieurs reprises, à force de bras, et quatre fois au moins avant d'être employé (1).

§ 5. *Mastic à ragréer et rejointoyer les tablettes et bahus de pierre de taille, et les autres joints des maçonneries exposées à la pluie et aux intempéries de l'air*. On le fait avec de la chaux vive, que l'on éteint dans du sang du bœuf, et que

---

(1) *Voyez* la note précédente. Les briques ne diffèrent des tuileaux que parce qu'elles sont, à raison de leur épaisseur, généralement moins cuites ; ce qui, en effet, leur donne un peu d'infériorité dans le cas cité.

Mais mon collaborateur aurait dû parler de la Pouzzolane, qu'on a employée de tout temps en Italie, et qu'on emploie depuis près d'un siècle en France avec avantage, pour suppléer au ciment. Il en sera question à son article et au mot Volcan.   (*Note de M. Bosc.*)

l'on mélange avec une portion de limaille d'acier et de ciment pulvérisé.

Indépendamment de ces cinq espèces de mortiers, il en existe encore d'autres qu'il est nécessaire de faire connaître, afin de pouvoir en faire usage au besoin.

SECTION III. *Mortiers de M. Loriot.* L'extrême durée des constructions romaines, et même celle des ouvrages de nos ancêtres, doivent être incontestablement attribuées et au bon choix des matériaux disponibles et à l'excellente manière de les employer.

La dureté de leurs mortiers est encore si grande, qu'ils résistent aux coups redoublés du pic et du marteau. Cependant ils n'avaient pas de meilleures pierres à chaux, de meilleur sable que nous ; et si nos mortiers modernes se dégradent aussi aisément à l'humidité, s'ils ne font point corps avec les pierres des maçonneries, c'est qu'ils ne sont pas fabriqués de la même manière ni avec autant de soin.

Il est certain, 1°. que le mortier des Romains, ainsi que celui de nos ancêtres, passait très-promptement de l'état liquide à une consistance dure, et prenait sur-le-champ comme le plâtre ; 2°. qu'il acquérait une ténacité étonnante, et saisissait les moindres cailloutages qui en avaient été baignés ; 3°. qu'il était impénétrable à l'eau ; 4°. enfin qu'il conservait toujours le même volume sans retraite ni extension.

M. Loriot présuma avec raison que cette dureté extraordinaire de leur mortier ne pouvait provenir que d'un mélange de chaux vive non éteinte, mise en poudre, introduit dans le mortier fait à la manière ordinaire, et au moment de l'employer. Pour s'en assurer, il prit de la chaux éteinte depuis long-temps dans une fosse couverte de planches, sur laquelle on avait répandu une certaine quantité de terre : par ce moyen on avait conservé toute la fraîcheur de la chaux. Il en fit deux lots séparés, qu'il gâcha avec une égale attention.

Le premier lot fut mis, sans aucun mélange, dans un vase de terre vernissée, et exposé à l'ombre à une dessiccation naturelle. A mesure que l'évaporation se fit, la matière se gerça en tous sens. Elle se détacha des parois du vase, et tomba en mille morceaux qui n'avaient pas plus de consistance que de la chaux nouvellement éteinte desséchée par le soleil sur le bord des fosses.

Le second lot, avant d'être mis dans un pareil vaisseau vernissé, fut amalgamé et gâché avec un tiers de chaux vive mise en poudre. Le mélange étant placé dans le vase, M. Loriot sentit qu'il s'échauffait peu-à-peu, et dans l'espace de quelques minutes, il s'aperçut qu'il avait acquis une consistance pareille à celle du meilleur plâtre détrempé et employé à propos. La dessiccation absolue de ce mélange fut achevée en peu de temps, et il lui présenta une masse compacte, sans la moindre gerçure, et tellement adhérente aux parois du vase qu'il ne put l'en tirer sans le briser (1).

Après cette épreuve, M. Loriot fit, avec la même composition, des vaisseaux qui tenaient l'eau parfaitement, et après les avoir laissés exposés pendant deux ans aux injures de l'air, il trouva que, loin d'en avoir été altérés, ils avaient progressivement acquis plus de solidité.

C'est à ces heureuses expériences que l'on doit l'excellente qualité qu'il a su procurer aux différentes espèces de mortiers, dont voici la composition.

1°. Prenez, pour une partie de brique pilée très-exactement et passée au sas, deux parties de sable fin de rivière passé à la claie; plus, de la chaux vieille éteinte en quantité suffisante pour former dans l'auge, avec l'eau, un amalgame à l'ordinaire, et cependant assez humecté pour fournir à l'extinction de la chaux vive, que vous y jeterez en poudre jusqu'à concurrence du quart en sus de la quantité de sable et de briques pilées, prise ensemble.

Les matières étant bien broyées et incorporées, employez-les sur-le-champ, parce que le moindre délai peut en rendre l'usage infructueux ou impossible.

2°. Un enduit de cette matière mis sur le fond et les parois d'un bassin, d'un canal, et de toutes sortes de constructions faites pour contenir et surmonter les eaux, opère l'effet le plus surprenant, même en le mettant en petite quantité. Que serait-ce donc, dit Rozier, si ces constructions avaient été originairement faites avec ce mortier?

3°. La poudre de charbon de terre, mise dans le mélange en quantité égale à celle de la chaux vive, s'y incorpore parfaitement, donne au mortier une couleur de plomb, et la substance bitumineuse du charbon est un obstacle de plus à la pénétrabilité de l'eau.

4°. Le mélange de deux parties de chaux éteinte à l'air, d'une partie de plâtre passé au sas, et d'une quatrième de chaux vive, fournit, par l'amalgame qui s'en fait, un enduit très-propre pour l'intérieur des bâtimens et qui ne se gerce pas. Ces mortiers doivent être préparés par couches et par rangées.

5°. Un quart de chaux vive, ajouté au simple mortier ordinaire de chaux fusée et de sable, lui donne la propriété de se durcir plus en vingt-quatre heures que l'autre en plusieurs mois.

---

(1) Il n'est pas étonnant que ce mortier se soit promptement desséché, puisque la chaux en poudre a absorbé l'excès d'eau de la partie gâchée.

(*Note de M. Bosc.*)

Il paraît qu'en général le mélange d'un quart de chaux vive en poudre, indiqué par M. Loriot, est la proportion la plus convenable (1).

SECTION IV. *Mortiers de M. Lafaye.* Les succès de M. Loriot ont donné lieu aux recherches de M. Lafaye. Comme le premier, il a reconnu que la bonté des mortiers des constructions des Romains consistait particulièrement dans la préparation qu'ils donnaient à la chaux. Il les a consignées dans un ouvrage intitulé : *Recherches sur la préparation que les Romains donnaient à la chaux dont ils se servaient dans leurs constructions, et sur la composition et l'emploi de leurs mortiers.* Paris, 1777.

Suivant cet auteur, la chaux fusée, telle qu'on l'emploie ordinairement, et lorsqu'elle est mélangée avec le sable, ne produit qu'un mortier qui se dessèche lentement, et ne prend jamais une forte consistance, parce que cette chaux, trop abreuvée, a perdu l'aptitude qu'elle avait de s'attacher aux corps pour y repomper l'eau dont elle a été privée par le feu.

Il propose donc d'abandonner ce procédé et de le remplacer par un autre plus naturel et plus analogue à l'effet que doit produire la chaux par son mélange avec le sable et l'eau. Voici en quoi il consiste.

Vous vous procurerez de la chaux de pierres dures, et nouvellement cuite; vous la ferez couvrir en route, afin que l'humidité de l'air, ou la pluie, ne puisse la pénétrer; vous ferez déposer cette chaux sur un plancher balayé, dans un endroit sec et couvert; vous aurez dans le même lieu des tonneaux secs et un grand baquet rempli jusqu'aux trois quarts d'eau de rivière, ou d'une eau qui ne soit ni crue ni minérale.

Il suffira d'employer deux ouvriers pour l'opération : l'un avec une hachette brisera les pierres de la chaux jusqu'à ce qu'elles soient réduites à-peu-près à la grosseur d'un œuf; l'autre prendra avec une pelle cette chaux brisée, et en remplira à ras seulement un panier plat et à claire-voie, tel que les maçons en ont pour passer le plâtre; il enfoncera ce panier dans l'eau, et l'y maintiendra jusqu'à ce que toute la superficie de l'eau commence à bouillonner : alors il retirera le panier, le laissera égoutter un instant, et renversera dans un tonneau cette chaux trempée. Il répétera sans relâche cette opération jusqu'à ce que toute la chaux ait été trempée et mise dans les tonneaux, qu'il remplira à deux ou trois doigts des bords. Alors cette chaux s'échauffera considérablement,

---

(1) Le mortier des Romains doit principalement sa dureté à la chaux maigre ou chaux hydraulique avec laquelle il a été composé : c'est un fait qui a été constaté principalement par Vicat, dans son excellent traité sur cet objet. Le mortier de M. Loriot n'en est pas moins bon en tous lieux, et doit par conséquent être connu. (*Note de M. Bosc.*)

rejettera en fumée la plus grande partie de l'eau dont elle est abreuvée, ouvrira ses pores en tombant en poudre et perdra enfin sa chaleur.

Tel est l'état de chaux que Vitruve appelle *chaux éteinte*.

L'âcreté de cette fumée exige que l'opération soit faite dans un lieu où l'air passe librement, afin que les ouvriers puissent se placer de manière à n'en être pas incommodés. Aussitôt que la chaux cessera de fumer, on couvrira les tonneaux avec de la grosse toile, ou avec des paillassons.

On reconnaîtra les chaux mal cuites ou anciennement cuites à la manière dont elles s'échaufferont et se mettront en poudre : elles se divisent très-mal et s'échauffent lentement.

Composition des mortiers avec la chaux ainsi éteinte.

1°. *Mortier ordinaire*. Le sable de terre, rude au toucher, doit être mis avec la chaux dans la proportion de trois à un. Ce mélange doit être bien battu et corroyé avec une quantité d'eau suffisante pour en faire un mortier gras.

2°. *Mortier fin*. On met deux parties de bon sable de terre, fin et doux au toucher, avec une de chaux. Tous les sables sont bons pour le mélange, pourvu qu'ils ne soient pas terreux.

La quantité d'eau que contient le sable nouvellement tiré des rivières suffit pour l'opération, sans être obligé d'en ajouter de nouvelle, et cette quantité pourrait déterminer celle qu'il faut ajouter aux sables secs. Si au lieu de mettre deux parties de sable dans le mortier, on substituait un mélange composé d'une partie de ciment et de deux de sable, le mortier en sera meilleur.

Le mâchefer ou les autres matières calcinées se mêlent avec la chaux dans la proportion de deux contre un.

3°. *Procédé pour la construction d'un aqueduc*. Le procédé n'étant autre chose que celui connu sous le nom de BLÉTON ou de BÉTON, nous renvoyons le lecteur à ce mot.

4°. *Pierres factices*. Un tiers de sable fin et sec, un tiers de poudre de pierre, et un tiers de chaux en poudre, le tout bien mélangé, battu et corroyé, et humecté avec la moindre quantité d'eau possible; autrement, le mélange, en se séchant, prendrait une retraite sensible.

5°. *Briques crues*. Même procédé : les Romains mettaient de la paille dans leurs mortiers de briques crues; ils les faisaient aussi avec du sable rouge fin, et même de la craie, comme cela se pratique encore dans le département de la Marne, en y mêlant un tiers de chaux, afin qu'elles fussent plus légères (1).

6°. *Manière de faire les terrasses*. Après avoir croisé des vo-

____

(1) Il a été reconnu que la SCIURE DE BOIS améliorait la qualité du mortier, et il est quelques moulins à scier dans le Jura qui en vendent pour cet objet.   (*Note de M. Bosc.*)

liges de chêne sur les poutres et solives qui doivent soutenir une terrasse, on croise de nouvelles voliges sur les premières, et l'on répand dessus le grillage un lit de fougère ou de paille pour garantir les bois de l'action corrosive de la chaux; on forme ensuite la première couche de maçonnerie avec des cailloux ou des fragmens de pierres dures, dont les moindres rempliront la paume de la main, et qui seront arrangées de manière que la fougère ou la paille en soit couverte. On étend par-dessus un lit de mortier composé de cinq parties de tuiles, cailloux ou pierres dures pilées et réduites en sable, et de deux parties de chaux nouvellement cuite. Quand cette première maçonnerie aura été massivée avec des pilons ferrés, on en fera une seconde de même volume en chaux, et environ une dose double de cailloux, tuiles ou pierres dures concassées. Cette seconde couche étant massivée doit avoir, avec la première, une épaisseur d'environ 2 ou 3 décimètres (8 à 9 pouces); on forme une autre couche peu épaisse avec un mortier composé de trois parties de tuiles neuves ou de cailloux pilés et de deux parties de chaux. C'est sur cette dernière couche que l'on établit la superficie de la terrasse, soit avec des dalles de pierres dures, soit avec des carreaux de terre cuite de 2 doigts d'épaisseur, et dont on remplira exactement les joints avec de la chaux en poudre pétrie avec de l'huile.

Les Romains frottaient leurs terrasses avec du marc d'olives, et lorsqu'elles en étaient parfaitement imbibées, elles devenaient moins sujettes aux dégradations.

SECTION V. *Mastics, cimens, scellemens, soudures,* § 1er. *Ciment chaud pour lutter les tuyaux de fontaine.* Il est composé, 1°. d'une partie d'argile, de cailloux de rivière, de verre, de scories ou de mâchefer en égales portions; 2°. d'une autre partie de tuile égale en quantité à la première, le tout mélangé, pulvérisé et passé au sas; 3°. de deux parties de poix résine que l'on fait fondre dans un pot de fer, sur un fourneau allumé avec un peu d'huile et de graisse. Au premier bouillon, on jette dans le pot, et petit à petit, les poudres ci-dessus mélangées, et on les remue constamment avec une spatule, jusqu'à ce que le dernier mélange commence à filer à la spatule, et qu'il s'endurcisse promptement dans l'eau, en y en jetant une goutte pour essai. On l'ôte alors du feu, et on le verse dans une terrine vernissée, dans laquelle on laisse un peu d'eau dans le fond pour éviter que le ciment s'y attache. Il s'y affermit promptement, et on le garde alors aussi long-temps qu'on le désire. Lorsqu'on veut ensuite en faire usage, on le casse en morceaux avec une masse, et on en fait fondre la quantité dont on a besoin.

§ 2. *Ciment froid,* ou *mastic que l'on emploie aux mêmes*

usages. On le compose d'abord avec les mêmes matières pulvérisées que l'on a indiquées pour le mastic chaud, et en même dose de chacune. On détrempe ensuite les matières dans de l'huile de noix, mais fort clairement, les mêlant ensemble à force de les battre et de les remuer avec une spatule de bois. On ajoute ensuite au mélange un peu d'étoupes de chanvre coupées menu, et de la graisse de bouc ou de chèvre, crue et hachée, que l'on fait fondre dans ce mélange. Redevenu liquide par l'introduction de l'huile et de la graisse, on lui donne la consistance qu'il doit prendre, en y mettant à froid et peu-à-peu de la chaux neuve, fusée sans eau et tamisée, et en battant et remuant toujours, jusqu'à ce que le mastic ne tienne plus ni à la terrine, ni à la spatule, ni même aux mains (1).

On appelle aussi le mastic *ciment de pâte*.

§ 3. *Ciment de citerne*. Il est composé d'argile, de mâchefer, de verre et de cailloux de rivière, en doses égales de chacune de ces substances, et de tuiles en dose égale à la somme des premières, le tout pulvérisé, mêlé et sassé. On y ajoute ensuite du bon vinaigre ou du vin en assez grande quantité pour que le mélange devienne liquide, et on lui donne la consistance qu'il doit avoir, en le battant et corroyant avec de la chaux vive pulvérisée, que l'on y mêle peu-à-peu et en assez grande quantité pour en faire un mortier bien gras.

§ 4. *Autre mastic pour les tuyaux de conduite*. On soude leurs points de réunion avec une pâte composée de brique pilée, de chaux vive en poudre, et de saindoux, ou graisse blanche; le tout à parties égales et bien pétries ensemble.

§ 5. *Scellement des fers dans les pierres de taille*, etc. La soudure que l'on emploie ordinairement pour cet objet est composée de 2 tiers de plomb et d'un tiers d'étain fin.

Ces scellemens se font aussi quelquefois avec une soudure composée de soufre et de limaille d'acier (2).

§ 6. *Ciment d'eau-forte*. Ce ciment est un composé d'alumine et de potasse, poussé à un état de demi-vitrification, qui le rend très-solide et insoluble dans l'eau. On l'emploie aux mêmes usages que les autres mastics, et on le trouve chez les distillateurs d'eau-forte. (DE PER.)

MORVE. Le vulgaire appelle du nom de morve tout écoulement par le nez de quelque nature qu'il soit,

---

(1) Le véritable MASTIC est un simple mélange d'HUILE et d'OXIDE DE PLOMB, qu'on allonge le plus souvent avec de la CRAIE, avec du CIMENT, avec du CALCAIRE, avec du PLATRE réduit en poudre. *Voyez* ces mots. (*Note de M. Bosc.*)

(2) Les scellemens dans lesquels entre le soufre ne valent rien, l'acide sulfurique du soufre dissolvant le fer après qu'il a cessé d'agir sur la limaille d'acier. (*Note de M. Bosc.*)

En hippiatrique, ce mot a une acception moins générale, moins vague et plus précise ; il est employé pour désigner une maladie chronique, rarement aiguë, contagieuse et quelquefois épizootique, qui affecte le cheval, l'âne et le mulet ; c'est surtout dans les corps de cavalerie, dans les postes-relais et messageries, dans les grands dépôts aux armées, en enfin par-tout où il y a un grand nombre de chevaux rassemblés qu'elle prend ce dernier caractère.

Les symptômes de la morve ne sont pas toujours les mêmes ; ils varient suivant les individus et suivant les diverses époques de la maladie.

MM. Chabert et Huzard, dans une *Instruction sur les moyens de s'assurer de l'existence de la morve*, imprimée par ordre du gouvernement, ont divisé les signes de cette maladie en signes du premier degré, en signes du deuxième degré et en signes du troisième degré.

Les signes du premier degré sont, 1°. l'écoulement par un naseau seulement d'une humeur blanchâtre et fluide, qui n'est bien sensible que lorsque l'animal est exercé pendant quelque temps ;

2°. L'engorgement et l'inflammation caractérisés par la rougeur de la membrane qui tapisse l'intérieur du nez près la partie qui sépare les deux naseaux ;

3°. Le gonflement des vaisseaux sanguins de cette membrane, qui sont presque inapercevables dans les animaux sains, surtout dans le repos ;

4°. L'engorgement d'une ou plusieurs glandes de la ganache du côté du naseau par lequel l'écoulement a lieu ;

5°. Le brillant du poil, qui est dû au défaut de transpiration ;

6°. Le bon état apparent de l'animal avec les signes précédens ;

7°. La crudité et la transparence des urines.

Les signes de la morve produite par la communication ne sont pas toujours les mêmes que ceux de la morve qui provient de l'usage des mauvais fourrages, d'exercices outrés, etc.

Dans le premier cas, c'est-à-dire dans celui de communication, le flux est toujours plus ou moins copieux par un naseau : tous les signes que nous venons d'indiquer existent sans toux ; dans le second cas, au contraire, une toux sèche et grasse accompagne la maladie, que précèdent le dégoût et la tristesse.

Les signes du second degré sont, 1°. l'épaississement, la couleur jaune et verdâtre du flux, sa viscosité, son adhérence au bord de l'ouverture des naseaux ;

2°. Le froncement et le retroussement de la partie supérieure du bord de l'orifice du naseau par lequel l'écoulement a lieu ;

3°. Enfin la sensibilité des glandes engorgées et leur adhérence aux os de la mâchoire postérieure.

Les signes du troisième degré sont , 1°. la couleur grisâtre ou noirâtre et la fétidité de l'humeur qui coule par les naseaux ;

2°. Les traînées de sang qu'on y aperçoit communément ;

3°. Les hémorrhagies fréquentes de la membrane interne du nez ;

4°. L'écoulement établi par les deux naseaux à-la-fois ;

5°. Les ulcères chancreux qui corrodent la membrane interne ;

6°. La sensibilité des glandes tuméfiées et leur plus forte adhérence à l'os de la mâchoire ;

7°. La chassie des yeux ou de l'œil répondant au naseau qui flue , lorsque le flux n'a lieu que par un seul ;

8°. La tuméfaction de la paupière inférieure ;

9°. Le boursoufflement et le soulèvement des os du nez ou du chanfrein ;

10°. Le dégoût , l'abattement , la toux , l'enflure des jambes et des testicules , enfin la claudication sans aucune cause apparente, lorsqu'elle survient après les autres symptômes ci-dessus ; elle annonce le plus souvent la fin prochaine du sujet.

Les signes qui viennent d'être indiqués ne sont pas tous particuliers à la morve ; il en est plusieurs qui sont communs à d'autres maladies avec lesquelles il est dangereux et malheureusement trop ordinaire de la confondre.

Ces maladies sont la gourme , la fausse gourme , la péripneumonie , la morfondure et la pleurésie.

L'écoulement par les naseaux d'une humeur plus ou moins épaisse, l'engorgement des glandes situées sous la ganache , les chancres sur la membrane interne du nez sont des symptômes communs à plusieurs de ces maladies et à la morve ; mais ce qui les différencie essentiellement, c'est que, dans la dernière, ces trois symptômes existent le plus souvent à-la-fois, ce qui n'arrive jamais dans les premières (1).

Celles-ci sont toujours aiguës , inflammatoires dès les premiers jours de l'invasion ; elles ont le caractère le plus alarmant ; elles parcourent leurs périodes en peu de jours ; le flux, lorsqu'il existe , diminue peu à peu ; le sang se dépure , les fonctions se rétablissent et l'animal guérit.

Celle-là au contraire ne parcourt ses périodes qu'avec une

---

(1) M. Verier , professeur à l'école vétérinaire d'Alfort, a eu occasion de remarquer que , dans la morve , l'écoulement par les naseaux diminuait et même cessait totalement dans la chaleur ; ce qui explique pourquoi cette maladie n'existe pas entre les tropiques , et ce qui ferait croire qu'elle n'est réellement qu'une affection catarrhale.

(Note de M. Bosc.)

extrême lenteur ; les signes qui l'annoncent ne s'aggravent que par gradation ; l'animal qui en est atteint paraît jouir de la santé, sur-tout jusqu'au deuxième temps ; ce n'est que vers la fin de celui-ci ou au commencement du troisième que commencent à se manifester extérieurement les lésions internes produites par cette maladie.

Ces caractères, et sur-tout le dernier, c'est-à-dire l'apparence de l'état le plus sain avec le flux, ou l'engorgement des glandes, ou les chancres de la membrane du nez, établissent entre ces maladies des différences auxquelles il n'est pas possible de se méprendre pour peu qu'on y fasse attention.

On peut encore confondre la morve avec les rhumes et les affections catarrhales, sur-tout à Paris, où ces dernières dispositions sont pour ainsi dire enzootiques et où elles sont plus générales que par-tout ailleurs.

Des polypes dans les naseaux donnent aussi lieu à l'écoulement de matière blanche et quelquefois sanguinolente par le nez, ainsi qu'à l'engorgement des glandes de dessous la ganache ; on voit quelquefois des coups sur le nez produire les mêmes désordres et même des ulcères d'une odeur fétide ; le praticien éclairé reconnaît facilement ces différences.

Les causes de la morve sont,

1°. La communication des chevaux sains avec des chevaux morveux, l'usage de quelques-uns des objets qui leur ont servi, comme brides, selles, harnois, couvertures, seaux, étrilles, éponges, brosses, époussettes, etc. Cette cause est plus ou moins active suivant le caractère du virus et les dispositions des sujets qui sont exposés à ses effets ;

2°. Les tourbillons des vapeurs fournies par la transpiration de tous les chevaux d'un régiment dans les manœuvres, vapeurs qui sont introduites dans les poumons par l'inspiration.

3°. La mauvaise qualité des alimens dont les chevaux sont nourris, enfin toutes les espèces d'alimens échauffans continués pendant long-temps ;

4°. La trop petite quantité d'alimens : les animaux épuisés par la fatigue et l'abstinence perdent bientôt leur embonpoint et leurs forces ; les liqueurs s'appauvrissent et les solides tombent dans l'atonie ; on espère réparer ces désordres par un meilleur régime employé un peu trop tard, et à une époque à laquelle l'augmentation de nourriture devient plutôt nuisible qu'avantageuse, et donne quelquefois lieu au farcin et à la morve ;

5°. L'arrêt subit de la transpiration lorsque l'animal est exposé à un air froid après un exercice qui a mis les humeurs en mouvement ;

6°. Une gourme, une morfondure négligées ou maltraitées,

les affections catarrhales dont nous avons précédemment parlé, traitées par des moyens trop relâchans et qui font passer promptement ces maladies à l'état chronique ;

7°. Des javarts, des crapauds, des poireaux, des eaux aux jambes, ou autres maladies externes guéries par l'application des remèdes purement locaux ;

8°. La disparition subite de la gale, du farcin et autres maladies de la peau.

On doit observer que la morve qui paraît à la suite du farcin est toujours incurable, et qu'on doit au contraire espérer quand c'est la morve qui dégénère en farcin.

La morve n'est pas incurable, mais son traitement a été jusqu'à présent long et par conséquent dispendieux. Il est encore très-incertain, sur-tout dans les chevaux chez lesquels elle a fait des progrès ; mais ce qu'il y a de sûr, c'est la perte énorme qu'elle peut occasionner en se propageant d'un individu à un autre, même pendant le traitement. Ce serait donc entendre mal ses intérêts à chercher à la guérir, sur-tout lorsqu'elle est ancienne ; et si elle ne l'est pas, lorsque le virus a fait en peu de temps des progrès très-rapides : ainsi la cure de cette maladie ne doit être entreprise qu'autant qu'elle sera dans son principe, ou tout au plus à son second degré ; il faut encore que les animaux qu'on se propose de traiter soient en bon état, d'un bon tempérament, exempts de tous autres vices, et d'une valeur qui puisse couvrir la dépense.

La morve, et toutes les maladies qu'accompagne le flux par les naseaux, étant contagieuses, la première indication qui se présente à remplir c'est la séparation de tous les chevaux sains d'avec ceux atteints de quelques-unes de ces maladies ; la seconde, la désinfection des chevaux qui ont communiqué avec les chevaux morveux ; la troisième, l'assainissement des écuries ; la quatrième, la purification des harnois et ustensiles qui ont servi aux chevaux affectés de cette maladie.

La séparation des chevaux sains d'avec les malades doit être précédée d'un examen attentif de tous les animaux.

Pour procéder avec méthode à cet examen, il faut faire sortir par ordre tous les chevaux, tant sains que malades, afin qu'aucun n'échappe à l'inspection : l'animal détaché et sorti de sa place, on le fera conduire dans un jour qui soit tel, que toutes les parties de la tête soient éclairées de manière qu'aucune d'elles ne puisse se dérober aux regards, afin de pouvoir reconnaître les animaux affectés, et désigner ceux qui doivent être abattus ou conservés.

Cette maladie, comme toutes celles qui sont contagieuses, exige des mesures générales, qui tiennent à la salubrité publique, et des mesures particulières qui sont relatives aux intérêts des propriétaires.

Les personnes qui ont des chevaux atteints de la morve doivent en faire leur déclaration aux autorités.

Il a été dit que les écuries dans lesquelles il y a eu des chevaux morveux ou suspectés de cette maladie, devaient être purifiées ; ces précautions intéressent directement le propriétaire : il doit, en cela, se conformer strictement à ce qui lui sera prescrit par les autorités et par les vétérinaires.

Au reste, il faut consulter l'Instruction déjà citée de MM. Chabert et Huzard, de laquelle cet article est extrait. On y trouvera très en détail l'indication des précautions à prendre dans cette cruelle maladie. Il faut pareillement consulter le projet de code rural, 3e. section, articles 237, 238, 239, 240, 241, 242, 243, 244, 245 et 252.

Il serait trop long de faire ici l'histoire de la morve et de rapporter tout ce qu'en ont dit les différens auteurs depuis les Grecs jusqu'à nous. Faire connaître la morve, indiquer les précautions et les mesures à prendre pour en diminuer ou en arrêter les funestes effets, et donner les moyens de la faire distinguer des maladies avec lesquelles on peut la confondre, tel a dû être l'esprit dans lequel cet article a été rédigé. (DESP.)

MORVE. Les jardiniers donnent ce nom au mucilage qui forme la substance de la plupart des fruits, sur-tout des fruits huileux, avant leur maturité. *Ces cerneaux sont encore en morve* est une expression qu'ils emploient très-communément. *Voyez* MUCILAGE. (B.)

MORVE DES CHIENS. On a donné ce nom à la MALADIE DES CHIENS, parce, que dans les commencemens, elle est accompagnée d'un flux par les naseaux. *Voyez* ce mot et le mot CHIEN. (B.)

MORVE DES MOUTONS. *Voyez* RHUME.

MOTTE. On donne ce nom, dans les environs de Genève, à un FROMENT sans barbe qu'on y cultive beaucoup, et qui offre deux sous-variétés, l'une à tige rougeâtre, l'autre à tige blanche lors de la maturité : la première de ces sous-variétés est celle qu'on préfère. (B.)

MOTTE. Masse de terre plus ou moins grosse qui échappe à la division dans les labours à la charrue, à la bêche ou à la pioche.

Les terres argileuses, sur-tout lorsqu'il y a long-temps qu'elles ont été labourées, les prairies naturelles ou artificielles, les pâturages qu'on défriche, en fournissent le plus ; il en est de même des champs long-temps piétinés par les bestiaux, de ceux qu'on est dans la mauvaise habitude de ne labourer qu'après l'hiver, etc. Il est des sortes de terres qui se lèvent plus facilement en mottes lorsqu'elles sont imprégnées d'eau, d'autres quand elles sont trop sèches : il n'en est pas deux qui se comportent de même à cet égard. *Voyez* Labour et Terre.

Comme le but de tout labour est de diviser la terre, et que celle des mottes n'est pas divisée, on doit toujours tendre à en laisser le moins possible : c'est pourquoi on prend une petite quantité de terre à chaque raie ; c'est pourquoi on croise les labours ; c'est pourquoi on choisit le moment le plus convenable à la nature de chaque terre ; on passe la Herse, le Rouleau avec ou sans dents, après les semailles ; on casse même les mottes avec un maillet, ou une massue faite exprès, appelée Casse-Motte. *Voyez* ces mots.

Dans certains cas, les mottes sont cependant un bien.

Par exemple, lorsqu'on sème en froment des champs très-garnis de grosses mottes, le grain tombe presque tout dans leurs intervalles, où il trouve une humidité favorable, qui le fait promptement germer, et un abri qui le garantit des premières gelées de l'automne : aussi ces champs paraissent-ils plus beaux au printemps que ceux qui ont été mieux labourés. Il m'est bien souvent arrivé de voir le sommet des mottes gelé lorsque leur base ne l'était pas. *Voyez* Abri et Vent.

Par exemple, souvent les mottes recouvrent, ce qui est souvent un bien, les racines par leur *fusion*, leur *délitation*, c'est-à-dire par leur division en molécules, division qui s'opère par le seul effet de l'action alternative de la sécheresse et de l'humidité, par les pluies, les gelées, etc. : c'est ce qui avait fait dire à Palladius qu'il ne fallait pas les rompre.

Il est des terres dont les mottes sont beaucoup plus disposées à cette division que d'autres, telles que celles dans la composition desquelles il entre une certaine proportion de silice ou de calcaire, les schisteuses, les marneuses, par exemple. Entrer dans le détail de leurs variations à cet égard menerait beaucoup trop loin, et serait peu utile ; un an d'expérience sur un domaine quelconque en apprendra plus que des volumes de discours. *Voyez* Marne.

Un champ couvert de mottes annonce une mauvaise culture. Un laboureur doit toujours préparer ses terres dans la saison, pendant le temps et de la manière la plus favorable à son objet, et, je le répète, son objet est de ne pas faire de mottes : il faut qu'il multiplie coup sur coup ses labours, ses roulages, ses hersages, si les circonstances l'exigent ; c'est pour négliger ces opérations que tant de récoltes sont chétives, ne paient pas les frais qu'elles ont occasionnés. Mais, dira-t-on, cette perfection exige de plus fortes dépenses et diminue par conséquent les bénéfices : cela peut être la première année pour une terre jusqu'alors mal cultivée ; mais une fois en valeur, elle demande bien moins de travail, et rapporte toujours davantage. *Voyez* au mot LABOUR.

C'est avec une HOUE A CHEVAL à plusieurs rangs de fer que l'on peut le mieux et le plus économiquement faire disparaître les mottes d'un champ. Il semble que ce précieux instrument devrait se trouver dans toutes les exploitations rurales, et il est cependant extrêmement rare de l'y voir. *Voyez* son article.

On trouve, dans le Recueil des machines de Leblanc, *pl.* 27, la figure d'un brise-motte suédois, d'un effet très-puissant : c'est un gros rouleau composé de barres de fer triangulaires, traîné par un cheval ; je renvoie à ce bel ouvrage ceux qui voudraient le faire exécuter.

De toutes les sortes de labours, celui avec la charrue est celui qui fournit le plus de mottes, et celui avec la pioche est celui qui en laisse le moins ; aussi ce dernier est-il le plus parfait. (B.)

MOTTE (ARRACHER et PLANTER EN). C'est arracher une plante avec la plus grande partie de la terre qui entoure ses racines, et la planter sans ôter cette terre.

Il serait à désirer, pour la certitude de la reprise des plantes et des arbres, qu'on pût toujours les mettre en terre avec leur motte ; mais outre que cette opération est très-coûteuse quand elle s'exécute sur de grands arbres ou sur une grande quantité de petits, toutes les terres ne s'y prêtent pas également : celles qu'on appelle légères, par exemple, n'ont pas assez de consistance pour se conserver en motte autour des racines, si ce n'est quand elles sont gelées.

Ces deux considérations font qu'on ne plante en motte que quelques objets pour lesquels on ne craint pas la dépense.

Anciennement on avait, dans tous les jardins, des instrumens propres à enlever les plantes avec leur motte : aujourd'hui on ne se sert plus que de la bêche ou de la pioche ; mais on prend toutes les précautions convenables pour arriver à son but. Ainsi, si c'est une petite plante, on enfonce trois fois la bêche autour, et on ne l'enlève qu'au quatrième coup ; ainsi, si c'est un arbre, on fait autour une tranchée, qui en est d'autant plus éloignée qu'il est plus gros, et d'autant plus profonde que son pivot est plus long.

Une précaution toujours utile, c'est de mouiller fortement la terre avant de lever une plante en motte, afin que les molécules de cette terre soient plus cohérentes.

Lorsqu'on veut lever un arbre précieux dans une terre sablonneuse, on attend qu'elle soit gelée, et on jette de l'eau le soir sur le travail qu'on a effectué pendant le jour, afin que la gelée s'approfondisse autant que cela devient nécessaire à la suite du travail.

Le défaut général des jardiniers qui veulent lever en motte, c'est de ne pas écarter assez la bêche, ou la tranchée, du tronc. Leur but est de s'épargner un peu de travail ; mais souvent ce but est manqué, parce que la plante ou l'arbre dont les racines ont été trop raccourcies, trop mutilées, ne reprend pas, et qu'il faut recommencer la même opération sur un autre.

Une partie des racines d'une plante ou d'un arbre levé en motte restant intactes, et celles qui ont été coupées conservant une certaine longueur, il arrive presque toujours lorsque l'opération a été bien faite, que cette plante ou cet arbre, mis dans sa nouvelle place et arrosé, ne semble pas avoir été transplanté ; c'est-à-dire qu'il continue de végéter avec la même force, pousse ses feuilles et ses fleurs, amène ses fruits à maturité comme s'il n'avait pas été arraché.

C'est principalement pendant l'été, lorsque les plantes sont dans un état actif de végétation, qu'il est important de les transplanter avec leur motte, pour que cette végétation ne soit pas interrompue. *Voyez* au mot VÉGÉTATION.

Il est rare que les arbres verts résineux ou autres reprennent lorsqu'ils ne sont pas transplantés en motte ; ce qui tient sans doute en grande partie en ce qu'ils sont toujours en végétation. *Voyez* ARBRES VERTS.

On transplante presque toujours en motte les plantes et les arbres qui ont été semés ou plantés isolément dans des pots ; et après qu'ils ont été sortis des pots, on est dans l'usage de couper tout le chevelu qui ordinairement tapisse le fond et les parois du pot, en suivant son contour. Quelques auteurs ont blâmé cette dernière opération ; mais par cela seul ils annoncent qu'ils n'ont jamais mis la main à l'œuvre : en effet, il est le plus souvent impossible de faire prendre une direction droite à ces racines, et le pourrait-on, cela exigerait un très-long temps. Il y a bien moins d'inconvéniens, comme je le fais voir au mot PLANT, à couper ces racines, avec ménagement s'entend, que de les laisser contournées. (B.)

MOTTE. C'est le nom qu'on donne, dans la ci-devant Provence, à la quantité d'olives qui doivent former une mouture, quantité qui varie dans chaque moulin. *Voyez* MOULIN, OLIVE et HUILE. (B.)

MOTTÉE. Nom qu'on donne, dans les marais de la Vendée, à de petites pièces de terre qu'on a entourées de fossés profonds, dont la terre a été rejetée sur la pièce : ces mottées sont cultivées en chanvre, ou couvertes de saules et de frênes ; dans l'un et l'autre cas, leur produit est très-considérable. (B.)

MOTTOIS. Race de BŒUFS nés sur les montagnes du Cantal, où elle est connue sous les noms de BOEUFS DU HAUT CRU et de BOURRITS, que l'on conduit à trois ans sur le marché de la Motte-Stéhéroppe, en Poitou, pour être vendus dans les départemens de l'ouest. (B.)

MOUCE. Petits morceaux de terre que les propriétaires abandonnent à leurs vignerons, aux environs de Metz, pour y cultiver des légumes : c'est ordinairement les places où l'on dépose les échalas pendant l'hiver. (B.)

MOUCHE, *Musca*. Genre d'insectes de l'ordre des diptères, qui comprend plus de deux cents espèces, dont quelques-unes sont si communes dans les maisons, qu'elles en deviennent souvent incommodes ; dont d'autres, en déposant leur progéniture dans la viande destinée à la nourriture de l'homme, en accélèrent la décomposition, et d'autres enfin nuisent sous d'autres rapports.

On applique vulgairement ce nom à tous les insectes qui n'ont que deux ailes membraneuses et réticulées ; mais ici il est circonscrit à ceux de ces derniers dont le suçoir a au plus deux soies et est reçu dans une trompe bilabiée, c'est-à-dire aux véritables mouches de Fabricius (*Entomologie systématique*). Latreille et autres ont subdivisé ce genre en plusieurs autres, mais sur des motifs trop peu saillans pour être facilement saisis par les cultivateurs.

Les larves des mouches sont des vers allongés, sans pattes, ordinairement coniques, dont la tête, placée au petit bout, est armée de deux crochets qui leur servent à déchirer les viandes et autres objets dont elles sucent le jus. Lorsqu'elles sont arrivées à leur dernier degré d'accroissement, leur peau, qui est mollasse, se durcit et devient une coque dans laquelle elles se transforment en nymphes et ensuite en insectes parfaits.

Il est des espèces qui ne mettent pas plus de quinze jours à parcourir toutes les phases de leur transformation, et la plupart pondent chacune plusieurs centaines d'œufs.

Toutes les mouches s'accouplent à la manière des autres insectes, excepté la plus commune, la mouche domestique, dont la femelle semble faire l'office de mâle, puisqu'elle introduit sa vulve dans le corps de ce dernier. La plupart sont ovipares ; cependant il en est quelques-unes qui semblent vivipares, c'est-à-dire dont les œufs éclosent dans leur ventre.

Un grand nombres d'oiseaux, beaucoup d'insectes, de poissons, vivent aux dépens des mouches ; la destruction qu'en fait une seule hirondelle, dans le cours d'une journée, a été évaluée à environ un millier ; les variations atmosphériques et les accidens en font aussi périr d'immenses quantités ; cependant par-tout à la fin de l'été, on se trouve incommodé de leur grand nombre. O fécondité de la nature !

Aux premiers froids, presque toutes ces mouches disparaissent. Il n'est donné qu'à un petit nombre de femelles fécondées de se conserver pendant l'hiver, en se cachant dans les trous des murs, les fentes des rochers, sous l'écorce des arbres, dans les maisons, les cavernes, pour propager leur espèce au printemps.

Les espèces de véritables mouches que les cultivateurs doivent désirer le plus généralement connaître sont :

La Mouche carnassière, *Musca carnaria*, Lin., qui a le front gris, luisant, les antennes plumeuses ; le corps noirâtre, hérissé de poils raides ; le corcelet avec quatre lignes longitudinales, luisantes, grisâtres ; l'abdomen avec quatre taches de même couleur sur chaque anneau. Sa longueur est de 6 lignes. On la trouve dans toute l'Europe, et fort abondamment en France. Elle dépose ses petits, car elle est du nombre des vivipares, dans les charognes, et quelquefois dans la viande gardée pour l'usage de la cuisine.

La Mouche bleue de la viande, *Musca vomitoria*, Lin., a les antennes plumeuses ; le front fauve, doré ; le corcelet noir ; l'abdomen gros, court : d'un bleu foncé, brillant ; toutes ses parties parsemées de longs poils de différentes grandeurs. Sa longueur est de 5 lignes. Elle est très-commune en Europe et en Amérique. Ses mœurs diffèrent peu de celles de la précédente, mais elle est ovipare. Comme elle entre plus fréquemment dans les maisons, les cultivateurs s'en plaignent davantage. C'est en effet presque exclusivement elle qui dépose ses œufs dans la viande conservée pour la consommation du ménage, œufs d'où sortent des larves qui, ainsi que je l'ai dit plus haut, accélèrent beaucoup la décomposition de cette viande. Il n'est point de ménagère que cette espèce n'ait mise souvent dans le cas de s'assurer que les insectes étaient pourvus du sens de l'odorat ; car quelques soins qu'on apporte à serrer la viande, elle sait toujours la découvrir et s'en rapprocher. On ne reconnaît pas d'abord facilement les suites de sa fécondité, parce qu'elle cache ses œufs dans les cavités, où ils sont hors de la vue, et où les larves qui en naissent exercent pendant quelque temps leurs ravages sans qu'on s'en doute. Ce n'est qu'à l'odeur plus infecte, et à la sanie qui découle de ces cavités, qu'on s'aperçoit de leur présence.

On a indiqué des milliers de recettes pour empêcher cet insecte de déposer ses œufs dans la viande ; mais la plupart ne servent qu'à prouver l'ignorance de ceux qui les débitent. Les meilleurs moyens sont de suspendre cette viande ou dans un courant d'air, ou dans un lieu obscur, ou de la placer dans une chambre dont les fenêtres sans vitres soient fermées avec du canevas, ou dans une cage faite de même toile : je dis sans vitres, parce qu'il faut toujours que la viande reste à l'air libre pour qu'elle conserve sa qualité lorsqu'on veut la garder plusieurs jours. Tout le monde sait que le sel, le vinaigre, et un commencement de cuisson éloignent aussi les mouches de la viande; mais peu de personnes connaissent encore le moyen de réparer le tort qu'elles ont fait. Ce moyen consiste à faire jeter deux ou trois bouillons à la viande altérée, dans une eau où on aura mis quelques morceaux de charbon de cuisine, plus ou moins, selon qu'elle sera plus avancée, et ensuite de la faire cuire dans de la nouvelle eau, de la mettre en broche, etc. Par cette opération si simple, elle perd toute son odeur. Le charbon n'est point pour cela rendu inutile, seulement, pour l'employer au fourneau, il faut, au préalable, le faire rougir dans le foyer pour brûler les parties animales dont il s'est chargé.

La Mouche dorée, *Musca cæsar*, Fab., a les antennes plumeuses; le corps doré ou cuivreux, et les pattes noires. Sa longueur est de 4 lignes. Elle est très-commune et se dispute, avec les deux précédentes et la suivante, à qui déposera le plus d'œufs dans les charognes.

La Mouche des cadavres a les antennes plumeuses; le corps doré, bleu sur le corcelet et vert sur l'abdomen. Sa longueur est de 3 lignes. Elle est encore plus commune qu'aucune de celles ci-dessus mentionnées, et sa larve forme au moins la moitié de celles des charognes.

Tout ce que j'ai dit des larves des deux premières convient presque complétement à celles de ces deux-ci. Ce sont principalement ces dernières que les pêcheurs à la ligne ramassent, sous le nom d'*arcot*, pour les employer comme amorce. Sous ce rapport elles ont un degré d'utilité; mais celui sous lequel elles doivent être le plus considérées, c'est qu'en accélérant la destruction des charognes, elles diminuent les dangers de leurs émanations, et les rendent plus tôt propres à servir d'engrais aux terres. Des expériences constatent ces faits d'une manière irrécusable. Elles sont du nombre de celles qui, aux environs de Paris, parcourent en quinze jours toutes les périodes de leur croissance, et j'ai lieu de croire qu'elles y mettent encore moins de temps dans les climats plus chauds.

Les jeunes dindons, les petits poulets et autres oiseaux, sont extrêmement friands des larves de cette mouche; aussi, dans quelques fermes, les fait-on ramasser pour leur usage. Cet aliment est très-approprié à leur faiblesse, parce qu'il est très-nourrissant et de facile digestion. Comme les charognes se décomposent trop rapidement lorsqu'elles sont en grande masse et exposées à l'air, on a proposé de les couper en petits morceaux et de stratifier ces morceaux avec de la paille et de la terre, dans des fosses faites exprès à quelque distance de la ferme. J'ai vu une de ces fosses qui produisait tous les deux jours un abondant régal aux nombreuses couvées d'une basse-cour. On y conduisait les poussins le matin, et on n'avait autre chose à faire que de retourner avec une fourche le lit supérieur. Il n'est pas bon d'y laisser aller souvent les poules pondeuses, parce que, par suite de cette nourriture, leurs œufs prennent une teinte noire et un goût désagréable, ainsi que je l'ai observé. *Voyez* Verminière.

Un propriétaire d'étang trouvera aussi de grands avantages à faire faire une fosse semblable sur le bord de cet étang, pour en faire jeter de temps en temps le contenu dans l'eau, contenu qui fait promptement grossir et engraisser les carpes et autres poissons. Par ce moyen, on peut tenir dans un petit espace le double et le triple de poissons; car, comme on sait, c'est le défaut de nourriture seul qui limite leur nombre, lorsqu'il n'y en a pas de voraces parmi eux, et qu'ils sont défendus contre les quadrupèdes et les oiseaux ichthyophages.

C'est encore avec ces larves qu'on peut nourrir les rossignols, les fauvettes et autres oiseaux insectivores, dans leur première jeunesse.

La Mouche des larves, *Musca larvarum*, Fab., a les antennes à poil simple; le corps noirâtre, et hérissé de longs poils, mais son écusson est jaunâtre et son abdomen couvert de larges taches grises luisantes. Sa longueur est de 4 lignes. Je la cite, parce qu'elle dépose ses œufs dans les chenilles, et qu'ainsi elle est l'ennemie des ennemis des cultivateurs. Fabricius dit que sa larve vit aussi dans la racine du chou; mais il y a eu sans doute erreur d'observation, car le même insecte ne peut pas se nourrir de substances aussi différentes. Je l'ai fréquemment trouvée dans les boîtes où j'élevais des chenilles pour ma collection. *Voyez* aux deux articles suivans.

La Mouche commune, *Musca domestica*, Fab., a les antennes plumeuses; le devant de la tête d'un blanc satiné; le corps hérissé de poils; le corcelet d'un noir cendré, avec quatre raies longitudinales plus noires; l'abdomen en dessus d'un brun foncé, avec des taches noires allongées, et en dessous d'un brun jaunâtre; les pattes noires. Elle a 3 lignes de long. C'est elle qu'on voit pendant l'été et l'automne en si grande abondance dans les maisons, qu'elle devient un fléau. Sa larve vit dans le fumier, les ordures des cours, les excrémens des animaux, etc. Elle diffère peu de celle de la première espèce et, ainsi qu'elle, parcourt le cercle de ses transformations en très-peu de temps, dix à douze jours pendant l'été. Le seul mal réel qu'elle occasionne, c'est de salir les meubles par ses excrémens; car ce n'est pas elle qui pique, comme on le croit communément, c'est le STOMOXE (*voy.* ce mot), insecte qui lui ressemble beaucoup ; mais elle devient insupportable en se plaçant sur le visage, en couvrant les mets , et en se noyant dans toutes les liqueurs. Il n'est pas toujours facile d'en débarrasser un appartement. En fermant les volets, les fenêtres, et laissant la porte ouverte , elles sortent par cette dernière pour aller chercher la lumière dans l'antichambre ; mais elles reviennent bientôt lorsque les fenêtres sont ouvertes de nouveau, si on n'y place un châssis de canevas ou de gaze. Dans beaucoup d'endroits, on suspend au plancher une assiette dans laquelle est de l'eau sucrée et empoisonnée avec de l'arsenic déguisé sous le nom d'orpiment, de mine de cobalt, etc. Ce moyen en détruit bien des centaines de milliers dans une année, sans que leur nombre paraisse diminuer , parce qu'aux approches des froids toutes celles de la campagne se réfugient dans les maisons. Toutes les autres recettes indiquées pour les éloigner ou les faire mourir, sont ridicules ou insuffisantes ; je dois cependant dire qu'on en fait encore beaucoup périr avec de l'eau de savon, et mieux encore avec de l'eau-de-vie très-faible et sucrée, mise dans une bouteille, dans laquelle elles se noient.

Plusieurs autres mouches de grandeur, de couleur et de formes peu différentes se mêlent souvent avec celle-ci.

La MOUCHE STERCORAIRE, *Musca stercoraria*, Fab. , a les antennes à soie simple ; le corps hérissé, plus ou moins roux, et un point noir au milieu de l'aile. Sa longueur est de 4 lignes. Elle est extrêmement commune au printemps, sur les excrémens des hommes et des animaux. Sa larve vit aux dépens de ces matières , dont elle accélère la décomposition. Elle est par conséquent utile à l'agriculture ; car les excrémens portent d'abord par-tout l'infertilité *Voyez* ENGRAIS.

La MOUCHE DU FROMAGE, *Musca putris*, Fab., a les antennes à soie simple, le corps très-noir ; les ailes blanches bordées extérieurement de noir. Sa longueur est d'une ligne et demie. Elle dépose ses œufs dans le vieux fromage, dont elle accélère rapidement la décomposition. Sa larve quitte , lorsqu'elle est parvenue à toute sa grosseur, le lieu où elle s'est nourrie, pour aller se transformer dans quelque coin , et pour cela la nature lui a donné la faculté de sauter. N'en déplaise à certaines personnes dont le palais blasé a besoin de saveurs fortes, je ne crois pas que le fromage habité par ces larves soit une nourriture salubre. Il est donc dans mon opinion que loin d'en favoriser la multiplication , comme on ne le fait que trop , on doit l'empêcher , en tenant les fromages dans des lieux frais , obscurs, et cependant aérés , en les salant ou les mettant dans du vinaigre. *Voyez* FROMAGE.

La **Mouche de la truffe**, *Musca tuberis*, est noirâtre avec les yeux rouges. Sa longueur ne surpasse pas une ligne. Elle dépose ses œufs dans les truffes et ses larves vivent aux dépens de ce singulier végétal. On reconnaît souvent le lieu où il y a des truffes aux mouches qui sortent de la terre, mais une tipule dont la larve se nourrit de la même substance les indique encore mieux. *Voyez* Truffe.

La **Mouche des racines**, *Musca radicum*, Fab., a les antennes à poil simple, le corps noir avec deux bandes transversales cendrées. Elle dépose ses œufs sur les racines du radis noir, *raphanus sativus*, Lin., et ses larves forment les nodosités qui s'y remarquent. L'extravasion de sève qu'elles occasionnent empêche ces racines de profiter, et leur grand nombre s'oppose souvent à ce qu'on les mange. Je ne connais pas d'autre moyen d'en débarrasser un jardin, encore n'est-ce que lorsque les voisins en font de même, que de se priver d'y cultiver cette plante pendant un ou deux ans, afin d'interrompre leur multiplication. Cet insecte est rare aux environs de Paris ; mais je me rappelle avoir observé dans ma jeunesse qu'il exerçait, aux environs de Dijon, des ravages fort étendus.

La **Mouche du chou**, *Musca brassicaria*, Fab., a les antennes à poil simple ; le corps noir, hérissé de poils ; l'abdomen cylindrique, allongé, avec le second et le troisième anneau rouge. Sa longueur varie entre 2 et 6 lignes. Elle place ses œufs au collet des racines du chou, et sa larve, en mangeant la substance du tronc, empêche les feuilles de croître et de pommer. Souvent ces larves sont en si grand nombre dans un de ces troncs, qu'il devient cassant au moindre effort. Cette mouche, quoique commune, n'est pas ordinairement assez abondante pour qu'on ait à se plaindre de ses dégâts ; cependant cela arrive quelquefois. Deux ou trois larves dans un chou n'y font pas de mal sensible ; mais une douzaine nuisent déjà beaucoup à sa croissance. Il n'y a de moyen de s'en débarrasser qu'en arrachant tous les choux à la fin de l'été, c'est-à-dire en s'en privant pendant un hiver pour, comme il a été dit à l'article précédent, interrompre la suite de leurs reproductions. Les dommages que cause cette mouche ne doivent pas être confondus avec ceux produits par le Charançon chlore. *Voyez* ce mot.

La **Mouche des latrines**, *Musca serrata*, Fab., a les antennes à poil simple, la tête rousse, le corcelet cendré ; l'abdomen allongé et ferrugineux, les ailes dentelées à leur base extérieure ; sa longueur est à peine de 3 lignes. Sa larve vit dans les matières fécales, les latrines, les fumiers, etc. Souvent les maisons en sont remplies, mais elle ne vit pas long-temps; rarement on est dans le cas de s'en plaindre plus de trois à quatre jours.

La Mouche du vinaigre, *Musca cellaris*, Fab., a les antennes à poil simple; le corps d'un fauve obscur légèrement velu; les yeux d'un brun obscur; les ailes larges : sa longueur ne surpasse pas une ligne et demie. Elle dépose ses œufs dans le vin et dans le vinaigre. Il est rare qu'on laisse un verre de ces liqueurs exposé à l'air pendant l'été sans qu'une heure après on n'y trouve plusieurs de ces mouches noyées. Elles sont excessivement abondantes dans les cabarets, les fabriques de vinaigre, les chapelleries, et autres lieux où on emploie les produits du vin. Elle concourt beaucoup à accélérer l'altération du vin, et j'ai lieu de croire qu'elle contribue à diminuer la force du vinaigre. Je crois donc qu'il faut en garantir ces liqueurs en les tenant constamment bouchées.

La Mouche météorique a les antennes à poil simple, le corps noir, avec l'abdomen cendré et la base des ailes d'un fauve clair; sa longueur est de 2 lignes. Elle est extrêmement abondante dans les pays-boisés, et se fait remarquer des voyageurs à l'extrême ténacité avec laquelle elle suit les hommes et les animaux, entoure leur tête en volant pour pouvoir se fixer autour de leurs yeux et se nourrir de l'humeur qui les lubrifie : c'est sur-tout lorsqu'il va pleuvoir qu'elles sont le plus insupportables. Je les ai vues quelquefois former des nuages autour des bœufs et des chevaux, qu'elles tourmentent beaucoup. On ignore où elle dépose ses œufs.

La Mouche ratine, *Musca ratinea*, Bosc, a les antennes sétacées, le corps d'un noir grisâtre, parsemé de poils très-noirs, et l'abdomen oval, aigu, d'un gris noirâtre; sa longueur est d'une ligne et demie. Je la cite, parce qu'elle est excessivement abondante dans les forêts humides pendant tout l'été et qu'elle tourmente beaucoup les animaux, non en les piquant, mais en cherchant à sucer l'humeur qui coule de leurs yeux, de leurs lèvres, de leurs autres organes, et sur-tout de leurs plaies. Je les ai vues empêcher des vaches de manger, en leur obscurcissant la vue, l'homme même a beaucoup de peine à s'en débarrasser.

La Mouche des épis de l'orge, *Musca frit,* Fab., a les antennes à poil simple, le corps noir, avec l'extrémité des pattes et de l'abdomen d'un vert pâle. Sa longueur est celle d'une puce. Elle dépose ses œufs dans le grain de l'orge encore sur pied, grain que sa larve dévore. Elle n'est connue que par la description de Linnæus dans sa *Faune de Suède*. Je ne l'ai pas trouvée en France.

La Mouche des tiges de l'orge, *Musca lineata*, Fab., a les antennes à soie simple; le corps jaune, conique, une tache sur le front, 3 lignes sur le corcelet et quelques taches noires à la base de l'abdomen; sa longeur est d'une ligne et demie. Elle dépose ses œufs dans le chaume de l'orge (probablement aussi de quelques autres graminées), et les larves qui en naissent, en mangeant la moelle qui s'y trouve, empêchent l'épi de se former. Cette espèce est fort commune en France, mais ses mœurs n'ont pas encore été suffisamment étudiées. Elle varie beaucoup dans ses couleurs. Ce qui me fait dire qu'elle vit probablement dans les autres graminées, c'est que j'en ai souvent vu de grandes quantités dans les lieux aquatiques fort éloignés des champs d'orge; c'est au milieu de l'été qu'on la trouve.

La MOUCHE DE L'OLIVE a les antennes à soie simple; le corcelet cendré; l'abdomen conique et ferrugineux, avec une tache noire triangulaire de chaque côté : sa longueur est de 2 lignes. Elle dépose ses œufs dans la chair de l'olive lorsqu'elle est encore petite, et la larve qui en naît la fait tomber avant sa maturité; ce qui, certaines années, occasionne des pertes très-considérables aux propriétaires d'oliviers. On trouve, dans les Mémoires de l'Académie de Turin, un long mémoire de M. Pinchienati, sur cette mouche, qui est un oscine de Latreille. *Voyez* OLIVIER.

La MOUCHE DES SERRATULES, *Musca serratulæ*, Fab., a les antennes à soie simple, le corcelet verdâtre, l'abdomen cendré, avec quatre rangées de points noirs; les ailes blanches; sa longueur est de 2 lignes et demie. Elle dépose ses œufs dans les réceptacles des fleurs des CHARDONS, des SERRATULES, des ARTICHAUTS et autres plantes de cette famille; ce qui fait avorter leurs fleurs en partie ou en totalité. *Voyez* ces mots.

La MOUCHE DES CHARDONS, *Musca cardui*, Fab., a les antennes à soie simple, est conique, noire, avec la tête et l'écusson jaunes; ses ailes ont une bande longitudinale brune en zigzag; sa longueur est de 3 lignes. Elle a les mêmes mœurs que la précédente, mais est beaucoup moins commune.

La MOUCHE SOLSTICIALE, *Musca solsticialis*, Fab., a les antennes à un seul poil; le corps noir, conique; la tête ferrugineuse; les ailes avec quatre bandes transversales brunes, réunies deux par deux; sa longueur est de 2 lignes. Elle est excessivement commune dans les marais; je l'ai vue quelquefois en couvrir toutes les plantes. Elle dépose également ses œufs dans les têtes des chardons et autres plantes de la même famille, sur-tout des BARDANES. *Voyez* ce mot.

Plusieurs autres espèces de mouches nuisent encore aux plantes à fleurs composées, sur-tout aux salsifis et aux scorsonères; mais on ne les a pas encore suffisamment étudiées pour pouvoir les rapporter à celles qui sont décrites par Fabricius et autres.

La **Mouche du cerisier**, *Musca cerasi*, Fab., a les antennes à soie simple, le corps roux, l'écusson jaune et les ailes avec des bandes inégales ondées, brunes; sa longueur est de 3 lignes. Elle dépose ses œufs dans les bigarreaux encore jeunes. Sa larve pénètre dans le noyau, en consomme l'amande et les fait tomber avant leur maturité. C'est dans la terre qu'elle se transforme, et, pour pouvoir gagner un lieu convenable à cette opération, la nature lui a donné la faculté de sauter. Il est des années où ces larves sont si communes, que peu de bigarreaux, de guignes et d'autres cerises douces parviennent à bien. On ne doit pas confondre les dommages causés par cette mouche avec ceux qui sont dus au **Charançon du cerisier**. (*Voyez* ce mot.) Elle est rare aux environs de Paris, quoique les bigarreaux attaqués par elles y soient fort communs, de sorte que j'ai quelque doute sur son compte. Les fruits que j'ai supposés en être infestés et que j'ai mis dans des boites exactement fermées, pour lever ces doutes, n'ont jamais satisfait mes vues.

Il est encore beaucoup de mouches qui nuisent aux cultivateurs; mais elles ne sont pas suffisamment connues, ou assez importantes par leur grand nombre, pour être mentionnées ici.

Les autres genres d'insectes qu'on confond ordinairement avec les mouches, et dont il sera question dans cet ouvrage comme intéressant l'agriculture directement ou indirectement, sont : **Stomox**, *Mouche piquante;* **Hippobosque**, *Mouche-araignée;* **Asile**, **Oestre**, **Taon**, **Tipule** et **Syrphe**. *Voyez* ces mots. (B.)

MOUCHE. Nom des tas de **Fagots** dans le département des **Deux-Sèvres**, et des tas de **Lin** dans le département de la **Loire-Inférieure**. *Voyez* ces mots. (B.)

MOUCHE. On appelle ainsi, dans la ci-devant Bretagne, des meules de grains qu'on forme temporairement autour des aires où l'on bat. *Voyez* **Meule** et **Gerbier**.

Les mouches sont élevées sur des pièces de bois, et les épis sont plus élevés que la base des chaumes. (B.)

MOUCHE CANTHARIDE. *Voyez* **Cantharide**.

MOUCHE A MIEL. *Voyez* **Abeille**.

MOUCHERON. On donne vulgairement ce nom à tous les insectes à deux ailes qui sont très-petits, quel que soit le genre auquel ils appartiennent.

MOUCHET. Les **sarmens** qui sortent du sommet dés **ceps** s'appellent ainsi dans les environs d'Orléans. (B.)

MOUCHETÉ (BLÉ). Le **Froment** attaqué de **Carie** ou de **Charbon** porte généralement ce nom. *Voyez* ces mots.

Il paraît qu'on donne aussi quelquefois le même nom à celui qui offre des taches noires, par suite de son altération par la pluie ou par sa conservation dans un lieu humide. (B.)

MOUÉE. Ancienne mesure pour les vignes. *Voy.* MESURE.

MOUILLES. On donne ce nom, aux environs de Genève, aux SOURCES qui ne font que suinter dans les prairies et qui, fournissant à l'herbe de ces prairies une température plus élevée pendant l'hiver, y produisent une herbe précoce et excellente, très-propre à refaire les vaches qui ont vêlé, etc. (B.)

MOUILLURE. Ce mot s'emploie généralement par les jardiniers comme synonyme d'arrosement; cependant dans quelques localités on le restreint aux arrosemens légers, à ceux qu'autre part on appelle BASSINAGE. *Voyez* ce mot et le mot ARROSEMENT.

Quand après une longue sécheresse le temps est disposé à la pluie, sur-tout à la pluie d'orage, il faut donner une bonne mouillure aux semis, pour que l'eau pénètre plus facilement la terre et la batte moins. *Voyez* BATTRE LA TERRE. (B.)

MOULADO. On appelle ainsi, dans le midi de la France, le lieu où on bat le blé. *Voyez* AIRE. (B.)

MOULE. Nom donné vulgairement à des coquilles bivalves, qui ont été rapportées à des genres différens par les naturalistes : ainsi les moules d'étang sont des ANODONTES, les moules de rivière des MULETTES; de sorte que le nom de moule proprement dit doit être restreint à des coquillages qui se trouvent exclusivement dans la mer.

La MOULE COMMUNE, *Mytilus edulis*, Lin., est la seule qui soit dans le cas d'être mentionnée ici, parce qu'elle est si abondante sur certaines côtes, que les cultivateurs la ramassent pour fumer leurs terres. Je ne crois pas qu'on emploie ce moyen dans aucune partie de la France, parce que par-tout on y mange les moules, et que la consommation qu'on en fait est assez considérable pour arrêter leur reproduction, avec quelque rapidité qu'elle se fasse. D'ailleurs ce n'est pas une chose facile que d'arracher les moules de dessus les rochers où elles sont fixées, et le bénéfice qu'on retirerait de leur engrais serait de beaucoup inférieur à la dépense de leur extraction, si on était obligé de les enlever une à une. Il est probable que, sur les côtes d'Angleterre, où on en fait usage sous ce rapport, il est possible d'en ramasser une grande quantité à-la-fois, par le moyen de râteaux de fer ou autres instrumens du même genre : au reste, l'engrais que donnent les moules et leur coquille doit être excellent et sur les terres légères et sur les terres argileuses. Dans ces dernières, les coquilles, en se brisant, agissent mécaniquement en soulevant la terre et en la rendant plus perméable aux racines des végétaux qu'on lui confie.

Je ne parlerai pas ici de l'histoire naturelle des moules, ni du commerce qu'on en fait comme objet de consommation, parce que cela sort de l'objet de cet ouvrage. (B.)

MOULE. Un des noms de vase en terre, en bois, en osier, dans lequel on met le LAIT caillé destiné à être transformé en FROMAGE; on lui donne des dimensions et des formes fort variées. *Voyez* ECLISSE, FORME. (B.)

MOULIÈRES. Dans le département de la Dordogne, on donne ce nom aux TERRAINS constamment HUMIDES. *Voyez* SOURCE. (B.)

MOULENGS. TERRES constamment humides, dans le département de l'Aveyron. (B.)

MOULIN A FARINE. Lorsque les hommes songèrent à diriger leurs travaux vers les objets les plus utiles, leurs premiers regards se portèrent sur l'aliment principal à la vie; ils commencèrent d'abord par piler les grains dans des mortiers, par les écraser ensuite au moyen de rouleaux sur des pierres taillées en table, ce qui les conduisit insensiblement aux meules couchées l'une sur l'autre : la supérieure a été d'abord construite en bois, armée de têtes de clous, dont l'arrangement imitait assez bien celui des meules piquées; par la suite on la fit également en pierre comme la meule inférieure. On n'est pas bien d'accord sur l'époque des moulins à bras : quelle qu'en soit l'origine, cette découverte ayant le mérite de diviser les graines d'une manière plus parfaite et moins pénible que celle des pilons et des rouleaux, elle fut généralement adoptée. Chaque famille avait son moulin, et c'était un des principaux ustensiles du ménage. Les hommes furent originairement chargés de les mettre en œuvre; on les prenait dans la classe de ceux que la loi et la misère forçaient à ce travail. Samson tourna les meules chez les Philistins; Plaute, malgré son génie supérieur pour le genre comique, n'en fut pas moins réduit à faire ce métier, alors humiliant; et Septiminie, nourrice du prince fils de Childebert, convaincue de plusieurs crimes, fut reléguée dans un village auprès de la meule du moulin qui faisait la farine destinée au pain des dames de la maison royale.

La petitesse des meules et leur peu d'épaisseur n'étaient ni assez solides ni assez lourdes pour expédier beaucoup de grains à-la-fois. On fit choix d'une pierre plus dure, et on en augmenta le diamètre au point que d'un pied qu'elles avaient primitivement elles furent portées jusqu'à 6 et plus. Il fallut nécessairement plus d'efforts de la part de ceux destinés à les faire mouvoir, on substitua des animaux; mais l'inégalité d'un semblable moteur et les dépenses qu'il exigeait laissèrent à l'industrie de quoi s'exercer encore. Les meules conduites à bras d'hommes ou par des animaux furent mises en action par l'eau; mais les inondations, les gelées, les sécheresses ayant réduit souvent ce moteur à l'impuissance d'agir, on chercha à profiter de l'air agité pour le même but; insensiblement on parvint si bien à combiner, modifier, accélérer les effets de ces deux grands instrumens de la nature, qu'on les maîtrisa. L'époque de la découverte des moulins à eau n'est pas facile à fixer; on attribue l'honneur de leur invention à Vitruve, celle des moulins à vent appartient aux Orientaux : ils ont été apportés en France au retour des croisades.

L'augmentation du diamètre des meules broyant à-la-fois davantage de grains et d'une manière plus complète, les instrumens propres à séparer les sons d'avec la farine reçurent aussi des perfectionnemens; mais l'art de moudre et de bluter avait déjà fait des progrès que ne connaissait pas encore le boulanger : l'histoire nous apprend que les Romains ont été long-temps à n'appeler de ce nom que ceux dont l'état était de moudre. Les trois cents boulangers distribués dans les quatorze quartiers de Rome avaient chacun leur moulin; on y cuisait le pain de ceux qui venaient y moudre, et ces endroits publics se nommaient *boulangeries babillardes*.

Nous ne pousserons pas plus loin nos réflexions, elles suffisent pour prouver que la mouture des grains a été, comme toutes les autres inventions humaines, très-imparfaite à son origine; il faut convenir cependant, à l'honneur de la nation, que de nos jours cette partie de l'économie a mérité l'attention des savans. Malouin entre autres a donné une description des moulins à la suite des *Arts et métiers;* un autre ouvrage, dirigé d'une manière encore plus immédiate, c'est le *Manuel du meunier,* par Buquet, qui a long-temps pratiqué avec succès la mouture. Enfin, l'Académie royale des sciences, à la fin du siècle dernier, a jugé digne d'en faire un prix extraordinaire, qu'elle a accordé à Drauly. Cet ingénieur, pour faciliter l'intelligence des moyens qu'il propose, a rédigé un mémoire, accompagné de plans et profils de tout ce qui concerne sa nouvelle construction, que je me suis empressé de faire connaître dans l'ouvrage que j'ai rédigé pour la ci - devant province de Languedoc, et dont il a déjà été fait mention. *Voyez* l'article suivant. (Par.) (1).

____

(1) Les moulins des peuples à demi civilisés sont encore ce qu'étaient ceux de nos ancêtres, ceux qu'à Paris on appelle *moulins à moutarde,* c'est-à-dire composés de deux meules d'environ un pied de diamètre et un demi-pied d'épaisseur, l'intérieure fixée à environ 4 pieds du sol, et portant une fiche dans son centre; la supérieure, percée dans son milieu, et tournant sur la première par l'effet du mouvement circulaire imprimé à un bâton oblique engagé par le bas dans un trou peu profond,

MOULIN. Mécanique et Economie rurale. Un moulin est, à proprement parler, une machine destinée à pulvériser une substance quelconque ; mais l'usage donne ce nom à toutes celles dont le mouvement est imprimé par une roue principale dont le moteur est l'eau ou le vent : tels sont les *moulins à grains, à huile, à fruits,* ceux dits *à tan, à poudre, à foulon, à papier, à scier les planches, à forer les canons,* etc., que l'on appelle indifféremment *moulins* ou *usines.*

Nous ne parlerons ici que des moulins à grains, à huile et à fruits, les autres ne sont pas du ressort de l'agriculture.

Ces machines sont plus ou moins compliquées, plus ou moins parfaites, selon les lieux et les circonstances : elles ne présentent un certain degré de perfection que dans les grands ateliers ; par-tout ailleurs, leur construction est abandonnée à la routine des charpentiers.

Les élémens qui doivent entrer dans les calculs de leurs forces motrices et de leurs résistances sont trop nombreux, et ces calculs, pour devenir intelligibles au plus grand nombre des propriétaires, exigeraient d'eux des connaissances théoriques beaucoup trop étendues en mécanique et en hydraulique : l'exposé de la théorie des moulins serait donc ici superflu. Il en serait de même des détails de leur construction et de leur mécanisme, qui ne pourraient être compris que par les hommes de l'art ; car ce n'est que dans les moulins mêmes que l'on peut en prendre une idée juste.

Nous nous bornerons donc aux détails que nous croyons indispensables pour expliquer les effets de ces machines, et à des observations sur les moyens d'en perfectionner la construction.

CHAP. Ier. *Des moulins à grains.* Les moulins à grains peuvent être mis en mouvement ou par *des bras,* ou par *des ani-*

---

creusé aux deux tiers de la longueur de son diamètre, et par le haut, dans un trou creusé au plancher ou dans une poutre fixée à cet effet dans un mur. Un tel moulin a été trouvé, par M. Traullé, dans les tourbières des environs d'Amiens ; il est encore en usage dans beaucoup de parties de l'Asie, de l'Afrique et de l'Amérique. C'est celui qui sert à moudre le maïs destiné à la nourriture des nègres en Caroline, où je l'ai fait mouvoir maintes et maintes fois, et où j'ai formé le vœu que beaucoup de nos cultivateurs en eussent de semblables, non pour moudre leur blé, mais afin de faire plus promptement une infinité de petites opérations économiques et agricoles, qui se font plus lentement et plus mal dans un Mortier, au moyen d'un Rouleau, etc. *Voyez* ces mots.

Un tel moulin coûte fort peu à établir, tient fort peu de place et demande fort peu de réparations.

Lasteyrie a figuré ce moulin dans le second volume de sa Collection des machines employées par les agriculteurs. (*Note de M. Bosc.*)

maux, ou par *le vent*, ou par *l'eau*, ou enfin par *la vapeur de l'eau.*

Ces différens moteurs ne sont pas tous également avantageux, et ne produisent pas tous une mouture aussi bonne.

La perfection d'un moulin à grains consiste d'abord à avoir un moteur de force régulière et strictement suffisante pour procurer à la meule mobile un mouvement uniforme, et constamment aussi rapide qu'il doit être pour la bonté du moulage, et ensuite à en disposer la construction intérieure de manière à retirer des grains le plus grand produit possible en farine : or, les différens moteurs que nous venons d'indiquer ne peuvent pas tous produire le même effet, et quoique la construction intérieure d'un moulin soit généralement la même dans toutes les machines de cette espèce, on ne connaît que les moulins *montés par économie*, ou les *moulins économiques*, qui puissent remplir complétement le second : c'est du moins ce qui résulte des détails dans lesquels nous allons entrer.

Sect. Ire. *Des moulins à bras et de ceux mus par des animaux.* Ces moulins ne sont guère en usage que lorsqu'il est impossible d'en établir d'autres ; car en comparant la dépense de l'établissement, celle du moteur et les produits de ces machines avec les résultats des mêmes calculs établis pour les autres espèces de moulins, on trouve que la mouture qui provient des premiers est beaucoup plus chère ; et la farine est moins abondante et moins bonne, à cause de la faiblesse ou de l'irrégularité de leurs moteurs (1).

Sect. II. *Des moulins à vent.* Les moulins à vent sont ou

---

(1) Quoique ce que dit mon collaborateur de Perthuis, relativement aux moulins à bras ou mus par des animaux soit rigoureusement vrai, je crois qu'il a eu tort de ne pas entrer dans quelques détails sur les moulins de ce genre, dont on ne peut méconnaître l'utilité dans beaucoup de cas. D'abord le moulin que j'ai décrit dans la note précédente est le plus simple et le moins coûteux de tous ; il remplit passablement bien son objet, mais il est très-fatigant à faire mouvoir. On a rendu, très-anciennement, son action et plus facile et plus rapide, par le moyen d'un ou plusieurs engrenages mus par une manivelle à bras, par un manége à cheval, etc., en le mettant dans une boîte surmontée d'une trémie et percée d'un trou dans sa partie inférieure latérale.

Les dimensions et les accessoires de ces sortes de moulins sont très-variables : M. Durand, serrurier-mécanicien, rue de Bussy, n°. 19, à Paris, est depuis longues années en possession d'en fournir les départemens. Un de ces moulins, de très-petites dimensions, est figuré *Pl.* 10 de l'Atlas d'instrumens aratoires de M. Guillaume, fabricant d'instrumens d'agriculture, rue du Faubourg-Saint-Martin, n°. 97, même ville.

D'autres sortes de moulins, si on peut leur donner ce nom, car ils ne moulent pas, ils râpent, sont ceux qu'on appelle *moulins à café*, parce que leur usage principal est de réduire le café en poudre grossière ; on les a aussi appliqués au froment. Molard leur a substitué deux disques à *cage tournante*, ou à *sommier*, ou à *axe*, ou à *pied droit*, qui les traverse perpendiculairement, ou à *pile*; c'est-à-dire que le comble seul tourne, afin de pouvoir placer les ailes sur la direction du vent; ou à la *polonaise*, dont l'arbre est vertical et les ailes tournent horizontalement. Ce dernier moulin est peu connu en France, et mériterait probablement la préférence sur les autres moulins à vent, à cause d'une plus grande stabilité, si sa construction était plus répandue, et sur-tout celle dont nous avons vu le modèle au Conservatoire des arts, et dont l'invention ingénieuse est due à M. Gillain, de Mortagne. Parmi les autres, le moulin à vent dit à *sommier* paraît devoir être préféré.

Il faut remonter aux croisades, dit Rozier, pour trouver l'origine des moulins à vent : c'est de l'Orient que les croisés en apportèrent l'idée en France; découverte précieuse pour l'Europe, ajoute-t-il, parce que par-tout on peut établir ces moulins, et par-tout on n'a pas la commodité de l'eau.

Cependant nous devons dire ici que les moulins à vent ne sont pas exempts d'inconvéniens assez graves. Quelquefois il ne fait pas assez de vent pour les mettre en mouvement, d'autres fois ils en ont trop : malgré la facilité que l'on a de les arrêter ou d'en modérer la vitesse, les bourrasques et les orages leur sont souvent préjudiciables, et les exposent à de fréquentes avaries, et l'irrégularité du moteur est la cause de celle que l'on remarque dans la qualité et même dans la quantité de la farine qui en provient.

SECT. III. *Des moulins mis en mouvement par le secours de l'eau*. Ces moulins sont les meilleurs que l'on puisse adopter lorsque les eaux disponibles sont suffisamment abondantes, tant à cause de l'uniformité qu'il est possible de procurer au mouvement des meules, que parce que ces moulins chôment rarement.

Il ne faut pas croire qu'il faille un grand volume d'eau pour faire tourner un moulin, et, suivant son intensité, on donne à la roue des formes différentes.

Lorsqu'il est faible, on se sert de la vitesse et du poids de l'eau pour imprimer le mouvement à la roue, et, à cet effet, on en garnit la circonférence extérieure de godets appelés *pots*, de forme convenable, qui reçoivent successivement le choc et le poids de l'eau qui les remplit lorsqu'ils sont arrivés à la partie supérieure de la roue, et qui se vident naturelle-

---

de fonte rayonnés, qui remplissent mieux leur objet et qui coûtent bien moins d'entretien. Cette ingénieuse invention se vend chez M. Molard, rue de Charonne, n°. 47, à Paris.   (*Note de M. Bosc.*)

ment à mesure que leur position s'incline : ces roues s'appellent *roues à pots.*

Dans leur construction, l'eau disponible est accumulée dans un réservoir supérieur que l'on appelle *biez* ou quelquefois *canal du moulin*, et amenée au-dessus de la roue par un *conduit* en bois, dont l'ouverture supérieure est fermée ou ouverte à volonté par une vanne avec empellement, et dont elle sort pour se précipiter dans les pots à mesure qu'ils lui présentent leur orifice. Ce conduit, ainsi que l'ouverture de la prise d'eau, doivent avoir des dimensions analogues à celles des pots ou godets, afin de ménager l'eau, et pour qu'il n'en sorte à-la-fois que le volume nécessaire à la consommation des pots ; la capacité de ceux-ci est relative au diamètre de la roue, comme nous le verrons plus bas. L'économie de l'eau est généralement nécessaire, parce qu'en tout il faut toujours proportionner la cause à l'effet qu'elle doit produire ; mais elle est sur-tout indispensable sur les petits ruisseaux, où, pour procurer au moulin un mouvement toujours égal, on est souvent obligé d'attendre que le biez soit totalement rempli.

Le conduit doit dépasser le diamètre horizontal de la roue, afin que dans les crues d'eau on puisse en laisser la vanne ouverte, et que le trop plein du biez puisse s'écouler par-là dans le canal inférieur, appelé *sous-biez*, sans toucher à la roue, conjointement avec une vanne de décharge, que l'on établit à cet effet à quelque distance du biez, et aussi pour empêcher l'eau d'y entrer lorsqu'on a besoin de le curer et de réparer le moulin. Lorsqu'on veut ensuite le faire tourner, on lève une planchette destinée à cet usage, laquelle est placée sur le fond du conduit, dont elle ferme l'ouverture lorsque le moulin est en repos. Cette ouverture est située immédiatement au-dessus du diamètre vertical de la roue, et, la planchette étant levée, l'eau du conduit n'a plus d'autre issue. Cette planchette tourne sur un axe fixé dans les côtés de ce conduit, et, au moyen de l'inclinaison qu'on lui donne et dans laquelle on la maintient, l'eau est constamment dirigée sur le pot qu'elle doit frapper et remplir.

Pour pouvoir établir un moulin de cette espèce, il faut que la chute d'eau du biez, c'est-à-dire que la différence de niveau du seuil de la *vanne de chasse*, ou de la prise d'eau du conduit avec celui du fond du sous-biez, soit au moins d'un mètre deux tiers.

Cette hauteur est indispensable, 1°. pour que l'eau puisse arriver au-dessus de la roue ; 2°. que cette roue puisse avoir un certain diamètre ; 3°. que sa position au-dessus du sous-biez soit assez élevée pour que son mouvement de rotation ne soit jamais gêné par les eaux inférieures.

Plus on peut donner de diamètre à une roue à pots, et plus le moulin qu'elle fait tourner présente d'avantages.

1°. Il faut moins d'eau, ou un moindre volume d'eau, pour mettre en mouvement une roue à pots d'un grand diamètre, que pour produire le même effet sur une roue d'un diamètre plus petit; car c'est à l'extrémité de leur rayon, comme bras de levier, que l'eau agit par son poids et par son choc, et, à volume et à vitesse semblables, son effet sera d'autant plus grand, que la roue aura plus de diamètre.

2°. L'effet que la roue moteur doit produire ici est de procurer à la meule mobile la vitesse de rotation qui convient pour la bonté du moulage, et qui est connue par l'expérience. Il en résulte que pour obtenir cette vitesse constante de rotation de la meule, celle de la roue à pots doit être d'autant plus grande qu'elle a un plus petit diamètre; et comme plus son diamètre est petit, plus il faut d'eau pour la mettre en mouvement, il en résulte encore, sous ce dernier point de vue, une augmentation dans la consommation de l'eau qui tourne entièrement à l'avantage des roues de grands diamètres; car celles-ci auront d'autant moins besoin d'eau pour obtenir une vitesse de rotation suffisante que leur diamètre sera plus grand.

3°. Si les roues d'un grand diamètre n'ont pas besoin d'autant d'eau, ni d'une aussi grande vitesse que les petites pour remplir complétement leur destination, on pourra donc diminuer la largeur de leur circonférence, ainsi que celle des pots dont elles doivent être garnies, et cette diminution de dimensions produira nécessairement une économie proportionnelle dans la dépense de leur construction : en sorte qu'il restera une bien faible différence entre la dépense de construction d'une grande roue à pots, et celle d'une petite dans les moindres dimensions qu'elle peut avoir.

4°. Le mouvement des grandes roues devenant moins rapide, elles fatiguent beaucoup moins et usent moins promptement leurs tourillons.

Mais s'il n'est pas toujours possible de procurer une grande chute d'eau à un moulin placé sur un faible ruisseau, parce que cela dépend entièrement de la localité, il serait du moins à désirer que l'on sût profiter de celle qui nous est indiquée comme *minimum* pour donner à ces roues le plus grand diamètre possible.

Ce *minimum* est, comme nous l'avons dit, d'un mètre deux tiers. De cette hauteur, on est dans l'usage de déduire, 1°. un tiers de mètre pour le jeu de la roue dans le sous-biez; 2°. environ un tiers de mètre pour la pente et l'aisance du conduit au-dessus de la roue, et la roue ne se trouve plus avoir qu'environ un mètre de diamètre.

Tome X. 9

La première déduction est indispensable; mais il n'en est pas de même de la seconde, dont le principal motif est d'augmenter la force du choc de l'eau par une pente rapide à sa sortie du biez.

Nous n'avons point fait assez d'expériences pour déterminer rigoureusement la pente qu'il faut procurer au petit canal qui conduit l'eau du biez sur la roue, et même s'il est absolument nécessaire de lui donner une pente; mais l'essai que nous avons tenté a eu assez de succès pour mériter d'être rapporté ici.

La chute d'eau du moulin de notre terre était d'un mètre deux tiers, et le conduit supérieur, d'environ 8 à 9 mètres de longueur, avait 24 centimètres de pente; la route étant à refaire, nous lui fîmes donner 16 centimètres de diamètre de plus qu'elle n'avait auparavant, et conséquemment relever dans la même proportion les tourillons, les roues d'engrenages et le conduit dont la pente fut ainsi réduite à 8 centimètres. On diminua également la largeur de la circonférence de la roue, celle des pots, ainsi que les ouvertures destinées au passage de l'eau, et le moulin ainsi réparé fut mis en état de tourner.

Il est nécessaire d'observer que, n'ayant point de données assez positives pour proportionner la largeur des pots à l'effet que la roue devait produire dans son nouveau diamètre, nous avons procédé presqu'à vue de nez; cependant le moulin va aujourd'hui beaucoup plus également qu'avant sa réparation, il consomme beaucoup moins d'eau; car, pendant l'été, le biez rempli d'eau ne faisait tourner le moulin que pendant trois heures, et aujourd'hui il peut moudre pendant quatre heures avec le même volume d'eau; enfin, son entretien est moins dispendieux, et la farine y est plus abondante et de meilleure qualité.

Il résulte de ce fait qu'une grande pente dans le conduit supérieur est beaucoup moins avantageuse qu'une augmentation au diamètre de la roue, que la diminution de cette pente permettrait de lui donner, et cette conséquence est conforme aux principes de l'hydraulique.

En effet, on ne peut élever aucun doute sur l'augmentation de force que doit produire celle de la vitesse de l'eau dans le conduit, car son choc, en tombant dans les pots, en devient plus violent; mais cette vitesse a des limites subordonnées à celle qu'il faut procurer à la roue à pots, et la vitesse de cette roue est relative à son diamètre, ainsi qu'on l'a vu ci-dessus. Il faut donc combiner la vitesse de l'eau, dans le conduit, avec le poids de son volume, de manière que la roue à pots ne puisse acquérir que la vitesse de rotation qui lui est nécessaire, et, à volume d'eau égal, plus le diamètre de la roue sera grand, moins il sera nécessaire de donner de vitesse à l'eau dans le conduit.

D'ailleurs, cette grande rapidité de l'eau supérieure ne produit pas toujours l'effet qu'on en attend. Lorsque le biez est totalement rempli, et que l'eau en sort avec le plus d'abondance, la parabole de sortie s'allonge souvent au point de dépasser l'ouverture des pots qu'elle doit remplir; et alors son effet est nul.

Cette partie de la construction des usines est encore susceptible d'un grand perfectionnement; mais ce n'est que par des expériences multipliées que l'on parviendra à fixer, avec une exactitude suffisante, les dimensions qu'il faudra donner à leurs roues et aux conduits des eaux, suivant les circonstances locales, afin qu'elles ne consomment plus une aussi grande quantité d'eau, dont l'excédant pourrait être employé si utilement pour l'irrigation des terres. *Voyez* le mot IRRIGATION.

Les eaux sont amenées dans les biez des moulins par des canaux de dérivation dont la construction est la même que ceux d'irrigation.

Les moulins mus par des roues à pots sont exposés à de fréquens entretiens et à des avaries, qui sont occasionnées par les grandes eaux, par les glaces, et quelquefois par la maladresse des meuniers.

Les grandes eaux envasent les biez; elles empêchent les moulins de tourner, lorsque la roue est trop noyée dans le sous-biez. La gelée produit aussi le même empêchement, et en voulant déplacer la roue, on la brise; enfin la maladresse des meuniers est quelquefois la cause de cassures dans les meules. Ces dépenses d'entretien, de curage, de renouvellement des meules, sont tellement chères aujourd'hui, que les moulins sont généralement devenus des propriétés peu avantageuses, et leur grand nombre aggrave encore le sort de leurs propriétaires, qui en voient annuellement diminuer le revenu.

Il est possible de remédier en partie aux inconvéniens des grandes eaux et des glaces; une vanne avec empellement, placée à la naissance du biez, et immédiatement à côté de la vanne de décharge, permettrait d'empêcher les eaux troubles d'entrer dans le biez, et un toit léger, établi au-dessus de la roue, suffirait pour la garantir de la gelée : le reste est inévitable, et le temps seul pourra faire justice du trop grand nombre de moulins, que l'on voit accumulés, pour ainsi dire, dans chaque localité.

Lorsque les eaux disponibles de la rivière sont plus abondantes, il n'est plus nécessaire de leur procurer une aussi grande chute, parce qu'alors on peut remplacer la roue à pots par une roue à aubes, ou petites ailes recourbées en amont, afin que l'eau puisse la faire tourner par les efforts réunis de sa vitesse et du poids de la partie que les aubes retiennent pen-

9 *

dant quelques instans. Dans cette disposition des roues, l'eau vient les frapper dans leurs parties inférieures avec une vitesse qui doit être d'autant plus grande, que son volume est moins considérable, et être d'ailleurs subordonnée au diamètre des roues, comme dans le premier cas, afin de procurer à leur mouvement de rotation la rapidité qui convient à leur destination : ces roues tournent en dessous.

Enfin, sur les rivières navigables, les roues des moulins sont de grands et larges volans que la force du courant fait tourner naturellement, tels sont : 1°. les moulins pendans que l'on voit sur les rivières, et que l'on nomme ainsi, parce que la roue peut s'élever et s'abaisser à volonté, suivant le degré variable de la hauteur des eaux, et être toujours maintenue à celle qui est nécessaire à son mouvement; 2°. les moulins montés sur bateaux.

Rozier prétend que les premiers doivent être préférés aux seconds, mais sans en donner aucun motif. Cependant les moulins pendans sur les rivières navigables y gênent toujours plus ou moins la navigation, inconvénient que n'ont point les moulins sur bateaux : d'un autre côté, les travaux qu'il faut construire pour asseoir d'une manière solide la cage en maçonnerie d'un moulin pendant, et le grand nombre de longues et grosses pièces de charpente qu'il faut enfoncer dans la rivière, pour le mécanisme de la roue, rendent leur établissement très-dispendieux et d'un entretien très-considérable; et ces dépenses ne nous paraissent pas aussi grandes pour les moulins sur bateaux. Enfin, lorsque les eaux sont très-fortes, les moulins pendans ne peuvent plus tourner, tandis que le temps des glaces est le seul qui puisse faire chômer les moulins sur bateaux (1).

---

(1) Un moulin bâti sur les bords de la Loue, à Ornans, et que j'ai vu fonctionner, offre la particularité, qu'il s'arrête comme les moulins pendans, par l'élévation de la roue au-dessus de la surface de l'eau, au moyen d'un double levier. Il est décrit et figuré dans le *Bulletin de la Société d'encouragement*, année 1821.

Comme les grandes meules de moulin de bonne qualité, c'est-à-dire de PIERRE MEULIÈRE (*voyez* ces mots) deviennent de jour en jour plus rares, et par conséquent plus chères, qu'elles donnent quelquefois lieu à l'altération de la farine, qui s'échauffe outre mesure, que l'opération de remettre les gruaux et les issues dans la trémie, est longue et coûteuse, ne pourrait-t-on pas faire construire des moulins composés, c'est-à-dire qu'autour du moulin qui a brisé le grain et dont la meule n'aurait que 2 à 3 pieds de diamètre, se trouveraient trois, quatre, cinq et six autres moulins à meules de 2 pieds de diamètre, mus ensemble ou séparément par le même cours d'eau, dans lesquels les gruaux et le son seraient successivement portés sans l'intervention des bras du meûnier.

Voyez dans le sixième cahier du *Recueil des machines* de M. Leblanc la figure du nouveau moulin anglais, qui se rapproche de celui que je viens d'indiquer. (*Note de M. Bosc.*)

Je ne parlerai pas des moulins à eau à roue horizontale usités dans les pays de montagnes, parce qu'ils ne peuvent être que fort petits, et que par-tout en France on leur substitue ceux que je viens de décrire, à mesure qu'ils demandent à être reconstruits.

Ces usines sont devenues de première nécessité; mais on a dû considérer leur établissement sous les rapports du besoin local des habitans combinés avec ceux de l'agriculture et de la navigation, et les différentes considérations réunies aux obstacles locaux, c'est-à-dire à ceux plus ou moins grands que peuvent offrir la pente et le volume des eaux disponibles, semblent exclure toute préférence entre leurs différentes espèces. Lorsque l'établissement d'un moulin peut devenir avantageux à son propriétaire, ce qu'il est toujours dans le cas de reconnaître, localement, par la comparaison des bordereaux des dépenses d'établissement et d'entretien annuel avec ceux des produits présumés, il est obligé d'adopter l'espèce de moulin qui convient à sa position, et de se soumettre aux réglemens pour les détails de sa construction extérieure : alors le meilleur moulin est celui qui doit consommer le moindre volume d'eau, et être le moins nuisible à l'agriculture ou à la navigation.

Section IV. *Des moulins mus par la vapeur de l'eau.* Cette invention est très-moderne; c'est dans le siècle dernier que des Anglais sont parvenus à faire tourner les meules de moulins à l'aide d'une pompe à feu, et à établir à Londres un assez grand nombre de ces usines pour suffire à la consommation en farine de cette cité populeuse, et désobstruer les rivières affluentes de la grande quantité de moulins particuliers qui en embarrassaient la navigation. *Voyez* le mot Pompe.

MM. Perrier, à qui l'on doit la construction des pompes à feu de Paris, ont dirigé avec beaucoup de succès celle des moulins de cette espèce, dont on voit encore l'établissement au Gros-Caillou. Deux pompes à feu y faisaient tourner huit meules; ces moulins ne sont plus en activité.

Sect. V. *Des différentes sortes de moutures et de leurs divers produits.* Nous avons dit que la construction intérieure des moulins à farine était absolument la même dans toutes leurs espèces différentes, et on peut en examiner les détails en entrant dans le premier moulin; mais, suivant l'espèce de mouture pour laquelle ils sont montés, leur intérieur présente des pièces accessoires plus ou moins nombreuses, et alors ils produisent de la farine de qualité plus ou moins parfaite, et en quantité plus ou moins grande. D'ailleurs les meuniers ne jouissent pas généralement d'une excellente réputation de probité, et pour ne pas en être trompé à l'excès, en même temps que pour connaître l'étendue des approvisionnemens annuels en grains, il est indispensable que chacun sache la quantité de farine et de son qu'un poids connu de grains doit produire au moulage, suivant l'espèce de mouture pour laquelle le moulin a été monté.

Le grain de blé, dit Rozier, est composé de plusieurs substances, les unes plus dures et plus grossières, les autres plus fines et plus tendres. Il est donc évident qu'un seul et même moulage et qu'un seul blutage sont insuffisans pour séparer les parties mêlées par un seul broiement. Après le premier moulage du grain, il reste beaucoup de parties qui ne sont que concassées et qui n'ont pu être pulvérisées, parce qu'elles ont échappé à l'action de la meule, qui portait sur le grain entier dans le premier broiement : d'ailleurs le rhabillage des meules, excepté celui du moulin économique, est trop grossier pour atteindre ces petites parties. Ce sont ces parties concassées et non moulues qu'on nomme *gruau*, ou *grésillon*.

Il y a donc dans le produit du même grain plusieurs espèces de gruaux, comme il y a plusieurs sortes de son et de farine, selon la différence des parties pulvérisées ou seulement concassées. On distingue le *gruau blanc*, qui n'a pas d'écorce ; le *gruau gris*, qui n'a que la seconde écorce ; et le *gruau bis*, qui est taché de son. On retire des deux premiers gruaux, lorsqu'on les fait remoudre séparément, une farine plus belle et plus savoureuse que celle du corps farineux, qu'on nomme *farine de blé*.

Par une mouture bien raisonnée, et par des préparations faites à propos dans les cas convenables, on retire des farines différentes en goût et en qualité, sur-tout si l'on remoud chaque partie du grain, comme les gruaux, à diverses reprises, selon leur degré respectif de dureté et de densité, ce que l'on ne peut faire dans la mouture ordinaire.

On connaît en France quatre sortes de moutures : la *rustique*, en usage dans les départemens du nord ; la *mouture en grosse* ; la *mouture méridionale*, pour les îles ; enfin la *mouture économique*.

§ 1. *De la mouture rustique.* Pour opérer selon la mouture rustique, on place dans une huche au-dessous des meules un bluteau d'étamine de laine, qui va en même temps que le moulin.

On divise la mouture rustique en trois classes relatives aux différentes grosseurs des bluteaux, et à leur plus ou moins de finesse. Lorsque le bluteau est d'une étamine assez grosse pour laisser passer le gruau et la grosse farine avec beaucoup de son, on l'appelle la *mouture du pauvre*; si le bluteau, moins gros, sépare le son, les recoupes, recoupettes, etc., on la nomme la *mouture du bourgeois*; enfin, si l'étamine est assez fine pour ne laisser passer que la fleur de farine, on l'appelle *mouture du riche*.

Tout ce qui n'a pas passé par les bluteaux, dans ces différens moulages, se nomme *son gras,* parce qu'il y reste encore quantité de belle et bonne farine adhérente au son; ce qui le rend gras, lourd et épais. On sait que le blé renferme beaucoup d'huile, qui a des propriétés, et qu'on se procure en pressant le grain entre deux lames de fer chaud : de même cette mouture grossière étant rapide et fort serrée, elle échauffe le grain et fait sortir l'huile du blé ; la farine tamisée sur-le-champ, lorsqu'elle est encore brûlante et grasse, ne peut se détacher du son, ce qui le rend gras. Le bluteau ne pouvant débiter aussi vite que les meules, on éprouve un déchet et une perte d'autant plus considérable que le bluteau est plus fin. Un setier de blé de 240 livres, ancien poids de marc, ne rend souvent que 90 livres de farine, au lieu de 175, et même 180 qu'il pourrait produire. Si au contraire le bluteau est gros et ouvert, le son passe avec les recoupes et les gruaux bruts; ce qui rend le pain lourd, brun, indigeste, difficile à lever et à cuire, etc

Il résulte de ce que nous venons d'exposer que, suivant l'espèce de bluteau que l'on emploie dans la mouture rustique et que l'on fait ou que l'on ne fait pas remoudre les gruaux, ce que l'on appelle *moudre* et *remoudre,* on obtient une quantité plus ou moins grande de farine et de qualités différentes. Celle du blé influe aussi sur chacune de ces circonstances ; car en tout pays il y a trois classes de cette espèce de grains : *blé de la tête,* ou de qualité supérieure ; blé du milieu, ou *blé marchand;* et blé de la dernière qualité, ou *blé commun;* et meilleur est le blé, et moins il a de son.

Quoi qu'il en soit, toute qualité de blé doit rendre, en farine et en son, l'équivalent de son poids, sauf un déchet que l'on évalue à environ 2 à 3 livres par quintal : ce déchet varie suivant la qualité du grain, et lorsque l'on en fait moudre une très-petite quantité, ou lorsque le moulin n'est pas assez clos; mais, suivant la mouture que l'on adopte, on reçoit plus ou moins de farine, plus ou moins de son.

La farine, suivant sa qualité, fournit aussi plus ou moins de pain. Un quintal de farine produit; savoir, en première qualité, 130 livres de pain; en deuxième qualité, 132 livres; et en farine bise, 135 livres.

§ 2. *De la mouture en grosse.* Les inconvéniens de la mouture rustique et les pertes qu'elle entraîne, l'ont fait abandonner à Paris. On a préféré avec raison la mouture en grosse, qui consiste à faire moudre le grain sans bluteaux. A la sortie des meules, on ensache le son pêle-mêle avec la farine, et l'on rapporte tout le produit à la maison, où l'on est d'obligation de la tamiser et bluter à la main.

Cette mouture en grosse, quoique moins défectueuse que la précédente, occasionne cependant bien des pertes, sans parler de celles qui viennent de la mauvaise mouture, parce que les meuniers ont intérêt d'expédier l'ouvrage. D'ailleurs cette mouture ne peut convenir qu'aux boulangers qui savent tirer le meilleur parti le cette méthode, par une bluterie bien entendue et bien conduite. Ceux de Paris sur-tout excellent dans cet art.

§ 3. *De la mouture méridionale.* Elle ne diffère de la mouture en grosse que par la fermentation qu'on lui fait éprouver à l'aide d'un air chaud et d'une mouture serrée. Cette fermentation n'a pas paru si nécessaire dans les pays septentrionaux, où le blé est moins sec et le climat plus humide. Elle serait inutile d'ailleurs dans la mouture économique, où l'on a trouvé le secret de moudre à plusieurs reprises toutes les parties du grain sans échauffer la farine, et d'épargner, par des bluteaux attachés aux moulins, des manipulations ultérieures, du temps et des frais. Ceux des boulangers de Paris qui font encore moudre à la grosse, et qui sont en petit nombre depuis que les moulins y sont montés pour la mouture économique, se contentent de laisser reposer leur farine avant de la bluter, sur-tout s'ils ont le moyen d'attendre.

L'auteur de l'*Art de la meunerie,* inséré parmi les Mémoires de l'Académie, donne cependant la préférence à la mouture méridionale sur toutes les autres; mais il n'était pas assez instruit sur les procédés de la mouture économique pour pouvoir les comparer. Parmi une infinité de défauts qui se rencontrent dans la mouture méridionale, elle a 1°. le vice de multiplier la main d'œuvre et d'occasionner la perte du temps; 2°. de trop échauffer la farine, par un moulage trop fort et trop serré, quand on veut broyer en une seule fois toutes les parties du grain; 3°. la farine trop échauffée fermente, ce qui, au lieu de la bonifier, comme on le croit, peut en altérer la qualité plus ou moins. D'ailleurs, si l'on manque l'instant de cette fermentation, on court risque de voir corrompre tout le tas de rame, ou de farine entière; 4°. la farine qui a éprouvé un commencement de fermentation, à cause du son qu'on y laisse pendant six semaines, ne se conserve pas si bien que celle qui a été purgée du son sans fermentation; 5°. on sacrifie, par le défaut de remoulage des grésillons et repasses, et même du son qui est mal écuré, une quantité considérable de bonne farine qui pourrait être employée avec avantage. Le fin qu'on retire par cette méthode est en très-petite quantité.

§ 4. *De la mouture économique*. Les moulins montés pour cette mouture ne diffèrent des moulins ordinaires que par les cribles, tarares et autres machines à nettoyer les grains. Le simple énoncé ou catalogue des pièces qui constituent ceux-ci suffit pour en donner une idée juste : d'ailleurs on peut se transporter dans les moulins ordinaires, et y étudier ce que l'on ne connaîtrait qu'imparfaitement. Les deux points capitaux de la mouture par économie consistent, 1°. à bien *manœuvrer* les blés pour ne les moudre qu'après avoir été bien *épurés* et nettoyés de toutes les mauvaises graines et poussières qui les infectent ; 2°. à bien séparer les *farines* des *sons*, *recoupes* et *gruaux*, pour pouvoir remoudre ceux-ci séparément et à propos (1).

On vient à bout de la première opération par le moyen des *cribles*, *tarares*, etc. ; et de la seconde, par le secours des *bluteries adoptées au moulage*. Toutes ces machines font leur effet, et sont mises en mouvement par la même force motrice de la roue à aubes ; le reste est absolument semblable aux moulins ordinaires.

Ceux qui voudront prendre une connaissance plus particulière du mécanisme de ces moulins feront bien de se procurer le *Manuel du charpentier, des moulins et du meunier*, rédigé sur les mémoires du sieur César Buquet, par M. Béguillet, 1775.

Le blutage de la méthode économique contribue en quelque sorte encore plus que les meules à la perfection des farines. C'est par cette raison que la mouture en grosse et la mouture méridionale, dans lesquelles on blute hors du moulin, apportent tant de soins, tant de précautions et de patience, et emploient un si grand nombre de bluteaux différens pour distinguer les farines, les gruaux et les sons.

La mouture rustique avait un avantage sur les deux autres, en ce que faisant bluter en même temps qu'elle broie les grains, elle épargne du temps et de la main d'œuvre. Mais sa bluterie est si imparfaite, et la perte qu'on essuie, faute de savoir employer les sons gras, est si considérable, que la mouture en grosse et la mouture méridionale, malgré leurs imper-

---

(1) Les moulins les mieux montés à cet égard en France, sont ceux de Gray : on ne peut en sortir sans applaudir aux principes d'après lesquels ils ont été construits, par M. Tramois, leur propriétaire.

(*Note de M. Bosc.*)

fections, sont de beaucoup préférables à la mouture rustique.

Les meuniers économes ont adopté ce que toutes les autres méthodes avaient de meilleur ; ils ont procuré aux moutures en grosse l'épargne du temps et de la main d'œuvre employés pour bluteries hors le moulin, et ils ont substitué à la mouture rustique toute la perfection des bluteries de la mouture en grosse et de la méridionale. Outre ces avantages considérables, ces meuniers ont encore su faire bénéficier leur méthode de tout l'excédant de belles farines de gruaux, c'est-à-dire des meilleures parties du grain, que les autres meuniers laissent consommer en pure perte.

On voit par là de quelle importance est la bluterie dans la mouture par économie, dont elle est une dépendance et comme l'accessoire principal. Il y a un grand nombre de moulins économiques qui pèchent par cet article : la perfection et la conduite du blutage méritent la plus sérieuse attention des meuniers, pour qui cette science est toute nouvelle.

Voyons maintenant quels sont les produits de la mouture économique.

Un setier de blé de première classe, pesant 240 livres, ancien poids de marc, doit donner communément en totalité de farines, tant bises que blanches, 175 à 180 liv. ci.   180 liv.

En sons, recoupes et issues.   55
En déchet.   5

            Poids égal à celui du blé.   240

Si la bluterie inférieure sépare les issues du premier bluteau en trois, gruaux, recoupettes et recoupes, alors ces différens produits montent en détail ; savoir,

En fleur de farine, ou farine de blé. . . .   100 liv.
En belle farine de premier gruau.   40
En farine de deuxième gruau.   20
En farine de troisième gruau.   10
En farine de remoulages, de gruaux et recoupettes.   10

                                      180
Sons de différentes espèces.   55
Déchet.   5
        Poids égal à celui du blé. . . . .   240 liv.

        Produit en pain cuit. . . . . .   240 liv.

Par le mélange de toutes ces sortes de qualités, on fait ordinairement quatre espèces de farines : 1°. la *farine de blé* ou *le blanc*, en mêlant les deux qualités que donne le bluteau supérieur ; 2°. la farine des trois rengrenages du premier gruau, appelée *blanc bourgeois* ; 3°. la *farine de second gruau*, que l'on mêle très-souvent avec le blanc bourgeois quand le meunier a eu assez d'adresse pour moudre légèrement le gros gruau et en séparer les rougeurs ; 4°. la *farine bise*, qui résulte du mélange des farines des derniers gruaux, remoulages et recoupettes.

Les sons restans se trouvent aussi de trois espèces : les *gros sons*, les *recoupes*, les *petits sons* ou *fleurages*.

Un setier de blé de deuxième qualité, pesant communément 230 livres, produit, terme moyen,

En farine des quatre sortes susdites.	170 liv.
En sons des trois sortes.	55
Déchet.	5 à 6
Poids égal à celui du blé.	230 liv.
Produit en pain cuit.	230 liv.

Un setier de blé commun, pesant ordinairement 220 livres, produit, terme moyen,

En farine de quatre sortes.	160 liv.
En son.	55
Déchet.	5 à 7
Poids égal à celui du blé.	220 liv.
Produit en pain cuit.	220 liv.

Un setier de seigle, pesant 250 livres, moulu par économie, donne en farine de seigle . . . . 107 liv.

En deuxième farine.	42
En troisième farine.	$34\frac{1}{2}$
En son et en remoulage.	$60\frac{1}{2}$
Fraiement ou déchet.	6
Total égal au poids du setier. . . .	250 liv.

Dans les résultats précédens, on a fixé le produit du setier de blé par la mouture économique, de 175 à 180 livres de farine bien purgée de son, et avec de l'adresse et de l'habitude, un meunier peut porter ce produit jusqu'à 185 liv.

Buquet imagina depuis une mouture encore plus avantageuse ; il la présenta comme un raffinement de la mouture économique, pour procurer, en faveur des maisons de charité, une plus grande épargne et un plus grand produit du grain, et pour tirer des issues de la mouture les parties de farine qui y restent encore attachées après la séparation des gruaux : c'est la mouture des pauvres, dite *à la lyonnaise*.

Selon cette méthode, un setier de blé pesant 240 livres rend jusqu'à 195 livres de toute farine, qui produisent 260 livres de pain. (DE PER.)

CHAP. II. *Des moulins à huile.* L'emplacement d'un moulin destiné à tirer l'huile des olives, des fruits huileux et des graines huileuses, doit être une pièce au rez-de-chaussée, susceptible d'être aussi exactement fermée que possible, et même de recevoir un poêle ; car lorsqu'il fait froid, l'huile qu'elles contiennent en sort plus difficilement, ce qui est une perte réelle pour le propriétaire : il faut de plus qu'il soit nettoyé et même lavé à grande eau avec la plus grande facilité. Je commence par cette observation, parce que souvent ces sortes de moulins sont en France placés dans des pièces mal fermées, malpropres au plus haut degré, et que quelquefois c'est par une coupable spéculation qu'on les laisse exposés à des courans d'air froid, les marcs ou tourteaux étant généralement abandonnés pour salaire aux presseurs, qui savent retirer l'huile qui y est restée.

J'ai parlé au mot HUILE des avantages qu'il y aurait d'employer le moulin, ou, mieux, la machine de M. Sieuve, pour détriter les olives ; et quoique ce moulin n'ait été, à ma connaissance, établi en grand que par son auteur, je crois devoir en reproduire la description et le dessin, tant il m'a paru propre à améliorer l'huile d'olive.

On se rappelle que le premier but de la méthode de M. Sieuve est d'ôter la pulpe de dessus les noyaux des olives, pour pouvoir la presser séparément. La *Pl. III* représente la machine, *fig.* 1re., prise à vol d'oiseau ; et *fig.* 2e., sa coupe perpendiculaire.

A B et C D les patins, c'est-à-dire les pieds sur lesquels reposent les montans, et par suite toute la machine.

E F, G H, I K, L M, les quatre montans du bâtis assemblés les uns avec les autres par des entretoises.

N O, le treuil destiné à soulever le détritoir, selon le besoin.

N, roue de bois à laquelle est attachée une corde.

P, poulie sur laquelle passe la corde à laquelle le détritoir est suspendu.

Q, extrémité de la corde, à laquelle les quatre cordons du détritoir sont attachés.

R S, le détritoir placé dans sa caisse : c'est une portion de madrier creusé inférieurement par des cannelures.

S, cheville fixée au détritoir pour communiquer le mouvement à la soupape de la trémie.

R, poignée pour pousser et tirer le détritoir dans sa caisse.

T, trémie dans laquelle on met les olives, et d'où elles tombent en petit nombre à-la-fois, lorsqu'on pousse le détritoir.

W V, la caisse dans laquelle est renfermée une table cannelée comme le détritoir.

X Y, entonnoir terminé par une chausse, et dans lesquels tombe la pulpe des olives.

Z, baquet dans lequel tombe l'huile que le détritage a fait sortir des cellules dans lesquelles elle était renfermée.

Lorsque la chausse est pleine de pulpe, on l'enlève et on en met une autre.

a, Axe de fer sur lequel la caisse est en équilibre.

b c, Trappe par laquelle on fait tomber les noyaux dans l'auge.

d f, Auge pour recevoir les noyaux.

Les anciens détritaient leurs olives. M. Bernard, dans son excellent Mémoire sur l'olivier, donne même, d'après le texte de Caton et de Pline, la figure du moulin qu'ils employaient. C'étaient deux segmens de sphère perpendiculaires, tournant autour d'un axe dans une auge de la paroi de laquelle ils étaient écartés d'un travers de petit doigt. (*Voyez* Bernard, tome 2, page 324, et *Pl.* 1, *figure* 1re.) Le détritoir de M. Sieuve me paraît bien plus simple et moins coûteux que celui des anciens.

M. Bernard critique cette opération des anciens, comme celle de M. Sieuve; mais il semble qu'il n'y a pas à répondre à l'expérience des siècles et à celles citées au mot Huile, expérience d'ailleurs en concordance avec les principes de la théorie.

Le moulin à huile le plus généralement employé, soit dans le midi pour les huiles d'olive, soit dans le nord pour les huiles de graines, soit dans les départemens intermédiaires pour les huiles de fruit, est le même. On construit d'après les mêmes principes que celui qui sert à écraser les pommes et les poires dans les pays à cidre; il est extrêmement simple, mais varie cependant selon les localités.

Un massif circulaire de maçonnerie A, *Pl. IV, fig.* 1, communément de 24 à 30 pouces de haut, et de 6 à 8 pieds de diamètre, fait la base de ce moulin. Cette masse est recouverte de dalles de pierres dures, polies, ou de planches épaisses de chêne, quand on ne peut pas avoir de pierres, disposées de manière que le bord et le centre soient un peu plus élevés que le milieu, et que leur ensemble soit, de plus, incliné d'un côté d'environ 6 pouces, de E en F, par exemple. Ainsi le cercle qui passe en C est la partie la plus enfoncée.

Une meule de pierre d'environ un pied d'épaisseur (plus ou moins), sur environ 5 pieds de diamètre (plus ou moins), est attachée à l'arbre IK, qui tourne dans une crapaudine I creusée au centre du massif, et dans un trou percé dans la poutre LL du plancher, par le moyen d'un axe CD fortement fixé dans la mortaise D de cet arbre, axe sur lequel elle a un mouvement de rotation.

La seule inspection de la gravure explique le mécanisme de ce moulin. Un cheval attaché à l'axe C fait tourner l'arbre, et par conséquent la meule, laquelle, comme je viens de le dire, tourne de plus sur elle-même ; et tout ce qui se trouve sur son passage est d'autant plus écrasé et pressé, qu'elle est plus lourde. Une personne repousse avec une pelle la matière sous la meule, à mesure qu'elle en est écartée par le mouvement même de cette meule, sur-tout du côté de la partie la plus basse, c'est-à-dire en E (1).

L'important est d'avoir des pierres bien larges, bien dures et bien jointes, pour construire l'aire, et une meule bien dure et bien pesante. Le granit est la meilleure qu'on puisse choisir ; mais la dépense de la fabrication et du transport en éloigne souvent. Les marbres grossiers sont ce qui convient le mieux après : les pierres à bâtir ordinaires, les briques, et encore plus le bois, ne valent rien, parce qu'ils s'usent trop vite et absorbent une quantité d'huile considérable, qui non-seulement est perdue, mais communique, en s'altérant, à celles qu'on fabrique ensuite un levain de rancidité qui ne permet pas de les garder.

L'aire du massif, la meule et la base de l'arbre, doivent être lavés à l'eau chaude toutes les fois qu'on s'en est servi ; et si on a été long-temps sans s'en servir, il faut de plus les imbiber d'un peu de potasse caustique avant de faire cette opération, pour enlever les portions d'huile rance qui leur seraient adhérentes.

Comme je l'ai indiqué plus haut, les proportions du moulin peuvent varier beaucoup ; mais il est une attention à avoir, c'est que l'axe CD soit toujours à la hauteur du poitrail du cheval : en effet, si la ligne de tirage est trop basse, le cheval fatigue beaucoup sans aucune utilité ; si elle est trop haute, la meule est souvent soulevée et ne remplit qu'imparfaitement le but. En général, il vaut mieux faire tourner lentement que

---

(1) Ce moulin peut être très-avantageusement employé à écraser les pommes de terre dont on veut retirer la fécule, et on doit désirer que ce moyen soit plus généralement mis en pratique. (*Note de M. Bosc.*)

rivement la meule ; cependant il y a aussi des inconvéniens dans l'extrême lenteur , indépendans de la perte de temps : quelques jours d'expérience en apprennent plus à cet égard que des volumes de préceptes.

Les moulins à huile auxquels on applique , dans les départemens méridionaux, les animaux comme moteur, s'appellent *moulins à sang*, dénomination qui donna lieu, dans ces derniers temps , à une dissertation fort plaisante.

Le moulin représenté *fig.* 2 est construit sur des principes un peu différens. Le massif A est en maçonnerie, comme dans la *figure* 1 ; mais au lieu d'être inclinée, la partie supérieure forme une auge circulaire. S'il est possible, on doit faire le tout d'une seule pièce, ou au plus de trois; c'est dans cette auge EF, qui a de 6 à 10 pouces de profondeur, que tourne la meule BC, à l'axe de laquelle sont attachées de plus , aux points LL, deux petites chaînes qui traînent derrière la meule le rabot ou valet HH. Ce rabot ou valet, qui est courbé en demi-cercle dans un sens, et comme l'auge dans un autre , ramène dans le milieu de l'auge le marc qui avait été jeté sur les côtés par le mouvement de la meule, de sorte qu'il évite le travail de l'homme qui fait cette opération dans la première figure.

Dans tous les cas où l'on emploie des animaux à tourner des meules, il faut leur couvrir les yeux d'un chaperon , afin qu'ils ne soient pas étourdis par le mouvement circulaire , mouvement dont on connaît les effets.

Ce sont ordinairement des mulets qui tournent les moulins à huile dans le midi, et des chevaux dans le nord ; rarement des bœufs servent à cet usage , à raison de la lenteur de leur marche.

Deux ou trois heures de travail de suite et deux appels par jour, sont tout ce qu'on doit raisonnablement exiger d'un de ces animaux de force moyenne ; cependant il n'est pas rare de leur voir faire des tournées du double de ce temps , ce qui les épuise promptement.

Comme ce n'est pas du nombre de tours que fait le cheval, mais de ceux que fait la meule, que dépend la rapidité de l'opération, et qu'il y a des moyens très-connus de décupler et au-delà le nombre de ces derniers sans augmenter celui des premiers, il y a lieu d'être étonné que par-tout on ne fasse pas usage de ces moyens : c'est l'effet de l'habitude et de l'ignorance; car la mise dehors de première construction est fort peu de chose, comparativement à l'économie qui en résulte relativement à l'emploi du temps des bestiaux. En effet , pour arriver à ce but, il ne s'agit que de placer une lanterne d'un petit nombre de fuseaux au point K de l'arbre vertical

(voyez *fig.* 1 et 2), et à 6 ou 8 pieds du massif ; d'élever sur un dé de pierre à crapaudine un autre arbre parallèle à celui-ci, et auquel sera fixée, à la hauteur convenable, une roue garnie d'un grand nombre de dents qui engreneront dans les fuseaux de la lanterne ; c'est autour de ce dernier arbre que tournera le cheval : plus la roue qu'il porte sera grande, et la lanterne petite, et plus cette dernière fera de tours pendant celui du cheval. Si, par exemple, la lanterne n'avait que dix dents, et la roue cent, la meule ferait dix tours chaque fois que le cheval en ferait un. Quel immense avantage ! De plus, le cheval fatigue moins : lorsque le local ne permet pas de donner une distance de 6 à 8 pieds entre le massif du moulin et l'arbre que fait tourner le cheval, on peut faire agir ce dernier dans une pièce supérieure ou dans une pièce inférieure. Voyez *fig.* 3, *Pl. IV*, une coupe verticale de cette sorte de moulin.

Si on avait un courant d'eau à sa disposition, il faudrait l'employer à faire tourner la roue, puisque par là on économiserait un cheval et qu'on pourrait travailler sans interruption : on peut varier sans fin le mode de construction des roues, puisque ce mode dépend de la localité, de la force du cours d'eau ou de la hauteur de sa chute. Je donne, *fig.* 4, *Pl. IV*, la représentation d'un de ces moulins supposés mis en jeu par un faible cours d'eau, mais qui a beaucoup de chute. Le cours d'eau A met en mouvement la roue à aubes B, qui, au moyen de l'axe CC et des engrenages perpendiculaire et horizontal DD et EE, fait tourner l'arbre FF, et par suite la meule GG, qui est assujettie à ce dernier par une courte traverse. Les bases de la construction du reste de ce moulin ne diffèrent pas de celles des deux précédens.

Les moulins à cidre de Normandie et de Bretagne diffèrent des précédens, quoique dans le fond le principe en soit le même, parce que les pommes et les poires n'ont pas besoin d'une pression aussi forte, pour être écrasées, que les graines dont on tire de l'huile, sur-tout que les noyaux des olives : la *fig.* 5 de la *Pl. IV* en donnera une idée suffisante.

AA, auge circulaire de la pile ; B, rabot ou valet qui ramène les pommes ou les poires sous la meule ; CC, cases ou séparations pour recevoir les différentes variétés de pommes ou de poires (*voyez* CIDRE, POMMIER et POIRIER) ; D, la meule ; E, axe de la meule ; F, palonnier auquel le cheval est attaché ; G, guide du cheval : sans cette guide, formée d'un bois léger, l'animal s'écarterait continuellement du moulin.

De tous les moulins à huile, le plus parfait est celui des Hollandais : c'est exclusivement celui qu'on devrait employer dans toutes les parties de la France où les cultivateurs sont jaloux de tirer tout le parti possible du produit de leurs récoltes. Il est en ce moment assez multiplié dans les départemens du nord et de l'est; mais je ne crois pas qu'il y en ait un seul d'établi dans ceux du centre et du midi. Les moulins dits de recense, en usage pour les huiles d'olive, et dont je parlerai plus bas, quelque perfectionnés qu'ils soient, quand on les compare aux moulins ordinaires, leur sont inférieurs sous quelques rapports : tous deux gagneraient si on leur appliquait ce qu'ils ont de dissemblable.

En Hollande, dans le Brabant, en Flandre, en Artois, ces moulins ont le vent pour principal moteur : lorsque le local le permet, il est bien plus avantageux de les mettre en action par le moyen de l'eau, parce que le vent est trop inconstant, souvent trop actif ou nul, c'est-à-dire rarement au point qu'on le désire; c'est pourquoi j'ai représenté celui de la *Pl. V* mu par un courant.

La division du mouvement d'un moulin à huile à la manière des Hollandais, et qui est mu par le vent, s'accorde à peu de chose près avec celui que je vais décrire.

Je passe à l'explication de la planche, explication qui donnera une idée suffisante de l'objet; pour les proportions, *voyez* l'échelle.

Fig. 1. A. 1. La roue à aube mue par un courant d'eau : c'est de la masse d'eau dont on dispose que dépend le diamètre de cette roue; elle est le moteur général. Moins la chute sera haute, ou moins on aura d'eau, plus les aubes devront avoir de largeur et le diamètre de la roue diminuer. On voit à Apeldorn un moulin dont la chute est si courte, que la roue a à peine 6 pieds de diamètre; mais en revanche les aubes ont 6 pieds de longueur et 2 pieds et demi de largeur : au contraire, si la chute vient d'un endroit élevé, et si on a la facilité d'agrandir le diamètre de la roue, l'effet sera plus considérable.

2. Le dormant sur la maçonnerie avec le pivot de l'arbre tournant.

3. La chute d'eau supposée et vue par derrière.

Fig. 2. B. 1. La roue dentée mue par la roue à aubes, composée de cinquante-deux dents, le pas de 5 pouces un quart.

2. La lanterne du rouet, mise en mouvement par la roue dentée : cette lanterne est composée de soixante-dix-huit dents, dont le pas est de 5 pouces un quart.

3. L'arbre tournant destiné à élever les pilons : cet arbre est garni de grandes dents ou élèves sur sa circonférence, et les pilons tombent deux fois sur une révolution de la roue mue par le courant d'eau.

4. La charpente avec la pierre ou grenouille de cuivre placée et assujettie sur le dormant pour supporter l'arbre tournant,

le tout marqué par des points pour éviter la confusion. Le profil est représenté *fig.* 5 , *Pl.* 7.

5. Maçonnerie portant le dormant de l'arbre de la roue à aube , supportant l'équipage du haut.

6. Pivot qui entre dans un heurtoir ou plaque d'acier, pour contenir l'arbre à sa place.

Fig. 3. 1. Les six pilons. Leurs proportions sont données *Pl.* 8 , division inférieure.

2. Les pièces appliquées entre les pilons et les pièces de traverse. Ces premières pièces forment des coulisses qui maintiennent les pilons dans leur aplomb et dans leur place.

3. Deux pièces de traverse (on ne voit qu'une de ces pièces); elles sont assujetties par des boulons de fer dans les montans. Ces pièces de traverse sont caractérisées n°. 13 de la division supérieure de la *Pl.* 8.

4. Les queues des mentonnets des pilons, qui répondent aux bras des élèves de l'arbre.

5. Une pièce transversale, seulement par devant, pour adapter les élèves et pour arrêter les pilons , marquée 14 dans la partie supérieure de la *Pl.* 8.

6. Une solive à une distance des pilons, sur laquelle sont attachées les poulies qui supportent la corde pour lever et arrêter les pilons indiqués *Pl.* 8 , n°. 16 de la partie supérieure.

7. Les poulies avec les cordes indiquées n°. 14 de la partie supérieure de la *Pl.* 8.

8. Le pilon pour frapper sur le coin, qui presse ou tord l'huile.

9. Le pilon pour frapper sur le défermoir, qui fait lâcher le coin.

10. Deux pièces de traverse (on n'en voit qu'une) avec les pièces entre deux qui forment des coulisses en bas , marquées n°. 19, *Pl.* 8 , première division.

11. Rouet destiné à mouvoir la spatule dans la payelle ou bassine , pour remuer et retourner la pâte sur le feu. Il est composé de vingt-huit dents , dont le pas est de 3 pouces et demi. *Voyez* n°. 6 de la première division de la *Pl.* 8.

12. Quatre montans attachés au bloc, et supérieurement aux poutres et solives du bâtiment , et qui contiennent et affermissent ensemble tout l'équipage.

13. Les six creux pour les six pilons.

14. Le bas des six pilons garni d'une chaussure de fer.

15. Une planche par derrière , de champ et inclinée en renversant , pour empêcher le grain de sauter , de tomber par terre et de se perdre. On le garantit par devant de la même manière.

16. Creux pour passer ou tordre la farine de la graine

après qu'elle est sortie pour la première fois de dessous les meules.

17. Creux à l'autre extrémité du bloc, pour tordre la farine après qu'elle a passé pour la seconde fois sous les pilons.

18. Équipage pour supporter l'arbre des pilons.

19. Rouet à l'extrémité de l'arbre des pilons pour mouvoir les meules, composées de vingt-huit à trente dents, dont le pas est de 5 pouces et un quart.

20. Pivot heurtant contre un heurtoir affermi dans le montant de l'équipage, et simplement marqué par des points.

21. Bassins destinés à recevoir l'huile.

22. Pièces de support assises sur le terrain sous le bloc.

Fig. 4. *Mécanisme et élévation des meules.*

1. Arbre perpendiculaire qui traverse la roue dentée et le châssis des meules qui tournent sur le champ.

2. Roue horizontale mise en mouvement par le rouet n°. 19 de la *fig.* 3. Cette roue est composée de soixante-seize dents, dont le pas est de 5 pouces un quart.

3. Châssis des meules tournantes.

4. Pierre ou meule tournante, que je nomme intérieure, parce qu'elle est plus rapprochée de l'arbre.

5. Pierre ou meule extérieure.

6. Le ramoneur intérieur, qui conduit le grain sous la meule extérieure.

7 Le ramoneur extérieur, qui conduit le grain sous la meule intérieure, en sorte qu'il est sans cesse remué, retourné, écrasé en dessus, en dessous. Ce ramoneur extérieur est encore garni d'un chiffon qui frotte contre la bordure n°. 10, afin de ramener le peu de graines qui resteraient dans l'angle de ce contour.

8. Les extrémités de l'essieu de fer qui traverse l'arbre perpendiculaire, et sur lequel tournent les meules, de sorte que ces dernières ont, comme celles des moulins décrits plus haut, deux mouvemens simultanés. Le trou des meules et même ceux des oreilles des châssis ne doivent pas être très-justes, afin que les meules puissent un peu balancer lorsqu'elles rencontrent une épaisseur de graine plus considérable.

9. Les oreilles qui conduisent les deux extrémités de l'essieu.

10. Contour ou rebord de la table, qui empêche la déperdition des graines chassées par les meules. Il est en bois.

11. La table, ou la pierre gisante, ou la meule posée à plat, sur laquelle tournent les deux meules perpendiculaires, et sur laquelle on met les graines à écraser.

12. Maçonnerie solide, sur laquelle est posée la meule gisante. Cette meule doit être parfaitement assujettie et placée dans le niveau le plus exact.

10 *

Pl. VI. Fig. 1. *L'arbre tournant avec les cames ou mentonnets à élever les pilons.*

1. **Deux** endroits arrondis, garnis de lames de fer enchâssées
exactement au niveau du bois pour tourner sur une pierre
dure, ou sur une grenouille de cuivre fondu, etc., parce que
le jeu des pilons et le tremblement ne pourraient être sup-
portés par des pivots enchâssés aux extrémités, comme dans
la machine ordinaire.

2. Deux pivots heurtoirs, pour heurter en tournant contre
une plaque d'acier qui empêche que l'arbre ne vacille.

3. Les rouets pour mouvoir la spatule.

4. Les mentonnets pour la presse, ou tordoir du rebattage.

6. Les mentonnets pour élever les six pilons.

Fig. 2. *Explication pour compasser le devis des mentonnets
sur l'arbre tournant, l'arbre étant déployé dans toute sa circonférence.*

On marque les quatre lignes mitoyennes qu'on appelle les
quatre pôles mitoyens, numérotées 1, 2, 3, 4.

On commence ensuite par une ligne mitoyenne, et on partage la longueur de l'arbre sur la circonférence en 21 portions égales; la circonférence est ensuite partagée en 7 portions; savoir, 6 pour les pilons, et une pour le fermoir et
défermoir du rebattage, ou second tordage. Elles sont indiquées dans cette figure par les nombres 1, 2, 3, 4, 5, 6, 7.
Le fermoir et le défermoir du premier tordage ne se comptent
pas dans la mesure de la marche.

On place ensuite trois mentonnets pour chaque pilon, et
trois pour le fermoir et défermoir du second tordage. Le fermoir et défermoir du premier tordage ont une cheville et
demie, c'est-à-dire une pour le fermoir et une demie seulement pour le défermoir, de sorte que le défermoir frappe
deux fois et le fermoir une fois dans une révolution de
l'arbre.

Fig. 3. L'arbre divisé en 21 portions égales avec les quatre
lignes mitoyennes marquées par des points. Cette figure est
sans proportions.

Fig. 4. Manière dont l'arbre est divisé en 21 portions égales
avec les quatre lignes mitoyennes marquées par des points qui
forment la croix. Cette figure est aussi sans proportions.

Pour placer les chevilles, on observe de les mettre vis-à-
vis des mentonnets des pilons où elles doivent agir, et dans
chaque point où la ligne de distance coupe la division. La
cheville et demie du premier tordage, du côté où elle est
double, se place sur la ligne mitoyenne qui tombe entre les
n°s. 10 et 11. Ensuite on commence à gauche à disposer les
chevilles pour les pilons. Si on compte à gauche, ce premier

pilon porte sur les chevilles 1, 8, 15; le second, sur les chevilles 4, 11 et 18; le troisième, sur les chevilles 7, 14, 21. On voit dans le troisième les deux demi-chevilles ne faire qu'un dans la circonférence. Le quatrième porte sur les nos. 3, 10, 17; le cinquième, sur les nos. 6, 13, 20; le sixième, sur les nos. 2, 9, 16. La septième cheville destinée pour le fermoir et le défermoir du second tordage se place sur les nos. 5, 12 et 19.

Les pilons pour tordre ou presser l'huile s'élèvent à 20 pouces de hauteur, et ceux qui tombent dans les creux s'élèvent à la hauteur de 7 pouces.

Les creux ont 12 pouces et demi de profondeur.

Fig. 5. 1. L'arbre à chevilles vu de profil.

2. L'arbre mû par la roue à aube, et mis en mouvement par le courant d'eau.

3. La roue dentée mue par la roue à aube et caractérisée par des points.

4. La roue de l'arbre aux pilons marqué par des points.

5. La maçonnerie.

6. Le dormant.

7. Le montant et le dormant, pour supporter l'arbre des pilons.

Fig. 6. Représentant la meule sur la table ou sur la pierre gisante.

1. La maçonnerie.

2. La meule tournant sur champ.

3. La meule emboîtée pour empêcher que le grain ne tombe à terre.

4. La partie du châssis du côté du plat de la meule.

5. L'arbre droit qui donne le mouvement.

6. L'oreille enchâssée par le haut dans le châssis.

Fig. 7. Les mêmes parties que celles de la fig. 6, mais vues par-dessus et à vol d'oiseau.

1. Les meules tournantes.

2. La pierre gisante.

3. Le châssis.

4. Les bras qui enveloppent l'arbre perpendiculaire.

5. L'essieu qui traverse la pierre.

6. Le ramoneur extérieur.

7. Le ramoneur intérieur.

Fig. 8. Représentant la table ou pierre gisante.

1. Le couloir.

2. Bordure en bois de 6 pouces de hauteur.

3. Vanne ou trappe qu'on ouvre à volonté pour faire tomber la farine, c'est-à-dire la graine moulue.

4. Cercle que décrit la meule extérieure en tournant.

5. Cercle que décrit la meule intérieure.

On voit par là que les deux meules ne roulent pas sur la même place.

6. Le ramoneur extérieur.

7. Le ramoneur intérieur.

8. Ramoneur pour faire tomber la farine par la trappe n°. 3.

On voit dans cette figure deux traits près du n°. 7, et une croix depuis ces deux traits jusqu'au n°. 8. Or, cette partie reste soulevée pendant tout le temps que les meules broient les graines. Lorsqu'elles sont suffisamment broyées, on laisse tomber l'extrémité de ce ramoneur intérieur sur la table.

Pl. VII. Division supérieure.

Fig. 1. N°. 1. L'arbre tournant pour élever les pilons.

2. Trois chevilles à élever les pilons.

3. Roue pour la spatule, composée de vingt-huit dents.

4. Autre roue, qui engrène dans la première, composée de vingt dents.

Les dents de cette roue et de la précédente sont espacées de 3 pouces et demi.

5. L'essieu tournant.

6. Autre roue à l'extrémité de l'essieu, composée de treize dents.

7. Roue du haut de la verge de la spatule, composée de douze dents.

Le pas de ces deux dernières roues est de 3 pouces.

8. Deux pièces que traverse la verge de fer de la spatule, de façon à pouvoir tourner librement dans les ouvertures, et hausser et baisser à volonté.

9. Pièce mobile par laquelle passe la verge et où elle tourne librement. La verge dans cet endroit est garnie d'un bouton ou rebord qui appuie dessus la pièce mobile, et par lequel elle est élevée ou abaissée à volonté.

10. Pièce mobile pour lever la spatule et la verge pour les engrener et dégrener. La pièce 9 est fixée en *a* et mobile en *b* dans une coulisse.

11. Un pilon.

12. Un mentonnet attaché au pilon.

13. Les deux pièces de traverse.

14. La pièce de traverse, à laquelle est attaché le bras pour élever, arrêter et tenir le pilon suspendu.

15. Bras pour arrêter les pilons par le moyen de la corde.

16. Solive à une distance des pilons pour attacher la poulie par laquelle passe la corde.

17. Poulie sur laquelle passe la corde.

18. Corde pendante du côté de l'ouvrier.

19. Deux pièces de traverse.

20. Bloc des creux des pilons.

21. Bassin à recevoir l'huile.

22. Fourneau à chauffer la farine.

23. Bassin ouvert par-dessous, dans lequel on place le sac destiné à recevoir la farine dont on doit extraire l'huile après qu'elle a été échauffée.

24. Spatule qu'on laisse tomber dans la payelle ou bassine, pour retourner la farine pendant qu'elle est sur le feu.

Fig. 2. *Plate-forme de l'ouvrage sur le terrain.*

1. Fourneau à échauffer la farine.

2. Bassin divisé en deux portions, sous lesquelles on suspend les deux sacs pour verser la farine derrière la payelle, de sorte qu'elle tombe en deux portions égales.

3. Payelle ou bassine sur le feu, avec la spatule dans le fond.

4. Boîte sur laquelle est posé un couteau pour rogner les rives ou bords des tourteaux, lorsqu'ils sortent du sac après la presse, et dans laquelle tombent les débris des tourteaux.

5. Le tordoir ou presse pour le second tordage.

6. Le tordoir du premier tordage, parce qu'il est plus près des meules.

7. Les six creux pour les pilons.

8. Planche sur champ pour empêcher la graine de tomber.

9. La meule gisante.

10. Le centre de la meule gisante.

11. Planche garnie d'une bordure pour empêcher la farine de tomber.

Pl. VII. Division inférieure. Le bloc avec les trous des pilons et les tordoirs coupés.

1. Les six pilons.

2. Les six creux avec une plaque de fer dans le fond.

3. Le fermoir qui frappe sur le coin du premier tordage.

4. Le fermoir qui frappe sur le coin du second tordage.

5. Le défermoir du premier tordage, qui frappe sur le coin à défermer.

6. Le défermoir du second tordage, qui frappe sur le coin à défermer.

7. Coin à défermer.

8. Coin à fermer.

9. Coussins de bois entre le fer et le coin. * * * Deux plaques de bois de 2 pouces d'épaisseur, qui se placent entre le coin à fermer et le coussin et le défermoir.

10. Serrails entre lesquels on place le sac qui contient la graine.

11. Fontaine par où coule l'huile.

12. Bassin pour recevoir l'huile.

13. Plaque de fer qui se place à plat sous les coins, les coussins et les glissoirs.

14. Pièces de bois sur lesquelles est posé et assujetti le bloc.

15. Bloc en deux pièces jointes ensemble dans le milieu, garnies de bandes de fer. Il doit également être garni aux deux extrémités.

16. La corde pour laisser descendre le coin, ou défermoir, à la hauteur convenable, afin qu'il puisse défermer.

Fig. 2. *Serrails entre lesquels on place les sacs garnis de farine.*

1. Deux fers nommés chasseurs de plat.

2. Les mêmes, vus de champ ou sur les côtés.

3. Plaques de fer qui se placent sur la longueur.

4. La fontaine.

Les serrails se placent de la même façon que dans la figure. Il s'agit seulement de réunir les deux bouts qui répondent à la fontaine, en redressant les quatre extrémités marquées par une *.

5. Les sacs dans lesquels on met la farine pour tordre.

Il faut observer que les coutures de ces sacs, qui sont de crin, de laine ou de toile, viennent sur le plat et non sur les bords, car, dans ce dernier cas, ils pourraient crever.

6. Le crin entre les plis duquel on renferme le sac.

Le sac étant rempli, on place sa base en a, l'autre bout en b; on plie ensuite le bout c jusqu'en b; on replie ensuite l'extrémité d jusqu'en a. L'ouverture c sert pour l'empoigner, le placer sur le tordoir et l'en retirer.

7. Un pilon garni de sa virole ou chaussure de fer.

8. Clous qui s'enfoncent dans le bout du bois du pilon lorsqu'il est entouré de sa virole ou chaussure.

9. Pièces qui servent à élever les pilons et à les arrêter.

10. Pilon pour le tordoir.

11. Mortoises dans lesquelles se placent les mentonnets qui répondent au bras des leviers sur l'arbre tournant pour élever les pilons.

Fig. 3. *Ce qui constitue la presse ou le tordoir.*

1. Les coussins.

2. Le coin à défermer.

3. Le coin à fermer ou à tordre.

4 et 5. Les deux glissoirs de bois.

C'est par le moyen de cette belle machine que les Hollandais tirent absolument toute l'huile qui est contenue dans les graines qu'ils soumettent à ses effets; ce qui leur permet de la donner à un prix égal et souvent inférieur à celle qu'on fabrique en France, quoiqu'ils y achètent ces graines et qu'ils aient par conséquent les frais d'achat, de transport et d'intérêt des fonds de plus que les cultivateurs français. Sa construction est coûteuse, il est vrai, mais elle rembourse bientôt la dépense qu'elle a occasionnée. Son travail est tout en économie, c'est-à-dire qu'on va très-vite, qu'on use peu de bois, et qu'on ne perd pas d'huile. On sait que les puissances du coin et de la percussion sont les deux plus fortes que l'homme puisse employer, et elles sont combinées ici de la manière la plus ingénieuse.

Il y a en Flandre des moulins qui sont construits sur les mêmes principes, mais qui n'ont point les uns de pilons, les antres de meules tournantes. Ils doivent remplir moins avantageusement leur objet, cependant ils valent toujours beaucoup mieux que nos moulins ordinaires.

Pour le surplus, *voyez* au mot Pressoir.

J'ai indiqué au mot Huile les grands avantages qu'offrait le moulin de recense pour retirer des marcs des huiles d'olive qui ont passé deux fois au moulin ordinaire les dernières parcelles d'huile. Sans doute il est moins parfait que le moulin hollandais que je viens de décrire, mais il remplit bien son objet et il se multiplie chaque jour davantage dans les pays à oliviers. Je dois donc en parler avec quelque détail.

La *Pl. VIII*, où est représenté un atelier de recense et les ustensiles dont on se sert, suffira pour, avec son explication, en donner une idée complète. Je n'y ai pas mis d'échelle, parce que les dimensions de ce moulin et de ses accessoires peuvent varier.

A. Tuyau en plomb ou en bois par lequel on conduit l'eau dans la cuve.

B. Robinet par lequel on lâche l'eau dans la cuve.

C. Cuve en pierres, en béton ou en bois, la mieux construite possible, portée sur un massif de maçonnerie bien solide, et ayant pour fond une meule de pierre percée dans son milieu.

D. Arbre de bois dur, communément en chêne. Il traverse et est arrêté à son sommet par la poutre F, qui le tient dans une position verticale. Cét arbre traverse la maçonnerie CC pour gagner l'ouverture ou vide II ; là, il est adapté à la roue K et finit par tourner sur son pivot H.

E. Morceau de bois dur, en buis ou en chêne vert, presque du diamètre du support de la meule, traversant l'épaisseur de l'arbre et y étant fortement arrêté par des tenons et des chevilles.

G. La meule. Elle a ordinairement de 5 à 8 pouces d'épaisseur et de 3 à 4 pieds de hauteur. Plus cette meule perpendiculaire est pesante, mieux le marc est écrasé, et de cette division des parties dépend le plus ou moins de bénéfice qu'on retire du moulin. Elle a deux mouvemens, l'un autour de l'arbre, et l'autre sur la traverse D, et par conséquent sur elle-même. C'est de granit qu'il serait mieux qu'elle fût; mais la dépense, dans certains lieux, fait qu'on doit s'estimer fort heureux quand on peut l'avoir de marbre commun.

H. Base de l'arbre armé d'un boulon de fer qui tourne dans une grenouille de fer, et encore mieux de bronze.

II. Ouverture pratiquée dans la maçonnerie, et suffisante pour laisser tourner la roue horizontale KK, mise en mouvement par la chute de l'eau du canal M.

On sent bien que, selon les localités, cette roue peut être transformée en un engrenage qui ferait tourner un autre engrenage fixé à un arbre horizontal qui porterait à son autre extrémité une roue verticale, que même l'arbre D perpendiculaire pourrait être mis directement en mouvement par un attelage de chevaux à la manière indiquée plus haut.

KK. Roue horizontale garnie de palettes ou augets LL, contre lesquels l'eau du canal vient frapper avec impétuosité et leur communique le mouvement. Ces palettes ou augets doivent être creusés en manière de cuiller à pot, afin de présenter plus de résistance à l'eau.

LL. Les palettes ou augets mentionnés ci-dessus.

MM. Canal qui porte l'eau sur la roue KK : c'est du volume d'eau de ce canal et de la rapidité de sa chute que dépend le mouvement plus ou moins accéléré de la roue K, et par conséquent de l'arbre D et de la meule G. Il n'est pas bon que ce mouvement soit trop rapide, parce qu'il faut donner le temps à la meule d'écraser la pâte et d'en faire couler l'huile. Si elle passait trop rapidement sur cette pâte, l'huile qu'elle en aurait exprimée se réabsorberait au moins en partie, et le but serait incomplet.

NN. Canal de dégorgement qui part de la surface de l'eau de la cuve C. Les débris du parenchyme des écorces du fruit surnagent l'eau, de même que les petites portions d'huile qui s'en séparent par le moyen de ce fluide, et du mouvement de la meule G, sont entraînés dans ce canal, auquel on fait faire plusieurs coudes, afin que son eau coule avec moins de vitesse dans le réservoir P, et pour que la chute de cette eau ne fasse pas remonter la crasse du fond du réservoir, elle frappe contre un morceau de bois OO qui rompt son effort.

OO. Morceau de bois pris ordinairement dans un tronc d'arbre : il est fixé par sa base dans la maçonnerie, de sorte qu'il reste immobile.

P. Premier réservoir bâti en maçonnerie, ou en béton, ou en brique : c'est le plus grand de tous. Il a communément 10 pieds de longueur sur 8 de largeur; il convient qu'il soit couvert d'un toit, afin d'empêcher les ordures d'y tomber. On n'a point représenté cette charpente, pour ne pas embrouiller la figure, mais il est facile de s'en faire une idée.

Q. Si l'écoulement du bassin était dans la partie supérieure, l'eau entraînerait des parties huileuses et les débris de fruit qui surnagent. Pour éviter cette perte réelle, on pratique dans la maçonnerie une soupape Q, qui s'ouvre et se ferme à volonté et laisse couler l'eau dans la partie mitoyenne par le conduit RR.

R. Conduit de communication du premier bassin P dans le bassin S, où l'eau qui s'écoule rencontre un morceau de bois semblable à celui du premier bassin, et qui retient l'effort de sa chute.

S. Second bassin semblable au premier, mais dont l'écoulement se fait directement avec le troisième bassin T, et celui-ci avec le quatrième X. La communication de ces trois bassins est au centre, comme on le voit en Y, qui unirait le bassin X à un suivant, si on le désirait.

Z. La même soupape laisse à volonté couler l'eau en V et en Z; il suffit de la soulever plus ou moins : on ne la soulève entièrement que lorsqu'on veut nettoyer le bassin.

L'eau qui s'écoule par la partie supérieure de la cuve CC n'est chargée que des débris du fruit et d'un peu d'huile, et des parties brisées de l'amande contenue dans le noyau. On les appelle *grignon noir;* mais les débris du noyau ne surnagent point l'eau, et restent au fond de la cuve ; cependant, comme ils peuvent retenir et retiennent en effet des débris du fruit, il est important de ne les point perdre : pour cela, on ménage dans la maçonnerie et au bas de la tour une ouverture, qui communique par le trou 2 dans l'épaisseur du mur 3, et va sortir par le canal 4, qui conduit l'eau et les débris du noyau, nommés *grignon blanc,* dans le bassin 5, également garni, comme les bassins à grignon noir, d'une soupape 6; ainsi se remplissent successivement les bassins 7 et 8 en aussi grand nombre qu'on désire en construire. Les derniers fournissent toujours de l'huile, en petite quantité il est vrai; mais comme elle ne coûte rien à rassembler, c'est toujours un bénéfice net.

Telle est la forme et l'usage des différentes parties du moulin de recense. Passons actuellement à la manière de s'en servir.

Le marc des olives pressurées dans les moulins ordinaires est répandu sur le plancher des moulins de recense : c'est là qu'on en prend une portion pour la jeter dans la cuve. Lorsqu'il y en a une quantité suffisante, on laisse tourner la meule pendant un quart d'heure, opération qui broie ou écrase de nouveau le grignon. Après ce moulinage, on ouvre le robinet B pour donner de l'eau, et la roue continue toujours à se mouvoir. L'effort de l'eau qui tombe avec rapidité, joint à celui de la meule, délaie le grignon ; on ajoute de nouvelle eau, la meule tournant toujours ; enfin on lâche l'eau entièrement. Le grignon noir monte à la surface, et l'eau qui s'écoule par le canal N l'entraîne dans les différens réservoirs P, S, T, X. Lorsque l'eau ne paraît plus entraîner de grignon noir, on ouvre la soupape 2 du bas de la tour, et l'eau s'écoule avec le grignon blanc par le canal 3, 4, dans les réservoirs 5, 7, 8. Lorrque l'eau des grignons noirs et blancs est parvenue dans les bassins qui leur sont destinés, c'est-à-dire lorsque la cuve est vide de grignon quelconque, on ferme la soupape 2, ainsi que le robinet B, et on garnit de nouveau la cuve avec du marc.

Pendant qu'on renouvelle cette opération dans le râtelier, un homme placé près des bassins, armé d'un grand bâton 10, au bout duquel est un râble ou croisillon, le promène légèrement sur la surface de l'eau des réservoirs, et pousse ainsi dans l'angle du bassin l'huile qui surnage avec les débris de la chair du fruit et de l'écorce : alors il prend une poêle à manche court, et percée comme une écumoire 12, ou, ce qui est encore mieux, un tamis de crin assez serré ; il enlève par ce moyen tout ce qui se trouve rassemblé à la surface de l'eau, et le jette dans un petit baquet ou vaisseau de bois de forme quelconque. Il ne cesse de répéter ce travail jusqu'à ce que l'eau des différens bassins, sans être agitée, ne fournisse plus rien ; enfin il porte son baquet vers la chaudière 13, dans laquelle il le vide. Cette chaudière est à moitié pleine d'eau, qu'on laisse bouillir jusqu'à ce que la fumée soit blanche et épaisse, ce qui annonce que cette eau est assez évaporée, et que la pâte des grignons est assez rapprochée. Alors, avec un poêlon 14, l'ouvrier prend la matière dans la chaudière, en remplit les cabas 15, les dispose les uns sur les autres sur le pressoir, ainsi qu'ils sont représentés ; on appelle cette opération charger le pressoir : alors quatre hommes, dont deux sont placés à chaque barre qui entre dans l'ouverture 16, à force de serrer font descendre la vis ; les cabas sont pressés, l'huile s'écoule dans les vaisseaux 17. Lorsqu'ils sont pleins, on en substitue d'autres, et on vide les premiers dans des jarres de terre, où cette huile dépose une fécule abondante.

On n'enlève jamais toute la pâte ou eau pâteuse de la chaudière pendant tout le temps de l'opération ; il faut en laisser dans le fond une certaine quantité, afin que la chaudière ne brûle pas, et l'eau première est prise dans la tour ou dans les bassins.

A mesure que la force du pressoir agit sur les cabas, on

prend de l'eau bouillante dans la chaudière, dont on les arrose légèrement tout autour. Cette eau en détache les parties
huileuses qui seraient trop épaisses pour couler, et est reçue
avec l'huile dans les baquets : le tout est porté dans les jarres.
Comme l'eau est plus pesante que l'huile, elle gagne le fond
du vase et l'huile surnage. On les laisse ainsi pendant quelques
jours, et durant ce temps la crasse, la portion terreuse, etc.,
se séparent de l'huile et se précipitent au fond de l'eau : alors,
par le moyen d'une cannelle adaptée à la jarre, on ouvre son
robinet, la crasse s'écoule la première, et elle est mise de nouveau de côté pour rebouillir dans la chaudière. L'eau vient ensuite, et lorsque l'huile commence à couler on ferme le robinet. Cette huile est alors mise dans des tonneaux. Quelques-
uns la placent dans de nouvelles jarres, pour la faire encore
mieux dépouiller de sa crasse et pour la soutirer une seconde
fois ; ce qui vaut beaucoup mieux.

Revenons actuellement aux réservoirs des différens grignons.

Après avoir enlevé, autant que possible, la portion huileuse
et les débris du fruit, un ouvrier armé de l'instrument 9, à-
peu-près semblable à celui dont les maçons se servent pour
unir le sable à la chaux et en faire du mortier, agite le fond
des bassins où se sont précipités la crasse et autres débris :
alors toutes les parties huileuses et légères du fruit se séparent de la crasse, viennent à la surface et sont enlevées. Cette
opération se répète plusieurs fois, et lorsque l'on croit ne pouvoir plus rien retirer des réservoirs P, S, T, X, on ouvre la
soupape Z du réservoir X, et toute l'eau et la crasse du bassin
s'écoulent. Ne pourrait-on pas encore reprendre ces crasses et
les faire bouillir ? Il est certain que s'il y avait cent réservoirs
à la suite les uns des autres, les derniers fourniraient encore
des portions huileuses, puisqu'on en trouve encore dans les
eaux tranquilles des ruisseaux qui ont servi au recensement,
souvent à plus d'un quart et même d'une demi-lieue de l'endroit (1).

Le marc qu'on retire des cabas, après la pression, sert et suffit
pour entretenir le feu sous la chaudière, et tenir son eau toujours bouillante : c'est un très-bon engrais.

Quant au grignon blanc, c'est-à-dire aux débris des noyaux
restés dans les bassins 5, 7 et 8, on répète sur lui les mêmes
opérations qu'aux réservoirs du grignon noir ; enfin on lève la
soupape ; mais comme dans le dernier bassin elle est garnie
d'une grille de fer, l'eau seule s'écoule, et le grignon blanc

---

(1) Le principe de la PRESSE HYDRAULIQUE peut s'appliquer avec avan
tage à l'extraction de l'huile de l'olive et des graines, et il est à désirer
que cela ait lieu. *(Note de M. Bosc.)*

reste à sec. Ce grignon se vend pour chauffer le four, et son produit suffit pour payer les ouvriers employés à la recense (1).

L'établissement des recenses a causé de grandes plaintes, parce que les propriétaires croyaient, en voyant la quantité d'huile qu'ils fournissaient, c'est-à-dire 8 à 10 livres par 170 livres de marc, que leurs ouvriers s'entendaient avec les recenseurs, qui, les frais de construction payés, au moyen de 25 sous que coûtaient, à l'époque de leur établissement, ces 170 livres de marc, en tiraient pour 5 livres 5 sous d'huile, puisque les seuls grignons blancs payent les frais de la fabrication. Quel énorme bénéfice ! A la même époque, la seule ville de Grasse, au moyen de six recenses, rendait à la consommation 40,000 livres d'huile par an, qui, sans ces recenses, eussent été perdues. Quel précieux avantage pour la société s'il se portait sur toutes les fabrications d'huile de France !

L'huile qui provient des recenses est verte et même trèsverte. On la préfère dans la fabrication du savon, parce qu'il lui faut moins de temps pour se solidifier au moyen de la lessive, et qu'elle procure une grande économie de bois.

Lasteyrie, dans son utile ouvrage intitulé Collection de machines et d'instrumens usités en agriculture, a figuré le moulin établi à Thiers pour râper les os destinés à servir à l'engrais des terres. J'y renvoie le lecteur, quoique ce moulin ne me paraisse pas aussi expéditif qu'on peut le désirer.

On voit, dans la même planche et dans la suivante, d'autres moulins destinés à broyer le plâtre et le chanvre, qui sont dignes d'être connus. (R. et B.)

MOULIN A BETTERAVES et **MOULIN A POMMES DE TERRE.** Comme ce sont de véritables RAPES, il en sera question à ce mot. (B.)

MOULINE. On dit qu'un bois est mouliné lorsqu'il est percé par les vers : ce même mot s'applique aussi aux terres criblées de trous par les LOMBRICS. (B.)

MOURAUDE. Variété d'OLIVIER qui craint peu le froid et et qu'on cultive dans les environs de Narbonne. (B.)

MOUREILLER, *Malpighia*, Lin. Genre de plantes de la famille des malpighacées, composé d'une vingtaine d'espèces, qui toutes sont des arbres ou des arbrisseaux de l'Amérique méri-

---

(1) Il paraît, par un mémoire de M. Maccary, inséré dans le tome 42 des *Annales d'Agriculture*, qu'en Ligurie, où on n'emploie plus les moulins de recense, on obtient toute l'huile qui reste après les deux pressées, par le moyen de la fermentation insensible des marcs ou grignons pendant deux ou trois mois, et par une troisième pressée après cette époque. L'huile qui provient de cette opération est extrêmement rance, mais étant privée de tout mucilage, elle est la plus propre à la fabrication du savon, et est en conséquence très-recherchée pour cet objet. *Voyez* HUILE et SAVON.   (*Note de M. Bosc.*)

dionale ou des Antilles, ayant des feuilles simples et opposées et des fleurs à plusieurs pétales. Le calice de ces fleurs est divisé en cinq parties; leurs étamines sont au nombre de dix, et leur ovaire est surmonté de trois petits styles à stigmates arrondis.

Parmi ces espèces, il y en a deux qu'on cultive dans leur pays natal, pour leurs fruits très-agréables au goût. L'une est le Moureiller glabre, *malpighia glabra*, Lin., qu'on trouve aux Antilles, où il est connu sous le nom de *cerisier*, parce que ses fruits ont toute l'apparence et à-peu-près la forme d'une petite cerise; ils sont rouges, sphériques, et d'une saveur aigrelette, même dans leur parfaite maturité. On en fait des gelées, des compotes rafraîchissantes, et on les mange aussi crus, après les avoir roulés quelque temps au soleil dans du sucre râpé. Ce sont de véritables baies tant soit peu charnues, et dont la surface est sillonnée par plusieurs rainures; elles sont attachées à de courts pédoncules, et elles contiennent ordinairement trois semences osseuses, dans chacune desquelles se trouve une petite amande oblongue et amère.

Ce moureiller figure agréablement dans un petit verger. C'est un arbrisseau, ou plutôt un petit arbre qui s'élève tout au plus à la hauteur de 12 à 15 pieds. Ses tiges sont tortueuses, son écorce crevassée et noirâtre, son bois blanchâtre et léger. Ses feuilles ont environ 1 pouce et demi de longueur, et 9 à 10 lignes dans leur plus grande largeur; elles sont oblongues, pointues par les deux bouts, minces, sans dentelures, et luisantes. Leur surface supérieure est d'un vert clair, et l'inférieure d'un vert pâle. Cet arbre fleurit deux fois par an. Ses fleurs viennent en bouquets aux aisselles des feuilles et le long des rameaux; elles sont blanches et à cinq pétales.

La seconde espèce cultivée est le Moureiller a feuilles de grenadier, *malpighia punicifolia*, Lin., qui croit naturellement à Cayenne, à la Jamaïque et dans quelques autres Antilles. Il est un peu moins haut que le précédent; il diffère sur-tout par ses feuilles ovales, lancéolées, terminées en pointe aiguë, et par ses fleurs d'un rose pâle, qui naissent en petites ombelles aux extrémités des branches. D'ailleurs son fruit ressemble beaucoup à celui du moureiller glabre; il est rouge et sillonné comme ce dernier, et on le mange préparé de la même manière.

En Amérique, on multiplie ordinairement ces arbres par leurs semences. Ils viennent et profitent assez bien par-tout, pourvu que le sol ne soit ni argileux ni sablonneux; une terre légère et pourtant substantielle est celle qui leur est le plus favorable. Leur croissance est d'abord lente; mais quand ils sont parvenus à une certaine hauteur, ils poussent alors très-vite et ne tardent pas à fructifier.

En Europe, on ne peut les élever qu'en serre chaude. Quand ils sont traités avec soin, ils y fleurissent, et leurs fruits y mûrissent même quelquefois. Dans leur première enfance, on doit les tenir constamment dans la serre; mais quand ils ont acquis de la force, il ne faut les y laisser qu'en hiver et dans les temps froids et incertains. Vers le commencement de l'été, on peut les mettre en plein air dans une situation chaude; on aura l'attention de les retirer quelques jours avant l'époque où l'on serre les orangers.

Ces arbres et quelques-uns de leurs congénères, que des curieux cultivent pour leurs fleurs, sont très-agréables à voir dans une serre, parce qu'ils gardent leurs feuilles toute l'année, et qu'ils fleurissent pendant une partie de l'hiver. (D.)

MOUROI. C'est la maladie du sang dans le département de l'Indre. *Voyez* Sang et Mouton. (B.)

MOURON, *Anagallis*. Genre de plantes de la pentandrie monogynie et de la famille des primulacées, qui renferme une douzaine d'espèces, dont deux sont trop communes dans les champs pour n'être pas mentionnées ici.

Les Mourons rouge et bleu ont la racine annuelle; les tiges tétragones, couchées, rameuses; les feuilles opposées, sessiles, ovales, aiguës; les fleurs solitaires et axillaires. Ils ont été confondus comme deux variétés; mais ce sont deux espèces très-voisines qui se distinguent suffisamment par la couleur de leurs fleurs. On les a appelés, je ne sais pourquoi, le premier, *mouron mâle*, et le second, *mouron femelle*. Leur tige a au plus 6 à 8 pouces de long. Ils fleurissent pendant tout l'été. Leurs feuilles ont une légère odeur aromatique qui devient désagréable quand elles sont trop froissées, et une saveur d'abord douce et ensuite amère. Elles passent pour vulnéraires, détersives et céphaliques. On les a indiquées comme un spécifique contre l'hydrophobie; mais cela ne s'est pas confirmé. Des expériences faites à l'École vétérinaire de Lyon ont constaté que cette plante, desséchée et donnée à haute dose aux animaux domestiques, les fait aussi sûrement périr que la ciguë, la belladone, la jusquiame, etc.; c'est sur les organes de la déglutition qu'elle paraît diriger ses effets d'une manière spéciale.

MOUSSADOS. Nom des billons de plus de huit raies dans le département de la Haute-Garonne. *Voyez* Labour. (B.)

MOUSSE. Oreille de la charrue dans le département de la Haute-Garonne.

MOUSSE. Grand dental plat en dessous, ou au plus légèrement bombé, fourchu à sa partie postérieure, qu'on adapte à l'araire dans quelques parties des départemens méridionaux. Il a été décrit par M. Amoreux, dans les trimestres de l'ancienne Société d'agriculture de Paris, année 1786. *Voyez* CHARRUE. (B.)

MOUSSE. Synonyme de MÉLILOT aux environs de Toul. (B.)

MOUSSE. Nom qu'on donne, en Bavière, aux terrains qui sont à demi marécageux, à ceux que j'ai proposé d'appeler ULIGINEUX. (B.)

MOUSSE AQUATIQUE. De véritables mousses portent ce nom, mais de plus la plupart des CONFERVES.

MOUSSE MEMBRANEUSE. C'est la TRÉMELLE.

MOUSSES. Famille de plantes qui fait partie de la cryptogamie de Linnæus, et de laquelle les agriculteurs tirent ou peuvent tirer de grands avantages, soit directement, soit indirectement. Elle ne renfermait jadis que sept genres; mais depuis peu on les a portés jusqu'à trente-trois. Comme je ne dois pas entrer ici dans de longues discussions de botanique, je ne parlerai que des genres de Linnæus et de celles des espèces qu'ils contiennent, qui sont assez grandes ou assez communes pour être facilement remarquées; cependant je renverrai au mot LYCOPODE pour un d'eux.

Les mousses jouent un grand rôle dans la nature; car elles sont, après les lichens, avec lesquels on les confond, quoique bien différentes, les premières plantes qui s'emparent d'un terrain dépouillé de toute végétation. Il leur suffit, pour germer et croître, de trouver une surface inégale et une humidité habituelle. Aussi les voit-on aussi abondamment sur les pierres les plus dures, sur les sables les plus stériles, sur les arbres les plus élevés, que dans les bons terrains, que dans les marais. Elles rendent donc à la végétation des pays arides, en y introduisant, chaque année, par la décomposition de leurs feuilles et de leurs tiges, un peu de cet humus ou terreau qui favorise si puissamment l'accroissement des plantes. Elles rendent donc à la culture des pays couverts d'eau stagnante, en formant de la même manière cette tourbe qui fait d'un lac un marais, et d'un marais une prairie susceptible de productions utiles. (*Voyez* au mot TOURBE.) Elles aident encore à la décomposition des rochers et à la destruction des arbres morts, en conservant l'humidité sur leur surface, et en favorisant, par cet intermédiaire, l'action lente mais continuelle des autres agens de la nature, tels que l'air et les alternatives du chaud et du froid. Elles rendent de plus à l'homme et aux animaux le service essentiel, pendant l'hiver, époque où elles sont pour la plupart en végétation active, en absorbant, lorsque tous les autres moyens de purifier l'air sont affaiblis, l'hydrogène et le carbone qui le vicient, et en lui rendant, en place, l'oxygène qui l'améliore.

En général les mousses sont de petites plantes toujours vertes, qui se nourrissent plus, à ce qu'il paraît, par leurs feuilles que par leurs racines. La plupart vivent plusieurs années. Leurs tiges sont simples ou ramifiées, droites ou rampantes ; leurs feuilles, membraneuses, ou sessiles, ou éparses, ou distiques, ou imbriquées. Leurs fleurs sont encore inconnues, malgré les recherches de beaucoup d'habiles naturalistes. Leurs semences, que Linnæus et autres avaient prises pour la poussière fécondante, sont contenues dans une espèce de capsule qu'on appelle urne, laquelle est tantôt sessile, tantôt portée sur un pédoncule plus ou moins long.

On trouve des mousses presque par-tout ; mais ce sont les lieux frais et humides que préfèrent les grandes espèces. Les gazons qu'elles forment sont aussi agréables à la vue, sur-tout l'hiver, que doux au toucher. C'est en se décomposant continuellement par la base, tandis qu'elles augmentent par le sommet, qu'elles donnent naissance à cette couche d'humus qu'on trouve toujours sous elles, et par suite à cette terre végétale, fondement de toute fertilité, ainsi que je l'ai déjà observé. *Voyez* Humus.

Il est surprenant que l'agriculture ne tire pas un parti directement plus utile des mousses dans tous les lieux où elles sont abondantes. Pourquoi ne pas imiter certains cantons où on les ramasse chaque hiver avec soin, au moyen de râteaux à dents de fer, et où on les transporte dans les fermes pour faire de la litière et augmenter ainsi la masse des engrais ? De toutes les substances employées à cet usage, c'est la plus douce, celle qui absorbe le mieux les urines des animaux, qui s'imprègne le plus du suint des moutons, suint qu'on a prouvé être seul un excellent engrais. On leur reproche qu'elles se décomposent plus lentement que la paille lorsqu'elles sont mises en tas, et en effet elles ne fournissent rien de dissoluble à l'eau dans l'état frais, ainsi que l'a remarqué Braconnot ; mais si c'est un mal dans certains cas, c'est un bien dans d'autres ; et d'ailleurs il ne s'agit que d'attendre un peu plus long-temps, puisque, dans cet état, elles fournissent un amendement mécanique pour les terres argileuses et humides.

Quelques amateurs de fleurs font ramasser de la mousse et la stratifient avec de la terre dans un lieu frais, même humide, et la laissent se consommer pendant deux ou trois ans, ayant soin de l'arroser pendant la sécheresse. Au bout de ce temps, ils rompent le tas, mélangent exactement toutes ses parties, le divisent en plusieurs petits tas, qu'ils laissent encore deux ans s'imprégner du carbone de l'air. Ils les changent même de place deux ou trois fois dans cet intervalle, pour que le mélange soit plus intime, et que toutes leurs molécules jouissent de l'influence atmosphérique. Par ce moyen, ils obtiennent un terreau très-favorable à la culture. *Voyez* COMPOST.

Si, au lieu de terre franche, on emploie du sable fin, le résultat est de la terre de bruyère parfaitement semblable à celle qu'on tire des bois, terre aujourd'hui d'un si grand usage dans la culture et qui ne se trouve pas par-tout; seulement, dans ce cas, il faut arroser souvent le tas pendant l'été.

La reproduction de la plupart des mousses est si rapide, que deux ans après qu'on en a épuisé une localité elles y sont aussi abondantes qu'auparavant. L'agriculteur ne doit donc jamais craindre d'en manquer, pour peu que le canton qu'il habite leur soit favorable et qu'il s'y trouve des terrains incultes ou boisés.

Comme les mousses absorbent très-facilement l'humidité et la lâchent difficilement, on s'en sert en nature dans les jardins, pour couvrir les planches de semis des graines fines, graines qui doivent être à la surface du sol, et qui cependant ont besoin d'une fraîcheur constante pour germer; l'art imite dans ce cas ce que la nature effectue dans les forêts, ainsi qu'on peut s'en convaincre chaque printemps. *Voyez* COUVERTURE.

Demidoff, cultivateur russe, à qui nous devons la plupart des arbustes de Sibérie qui ornent aujourd'hui nos jardins, faisait germer toutes ses graines dans la mousse, et ne les mettait en terre, avec les brins de mousses sur lesquelles elles se trouvaient, que lorsque leur radicule et leur plantule étaient bien développées.

On emploie aussi les mousses à plusieurs usages dans les arts et dans l'économie domestique; on s'en sert pour calfater les bateaux, pour lier les argiles dont beaucoup de maisons rurales sont enduites, pour conserver fraîches les graines ou les plantes vivantes qu'on envoie au loin. Les pauvres en garnissent leur couchette, les riches l'intérieur des grottes de leurs jardins; elles remplacent avantageusement la paille et le foin pour l'emballage des objets casuels. Quoique généralement sans saveur et sans odeur, on en emploie quelques-unes en médecine comme sudorifiques, purgatives et vermifuges.

Dans les contrées voisines du pôle, les mousses sont une grande ressource pour les habitans, parce qu'elles leur fournissent le coucher, et, en les imprégnant d'huile de poisson, le feu qui leur est si nécessaire.

Quelques écrivains ont prétendu que les mousses étaient nuisibles à la grande et à la petite agriculture; mais ces écrivains avaient-ils suffisamment réfléchi au mode de leur végétation lorsqu'ils les ont chargées de cette inculpation? Je ne récolte plus que quatre charretées de foin sur cette prairie qui

11 *

m'en produisait huit il y a dix ans, parce que la *mousse mange la bonne herbe*, s'écrie un cultivateur. Non, lui répondrai-je; ce n'est pas à la mousse que vous devez vous en prendre, mais aux plantes mêmes dont vous regrettez la disparition, plantes qui ont épuisé le sol des sucs qui leur étaient propres ou qui ont cessé d'avoir la force nécessaire pour se les assimiler. En effet, les herbes des prairies sont, comme les autres végétaux, soumises à la vieillesse, à la mort et à la loi des assolemens; il faut donc les remplacer par d'autres après un certain nombre d'années, ou multiplier les engrais et les amendemens: il n'est personne qui n'ait remarqué que les prairies naturelles ou artificielles, situées sur de mauvais fonds, ombragées par des bois ou des bâtimens, étaient plus tôt affectées de mousses que les autres: la mousse n'est donc pas la cause de la destruction des prairies; mais elle s'empare des prairies à mesure que les herbes qui les forment périssent. *Voyez* PRAIRIE et ASSOLEMENT.

Mes pommiers, dira un autre cultivateur, me donnaient, il y a vingt ans, trente tonneaux de cidre, et ils ne m'en donnent plus aujourd'hui que la moitié; *la mousse les a gagnés.* Pourquoi n'ôtez-vous pas cette mousse? lui observerai-je. Je l'ai déjà fait deux fois à grands frais, répond-il, et je n'en ai pas eu plus de fruits. Cela devait être, car ces pommiers rapportent moins, parce qu'ils sont sur le retour; et ils sont plus chargés de mousse, parce que leur écorce est plus crevassée. En réalité les mousses ne font aucun mal aux arbres, puisqu'il est prouvé qu'elles ne vivent pas à leurs dépens, qu'elles ne s'opposent pas à leur transpiration, et que le petit degré d'humidité qu'elles entretiennent sur leur tronc n'a presque pas d'inconvéniens. Il suffit de voir ces chênes séculaires végétant dans les vallées fertiles et humides pour en être convaincu; car ils sont couverts de mousses et n'annoncent pas moins la plus vigoureuse végétation. S'ils en portent plus que les hêtres voisins, c'est que ces derniers ont une écorce lisse qui ne permet pas aux graines des mousses de se fixer.

Malgré ce que je viens de dire, un cultivateur soigneux doit aire enlever, par principe de propreté, la mousse de dessus ses arbres fruitiers, soit avec un couteau émoussé, soit avec de petites étrilles un peu recourbées, soit avec le lait de chaux. *Voyez* au mot LICHEN.

Les genres de mousses cités au commencement de cet article, comme intéressant le plus particulièrement les cultivateurs, sont,

1°. Les BRYS, dont les caractères consistent à avoir l'urne terminale.

Ils renferment principalement,

Le Bry apocarpe, qui a l'urne sessile ; il se trouve sur les arbres à l'exposition du nord. C'est de lui dont les jardiniers ont le plus à se défendre lorsque leurs jardins sont humides et ombragés : il ne s'élève pas à plus d'un pouce, mais forme des touffes très-serrées.

Le Bry des murailles, qui a les feuilles terminées par un poil. Il croît sur les vieux murs , sur les pierres qui se décomposent et est extrêmement commun.

Le Bry a balais, qui a plusieurs pédoncules réunis ; les feuilles unilatérales et recourbées. Il croît dans les bois , où il forme des touffes très-denses. C'est une des plus grandes espèces de ce genre , la seule dont les agriculteurs puissent tirer parti pour faire du fumier. Dans le nord, on s'en sert pour faire de petits balais de cheminée.

Le Bry ondulé , qui a les pédoncules solitaires , les feuilles ondulées et écartées de la tige. Il est excessivement commun dans les bois humides , mais ne forme pas de touffes.

Le Bry coussinet, qui a les pédoncules recourbées et les feuilles terminées par une soie blanche. Il est extrêmement commun sur les murs , les vieux toits, principalement sur ceux de chaume , qu'il recouvre quelquefois presque totalement. On le reconnaît à ses touffes demi sphériques , qui augmentent chaque année en diamètre.

2°. Les Mnies , dont les caractères consistent à avoir une urne terminale, comme le précédent , et de plus des rosettes ou globules au sommet de quelques individus, rosettes qu'on regarde comme les organes mâles.

Celles des espèces qu'il est utile de citer sont,

Le Mnie des fontaines , qui a la tige terminée par des rameaux radiés , l'urne globuleuse et turbinée. Il se trouve dans les eaux des fontaines superficielles, et y forme des touffes très-épaisses dont on peut tirer parti pour faire du fumier , et qu sont destinées par la nature à élever le sol.

Le Mnie hygromètre a les urnes pyriformes et pendantes. Il croît abondamment dans les terrains sablonneux et humides. On lui a donné le nom d'hygromètre , parce que, lorsque le temps est sec , ses pédoncules se redressent , et que lorsqu'il est humide , ils se recourbent.

Le Mnie purpurin a la tige dichotome , les pédoncules rouges et sortant de la base des rameaux. Il est si abondant dans certains champs sablonneux , que ces champs paraissent tout rouges au printemps. Sa hauteur n'atteint jamais un pouce.

3°. Les Polytrichs, qui offrent une gaîne monophylle, une urne terminale ou axillaire , qui devient anguleuse. Il n'y a parmi eux à citer que le Polytrich commun , qui a les tiges simples, prolifères, les urnes quadrangulaires et la touffe très-velue, des rosettes solitaires et terminales sur quelques pieds. Il croît très-abondamment dans les bois sablonneux et arides, et souvent couvre seul des espaces considérables. On ne peut en tirer qu'un très-médiocre parti pour les objets agricoles précités, mais il passe pour un puissant sudorifique.

4°. Les Fontinales, dont le caractère présente une gaîne écailleuse en godets, une urne sessile et axillaire. La plus commune des espèces est la Fontinale incombustible, qui a les feuilles aiguës et imbriquées sur trois rangées. Elle croît très-abondamment dans les fontaines, autour des roues des moulins, sur les pierres des torrens, dans tous les lieux où il y a de l'ombre et de l'eau. Elle brûle très-difficilement, à raison de sa disposition à conserver de l'humidité. Souvent elle est assez abondante pour mériter d'être recueillie et convertie en fumier.

5°. Les Sphaignes, qui offrent une urne axillaire ou terminale dépourvue de coiffe. La seule espèce à citer est la Sphaigne des marais, dont les feuilles sont blanchâtres, très-rapprochées et pointues ; les têtes obtuses et les urnes brunes. Elle croît dans les marais, où elle forme fréquemment des masses de plus d'un pied d'épaisseur et d'une étendue considérable. C'est une des plantes qui concourent le plus activement à la formation de la tourbe, celle dont on peut se procurer facilement de plus grandes quantités pour faire de la litière ; mais elle a l'inconvénient de se réduire facilement en poudre lorsqu'elle est sèche ; ce qui empêche qu'elle puisse servir à certains usages où les frottemens sont à craindre. Elle s'imbibe d'une si grande quantité d'eau, qu'elle paraît toujours plus saillante l'hiver que l'été au-dessus des marais, et qu'elle perd plus de la moitié de son volume par la dessiccation. *Voyez* Tourbe.

Le propriétaire d'un marais ou même d'une fosse qu'il ne peut dessécher, n'a rien de mieux à faire que d'y introduire la sphaigne pour en élever le sol. Il suffit pour cela, dans le premier cas, d'en répandre çà et là de petites quantités à la fin de l'hiver, c'est-à-dire lorsque les urnes sont prêtes à s'ouvrir et à répandre leurs semences. Dans le second cas, si les fosses sont trop profondes, on en fera des bottes liées avec des rameaux d'aune, bottes qu'on jettera dedans, et où elles surnageront, créeront de petites îles flottantes, qui peu-à-peu s'enfonceront et donneront moyen de planter d'autres herbes et même des arbres.

6°. Les Hypnes, dont les caractères consistent en une urne axillaire, stipitée ; les tiges le plus souvent rameuses.

C'est dans ce genre que se trouve le plus grand nombre

d'espèces dont l'agriculture et les arts peuvent faire usage. Il renferme les mousses proprement dites de beaucoup de personnes. Celles de ces espèces qu'il convient principalement de citer sont,

L'HYPNE APLATI, qui a les tiges très-rameuses, imbriquées des deux côtés de feuilles aiguës et luisantes. Il croît sur les vieux arbres, dans les bois et les vergers un peu humides, et est très-commun.

L'HYPNE-FOUGÈRE a les tiges pinnées; les feuilles frisées et les pédoncules fort longs. Il se trouve souvent en très-grande abondance sur la terre dans les bois humides.

L'HYPNE PROLIFÈRE a les tiges pinnées, aplaties; les feuilles petites et ternes. Il croît dans les bois au pied des arbres, quelquefois très-abondamment.

L'HYPNE POINTU a les rameaux pinnés; les feuilles imbriquées, luisantes, les supérieures rapprochées en pointe. Il est très-commun dans les marais.

L'HYPNE PUR a les rameaux pinnés, cylindriques, luisans; les feuilles ovales et fortement imbriquées. C'est un des plus abondans parmi ceux qui croissent dans les bois, sur la terre et sur les racines des arbres.

L'HYPNE CUPRESSIFORME a les rameaux aplatis dans leur partie supérieure; les feuilles tournées d'un seul côté, crochues et terminées par un poil. Il est très-commun dans les bois au pied des vieux arbres, contre le tronc desquels il monte souvent fort haut.

L'HYPNE SQUARREUX a les feuilles ovales, lancéolées, recourbées. Il se trouve dans les prairies humides et les landes marécageuses. Il abonde dans les landes de Bordeaux, de la Sologne, etc.

L'HYPNE-FOURGON a les tiges très-rampantes; les feuilles ovales, mucronées et écartées de la tige. Il croît très-communément dans les bois, sur la terre, au pied des arbres, sur le tronc desquels il monte.

L'HYPNE TRIANGULAIRE a les rameaux courbés; les feuilles ovales, aiguës, très-écartées. Il est un des plus communs dans les bois, les buissons, les prés secs, même ceux exposés au soleil. C'est lui qu'on accuse le plus particulièrement de manger les prairies naturelles et artificielles; c'est aussi lui dont on fait le plus fréquent emploi dans l'agriculture et les arts. Il est généralement très-facile à récolter, au moyen d'un râteau, se dessèche rapidement et se conserve souple.

L'HYPNE SOYEUX a les tiges rampantes; les rameaux courts, réunis, d'un soyeux luisant. Il est un des plus communs sur le tronc des arbres, les pierres placées dans les lieux ombragés et humides. Il forme de charmans gazons, mais il est plus difficile à obtenir en grande quantité, que le précédent, parce que presque toujours il faut y employer la main.

Telle est la courte énumération des mousses que je crois qu'il est le plus important aux cultivateurs de connaître. Je dis la courte, quoiqu'elle soit plus longue que je ne l'aurais voulu, parce qu'il y a plus de deux cents espèces de connues dans cette famille, et qu'elles sont presque toutes propres à l'Europe. (B.)

MOUSSO. Les filamens blancs qui font périr les racines des arbres s'appellent ainsi dans les environs de Fréjus. *Voyez* CHAMPIGNON PARASITE, BLANC DES RACINES et ISAIRE. (B.)

MOUSSOLE. Variété de FROMENT qui se cultive aux environs de Carcassonne. Il a l'épi blanc, arrondi, sans barbe; le grain arrondi, très-farineux, produisant le meilleur pain et le plus blanc. On l'estime cependant moins que le *blé fin.* (B.)

MOUT. Résultat de l'expression des fruits qui contiennent du mocoso-sucré uni à une certaine quantité d'eau, et principalement du raisin.

Tout moût abandonné à lui-même, à l'air libre, à une température au-dessus de celle de la glace, fermente et produit du vin.

Tout moût concentré par l'évaporation et débarrassé, au moyen de la chaux et de la clarification, des acides et des matières extractives qu'il contient, peut être transformé en sirop, même quelquefois en sucre.

Le raisiné n'est que le moût de raisin concentré, et auquel on ajoute quelquefois des fruits, tels que des poires coupées par tranches. *Voyez* RAISINÉ.

On suspend la disposition du moût à fermenter, en l'imprégnant de gaz sulfureux : on appelle cette opération MUTAGE. *Voyez* ce mot.

Dans beaucoup de lieux, on appelle vin doux le moût de raisin qui découle du pressoir : il est souvent purgatif et indigeste. *Voyez*, pour le surplus, aux mots VIN, CIDRE, FERMENTATION, DISTILLATION, CANNE A SUCRE. (B.)

MOUTARDE, *Sinapis.* Genre de plantes de la tétradynamie siliqueuse et de la famille des crucifères, qui renferme une vingtaine d'espèces, dont trois sont dans le cas d'être mentionnées ici : l'une, à raison de son abondance dans les champs; et les deux autres, parce qu'elles sont l'objet d'une culture de quelque importance pour certains pays.

La MOUTARDE DES CHAMPS a la racine annuelle; la tige rameuse, glabre, haute d'un à 2 pieds; les feuilles alternes, larges, ridées, légèrement dentées, avec deux folioles écartées à leur base; les fleurs jaunes, disposées en épi terminal; les fruits anguleux, noueux et terminés par un prolongement aplati. Elle est extrêmement commune dans les champs où l'on cultive des céréales, et cause souvent de grands dommages aux récoltes. Sa floraison a lieu pendant une partie de l'été : c'est elle que l'on connaît généralement sous le nom de *sanve* et que l'on confond quelquefois avec le RAIFORT RAPHANITRE, souvent aussi abondant qu'elle dans les mêmes lieux. Les vaches et les moutons la mangent sans beaucoup l'aimer. Donnée exclusivement à des chevaux, elle leur a donné la maladie appelée ptyalisme , c'est-à-dire écoulement excessif de salive, lequel a promptement cessé au moyen de boissons acidulées avec du vinaigre. Elle doit être proscrite par toute bonne agriculture , et cependant rien de plus commun que de voir des champs où elle est plus multipliée que le blé. C'est par le sarclage qu'on en débarrasse ordinairement les moissons; mais ce moyen coûteux, nuisible aux produits des récoltes par le piétinement qui en est la conséquence, et insuffisant à tous égards, doit être abondonné. En effet, d'une part, il échappe toujours assez de pieds pour fournir des graines; de l'autre , les graines que la charrue a enterrées à plus de 3 pouces de profondeur ne germent que lorsque les labours subséquens les ramènent à la surface : de sorte que souvent, dans le système des jachères, quelques précautions qu'on prenne, les champs continuent à en être infestés. Ce n'est en effet que par des assolemens réguliers qu'on peut espérer parvenir à la détruire complétement, c'est-à-dire en faisant succéder au blé des plantes qui demandent des binages d'été, telles que les pommes de terre, les haricots, les fèves , et à ces dernières des prairies artificielles, puis des plantes étouffantes, comme la vesce, le pois gris, etc. : bien entendu que la semence d'avoine, d'orge ou de blé qu'on emploiera ensuite pour recommencer la rotation sera bien purgée de graines de moutarde, ce qui est très-facile, puisqu'elle passe dans les cribles les plus fins.

Il n'y a que le blé qui n'a pas été criblé , et aujourd'hui on l'emploie rarement ainsi, même dans les pays les plus misérables, qui contienne de la graine de moutarde. Le pain dans lequel il en entre acquiert un petit goût âcre et amer , mais qui n'est ni très-désagréable ni très-dangereux.

Cette graine est mangée sans être recherchée par les oiseaux granivores; on en peut tirer par expression une huile analogue à celle de la navette et sur-tout fort bonne à brûler. Elle est moins propre que celle de l'espèce suivante à faire ce qu'on appelle de la moutarde.

Dans quelques cantons, on mange les feuilles de cette plante, soit en salade, soit cuites comme les choux.

La MOUTARDE NOIRE a les racines annuelles; les tiges rameuses, un peu velues, striées, hautes de 2 à 3 pieds; les feuilles inférieures pétiolées, ailées, rudes au toucher, avec un lobe terminal assez grand, pointu et denté; les fleurs jaunes, petites, disposées en épi lâche; les siliques glabres et rapprochées de la tige : elle croît dans les champs et les terrains incultes, et fleurit à la fin du printemps.

On cultive la moutarde noire, sous le nom de *senevé*, dans beaucoup d'endroits, pour ses semences, qui, réduites en farine et mêlées avec des liquides, fournissent la moutarde dont on fait usage si fréquemment sur les tables. Toute la plante a une saveur âcre et brûlante, une odeur aromatique piquante, qualités qui se développent davantage dans les semences, qui sont diurétiques, détersives, antiscorbutiques, sternutatoires et vésicatoires. On les emploie sur-tout très-fréquemment, sous ce dernier rapport, dans les maladies où il faut dévier une humeur qui s'est portée sur un organe essentiel à la vie, ranimer les forces vitales, etc., parce qu'elles agissent plus promptement, plus efficacement. Lorsque ces vésicatoires, qui s'appellent *sinapismes*, deviennent permanens, on substitue à la moutarde la poudre de cantharide ou les pommades épispastiques.

Un terrain bien meuble et de bonne nature est nécessaire pour obtenir des récoltes avantageuses de moutarde. Deux labours au moins doivent être donnés après l'hiver et coup sur coup à ce terrain : c'est entre ces deux labours qu'on le fume avec du fumier très-consommé, parce que cette plante parcourt très-rapidement les phases de sa végétation. On répand la graine tantôt à la volée et tantôt en rayons et fort clair. Dans le premier cas, on se contente de donner un sarclage au semis; dans le second, on l'éclaircit et on lui donne deux binages : si cette dernière méthode est plus coûteuse, elle est aussi plus productive. On peut diminuer ses frais en employant la charrue, ou la houe, ou la râtissoire à biner. Je n'entrerai pas dans de plus grands détails relativement à ces cultures, attendu qu'elles ne diffèrent pas de celle de la NAVETTE et du COLZA. *Voyez* ces mots.

Comme les fleurs de la moutarde se sont épanouies sur chaque pied, à des époques différentes, on y trouve des siliques de tous les âges, et il se perdrait beaucoup de graines si l'on attendait que les dernières fussent complétement mûres. On arrache donc les tiges ou on les coupe, dès qu'elles sont devenues jaunes, et on les amoncelle, soit dans le champ en les couvrant de paille, soit dans une grange ou un grenier. Là les graines achèvent de se perfectionner, aussi ne faut-il les battre qu'un mois après la récolte. C'est toujours mal-à-propos qu'on agit différemment, quoiqu'on le fasse le plus souvent. *Voyez* Huile et Graine.

Cette moutarde, cultivée comme plante oléagineuse, fournit beaucoup moins de graines que la navette, parce qu'elle en perd une grande partie. De plus, cette graine perdue salit le champ pendant trois ou quatre ans, quelques soins qu'on apporte à la destruction de ses produits.

Les oiseaux granivores et les quadrupèdes rongeurs sont tous extrêmement avides de la graine de moutarde : ainsi on doit la garantir de leurs atteintes par tous les moyens possibles.

On bat la moutarde avec des baguettes et sur des toiles; car la fléau écraserait la graine. Cette graine, vannée, criblée, enfin rigoureusement privée de tout objet étranger, se conserve dans un grenier aéré et se remue de temps en temps, car elle craint beaucoup l'humidité; plus elle est récente et meilleure elle est. Rarement on peut la conserver bonne pendant deux ans. Elle fournit, par expression, une huile peu différente de celle de la navette, et propre absolument aux mêmes usages; mais rarement on en fabrique. La presque totalité de la graine de celle qui provient de la culture est employée à confectionner de la moutarde.

Pour transformer cette graine en moutarde, il y a deux méthodes que je vais successivement décrire pour l'instruction des campagnes, où généralement on ne les connaît pas.

Dans la première, on lave la graine à deux eaux et ensuite on l'amoncelle dans un vase pour la faire gonfler; puis on la pile dans un mortier, ou on la broie sous une meule à ce destinée, en y ajoutant un peu de vinaigre. Lorsque la pâte est bien fine on la passe au travers d'un tamis de crin pour la rendre encore plus fine et plus homogène. On la sale et on la conserve dans des vases de verre ou de faïence pour l'usage.

Dans la seconde, on moud la graine sèche, on la tamise sèche, et on la garde sèche, pour ne la réduire en pâte qu'à mesure du besoin.

Comme c'est l'écorce seule qui donne le goût piquant propre à la moutarde, plus elle est fine, moins elle est forte.

Nouvellement préparée, la moutarde est toujours amère : il faut donc ne la consommer que huit à quinze jours après sa fabrication. Généralement elle se conserve mieux en pâte qu'en poudre, sur-tout lorsqu'elle est renfermée dans un vase bien clos et dans un lieu sec et frais.

Il est des fabricans de moutarde qui y mettent différens ingrédiens qui la rendent plus délicate, et dont ils font des secrets. Les moutardes de Naigeon à Dijon, de Maille à Paris, etc., sont célèbres.

Lorsqu'au lieu du vinaigre on met du moût dans la moutarde, on la rend plus agréable, mais de moins de durée. On en fabrique beaucoup de cette manière dans le midi et l'ouest de la France.

Verte, la tige de la moutarde peut être donnée comme fourrage aux bestiaux; sèche, elle sert à chauffer le four.

On peut faire entrer la moutarde en concurrence avec la navette dans un système régulier d'assolemens; mais comme son emploi est borné, on est rarement dans le cas d'en semer de grandes quantités.

C'est toujours la graine la plus grosse et la plus nouvelle qu'il faut préférer pour semer.

La Moutarde blanche a la racine annuelle, les tiges velues, rameuses, hautes d'un à 2 pieds; les feuilles pétiolées, ailées, avec un lobe terminal assez grand, dentelé; les fleurs d'un jaune très-pâle, disposées en épis lâches, les siliques velues, terminées par un bec oblique très-long et aplati. Elle croît dans les champs et se cultive comme la précédente et pour les mêmes usages; mais elle est exposée à geler dans le climat de Paris. Ses graines sont plus grosses et d'un blanc jaunâtre; la moutarde qu'elles fournissent est blanche, plus douce et plus fine que la moutarde commune. On la préfère en Espagne et dans d'autres contrées méridionales de l'Europe.

C'est comme fourrage et sous le nom de *plante à beurre*, à raison de l'abondance de lait et de beurre qu'elle procure aux vaches, qu'on la cultive le plus dans le nord de la France. Elle peut prospérer dans un terrain de médiocre qualité. Elle souffre deux coupes, dont les résultats se donnent en vert aux bestiaux, car sa dessiccation est fort difficile et peu profitable. On l'enterre aussi en fleur pour engrais. (*Voyez* Récolte enterrée). Les Altises ne l'attaquent pas. (*Voyez* ce mot). Les oiseaux repoussent sa graine, ce qui est un avantage: c'est parmi les oléagineuses celle qui a donné les plus grands produits à la ferme expérimentale de l'Ariége. On doit à M. Mathieu de Dombasle des expériences qui confirment ces faits et qui m'autorisent à dire qu'on doit la cultiver par-tout. (B.)

MOUTARDON. La moutarde blanche s'appelle ainsi dans quelques cantons. (B.)

MOUTON. Quoique dans l'usage ce nom soit donné à toutes les bêtes à laine d'une manière générique, cependant il appartient spécialement au bélier qu'on a privé de la faculté reproductive. Au mot *castration*, sont exposées les méthodes qu'on emploie pour cette opération; le but qu'on se propose est de disposer l'animal à s'engraisser et de procurer à sa chair une qualité qu'elle n'aurait pas, et de profiter de sa toison et de l'engrais qu'il procure pour les terres.

On croit que, dans les bêtes à laine, il naît autant de mâles que de femelles ; cependant, d'après un relevé que j'ai fait, il est résulté que sur vingt mille agneaux le nombre des femelles excédait celui des mâles d'un douzième.

Dans le Népaule, le Thibet et pays voisins, on emploie, à ce que l'on prétend, des moutons au transport des marchandises. Il est certain qu'au Pérou le llama, animal qui a beaucoup de rapport avec le mouton, sert au même usage : il porte jusqu'à 100 livres pesant, et gravit avec cette charge de hautes montagnes, dans des voyages très-longs.

Les moutons n'exigent pas tous les soins qu'on doit donner aux brebis, il suffit de les conduire aux champs avec les précautions ordinaires. Ils n'ont pas besoin de fourrages aussi substantiels, ni de provende, quand ils ne servent que pour l'engrais des champs ; ce n'est que quelque temps avant qu'on les vende pour la boucherie qu'on leur choisit des alimens et qu'on leur en donne davantage. Communément en hiver, dans les pays où ils ne peuvent aller au pâturage, ils vivent à la bergerie de paille et de foin ; 2 livres de ce dernier fourrage par jour sont une ration suffisante.

J'ai fait connaître (*voyez* l'article BREBIS) diverses races de bêtes à laine, la plupart existantes en France ; je crois devoir ajouter ici en supplément celles de l'Angleterre, extrait de la Bibliothèque britannique, savoir :

Race sans cornes.

1. DISHLEY, *New-Leicester,* ou *Bakewell* : petite tête droite et large, corps rond en forme de tonneau, yeux beaux et vifs, petits os, peau mince ; laine longue et fine, à peigner, pesant 8 livres quand l'animal a deux ans ; s'engraisse jeune et facilement, prospère sur des pâturages qui nourriraient à peine d'autres races, mange moins que d'autres moutons ; assez robuste et vigoureuse.

Elle est née dans le Leicestershire par les soins de Bakewell et se répand rapidement partout.

2. LINCOLNSHIRE : la face blanche ; les os gros, les jambes grosses, blanches et raboteuses ; le corps long, mince et faible ; laine longue de 18 pouces, toison de 11 livres à trois ans, viande grossière ; se nourrit lentement, ne réussit que dans les meilleurs pâturages ; tempérament délicat. Se voit dans la province de Lincoln et dans les endroits où les pâturages sont gras et abondans.

Elle offre deux variétés :

1re. TECS-WATER : les os minces, les jambes plus longues,

le corps plus pesant et les flancs plus larges ; laine moins longue ; toison , 9 livres ; viande plus fine et plus grasse. Les brebis font deux ou trois agneaux à-la-fois. Tempérament délicat ; mange lentement, n'est propre qu'aux pâturages abondans , se perfectionne beaucoup par le croisement avec les dishleys.

On la tient dans les pâturages qu'arrosent les rivières de Tees.

2e. COTTESWOLD, ou GLOCESTER PERFECTIONNÉE : semblable à la race originelle , mais plus perfectionnée ; laine moins longue ; bon mouton et de fort poids, susceptible de se perfectionner par les croisemens ; fréquente les marais tourbeux du Devonshire.

3. DARTMOOR : face et jambes blanches, cou épais , gros os , reins étroits , l'épine saillante , côte belle ; longue laine , de 9 livres à trente mois ; gagne beaucoup par le croisement avec les dishleys.

C'est dans les marais du Devonshire qu'elle se trouve.

4. HEREFORD , ou RYELAND : face et jambes blanches , taille petite et bien prise ; laine fine et courte , garnie jusqu'aux yeux , toison de 2 livres à quatre ans ; souffrant la faim au besoin ; viande fine, tempérament délicat et demandant un abri en hiver ; entretien profitable ; aucune race ne se contente d'un pâturage plus médiocre ; habite dans le Herefordshire où on la distingue ou on la subdivise en race de *Treel* ou d'*Archenfield*.

5. SOUTH-DOWN : face et jambes grises , os petits, cou long et étroit, basse du devant ; les épaules hautes, les quartiers de devant larges, le flanc beau, les rognons assez larges, l'épine un peu haute , le gigot plein ; la laine très-fine et courte, toison à deux ans de 2 livres et demie ; belle viande , excellent goût ; mange rapidement ; tempérament vigoureux ; s'améliore beaucoup par le croisement ; originaire des hauteurs crayeuses de Sussex, d'où elle est passée dans plusieurs comtés.

Elle offre une variété :

CANNOCK HEAT : ressemble beaucoup à la race ; laine plus fine et plus courte ; viande belle et bonne ; race susceptible de se perfectionner par le moyen des béliers d'Hereford ; paît sur les bruyères de Stafford.

6. ROMNEY MARCH : face blanche , jambes blanches et longues, os gros, corps gros et en forme de tonneau , d'une bonne taille ; laine fine , longue et blanche ; la toison pèse, à trente mois, environ 8 livres ; viande belle et bonne ; s'engraisse facilement sur les terrains marécageux.

On la voit dans les marais de Romney et de Sussex.

7. HERDWICK : face tachée de noir et de bleu , jambes de même couleur , petites, minces et propres ; laine courte et

tassée; chaque toison pesant 2 livres à quatre ans et demi; constitution vigoureuse, et se nourrissant pendant un hiver rude d'une petite quantité de foin.

Elle est nombreuse sur les montagnes de l'embouchure de l'Esk et du Dudden, ainsi que dans le Cumberland.

8. CHEVIOT : face et jambes blanches pour l'ordinaire, corps long, yeux vifs et saillans; le quartier de devant peu profond, poitrine étroite, peau mince, os petits et légers.

Laine belle dans certains endroits et grossière dans d'autres; toison de 3 livres à quatre ans et demi : race qui profite bien sur les montagnes et s'engraisse aisément.

Née sur les montagnes du Cheviot, d'où elle s'est répandue dans tout le nord.

9. DUNEAEED : face brune, petite taille, queue courte; laine de différentes couleurs, noire, rouge ou brune et divisée en bandes; la toison d'une livre et demie à quatre ans et demi : la viande belle et de bon goût, plus tendre que la race précédente.

Se trouve dans les provinces du nord.

10. SHETLAND : petite taille et de différentes couleurs; laine fine et douce, propre aux plus belles manufactures; la toison d'une à 3 livres : race robuste, mais sauvage.

Habite les îles Shetland.

Elle présente deux variétés, dont l'une à laine plus longue et plus grossière, et l'autre à laine plus courte et plus douce.

Races à cornes.

1. EXMOOR : face et jambes blanches, les os, le cou et la tête minces; laine belle et longue, pesant environ 4 livres par toison : très-robuste. Habite principalement le comté de Devon dans les environs d'Exmoor.

2. DORSETSHIRE : face blanche, jambes longues, minces et blanches; très-féconde, et portant deux fois l'année dans quelque saison que ce soit; laine fine et courte; toison de 3 livres et demie à trois ans et demi : pâture dans le Dorsetshire.

3. NORFOLCK : grandes cornes en spirale, face noire, corps long et mince, cou long, jambes minces et longues; laine fine et courte, pesant 2 livres à trois ans et demi : viande excellente; race propre au parc. Elle se trouve en Norfolck et en Suffolk, où elle le cède peu-à-peu aux SOUTH-DOWNS.

4. HEATH : cornes comme les norfolcks, face et jambes noires, corps court et ramassé, yeux vifs; laine longue et lâche; de 3 livres et demie : race robuste, résistant à tout et facile à nourrir. Se voit dans les provinces du nord-ouest, où on l'appelle aussi *forest* et *linton*.

Tableau comparatif des quatorze races (ci-dessus) de moutons les plus estimées en Angleterre, tiré du 5e. volume de la Bibliothèque britannique.

		MOYENNE du poids des toisons.	PRIX de la toison.	POIDS d'un quartier.	AGE où on le tue.
Dishley *ou* New-Leicester.	à peigner	7 l. ½	8 f. 4 c.	23 l.	2 ans.
Lincolnshire.	id.	10	11 »	23	3
Tecs-Water.	id.	8	9 »	27 ½	2
Dartmoor.	id.	9	7 4	27 ½	2
Exmoor.	id.	5 ½	4 16	15	2
Dorsetshire.	à carder	3	7 8	16 ½	3
Herefordshire.	id.	2	4 4	13	4
South-Down.	id.	2 ½	6 »	16 ½	2
Heath.	à peigner	3 ¾	6 »	14	4
Herdwick.	id.	2	1 4	9	4
Norfolck.	à carder	2	5 16	16 ½	3
Cheviot.	id.	2 ¼	3 6	15	4
Duneaeed.	id.	1 ½	5 8	6 ½	4
Shetland.	id.	1	5 8	7 ½	4
Mérinos de France (moutons).	id.	9	18 »	20	»

Comme Paris, en France, est le pays qui consomme le plus de moutons engraissés, j'ai cru qu'on ne lirait pas sans quelque intérêt tous les renseignemens que je me suis procurés il y a plusieurs années sur les pays qui en fournissent à cette capitale, sur l'ordre de ces fournitures, sur les différences qu'il y a entre les moutons, à raison de la manière dont ils ont été châtrés, de celle dont ils ont été engraissés, de leur poids, de la qualité de leur chair, de la quantité et qualité de leur suif, de la qualité et de l'emploi de leurs peaux, et sur ce qu'on en consommait annuellement à Paris en 1788 : je me servirai des anciens noms de pays, parce qu'il serait très-difficile d'y adapter ceux des départemens. A l'époque où j'ai eu ces renseignemens, on ne connaisssait que les provinces et leurs subdivisions, et aujourd'hui il y a des départemens qui ne font qu'une partie de province, il y en a qui sont formés de deux parties de province, en sorte que je ne serais pas compris, et qu'on ne pourrait avoir une idée claire de ce que je veux dire.

On engraisse des moutons pour Paris, en Flandre, dans le Hainaut, dans l'Artois, dans le pays reconquis, aux environs de Gravelines, dans le Santerre et quelques autres cantons de la Picardie, dans le Vexin normand, dans le pays de Caux, le Cotentin, et autres endroits de Normandie; dans toute l'Ile de France et sur-tout en Brie, en Beauce, dans le Hurepoix, en Sologne, dans le Perche, dans le Maine, dans la Touraine, dans le Poitou où est le pays de Gatine, en Anjou, aux environs de Cholet, dans le Berri, dans la Marche, dans le Bourbonnais, dans la Bourgogne, dans la Champagne, dans les environs de Langres, dans les Ardennes, en Alsace, dans la Lorraine allemande. Le Brabant, la Campine, le pays de Liége, la Suabe, le Palatinat, la Franconie, l'électorat d'Hanovre en fournissent aussi une grande quantité depuis que la consommation en est augmentée.

Le carême ayant été, jusqu'en 1774, un temps d'abstinence presque totale de viande, dont on reprenait l'usage à Pâques, on a regardé la fin de ce temps comme le commencement de l'année des boucheries; c'est de cette époque qu'on comptait les marchés de bestiaux gras; elle me servira pour marquer l'ordre principal des fournitures, qui subsiste toujours. La Flandre, le Hainaut, l'Artois, le Brabant, toute la Normandie, le Maine, le Perche, l'Anjou, le Poitou, le Bourbonnais et les environs de Langres commençaient en même temps la fourniture, de manière qu'il arrivait à Paris des moutons de Flandre dès la première semaine de carême, concurremment avec ceux de l'Artois, qui pouvaient entrer pour moitié dans la consommation du carême : ces espèces ou races venaient toujours tondues jusqu'à la fin de mai. Ceux du Brabant arrivaient depuis Pâques jusqu'à la fin de juin ; ceux du Hainaut et de l'Artois, de Pâques à la fin de juillet ; ceux de la Normandie et du Cotentin, de Pâques en juillet en grande quantité, et de juillet en octobre en moindre nombre ; ceux de Cholet, de Pâques en juillet ; et ceux du Maine et du Perche, de Pâques au mois d'octobre. Les moutons engraissés dans ces dernières provinces s'appellent *alençons*, vraisemblablement parce qu'ils se vendent dans des foires ou des marchés voisins de la ville d'Alençon.

Les envois du Bourbonnais, ceux du pays de Gatine en Poitou et ceux des environs de Langres étaient peu considérables.

Le Berri faisait passer à Paris ses moutons gras depuis le commencement de juin jusqu'à la fin d'octobre. Il en envoyait de quatre sortes ; savoir, les moutons de *Faux*, les bocagers, les vallières et les barrois.

Il venait des moutons des Ardennes en juillet, août, septembre, octobre, novembre et décembre.

Ceux de Hollande ne paraissaient qu'en août et septembre.

Paris recevait en automne des moutons de Touraine, de Gravelines, du pays de Liége, du Brabant, de la Campine, et même ceux de la Souabe, envoyés par une compagnie établie à Schaffouse en Suisse.

Les moutons rassemblés en été dans la Brie, le Hurepoix et la Beauce, pour le parcage, sous le nom de moutons *beaucerons*, fournissaient la capitale pendant une partie de l'automne et pendant tout l'hiver.

Depuis janvier jusqu'après Pâques on tuait dans les boucheries des moutons picards et du Santerre. Il faut comprendre dans ces moutons ceux qu'on engraisse aux environs de Beauvais.

Les envois du Vexin normand avaient lieu depuis novembre jusqu'à Pâques.

Des marchands de la Lorraine allemande allaient acheter dans les pays d'Aix-la-Chapelle, de Hanovre, de Paderborn, de Wetteravie, de Waldeck, des moutons maigres pour les engraisser : cette branche de commerce était fondée sur la facilité qu'ils avaient de traiter avec les seigneurs, propriétaires de pâturages et de marais. Les décrets de l'assemblée nationale sur cet objet donnèrent beaucoup d'inquiétude aux bouchers de Paris, qui s'attendaient à voir tomber ce commerce, et qui ne savaient comment remplacer la quantité considérable de moutons qu'il leur fournissait presque pendant toute l'année.

La Bourgogne envoyait à Paris quelques troupes de moutons de temps en temps.

Le Hainaut et l'Artois, indépendamment de ce qu'ils fournissaient de Pâques en juillet, temps où ils en donnaient le plus, en envoyaient dans toutes les autres saisons en petite quantité.

Il est difficile d'apprécier la quantité respective de toutes ces contributions, parce que chaque année elles n'étaient pas tout-à-fait les mêmes; mais on peut assurer qu'en général Paris tirait un tiers de ses moutons des pays qui l'environnent jusqu'à 12 lieues de rayon; un tiers de la Lorraine allemande, de l'Alsace, des Ardennes, du Palatinat, de la Franconie, de la Suabe et de la Suisse; et un tiers de tous les autres pays désignés, pris ensemble.

On consommait dans les campagnes une grande quantité de brebis, même sans être engraissées. Les moutons, ayant plus de valeur, étaient conduits dans les villes, où cependant les brebis les meilleures était aussi envoyées. On croyait qu'à Paris les brebi formaient le cinquième des bêtes à laine tuées dans les boucheries.

Tous ces animaux venaient aux marchés de Sceaux et de Poissy; ils y payaient des droits; il était défendu aux bouchers qui venaient les y acheter d'en entrer dans Paris sans un *laissez-passer* des fermiers de Sceaux et de Poissy. Les moutons, pour se rendre à ces marchés, faisaient 4 à 5 lieues par jour, quelquefois 6, suivant le besoin. On faisait faire de plus petites journées aux moutons engraissés à l'étable, parce que, ayant été renfermés pendant quelque temps sans sortir, ils n'avaient plus l'habitude de marcher.

Il y a un certain nombre d'années qu'il s'est élevé une question assez importante : on demandait si, au lieu de contraindre les bouchers de Paris d'aller achever leurs provisions à Sceaux et à Poissy, il ne valait pas mieux leur permettre d'avoir de grands troupeaux en propriété dans les environs de Paris : on pensait que ce serait une ressource pour les temps où les marchés ne sont pas assez garnis. A ne consulter que la liberté du commerce et la liberté individuelle, qui sont de droit naturel, il n'est pas douteux qu'on ne devrait présenter aux bouchers aucune entrave, et qu'il conviendrait qu'ils fussent maîtres d'acheter des moutons où ils voudraient, et quand ils voudraient; peut-être même le service en serait-il mieux fait. Mais n'y aurait-il pas de grands inconvéniens pour les habitans de Paris, si leur approvisionnement dépendait uniquement de gens qui, dans quelques circonstances, pourraient être intéressés à le diminuer, ou à le faire manquer pour avoir occasion de renchérir la denrée? Les bouchers eux-mêmes ne courraient-ils pas risque d'être exposés injustement à l'animadversion des citoyens, lorsqu'une épizootie désastreuse ou une grande disette de fourrage diminuerait le nombre des animaux, et par conséquent forcerait d'augmenter le prix de la viande? Le gouvernement a pensé, sagement peut-être, qu'il ne devait pas exposer une grande ville à l'avidité d'un petit nombre d'hommes qui, s'entendant bien et n'ayant pas de concurrens, pourraient priver de viande ses habitans. La révolution a détruit l'état des choses à cet égard, mais on l'a rétabli.

Depuis long-temps les bouchers de Paris étaient en possession de faire paître des moutons sur les terres des propriétaires de la banlieue, ils prétextaient la facilité que ce parcours leur donnait pour ne pas laisser manquer l'approvisionnement de la ville. Les fermiers de ces terres, quand ils voulurent élever et entretenir des mérinos, se plaignirent d'un abus qui les empêchait de profiter des avantages que pourrait leur procurer cette race, s'ils jouissaient des herbes qui croissaient dans leurs champs ; ils craignaient d'ailleurs que l'approche et le voisinage des troupeaux de bouchers n'infectassent les leurs des maladies dont ils sont souvent attaqués. Cette affaire ayant été portée au conseil d'état, il fut arrêté que les bouchers de Paris n'avaient pas le droit de faire conduire leurs moutons sur les terres de la banlieue, parce qu'ils ne pouvaient fournir une réciprocité à ceux qui les faisaient valoir, condition qui a servi de base au parcours. Le prétexte était d'autant plus vain, que l'approvisionnement de Paris, par les mesures de police et l'organisation des marchés, le rendent très-assuré.

On a objecté avec raison aux bouchers de Paris que l'économie qu'ils trouvaient à faire paître gratuitement des moutons sur les propriété d'autrui, au lieu de les nourrir dans des étables, ne les avait jamais engagés à donner la viande à meilleur marché. Il est à désirer que, par l'effet et les motifs de l'arrêté dont il s'agit, il ne soit permis à aucun boucher de laisser aller ses moutons sur un terrain qui ne lui appartient pas exclusivement.

Les moutons qui viennent à Paris diffèrent :

1°. *Par la manière dont ils sont châtrés.* Les moutons sont châtrés, ou par l'enlèvement des deux testicules, ou par le bistournage. (*Voyez* CASTRATION.) On les châtre par l'enlèvement des testicules en Flandre, en Artois, en Picardie, dans le Vexin normand, en Normandie, en Brie, en Beauce, en Sologne, dans le Perche, en Poitou, dans une partie du Bourbonnais, en Bourgogne, dans les Ardennes, dans le Brabant, dans le pays de Liége, en Hollande, etc. On les bistourne seulement en Touraine, en Anjou, dans le Berri, dans la Marche, dans quelques cantons du Bourbonnais, dans la Suabe, etc.

2°. *Par la manière dont ils sont engraissés et par leur poids.* Les moutons flamands sont élevés et engraissés dans la Flandre avec des fèveroles et du trèfle. C'est la race que les Hollandais ont importée de l'Inde. Ces animaux pèsent de 60 à 80 livres.

Les artésiens, pour la plupart, sont engraissées comme les flamands. On en engraisse quelques-uns à l'herbe. Leur poids est de 40 à 50 livres.

Ceux de Gravelines, qui s'engraissent dans les pâturages situés sur les bords de la mer, pèsent de 35 à 50 livres.

Les moutons engraissés dans le Vexin sont nés en Picardie et sur-tout dans le Santerre; il y en a qui sont engraissés à l'herbe; la majeure partie est engraissée de *pouture,* c'est-à-dire au grain. Ils pèsent de 40 à 50 livres. Les moutons de Beauvais y sont compris; ces sortes de moutons pouturés ne sont connus que sous le nom de *vexins.* On remarque que les moutons du Santerre prennent graisse plus facilement, tant de pouture qu'à l'herbe. Les autres picards s'engraissent plus difficilement, sur-tout à l'herbe.

Les moutons normands, tous engraissés à l'herbe, sont d'un poids différent, selon les cantons d'où ils viennent. Les cauchois pèsent de 40 à 60 livres; les cotentins, de 28 à 34, et ceux des autres parties de la Normandie, de 30 à 45 liv. Les cauchois ont la tête grosse et longue, les membres et la queue gros. Les cotentins ont le corps ramassé, les jambes et la tête rousses.

On ne peut regarder comme une sorte de moutons à part ceux qui arrivent à Paris des lieux qui n'en sont pas éloignés, tels que les moutons du Hurepoix, de la Brie, de la Beauce, parce que c'est ordinairement un mélange de diverses sortes. Les fermiers les achètent par lots pour compléter leur parc: les uns engraissent entièrement à l'herbe pendant le parcage; les autres, après le parcage, sont mis en pouture. Il y en a de grande, de moyenne et de petite taille, beaucoup de solognots sur-tout, la plus petite de toutes les races, facile à reconnoître, à sa tête rousse. On ne peut donc assigner aucun poids à ces sortes de moutons.

Des engraisseurs du Maine et du Perche vont acheter des moutons maigres à Douai en Saumurois, et à Bressuire en Poitou, pour les engraisser au grain dans leur pays; ces moutons, en bon état, pèsent de 26 à 32 livres. On les vend et on les amène à Paris sous le nom de moutons *alençons.*

On n'engraisse en Touraine que les moutons du pays, qui sont petits, et du poids seulement de 20 à 24 livres; on les engraisse à l'herbe.

Les moutons de Cholet en Anjou ont la tête et les pieds roux; ils sont engraissés de pouture, et du poids de 30 à 40 l.

Le pays de Gatine en Poitou engraisse des moutous au grain; ils pèsent de 36 à 40 livres.

Il vient du Berri quatre sortes de moutons engraissés à l'herbe; les moutons de Faux, tous cornus, ayant la tête noire et blanche; ils sont nés dans les montagnes d'Auvergne, dans la Marche et le Limousin; leur poids est de 30 à 34 livres; les barrois pèsent de 24 à 30, les bocagers pèsent de 20 à 24, et les vallières de 24 à 30 livres. Les dénominations de bocagers et de vallières viennent de ce que les uns paissent dans les bois et les autres dans les vallées.

Le Bourbonnais tire aussi des moutons de la Marche pour les engraisser au grain. Il en vend pour Lyon et pour Paris.

Une partie de ceux de Bourgogne est engraissée à l'herbe, et une autre partie au grain. Ils pèsent de 24 à 28 livres.

Les environs de Langres engraissent au grain des moutons de la Bourgogne, qui pèsent de 20 à 26 livres.

Les moutons ardennois ont la tête rousse; engraissés à l'herbe, ils pèsent de 28 à 30 livres.

Les brabançons pèsent de 35 à 40 livres, et les liégeois de 36 à 45 livres; ils sont tous engraissés au grain; on reconnaît les brabançons à leur toupet.

Les moutons hollandais qu'on engraisse à l'herbe pèsent de 60 à 70 livres, la longueur du chemin diminue peut-être de leur poids, car ils sont de l'espèce des moutons flamands.

Ceux de la Suabe, où on les engraisse aussi à l'herbe, pèsent de 45 à 50 livres.

Enfin, les moutons de la Lorraine allemande, nés la plupart en Allemagne, y pâturent dans des marais et ensuite sont engraissés avec des tourteaux de navette, des pommes de terre, de l'orge et d'autres grains, et du regain de luzerne.

En indiquant ici le poids des moutons, je n'ai pas prétendu le déterminer d'une manière précise, pour faire connaître leur différence à cet égard. Elle est bien considérable, puisqu'un mouton bocager ou du Berri pèse quelquefois 20 livres, tandis qu'un mouton flamand peut peser 80 livres. Dans un troupeau de bêtes de même taille, de même âge, et nourries de même, il y en a qui pèsent plus que les autres, parce qu'elles sont d'une constitution à profiter davantage. Aussi ai-je eu soin de donner de la latitude dans les poids des bêtes d'une même province.

3°. *Par la qualité de leur chair.* De tous les moutons qui viennent à Paris, les meilleurs et les plus agréables au goût sont les cotentins, ceux des environs de Langres, les ardennois, les solognots quand ils sont châtrés par l'enlèvement des testicules, ceux du pays de Gatine, les gravelinois, les lorrains-allemands pouturés, etc. Après eux, ce sont les autres moutons de Normandie qui ne sont pas du Cotentin, puis les barrois, ceux du Berri. Les moins bons sont les moutons de Faux, les vallières, les cholets et quelques autres. Ces sortes de moutons ont la chair ferme et d'un mauvais goût, à cause de la manière dont ils sont châtrés; il en est de même de toute autre espèce à laquelle on n'a point ôté les testicules.

Pour que la chair d'un mouton soit aussi bonne qu'il est possible, il faut plusieurs conditions, 1°. qu'il n'ait que trois à quatre ans et pas davantage; 2°. qu'il ait été châtré par l'enlèvement des testicules; 3°. qu'il ait été soutenu de bonne nourriture jusqu'au moment où on l'a mis à l'engraissement; 4°. qu'il ait été engraissé, ou à l'herbe fine substantielle et salée, telle que celle des bords de la mer, sur les côtes de la Normandie, etc., ou qu'il l'ait été de pouture avec des pois gris, de l'orge, des féveroles, de la luzerne, du trèfle, etc.

On croit qu'à nourriture égale les petits moutons sont meilleurs que les grands, et que ceux qui sont engraissés à l'herbe ont la chair plus tendre que s'ils avaient été engraissés de pouture.

La cause qui influe le plus sur la bonté de la viande est la castration par l'enlèvement des testicules. On ne conçoit pas pourquoi toutes les provinces ne châtrent pas leurs moutons de cette manière. Les bœufs bistournés sont plus forts que ceux auxquels on a enlevé les testicules, voilà une raison sensible de l'usage de les bistourner dans les pays où l'on veut en obtenir beaucoup de travail. Mais qu'attend-on des moutons bistournés de plus que des moutons entièrement coupés? Quand on les fait paître dans des lieux escarpés et montueux, ils sont, dit-on, plus en état de résister à la fatigue. Cette raison pourrait être admissible, si on ne conduisait pas sur les montagnes autant de brebis que de moutons, qui ne sont pas plus faibles qu'elles, même étant entièrement coupés. Je crois que la négligence et la crainte de ne pas réussir dans une opération très-facile cependant a fait préférer, dans beaucoup de provinces, le bistournage. Les propriétaires des bêtes à laine les vendraient mieux pour les boucheries s'ils leur faisaient enlever les testicules.

A moins d'être connaisseur, on ne distingue pas facilement la chair d'un mouton engraissé à l'herbe de celle d'un mouton engraissé de pouture. Pour bien faire cette distinction, il faudrait comparer en même temps la viande de l'un et de l'autre, tué au même âge, élevé dans le même pays, et préparé de la même manière.

La chair de la brebis, quelque grasse qu'elle soit, est bien inférieure à celle du mouton. Elle n'a pas de goût, quoiqu'elle ne soit pas dure. Celle du bélier a un goût sauvage et insupportable ; elle est toujours dure, excepté dans les béliers allemands, parce qu'on les tue jeunes.

J'ai dit plus haut qu'on châtrait des brebis pour en faire des moutonnes, et rendre leur chair meilleure. Il n'arrive point de moutonnes à Paris. D'ailleurs, cette castration n'étant pas facile, on la pratique très-rarement.

La chair d'un mouton gras se corrompt plus facilement en été que celle d'un mouton maigre. Parmi les moutons gras, on conserve mieux la chair de ceux qui sont engraissés de pouture. Le mouton excédé de fatigue se gâte très-promptement.

Les fermiers et les engraisseurs de moutons connaissent le terme au-delà duquel on ne doit plus compter qu'ils puissent s'engraisser. Si on continuait alors à les tenir dans un bon herbage, ou à leur donner à l'étable des alimens abondans et substantiels, ils perdraient de leur graisse et périraient. On peut regarder un mouton bien engraissé comme prêt à tomber malade. Par l'appât d'une nourriture agréable, on l'a engagé à en prendre plus qu'il n'en aurait pris s'il eût été aux champs abandonné dans des pâtures ordinaires : alors les parties graisseuses du chyle s'épanchent dans le tissu cellulaire, naturellement lâche ; mais quand cet épanchement est porté à certain degré, les fonctions de l'animal se trouvent gênées ; il serait bientôt malade, et périrait si on ne saisissait le moment pour le vendre et le tuer. Les volailles qu'on nourrit dans les épinettes sont dans le même cas. Ce terme est souvent indiqué par la diminution ou la perte de l'appétit des animaux.

On est persuadé que la chair des bêtes à laine mortes de maladies, ou tuées étant attaquées de maladies, du claveau par exemple, n'est pas bonne. Les bouchers soutiennent le contraire, ils sont récusables dans leur assertion et on sent pourquoi. Je ne pense pas que la viande d'une bête morte de maladie soit capable de nuire à la santé des hommes, parce que la cuisson lui ôte ce qui la rendrait malsaine ; mais il me semble qu'elle doit peu fournir de parties nutritives : sous ce rapport elle ne vaut rien ; ceux des bouchers qui en vendent sont coupables, parce qu'ils font payer aux consommateurs une denrée qu'ils ont eue à vil prix, bien au-delà de sa valeur, au risque même, par l'appât du gain, de faire du mal aux hommes. On a peu à craindre que les bouchers de Paris en débitent dans cet état, parce qu'ils sont surveillés dans les marchés de Sceaux et de Poissy, et parce qu'ils tiennent à honneur de bien servir leurs pratiques. C'est plutôt de la chair des moutons qui entre dans la ville par morceaux, dont on a de justes sujets de se défier. La police ne saurait être trop sévère sur ce point. Il serait également utile de veiller de près les bouchers de campagne, qui tuent impunément et vendent au public du mouton ou de la brebis attaqués de maladie.

Les marchands bouchers qui achètent des moutons gras pourraient, à l'œil seul, juger de leur poids; mais il les soulèvent, il les tâtent à la croupe, aux reins et des deux côtés de la queue, et rarement ils se trompent, tant l'habitude contractée et soutenue par l'intérêt est propre à éclairer.

4°. *Par la quantité et la qualité de leur suif*. Un des produits des moutons, intéressant pour les bouchers et pour le public, est le suif qu'on trouve dans certaines parties de leur corps. Ils en fournissent d'autant plus qu'ils ont été mieux engraissés. Un mouton de moyenne taille peut en donner 5, 6 et 7 livres. On en retire dix, douze et quinze quelquefois des grandes races, telles que celles des moutons flamands, cauchois et normands.

Plus le suif a de densité, plus il a de qualité. Le peu qu'on en trouve dans un mouton maigre rend moins à la fonte, parce qu'il a moins de compacité. Celui des moutons excédés de fatigue est le plus mauvais; on l'appelle dans les boucheries *suif brûlé*. Il est tout décomposé, et entre en très-grande partie dans les déchets.

A taille égale, un mouton engraissé de pouture a plus de suif que le mouton engraissé à l'herbe.

Arthur Young cite un mouton gras du Lincolnshire qui pesait vivant 212 livres anglaises.

Les moutons qui s'engraissent facilement prennent en même temps chair et suif; mais quelques races, telles que celles des Picards et des Allemands, engraissées à l'herbe, prennent à proportion plus de chair que de suif. On reproche aux moutons dits *alençons* d'avoir à proportion plus de graisse que de chair; j'ai déjà observé que ces moutons étaient rarement bons à manger. Un mouton âgé de plus de quatre ans prend plus de chair et de suif que s'il était plus jeune : ce motif engage beaucoup de personnes à n'engraisser des moutons qu'après quatre ans; mais ils sont moins tendres et moins agréables au goût.

5°. *Par la qualité et l'emploi des peaux*. La qualité d'une peau consiste principalement dans la densité égale de son tissu. Les bouchers appellent *peaux creuses* celles dont la compacité ne se soutient pas dans toutes les parties, et *peaux franches* celles qui sont dans le cas contraire. Les moutons de Flandre et ceux d'Allemagne ont la peau creuse; les moutons du pays de Caux, de Faux, de Cholet, les bocagers du Berri, ont la peau franche.

Si les peaux des grandes races, telles que celles de Flandre, d'Artois, de Hollande, de Gravelines, du pays de Liége, de

Santerre, du Vexin, de Normandie, de Beauce, sont creuses, on les passe en chamois : on s'en sert pout faire des culottes, pour la bourrelerie, pour la basane, pour des tabliers de charrons, de carriers, etc. ; si elles sont franches, on en fait des maroquins.

Avec les petites peaux, on fait des passe-talons et des doublures de souliers de femme, et du petit chamois.

On passe en blanc des peaux avec leur laine, pour faire des housses de chevaux et pour des chancelières, espèces de boîtes dans lesquelles les hommes de cabinet mettent leurs pieds en hiver ; on préfère, pour cet usage, les peaux des moutons allemands, et quelquefois celles des beaucerons.

Ce sont toujours les peaux les plus petites et les plus minces qu'on choisit pour le parchemin et pour les gants de femme ; il faut qu'elles aient été séchées auparavant : celles des bêtes à laine mortes chez les fermiers sont particulièrement destinées à cet emploi.

Les peaux des animaux qui ont été exposés à la pluie et au soleil ardent, immédiatement après avoir été tondus, sont tellement altérées, qu'on n'en peut faire que de la colle. Le mouton cotentin, le normand et le cholet, sont très-sujets à cet inconvénient ; on doit aussi faire peu de cas de la peau des moutons morts de la clavelée, ou attaqués d'une gale considérable.

Les peaux des moutons nés depuis le mois de juin jusqu'à la fin de décembre sont, à choses égales, les meilleures ; les animaux n'étant pas chargés de laine, leurs peaux se fortifient davantage et acquièrent de la qualité.

J'ai su, par un relevé des barrières de cinq années consécutives, depuis 1781 jusques et y compris 1785, qu'il était entré à Paris, année commune, 339,893 moutons, et 702,530 livres de viande de moutons tués hors de la ville, lesquelles, réduites en moutons du poids de 30 livres, font 23,417 moutons : ce nombre, ajouté au précédent, donne un total de 353,310 moutons, dont l'approvisionnement des hôpitaux faisait partie. Depuis 1774, la consommation de Paris en moutons avait beaucoup augmenté. A cette époque, on permit à tous les bouchers de vendre de la viande en carême, tandis qu'auparavant l'Hôtel-Dieu seul en vendait : cette cause et l'inobservance des lois de l'église sur l'abstinence de la viande ont exigé qu'on en fît venir une plus grande quantité. Depuis ce temps, la Lorraine allemande en a fourni 26,000 de plus par année.

Il ne m'a pas été possible d'évaluer ce qui a passé en contrebande, malgré toute la vigilance des employés.

Manières d'engraisser les moutons. Il arrive quelquefois que, dans un troupeau même d'un pays où le pâturage est médiocre, on voit en automne quelques moutons gras sans qu'on ait pris aucun soin pour les engraisser : cet état, qu'ils perdraient en hiver, et reprendraient en été si on ne les tuait pas, dépend de leur bonne santé et de leur constitution particulière ; la graisse de ces moutons est ferme, et la chair très-saine.

La plupart des moutons, pour engraisser, ont besoin de quelque chose de plus que la nourriture ordinaire.

Il y a des propriétaires d'herbages, qui achètent des moutons de trois ou quatre ans dans des pays à pâturages médiocres, pour les engraisser et les vendre ensuite à des bouchers : on a remarqué que, selon leur âge, les moutons profitent dans tels ou tels terrains ; ceux d'un an ou de deux ans font mieux dans des pâturages médiocres, tandis qu'il en faut de plus abondans à ceux de trois ou quatre ans.

Il y a trois manières d'engraisser les moutons : l'une est de les faire pâturer dans de bons herbages, c'est ce qu'on appelle l'*engrais d'herbe*, ou la *graisse d'herbe* ; l'autre manière est de leur donner de bonne nourriture au râtelier et dans des auges, c'est l'*engrais de pouture*, ou la *graisse sèche*, c'est-à-dire la graisse produite par des fourrages secs ; la troisième manière est de commencer par mettre les moutons aux *herbages* en automne, et ensuite à la *pouture*.

Le temps qu'il faut pour les engraisser dépend de l'abondance et de la qualité des herbages ; lorsqu'ils sont bons, on peut engraisser les moutons en deux ou trois mois, et faire par conséquent trois engraissemens par an dans le même pâturage, en commençant dès le mois de mars : lorsque les pâturages sont moins bons, il faut plus de temps pour engraisser les moutons.

On doit les laisser en repos le plus qu'il est possible, les mener très-doucement, prendre garde qu'ils ne s'échauffent, les faire boire le plus qu'on peut, et prendre bien garde qu'ils n'aient le dévoiement, ordinairement causé par la rosée.

Cet engraissement ne se fait qu'au printemps, en été et en automne. Dans les pays où la gelée détruit l'herbe, on mène les moutons au pâturage de grand matin, avant que le soleil ait séché l'herbe ; on les met au frais et à l'ombre pendant la chaleur du jour et on les fait boire ; on les remène le soir dans des pâturages humides, et on les y laisse jusqu'à la nuit.

La luzerne est l'herbe la plus nourrissante, c'est la meilleure pour engraisser promptement ; mais on dit qu'elle donne à la graisse des moutons une couleur jaunâtre et un goût désagréable : d'ailleurs elle peut les faire enfler et par conséquent les faire mourir. Les trèfles sont presque aussi nourrissans et aussi dangereux que la luzerne; on prétend qu'ils rendent la graisse jaunâtre, mais qu'elle a bon goût : le sainfoin est fort bon pour engraisser, et l'on n'a rien à en craindre.

Le fromental, la coquiole, ou graine d'oiseau, le thimoty, le ray-grass, les herbes des prés, sur-tout des prés bas et humides, et dans certains pays les chaumes après la moisson, et les herbages des bois, sont bons pour engraisser les moutons; mais ils ne les engraissent pas si promptement que la luzerne, le trèfle et le sainfoin.

L'engraissement de pouture se fait pendant la mauvaise saison, par exemple Noël. Après avoir tondu les moutons, on les renferme dans une étable, et on ne les laisse sortir qu'à midi, pendant qu'on met de la nourriture dans leurs auges; le matin et le soir, on leur donne à manger au râtelier, et même pendant les nuits longues.

On leur donne de bons fourrages et des grains, ou d'autres choses fort nourrissantes, suivant les productions du pays et le prix des denrées; car il faut prendre garde que les frais de l'engraissement n'emportent le gain que l'on devrait faire en vendant les moutons gras.

Dans plusieurs pays, on donne aux moutons de trois ou quatre ans, le matin, trois quarterons de foin à chacun, et autant le soir; à midi, une livre d'avoine et une livre de *maton*, c'est-à-dire de pain, ou tourte de navette, ou rabette, ou de chenevi, réduit en morceaux gros comme des noisettes. On les fait boire tous les jours : dans d'autres pays, on ne leur donne à chacun, le matin, que dix onces de foin; à midi, un quarteron d'avoine et une demi-livre de maton, et le soir, dix onces de foin; mais la meilleure manière est de leur donner de ces nourritures tant qu'ils en peuvent manger. Le maton rend la chair huileuse et le suint trop abondant; il faut substituer au maton une autre nourriture pendant les quinze derniers jours, pour donner bon goût à la chair.

On doit préférer les grains, tels que l'avoine en grain ou grossièrement moulue, l'orge ou la farine d'orge, les pois, les fèves, etc.; la nourriture qui engraisse le plus tôt est l'avoine en grain mêlée avec de la farine d'orge ou du son, ou avec les deux ensemble. Si on ne mettait que du son avec la farine d'orge, cette nourriture resterait entre les dents des moutons, et ils s'en dégoûteraient.

On peut les engraisser avec des navets ou des choux. Pour cet effet, on commence par faire pâturer les moutons dans des chaumes, après la moisson, jusqu'au mois d'octobre, pour les disposer à l'engraissement; ensuite on les met dans un champ de navets pendant le jour ; le soir, on leur donne de l'avoine avec du son, et de la farine d'orge. Les navets qui sont en bon terrain, bien cultivés et pris avant d'être trop vieux, ou pourris, ou gelés, ne sont guère moins bons que l'herbe pour engraisser, et sont peut-être aussi bons : ils rendent la chair des moutons tendre et de bon goût ; mais lorsqu'on donne, le soir, une bonne nourriture d'*auge* aux moutons, elle contribue encore plus que les navets à les engraisser et à rendre leur chair tendre, elle les préserve des maladies que les navets peuvent leur donner lorsqu'ils sont dans un terrain humide. Les navets trop vieux et filandreux, pourris ou gelés, sont une mauvaise nourriture ; un arpent de bons navets peut engraisser treize ou quatorze moutons.

On met les moutons dans les champs de choux-cavaliers, ou de choux frisés, depuis le mois d'octobre ou de novembre, jusqu'au mois de février. Les choux engraissent les moutons plutôt que l'herbe ; mais ils donnent à la chair un goût de rance, et lorsque les moutons mangent de vieux choux, leur haleine a une mauvaise odeur, qui se fait sentir à l'approche du troupeau : pour empêcher que les choux ne donnent un mauvais goût à la chair des moutons, ou ne les fassent enfler, il faut leur donner une nourriture d'auge plus douce, telle que l'avoine, les pois, la farine d'orge, etc.

On connaît qu'un mouton est gras en le tâtant à la queue, qui devient quelquefois grosse comme le poignet, aux épaules et à la poitrine ; si l'on y sent de la graisse, c'est signe que les moutons sont bien gras. Lorsque après les avoir dépouillés, on voit sur le dos la graisse paraître en petites vessies comme de l'écume, c'est une marque de bon engraissement : cela arrive ordinairement lorsqu'ils ont mangé des navets.

Les moutons que l'on a engraissés d'herbage ou de pouture ne vivraient pas plus de trois mois quand même on ne les livrerait pas au boucher ; l'eau qui contribue à cet engraissement causerait la maladie de la pourriture.

Si l'on veut avoir des moutons gras dont la chair soit tendre et de bon goût, il faut les engraisser de pouture à l'âge de deux ou trois ans. Les moutons de deux ans ont peu de corps et prennent peu de graisse. A trois ans, ils sont plus gros et prennent plus de graisse. A quatre ans, ils sont encore plus gros, et ils deviennent plus gras ; mais leur chair est moins tendre. A cinq ans, la chair est dure et sèche. Cependant, si l'on veut avoir le produit des toisons et des fumiers, on attend encore plus tard, même jusqu'à dix ans ; si on est dans un pays où les moutons peuvent vivre jusqu'à cet âge, il faut les engraisser un an ou quinze mois avant le temps où ils commenceraient à dépérir.

La manière d'engraisser les bêtes à laine en Russie consiste à hacher de la paille avec du foin, et à y répandre de l'eau dans laquelle on a fait dissoudre du sel marin.

On mange jeunes les moutons calmouques, autrement la chair a le goût de bouc.

Quelques propriétaires de terres, en Berri, pour avoir de bons moutons, ont soin d'en réunir toujours vingt-quatre, âgés de plus de trois ans; on leur donne du foin pendant la nuit, et tous les soirs, aux plus avancés, environ trois jointées d'avoine, dans laquelle on met une poignée de sel : à mesure qu'on tue un des six, on le remplace par le plus gras.

Pour engraisser les vieilles brebis autant qu'elles peuvent l'être, on les met dans un bon pâturage en été et en automne, et on les vend à l'entrée de l'hiver : leur chair ne vaut jamais celle des moutons.

La viande du mouton, quand elle est de bonne qualité, est en général fort recherchée ; c'est, dit-on, *une viande faite*, c'est-à-dire la viande d'un animal qui a acquis, par son âge, le genre de perfection dont il est susceptible : elle est jugée plus saine que celle du veau et de l'agneau. Les estomacs même délicats la digèrent facilement, les médecins en prescrivent l'usage à des convalescens. On distingue, quant au goût, les moutons de quelques pays : tels sont, comme je l'ai dit, ceux des Ardennes, de certaines parties de la Normandie, et sur-tout des rivages de la mer, où ils paissent des herbes salées ; on appelle ces derniers *moutons de prés salés.* Les moutons des départemens du midi sont estimés, parce qu'ils vivent d'herbes aromatiques : comme le défaut de pâturage ne permet point l'engraissement des bœufs et des vaches, on remplace ces animaux par des moutons dont la viande sert à faire de bons potages ; il s'en consomme bien plus dans le midi que dans le nord, où les vaches et les bœufs sont communs.

Je passe maintenant à ce qui concerne les laines : les moutons en fournissent plus que les brebis et les agneaux ; il ne sera pas déplacé de traiter ici cet article.

Des laines. Les laines, dans le commerce, se divisent en deux classes ; savoir, en *laines de toison* et en *laines mortes.* On entend par laines de toison celles qui ont été prises sur l'animal vivant, et par laines mortes celles qui ont été prises sur l'animal mort. On donne le nom de laine *surge* ou en *suint* à la laine qui n'a pas encore passé par le lavage ; les laines de toison ou mortes diffèrent entre elles en raison de la couleur, de la finesse, de la longueur, de la force et du nerf. La couleur la plus ordinaire des laines est la blancheur ; suivant M. de Buffon, il y a en Espagne des moutons roux, et en Écosse des moutons jaunes. M. Maquart, médecin de Paris, dit avoir vu en Russie beaucoup de moutons noirs et de moutons roux ; il rapporte aussi qu'en Crimée il y en a à laine bleuâtre , qui est fort chère. Je connais des chèvres d'Angora à poil de cette couleur : en France , on ne conserve, dans les grands troupeaux , que le moins possible de bêtes à laine noires ou brunes , parce que la blancheur étant la couleur la plus estimée , les fabricans n'acheteraient pas les toisons. Là où les habitans s'habillent d'étoffes qu'ils ne font pas teindre , on voit dans les troupeaux beaucoup de bêtes noires ; quelquefois il y en a la moitié. Ces troupeaux sont ordinairement petits , plusieurs de nos départemens n'en ont pas d'autres. Pour employer ces laines, on mêle ensemble les blanches et les noires , qui donnent une couleur brune , ou plus ou moins mélangée : les paysans , dans plusieurs pays , se fabriquent eux-mêmes des étoffes , qu'ils ne font pas teindre ; ils économisent , par ce moyen , une partie de la dépense de leurs vêtemens.

Il n'y a que les laines blanches qui reçoivent des couleurs vives par la teinture. Les laines jaunes , rousses , brunes , noirâtres ou noires , ne sont employées , dans les manufactures , qu'à des ouvrages grossiers , ou pour les vêtemens des gens de la campagne , lorsqu'elles sont de mauvaise qualité ; mais celles qui sont fines servent pour des étoffes qui restent avec leur couleur naturelle sans passer à la teinture.

Les mèches de la laine sont composées de plusieurs filamens, qui se touchent les uns les autres par leurs extrémités. Chaque mèche forme dans la toison un flocon de laine séparé des autres par le bout.

Il y a des laines de différente longueur ; les plus courtes ont un pouce. On assure que les Anglais ont des moutons dont la laine a jusqu'à 22 pouces. Dans une expérience que nous avons faite et répétée à Rambouillet , la laine des bêtes espagnoles tenues trois ans sans être tondues avait 18 pouces de longueur. Les laines fines sont toujours plus courtes que les laines grosses.

M. Daubenton a observé qu'il y avait des filamens très-fins dans toutes les laines , même dans les plus grosses , et que les filamens les plus gros se trouvent au bout des mèches. En examinant ces filamens dans un grand nombre de races de moutons , il a distingué différentes sortes de laines , qu'il a réduites à cinq dans l'ordre suivant : laines superfines , laines fines , laines moyennes , laines grosses , laines supergrosses.

La bonne laine doit être fine , douce , forte et élastique.

Pour savoir si elle est fine , il faut couper le bout d'une mèche sur l'épaule ; c'est à cet endroit que se trouve la plus fine.

Il suffit de toucher et de frotter entre les doigts un flocon de laine pour sentir si elle est douce et moelleuse.

Pour connaître si la laine est forte ou faible, on en prend des filamens et on les tend en les tenant des deux mains par les deux bouts. S'ils cassent au premier effort, c'est une preuve que la laine est faible ; plus ils résistent, plus la laine a de force.

Elle est élastique si, lorsqu'on l'a serrée dans la main, elle se renfle autant qu'elle l'était avant d'avoir été comprimée.

Les laines mêlées de beaucoup de jarre sont les mauvaises. On appelle *jarre*, ou *poil mort*, ou *poil de chien*, un poil mêlé avec de la laine et qui en diffère beaucoup ; il est dur et luisant ; il n'a pas la douceur de la laine, et il ne prend aucune teinture dans les manufactures. Une laine jarreuse ne peut servir qu'à des ouvrages grossiers ; plus il y de jarre dans la laine, moins elle a de valeur.

Les laines anglaises et celles de Nord-Hollande sont longues et fines, comparées avec les laines communes, car elles n'approchent pas de la finesse des mérinos ; celles du nord de la France, c'est-à-dire de Flandre, Picardie, Champagne, Ile-de-France, sont longues et grosses ; en avançant vers le midi, elles se raccourcissent et s'affinent. Le Roussillon, l'Italie et l'Espagne en ont de courtes et de la plus grande finesse.

Les Espagnols distinguent quatre sortes de laine sur la même bête.

Celle de la première qualité se trouve sur l'épine du dos, depuis le cou jusqu'à environ un demi-pied de la queue, en comprenant un tiers du corps. On appelle cette sorte de laine *floretta*.

Celle de la seconde couvre les flancs et s'étend depuis les cuisses jusqu'aux épaules, en avançant vers le cou.

La laine de la troisième qualité environne le cou et recouvre la croupe.

Enfin la laine de quatrième qualité occupe, 1°. depuis la partie de devant du cou, jusqu'aux bas des pieds, en y comprenant une petite partie des épaules ; 2°. les deux fesses jusqu'au bas des deux pieds de derrière. On appelle en espagnol cette laine *cayda*.

Des expériences que nous avons faites au jardin du Muséum d'histoire naturelle de Paris, en couvrant de toile pendant un an des moutons race de mérinos, prouvent que la laine, garantie des impressions de l'air extérieur et de l'humidité, s'affine et devient plus blanche.

M. Daubenton, persuadé qu'il était important pour le commerçant et pour le manufacturier d'avoir un moyen de connaître précisément le degré de finesse ou de grosseur des laines, parce que ces degrés, même dans les extrêmes, varient beaucoup, a imaginé de soumettre toutes sortes de filamens de laine à un micromètre placé dans un microscope. Le micromètre représente un petit réseau ou un composé de mailles. Il n'y avait qu'un dixième de ligne entre les deux côtés parallèles des carrés du micromètre dont se servait M. Daubenton, et sa lentille grossissait quatorze fois. Ayant reconnu par des observations répétées soigneusement que les gros filamens de vingt-neuf échantillons de laine superfine, apportés de diverses manufactures, occupaient rarement plus de deux carrés du micromètre, il a fixé le dernier terme des laines superfines à celles dont les plus gros filamens remplissent par leur largeur un carré de micromètre, et dont le diamètre est la soixante-dixième partie d'une ligne. La largeur des plus gros filamens de la laine la plus grossière occupait jusqu'à six carrés du micromètre de M. Daubenton, qui valent la vingt-troisième partie d'une ligne.

Les plus gros filamens du jarre remplissaient jusqu'à onze carrés du micromètre, et leur grosseur par conséquent était la douzième partie d'une ligne. Il y a des jarres moins gros et même aussi fins que des filamens de laine superfine.

Entre les laines superfines, dont les filamens ont pour diamètre la soixante-dixième partie d'une ligne, et les plus grosses, dont les filamens ont pour diamètre la vingt-troisième partie d'une ligne, il y a des intermédiaires qui permettent de distinguer plusieurs sortes de laine et dans chaque sorte des degrés différens.

M. Daubenton ne propose pas aux propriétaires de troupeaux et aux bergers d'avoir des microscopes et des micromètres, qu'ils ne seraient en état ni de se procurer ni d'employer; mais il croit que les commerçans et les grands manufacturiers doivent s'en servir. Il suffit pour les autres qu'ils aient des échantillons des cinq sortes de laines vérifiées au microscope. En appliquant de petits flocons de ces laines sur une étoffe noire, ils pourront leur comparer les laines dont ils désireront constater la qualité, ce qui peut leur être très-utile pour les alliances des béliers avec les brebis.

Je n'ai jusqu'ici considéré la laine que physiquement ; elle doit l'être sous les rapports économiques.

La toison des moutons flamands pèse de 10 à 12 livres: la laine en est forte. On la peigne et on la file à Turcoin pour des chaînes d'étoffes.

Celles des moutons d'Artois ou de Gravelines pèse de 9 à 10 livres. La laine est de même qualité et s'emploie au même usage.

Celle des moutons hollandais ou liégeois pèse aussi de 9 à

10 livres; la laine en est grosse et sert pour l'habillement des troupes.

Celle des moutons cotentins pèse 3 livres; celle du Cauchois 5 livres : sa laine entremêlée de quelques poils roux est employée à faire les draps de Châteauroux et des couvertures.

Celle des moutons du Vexin ou du Santerre pèse de 6 à 8 livres. La laine en est belle; on l'emploie pour la chaîne des pièces de tricot.

Celle des moutons de Faux, vallières ou bocagers, pèse de 3 à 4 livres. La majeure partie de la laine de ces moutons est *beige*, en terme de bonneterie, c'est-à-dire mêlée de blanc, noir et roux. On s'en sert pour de grosses étoffes sans qu'il soit besoin de la teindre; on s'en sert aussi pour des couvertures. Celle des moutons allemands souvent aussi est *beige*; elle pèse de 6 à 7 livres. La laine en est grosse; on la peigne et on la file à Rosières en Santerre. Le fil vient à Paris, où une partie se met en teinture.

Celle des moutons cholets pèse 4 livres. La laine en est commune; on la destine au même emploi que la précédente.

Celle des moutons alençons, solognots, ardennois, pèse de 2 à 4 livres. La laine des derniers est entremêlée de poils roux; elle est pour les manufactures de couvertures.

Celle des moutons briards, champenois, bourbonnais et langrois, pèse de 2 à 4 livres. La laine est propre à la bonneterie.

Celle des barrois, qui est de première qualité, pèse 3 livres, et sert non-seulement pour la bonneterie et pour les couvertures, mais encore pour faire des ratines.

Celle des moutons de Gatine, quoique moins belle, s'emploie dans la bonneterie pour faire des ratines et pour faire de la serge de Mouy.

Les moutons alsaciens, lorrains, suisses et allemands, ont la laine forte et propre à être peignée.

La laine toute noire servait pour la fabrication des habits de moine, et surtout des capucins. Cet emploi ne pouvant plus avoir lieu dans la suite, on conservera moins de bêtes noires dans les troupeaux.

Il faut observer que les meilleures laines, toutes choses étant égales d'ailleurs, sont celles des toisons coupées en juin, époque où l'on croit que la laine a acquis sa maturité dans nos climats, quoique rien ne prouve qu'elle soit plus mûre dans cette saison que dans une autre, et que d'ailleurs l'époque ne puisse être la même dans tous les pays en France. On ne fait pas autant de cas de la laine des moutons tondus pendant qu'ils sont en pouture. Elle a moins de nerf et de propreté ; car ces animaux, mangeant continuellement à des râteliers, font tomber entre les filamens de leur toison des débris de fleur ou de folioles des plantes qu'on leur donne. On a de la peine à en purifier entièrement la laine, qui n'est bonne que pour des matelas quand ce sont des bêtes communes.

La laine des moutons tués dans les boucheries, et enlevée des peaux par le moyen de la chaux, est bien inférieure à celle des bêtes tondues pendant qu'elles étaient vivantes. Il lui manque ce moelleux que donne le suint, qui nourrit les filamens pendant la vie de l'animal, et qui persiste dans la laine, quand on la lui a enlevée dans le temps que toutes ses fonctions étaient en activité. La chaux dont on se sert doit contribuer à rendre cettte laine dure.

Les bouchers mettent en toison la laine des moutons qu'ils tuent depuis le premier octobre jusqu'aux temps ordinaires de la tonte ; mais on détache par poignées celle des animaux tués depuis la tonte jusqu'au premier octobre. Les grandes races alors n'en fournissent guère qu'une livre lavée, les moyennes races 3 quarterons, et les petites races une demi-livre.

La tonte des troupeaux est une vraie moisson pour ceux qui en possèdent ; c'est le plus beau produit qu'on en retire : ce moment, dans beaucoup de pays, est une fête où l'on réunit les parens et les amis.

On a prétendu qu'il y aurait de l'avantage à faire tondre les mérinos deux fois par an au lieu d'une. En se conduisant ainsi on récolte, dit-on, plus de laine et de la plus fine : cette idée n'est pas nouvelle, elle a été rappelée à différentes époques. Dans ce moment, quelques commerçans et manufacturiers semblent le désirer ; autrefois ils nous engageaient à faire produire des laines longues, aujourd'hui ils font le contraire : c'est sans doute pour quelques fabrications particulières. Il est à croire que par le même motif on achète l'agnelin plus cher que précédemment, car on le paye presqu'au prix de la laine-mère. Pour décider s'il y a plus de gain pour le propriétaire d'un troupeau d'en doubler la tonte que de n'en faire qu'une, il faut attendre les expériences dont s'occupe les améliorateurs ; au reste, chacun peut en faire l'essai sur un certain nombre d'individus. L'embarras serait de choisir deux saisons qui pussent être favorables. Ce serait dans nos climats du nord, les mois de mars et de septembre, ou d'avril et d'octobre qui paraîtraient le mieux convenir, quoiqu'on eût à craindre du froid et des pluies ; il y aurait plus de précautions à prendre que si l'on ne tondait qu'au mois de mai et de juin, et une seule fois selon l'usage. On devra aussi faire entrer pour quelque chose dans le calcul la dépense d'une tonte de plus.

Dans les races communes, il y a des individus qui perdent une partie de leur toison avant l'époque de la tonte : c'est ordinairement l'effet d'une maladie ou d'un affaiblissement causé par l'insuffisance ou la mauvaise qualité de la nourriture. Lorsque le troupeau paît au milieu des buissons, sa laine en s'allongeant s'arrache et se perd.

Il n'en est pas de même dans la race des mérinos, si les animaux sont bien nourris; hors les cas de maladie, ils conservent leur laine, qui d'ailleurs est plus courte jusqu'à trois ans, presque sans en perdre, comme nous en avons fait l'expérience bien des fois.

M. Daubenton s'est trompé lorsque, pour donner un signe certain de la nécessité de tondre chaque année, il a indiqué le moment où la nouvelle laine chasse l'ancienne; il en a jugé d'après la repousse de la laine, aux parties dénudées par quelque cause que ce soit. Il est si vrai que le même brin de laine s'allonge d'une année à l'autre, que quand on n'a pas tondu un animal dans l'état d'agneau, et lorsqu'on le tond étant antenois (à la deuxième année de sa vie), sa laine est moins fine que s'il l'eût été étant agneau; car à mesure qu'on coupe la laine, elle s'affine : celle de l'agneau est moins fine que celle de l'antenois, etc.

Ce qui doit déterminer la tonte, c'est en général l'approche des chaleurs, pendant lesquelles les bêtes à laine souffrent du poids de leurs toisons. Si elles étaient attaquées d'une gale tellement abondante qu'il fallut traiter à-la-fois toute la surface de leur corps, il serait nécessaire de les tondre hors saison ordinaire. On doit dépouiller de leurs toisons les troupeaux qui transhument, avant leur départ pour les montagnes : le temps ne peut donc être le même pour tous les pays ni dans toutes les circonstances.

On tond les agneaux un peu plus tard que les brebis, tant pour donner à leur laine le temps de s'allonger que pour attendre les plus fortes chaleurs. Quelques économes cependant les font tondre avant les brebis, pour que la nouvelle laine repousse de bonne heure, et qu'ils puissent mieux résister aux intempéries de l'air quand ils les mettent au parc.

Deux motifs doivent engager à tondre les agneaux, surtout dans les troupeaux à laine fine : le premier, parce que la laine de la deuxième année devient plus fine ; le second, parce qu'en les tondant on les délivre des pous et des teignes, qui les incommodent et les empêchent de profiter.

On assure qu'en Saxe, dont les laines sont très-estimées, on lave à dos les moutons avant de les tondre; je ne sais si en Angleterre et en Espagne cette pratique a lieu. Le but qu'on se propose est sans doute de débarrasser ces laines des plus grosses saletés et de diminuer les frais de transport, leur poids étant moindre. De temps immémorial, on a cette habitude dans beaucoup de départemens de la France, aux lieux où l'on a la facilité de plonger les animaux et de les frotter dans l'eau, soit d'une mare, soit d'un étang, soit d'une rivière. Quand on est à portée d'un moulin à eau, on place successivement les moutons à l'endroit de la chute; la rapidité du courant sert beaucoup pour nettoyer les toisons. Les personnes qui n'ont que quelques bêtes à laver, le font dans un baquet. Jusqu'ici un grand nombre de propriétaires de mérinos ont bien de la peine à adopter cette méthode; dans cette race le tassé de la laine ne permettrait que difficilement à l'eau de la pénétrer, elle serait long-temps à se sécher et incommoderait les animaux, sur-tout ceux qui sont faibles et disposés à la cachexie. Il y a lieu de croire que, dans les pays où le lavage à dos est ordinaire, les toisons sont lâches; on sent bien qu'après un lavage de cette espèce, on doit tenir les moutons quelques jours à la bergerie, afin de leur donner le temps de reprendre du suint.

Il est d'usage d'enfermer quelques jours avant la tonte les bêtes à laine, pour les échauffer et les faire suer : cet usage est pernicieux dans les pays où elles sont disposées à contracter la maladie du sang ou la cachexie. Dans le premier cas, on augmente trop la circulation du sang, et dans le second on épuise l'animal par un effort trop considérable. Il est utile, pour la tonte, de les tenir dans un état qui rende la laine facile à couper; une chaleur modérée suffit : on en a peu besoin, si l'on choisit un temps beau et chaud.

M. Daubenton dit que pour bien tondre il faut coucher l'animal sur une table et l'y attacher par les jambes de devant et de derrière avec un cordon, et si c'est un bélier, aussi par les cornes, et que le tondeur peut être assis; il pense que dans cette position ils sont l'un et l'autre plus à l'aise. Il se trompe, la bête ainsi étendue n'est pas plus à l'aise que quand on lui lie les quatre jambes; le tondeur assis et penché sur une table se fatigue bien davantage; il est moins libre de ses mouvemens que quand il est debout, il tond bien moins d'animaux en un jour. A la vérité celui qui tond sans être assis est obligé de se courber beaucoup; mais bientôt il y est rompu. L'opération durant très-peu de temps, l'animal qu'on lui présente, les quatre pieds liés, n'est mal à l'aise tout au plus qu'une demi-heure.

Un bon tondeur doit couper la laine le plus près possible de la peau sans laisser de sillons ni sans blesser. Si malgré ses attentions il fait quelques coupures, on y applique un peu de charbon en poudre. Il peut tondre jusqu'à quarante ou cinquante bêtes par jour, et même plus, si ce sont des bêtes communes ; tandis qu'il ne tondrait que vingt ou vingt-quatre brebis, ou quinze à vingt béliers mérinos, dont la laine est serrée et abondante.

Quand toute la toison est coupée, on la plie, on la lie avec de la paille, ou du jonc, ou de la ficelle, en plaçant au milieu la laine de dernière qualité, c'est-à-dire celle des têtes, ventres, cuisses et pattes, à moins qu'on ne les mette à part.

Il est à désirer, pour l'intérêt des manufactures, qu'on ne confonde pas la laine des bêtes mortes ou malades avec la laine des bêtes vivantes et saines, parce qu'elle ne prend pas aussi bien la teinture, en voici la preuve.

M. Roard, directeur de la belle manufacture de tapisserie des Gobelins, à Paris, m'ayant fait observer qu'un écheveau de laine, filé et mis dans un bain, soit d'indigo, soit d'autres substances, ne prenait pas dans toutes ses parties la couleur, au même degré d'intensité, ce qui était cependant nécessaire pour la perfection du travail, je présumai que cela dépendait de l'état où étaient les moutons dont on employait la laine lorsqu'on a coupé leurs toisons, et nous résolûmes de nous en assurer par des expériences soignées. Je fis tondre en conséquence, à Rambouillet, un mouton sain et bien portant et un autre encore malade ; on enleva aussi la laine de la peau d'un mouton mort : tous les trois étaient de race espagnole et du même âge ; les différentes toisons furent lavées et filées à part dans la manufacture, on en forma des écheveaux : M. Roard surveilla les opérations ; on en teignit un de chaque sorte en bleu, un en rouge et un en jaune. L'Académie des sciences, à l'examen de laquelle nous avons soumis ces échantillons, a reconnu que la couleur, soit bleue, soit rouge, soit jaune, était vive dans les écheveaux de laine du mouton bien portant, faible dans ceux de laine du mouton malade, et terne dans ceux de laine de bête morte. La conséquence à tirer de cette expérience est que probablement, dans la confection de certaines pièces de drap dont on se plaint, il y a des défauts qui sont dus au mélange de laine de mauvaise qualité avec celle de toisons de moutons sains. Nous en avons averti des fabricans curieux de ne livrer à la consommation que des étoffes parfaites, en leur conseillant de n'acheter leurs laines que des propriétaires de troupeaux qui mettent à part celles qu'on a enlevées aux bêtes en mauvais état. Pour éviter qu'on ne les trompe, il faut qu'ils fassent le sacrifice de payer ces laines aux mêmes prix que les autres, afin qu'on n'ait aucun intérêt de les confondre.

En attendant qu'on vende les laines qui sont coupées, on doit les tenir dans un endroit qui ne soit exposé ni au soleil ni à l'humidité, la chaleur en diminuerait le poids, et l'humidité les altérerait; il faut aussi les mettre à l'abri de la poussière.

Columelle cite une race de moutons dont on arrachait la laine : on dit qu'il y en a encore une en Islande; mais cela est-il bien certain? Dans nos races communes et dans celle des mérinos, on voit, avant l'époque de la tonte, des individus dont il se détache des parties de toison; ordinairement ce sont des animaux malades ou mal nourris, comme je l'ai déjà dit : il y en a même qui s'en dépouillent entièrement. Je pense que c'est là la manière d'expliquer la citation de Columelle et l'assertion relative à l'Islande.

On a beaucoup vanté les bêtes à laine grise de Crimée à cause des fourrures qu'on fait avec les toisons de leurs agneaux mort-nés, fourrures qui se vendent très-cher. Ces animaux ont des cornes, beaucoup de taille, la laine longue, la queue courte.

En Angleterre, la législation, en établissant en faveur des fabricans un monopole sur les laines, les empêche de s'élever à leur valeur : aussi le cultivateur, loin de chercher à la perfectionner, s'occupe à procurer aux animaux un engraissement prompt et complet, qui lui est plus profitable.

Les laines se conservent plus long-temps en suint que dégraissées. Il y a du profit pour le vendeur de les livrer aussitôt après la tonte, parce qu'elles perdent toujours de leur poids; il y a aussi de l'avantage pour l'acheteur, parce qu'ayant plus de suint, elles se blanchissent mieux.

En les gardant long-temps elles peuvent être attaquées par les chenilles-teignes; on donne ce nom à un genre d'insectes que bien des gens prennent pour des vers, quoiqu'ils aient des jambes comme les autres chenilles, tandis que les vers n'en ont point. Les papillons-teignes se trouvent dans les maisons où il y a des meubles ou des magasins de laine; ils ont, dit M. Daubenton, à-peu-près 3 lignes de longueur; ils sont de couleur jaunâtre et luisante : on les voit voltiger depuis la fin d'avril jusqu'au commencement d'octobre, un peu plus tôt ou plus tard, suivant que la saison est plus ou moins chaude. Pendant tout ce temps, les papillons-teignes pondent sur la laine de petits œufs que l'on aperçoit difficilement : c'est de ces œufs que sortent les chenilles qui rongent la laine ; elles éclosent pendant les mois d'octobre, de novembre et de décembre. Elles sont très-petites et prennent peu d'accroissement pendant tout ce temps, et même elles sont engourdies lorsqu'il fait de grands froids ; mais pendant le mois de mars et le commencement d'avril, elles grandissent promptement : c'est alors qu'elles coupent un grand nombre de filamens de laine pour se nourrir et se vêtir.

On connaît les chenilles-teignes quand on voit sur les toisons de laine ou dans d'autres endroits de petits fourreaux d'environ une ligne de diamètre sur 4 ou 5 lignes de longueur et rarement 6; ils sont un peu renflés dans le milieu et évasés par les deux bouts. Il y a dans chacun de ces fourreaux une chenille qui s'y tient à couvert, parce qu'elle n'est revêtue que d'une peau blanche, mince, transparente et délicate. La chenille-teigne avance un tiers de la longueur de son corps au dehors de son fourreau, par un bout ou par l'autre, car elle peut s'y retourner dans le milieu, à l'endroit où il est le plus large : elle peut aussi en sortir presque entièrement. Il n'y reste que la partie postérieure du corps et les deux jambes de derrière qui s'attachent au fourreau, de sorte que la chenille peut l'entraîner avec elle lorsqu'elle marche par le moyen de ses autres jambes. Elle n'a que le tiers de son corps au dehors du fourreau, lorsqu'elle coupe les filamens de la laine; elle se contourne en différens sens pour atteindre un plus grand nombre de ces filamens. Elle se nourrit de la substance de la laine, et elle l'emploie aussi pour fermer et pour agrandir son fourreau : c'est pourquoi il est de même couleur que la laine. On ne peut pas douter qu'il n'y ait eu ou qu'il n'y ait encore des chenilles-teignes dans la laine, lorsqu'on y voit de leurs excrémens, ou lorsqu'ils sont répandus au-dessous. Ces excrémens sont en petits grains arides et anguleux, gris lorsque la laine est blanche, noirâtres quand elle est de cette couleur.

Lorsque les chenilles-teignes, c'est toujoure M. Daubenton qui parle, ont pris tout leur accroissement, la plupart quittent les toisons pour se retirer dans de petits coins obscurs du magasin de laine, et s'y attachent par les deux bouts de leur fourreau, ou se suspendent au plancher par un seul : alors elles ferment les deux ouvertures du fourreau et changent de forme et de nom; on leur donne celui de chrysalides. Elles restent dans cet état pendant environ trois semaines, ensuite ces insectes percent le bout de leur enveloppe qui est le plus près de leur tête, et ils sortent sous la figure d'un papillon.

Jusqu'à présent, ajoute-t-il, on n'a trouvé aucun moyen de garantir entièrement la laine du dommage des chenilles-teignes; mais on peut l'éviter en partie. Faites enduire en blanc les murs et plafonner le plancher du magasin où l'on garde les laines, afin que les papillons-teignes qui se posent sur ces murs et sur ce plafond soient plus apparens. Placez les laines sur des claies qui soient soutenues à un pied au-dessus du carrelage ; ayez un bâton terminé comme un fleuret à l'une de ses extrémités par un bouton rembourré. Lorsque vous entrerez dans le magasin, vous frapperez avec le bâton sur les laines et sous les claies, pour faire sortir les papillons-teignes ; ils s'envoleront, ils iront se placer sur les murs et sur le plafond, où il sera facile de les tuer en appliquant sur eux l'extrémité du bâton qui est rembourrée. En répétant souvent cette recherche, depuis le commencement d'avril jusqu'au commencement d'octobre, on détruit un grand nombre de papillons-teignes, on prévient leur ponte, ou on ne la laisse pas achever, par conséquent il y a beaucoup moins de chenilles rongeuses dans la laine. Un enfant est capable de la soigner de cette manière.

La laine en suint étant moins sujette à être gâtée par les teignes que celle qui a été dégraissée ou seulement lavée, si l'on place dans un magasin de laines en suint quelques mauvaises toisons lavées, les papillons-teignes y feront sur celles-ci leur ponte par préférence. Si l'on brûle ces toisons avant que les chenilles en sortent pour prendre la forme de chrysalides, on détruit les chenilles, et l'on empêche qu'elles ne deviennent des papillons-teignes, qui produiraient un grand nombre d'œufs.

On a prétendu que l'odeur du camphre et celle de l'esprit de térébenthine étaient des préservatifs pour la laine contre les teignes. Elles peuvent être détournées par ces odeurs, si elles trouvent à se placer sur des laines qui ne les aient pas ; mais à leur défaut elles s'y accoutument et on n'en tire aucun avantage.

La vapeur du soufre fait périr les chenilles-teignes ; mais il faut que cette vapeur soit concentrée dans un petit espace. Elle ne pourrait pas l'être dans un magasin de laines, d'ailleurs elle leur donnerait une mauvaise odeur ; celle du camphre est aussi très-désagréable. Il vaut mieux battre les laines dans les magasins, et tuer les papillons-teignes ; aussi est-ce la méthode des fourreurs pour conserver les pelleteries : ils les battent et ils courent après les papillons-teignes dès qu'ils en aperçoivent.

Les chenilles-teignes ne peuvent pas percer le papier : ainsi la laine est en sûreté dans un cornet ou un sac de papier bien fermé. Mais ces chenilles passent à travers les mailles de la toile ; elles y forment un petit trou rond en écartant les fils sans les couper.

Tout ce qui a rapport aux chenilles-teignes est extrait de M. Daubenton. *Voyez* Teigne.

Les laines, si elles sont surges ou en suint, se vendent à raison de leur qualité et du peu de déchet qu'elles éprouvent au lavage ; si elles sont lavées , c'est la qualité seule qui en détermine le prix.

En supposant que la laine fine du Roussillon fût vendue 15 sous en suint, elle se vendrait 46 sous bien lavée, parce que le déchet ordinaire est de deux tiers.

Les laines communes qui ne perdent que moitié de leur poids au lavage se vendent 20 à 24 sous lavées, quand elles en valent 10 à 12 non lavées.

Celles des mérinos , qui perdent communément cinquante-quatre pour cent, si on les suppose vendues lavées 9 livres, doivent valoir en suint environ 4 livres.

Les fabricans et les commissionnaires achètent souvent les toisons sans les peser , lorsque l'habitude leur a fait connaître les poids, année commune, et les troupeaux.

Dans beaucoup de pays, la laine des agneaux ne se vend pas séparément; on la comprend toujours dans le marché de celle des brebis.

En Beauce et dans une partie de la Picardie, on vend les toisons au cent, en donnant les quatre au cent et un tiers ou la totalité des toisons d'agneaux.

Le prix annuel des laines se règle aussi sur le besoin. On trouve quelquefois plus de difficulté à se défaire des laines fines que des laines communes, dont l'emploi est plus étendu. Ces dernières peuvent être à proportion plus chères que les premières.

En France, les laines du Roussillon , du Languedoc, celles du Berri, de la Sologne, etc., sont les plus estimées après celles des mérinos et des métis de deuxième, troisième et quatrième degrés, dont le nombre est maintenant considérable. On fait cas de celles de Maroc. Les laines anglaises, plus longues et moins fines, sont très-recherchées. Il y a dans l'empire russe de belles laines que produisent les moutons de Crimée , on prise beaucoup les peaux mêlées de noir et de gris qui en viennent. La garniture d'un bonnet peut aller jusqu'à 100 liv. de notre monnaie, et la doublure d'un surtout jusqu'à 1000 liv. Les peaux noires à laine frisée des bêtes calmoucques ont une grande valeur. Les plus chères et les plus curieuses de toutes sont celles des agneaux *mort-nés* d'Astracan , d'un noir satiné. Plus le poil en est ras et fin , plus elles ont de prix. M. Macquart a vu un dessus d'habit fait de ces peaux qui coûtait 100 louis.

La vente des laines espagnoles se faisait autrefois par des marchés pour un certain nombre d'années, les acheteurs obtenaient du crédit. Rien n'empêche que le même mode ne soit adopté en France : moyennant des baux de cinq, six ou neuf ans, un cultivateur et un fabricant seront assurés, l'un du débit de ses laines, et l'autre de l'acquisition de ses laines ; il y aura des fabriques qui s'attacheront des troupeaux. Ce mode serait préférable encore à l'entremise de commissionnaires ou courtiers dont les profits se partageraient entre le cultivateur et le fabricant.

Pendant long-temps nous n'avons pas eu à nous louer des fabricans, qui ont abusé de l'ignorance, de la crédulité et de la crainte de perdre, qui tourmente toujours le cultivateur, pour acheter bien au-dessous de leur valeur ses laines de mérinos ou de métis. Les propriétaires, plus éclairés et moins timides, ont toujours vendu un peu plus avantageusement, quoique jamais leurs laines fines n'aient été payées au prix où elles devaient l'être. On voyait avec regret l'esprit mercantile l'emporter sur la considération de l'intérêt national.

Depuis quelques années, les mêmes hommes sont devenus plus raisonnables ; ils ont rendu justice à nos laines de mérinos ; ils vont même jusqu'à déclarer qu'elles sont préférables à celles d'Espagne. Nos prétentions étaient plus modestes : nous nous bornions à soutenir et nous prouvions que les unes valaient les autres. La vérité finit toujours par percer et par triompher de l'erreur et des obstacles qu'on lui oppose ; nous avons donc maintenant dans nos mains, de l'aveu des hommes de l'art, le moyen de fournir à nos belles fabriques de draps, de schalls, etc., de la laine superfine, sans qu'elles soient obligées de recourir à l'étranger. Puisse le gouvernement sentir tout le prix de cette conquête, qui n'a point coûté de sang ! Puisse-t-il ne rien négliger pour la conserver !

Pour employer les laines à la fabrication des étoffes, il faut leur enlever cette matière grasse dont elles sont imprégnées, c'est-à-dire le suint, si abondant dans les mérinos, et toutes les ordures qui les salissent. Les Espagnols, guidés par de puissans motifs, ont établi des usines, dans lesquelles on peut laver chaque année une grande quantité de laine. Parmi nous, des fabricans d'étoffe de drap et quelques marchands se sont attachés à laver, les uns, la laine qu'ils consomment, les autres, celles qu'ils achètent en suint pour la vendre blanche. Beaucoup d'essais ont été faits. D'abord on n'a pas réussi, ensuite on est parvenu à faire moins mal, maintenant quelques personnes lavent très-bien.

Il existe en France beaucoup de lavoirs où l'on opère aussi parfaitement qu'en Espagne. Le plus remarquable est celui qui, à Paris, est dirigé par le directeur d'un dépôt de laines ; il a été établi sous la surveillance du gouvernement, dans l'intention de procurer aux cultivateurs qui sont propriétaires de troupeaux, le moyen de se défaire de leurs laines aussi avantageusement que possible. On a eu encore en vue de donner aux fabricans la facilité de faire des achats à mesure de leurs besoins. Le directeur est autorisé par les propriétaires à vendre aux prix dont ils conviennent entre eux ; il prélève, lors du décompte, les frais du dépôt et des opérations que les laines ont exigées. Par ce court exposé, on voit le but qu'on s'est proposé en créant un tel établissement. Les cultivateurs, épars dans les départemens, isolés toujours les uns des autres, et ne sachant pas la valeur de leurs laines, les cédaient à des courtiers ou à des fabricans au prix qu'ils en offraient. Une fois qu'ils ont mis leurs laines au dépôt, ils apprennent le cours par leur correspondance avec le directeur ; ils ne sauraient être trompés, à moins que celui-ci ne fût un homme sans délicatesse, ce qui ne peut se supposer.

A l'exemple, et d'après ce lavoir, il en a été formé d'autres à peu de distance de la capitale ; on y blanchit les laines également bien. Je vais tracer ici la manière dont se fait l'opération d'après Gilbert, homme justement regretté par les amis de l'agriculture et les écoles vétérinaires.

On commence par séparer les diverses qualités de laines pour les dégraisser séparément : l'habitude apprend à les distinguer ; on étend chaque sorte sur des claies de bois, on les éparpille, on les bat avec des baguettes pour en faire sortir la poussière et ce qu'on peut d'ordures ; on ôte à la main les mèches feutrées, les pailles, le crottin ; on divise le reste avec une fourchette de fer, à doigts courts, écartés et recourbés.

Les toisons sont mises dans des cuviers, ou tonneaux, ou autres vaisseaux d'une capacité convenable. Un propriétaire de l'Aveyron conseille de les disposer, la mèche en haut, comme elles sont sur le corps de l'animal ; on verse de l'eau jusqu'à ce que les vaisseaux soient remplis ; on l'échauffe à 30 ou 40 degrés du thermomètre de Réaumur ; on laisse tremper dix-huit ou vingt-quatre heures. L'eau se charge de suint et elle devient le principal agent du dégraissage ; on en prend pour jeter dans des chaudières ; on la fait chauffer jusqu'à 50 ou 60 degrés : une chaleur moindre ne suffirait pas, plus forte que 60 degrés, elle crisperait la laine et la rendrait dure et cassante. Sans thermomètre, on reconnaîtra le juste degré, c'est celui où l'on ne pourra tenir la main dans l'eau sans se brûler.

L'eau étant à ce point, on met de la laine dans la chaudière peu à la fois, on la remue, ou plutôt on la soulève continuellement avec un bâton lisse et sans aucune aspérité, afin d'en écarter les mèches et de les faire pénétrer ; on ne la retourne pas, pour éviter qu'elle ne se cordonne. Quelques minutes après on la retire, soit avec les mains, soit avec une petite fourche ; on en remplit un panier qu'on tient un instant au-dessus de la chaudière pour l'égoutter et ne point perdre da

suint. A mesure que l'eau du bain s'épuise, on en apporte
d'autre ; si elle devient bourbeuse, on vide la chaudière tout
entière pour recommencer à la renouveler avec de l'eau de
suint. Le suint, d'après les expériences de M. Vauquelin, est
composé en partie d'un savon à base de potasse. La laine tirée de
la chaudière est portée à l'endroit où l'on doit la laver.

Il n'est point indifférent de laver dans telle ou telle eau ;
celle qui cuit bien les légumes, qui dissout facilement le savon et qui est bonne à boire, doit être préférée. L'eau courante est meilleure que celle qui est stagnante ; la plus mauvaise est celle de puits. Si on est obligé de s'en servir, il faut
la tirer d'avance et l'exposer pendant quelques jours à l'air,
ou bien la faire bouillir.

Pour bien laver dans l'eau courante, on place deux paniers
l'un au-dessus de l'autre ; quand la laine de celui-ci paraît
bien nettoyée, on la jette dans l'autre, où elle achève de se
dépurer. Dans toute cette opération, on ne la retourne pas, on
se borne à la promener rapidement dans les paniers, à l'ouvrir
le plus possible avec les mains ou avec un petit râteau. Quand
elle surnage à la surface en forme de nuage, et que l'eau qui
en dégoutte n'est plus sale, elle est suffisamment lavée. Si l'eau
n'est pas courante, on se sert de deux paniers à deux côtés, à
l'aide desquels on plonge et replonge les paniers jusqu'à ce
que l'eau soit claire.

Il ne s'agit plus que de sécher cette laine. On a conseillé de la
passer à une presse, ou de la faire tordre dans une toile par deux
hommes vigoureux. Ce moyen, sans nuire à la laine, en accélère la dessiccation et devient nécessaire si on lave quand la
saison est avancée, parce que le soleil a peu de force : un seul
jour de beau temps suffit ensuite. En été, on peut mettre sécher la laine, au sortir du lavoir, sur des claies ou sur des
cailloux, ou même sur une pelouse bien balayée.

En Espagne, où de nombreux troupeaux appartiennent à de
grands propriétaires, on a construit, pour ce genre d'opération,
des usines où se rencontrent tout-à-la-fois économie de temps
et de dépense, et où les laines sont amenées à un point de
dépuration suffisant pour les opérations qu'elles doivent ulté-
rieurement subir dans les manufactures. Ce point était important à saisir. M. le baron de Poyféré de Cère nous a mis à
même et de le connaître et de faire ce que font les Espagnols,
en nous donnant la description exacte d'un de leurs beaux
lavoirs qu'il a dessiné sur place ; c'est celui d'*Alfaro*, qui,
depuis le temps où il l'a examiné, a été détruit par la guerre.
C'était là où les laines du Paular, de Montarco, du Turbietta
et d'autres cavagnes célèbres, étaient portées tous les ans pour

y être préparées, moyennant un droit modique, et être ensuite vendues à l'étranger.

Des eaux réunies de l'*Eresna* et d'autres ruisseaux dont la source est dans les montagnes qui séparent la vieille Castille de la nouvelle, se rendent vers Ségovie, et de là jusqu'à des réservoirs ou bassins qui sont à Alfaro.

« Ces réservoirs, dit M. de Poyféré, dont la position et la capacité sont déterminées par le plan inséré dans l'Instruction sur les bêtes à laine, que j'ai publiée en 1811, 2e. édition, contiennent plus de 159,904 pieds cubes d'eau, ressource immense, sans cesse renouvelée par la rigole affluente, et qui peut suffire momentanément au travail du lavoir, si par l'effet d'un orage, ou par des accidens imprévus, les eaux de la rigole arrivent avec des troubles et dans un état qui doive en faire suspendre l'emploi.

» L'eau étant donnée au lavoir, et les laines ayant été triées à la main et séparées en primes, secondes, tierces et rebut, on les place sous un hangar à portée des cuves.

» On remplit les cuves d'eau chaude, jusqu'aux deux tiers de leur hauteur, par un robinet adapté à la chaudière : cette eau est tempérée de partie d'eau froide, versée à volonté par un conduit. Un homme est préposé pour en faire l'essai, ce qu'il pratique à chaque cuvée, en y plongeant une jambe, et faisant ajouter de l'eau chaude ou froide, selon qu'il le juge convenable, et jusqu'à ce que le degré de chaleur soit tel qu'il puisse le supporter sans être brûlé. Il donne alors le signal de mettre la laine en immersion : sa durée se règle sur l'intervalle qu'il faut pour vider la seconde et la troisième cuve avant de revenir à la première.

» Un ouvrier descend dans une cuve, retire une certaine quantité de laine, et en remplit des paniers d'osier déposés sur le bord du grillage.

» Des enfans se tenant à des cordelles montent sur la laine contenue dans les paniers, et la pressent de leurs pieds pour exprimer l'eau de suint dont elle est imbibée : cette eau s'échappe par les vides du grillage, rentre dans le creux de la cuvette, et s'écoule hors du lavoir.

» La laine ainsi exprimée est versée sur le grillage, trois enfans la ramassent, la divisent et la déposent sur le bord du lavoir. Un ouvrier (c'est l'homme important pour le lavage) placé sur une des marches, prend la laine poignée à poignée, la divise encore, et la laisse tomber dans le canal.

» Deux hommes sont placés dans le lavoir, appuyant leurs mains à une traverse solidement fixée contre les parois intérieures, et agitent alternativement la jambe droite et la gauche pour faire refouler l'eau et diviser les flocons de laine. Il y a de 30 à 33 centimètres (11 à 12 pouces) d'eau dans le lavoir.

» Quatre ouvriers placés dans le canal du lavoir, s'appuyant de leurs mains sur les bords, répètent le mouvement des deux hommes placés dans le bassin.

» Quatre autres ouvriers, aussi placés dans le canal, ramassent la laine à mesure qu'elle est entraînée par le courant : ils en forment des paquets sans la tordre ni la corder, expriment l'eau et jettent la laine sur le plancher; un enfant la reprend et la jette sur l'égouttoir en talus ; un autre enfant la relève et la jette. Ici un ouvrier la ramasse pour la déposer en tas sur le sommet de l'égouttoir. »

La laine reste en cet état pendant vingt-quatre heures ; après ce temps, on la porte sur une prairie voisine, qui a été ratissée et même balayée avec soin, et sur laquelle on l'étend en petites parties, jusqu'à ce qu'elle soit bien sèche ; ce qui exige ordinairement trois ou quatre jours.

La laine qui échappe aux quatre hommes placés est entraînée par le courant dans une cage en bois, dont le fond et les parois sont recouverts d'un filet à mailles très-serrées. Trois hommes placés dans cette cage remuent la laine avec les pieds, et à mesure qu'ils la ramassent, ils en forment de petits tas qu'ils expriment avec les mains, et qu'ils jettent sur le plancher, où deux enfans la reçoivent dans de petits paniers, l'expriment et la portent au grand tas au sommet de l'égouttoir.

Telle est l'opération du lavage pratiqué en Espagne pour les laines de première renommée. A Alfaro, le travail commençait à trois heures du matin, et ne finissait qu'à la nuit : il se lavait par journée de travail, qui est environ de seize heures, douze cents fanègues de laine ; ce qui revient à 150 quintaux métriques (300 quintaux anciens de France.)

Un manufacturier de Montjoie, département de la Roër, qui a appartenu à la France, a pensé que les propriétaires de troupeaux de mérinos qui sont loin des fabriques pouvaient se borner à une simple dépuration, qui enlèverait la presque totalité des ordures, en conservant assez de suint pour servir au lavage de fabrique. Il est d'avis qu'après avoir trié les diverses sortes de laine qui composent une toison, on les mette séparément dans un panier; qu'on les place sur le courant d'une rivière, qu'on les retire, qu'on les replonge de temps en temps; qu'avec un râteau à dents de bois on les remue; que lorsqu'il n'en sort plus d'ordures, on les fasse sécher à l'air libre. Suivant lui, les toisons ainsi dépurées ne perdent plus au lavage de fabrique que trente-trois pour cent, au lieu que, vendues sales et avec tout leur suint, elles peuvent perdre jusqu'à soixante-quinze, si les animaux ont été mal soignés dans leurs bergeries, et nourris dans des pays pleins de poussière. Ce qu'il y a de certain, c'est qu'ayant essayé ce procédé sur une petite quantité de ma laine, un manufacturier distingué de Verviers qui l'a vue, m'a assuré qu'en cet état elle blanchirait parfaitement au lavage de fabrique, et que c'était là le mode qui conviendrait le mieux. Dans le cas où cette assertion se trouverait vraie, comme je le présume, il n'y aura rien de plus facile que de donner aux laines une première préparation, qui économisera des frais de transport, pourra être pratiquée par tous les propriétaires de troupeaux placés près des rivières, et ne s'opposera pas au dernier dégraissage, indispensable avant la fabrication du drap. Il conviendra dans ce cas de ne mettre dans les toisons, au moment de la tonte, que les parties qui ne seraient pas grosses ou très-chargées d'ordures, comme le sont celles du front, du ventre, des cuisses, des jambes. Ce lavage ressemble beaucoup à celui qui se fait des laines sur le dos des animaux, avec cette différence qu'il les dépure davantage. Pour peu que les manufacturiers soient justes en donnant de ces laines un prix relatif au déchet qu'elles éprouvent, et proportionné à ce qu'ils en auraient donné s'ils les avaient achetées sales et en suint, je ne doute pas que cette méthode ne soit adoptée par beaucoup de propriétaires, qui désireront toujours faire ce qu'il y aura de mieux ; mais il faut que ceux qui emploient leurs laines ne veuillent pas trop gagner.

Le lavage de fabrique, qui est indispensable pour toute sorte de laine, se fait de cette manière : on remplit une chaudière pouvant contenir facilement 30 à 40 kilogrammes (60 à 80 livres) de laine, d'un bain composé de deux tiers d'eau et d'un tiers d'urine, et on le fait chauffer ; quand ce mélange est à la température de 40 à 45 degrés de chaleur, de manière qu'on puisse y tenir la main, on y met la laine, qu'on y laisse une demi-heure, et qu'on remue continuellement avec beaucoup de soin, en se servant de petites fourches de bois ; on l'enlève ensuite, on la fait égoutter, on la lave par petites quantités dans une rivière ou un ruisseau, jusqu'à ce qu'elle ne trouble plus l'eau, et on la fait sécher pour l'employer. Dans quelques manufactures, on met les trois quarts d'eau et un quart d'urine pour le bain, et le dégraissage se fait aussi bien ; dans d'autres, on ajoute, outre l'urine, quelques grains de potasse par litre d'eau. Suivant *Gilbert*, ces additions sont inutiles ; il croit que quand on a mis la laine tremper pendant dix-huit ou vingt-quatre heures dans l'eau chaude, elle conserve sa souplesse et son ressort, et qu'elle est plus blanche que celle qui arrive d'Espagne.

La laine de mérinos français, ainsi lavée, devrait donc valoir 20 pour 100 de plus que le cours ordinaire des léonèses. Les particuliers qui veulent laver et dégraisser de petites quantités de laine pour la préparer, la filer, et en faire des étoffes à leur usage, peuvent employer la méthode de *Gilbert* ou celle du manufacturier de Montjoie, en faisant suivre l'une ou l'autre du lavage à l'urine qui vient d'être indiqué. Si l'on n'a pas de ruisseau ou de rivière à sa portée, on plonge les corbeilles remplies de laine dans des baquets pleins d'eau claire, qu'on renouvelle. L'opération est longue à la vérité ; aussi je ne la conseille que quand on a peu de laine à dégraisser. (Tes.)

MOUTURE. Cette opération consiste à séparer sans les altérer les différentes parties qui constituent le blé. Il faut pour produire le plus avantageusement cet effet, que la farine soit tiède au plus en sortant des meules ; que le son soit large et parfaitement évidé, et qu'il ait la même couleur avant d'avoir été dérobé au grain. *Voyez* Moulin.

Précis de différentes moutures pratiquées. On a tellement subdivisé la mouture, qu'on a jeté beaucoup de confusion dans les idées à l'égard de cette opération ; cependant il est possible de rapporter toutes les méthodes de moudre connues et pratiquées sous des dénominations différentes à deux espèces particulières ; savoir, la mouture à blanc ou par économie, et la mouture septentrionale ou à la grosse. Par la première, il s'agit de moudre et de remoudre ; il n'est question dans la seconde que d'un seul moulage : ainsi l'une est finie dès que le grain est broyé et que la farine sort d'entre les meules, tandis que l'opération de l'autre ne fait que commencer. Mais comme c'est du premier broiement que dépend la perfection de toutes les farines, on ne saurait être trop attentif à le faire convenablement, cette opération préliminaire étant la plus essentielle du boulanger, puisque tous les efforts qu'il pourrait tenter pour rétablir dans la farine les qualités qu'une mouture défectueuse aurait pu lui faire perdre sont insuffisans, et qu'il y a entre un bon et un mauvais moulage autant de différence qu'il s'en trouve entre un blé d'élite et un blé inférieur ; c'est donc de cette opération que dépend absolument le succès de son travail, et le moulin le mieux monté ne produira jamais que des résultats imparfaits, s'il n'est conduit par une main exercée au fait de la machine, qui sache en varier l'action et les effets.

Ce sont ces puissantes considérations qui m'ont fait avancer qu'à moins d'avoir des notions générales de meunerie, on ne pourra jamais retirer du grain la qualité et la quantité de farine qu'il renferme avec les moulins à bras les plus parfaits.

Mouture économique. C'est l'art de faire la plus belle farine, d'en tirer la plus grande quantité possible, d'écurer les sons sans les réduire en poudre, et de les séparer si exactement des produits, qu'il n'en reste pas la moindre parcelle.

Le blé parfaitement nettoyé par différens cribles, placé dans l'étage supérieur du moulin, arrivé à la trémie, passe ensuite sous les meules, et tombe dans un bluteau ou dodinage qui sépare la première farine. Les gruaux mêlés avec les sons se rendent dans une bluterie qui met à part les différens gruaux, les recoupettes et les sons.

La première mouture étant achevée, on reprend les gruaux et les recoupettes séparés, on les porte sous les meules pour en obtenir par plusieurs moutures différentes farines. Le restant n'est plus que le remoulage, la pellicule ou le petit son qui recouvrait les gruaux.

Ainsi, dans la mouture économique, chaque mouvement de la roue fait aller les cribles destinés à nettoyer les grains, les meules qui doivent les écraser, enfin les bluteaux qui séparent la farine d'avec les sons; ce qui produit une grande épargne de temps, de frais de transport et de main d'œuvre, puisque ces différentes opérations s'exécutent de suite, dans le même endroit et par le même moteur.

Mouture en son gras. La mouture en son gras, dite de Melun, est celle qui se rapproche le plus de la mouture économique; elle en diffère en ce qu'au lieu d'adapter au moulin deux bluteaux, on n'en met qu'un assez fin pour laisser passer la farine dite de blé ou fleur de farine. Ce qui reste est le son gras que le meunier renvoie au boulanger, celui-ci le blute pour en séparer les sons d'avec les gruaux, qu'il renvoie moudre pour en obtenir la totalité de farine y contenue.

Cependant le boulanger éviterait des embarras, des déchets et des frais, si, au lieu de bluter chez lui, il laissait faire cette opération au moulin, où elle ne coûte presque rien. Le meunier a à sa disposition davantage de bluteaux, le lieu où il blute est mieux fermé; enfin il y a des dépenses indispensables de main d'œuvre pour bluter, sasser, peser, mesurer et transporter, qu'on peut réellement éviter sans aucun inconvénient.

Mouture à la grosse. Cette mouture, telle qu'elle est pratiquée à Paris et dans les environs, est encore la mouture économique, avec cette différence que le meunier renvoie la farine brute au boulanger, qui en fait la séparation chez lui à l'aide de bluteaux, et il envoie moudre les gruaux.

Mais on sent bien que cette méthode a encore plus d'inconvéniens que la mouture en son gras, et que le meunier ne peut pas juger aussi aisément la nature des produits, puisqu'au sortir de la huche ils sont pêle-mêle confondus ensemble.

Nous apprenons avec plaisir que les boulangers renoncent

tous les jours à l'usage de bluter chez eux. Il est certain que, quelle que soit leur attention dans cette opération, elle sera mieux exécutée au moulin et à moins de frais.

Mouture à la lyonnaise. Elle consiste à retirer la farine dite de blé par un premier broiement, ensuite, par la mouture des gruaux, la première et la seconde farine; mais au lieu de continuer la mouture, on mêle ce qui reste avec les gruaux bis et les sons, et on les remoud.

Cette mouture, loin d'être un raffinement de la mouture économique, comme on l'a prétendu, n'en est à bien dire que l'abus, puisqu'elle n'est bonne qu'à faire des farines bises; car si l'une consiste à produire la plus belle farine et à retirer tout ce qu'en renferment les grains sans mélange de son, l'autre tend à diviser les gruaux avec les sons et à les mêler avec la farine; si les produits sont plus considérables, ce n'est qu'aux dépens du son dont on fait passer une partie dans la farine.

Mouture septentrionale. La mouture à la grosse des provinces, ou la mouture septentrionale, est, par une suite de l'empire des préjugés et de la routine, la mouture la plus universellement adoptée; elle diffère de la mouture économique en ce qu'on ne moud qu'une seule fois, et que la farine est renvoyée brute à celui à qui elle appartient. En employant un bluteau fort serré, il ne passe que la farine dite de blé; c'est ce qu'on nomme vulgairement mouture du riche : si le bluteau est plus clair, on retire avec la farine les gruaux les plus fins, et alors le produit porte le nom de mouture pour le bourgeois. Les autres gruaux sont employés à la composition du pain bis.

Il est inutile d'ajouter ici combien cette mouture, la mieux exécutée, est vicieuse, puisqu'au défaut de la mouture en son gras et à celle à la grosse elle ajoute encore ceux de laisser dans les sons les petits gruaux, qui, étant remoulus, augmenteront la qualité et la quantité des farines.

Mouture méridionale. La mouture méridionale n'est autre chose que la mouture à la grosse des provinces, avec cette différence que la farine renvoyée brute est conservée ainsi pendant un certain temps sans être blutée; c'est ce qu'on appelle conserver la farine en rame.

Cette méthode, quelque préconisée qu'elle soit encore, n'en a pas moins tous les défauts de la mouture à la grosse des provinces; elle peut même exposer encore à d'autres inconvéniens: le son qui séjourne dans la farine peut lui faire perdre à la longue sa blancheur, d'ailleurs les mites se mettent aisément dans le son.

Mouture des indigens. La mouture des pauvres, ou la mouture rustique, est à la mouture à la grosse des provinces ce que la mouture à la lyonnaise est à celle par économie. Il s'agit de moudre une seule fois et de bluter hors du moulin ; mais on tient les meules fort serrées et les bluteaux bien ouverts, qui laissent passer tout d'un coup la farine, les gruaux et les recoupettes, excepté le gros son.

Quoique nous ayons fait sentir que c'était une erreur de présenter la mouture à la lyonnaise comme le modèle de la perfection de l'art, nous pensons que, s'il ne s'agissait que de la farine destinée à la consommation de cette classe d'hommes d'autant plus respectable qu'elle est indigente et malheureuse, il faudrait la préférer à la mouture des pauvres, qu'on doit regarder comme l'enfance de la meunerie ; encore cette méthode ne peut-elle être adoptée que dans un temps de disette.

De la préférence que l'on doit accorder à la mouture économique. La préférence que mérite la mouture économique sur les autres moutures, dont nous venons d'exposer très-brièvement les procédés, n'est plus à présent un problème ; on sait que par son moyen le setier de blé, mesure de Paris, composé de 12 boisseaux et pesant 240 livres, donne 160 livres de farine blanche, 20 livres de farine bise, et 54 livres des différens sons : cela posé, on voit que la mouture économique consiste à retirer beaucoup plus de farine blanche que de farine bise, tandis que la mouture à la grosse des provinces présente des résultats opposés.

Si le meunier le plus intelligent consent à ne retirer du meilleur blé moulu par la mouture la plus parfaite que les trois quarts en farine et le restant en son, quelle défiance ne doit-on pas avoir à l'égard de ces grands produits vantés par des enthousiastes comme les résultats de la perfection de l'art de moudre, et qui se trouvent être d'autant plus défectueux qu'ils s'éloignent davantage de ces proportions? Aussi plusieurs auteurs, persuadés que c'était là le but de la mouture économique, se sont récriés contre ses effets, en la définissant l'art de faire manger le son avec la farine, lorsque c'est précisément tout le contraire.

En mouture il y a des limites où il convient de s'arrêter, autrement on court les risques de sacrifier la perfection, d'où dépend la valeur d'une matière, à une superfluité qui la déprise. La méthode de moudre par économie réunit assez d'avantages sans lui en attribuer encore plus qu'elle n'en a réellement ; le blé est revêtu d'une écorce que l'on aura beau atténuer, les organes les moins exercés l'apercevront toujours dans la farine et dans le pain ; elle y jouira continuellement de toutes ses propriétés ; en un mot, il ne sera jamais au pouvoir de l'art d'assimiler le son à la farine. Joignons ici un tableau

pour fixer les bases sur lesquelles portent les différens produits
de la mouture économique.

*Ét at des produits en farine et en issues, retirés, par la mou-
ture économique, d'un setier de blé, mesure de Paris, du
poids de 240 livres net.*

Poids du setier de blé, à 240 livres net 240

Farine blanche.

Première, dite de blé. . . . . 92 }
Deuxième, dite première de gruau . . . . 46 } 160
Troisième, dite deuxième de gruau. . . . 22 }

Farine bise.

Quatrième, dite troisième de gruau. . . . 12 }
Cinquième, dite de gruau. . . . . . . 8 } 20

Issues.

Remoulages. . . . . 14 }
Recoupes . . . . 15 } 55
Sons. . . . . 26 }
Déchet des moutures. 5

Poids égal du setier de blé. 240

Tels sont les résultats d'une mouture parfaite ; il est physiquement impossible au meunier le plus habile d'aller au-
delà de ces produits sans nuire à la qualité de la farine et
diminuer en même temps de sa valeur dans le commerce.
Quand une fois nous sommes parvenus à faire bien, ne cher-
chons le mieux qu'avec circonspection, dans la crainte de
tomber dans les excès que nous voulons éviter.

On sent combien le tableau des produits des autres moutures comparés entre eux serait infidèle, puisque la mouture
à la grosse varie infiniment non - seulement de département à
département, mais même de ville à ville, de moulin à moulin.
Les meules plus ou moins serrées, les bluteaux plus ou moins
ouverts, donnent tantôt trop d'un produit et tantôt n'en donnent
pas assez ; cependant nous ne croyons pas trop hasarder en
avançant qu'entre la mouture la plus parfaite et celle qui l'est
le moins, il y a peut-être une différence de 20 à 30 livres de
farine, sans compter un défaut encore plus essentiel, celui des
produits de médiocre qualité.

Des avantages de la mouture économique. Quels que soient
les détracteurs de la mouture économique, elle n'en a pas
moins mérité les recherches des physiciens, la protection

éclairée du gouvernement, et des encouragemens honorables pour ceux qui se sont occupés de la répandre; nous déplorons bien sincèrement l'aveuglement où sont ceux qui, pouvant se servir de cette mouture, continuent de donner la préférence à la mouture à la grosse : c'est autant leurs intérêts que la qualité et le bon marché du pain que nous considérons.

Une fois la mouture économique devenue la seule et unique mouture pratiquée en France, le prix qui revient aux meuniers pour les frais de mouture et de transport ne serait plus aussi arbitraire; et les bons citoyens, qui soupirent depuis long-temps après un réglement qui ordonne que cet objet soit fixé en argent et non en grain, verraient enfin leurs vœux accomplis.

Nous ne saurions trop le répéter, un criblage dirigé comme il convient, un excellent moulage répété plusieurs fois, une bluterie bien montée, le tout mis en jeu par des agens qui ne coûtent rien (l'air ou l'eau) constituent essentiellement la mouture économique : or, les meilleures farines, dans quelque pays qu'elles se fassent et quels que soient les grains d'où elles proviennent, seront toujours celles qui proviendront de cette méthode parfaitement exécutée. Quand verrons-nous donc la routine céder à l'expérience et à ses résultats ?

Si la mouture économique rend jusqu'à un sixième ou un septième de plus en farine, ce qu'elle a de plus étonnant encore, c'est qu'elle augmente les qualités spécifiques des produits : par exemple, les blés inférieurs, qui, à l'exception des temps de disette, n'ont de débit qu'à la faveur du très-bon marché, pourraient donner, étant écrasés par cette méthode, une farine plus abondante et plus belle que celle des meilleurs grains broyés dans des moulins défectueux.

Ajoutons aux avantages infinis que la mouture économique est en état de procurer, ceux de ne donner que 10 livres de farine bise sur 100 de farine blanche, résultant d'un setier de blé pesant 240, et de pouvoir offrir par le mélange de l'une et de l'autre un pain plus blanc, plus substantiel que celui qui proviendrait de la première farine obtenue dans des moulins ordinaires; il serait même possible, dans un temps de cherté, d'associer à ces farines celle du seigle pour un tiers ou pour un quart, d'où résulterait un pain aussi blanc que le pain de froment pur, moulu par des moutures vicieuses. Cette association serait même toujours nécessaire pour les gens de la campagne, qui, ne cuisant que toutes les semaines et souvent tous les quinze jours, ont besoin que leur pain se tienne frais long-temps.

Ce sont tous ces avantages que des procès-verbaux d'expériences et d'observations ont constatés de la manière la plus positive, qui ont déterminé les grandes maisons de Paris à adopter la mouture économique, et à faire convertir en farine, aussitôt qu'elles le peuvent, tous les grains de leur approvisionnement.

Voilà ce que dans nos départemens les administrateurs des hôpitaux et des maisons de charité devraient imiter, eux qui n'ont ordinairement d'autre intérêt que l'amour du bien et la grande économie des établissemens de bienfaisance qu'ils dirigent. Leur exemple suffirait pour donner l'impulsion à l'activité générale.

Les moutures vicieuses sont souvent, dans les temps ordinaires, les causes principales de la cherté du pain.

L'expérience ne prouve que trop souvent que le blé soumis à la mouture peut perdre de ses excellentes qualités par l'ignorance, la négligence du meunier et l'imperfection du moulage, et que la bluterie la mieux montée ne saurait restituer à la farine les qualités qu'une mouture défectueuse lui aura enlevées.

Je l'ai dit souvent, et je ne saurais trop le répéter, les moutures vicieuses, dans les momens de cherté et de disette, sont un vrai fléau et toujours l'impôt le plus onéreux qu'on puisse mettre sur le pauvre; elles concourent à rehausser le prix du pain autant que les années pluvieuses, les dégâts de la grêle et du vent, et les différens accidens qui font maigrir, rouiller, noircir et germer les grains pendant et après leur végétation.

Dans la plupart de nos départemens, où la meunerie est encore au berceau, il faut jusqu'à 4 setiers de blé, mesure de Paris, c'est-à-dire 960 livres pour la subsistance d'un seul homme pendant son année, tandis que là où l'on connaît le procédé de remoudre les gruaux, 2 setiers un tiers au plus suffisent pour fournir 560 livres de pain, et ce calcul est établi à raison d'une livre et demie de blé par jour; ce qui produit autant de pain de toutes farines.

Quelle épargne si d'un bout à l'autre de la France on parvenait à retirer des grains la totalité de farine qu'ils renferment! Il en résulterait l'abondance dans les circonstances où l'on croirait n'avoir que le nécessaire, et la suffisance quand il y aurait à craindre une disette. Enfin, et c'est là le vœu que nous ne cessons de former, dans les mauvaises années, les momens de cherté seraient moins à redouter.

Les blés qui servent à la consommation de Paris donnent, comme l'on sait, de très-belles farines et en abondance. Ces mêmes blés, transportés en Bretagne, par exemple, rendront une farine semblable à peine pour la qualité et la quantité à celle des grains les plus médiocres, par le moyen de nos moulins.

économiques bien montés. Ainsi nous gâtons, par notre entêtement, les présens que la nature nous a livrés en bon état, et nous nous rendons coupables envers la société en refusant de mettre à profit les moyens qui nous sont offerts pour augmenter et améliorer sa subsistance.

L'expérience journalière prouve qu'à prix égal de blé, le pain, dans la plupart des départemens, est toujours plus cher qu'à Paris, quoiqu'on devrait y éprouver un effet contraire, à cause des frais de manutention toujours plus considérables : or, nous ferons remarquer que dans ces endroits où le pain est le plus coûteux et le moins bon dans son espèce qu'il soit possible de fabriquer, les boulangers sont presque tous mal à l'aise.

Il existe quelques cantons aux extrémités de la France où la livre de blé a valu un sou six deniers, et le pain quatre sous. La preuve que cette effrayante disproportion dans les prix venait particulièrement des moutures vicieuses, c'est qu'on y avait fait venir des farines de la Beauce, les plus chères qu'on emploie à Paris, et quoique les frais de transport en eussent presque doublé le prix d'achat, le pain était encore revenu à meilleur compte que celui des grains moulus sur les lieux, et assurément l'on aurait tort d'en conclure que le meunier fait un gain considérable.

Comment, en effet, peut-on se flatter de retirer par un seul moulage la totalité des farines que les grains renferment ? Ces derniers étant composés de différentes parties plus ou moins dures, plus ou moins sèches, il faut bien nécessairement qu'il y en ait qui échappent à la première trituration, et ne se trouvent que grossièrement divisés, tandis que les autres seront réduites en poudre impalpable ; d'ailleurs il s'agit moins d'atténuer toutes les parties du grain que d'enlever la farine qui tient au son. Et il y a plus de différence entre un bon et un mauvais moulage qu'il n'en existe du blé de tête à un blé inférieur.

Ainsi, toutes les fois que le prix du pain ne sera pas en relation avec celui des grains, et qu'on aura la preuve que le boulanger n'a que le bénéfice ordinaire, on pourra attribuer cette circonstance au mauvais moulage, puisque la même mesure du même grain peut offrir un quart de différence en plus ou en moins, sans que le produit soit de meilleur qualité et que l'on puisse taxer de fraude le meunier. Ces inconvéniens n'auraient plus lieu s'il n'y avait qu'une seule et même mouture, et que ce fût la mouture économique.

Sans la mouture économique, la taxe du pain sera toujours fautive. Si, dans les temps même d'abondance, il s'élève des murmures de la part du peuple et des boulangers par rapport au prix du pain, c'est que les essais qui servent de base à la taxe sont tantôt inférieurs aux produits et tantôt exagérés ; en sorte que, malgré les vues d'équité qui président à ces essais, la manière vicieuse dont on y procède, et les mauvaises moutures dont on se sert, donnent occasion à plusieurs abus, dont les principaux sont de nuire à la tranquillité et à la fortune d'une classe de citoyens des plus utiles.

Dans les grands endroits où il se trouve beaucoup de boulangers réunis, la concurrence met nécessairement le prix du pain à sa juste valeur, et toujours dans une relation intime avec les grains et la farine ; mais dans les petites villes et bourgs, où les bons effets de la concurrence sont absolument nuls, il faut bien taxer le pain pour l'avantage du peuple et le bénéfice légitime du boulanger : néanmoins, malgré l'attention la plus scrupuleuse, et tous les soins apportés dans les essais qui doivent servir de base à la taxe du pain, on n'a que des données incertaines, puisque la quantité de farine blanche et de farine bise qu'on obtient par un seul moulage, varie tous les jours non-seulement à cause de la qualité des grains, mais encore par rapport à la manière dont les meules sont montées, rhabillées et mues. Le meunier peut, en les tenant très-hautes ou très-basses, en leur donnant un courant très-lent ou très-rapide, laisser de la farine dans le son et du son dans la farine, et enlever à la dernière la faculté d'absorber autant d'eau au pétrin.

Mais la mouture économique ayant déterminé d'une manière invariable les produits en farine et en son qu'on retire d'une quantité de blé d'un poids et d'une mesure connue, on ne pourrait jamais se tromper sur les épreuves destinées à servir de base à la taxe du pain, sur-tout si le commerce des farines était établi ; et si le poids du sac ne variait en aucun lieu, il n'y aurait plus qu'à estimer les frais de manutention et le bénéfice honnête du boulanger en raison des localités.

Sans la mouture économique et le commerce des farines, il ne faut pas espérer que le pain puisse jamais être par-tout dans sa juste valeur. Ainsi il arrivera que dans un endroit le peuple courra les risques de payer son pain trop cher, et qu'ailleurs le boulanger sera foulé : cette double considération n'est-elle pas assez importante pour mériter qu'on soit attentif au remède proposé ? (Par.)

MOYÈRES. On donne ce nom dans quelques cantons aux marais couverts de Roseaux (*arundo phragmites*) et sans doute de Massettes (*tipha latifolia*), qu'on coupe tous les ans pour les employer à couvrir les Chaumières. *Voyez* ces mots. (B.)

MOYETTE. On donne ce nom, dans quelques départemens,

aux petites Meules (*voyez* ce mot) provisoires qu'on fait dans les champs, en réunissant trente ou quarante javelles, afin de garantir les blés et autres céréales de l'action des pluies jusqu'à ce que ces mêmes pluies permettent de les enlever : voici comme elles se construisent.

Le moissonneur commence par étendre sur la terre un premier lit de trois javelles qu'il dispose en forme de triangle, ayant soin d'observer que la tête et les épis de chaque javelle reposent toujours sur le cul d'une autre javelle, de sorte qu'aucun épi ne peut alors toucher la terre. Sur ce premier triangle, on en ajoute un second, disposé de la même manière, sauf que la base de ce second triangle doit croiser sur le sommet ou la pointe du premier ; l'on continue de même de lit en lit l'élévation de la meule jusqu'à la hauteur de 3 à 4 pieds. Il ne reste plus alors qu'à former avec deux bonnes javelles un chapiteau, que l'on applique, en forme de toit arrondi, sur toute la meule pour en écarter l'infiltration des pluies.

Il est à désirer que l'usage des moyettes s'établisse par-tout, car elles remplissent complétement leur objet, sont d'une petite dépense et évitent les immenses pertes qui sont la suite des longues pluies pendant la moisson. (B.)

MUAGE. *Voyez* Mutage.

MUCILAGE. Principe constituant de tous les végétaux, qui se présente ordinairement sous la forme d'une matière liquide, épaisse, filante, d'une saveur fade : il est principalement abondant dans la famille des malvacées.

Desséché, le mucilage ressemble à de la gomme impure, et il en diffère réellement fort peu, étant, ainsi qu'elle, composé de carbone, d'hydrogène et d'oxygène. Il brûle comme le sucre, l'amidon, etc., c'est-à-dire en se boursoufflant et en se réduisant très - difficilement en cendre ; ce qui indique aussi de grands rapports avec ces substances.

L'eau dissout plus ou moins bien le mucilage et devient visqueuse ; il est précipité par l'alcool, l'acide nitrique le change en acide oxalique.

Les jeunes plantes contiennent plus de mucilage que les vieilles ; celles qui le changent en gomme, comme les cerisiers, les pêchers, les pruniers, les abricotiers et les amandiers, ne font pas exception à cette loi. *Voyez* Gomme.

Il paraît que le mucilage joue un grand rôle dans la formation de la potasse, puisque ce sont les jeunes plantes qui fournissent le plus de ce sel, d'après les belles expériences de Th. de Saussure. *Voyez* Potasse.

Ainsi que le sucre, l'amidon et la gomme, le mucilage nourrit beaucoup sous un petit volume ; il est d'un grand usage en médecine, comme émollient et adoucissant.

Les agriculteurs sont peu souvent dans le cas de porter leurs regards sur le mucilage, parce qu'il se confond presque dans toutes les plantes avec la sève ou avec la gomme ; je n'étendrai donc pas plus cet article. *Voyez* aux mots GOMME et SÈVE. (B.)

MUCILAGINEUX. *Voyez* l'article précédent.

Les plantes qui sont le plus communément employées comme mucilagineuses dans la médecine vétérinaire sont les feuilles et les racines de mauve, de guimauve et la graine de lin : on en fait des décoctions et des cataplasmes. *Voyez* au mot EMOLLIENT. (B.)

MUE. Chute annuelle d'une partie du POIL des quadrupèdes et des PLUMES des volatils. *Voyez* ces deux mots.

Toujours la mue est une crise, mais qui est très - légère, excepté dans les jeunes oiseaux, auxquels elle occasionne souvent la mort : les accidens qu'elle détermine sont plus graves dans les dindonneaux que dans les autres espèces. Une température chaude, des alimens substantiels, tels que des vers, de la viande hachée, donnés de loin en loin, sont des préservatifs presque toujours suivis de succès contre les accidens de la mue. Un régime fortifiant, c'est-à-dire du pain trempé dans du vin, produit d'excellens effets lorsque ces accidens commencent à se montrer. *Voyez* HYGIÈNE VÉTÉRINAIRE et MALADIE DES BESTIAUX ET DES OISEAUX DE BASSE-COUR. (B.)

MUFLE DE VEAU. *Voyez* l'article suivant.

MUFLIER, *antirrhinum*. Genre de plantes de la didynamie angiospermie et de la famille des personnées auquel Linnæus avait réuni les LINAIRES, qui en ont été distinguées par les botanistes modernes. *Voyez* au mot LINAIRE.

Ce genre, ainsi dédoublé, ne contient plus qu'une douzaine d'espèces, dont une seule est dans le cas d'être citée ici, c'est le MUFLIER DES JARDINS, qui a les racines vivaces et fusiformes ; les tiges droites, rameuses, glabres, hautes de 2 à 3 pieds ; les feuilles tantôt opposées, tantôt alternes, pétiolées, lancéolées, glabres, d'un vert foncé ; les fleurs grandes, purpurines, avec un palais jaune, et disposées en épi terminal. Il croît naturellement dans toute l'Europe, dans les terrains secs et incultes, parmi les rochers, sur les vieux murs, et se cultive de toute ancienneté dans les jardins, qu'il orne pendant les trois mois d'été ; on le place dans les plates - bandes, en touffe épaisse, ou dans les jardins paysagers, dans tous les lieux secs et exposés au soleil. Par-tout il produit de bons effets vu de loin, et frappe ceux qui l'examinent de près par la singulière organisation de ses fleurs, qui ressemblent réellement, comme son nom vulgaire de *mufle de veau* l'indique, à la partie antérieure de la tête d'un animal dont la bouche est fermée, mais peut s'ouvrir à volonté; on prolonge sa floraison jusqu'aux gelées, en le coupant avant que ses graines soient arrivées à maturité, parce qu'il pousse de nouvelles tiges, dont le développement est également complet. Sa culture n'est pas difficile, ou, mieux, il ne demande que la culture propre aux jardins en général; on le multiplie ou par le semis de sa graine au printemps, à une exposition un peu abritée, ou par le déchirement des vieux pieds : c'est ordinairement ce dernier moyen qu'on emploie comme plus rapide. Rarement la transplantation de cette plante manque lorsqu'on la fait en temps utile, et on peut être certain qu'au bout de deux ans les nouvelles pousses seront aussi belles que les anciennes. En général il est bon que ces touffes soient bien garnies de tiges pour qu'elles produisent tout leur effet; mais il ne faut pas non plus qu'elles soient trop grosses, on doit donc les régler à environ un pied de diamètre : d'ailleurs les principes de l'assolement exigent que tous les cinq à six ans on les change de place, et alors on doit les réduire à une ou deux tiges.

Toute terre, pourvu qu'elle ne soit pas marécageuse, et toute exposition, pourvu qu'elle ne soit pas perpétuellement ombragée, convient au muflier des jardins.

Cette plante fournit des variétés *à fleurs rouge pâle* de diverses nuances, *à fleurs blanches*, *à fleurs panachées de rouge et de blanc*, *à fleurs doubles et à feuilles rondes*, qu'on peut avantageusement marier pour les faire ressortir l'une par l'autre; cependant le type me paraît toujours préférable, c'est-à-dire les pieds dont les fleurs sont d'un rouge vif avec un palais jaune : on la dit vulnéraire; les bestiaux n'y touchent pas.

J'ai décrit, dans les Actes de la société d'histoire naturelle de Paris, un MUFLIER TORTUEUX dont les fleurs sont semblables à celles du précédent, mais dont les tiges sont grimpantes et les feuilles linéaires. Il est originaire d'Italie, et peut être placé avec avantage dans les jardins paysagers contre les buissons des derniers rangs des massifs. (B.)

MUGHO. Nom spécifique d'un PIN. *Voyez* ce mot.

MUGLE. Synonyme de MÉLILOT dans le département de la Haute-Marne. (B.)

MUGUET, *Convallaria.* Genre de plantes de l'hexandrie monogynie et de la famille des liliacées, qui renferme une douzaine d'espèces dont deux se trouvent dans nos forêts, qu'elles embellissent, et se cultivent fréquemment dans nos jardins, à raison de la bonne odeur de l'une et de l'élégance de l'autre.

Le MUGUET DE MAI, ou simplement le MUGUET, a les racines charnues, noueuses, traçantes, vivaces; les feuilles ordinairement au nombre de deux, radicales, engaînantes, ovales-oblongues, lisses et luisantes, la tige semi-cylindrique, haute de 5 à 6 pouces; les fleurs blanches, presque globuleuses, disposées en épi peu garni et tournées d'un seul côté à l'extremité des tiges; des fruits de la grosseur d'un pois et d'un rouge écarlate très-brillant. Il croît naturellement dans toute l'Europe, principalement dans les vallées des bois dont le sol est léger; il fleurit au printemps. L'odeur extrêmement suave de ses fleurs le fait rechercher des riches comme des pauvres; cependant cette odeur a une grande action sur les nerfs, et peut occasionner des syncopes aux personnes délicates : on ne doit jamais sur-tout en laisser des bouquets pendant la nuit dans les appartemens où l'on couche. Leur infusion dans l'esprit de vin ou dans l'eau est un très-bon cordial, et par son action sur les nerfs convient dans les vertiges, l'apoplexie, les affections comateuses, l'épilepsie, la paralysie, etc. : cette infusion distillée s'appelle *aqua aurea*, à raison de ses nombreuses propriétés; réduites en poudre, elles excitent l'éternuement, et par suite l'évacuation des humeurs séreuses. Leur saveur est légèrement amère. On communique leur odeur à l'huile dans laquelle on les a fait infuser. L'extrait de ses feuilles passe pour un excellent incisif sudorifique; l'art en prépare une belle couleur verte en les faisant macérer avec la chaux. Les chèvres, les moutons, et sur-tout les chevaux, les mangent; mais les vaches n'y touchent pas.

Le muguet se cultive difficilement dans les parterres, parce qu'il lui faut de l'ombre et de la fraîcheur, de sorte que ce n'est guère que dans les plates-bandes placées contre un mur exposé au nord qu'on peut le conserver. Il n'en est pas de même dans les jardins paysagers, où il trouve par-tout, excepté sous les grands arbres, lorsque le sol n'est pas trop argileux, des localités qui lui conviennent sur le pourtour des massifs, entre les buissons des derniers rangs : c'est donc là qu'il faut le planter et le planter en abondance; car jamais il n'y en a de trop au gré des promeneurs, qui aiment à en prendre des fleurs pour les porter à la maison. On le multiplie très-facilement par ses racines, qui, comme je l'ai déjà dit, sont traçantes : une seule, arrachée dans les bois, peut être coupée en dix à douze morceaux, et fournir, l'année suivante, autant de nouveaux pieds. Cette plantation doit être faite au commencement de l'automne, immédiatement après que les feuilles se sont fanées; on pourrait bien aussi le multiplier par le semis de ses graines, mais peu de fleurs en donnent, et très-peu de celles qui nouent arrivent à maturité complète, étant mangées par les animaux à poil ou à plumes : d'ailleurs ce moyen exigerait une attente de trois ou quatre ans.

Il y a deux variétés de muguet qu'on cultive dans les jardins, l'une à fleurs blanches doubles, l'autre à fleurs rougeâtres doubles : toutes deux sont plus fortes dans toutes leurs parties que le simple, et durent plus long-temps en fleur ; mais il m'a paru que leur odeur était moins suave.

Le MUGUET ANGULEUX, *Convallaria polygonatum*, Lin., a les racines traçantes, épaisses, noueuses ; les tiges simples, anguleuses, recourbées vers leur sommet, hautes de 12 à 15 pouces ; les feuilles amplexicaules, ovales, oblongues, striées, glabres, unilatérales, glauques ; les fleurs en cloches, opposées aux feuilles, solitaires ou géminées, pendantes et blanches ; les fruits de la grosseur d'un pois et d'un bleu noirâtre. On le trouve très-abondamment dans les bois, sur-tout dans ceux qui sont humides ; il fleurit à la fin du printemps : on le connaît généralement sous les noms de *grenouillet* et de *sceau de Salomon*. Tous les bestiaux en mangent les feuilles ; mais les chevaux sur-tout en sont friands. Les cochons en aiment tant les racines, qu'ils ne quittent un canton où il s'en trouve que lorsqu'ils l'en ont complétement épuisé : c'est pour eux une extrêmement bonne nourriture. On les emploie en médecine comme vulnéraires et astringentes ; dans quelques pays, ses jeunes pousses se mangent en guise d'asperges.

L'élégance de cette plante la rend propre à orner les bosquets des jardins paysagers, où elle trouve sa place sous les grands arbres des massifs, dont elle ne craint pas l'ombrage comme celle dont il vient d'être question ; ses fleurs ont à peine de l'odeur : on la multiplie précisément comme le muguet. (TH.)

MUGUET DES AGNEAUX. CHANCRE qui se développe dans la bouche des agneaux, et qui, dans les commencemens, se caractérise par des boutons sans nombre.

Toujours le muguet empêche les agneaux de teter, et les fait par conséquent maigrir, quelquefois même il les conduit à la mort. On le combat en frottant la partie malade avec du vinaigre aiguisé de sel et de poivre ; il ne paraît pas contagieux. *Voyez* BÊTE A LAINE et BREBIS. (B.)

MUGUET DES BOIS. L'ASPÉRULE ODORANTE porte vulgairement ce nom. (B.)

MUID. Vase de bois dans lequel on met le vin, l'eau-de-vie, le vinaigre, l'huile et autres liquides : il représente un cylindre bombé dans son milieu, et est composé de pièces de bois appelées DOUVES, réunies par la pression de leurs côtés au moyen de CERCLES chassés avec force. *Voyez* TONNEAU.

La capacité du muid varie infiniment selon les lieux. A Mâcon, il est de 240 bouteilles ; à Paris, de 288 ; à Montpellier, de 675, etc. La rareté des bois et des difficultés d'exécution n'ont pas permis de l'assujettir à une capacité uniforme

comme les autres mesures. On le divise en demi-muid ou FEUIL-
LETTE, en quart de muid ou demi-feuillette, en huitième de
muid ou BARIL, à Paris et dans un grand nombre d'autres endroits; mais ces divisions changent en rapports et en noms
dans quelques autres : on les appelle VELTES à Bordeaux.
Voyez ces mots.

La fabrication des muids ou tonneaux, car ces deux mots
sont synonymes dans un grand nombre de cas, demande beaucoup d'habitude; elle ne doit pas être entreprise par les cultivateurs, parce qu'ils seraient certains de faire plus mal et
plus chèrement que les tonneliers de profession : il faut seulement qu'ils apprennent à distinguer les bons muids des mauvais.
Les préceptes propres à les guider dans cette connaissance se
trouveront à la suite du mot VIN : j'y renvoie le lecteur.

Presque tous les tonneaux sont faits avec le bois du CHÊNE
pédonculé, ou chêne blanc des bûcherons, parce que c'est le
seul qui se fende longitudinalement en planches minces, qu'on
appelle MERREIN quand elles sont brutes, et DOUVES quand
elles sont polies (*voyez* ces mots). Les bois du CHATAIGNIER et
du MURIER sont cependant quelquefois employés; mais leur
durée est bien moindre : ce n'est jamais que pour renfermer
des solides qu'on en construit en SAPIN et autres bois blancs;
et alors ce ne sont point des douves, mais des planches sciées,
que l'on emploie.

Les tonneaux servent aux cultivateurs non — seulement à
contenir le vin, mais lorsqu'ils sont vides, à renfermer, après
avoir enlevé un de leurs fonds, une infinité d'objets, comme
grain, grenaille, farine, son, cendre, etc., etc. *Voyez* au
mot TONNEAU. (B.)

MUID. Ancienne mesure de capacité, qui, dans quelques
endroits, était réelle, c'est-à-dire offrait la quantité de matière qui pouvait entrer dans un muid, et dans d'autres était
idéale et très-variable : ainsi, à Paris, un muid de blé contenait 144 boisseaux, un muid d'avoine 288 boisseaux, un
muid de charbon 320 boisseaux : heureusement toutes ces irrégularités ont disparu. *Voyez* au mot MESURE. (B.)

MUID. Ancienne mesure de superficie en usage à Orléans.
Voyez MESURE. (B.)

MULASSE. On donne ce nom à la production et à l'éducation des MULETS aux environs de Sivray. (B.)

MULES TRAVERSINES. MÉDECINE VÉTÉRINAIRE. On
donne ce nom à des espèces de crevasses d'où suinte une sérosité fétide, et qui sont situées sur le derrière du boulet du
cheval. Il est rare qu'elles arrivent aux pieds de devant; c'est
sans doute à raison de leur position transversale qu'on les appelle *traversines*, *traversières*, etc.

Elles sont toujours douloureuses, et ne se guérissent pas facilement, attendu que le cheval en marchant meut, étend et plie successivement l'articulation ; ce qui les ouvre et les irrite continuellement.

On les guérit, dans le commencement, en y appliquant des cataplasmes émolliens et adoucissans, et ensuite des dessiccatifs qu'on fait tomber avec la brosse. Quant aux mules traversines invétérées et de mauvaise qualité, on emploiera les remèdes indiqués aux mots CREVASSE, CRAPAUDINE. (R.)

MULET. L'âne accouplé avec la jument produit le mulet. On donne aussi le nom de mulet et plus communément de bardeau au produit de l'accouplement du cheval et de l'ânesse. *Voyez* CHEVAL.

Les mulets sont un objet de commerce très-important pour plusieurs parties de la France. Ils sont en général plus sobres que les chevaux, ils supportent plus facilement la faim, sont moins délicats sur la qualité des alimens, soutiennent mieux et plus long-temps la fatigue, ont le pied plus sûr, portent des poids plus considérables, sont moins maladifs et vivent plus long-temps. Les mules sont achetées chez nous pour être employées, notamment en Italie et en Espagne, à former des attelages pour le carrosse et pour la litière ; elles font aussi de très-bonne montures, sur-tout pour les pays de montagnes, dans lesquelles leur service est bien préférable à celui des chevaux. La France en fournissait autrefois un grand nombre à ses colonies, et il paraît que les mulets résistent mieux que les chevaux à la grande chaleur.

Mais la dégénération des races de ces animaux en France a suivi celle des chevaux et des ânes ; on ne trouve plus guère que des mulets de petite taille et qui manquent de qualités ; aussi le commerce en est-il de beaucoup diminué, et malgré la facilité qu'il y a à élever des mulets, la promptitude de leur croissance, et l'assurance des débouchés en temps ordinaire, cette branche d'industrie devient chaque jour moins étendue et moins fructueuse. Le seul moyen de la relever et de la rendre aussi utile qu'elle peut l'être au propriétaire cultivateur, c'est de le bien pénétrer de cette vérité, que les qualités et la valeur des mulets qu'il se propose d'élever dépendent entièrement des qualités et de la valeur de l'âne étalon et des jumens mulassières qu'il emploie à cet effet. C'est donc du choix de l'âne et de la jument, du perfectionnement de ces espèces que dépend la quotité des bénéfices qu'on peut espérer retirer de l'éducation des mulets. (*Voyez* pour le choix des animaux à employer à ce genre de production, les articles ANE, CHEVAL HARAS, etc.) On trouvera aussi dans ces articles l'indication des moyens les plus convenables à employer pour élever les jeunes mulets; ils sont en tout semblables à ceux qui doivent être mis en usage pour l'élève des jeunes chevaux.

Les mulets sont moins délicats à élever que les chevaux; mais plus on leur donne de soins et plus on les nourrit bien, plus ils prennent de force et d'accroissement; le muleton se soutient plus promptement sur ses pieds que le poulain et que l'ânon : il est sevré naturellement par la jument dès l'âge de six à sept mois.

On a l'opinion dans plusieurs pays que les jumens qui ont produit des mulets sont incapables de faire des poulains : cette opinion est sans fondement, et l'expérience a prouvé, un grand nombre de fois, que les jumens pouvaient faire successivement des mulets et des poulains. Dans le midi de la France, les cultivateurs ont assez généralement la mauvaise habitude de vendre leurs mulets trop jeunes, comme ils le font pour leurs poulains; non-seulement ces animaux deviendraient beaucoup meilleurs s'ils prolongeaient leur séjour dans le lieu de leur naissance, et ils ne seraient pas exposés, avant d'avoir acquis une force suffisante, aux fatigues d'une route longue et pénible, qui en estropie ou bien en fait périr un grand nombre; mais encore les cultivateurs trouveraient un bénéfice réel à attendre, pour se défaire de ces animaux, qu'ils eussent acquis toute leur force. (SIL.)

MULONS. On appelle ainsi, dans l'est de la France, les petits tas de FOIN ou de PAILLE qu'on forme dans les PRAIRIES ou les CHAMPS, même dans les cours des fermes : ce sont des MEULES en diminutif. *Voyez* ces mots (B.)

MULOT, *Mus sylvaticus*, Lin. Quadrupède du genre des RATS, qui habite ordinairement les bois et les buissons, et auquel les cultivateurs attribuent, par suite d'une confusion de noms, les ravages que causent dans leurs champs et dans leurs greniers les CAMPAGNOLS et les SOURIS (*voyez* ces mots), et autres espèces, de la famille des rongeurs, moins communes que ces deux-ci.

La grosseur du mulot surpasse celle du campagnol et de la souris. Sa tête est plus volumineuse que celle du rat. Il est d'un fauve noirâtre en dessus et d'un blanc grisâtre en dessous, avec une petite tache fauve sur la partie antérieure de la poitrine.

Quoique moins abondant que le campagnol, le mulot n'en est pas moins très-commun dans certains cantons, mais ces cantons ne sont jamais ou presque jamais les plaines à blé; ils se trouvent dans les pays de montagnes ou le voisinage des forêts. C'est de ces forêts qu'ils se répandent un peu avant la récolte et pendant les semailles, sur-tout celles du printemps, dans les champs, et qu'ils y dévorent autant de graines qu'ils peuvent. Après ces excursions ils retournent dans les bois, où ils trouvent abondamment des glands, des faînes, des noisettes et autres fruits, dont ils font provision pour l'hiver. Leurs trous, qui sont ordinairement ceux des taupes, ou le dedans d'une racine pourrie, ou une fente de rocher, en sont toujours aussi remplis que possible. On a quelquefois trouvé plus d'un boisseau de ces graines dans un seul trou: c'est sur-tout aux plantations de bois qu'ils causent le plus de dommages. Cependant la sage nature a refusé au mulot, ainsi qu'au campagnol, du goût pour les GRAINES GERMÉES. *Voyez* ce mot.

Tout ce que j'ai dit, au reste, du CAMPAGNOL s'applique au mulot. Ils font aussi plusieurs portées, et chaque fois huit à dix petits; cependant leur multiplication paraît moins rapide, parce qu'ils sont plus exposés à la dent ou au bec de leurs ennemis. Les moyens de les détruire sont absolument les mêmes. (B.)

MULOTI. On appelle ainsi, dans le vignoble de Laon, les ceps que les larves des hannetons ou quelques accidens dépouillent de quelques lignes de leur écorce, soit à l'air, soit dans la terre, et qui sont, par conséquent, dans le cas d'être coupés. Les vignerons supposent que ce sont les mulots qui causent ce dépouillement; ce qui est peu probable. Ceux que j'ai vus avaient certainement été écorcés par accident. *Voyez* VIGNE. (B.)

MULTIPLICATION. Tout doit tendre à la multiplication dans une exploitation rurale, puisqu'elle n'a pour but que de remplacer perpétuellement ce qui ce consomme ou se vend; cependant cette multiplication doit être soumise à des règles, sans quoi elle menerait le propriétaire ou le fermier à sa perte. En effet, plus il a de bestiaux et plus il a de valeurs disponibles; mais s'il n'a pas suffisamment de fourrages pour les nourrir? Plus il a de blé, et plus il fait d'argent; mais si le blé s'avilit et qu'il ne puisse pas le vendre sans perte? Plus il plante d'arbres, et plus il augmente la valeur de son fonds; mais si leur nombre nuit à ses récoltes de blé ou autres? Je cite ces exemples, presque triviaux, pour faire sentir que tout doit être en rapport harmonique, et qu'il faut toujours combiner les avantages et les inconvéniens d'une opération avant de la commencer. En général un agriculteur qui veut tirer un grand parti de sa culture s'efforce de multiplier les objets dont la vente est la plus assurée dans le moment; mais celui qui est prudent les varie de manière à ce que si l'un manque l'autre l'en dédommage. La vigne, par exemple, qui est un si excellent bien dans certaines années, conduit presque toujours à l'hôpital les petits propriétaires. Le blé même est quelquefois à charge à celui qui ne possède que cette sorte de propriété pour toute fortune.

On trouvera au mot FÉCONDITÉ un exemple qui prouve jusqu'à quel point la multiplication peut s'étendre pour l'avantage de l'agriculteur : c'est l'expérience de Miller qui, dans le cours d'une année, obtient 59,606,840 grains de froment d'un seul. (B.)

MULTIPLICATION DES BESTIAUX. Nos pères, ayant beaucoup de terres en friche, pouvaient augmenter le nombre de leurs bestiaux sans qu'il leur en coûtât de dépenses, aussi étaient-ils très-riches sous ce rapport. Il en est de même encore aujourd'hui dans plusieurs parties de l'Asie et de l'Amérique. Mais les disettes fréquentes, suite de la guerre et de l'anarchie dans lesquelles ils vivaient, et l'effet de l'intempérie des saisons sur le très-petit nombre d'articles qui faisaient l'objet de leur culture, leur firent croire qu'il fallait défricher les pâturages, les bois, les marais, et tout mettre en blés ou autres céréales. Alors les bestiaux diminuèrent et furent bientôt réduits à la quantité strictement nécessaire aux labours, aux charrois et à la consommation, même à moins.

Il y a une cinquantaine d'années que des hommes instruits s'aperçurent que le nombre des chevaux, des bœufs, des vaches, des moutons, etc., qui existaient en France, n'était pas proportionné aux besoins, et que de plus ils manquaient souvent de nourriture. Ils écrivirent, et des prairies artificielles, jusque alors presque inconnues, furent semées, et les bestiaux furent multipliés et améliorés. Aujourd'hui les cultivateurs éclairés sont trop convaincus de l'avantage qu'il y a pour eux d'augmenter le nombre de leurs bestiaux et de diminuer celui de leurs labours, pour qu'il soit nécessaire de les stimuler de nouveau. Il n'y a plus en effet que quelques cantons reculés où l'on se refuse encore à la culture des prairies artificielles ; et cette culture est le signe indubitable du retour aux bons principes.

Cet article pourrait être étendu ; mais comme il ne serait qu'une répétition de ceux où il a été question des moyens de multiplier les bestiaux, je crois pouvoir me contenter de renvoyer le lecteur aux mots AMÉLIORATION DES BESTIAUX, CHEVAL, HARAS, ANE, MULET, BOEUF, VACHE, BREBIS, MOUTON, CHÈVRE, COCHON, et autres qui en dépendent, ainsi qu'à ceux PRAIRIE NATURELLE ET ARTIFICIELLE ; LUZERNE, TRÈFLE, SAINFOIN, RAVE, CAROTTE, CHOU, etc. (B.)

MUOU. C'est le MULET dans le département du Var.

MUR. Pierres superposées les unes sur les autres dans une petite épaisseur, par rapport à la longueur et à la hauteur, soit sans aucun intermède, soit liées avec de la terre commune,

le chaperon, soit avec un toit en TUILES, en LAVES, en SCHIS-
TES, en ARDOISES, en ROSEAUX, en CHAUME, etc., soit avec
un BÉTON, soit avec des PIERRES posées de champ, soit avec
de la TERRE, dans laquelle on plante de la JOUBARBE, de l'IRIS
GERMANIQUE ou NAINE, des GAZONS, etc. *Voyez* tous ces mots.

Un propriétaire soigneux fait visiter tous les étés les murs
de ses bâtimens et de ses clôtures, pour réparer les petites dégradations qu'ils ont éprouvées, parce qu'il en empêche par là
de plus grandes, et par conséquent de plus dispendieuses.

Il est d'usage dans quelques jardins d'Angleterre de faire
circuler sur la surface des murs garnis d'espaliers des tuyaux
en terre cuite à moitié enfoncés dans ces murs, tuyaux qui
s'insèrent par un de leurs bouts sur un poêle. Quoique nous
ayons moins besoin de ce moyen artificiel de chaleur que nos
voisins, il est des cas où nous pourrions avantageusement en
faire usage. (B.)

MURE. Tantôt c'est le fruit du MURIER, tantôt c'est celui de
la RONCE. (B.)

MURET. On donne ce nom à la giroflée jaune dans quelques endroits. *Voyez* GIROFLIER.

MURIE. Les cultivateurs du Jura donnent ce nom à une
inflammation des membranes du cerveau de leurs vaches, maladie qui amène le délire et quelquefois conduit à la mort en peu
de jours. Par confusion, ce nom est aussi quelquefois appliqué
aux inflammations du poumon ou de ses enveloppes. *Voyez* IN-
FLAMMATION. (B.)

MURIATE. Combinaison de l'ACIDE MURIATIQUE avec une
base alcaline, terreuse ou métallique.

Celui des muriates qu'il serait le plus intéressant de considérer ici est celui de soude, vulgairement connu sous le nom de
SEL MARIN; mais j'en ai traité sous cette dernière dénomination.

Le muriate d'ammoniac, ou la combinaison du même acide
avec l'AMMONIAC OU ALCALI VOLATIL, n'intéresse que secon-
dairement les agriculteurs; en conséquence je n'en ai dit qu'un
mot aux articles précités.

Je n'ai donc à parler que des muriates de CHAUX et de
MAGNÉSIE (*voyez* ces mots), qu'on trouve dans le sel marin qui
n'a pas été purifié; mais tout ce que j'ai à en dire, c'est que,
attirant l'humidité de l'air, ils la portent dans les terres sur
lesquelles on répand ce sel marin, et que ce sont probablement eux qui le rendent un si bon AMENDEMENT dans certaines
terres et pour certaines CULTURES. *Voyez* ces deux mots. (B.)

MURIER, *Morus*. Genre de plantes de la monoécie triandrie et de la famille des urticées, qui renferme une demi-douzaine d'arbres, dont trois sont cultivés dans une partie de l'Eu-

rope, et dont une sur-tout mérite tous les soins des cultivateurs, à raison des richesses qu'elle leur procure indirectement,

On en a séparé deux espèces, le *mûrier à papier* et le *mûrier à teinture* pour former le genre BROUSSONNETIE. *Voyez* ce mot.

Tous les mûriers sont des arbres lactescens, à feuilles alternes, pétiolées, simples, obliques, cordiformes, souvent irrégulièrement lobées et dentées, toujours accompagnées de stipules; leurs chatons mâles et femelles sont solitaires et axillaires; les premiers tombent dès que la fécondation est opérée, et les seconds lorsque les fruits sont mûrs : ces fruits sont sucrés et généralement bons à manger.

Le MURIER BLANC s'élève à une hauteur moyenne; a l'écorce épaisse, gercée et grise; les branches éparses et nombreuses; les feuilles presque lisses, d'un vert tendre, variant beaucoup dans la grandeur et la forme de leurs lobes lorsqu'elles en ont; les fleurs verdâtres; les fruits presque ronds, blanchâtres et de la grosseur du petit doigt. Il est originaire de la Chine et est cultivé en grand en Europe pour la nourriture des VERS A SOIE et des BESTIAUX. *Voyez* ces mots.

Il paraît démontré que les Chinois sont le premier peuple qui ait cultivé le mûrier et élevé le vers à soie. De chez eux, sa culture a passé en Perse. Sous l'empereur Justinien, des moines apportèrent en Grèce les semences du mûrier, et ensuite les œufs de l'insecte qu'il nourrit. Environ vers l'an 1440, on commença à cultiver cet arbre en Sicile et en Italie; et sous Charles VII, quelques pieds en furent transportés en France. Plusieurs seigneurs qui avaient suivi Charles VIII dans les guerres d'Italie en 1494, portèrent de Sicile plusieurs pieds en Provence, et sur-tout dans le voisinage de Montélimart. On dit qu'on voit encore ces premiers arbres. Ce roi en fit distribuer dans les provinces, et il accorda une protection distinguée aux manufacturiers de soiries de Lyon et de Tours. Henri II travailla à multiplier les mûriers; mais Henri IV, malgré les oppositions formelles de Sully, en établit des pépinières. Sous Louis XIII, cette branche d'agriculture fut négligée. Colbert, qui faisait consister la prospérité d'un état uniquement dans les manufactures et le commerce, comprit tout l'avantage qu'on pouvait et qu'on devait retirer du mûrier; il rétablit les pépinières royales, fit distribuer les pieds qu'on en retirait, et les fit planter forcément sur les terres des particuliers, aux frais de l'état. Ce procédé généreux, mais violent, parce qu'il attaquait le droit de propriété, ne plut pas aux habitans de la campagne, et de manière ou d'autre ces plantations périssaient chaque année : il fallut donc avoir recours à un moyen plus efficace et sur-tout moins arbitraire. On promit et on paya exactement 24 sous par pied d'arbre qui subsisterait trois ans après la plantation, et ce moyen réussit. Ce fut ainsi que la Provence, le Languedoc, le Vivarais, le Dauphiné, le Lyonnais, la Gascogne, la Saintonge et la Touraine furent peuplés de mûriers. Sous Louis XV, des pépinières royales furent établies dans le Berri, dans l'Angoumois, l'Orléanais, le Poitou, le Maine, la Bourgogne, la Champagne, la Franche-Comté, etc., et les arbres en furent gratuitement distribués. Telle a été en général la progression de la culture du mûrier. Il faut cependant encore observer que le mûrier passa de France dans le Piémont, et qu'il fallut ensuite l'aller redemander au Piémont. Quoique cette partie historique et très-succincte soit étrangère au but de cet ouvrage, j'ai pensé qu'elle ferait plaisir au lecteur.

Un grand nombre de variétés est la suite nécessaire de l'ancienneté et de l'étendue de la culture du mûrier, parmi lesquelles quelques-unes méritent la préférence. Je n'entreprendrai pas d'établir ici une synonymie complète de celle de ces variétés qui se trouvent en France, attendu que leur nom change de village à village et s'applique souvent à des variétés fort différentes; cependant je dois en citer quelques-unes.

MURIERS SAUVAGES. Il y en a quatre sous-variétés : la première est celle qu'on appelle *feuille rose* : ce mûrier porte un petit fruit blanc, insipide; sa feuille est rondelette, semblable à celle du rosier, mais plus grande; la seconde est la *feuille dorée*, elle est luisante et s'allonge sur le milieu, le fruit en est de couleur pupurine et petit; la troisième, la *reine bâtarde*, fruit noir, feuille deux fois plus grande que celle de la feuille rose, dentée à sa circonférence : la dent de l'extrémité supérieure s'allonge plus que les autres; la quatrième est appelée *femelle* : l'arbre est épineux, il pousse son fruit avant sa feuille, qui a la forme d'un trèfle.

MURIERS GREFFÉS. La première est la *reine* à feuilles luisantes et plus grandes qu'aucune des sauvages : son fruit est de couleur cendrée; la seconde, la *grosse reine*, à feuilles d'un vert foncé et à fruit noir; la troisième, la *feuille d'Espagne* : cette espèce est extrêmement mate et grossière, a les feuilles fort grandes, le fruit blanc et très-allongé; la quatrième, la *feuille de flocs* : elle est d'un vert foncé, à-peu-près semblable à la feuille d'Espagne, mais moins allongée; elle est à bouquets sur ses tiges, son fruit est très-multiplié, et ne vient jamais au point de maturité.

Ces définitions sont aussi exactes qu'elles peuvent l'être pour des variétés; mais sont-elles invariables? C'est autre chose. J'ai vu ce que l'auteur appelle mûrier sauvage à feuille rose donner des fruits noirs et assez gros, et la même singularité a eu lieu sur celui qu'il nomme *feuille d'Espagne*. Les mûriers de la partie du Languedoc où je me suis retiré, approchent beaucoup des espèces des environs d'Aix. J'ai comparé les uns aux autres, et cette comparaison m'a fait reconnaître beaucoup de variétés secondaires de ces espèces qui sont déjà elles-mêmes des variétés.

Il est deux variétés qu'on cultive au jardin de botanique à Paris, et que je crois devoir citer ici : l'un porte le nom de MURIER D'ITALIE et a les rameaux courts et diffus ; les feuilles presque toujours lobées, un peu velues et plus obscures en dessous ; les fruits roses, très-petits et très-sucrés : il se cultive en Italie. L'autre, le MURIER DE CONSTANTINOPLE, est reconnaissable à son tronc rabougri et peu élevé, à ses branches grosses et courtes, à ses feuilles toujours entières, très-luisantes et rapprochées en touffes, à ses chatons mâles fasciculés et à ses fruits solitaires et très-blancs. On le trouve aux environs de Constantinople : c'est un véritable monstre, mais qui se propage toujours le même.

Le point essentiel dans la culture de cet arbre est de lui faire produire beaucoup de feuilles et de bonnes feuilles. Par bonnes feuilles, je n'entends pas les plus larges, ni les plus succulentes, mais celles dont les sucs nourriciers ont les qualités convenables à l'éducation du ver et à la beauté de la soie.

Le climat influe singulièrement sur la qualité de la feuille. Quoique le mûrier réussisse très-bien depuis les bords de la Méditerranée jusqu'en Prusse, la feuille est abreuvée et nourrie par des sucs plus raffinés dans le midi que dans le nord ; en un mot, la feuille est plus soyeuse, et son principe soyeux moins noyé dans le véhicule aqueux. La rareté des pluies et la grande chaleur soutenue bonifient la sève de ces feuilles, comme celles des raisins, des abricots, des pêches, etc. ; enfin celles de tous les arbres originaires des régions chaudes, telles que la Chine, la Perse, la Grèce, l'Arménie, etc. Il est certain que dans le Nord, toutes circonstances égales quant à la qualité de l'espèce de mûrier, les feuilles y seront plus amples, plus juteuses, plus vertes, parce que leur principe séveux est presque entièrement aqueux. Il en est de ces feuilles comme du vin ; il est, dans le Nord, peu riche en esprit ardent et en partie sucrée, qui se forme lors de la fermentation. La perfection des feuilles des mûriers du Nord ne doit donc jamais égaler celle des mûriers du Midi, et par conséquent la soie qu'on en retirera sera toujours inférieure en qualité relativement à l'autre (1).

L'*exposition*. Lorsque la muriomanie s'est manifestée en

______

(1) En Dalmatie, le comte Dandolo obtenait une livre de cocons de 10 livres de feuilles, et de 10 livres de cocons une livre de soie. En France, il faut, terme moyen, 18 livres de feuilles pour avoir une livre de cocons. (*Note de M. Bosc.*)

France pendant le siècle dernier, on a planté des mûriers par-tout indistinctement. Or, si la distance éloignée des climats a une influence si décidée sur la qualité de la feuille, l'exposition au nord, ou au midi, au levant, ou au couchant, doit agir aussi, quoique d'une manière moins prononcée, sur les feuilles des arbres du même canton. J'ose dire que la feuille des arbres plantés au nord, ou de ceux qui ne reçoivent que faiblement les rayons du soleil, sera très-aqueuse et peu nourrissante ; que celle des arbres plantés au midi, ou au soleil levant jusqu'au soleil de trois ou quatre heures, et même de toute la journée, sera bien supérieure aux autres pour la qualité ; il en est de même de celle dont les arbres sont plantés dans des endroits élevés en comparaison de celle des arbres qui se trouvent dans les bas-fonds, dans les vallons. D'ailleurs la feuille de ceux-ci est fort sujette à être tachée ou rouillée. Cet accident est encore très-commun près des ruisseaux, près des rivières, d'où il s'élève des brouillards lorsque le vent du sud règne dans la partie supérieure de l'atmosphère, et le vent du nord dans l'inférieure : alors les gelées blanches produisent de terribles effets sur les jeunes pousses, sur les feuilles encore tendres ; et si la saison des gelées blanches est passée, la condensation de l'humidité qui s'élève de la terre, et qui s'unit à celle de l'atmosphère, forme le brouillard, qui surcharge d'humidité les feuilles déjà développées ; le soleil survient tout à coup, sa chaleur vive frappe sur l'humidité des feuilles, et leur épiderme trop abreuvé, et dont les pores sont par conséquent distendus, est plus ou moins brûlé, suivant l'intensité de l'humidité et l'activité du soleil. Le parenchyme qui donne la couleur à l'épiderme est également altéré ; cette feuille, ainsi viciée, ne peut plus servir à la nourriture du ver. Combien de cultivateurs ont planté une multitude de mûriers, sans faire aucune de ces observations ! Qu'ils ne soient donc pas étonnés si leur récolte est entièrement perdue. C'est de la bonne qualité de la feuille, c'est de la bonne exposition de l'arbre, enfin c'est de la nature du sol que dépend la qualité plus ou moins supérieure de la soie.

Qualité du sol. Si on n'a pour but que la vigueur de la végétation de l'arbre, la grande abondance de belles et larges feuilles, je dirai, choisissez les meilleurs fonds, tels que celui des terres à lin, à chanvre, pourvu qu'ils aient une grande profondeur de bonne terre ; mais il en sera de ces feuilles comme des raisins, ou de tels autres fruits venus sur des sols semblables ; ils seront noyés d'eau, n'auront presque aucune partie sucrée, et leur grosseur, qui flattera l'œil, ne dédommagera pas du goût qui leur manquera. Les feuilles de pareils arbres sont peu nourrissantes ; le ver à qui on les donne est mou, lache; ses mues sont pénibles, et il est presque toujours dévoyé; il consomme une plus grande quantité de feuilles, à moins que l'année ne soit très-sèche : alors la sève est un peu mieux élaborée, mais elle ne l'est point encore assez.

Ce que je dis des arbres plantés dans un sol très-substantiel s'applique bien mieux encore à ceux qui végètent sur un sol aquatique, marécageux ou humide; la surabondance d'eau dans la feuille qu'on donne au ver est la chose la plus nuisible pour lui.

Les terrains aigres, ferrugineux, et tous ceux de ce genre qui ne permettent que difficilement l'extension des racines, ne sont pas propres aux plantations des mûriers; cependant la feuille en serait très-bonne, mais en trop petite quantité.

Les coteaux de nature calcaire, les rochers qui se délitent d'eux-mêmes, et dont le grain est facilement converti en terre, sont les endroits à préférer pour la supériorité de la qualité de la feuille. Les racines de l'arbre s'étendent entre les fissures de ces rochers, y trouvent à la vérité peu de nourriture, mais elle y est parfaitement préparée. Si le sol est graveleux, sablonneux; si à ces graviers et à ces sables il se trouve mêlée une certaine quantité de bonne terre, le mûrier y prospérera et sa feuille sera excellente. Dans un pareil terrain, les racines s'étendront au loin, au grand avantage de l'arbre; cependant cette extension prodigieuse des racines presque sur la surface n'est pas ce que j'approuve le plus. J'aimerais mieux que le sol eût beaucoup de fond, et que les racines s'étendissent moins, parce qu'elles dévorent les récoltes voisines, qu'on doit compter pour quelque chose, puisque celle du mûrier ne doit être qu'une récolte accessoire, à moins que le terrain ne soit pas propre à d'autres productions; ce qui est fort rare. J'indiquerai dans la suite des moyens d'empêcher cette extension ruineuse.

L'on dit, et l'on ne cesse de répéter, que le mûrier vient par-tout : cela est vrai, très-vrai; mais entre végéter et prospérer, et donner des feuilles convenables à la nourriture du ver, c'est très-différent. Dans des cantons entiers, les vers à soie réussissent très-rarement; leur éducation est décriée, et la hache, mise au pied de l'arbre, n'attend pas qu'on ait examiné sérieusement si c'est sa faute ou celle du planteur; j'ose affirmer que c'est presque toujours celle du dernier. Lors de la manie des mûriers, on s'extasiait; le cri général était : *plantez des mûriers,* et on a poussé la folie jusqu'à sacrifier à cette culture des champs entiers qui donnaient le plus beau blé, même les terrains à chenevières et à luzerne. Je dis ce que j'ai vu, et j'ai observé en même temps que les éducations faites avec les magnifiques feuilles de ces beaux arbres qui végétaient dans ces fonds si substantiels manquaient presque toujours; que les vers étaient mous, lâches, et les cocons de peu de valeur. La constitution de l'atmosphère contribue beaucoup à la réussite d'une bonne éducation; mais la qualité de la feuille en est la base la plus solide. Quand même on aurait une saison à souhait, si la feuille est trop aqueuse, on n'aura jamais une belle récolte de cocons, parce que la majeure partie des vers périra peu-à-peu par la dysenterie. Le sol et l'exposition constituent la bonne feuille. Les mûriers plantés sur les coteaux (toutes autres circonstances égales) l'emporteront toujours par la qualité de la feuille sur ceux de la plaine. Quant à la quantité des feuilles, elle dépend de l'espèce du mûrier et du sol.

Ce simple exposé démontre d'où dérive la supériorité des soies du Dauphiné, de la Provence, du bas Languedoc et du Vivarais sur celles du reste du royaume; le soleil, dans ces premiers endroits, est plus actif, les pluies plus rares; la sève y est mieux élaborée, moins aqueuse, et ses principes plus rapprochés. Quoique les soies des provinces du centre ou du nord du royaume n'aient pas ce degré de supériorité, ni qu'elles puissent jamais l'acquérir, cependant on doit singulièrement s'attacher à la qualité de la feuille, et à choisir le sol qui donne la meilleure, puisqu'il n'en coûte pas plus de cultiver un bon arbre qu'un mauvais. Toutes les fois que l'on tend à la quantité, on manque toujours son but, et on obtient une soie de qualité médiocre (1).

Des semis. Pour faire de bons semis, il faut avoir de bonne graine, et une terre convenable pour la recevoir. Examinons séparément ces trois objets.

Choix de la graine. Peu de personnes apportent une attention scrupuleuse sur ce choix, parce qu'elles sont dans la persuasion que la greffe remédiera à tout. Je conviens qu'elle fait changer de nature à l'arbre, depuis le lieu de son insertion jusqu'à son sommet; mais si la base en est faible et viciée dès sa naissance, la greffe ne la corrigera pas. La mauvaise graine donne de mauvaise pourrette, et une pourrette défectueuse produit rarement de beaux arbres, quelques soins qu'on lui donne. Admettons, si l'on veut, qu'il soit possible d'en tirer de bons arbres; mais n'est-il pas prudent de choisir

(1) On ne peut plus se refuser d'admettre qu'il faut renoncer à établir en France des éducations de vers à soie, pour en mettre le produit dans le commerce, hors de ces anciennes provinces. Quel a été le résultat des mill ons dépensés par le Gouvernement pour encourager cette éducation aux environs de Paris, aux environs de Tours, etc.? Cependant il est fait annuellement des demandes au ministre pour renouveler les tentatives à cet égard, par la présomptueuse ignorance ou la vile cupidité. (*Note de M. Bosc.*)

le parti le plus sûr, et d'abandonner celui qui n'est que simplement probable, sur-tout quand les petites attentions à avoir dans le choix de la graine coûtent si peu?

Il convient de rejeter celle des arbres trop jeunes ou trop vieux, des arbres plantés en terrains gras ou humides, des arbres cariés, et rigoureusement celle des arbres à feuilles découpées, petites ou chifones.

L'amateur choisira un des meilleurs arbres, c'est-à-dire celui qui réunira le plus grand nombre de bonnes qualités, et il ne le fera point effeuiller. La nature n'a rien fait en vain; elle est admirable jusque dans les plus petits détails, et elle enchaîne toutes ses opérations les unes aux autres. La feuille est la mère nourrice du bourgeon qui doit pousser l'année suivante. Elle est la conservatrice de la fleur et du fruit, sur-tout de ceux du mûrier, qui, ainsi qu'il a été dit, naissent de ses aisselles. La feuille est donc nécessaire à une belle floraison et à une belle fructification. On dira que les arbres effeuillés donnent des fruits dont les graines germent très-bien, cela est vrai; mais si l'on prend la peine d'examiner les fruits de l'arbre non effeuillé, on verra qu'ils sont plus gros et mieux nourris que ceux des arbres effeuillés. La graine suit les mêmes proportions. Que l'on regarde ces précautions comme minutieuses, j'y consens; cependant, dans toutes les opérations d'agriculture, on doit travailler pour le mieux. Les fleuristes, pour de simples objets d'agrément, donnent à ce sujet de belles leçons aux cultivateurs.

Quand faut-il cueillir la graine? La nature indique l'époque, c'est lorsque le fruit tombe de lui-même. L'emboîtement par articulation de son pédoncule avec l'écorce de la branche ne reçoit plus les sucs nécessaires à son entretien, elle se dessèche, l'articulation se déboîte, le fruit tombe, et l'arbre a rempli sa première destination, qui est sa reproduction par la graine; enfin le but de la nature est rempli. A cette époque, la graine est à coup sûr dans son état de perfection: on peut, si l'on veut, secouer légèrement les branches de l'arbre après avoir étendu des toiles au-dessous, ou se contenter de ramasser sur terre les fruits à mesure qu'ils sont tombés.

Les baies sont mucilagineuses et sucrées. Si on les amoncèle, elles fermentent, elles s'échauffent, et de la masse il s'exhale une odeur vineuse. Cette fermentation altère la graine: afin d'éviter cette altération, imitons la nature, qui dissémine ses fruits. Peu-à-peu le courant d'air et la chaleur enlèvent et font évaporer leur humidité; enfin la pulpe desséchée se colle contre la graine, qu'elle préserve du contact extérieur de l'air, afin de la conserver. Tel est l'exemple qu'elle nous donne, et que nous devons suivre. On doit, après chaque cueillette de baies, les porter dans un lieu bien aéré et à l'ombre, les séparer les unes des autres, et les laisser ainsi jusqu'à ce que la pulpe soit bien desséchée : alors on les serre dans des boîtes enveloppées dans du papier, en lieu sec et fermé. Cette méthode n'est pas celle de tous les auteurs qui ont écrit sur ce sujet. Ils conseillent d'écraser la pulpe avec les mains dans des vases remplis d'eau, de l'y fortement agiter, afin d'en séparer la graine, qui doit se précipiter au fond du vase. Alors on vide la partie supérieure de l'eau, en inclinant le vase de manière que tous les débris s'échappent avec l'eau, et que la graine reste au fond. Ensuite on met de nouvelle eau, on répète la première opération jusqu'à ce que la graine soit nette; après cela, on l'écoule sur un linge où elle finit de sécher. Pourquoi contrarier ainsi le vœu de la nature, qui n'a pas rempli de pulpe ces baies pour vous donner le plaisir de les pétrir?

Une autre méthode de conserver la graine, et qui n'est pas à négliger, consiste à la mêler et à l'enfouir dans le sable ; elle y conserve mieux sa fraîcheur, et elle est à l'abri du contact immédiat de l'air. *Voyez* GERMOIR.

Quand doit-on semer? Ici, comme dans tous les points d'agriculture, une règle générale est abusive. Le moment des semailles dépend de la saison et du climat; relativement au climat, il y a deux époques. Dans les provinces méridionales, telles que celles où l'on cultive les oliviers, et où les grenadiers forment les haies et les buissons, on peut et on doit semer les graines aussitôt que la baie est bien mûre et desséchée : c'est une année de gagnée, et la pourrette sera en état d'être mise en pépinière après l'hiver.

Dans les provinces du centre et du nord, il convient de semer dès qu'on ne craint plus les fortes gelées ; cependant, lorsque la graine germe ou a germé, enfin lorsqu'elle est encore tendre, si l'on prévoit des gelées tardives, il est indispensable de couvrir tout le semis avec de la paille longue, et de le laisser, le moins qu'il sera possible, enseveli par dessous. Semer dans des caisses met à l'abri de ces inconvéniens, puisqu'on les transporte où l'on veut; la fin de février, les mois de mars ou d'avril, sont à-peu-près les époques des semis, suivant les quatre climats de la France, que je distingue par climats à oliviers, par climats à grenadiers, à vignes et sans vignes.

Comment doit-on semer? Je répondrai à celui qui cherche à perfectionner ses opérations : semez dans des caisses, donnez-leur 10 à 12 pouces de profondeur, une grandeur et une largeur telles, que deux hommes puissent les transporter fatilement d'un lieu à un autre, suivant les besoins relatifs aux climats ; mais il vaut mieux, sous tous les rapports, semer en pleine terre.

La longueur des planches, des tables, ou le nombre des sillons, si on arrose par irrigation, est indifférente ; elle doit être proportionnée à la quantité de semences : la largeur, au contraire, de ces planches ne doit pas excéder 3 pieds, afin de pouvoir sarcler avec facilité toutes les fois qu'il est nécessaire. Si l'on sème par sillons, la graine doit être jetée dans une raie faite sur la partie de l'ados à laquelle l'eau de la rigole ne monte pas, sans quoi elle germerait mal ; les planches ou tables sont préférables à cette méthode lorsqu'il est possible de les arroser à la main.

Chacun a sa manière de semer et y attache une grande importance : tout semis fait à la volée est mauvais, il ne laisse pas la facilité de sarcler et de soutenir commodément la terre autour des jeunes pieds ; il vaut beaucoup mieux tracer avec un bâton de petites rigoles de 2 pouces de profondeur, les aligner au cordeau et les recouvrir de terre après le semis. La distance entre chaque raie sera de 6 pouces au moins, et 8 à 10 pouces laissent un espace bien suffisant.

On a porté le scrupule jusqu'à fixer la quantité de graines à répandre sur une étendue désignée. Semez par raies bien espacées, semez épais, et vous serez toujours à temps d'enlever les pieds surnuméraires. Il ne s'agit pas de porter les choses à l'extrême, un grain près de l'autre suffit, et si on était assuré que chaque semence levât et vînt bien, je dirais : placez ces semences à un pouce de distance les unes des autres, parce que c'est l'espace à laisser entre les pieds. Cette distance est peu observée par les pépiniéristes ; ils conservent tout ce qui sort, et tout languit : chaque pied file, s'allonge sans prendre une consistance convenable, sur-tout si la graine a été semée à la volée ou dans des raies trop rapprochées.

Il y a deux sortes de sarclages essentiels : le premier est celui des plants surnuméraires, et le second, celui des mauvaises herbes à mesure qu'elles végètent. Pendant le premier sarclage, la main gauche, les doigts étendus entre les jeunes plants, sert à maintenir la terre contre les plants qu'on laisse en place, et la droite sert à arracher les plants surnuméraires : ce sarclage demande à être fait à plusieurs reprises un peu éloignées les unes des autres. On doit commencer par les endroits les plus fourrés, et éclaircir successivement jusqu'à ce que le meilleur pied reste et soit éloigné de son voisin à la distance d'un pouce ; il convient d'arroser un peu après chaque sarclage, afin de serrer la terre contre les racines.

Quant au sarclage des herbes parasites, il est inutile de le recommander ; personne n'ignore qu'il doit être multiplié suivant les besoins, et qu'une jeune plante dont la végétation est plus lente que celle de la plante voisine, est nécessairement étouffée par elle (1).

Levée et plantation du semis. Le pépiniériste ouvre une tranchée de la largeur d'un fer de bêche dans un des coins du sol où le semis a été fait, et de proche en proche il ne déterre pas ; mais il arrache la jeune pourrette. Cette manière de travailler est on ne peut plus expéditive, mais on ne peut plus mauvaise ; pivot, chevelu, racines latérales, tout est meurtri, endommagé, écorché, brisé. Après cela, il rafraîchit les racines, c'est-à-dire qu'il retranche les parties mutilées et ne laisse au pivot que 3 à 4 pouces de longueur ; ensuite il plante cette pourrette avec une cheville dans une terre défoncée et bien travaillée jusqu'à la profondeur de 8 à 12 pouces.

Cette méthode est à-peu-près générale dans toute la France, cependant je ne saurais l'approuver : elle suffit pour le pépiniériste, qui n'a d'autre but que de vendre des arbres ; mais le véritable cultivateur qui désire la perfection, et sur-tout qui craint que les racines latérales et superficielles du mûrier ne détruisent sa récolte de blé ou d'autre culture, à plus de 30 pieds du tronc, opère d'une manière bien différente. Il sait qu'on ne doit espérer aucune vraie réussite qu'en imitant la nature, et il cherche à se conformer à ses lois et à ménager les ressources qu'elle présente à l'homme instruit. Sa manipulation devient l'objet des épigrammes de ses voisins ; mais, au-dessus de leurs faux raisonnemens, il ne craint pas une petite augmentation de dépense dans la main d'œuvre ; enfin la force, la beauté, le produit et la durée de ses arbres, justifient ses travaux.

Il a deux méthodes : la première, de planter à demeure à mesure qu'il sort la pourrette du semis ; et la seconde, de former une pépinière.

Dans l'endroit déterminé pour recevoir le plant à demeure, une fosse carrée est ouverte à 2 pieds de profondeur sur 3 à 4 de largeur ; le fond même est travaillé par un fort coup de bêche. S'il y a du gazon dans le voisinage, ou s'il peut en transporter commodément, il s'en sert pour garnir le fond de la fosse ; enfin il plante sa pourrette et dispose ses racines, ses chevelus, qu'il a conservés dans leur intégrité avec autant de soin que l'amateur des vergers plante ses arbres frui-

---

(1) Dans l'Inde, on sème le mûrier en plein champ, et on en coupe les tiges à la faux, pour les donner aux vers à soie : cette méthode ne pourrait être introduite dans les pays tempérés, parce que la soie qui en résulterait serait sans force. (*Note de M. Bosc.*)

tiers. Si le pivot, raciné si essentielle, s'est allongé de plus
de 2 pieds, il fait avec une cheville un trou assez profond dans
le milieu de la fosse pour le recevoir; ensuite, à mesure qu'il
arrange les racines secondaires, il les enterre, remplit la
fosse, et observe qu'un terrain remué à 2 pieds de profondeur
doit ensuite se tasser de 2 pouces. Si ce cultivateur habite un
pays chaud, où il pleut rarement pendant l'été, il a soin, à
2 ou 3 pouces au-dessous de la surface du sol, d'étendre une
couche de vanne de blé, ou d'orge, ou d'avoine, de la recouvrir de terre, afin d'empêcher la grande évaporation de l'humidité; enfin il ravale la tige à 2 pouces. Si le champ où cette
pourrette est plantée est soumis au parcours des troupeaux, il
environne avec des broussailles piquantes l'espace de la fosse,
et le jeune arbre est en sûreté.

Au moyen du procédé qui vient d'être décrit, et en le suivant dans tous ses points, on est assuré que le jeune arbre
enfoncera son pivot, pendant les années suivantes, aussi profondément qu'il trouvera du fond; que ses racines secondaires
suivront la même direction; enfin que ses racines latérales
n'iront pas affamer les récoltes à la distance de 10 toises,
lorsque l'arbre aura acquis une certaine grosseur.

Si des circonstances ne permettent pas au cultivateur de
suivre la première méthode, il fait défoncer le sol de la pépinière à 2 pieds de profondeur : lorsque la terre est toute préparée, il ouvre de petites fosses de 12 à 15 pouces sur toute
la longueur; il y plante la pourrette avec les mêmes soins indiqués ci-dessus, et ainsi de rangs en rangs tirés au cordeau.

Le pépiniériste défonce la terre à la profondeur d'un fer de
Bêche (*voyez* ce mot), c'est-à-dire à 10 à 12 pouces : il coupe
le pivot de la plante, ne lui laisse que 2 à 3 pouces de longueur,
coupe en grande partie les racines latérales, détruit la plus
grande partie des chevelus qui l'embarrasseraient; enfin avec
une cheville il fait un trou dans cette terre, y plante la pourrette, et avec cette même cheville il serre la terre contre;
c'est-à-dire que les racines restent en paquets. On dira que
tous les pépiniéristes ne travaillent pas ainsi, je répondrai
que sur cent il y en a plus de quatre-vingts qui opèrent à la
hâte, et comme il a été dit. Mais, ajoutera-t-on, ils ont de
beaux arbres; cette vigueur de végétation tient à la qualité et
à la quantité d'engrais, et ces engrais sont déjà un grand vice
de l'éducation de l'arbre; ce qui sera bientôt prouvé.

Toute pourrette qui n'aura pas bien végété dans la première
année du semis, par la négligence du cultivateur, doit être
rejetée. Les pépiniéristes, pour ne rien perdre, la recèpent
à fleur de terre, et laissent ce semis jusqu'à l'année d'après;
on aurait tort de suivre cet exemple : toute pourrette qui n'a

pas, au collet de sa racine, la grosseur d'une plume à écrire, est trop faible pour être replantée ; c'est la raison pour laquelle on ne doit négliger aucun soin dans le semis, et exciter la végétation par les engrais, les arrosemens, l'extirpation des mauvaises herbes, et les petits labours multipliés.

Quant à la conduite du plant ainsi mis en rigoles, *voyez* à l'article Pépinière.

Greffe. Le mûrier est susceptible de toutes les espèces de Greffe. (*Voyez* ce mot.) La greffe à écusson est aujourd'hui la seule employée dans les pépinières; on greffe ainsi au bas la tige de l'année à 6 pouces au-dessus du sol. Si dans cette partie la tige n'a pas au moins 6 lignes de diamètre, c'est-à-dire 18 lignes de circonférence, elle est trop faible pour recevoir l'écusson. Quelques particuliers laissent un pied de tige au-dessus de l'écusson, afin que la sève, étant partagée, ne se porte pas avec trop de force sur la greffe et ne la noie pas ; ils laissent, sur cette partie excédante, épanouir quelques boutons; ils les retranchent peu-à-peu à mesure que le jet de la greffe se fortifie, et cette partie excédante de la tige sert de tuteur au jet tendre de la greffe : par cette petite précaution on redresse le jet en l'assujettissant doucement et mollement contre le tuteur, et lorsque le jet est assez fort, on supprime cette partie supérieure de la vieille tige, qui devient inutile, et on recouvre la plaie avec l'onguent de Saint-Fiacre. Cette manipulation me paraît très-avantageuse, sur-tout dans les cantons exposés aux coups de vents ; on ne doit greffer que lorsque la sève commence à être en mouvement.

Il est rare, dans les provinces du midi et dans celles du centre, que les greffes ne donnent pas d'un seul jet une belle tige. Si, par un accident quelconque, la tige n'acquiert pas une hauteur convenable, il faudra la receper avant la pousse de l'année suivante à un pouce au-dessus de la greffe, et supprimer rigoureusement les boutons qui s'épanouiront en dessous, sans quoi ils affameraient la partie de la greffe.

On peut également greffer à la seconde sève; mais la tige ne s'élève jamais avant l'hiver à la hauteur nécessaire, qui est celle de 5 à 6 pieds : de tels arbres seront utiles dans les plantations en buissonniers, ou taillis, ou mûriers nains.

Si des circonstances quelconques n'ont pas permis de greffer dans la pépinière, à la première ou à la seconde pousse après le recepage de celle-ci, on peut laisser l'arbre croître et se fortifier dans la pépinière jusqu'à ce qu'il ait acquis une grosseur convenable. Alors on le transplante à demeure, on arrête son tronc à 5, 6 ou 7 pieds de hauteur, et on lui laisse pousser pendant l'année suivante un certain nombre de branches. La trop grande quantité de ces branches ne leur permettait pas de prendre une grosseur convenable ; aussi, pendant le cours de l'été, on supprime les surnuméraires, on laisse les trois ou quatre, ou cinq au plus, les mieux disposées et les mieux venantes, et on les greffe *en flûte* lorsque la sève est déjà bien en mouvement l'année d'après ; la greffe à écusson réussirait également, et serait peut-être d'une plus facile exécution que l'autre pour le plus grand nombre des cultivateurs ; celle en flûte demande plus de précision ; il vaut beaucoup mieux profiter des premières pousses ou bourgeons, lorsqu'ils sont assez forts, que de ravaler ces mêmes branches, à quelques boutons près, l'hiver suivant. Cependant, si des obstacles quelconques ont empêché de greffer, il faut en venir au ravalement ; mais on a perdu une année, et on a mis la partie au-dessous de la greffe, et le tronc même, dans le cas de produire beaucoup plus de branches sauvageonnes. Je n'entrerai ici dans aucun détail sur la manipulation de ces greffes, sur les circonstances où elles doivent être faites : ces répétitions deviendraient inutiles, puisque chaque objet est spécifié au mot GREFFE.

Cette transmutation d'une espèce dans une autre est bien précieuse, et l'admiration devient extrême lorsqu'on l'envisage dans toutes ses parties. C'est le moyen de perpétuer les bonnes ; mais l'on doit faire attention que le mûrier, greffé d'une manière ou d'une autre, vit moins long - temps que le sauvageon ; il végète beaucoup plus vite et avec plus de force (1).

Transplantation de l'arbre fait. Il est très-facile de fixer la largeur et la profondeur des fosses pour les arbres que l'on achète chez les pépiniéristes, et qui sont plantés suivant la plus mauvaise des routines : 6 pieds en carré, 2 pieds et demi de profondeur, voilà la loi, ou beaucoup moins si l'on veut ;

---

(1) Cette activité de la végétation des mûriers greffés, et la presque certitude qu'on ne greffe que les variétés à larges feuilles, auraient dû engager Rozier, d'après les principes si vrais qu'il a émis plus haut, à repousser la greffe. Il a été suppleé à cet égard par M. Duvaure, à qui on doit un excellent écrit sur cette question, écrit où elle est résolue négativement.

Pour compléter les preuves des inconvéniens de la greffe du mûrier, je dois dire que M. Dandolo a reconnu, par des expériences rigoureuses, 1°. qu'avec 14 livres et demie de feuilles de mûrier sauvage on obtient une livre et demie de cocons, et qu'il faut 20 livres trois quarts de feuilles de mûrier greffé pour obtenir la même quantité ; 2°. que 7 livres et demie de cocons provenant de vers alimentés par les feuilles de mûrier sauvage donnent à-peu-près 14 onces de soie très-fine, et, alimentés par les feuilles de mûrier greffé, seulement 11 à 12 onces.

Il peut, malgré cela, être avantageux de greffer quelques variétés hâtives, et de les placer en espalier, à une bonne exposition, pour avoir des feuilles de très-bonne heure, en cas que les œufs éclosent avant l'époque ordinaire. (*Note de M. Bosc.*)

16 *

il y a de l'espace de reste, puisqu'on ne laisse autour du tronc que des racines de 12 à 15 pouces de longueur : un diamètre de 3 à 4 pieds est donc suffisant ; tel est sur ce sujet l'avis de plusieurs écrivains. J'ose dire : proportionnez la grandeur et la profondeur des fosses à l'étendue et au volume des racines ; mais comme on ne peut connaître quelles seront leurs proportions que lorsque l'arbre aura été tiré de la pépinière, on ne risque jamais de faire des fosses de 3 pieds de profondeur, sur 6 à 7 de largeur, et de les faire carrées et non pas rondes, parce qu'il y aura une plus grande masse de terre remuée.

Ceux qui veulent planter en automne doivent faire ouvrir les fosses dans l'été, et dans l'automne pour les plantations de février ou de mars. Il est très-avantageux que la terre du sol reçoive les influences de la lumière et de la chaleur du soleil; que la terre jetée sur les bords y soit soumise sur une très-grande superficie, ainsi qu'aux engrais météoriques. (*Voyez* le mot AMENDEMENT.) Si le sol et de médiocre qualité, s'il est caillouteux, rocailleux, la fosse doit être plus grande et plus étendue, en raison du peu de qualité du terrain. La terre végétale qui couvrait la superficie de la fosse demande à être rangée sur les bords, et celle du dessous jetée au-delà. Cette première terre, plus remplie d'humus, mieux divisée, mieux travaillée que l'autre, servira à garnir les racines lors de la plantation.

Si la grandeur des fosses qui vient d'être indiquée, lorsqu'on y présentera les racines de l'arbre comme il sera dit ci-après, n'est pas suffisante, on sera à temps alors d'élargir le trou dans tous les sens. Que de dépenses et de soins on aurait évités, si la pourrette sortant de la planche du semis avait été plantée à demeure, greffée sur la place dans le temps, et travaillée chaque année suivant le besoin !

La distance d'un trou à un autre ne saurait être fixée : elle dépend de la qualité du sol, du climat, et de la destination de l'arbre.

Le mûrier est destiné à border les champs et les grands chemins, ou à couvrir un champ; je parle du mûrier à plein vent. Le sol est bon, médiocre ou mauvais, sec ou humide. Six toises sont à peine suffisantes dans un bon fonds où les arbres sont placés en lisière ; quatre dans le médiocre, et trois dans le mauvais.

On gagne beaucoup à transplanter de bonne heure, et on rique beaucoup à replanter tard, sur-tout dans les provinces du midi, j'en ai déjà dit les raisons. Lorsque les feuilles sont tombées, la sève ne se porte plus aux branches; cependant on voit encore sous l'écorce un suc épais, couleur de lait, qui suinte à la première incision; et l'intérieur du tronc offre une eau limpide et rousse. Il faut attendre que la première soit rendue plus épaisse par quelque froid ou par le temps, et que la seconde ne soit plus sensible. Le mûrier, dit-on, est le plus prudent de tous les arbres, parce qu'il pousse fort tard, c'est que sa végétation ne peut avoir lieu que lorsque la chaleur de l'atmosphère est à un certain point. Il est près d'un mois plus tôt feuillé dans le bas Languedoc, dans la Provence, etc., que dans nos provinces du nord; cependant il est presque aussitôt défeuillé dans l'un et l'autre climat. Il est rare que dans le nord des gelées se fassent sentir avant le mois de novembre, et les gelées blanches sont très-communes au midi vers cette époque, sur-tout dans les cantons qui ont pour abri des chaînes de montagnes. Cette crainte des premiers froids est un reste d'habitude du pays originaire, qui est beaucoup plus chaud que celui où il a été transplanté. Cette chute des feuilles annonce que quinze jours ou trois semaines après le cours des différens fluides dans le tronc de l'arbre sera arrêté, et qu'on pourra le transplanter. Cependant on remarquera encore que le suc laiteux est visible, et qu'il ne le sera pas après l'hiver; malgré cela, on ne court aucun risque de planter à la fin de novembre.

Il y a une disproportion étonnante entre la grosseur et la hauteur des arbres dans une pépinière, la cause se présente d'elle-même. On a supposé qu'en levant le semis on a réjeté tous les plants dont la grosseur n'excédait pas une plume à écrire. Les plants préférés ont donc tous à peu près la même grosseur, et la différence qui se trouve alors entre eux relativement à la grosseur, n'est pas en proportion avec celle qui subsistera lorsque le temps de la transplantation viendra. En effet, on trouve dans une pépinière, au commencement de la troisième année, quelques centaines de pieds propres à être replantés; un tiers à la quatrième, un autre tiers à la cinquième, et ce qui reste est appelé *rebut de pépinière*. Ces différences démontrent (toutes circonstances égales) que les pourrettes dont on a le plus morcelé, écourté, châtré le pivot, les racines et les chevelus, ont eu plus de peine à reprendre, à pousser de nouvelles racines, de nouveaux chevelus, etc. Mais si cette pourrette a été plantée avec les soins et les attentions indiqués, on ne remarquera certainement pas cette différence frappante de grosseur, et tous les arbres de la pépinière seront en état d'être replantés à la troisième année, parce que leur tronc aura au moins trois pouces de diamètre. Le pépiniériste ne trouve pas son compte dans cette uniformité; il vend ses arbres en détail, saison par saison; mais elle sera tout à l'avantage du cultivateur qui se dispose à de grandes plantations.

On a le plus grand tort de planter des arbres dont la base du tronc n'a que 12 à 18 lignes de diamètre ; comme les canaux séveux sont encore peu serrés, il monte beaucoup de sève, et ils pou sent au sommet de fortes branches. On admire leur végétation sans observer que ces branches ne seront bientôt plus proportionnées à la force du tronc, et qu'à la seconde ou à la troisième année elles ne recevront pas une quantité de sucs proportionnée à leurs besoins, qu'elles languiront, ou enfin qu'on sera forcé de les charger de plaies, en les ravalant. En outre, ces arbres fluets demandent des tuteurs pour les soutenir, et c'est une augmentation de dépense. Les pépiniéristes ne tiendront pas ce langage, ils vous feront admirer la beauté de l'écorce, des feuilles, etc. ; ils veulent vendre, voilà le point.

N'achetez et ne plantez donc que des arbres de fort calibre, ou de trois à quatre pouces de diamètre ; cependant ne vous trompez pas en prenant des plants vieux en pépinière : vous les reconnaîtrez à leur écorce grisâtre et chargée d'écailles qui se détachent sans peine de l'épiderme. Lorsqu'on les étêtera, on verra une couleur brune régner presque sur toute la partie ligneuse, signe caractéristique de vétusté dans la pépinière.

Après avoir choisi l'arbre qu'il désire, l'acheteur le fait étêter dans la pépinière, et les ouvriers, armés d'une bêche ou d'une pioche, enlèvent la terre tout autour du tronc, et à la moins grande distance qu'ils peuvent, afin de ne pas endommager les racines de l'arbre voisin. Avec le tranchant de la bêche ou avec la serpe, ils coupent les grosses racines, et lorsque, après avoir déraciné l'arbre, elles ont huit à dix pouces de longueur, ils croient avoir fait des merveilles. Peut-on, de bonne foi, dire que c'est bien travailler, et que la nature a pourvu l'arbre de fortes racines, pour donner au pépiniériste le plaisir de les mutiler?

Comme il a eu grand soin de couper le pivot, en transportant la pourrette du sol du semis dans celui de la pépinière, il n'est pas obligé de creuser profondément, puisqu'il ne doit rencontrer que des racines latérales et presqu'à fleur de terre; c'est aussi ce qu'il demande : il a moins de peine, et il ménage les pieds voisins ; après cela on est surpris de la longue et pénible reprise de l'arbre planté à demeure, et de la quantité de ceux qui meurent à la première ou à la seconde année! Pour moi, je n'y vois rien que de très-naturel, et je suis même surpris qu'il n'en meure pas un plus grand nombre.

Le cultivateur raisonnable agit d'une manière tout opposée, il dit : je travaille pour moi, pour mes enfans ; un petit surcroît de peine momentanée, et même de dépense, sera bientôt oublié ; je jouirai plus vite, plus amplement, et je serai bien dédommagé. Il commence par ouvrir une tranchée

de trois pieds de profondeur, un peu avant le fond de la pépinière, et il jette la terre par derrière, de sorte que le voilà
libre de manœuvrer. Ensuite il attaque la pépinière par la
partie la plus basse de la fosse, et il abat la terre du dessus.
Dès qu'il trouve des racines, il les ménage, les range sur le
côté, jusqu'à ce qu'enfin il soit parvenu à déraciner l'arbre
tout entier Si son pivot a pénétré au-delà de trois pieds, il
creuse plus profondément dans cet endroit, et fait en sorte de
l'en retirer tout entier. Ainsi les grosses et les petites racines
et tous les chevelus ne sont point endommagés. Les arbres enlevés de la fosse, et qu'il a eu soin d'étêter à la hauteur convenable avant l'opération, sont portés tout de suite près des
trous destinés à les recevoir, et même il a soin de couvrir
leurs racines avec de la paille, afin de les garantir du hâle, du
soleil, du froid, etc. Voilà donc un arbre tout entier, et dont
les racines ont toute leur étendue. Si la fosse qu'on lui a
destinée n'a pas une largeur proportionnée aux racines, il
augmente son diamètre suivant le besoin. La longueur du pivot va sans doute l'embarrasser, puisque je n'ai supposé la
fosse creusée que de trois pieds de profondeur ; le retranchera-
t-il pour accélérer le travail ? Non, sans doute ; mais armé
d'un grand pal ou aiguille de fer, il ouvrira dans le milieu
et avec cet instrument un trou semblable à celui dans lequel
on plante le saule ou le peuplier, etc., et il lui donnera un
diamètre et une profondeur proportionnée à la longueur et à
la grosseur du pivot. Il commencera ensuite par y placer le
pivot, il le garnira de terre fine tout autour, et il agira
de même pour l'extrémité de chaque greffe, afin de la forcer
à piquer en terre de manière que toutes les racines et chevelus
une fois disposés imitent la forme d'un pain de sucre évasé
par sa base. A mesure que chaque racine est mise en place,
il l'assujettit avec la terre de la superficie de la fosse mise en
réserve, et il finit par combler le trou, en disposant la terre
en plan incliné, dont la partie la plus élevée est du côté du
tronc : de cette manière, une petite rigole est toute formée
autour de la fosse ; elle reçoit les eaux pluviales, les rassemble
et leur permet de s'insinuer entre la terre remuée et celle qui
ne l'a pas été, et qui devient par là plus perméable aux racines. Si, au contraire, les racines ont été écourtées, cette
rigole autour de la fosse est inutile ; il vaut mieux la pratiquer à un pied et tout autour du tronc, afin que les racines
soient abreuvées.

En travaillant de cette manière, on est assuré que les racines ne s'étendront pas horizontalement, et qu'elles ne par-
courront pas une superficie prodigieuse entre deux terres, et

on ne sera pas ensuite dans le cas de les mutiler avec la charrue lorsqu'on labourera ce champ.

On objectera que ces racines ne sont pas à cette profondeur dans la pépinière, qu'elles y sont plus horizontales, cela est vrai lorsqu'on a supprimé le pivot de la pourrette; mais si on l'a ménagé, on verra très-peu de racines latérales : le fait est aisé à vérifier. D'ailleurs, il faut que les racines mères soient assez basses pour que la bêche ou tel autre instrument ne puisse y atteindre lorsque l'on travaillera le pied de l'arbre. L'époque des racines latérales ne viendra toujours que trop tôt, lorsque celles qui pivotent ne pourront plus s'enfoncer, soit par la qualité du sol, soit par défaut de nourriture. Il est donc important d'éloigner, le plus que l'on peut, la poussée des racines latérales.

Les arbres plantés à la manière ordinaire et qu'on a étêtés, poussent peu de racines, et souvent elles ne passent pas la largeur d'une fosse supposée d'un pied. Est-ce la faute de l'arbre? Non, mais celle du planteur. Avant que l'arbre commence à pousser des tiges et des racines, il faut qu'il se remette des plaies sans nombre dont on l'a surchargé à la tête et au pied. Il faut que ces plaies se cicatrisent, qu'il s'y forme de nouveaux bourrelets, d'où naîtront les racines, tandis que l'arbre planté ainsi qu'il a été dit, n'a d'autre travail que de faire adhérer ses racines à la terre et à les y faire coller, enfin d'en attirer l'humidité séveuse. Encore une fois, comparez deux arbres voisins plantés, l'un suivant la méthode ordinaire, et l'autre auquel on aura laissé et racines et chevelu, et dirigez vos opérations d'après l'expérience.

Des auteurs ont conseillé, et cette méthode est suivie dans plusieurs cantons des Cévennes, de n'ouvrir les fosses qu'à la profondeur d'un pied et demi sur une toise de largeur, mais d'en ouvrir une nouvelle tout autour de la première, à la même profondeur, et sur douze à dix-huit pouces de largeur. Il est certain que, par ce travail, on facilite l'extension des racines, et lorsqu'on le continue jusqu'à ce que la dernière fosse touche la dernière de l'arbre voisin, toute la partie inférieure du champ est remplie de racines, et les arbres ont bien prospéré. Cependant il ne faut pas croire que toutes les racines soient à la profondeur d'un pied et demi, qui est celui de la fosse, et quand même elles y seraient, il y aura toujours un très-grand nombre de racines latérales supérieures, et il augmentera beaucoup, dès que ces premières racines rencontreront celles de l'arbre voisin. Il faut que les racines vivent; il faut pourvoir à la subsistance des branches, etc. Les racines se porteront donc du côté où elles trouveront le plus de nourriture. Cette

méthode est très-coûteuse et très-bonne lorsqu'on n'a pas
planté assez profondément, et lorsque les arbres sont à racines
écourtées. D'ailleurs, je me récrierai toujours lorsque je
verrai un bon champ à froment sacrifié à la culture du mûrier.
J'accorde qu'on garnisse les lisières, et qu'on borde les grands
chemins avec cet arbre, plus lucratif que les ormeaux, que les
frênes, etc.

Si le sol est de qualité médiocre, on fera très-bien de garnir
le fond de la fosse avec la gazonnée, avec du fumier bien consommé, lorsqu'on le pourra ; ces substances attireront les
racines.

L'arbre une fois planté, il ne reste plus qu'à couvrir les coupures faites au sommet avec l'onguent de Saint-Fiacre, afin
que l'écorce recouvre plus promptement les plaies, et que le
hâle ne dessèche et n'endommage pas l'aubier. Tout le monde
sait que ces coupures doivent être faites rez l'arbre, et qu'il ne
doit y rester ni chicots ni irrégularités.

Je n'insisterai pas ici sur la nécessité de ne point enterrer
la greffe en plantant l'arbre ; c'est un axiome de culture qui
n'est inconnu à aucun bon jardinier, et il sait en même temps
que la terre s'affaisse d'un pouce par pied si elle est bonne, et
beaucoup plus en raison de son peu de qualité. En conséquence,
il a soin de proportionner la hauteur à raison de son tassement.
Jamais greffe enterrée n'a produit un bel arbre ni de longue
durée ; ses feuilles ont toujours une teinte pâle, un air souffrant ; elles tombent très-vite, et nuisent à la bonne éducation
du ver à soie.

Les soins que demande la plantation des arbres à haute tige
sont les mêmes pour les arbres nains, pour les taillis ; la seule
différence est dans la largeur de la fosse, qui doit être proportionnée à l'étendue de toutes les racines.

On n'est point d'accord sur la hauteur qu'on doit laisser à
la tige des arbres en plein vent. Les uns la veulent de 5 pieds,
les autres de 6 à 8 : il s'agit de s'entendre, et tous auront raison. Dans un champ maigre, que l'on sacrifie en entier aux
mûriers, et dans lequel les troupeaux ne doivent pas entrer,
une tige de 5 pieds est suffisante, parce qu'il faut plutôt consulter la facilité de la cueillette des feuilles que les récoltes
que ce champ pourrait donner.

Si le sol est bon, s'il est tout planté en mûriers, et qu'on lui
demande une récolte en grains, ce n'est pas trop de demander
7, 8 à 9 pieds de tige, et beaucoup d'élévation dans les
branches, afin que le soleil et l'air se portent librement sur
les blés.

Si le sol est bon, et qu'il s'agisse de border un chemin,
l'ordonnance établit que les branches seront élevées à la hau-

teur de 15 pieds, afin de ne pas gêner la voie publique : dès lors une tige de 7 à 8 pieds devient nécessaire ; mais fixer décidément ces différentes hauteurs, c'est induire en erreur. La règle la plus sûre est de proportionner la hauteur à la force du pied. Un tronc efflanqué exige un tuteur ; malgré cela, il se tourmente sous la pesanteur de ses branches.

Je reviens à la manière dont le cultivateur éclairé enlève ses arbres de la pépinière, qui, à coup sûr, ne ressemblera pas à celle des vendeurs d'arbres. Que fera-t-il des pieds dont le diamètre ne sera pas dans la proportion demandée ? Il les destinera à être plantés comme des arbres nains, ou en taillis, objets dont on va s'occuper.

Conduite. Si on a planté le mûrier à la fin de l'automne, on doit donner le premier labour en mars ; on en donne ensuite un tous les trois mois, et même plus souvent si on le peut : ce travail n'est jamais perdu. Dans les provinces du midi, on fera très-bien de les arroser, une fois ou deux, dans les deux étés qui suivent la plantation, et sur-tout pendant le mois d'août, temps auquel la sécheresse se fait le plus sentir.

Durant la première année, cet arbre n'exige aucun travail particulier, sinon les labours dont on a parlé ; cependant on visite de temps en temps ses arbres, afin de supprimer les gourmands qui s'élancent quelquefois du milieu du tronc. Si, au contraire, dans le bas et sur la longueur de la tige, le mûrier pousse de petites branches fluettes et en petite quantité, on peut les laisser jusqu'à la fin de l'automne : elles contribuent à la grosseur du tronc, et empêchent que la sève ne se porte avec trop de véhémence vers les bourgeons. Si, au sommet ou tête de l'arbre, au milieu des branches qui poussent, il en paraît une beaucoup plus forte et plus attirante que les voisines, on doit la retrancher proprement ; elle affame ses voisines et devient un véritable gourmand. Si, au contraire, plusieurs branches, d'égale force à peu près, couronnent la tête, il faut les laisser subsister et pousser à leur fantaisie. Ce n'est qu'à l'entrée de l'hiver, ou après qu'il est passé, qu'il convient de ne laisser que le nombre nécessaire de branches, par exemple, trois ou quatre au plus, et recouvrir les plaies avec l'onguent de Saint-Fiacre.

On a la mauvaise habitude de choisir, lorsqu'il s'agit de créer la tête, trois à quatre branches qui partent de la même hauteur sur le tronc ; c'est-à-dire que leur disposition offre un cône renversé, ou la forme d'un entonnoir. On ne fait pas attention que le bourrelet placé à l'insertion de la branche au tronc, établit un rebord tout autour ; que le sommet de ce tronc, souvent mal recouvert par l'écorce pendant les deux ou trois premières années, devient une espèce de réservoir où l'eau pluviale reste stationnaire, gèle, établit un chancre, d'où résulte une pourriture qui, dans la suite, gagnera insensiblement toute la partie du tronc, et pénétrera jusqu'aux racines. Telle est l'origine la plus commune de ces arbres caverneux, où il ne reste plus que l'écorce. Les chicots concourent également à produire cet effet. On aurait pu prévenir cet inconvénient en couvrant les coupures avec l'onguent de Saint-Fiacre, et en le renouvelant chaque année, jusqu'à ce que l'écorce ait entièremenr cicatrisé la plaie. Qu'on ne s'y méprenne pas, l'écorce est à l'arbre ce que la peau est à l'homme, elle seule se régénère, mais le bois, mais la chair une fois détruits ne se régénèrent jamais, et la plaie serait éternelle, si la peau ou l'écorce ne venait à la fermer. Il vaut donc mieux sacrifier la symétrie, et laisser partir les branches d'une inégale hauteur. Alors il n'y a plus d'entonnoir proprement dit, les eaux pluviales ne sont plus retenues ni rassemblées dans un même lieu; enfin on ne craint plus l'effet des gelées, ni le croupissement des eaux. Un autre avantage de cette disposition des branches est de faciliter la monte sur l'arbre; elles forment autant d'échelons (1).

Si le tronc est maigre est fluet, si les branches sont faibles, ce qui est très-ordinaire sur de pareils troncs, on fera trèsbien, au commencement de la seconde année, de les ravaler à un demi-pied ou à un pied, suivant leur force : si au contraire le tronc est fort, les branches vigoureuses et bien disposées, je ne vois pas la nécessité de les ravaler; les bourgeons qu'elles pousseront à la seconde année formeront la tête de l'arbre. Cependant, si l'on prévoit que la sève doive trop se porter au sommet de ces branches vigoureuses, on peut les arrêter à peu près dans l'endroit où doivent sortir les derniers bourgeons, ou vers le bourgeon s'il est déjà formé. Je n'aime pas faire inutilement des plaies sur les arbres.

Le point essentiel, d'où dépend la beauté et la prospérité de la tête de l'arbre, est de conserver, à la seconde année et dans toutes les suivantes, un équilibre parfait, c'est-à-dire, faire en sorte que la sève se distribue également dans toutes les branches; car si une branche se porte d'un côté, elle attirera bientôt à elle tout le courant de la sève, et les branches voisines, insensiblement appauvries, languissent et meurent. Cet effet a très-souvent lieu lorsque la bonne qualité de la terre,

---

(1) Les inconvéniens ci-dessus sont généralement de peu d'importance, et les avantages d'une forme régulière sont certains : ainsi je suis déterminé à conseiller d'imiter les cultivateurs des environs de Vérone, de Padoue, de Mantoue, qui établissent toujours la tête de leurs mûriers sur trois branches partant de même point. *Voyez* Buisson.

(*Note de M. Bosc.*)

ou un fossé, ou un lieu plus humide que les autres, attirent les racines ; les branches suivent, pour l'ordinaire, la direction des racines. Si une branche est trop forte et sa voisine trop faible, la première demande une taille longue, et la seconde une taille courte, à un, deux ou trois yeux, suivant sa vigueur. Les jardiniers, qui sacrifient tout au coup d'œil, tiennent indifféremment toutes les branches à la même hauteur, et ils appellent cette opération *former une couronne*. Il ne s'agit pas ici d'une symétrie qui plaise aux ignorans, mais de la conservation de l'arbre. Les branches faibles ainsi tenues resteront toujours faibles, et les autres toujours trop vigoureuses. Le cultivateur instruit ravale ces dernières, afin de les obliger à pousser des bourgeons, qui se mettront ensuite en équilibre avec les autres branches, et jusqu'à cette époque les branches faibles acquerront une bonne consistance. De ces petits détails passons à l'examen de l'objet en grand.

Quand faut-il tailler ? Chaque pays suit la coutume qui est établie, et la majeure partie de ses habitans ne met pas seulement en problème s'il est possible et avantageux de s'écarter de cette routine. La taille du mûrier est fixée à trois époques, ou depuis la chute des feuilles jusqu'à la fin de l'hiver, ou après la récolte des feuilles, ou enfin un peu avant le renouvellement de la seconde sève. La taille pratiquée à l'une des deux dernières époques me paraît contrarier la loi de la nature.

On sait que la récolte des feuilles force la sève à refluer dans le corps de l'arbre, dans les branches, et que si cet arbre ne se hâtait de repousser de nouvelles feuilles, ses canaux seraient engorgés au point que la sève s'y putréfierait, et la mort ne tarderait pas à être la suite de cette stagnation contre nature.

N'est-il donc pas évident que si l'on taille à cette époque, que si on supprime des mères-branches, ou une quantité assez considérable des branches du second ou du troisième ordre, la sève, concentrée dans les racines, dans le tronc, dans les branches laissées sur l'arbre, s'y trouve en surabondance, et par conséquent elle est gênée dans sa circulation. En effet, l'arbre dépouillé de ses feuilles a perdu les poumons au moyen desquels il aspirait, pendant la nuit, l'humidité et l'air atmosphérique, et pendant le jour rendait à l'atmosphère l'humidité, l'air pur, et les sécrétions que la chaleur du soleil faisait monter des racines aux feuilles.

L'expérience vient à l'appui de ces assertions. J'ai observé, soit en Italie, soit en Piémont, soit dans toutes les provinces du royaume où le mûrier est cultivé en grand, que le tronc de cet arbre, taillé à cette époque, était chargé de gouttières d'où suintait une humeur épaisse, visqueuse, et ressemblant à de la sanie. On voit encore que cette humeur est plus tenace, plus consistante pendant les grandes chaleurs; qu'elle est plus fluide, plus abondante au renouvellement de deux sèves et après les jours pluvieux; enfin qu'elle est moins âcre, moins caustique dans ces derniers cas que dans les premiers.

Si on examine séparément presque tous les gros mûriers du bas Languedoc, à peine en trouvera-t-on quelques-uns exempts de cette carie, si ces arbres ne sont pas déjà caverneux.

Les cavités qu'on y rencontre, les excavations, sont elles-mêmes des témoins qui attestent l'action des fluides viciés et sanieux, dont l'activité corrosive a successivement fait pourrir la partie ligneuse. Je conviens que ces cavités prennent quelquefois naissance au sommet du tronc, ainsi que je l'ai dit plus haut, qu'elles gagnent peu-à-peu jusqu'aux racines; mais on ne doit pas les confondre avec les gouttières sanieuses. Les Chicots (*voyez* ce mot), et la disposition de la naissance des branches en forme d'entonnoir, produisent les premières, et la taille d'été occasionne les secondes. Le mûrier taillé dans la saison convenable et conformément aux lois de la nature, végète, pousse, subsiste, vieillit, et son tronc reste sain, sans cavité ni gouttière.

La taille faite un peu avant le second renouvellement de la sève a des suites aussi fâcheuses que la première, et elles sont encore plus multipliées.

Supposons, à cette époque, que la sève monte en masse estimée cent, que la masse des branches soit également de cent, n'est-il pas évident que si par la taille on supprime la trentième ou quarantième, ou cinquantième partie de l'arbre en branches du premier ou du second ordre, le diamètre des canaux des branches restantes sur l'arbre ne sera plus en proportion de la masse de la sève? Cependant cette sève surabondante est forcée par l'action du soleil de monter des racines aux branches; mais ne pouvant y parvenir dans sa totalité, elle distend peu-à-peu le diamètre des vaisseaux, amincit la partie la plus faible de leur superficie, brise la résistance qui s'oppose vainement à son impétuosité, perce, corrode l'écorce; enfin se fait jour à l'extérieur, où elle produit un chancre, une gouttière qui ne se fermera plus. On peut encore observer que la gou-tière s'établit par préférence sur la partie de l'écorce qui a été autrefois ou meurtrie par des coups, ou par des ligatures, lorsque l'arbre était jeune.

La carie est l'effet de deux tailles de l'été, et ce n'est pas le seul mal que la dernière produit. Si, depuis la dernière époque, la chaleur n'est pas active et soutenue; s'il survient une gelée précoce ou des rosées blanches pendant l'automne, elles attaquent les bourgeons nouveaux, encore tendres et herbacés. Ici finit leur végétation ; ils périssent et se dessèchent sur pied. Si ce jeune bourgeon n'a pas eu le temps, avant le froid, de devenir ligneux, il ne résistera pas à la rigueur de la saison. Enfin, s'il est parvenu à l'état de bois parfait, il offrira à la vue une branche chifone qui déparera l'arbre, et absorbera en pure perte une partie de la sève pendant les années suivantes. Tel est le sort de presque toutes les pousses de mûrier taillé vers la seconde sève.

Il est difficile que cela ne soit pas : en effet, comment se persuader que la sève se portera plus facilement à former de nouvelles branches, qu'à continuer sa route dans les vaisseaux déjà établis, et où elle circule librement depuis le retour de la chaleur? Les anciennes branches ont tout ce qu'il faut pour l'attirer : garnies de feuilles, elles la pompent et l'épurent pour leur propre accroissement, et afin de servir de nourrice au bouton qui se forme à leur base, et qui ne se développera que l'année d'après.

Enfin la sève suit sa route naturelle, et aucun obstacle ne l'arrête dans sa course. L'humble bourgeon, au contraire, craint de paraître, prend à la dérobée quelque peu de la surabondance de la sève, végète languissamment, et à peine a-t-il la force, avant l'hiver, d'acquérir la consistance nécessaire à sa conservation. L'inspection seule des pousses démontre mieux ce que j'avance que tous les raisonnemens.

Cette taille tardive réussit cependant quelquefois dans nos provinces méridionales, lorsque la chaleur du reste de l'été et de l'automne est soutenue, et lorsque les gelées ou les rosées blanches sont tardives ; malgré cela, je ne saurais la conseiller.

La véritable et seule époque de la taille est indiquée par la nature. Les feuilles tombent, donc la végétation générale cesse, donc tous les boutons qui doivent former les bourgeons au printemps suivant ont acquis leur perfection. La taille faite huit à quinze jours après la chute complète des feuilles donne le temps à la plaie, non pas de se cicatriser, mais à l'écorce seulement et au bois de se durcir à la superficie, et de résister aux intempéries de la mauvaise saison qui approche. L'onguent de Saint-Fiacre appliqué sur les plaies un peu fortes est le meilleur préservatif.

Comment faut-il tailler, c'est-à-dire *comment faut-il former et entretenir la tête du mûrier?* Tout arbre suit une loi constante dans la disposition de ses branches. L'arbre naturel qui n'est point contrarié par la main de l'homme pousse des branches suivant des angles réguliers. Les premiers angles des branches avec la tige sont de dix degrés, et annoncent son enfance. Cet arbre conserve sa grande force tant que les branches ne s'écartent pas du tronc par des angles de trente à quarante degrés ; il est alors dans l'âge de virilité. Cette vigueur commence à décroître par les angles de cinquante à soixante degrés ; l'arbre languit à soixante-dix ; à quatre-vingts, il porte déjà l'empreinte fâcheuse de la caducité, et il meurt avant que ses branches soient parvenues à l'angle du quatre-vingt-dixième degré. Ces divisions ne sont point arbitraires. On les trouve écrites en caractères ineffaçables dans le grand livre de la nature, et c'est le seul que l'on doit lire pour apprendre à se conformer aux principes qu'elle dicte.

Il ne s'agit pas ici de l'arbre en espalier, c'est un arbre contre nature, mais de l'arbre ou du mûrier à plein vent. Quelques arbres toujours verts ne sont pas soumis à la loi dont on vient de parler, puisque leurs branches sont naturellement parallèles à l'horizon, et il serait ridicule de vouloir les rappeler à l'angle de quarante ou de trente degrés.

D'après cette loi immuable, le but de la taille du mûrier est donc de conserver ou de faire prendre à ses branches la direction qui les rapproche le plus de celle de la virilité de l'arbre, c'est-à-dire l'angle de quarante à quarante-cinq degrés. L'expérience prouve que cette direction est la plus avantageuse, et qu'elle perpétue et ménage la force de l'arbre.

Si on laisse subsister la branche verticale, ou sommet de la tige, la sève y afflue avec véhémence, le bois s'emporte, et attire à lui la plus grande partie des sucs nourriciers, et finit par appauvrir et dessécher les branches inférieures : tel est l'arbre forestier. Toute branche perpendiculaire est au mûrier ce que le Gourmand (*voyez* ce mot) est à l'arbre fruitier en espalier ; c'est le destructeur de l'arbre, si on n'y remédie.

Si la taille est parallèle, suivant la coutume d'une grande partie du bas Languedoc, on aura, pendant quelques années, beaucoup de jeune bois, et par conséquent des feuilles larges et bien nourries ; mais l'arbre s'épuise, et on est contraint à revenir souvent à de fortes tailles.

Par le parallélisme des branches-mères, elles parviennent à l'angle de quatre-vingt à quatre-vingt-dix degrés, signe de décrépitude, ou tout au moins de souffrance. Prodigieusement allongées et surchargées de bourgeons et de feuilles, elles s'inclinent vers la terre, languissent, et le peu de vigueur qui leur reste se consume à pousser des branches chifones.

Une nouvelle taille, dans ce cas, devient indispensable : on sera bientôt forcé à recourir à une autre plus forte que les précédentes ; l'arbre s'exténue et arrive à la complète décrépitude long-temps avant l'époque fixée par la nature.

Les mûriers, au contraire, dont toutes les branches auront

à-peu-près été dirigées sur des angles de quarante à cinquante degrés, ne s'épuiseront pas en *bois gourmands*; leur végétation suivra une marche uniforme; le tronc s'élèvera et grossira en raison de la force et de l'étendue de ses branches, de manière que chaque partie restera en proportion avec le tout, et le tout avec ses parties.

Dans la taille horizontale, au contraire, les mères-branches sont peu nombreuses, et les branches perpendiculaires qu'elles poussent très - multipliées ; mais comme chaque nouvelle branche en pousse de nouvelles sur le côté dès la seconde année, ces dernières n'ayant plus ni assez de nourriture ni assez d'espace pour s'étendre, l'arbre appelle l'homme à son secours; il faut le couronner si on veut le rajeunir, ou être sans cesse le fer à la main, ce qui l'épuise.

On a trop sacrifié à la facile cueillette de la feuille ; les têtes d'arbres sont aplaties en manière de parasol; leurs branches s'étendent au loin, et l'on ne peut plus semer au-dessous que des grains pour fourrage, encore faut-il les moissonner, qu'ils soient ou ne soient pas au point convenable, avant la récolte de la feuille.

Le mûrier dont les branches seront à l'angle de 40 à 50 degrés s'élèvera plus que le mûrier taillé parallèlement. Le nombre des branches du premier et du second ordre sera plus multiplié, et par conséquent la personne préposée à la récolte de la feuille trouvera un plus grand nombre de points d'appui contre lesquels elle assujettira son échelle ; dès-lors la facilité de la récolte des feuilles deviendra égale. Un mûrier livré à lui-même depuis le moment de sa plantation fournirait plus de feuilles, puisqu'il aurait plus de surface, et cet avantage est encore plus marqué sur celui dont les branches sont à l'angle de 40 à 45 degrés.

Ce parallélisme des mères-branches établit sûrement la cavité dont on a parlé, et où se rassemblent les eaux sur le pivot de l'arbre; en effet je n'ai jamais vu aucun de ces gros mûriers qui ne fût caverneux : c'est d'ailleurs occasionner la perte du tronc, qui ne peut plus servir à faire des douves de tonneaux, objet si cher et si précieux dans ces pays peu boisés. Ces fatales cavités sont très-rares dans l'arbre sur lequel les branches ne partent pas toutes de la circonférence du sommet du tronc, mais dont la base est placée à quelque distance des unes aux autres. Dès-lors il n'y a plus de stagnation d'eau, d'accumulation de poussière; dès-lors la transpiration n'est plus arrêtée dans cette partie : ainsi il n'en résulte ni chancre ni pourriture.

« Il est constant que la taille des mûriers a plutôt été établie dans différens cantons, d'après l'habitude que sur les principes de la végétation. En Espagne, dans le royaume de Valence, les cultivateurs font en sorte que les branches s'étendent le plus horizontalement qu'il est possible, afin de donner une plus grande facilité pour ramasser la feuille; et s'il manque à l'arbre quelques-unes de ces branches, ils en greffent, avec beaucoup de facilité, aux endroits où il convient qu'elles le soient. Les Valenciens prétendent que leur soie est plus fine, plus nette, plus légère que celle de Murcie, parce que les Murciens n'émondent leurs mûriers que de trois ans en trois ans : cette méthode, à ce qu'ils prétendent, rend la feuille plus dure et plus filandreuse; mais cette conséquence est fausse, car j'ai observé, ajoute M. Bowles, dans son Histoire naturelle d'Espagne, que les habitans du royaume de Grenade ne taillent jamais leurs mûriers, et qu'ils croient, toutefois, avec assez de fondement, que leur soie est la plus fine de l'Espagne. A la vérité, les arbres de Grenade sont des mûriers noirs; ceux de Valence et de Murcie sont des mûriers blancs; et la graine de ver à soie de ces deux derniers endroits, transplantée en Galice, où il n'y a pas de mûriers noirs, n'y a pas réussi, tandis que celle de Grenade y a eu les plus heureux succès, parce que les vers s'y élèvent avec des feuilles homogènes à celles du pays. »

Il est clair que la taille particulière à chaque endroit tient à l'habitude et non aux principes. Je n'ai cessé de répéter qu'il n'y avait aucune loi générale pour tous les pays : cela est vrai quant à ce qui concerne les époques de tailler, de semer, etc., qui sont soumises aux climats; mais les lois de la végétation sont par-tout les mêmes, la nature n'a qu'une marche uniforme : elle ne doit donc jamais être violée.

D'après ce qui vient d'être dit dans cette section, sans considérer si telle ou telle taille contribue à la qualité de la feuille, et par conséquent à celle de la soie, mais en ne regardant l'arbre que comme arbre, on doit conclure que la taille horizontale amène plus promptement l'arbre vers sa décrépitude, nuit au tronc et occasionne une perte très-considérable au sol recouvert par les branches. La taille, dirigée vers l'angle de 45 degrés, maintient l'arbre dans sa position naturelle; il y a annuellement moins de bois à ôter, et la récolte de dessous n'est presque pas endommagé. Dans le premier cas, il faut que l'échelle du cueilleur soit promenée sur toute la longueur des branches, qui sont très-allongées et parallèlement étendues; dans le second, l'échelle ne sert presque que pour monter sur l'arbre, dont les branches sont tellement disposées que des unes aux autres on parvient facilement au sommet, et on cueille toute la feuille. On objectera que l'on court les risques de tomber de plus haut : en ce cas, il faut donc détruire les cerisiers, et tels autres arbres qui sont aussi élevés que les mûriers. Je conviens que ces accidens sont funestes, terribles ; cependant ils ne sont jamais que la suite de l'imprudence du cueilleur. Le bois du mûrier est souple, peu cassant, dès que la branche a une certaine force. La suppression des mûriers à plein vent est le seul moyen de remédier à ces chutes ; cette idée n'est point aussi bizarre qu'elle le paraît au premier coup d'œil : c'est ce qu'il faut faire voir (1).

L'expérience a prouvé que la pourrette donnait des feuilles plus précoces que les arbres à plein vent ; que des mûriers en buisson se feuillaient également plus vite, et la nécessité d'avoir des feuilles au moment que le ver à soie vient d'éclore a obligé de se pourvoir d'un certain nombre de pieds en buissonniers. Peu-à-peu de tels arbres ont servi à former des haies autour des champs, et on a trouvé que leurs feuilles étaient très-utiles au premier et au second âge des vers : c'est de là sans doute qu'on est parvenu à l'idée de soumettre, en France, les arbres nains à une culture réglée ; elle n'est pas nouvelle aux Indes orientales, et, suivant le rapport de quelques voyageurs, c'est la plus commune. M. de Payan, d'Aubenas, est le premier qui l'a essayée en grand, et son exemple commence à gagner de proche en proche. Si l'on n'avait pas à redouter le parcours des troupeaux, il serait très-avantageux de circonscrire les champs avec des haies semblables : outre les services essentiels que rend une haie, on aurait ici le bénéfice de la feuille ; et je réponds, d'après ma propre expérience, que chaque pied de mûrier, greffé par approche sur le pied voisin, clorait plus sûrement une possession qu'un mur : cette opération réunirait l'utile à l'agréable. Revenons aux mûriers nains, et écoutons M. de Payan, dans une lettre adressée à M. Faujas de Saint-Fond, lettre que ce dernier a insérée dans son Histoire naturelle du Dauphiné.

« Les mûriers nains, connus depuis long-temps par quelques bordures cultivées à Bagnols en Languedoc, dans l'intention d'avoir de la feuille tendre et précoce, furent traités très

---

(1) Il est d'usage, en Italie, d'étêter les mûriers tous les quatre à cinq ans, immédiatement après la première récolte des feuilles, ce qui concourt évidemment à leur peu de durée actuelle, comparée à celle des arbres qu'on plantait jadis, et qu'on ne remplaçait que tous les soixante ans.

En taillant court le mûrier, immédiatement après qu'il a été effeuillé, on provoque la sortie de nouveaux bourgeons, bien garnis de larges feuilles, qui réparent promptement ses pertes ; aussi les pieds ainsi taillés donnent-ils des récoltes également belles tous les ans, et vivent-ils long-temps. C'est seulement dans les basses Cévennes, à Anduze, par exemple, qu'on suit cette excellente pratique.   (*Note de M. Bosc.*)

en grand à Aubenas, où j'en fis faire des plantations immenses, il y a environ trente ans.

» Ces plantations, encouragées par le gouvernement, furent imitées de proche en proche, malgré l'opinion où l'on était que la mienne ne réussirait jamais dans le mauvais sol où je l'avais établie.

» En effet, l'observation des anciens propriétaires des mêmes possessions, qui avaient essayé vainement, depuis soixante ans, d'y planter des arbres à plein vent, aurait dû me décourager, ou du moins m'engager à ne faire des essais qu'en petit; mais j'avais reconnu déjà que le mûrier nain était d'un tempérament tout différent de celui qu'on élève en plein vent, et qu'il demandait une culture d'un autre genre. Le succès répondit à mes espérances, et ma plantation n'a cessé, outre l'exemple qu'elle a donné, d'être de la plus grande utilité à tout le canton, où les habitans, ayant tous les mêmes besoins, et manquant souvent de bras et de feuilles, ont la ressource d'en trouver de toutes cueillies. J'ai toujours une grosse chambrée de vers à soie tardifs, que je fais jeter si la feuille vient à manquer; ce qui empêche bien des gens de jeter les leurs prêts à monter.

» Les adversaires des mûriers nains observèrent en vain qu'ils plantaient des arbres à plein vent pour leurs enfans, et que je plantais des nains pour moi: le fait est que leurs arbres, plantés à 4 toises de distance, sont arrivés au *nec plus ultrà* plus tard, et n'ont pas autant duré que mes nains plantés à 9 pieds en tous sens, puisque les premiers, plantés dans de très-bons fonds, sont sur leur déclin, et qu'il en est mort au moins un dixième; tandis que les nains que j'ai, du même âge, sont dans leur plus grand produit, et qu'il en est mort deux ou trois sur cent, sans compter qu'il est plus facile, comme on le verra, de renouveler ceux-ci en perdant tout au plus trois années de revenu.

» Ne pourrait-on pas observer que les mûriers en plein vent ne réussissent pas dans les mauvaises terres, par le peu de progrès qu'y font leurs racines, et que le grand essor que prennent celles-ci dans les meilleurs fonds produit un arbre vigoureux en apparence, mais dont la vie est courte, ainsi que la chose peut s'observer à Alais en Languedoc, où les plus beaux arbres périssent subitement, sans espoir de pouvoir les remplacer par d'autres.

» On m'alléguait encore que les mûriers nains périraient dès que les racines s'entrelaceraient, et dès que les sels qui conviendraient aux mûriers seraient épuisés. J'appelai de cette décision, persuadé, par des expériences, que les racines du mûrier, ainsi que celles de la vigne, se rencontrent sans se

17 *

nuire, et que l'arbre ne prend sa dénomination de nain que par le peu d'étendue de terre dont il jouit, ainsi que l'oranger, qui croît en raison de sa caisse.

» Quant aux sels qu'on suppose épuisés lorsque l'arbre tend à sa fin, on ne fait pas attention qu'il a cela de commun avec tout ce qui périt de vétusté. Il vient à la fin un temps où l'abondance des sucs aux arbres, et le comestible aux animaux, sont une faible ressource pour empêcher les fibres charnues et ligneuses de se rapprocher et de s'oblitérer, au point que le sang, ainsi que la sève, circulent difficilement; enfin vient le terme qui avoisine la mort.

» On dira peut-être que l'expérience démontre qu'un arbre planté à la même place où un autre est mort périt bientôt, j'en conviens; mais ce n'est pas faute de sel, c'est parce que le mûrier ne peut subsister dès qu'il rencontre des parties cadavéreuses ou racines de son prédécesseur. Ainsi, on purge la terre de ces dernières, comme je le fais lorsque je renouvelle quelques parties de mes plantations, qui sont bien plus belles que la première fois, tant par le choix des meilleures espèces que parce que j'ai fait fouiller la terre pour en extraire toutes les racines. Elle en est plus améliorée par les travaux, par les engrais, et mes nouvelles plantations produisent déjà un quart de plus que les premières, qui étaient à une trop petite distance, et que j'ai placées en dernière détermination à 9 pieds en tous sens.

» On voit avec surprise des fonds produire annuellement autant qu'ils ont coûté d'achat, lorsqu'ils étaient de si petite valeur que le seigle y produisait ordinairement deux et rarement trois pour un : aussi ce domaine, qui portait à peine 300 livres de rente quitte, produit tous les ans 14 à 1500 quintaux de feuilles, et jusqu'à 1000 quintaux de vin. L'on y voit avec plaisir une allée en treillage soutenu par quatre cents piliers en maçonnerie : cette avenue traverse mes plantations de mûriers.

» Les terres à seigle sont sans contredit celles qui conviennent le mieux aux mûriers; le sacrifice est d'ailleurs bien moindre que dans celles à froment.

» La sétérée étant ici de 600 toises carrées, il y entre trente-sept mûriers à plein vent, qui, à 4 toises, ont chacun 16 toises carrées. La même sétérée, étant plantée en mûriers nains, peut en contenir deux cent soixante-sept, à 9 pieds de distance; ce qui fait environ huit pour un.

» Il ne faut que cinq à six ans pour que les arbres nains soient dans un grand produit; au lieu que le mûrier à plein vent, qui reste médiocre dans un mauvais fonds, sur-tout s'il y est établi en quinconce, ne parvient à son fort produit qu'à quinze ans.

» Lorsqu'on veut défricher le sol destiné à la plantation, l'on prépare convenablement la terre, en la cultivant à la bêche, à un pied et demi de profondeur : lorsque le quinconce est tracé, on fait le creux d'environ un pied ou 15 pouces, et l'on y plante le mûrier tout greffé. Si la plantation est destinée à être cultivée à bras d'homme, ce qui est le mieux, les arbres ne doivent avoir que 4 pieds d'élévation hors de terre. J'observerai que le travail à la main ne coûte, en sus de celui fait au labourage, que ce qu'il y a à économiser sur la cueillette de la feuille.

» Si l'on veut, au contraire, que la plantation puisse être cultivée à la charrue, les arbres doivent avoir 6 pieds hors de terre. Dans les deux cas, on préférera de greffer des espèces dont les jets montent droit, afin de ne pas gêner la culture ; les meilleures sont la feuille rose et la mûre blanche.

» La première culture doit se faire en hiver, je préfère la bêche à tout autre instrument. Je paie 6 deniers par arbre, la moitié moins pour le binage qui se fait après avoir cueilli la feuille et nettoyé les arbres.

» Il m'en coûte environ 6 deniers pour cueillir chaque mûrier, qui produit ordinairement, dans un champ médiocre, 10 à 12 livres de feuilles, en sorte que, toute culture payée, il me reste environ 5 sous net par arbre, ce qui fait 66 livres 15 sous par sétérée, produit ordinaire des prairies qui s'arrosent.

» La première année après la plantation, on recueille la feuille sans donner aucune figure à l'arbre ; on laisse, à la seconde, quatre ou cinq jets de la longueur d'un pied, sans en cueillir la feuille au - dessous du coup de serpette, cueillant tout le reste. C'est sur ces quatre ou cinq jets que, l'année suivante, on laisse à chacun deux ou trois jets, et ainsi de suite, pour donner une figure régulière à l'arbre.

» Quand on s'aperçoit que les racines se rencontrent et que l'arbre maigrit, on réforme les mauvaises branches, comme superflues, pour réduire l'arbre à une certaine aisance, qu'on entretient ou par des engrais ou par une bonne culture. Enfin, on le couronne ou on le rabaisse seulement, suivant que sa force l'exige, pour que la feuille ne soit ni trop vigoureuse ni trop maigre. L'on y trouve l'année suivante à-peu-près autant de feuilles qu'avant que l'arbre fût couronné ; il est, pour ainsi dire, rajeuni, et la feuille en est beaucoup plus belle et plus aisée à recueillir.

» Quand on ne veut pas cultiver inutilement le mûrier qui ne produit que peu les premières années, l'on peut semer sur le champ et avec choix, afin de ne pas nuire à l'arbre. Par exemple, la première année, des pommes de terre, après avoir fumé le champ; ce qui est avantageux à l'arbre, qui tire sa portion de l'engrais; on arrache en octobre ces pommes de terre, dont la récolte paie au-delà des frais de culture. L'année suivante, on peut y semer de la Vesce (*voyez* ce mot) pour la couper en fourrage, sans attendre qu'elle grène, ce qui serait préjudiciable au mûrier; immédiatement après avoir coupé ce fourrage, il faut donner une culture à la terre. L'on peut encore absolument semer du Sarrasin ou blé noir (*voyez* ce mot), dont la paille servira à faire du fumier, tandis que le grain sera employé à nourrir les bestiaux, dont le fumier donnera un nouvel engrais propre à des pommes de terre, que l'on pourra semer dans les années suivantes.

» Il faudra cependant, après quelques années, renoncer à semer, à cause de l'ombrage des mûriers; j'en excepte cependant les années où l'on couronnera les arbres. Au reste, chaque espèce de terrain décide s'il est bon de se conduire ainsi ou autrement; mais il ne faut absolument jamais semer aucune espèce de grain pour les laisser mûrir. *Voyez* Assolement.

» Il est peu d'animaux qui ne soient friands de la feuille de mûrier; aussi doit-on faire cueillir celle des nains, comme très-facile, en automne, et la faire sécher : j'en nourris actuellement quatre-vingts brebis. »

Voilà donc la possibilité et le succès des mûriers nains démontrés en grand : il s'agit actuellement de voir un si bel exemple se propager de proche en proche; et lorsque ces arbres suppléeront en totalité les mûriers à plein vent, la vie, chaque année, sera conservée à des individus qui meurent de leur chute de dessus ces arbres, ou qui en restent estropiés. Ces arbres réunissent tous les avantages: 1°. des femmes, des enfans en ramassent la feuille sans peine, sans risque, et plus promptement que les plus habiles cueilleurs ne le feraient sur de grands arbres; 2°. le propriétaire est plutôt remboursé de ses avances, et tout le terrain est mis à profit; 3°. les mûriers nains greffés poussent aussi vite que la pourrette, ressource précieuse dans les pays chauds, où l'éducation des vers ne réussit qu'autant qu'elle est avancée; 4°. les nains réussissent où ceux à plein vent ne végètent qu'avec peine; 5°. leur feuille est aussi bonne que celle des autres, mais il faut observer que les feuilles des plantations nouvelles doivent être données dans les premiers temps de l'éducation, et réserver celles des vieux pieds pour l'époque de la *frèze*. *Voyez* Ver a soie. (1)

---

(1) Voici encore une opinion contraire aux principes posés ci-devant; car les mûriers n'étant pas nains par leur nature, mais parce qu'ils sont cons

Des taillis. Il est possible de considérer cet arbre, abstraction faite de sa feuille, quoiqu'elle puisse être aussi facilement recueillie que celle du mûrier nain, et être presque aussi abondante : je n'envisage ici que les pays dénués de bois, ou les pays dont les vignes sont soutenues par des échalas, enfin les terrains montueux, rocailleux, dont on ne saurait tirer presque aucun parti, et qu'il faut cependant garnir d'arbres, afin de conserver le sol qui se trouve au-dessous. La célérité avec laquelle le mûrier végète, son peu de délicatesse sur le choix du terrain, couvriront bientôt les frais des premiers travaux, et le cultivateur, dans le plus court espace de temps donné, peut voir une jolie verdure sur un lieu où il n'apercevait autrefois que rochers. Je n'ai cessé, dans le cours de cet ouvrage, d'inviter et de presser les pères de famille qui aiment leurs enfans, de planter des bois, parce que leur rareté est devenue extrême en France, et que le luxe amène insensiblement leur destruction totale. Ce que j'ai dit, je le répète, les taillis de mûriers équivaudront à ceux dont les plants sont de nature à être transformés en bois de charpente, etc.

J'insiste sur l'avantage des taillis de mûriers par plusieurs raisons : 1°. une plus grande abondance de feuilles; 2°. relativement aux bois de chauffage, 3°. aux échalas; 4°. parce que leurs vastes souches et leurs racines superficielles empêcheront que les pluies d'orage n'entraînent le sol. C'est pour avoir mal à propos coupé tous les arbres dont était converte cette longue chaîne de montagnes qui traverse le Languedoc de l'est à l'ouest, qu'on n'y voit aujourd'hui que le rocher le plus sec et le plus aride; il en est de même dans le reste de la France. *Consultez* le mot DÉFRICHEMENT.

---

tamment coupés près de terre, ont nécessairement les feuilles plus grandes, plus exposées aux émanations humides, et par conséquent moins riches en élémens de la soie. Je ne prétends pas cependant repousser la culture de ces sortes de mûriers, mais je désire qu'on n'en cultive que pour avoir de la feuille de primeur, ou pour utiliser des terrains extrêmement arides, ou extrêmement en pente, ou extrêmement chauds, soit par leur exposition, soit par leur latitude, terrains où les inconvéniens précités sont beaucoup moindres.

Il serait principalement à désirer que, dans les parties de la France où la chaleur permet d'espérer d'obtenir de la bonne soie, on fît, dans une exposition sèche et chaude, des fosses de 6 à 8 pieds de large et de 3 à 4 de profondeur, dans la direction du levant au couchant, fosses dans lesquelles on planterait des mûriers nains dont la foliation serait plus hâtive, et qu'on garantirait et des gelées et des pluies, au moyen de toiles qui les recouvriraient, et dont les bords seraient fixés des deux côtés de ces fosses. Par ce moyen, on pourrait attendre le développement des feuilles des arbres en plein vent. Et qu'on ne croie pas que ce soit une grande dépense, car les vers à soie mangent fort peu dans les premiers jours de leur vie. (*Note de M. Bosc.*)

Tous les arbres des pépinières qui ne pourront servir aux plantations de mûriers à plein vent ou nains, seront utiles dans les taillis, à moins que le vice qui les fait rejeter ne dépende des racines. Dans ce cas, c'est un arbre à jeter au feu. S'il est possible d'ouvrir une espèce de fosse dans les cavités, dans les scissures des rochers, on la fera pour recevoir cet arbre. Si le rocher ne présente que des scissures, il vaut mieux, avec une aiguille ou pic de fer, ouvrir un trou à une certaine profondeur, y planter une jeune pourrette avec son pivot; enfin remplir de terre ce trou et couper la petite tige au niveau du sol : ce dernier une fois repris profitera beaucoup plus que l'autre, et ainsi de suite, et autant qu'on le pourra dans toutes les fentes des rochers. Mais, dira-t-on, ce seront des arbres perdus dont on n'ira pas recueillir la feuille, je le veux bien : mais au moins ils serviront, en coupant le tiers des tiges tous les ans, à nourrir un plus grand nombre de bestiaux, ou à donner en les coupant tous les cinq, six ou dix ans, du bois propre à faire des échalas, des cercles, du bois de chauffage, etc.; à quoi ajoutez la terre végétale qui résultera de la chute de leurs feuilles.

L'entrée de ces taillis doit rigoureusement être défendue aux troupeaux, excepté pendant l'hiver, et encore faut-il que la feuille tombée ait eu le temps de se dessécher, parce qu'elle sert d'engrais. Ce n'est donc que depuis le mois de janvier jusqu'au commencement de mars ou d'avril, suivant le climat, que le parcours sera permis. Après les premières années, la brebis y trouvera une herbe fine et abondante. Je doute qu'il existe un genre de taillis dont l'accroissement soit plus prompt et de produit égal.

Des haies. Ce que je dis des taillis s'applique, absolument parlant, aux haies faites avec la pourrette; mais la conduite n'en est pas la même. La végétation du mûrier est très-active, et la sève se porte toujours au haut des branches; dès-lors leurs pieds se dégarnissent. Il faut planter la pourrette à 18 pouces, et la receper à deux yeux au-dessus du sol : ces deux yeux formeront deux branches ou tiges; s'il n'en pousse qu'une seule, on la recepera de nouveau à deux yeux après la chute des premières feuilles. Aussitôt qu'on le pourra, on inclinera ces tiges encore molles vers l'horizon, c'est-à-dire au niveau et presque à fleur de terre : c'est de ces tiges que dépendra à l'avenir le fourré de la haie. De ces branches inclinées s'élanceront de nouveaux bourgeons, qu'on inclinera encore, en les forçant de former, les uns avec les autres, des losanges très-allongés par les deux bouts, et même en les greffant par approche au point de leur réunion, ainsi qu'il a été dit au mot HAIE. Enfin on ne permettra jamais qu'aucune branche soit en ligne droite, parce qu'elle absorberait peu-à-peu toute la sève des branches inférieures et deviendrait un arbre. Cet exemple est frappant dans les haies de mûriers dont les tiges sont droites ; peu-à-peu le bas se dégarnit, le sommet se charge de branches, il faut receper ces haies par le pied tous les cinq à six ans. Au contraire, en supprimant tout canal direct de la sève, c'est-à-dire en inclinant chaque branche, et encore mieux en la greffant par approche avec la plus voisine, on est assuré que cette haie subsistera très-long-temps sans avoir besoin d'être renouvelée. Les soins annuels qu'elle exige sont d'être taillée au ciseau, ou au croissant, ou à la serpette, après la tombée des feuilles et avant la sève du mois d'août : ces haies ne laissent pas de donner un assez bon nombre de fagots pour le four. Ceux qui veulent en cueillir la feuille pour la première et même la seconde époque de l'éducation du ver à soie peuvent conserver les pousses de la seconde sève, et les tailler aussitôt après que la feuille a été recueillie. Après la haie plantée en sureau, celle du mûrier est la plus tôt venue, et si au lieu de pourrette on plante de vieux pieds, on en jouira complétement après la troisième ou quatrième année ; mais celle-ci durera beaucoup moins, et sera plus difficile à conduire.

Ces haies ne demandent d'autre travail que celui qu'on donne au champ. S'il est possible de les travailler du côté opposé pendant la première et seconde année, on fera très-bien, afin de les débarrasser des mauvaises herbes, qui leur nuisent beaucoup dans le premier âge. Il sera impossible à tout animal, à la volaille même, de les traverser. La haie à tiges droites n'est utile que pour la feuille. *Voyez* HAIE (1).

Multiplication par boutures. Les boutures de mûrier ne réussissent qu'autant qu'elles sont dans un sol humide ou fréquemment arrosé ; d'ailleurs les arbres qu'elles fournissent sont toujours faibles et de peu de durée. Une branche de l'année précédente avec un talon de bois de deux ans est celle qu'on doit préférer : c'est toujours en pépinière qu'on doit les faire. On les met en place lorsque le plant qui en provient a 2 ou 3 pouces de tour. *Voyez* au mot BOUTURE.

Multiplication par marcotte. Les marcottes de mûrier se font, en automne, après la chute des feuilles, avec du bois de l'année ou de deux ans au plus. Lorsqu'elles sont dans un sol frais, elles s'enracinent dans le cours de l'année suivante ; mais

---

(1) Les feuilles des mûriers en taillis et en haie peuvent être très-avantageusement employées en effet pour la nourriture des bestiaux, mais sont impropres, comme trop aqueuses, à nourrir des vers, lorsqu'on veut obtenir de la soie de la meilleure qualité possible : elles rentrent complétement dans la série de celles des arbres plantés en terrains frais, des arbres greffés, des arbres na us, dont j'ai parlé dans les notes précédentes. *(Note de M. Bosc.)*

le plus communément elles sont deux ans en terre avant d'être propres à la transplantation. On n'emploie guère cette voie que dans les pépinières des pays où l'on ne cultive pas le mûrier en grand, parce que les produits qu'elle donne sont de beaucoup inférieurs à ceux qui sont le résultat du semis des graines. Si l'on voulait en faire usage pour des plantations étendues, il faudrait couper plusieurs vieux pieds rez terre et coucher les nombreux rejetons qui pousseraient, faire enfin une MÈRE. (*Voyez* ce mot.) Je ne m'étendrai pas davantage sur cet article.

Cueillette des feuilles. Il n'y a, à proprement parler, point d'âge fixe. La première cueillette dépend de la force de l'arbre : si sa tête n'est pas déjà bien formée, il est clair qu'en ramassant la feuille on détruira un grand nombre d'yeux ou boutons, qui auraient, dans l'année ou dans les suivantes, fourni les bourgeons nécessaires à la forme de la tête. Il est donc plus prudent de ne pas accélérer une jouissance qui devient préjudiciable ; la troisième ou la quatrième année après la plantation sont en général les époques auxquelles on commence à cueillir. Comme ces jeunes arbres seront les premiers feuillés, c'est par eux que doit commencer la récolte, afin de leur donner le temps de faire des pousses longues, bien nourries, et devenues ligneuses avant la chute des feuilles. Si la nécessité oblige de lever la feuille très-tard, on doit au moins commencer par ceux-ci l'année suivante, afin de leur donner le temps de se remettre. La feuille des jeunes arbres est en général trop aqueuse, pas assez nourrissante et indigeste. Elle ressemble en ce point à celle des mûriers plantés dans des fonds bas et humides (1).

De la manière de cueillir la feuille dépend la conservation de la tête et la prospérité de l'arbre. L'on doit prendre la petite branche d'une main, et glisser l'autre de bas en haut : si, au contraire, on prend de haut en bas, l'effort de la main fait sauter les yeux ou boutons, et souvent leur rupture entraîne une partie de l'écorce, de manière que l'on voit sur la branche plaie sur plaie. On a déjà dit que toute éducation de ver suppose que l'on a une certaine quantité de mûriers nains, ou en

---

(1) Cueillir la feuille sur des mûriers de moins de cinq ans, accélère leur mort, car c'est la feuille qui donne naissance aux racines, et tout arbre qui n'a pas un bel empatement de racines ne vit pas long-temps. Les mûriers de Villeneuve-de-Berg, plantés par Olivier de Serres, en 1600, et qu'on n'a effeuillés que vingt ans après, vivent encore, tandis qu'il n'en existe aucun de ceux qu'on a plantés depuis.

En d'autres termes, tout effeuillement empêche les arbres de croître en grosseur et en hauteur, et son effet est d'autant plus marqué, que ces arbres sont plus jeunes. *Voyez* FEUILLE.   (*Note de M. Bosc.*)

espalier, ou en taillis, afin d'avoir de bonne heure une feuille nouvelle et tendre. Si, pour avoir plus tôt fait, on arrache le petit bouquet des feuilles qui se présente, on détruit entièrement les bourgeons à venir; et la sève, trouvant une issue libre dans ceux qui restent au sommet, s'y porte avec violence, et il ne repousse plus d'yeux dans la partie inférieure; ce qui oblige à les ravaler beaucoup plus souvent qu'on ne le devrait : d'où résulte l'épuisement rapide de l'espalier, du nain ou des taillis. Le cueilleur doit prendre feuille à feuille, et même laisser les deux les plus élevées du bouquet, afin que celles-ci aient le prolongement de l'œil en bourgeon.

Les cueilleurs de feuilles ont ordinairement un bâton de 4 à 6 pieds de longueur, armé d'un petit crochet de fer dans le bout. Il est inconcevable à combien de cueilleurs ce malheureux instrument a coûté la vie. A peine en équilibre sur une branche, ils veulent avoir les feuilles d'une branche supérieure, ils la tirent avec leur crochet : si elle est d'un certain volume, il faut de la force pour l'amener, souvent celle de l'ouvrier n'est pas suffisante, l'élasticité de la branche entraîne l'ouvrier, il perd l'équilibre et tombe. Si la branche cède, elle se casse, et la tête de l'arbre est défigurée. Tout cela tient à la négligence et à la paresse de l'ouvrier, qui, pour ne pas avoir la peine de descendre de l'arbre et de changer son échelle de place, abîme un arbre et court le risque de perdre la vie en tombant. Il est donc indispensable, pour bien opérer, d'avoir des Échelles proportionnées à la hauteur de l'arbre. *Voyez* ce mot.

Doit-on chaque année cueillir la feuille? Presque tous les cultivateurs l'assurent de la manière la plus positive : c'est dans plusieurs cas la plus grande des erreurs. En effet, voit-on périr les arbres que l'on a eus de trop après l'éducation des vers, ou que l'on n'a pas pu louer? Il y a plus, j'ose dire que dans plusieurs circonstances on ne doit pas la cueillir. Par exemple, si la feuille a été attaquée par la rouille, l'arbre souffre déjà assez sans augmenter son mal-être. Si la feuille est jaune, languissante, c'est encore une preuve que l'arbre souffre. Dans ce dernier cas, des labours et des engrais répareront la faiblesse de l'arbre, si son mal tient à l'épuisement. La nature, en créant les arbres, les a tous destinés à la nourriture d'une ou de plusieurs espèces d'insectes; mais il est très-extraordinairement rare que leur nombre en soit assez multiplié pour dépouiller ces arbres de toute leur verdure. Votre travail outrepasse la règle ordinaire établie par la nature, et un arbre n'est jamais aussi beau, l'année d'après, que lorsque les insectes ont peu ravagé ses feuilles : d'où l'on doit nécessairement conclure que le mûrier n'exige pas, comme chose essentielle, d'être effeuillé chaque année. Effeuille-t-on le chêne, l'ormeau, etc.? Nous forçons donc la nature, nos besoins de luxe l'exigent; mais c'est aux dépens de l'arbre. Un mûrier qui ne sera jamais taillé vivra beaucoup plus longuement que celui qui est effeuillé chaque année; il aura un tronc plus sain, et il sera moins sujet aux maladies (1).

A mesure que le cuilleur effeuille un arbre, il doit séparer les mûres et les jeter de côté : ce point est essentiel. *Voyez* Ver a soie.

Aussitôt que les charges de feuilles sont arrivées au logis, on doit vider les sacs, les étendre dans un lieu bien aéré, finir de séparer rigoureusement les fruits, qu'on jette dans la basse-cour pour la nourriture de la volaille. Si les feuilles restent amoncelées, pressées, serrées, elles s'échauffent, fermentent, et causent aux vers des maladies dangereuses (2).

Lorsque l'on fait tant que de cueillir la feuille, il faut en dépouiller l'arbre complétement : si on en laisse par-ci par-là, ou des branches, sans les y cueillir, la sève suit sans peine son cours ordinaire; elle se porte toute de ce côté, et ne nourrit plus qu'imparfaitement la partie effeuillée : c'est un des points les plus essentiels dans la cueillette de la feuille.

Si, dans le temps de l'éducation des vers à soie, il survient de longues pluies, on sait combien cette feuille mouillée leur est nuisible, et quelle peine on a pour l'étendre, pour la remuer, dans la crainte qu'elle ne s'échauffe, enfin pour la faire sécher. On a proposé un expédient, qui n'est pas à négliger, et

---

(1) L'effeuillement annuel du mûrier l'affaiblit d'autant plus qu'il est planté dans un terrain plus aride. Il est impossible d'empêcher cet effet.

On a, depuis long-temps, remarqué que les feuilles produites par les mûriers effeuillés tous les ans étaient peu nutritives, et cela s'explique par la petite quantité de sève qui a dû s'accumuler dans les racines à la pousse d'automne : donc il faut, en principe général, ne faire de récolte que tous les deux ans, et même tous les trois ans, dans les terrains secs ou après des années froides.

Sageret établit, dans un *Mémoire sur la sève*, que l'effoliation annuelle des mûriers retarde leur entrée en sève au printemps : d'où il conclut qu'il faudrait conserver des pieds sans les effeuiller, pour avoir des récoltes précoces, presque toujours très-désirables pour la nourriture des vers au moment de leur naissance.

Dans quelques parties de l'Italie, non-seulement on effeuille les mûriers au printemps pour la nourriture des vers à soie, mais encore en automne, pour celle des bestiaux : aussi là n'en voit-on plus de vieux; ce qui oblige à des dépenses multipliées de plantations, et nuit à la qualité de la soie, celle des vers nourris avec la feuille de ces derniers étant bien meilleure. (*Note de M. Bosc.*)

(2) On calcule qu'il faut 24 livres de feuilles pour se procurer une livre de cocons; mais Dandolo a trouvé qu'il était possible de réduire cette quantité de moitié, par une surveillance convenable. (*Note de M. Bosc.*)

qui est très-facile, si on a un certain nombre de mûriers nains. Il consiste à se procurer des toiles d'une certaine étendue, par exemple, des toiles semblables à celles que l'on étend sur le sol lorsqu'on abat les olives. Au moyen de plusieurs piquets et des cordes nécessaires, on en fait des tentes que l'on place sur un certain nombre de mûriers. Lorsque ceux-ci sont cueillis, on dresse la tente sur d'autres, et ainsi successivement pendant les jours que la pluie tombe. Il y a certainement moins d'embarras à élever et changer ces tentes qu'à sécher la feuille; et on a beau la sécher avec le plus grand soin, elle reste toujours de qualité inférieure pour la nourriture du ver (1).

---

(1) Je suis étonné qu'on n'offre jamais que des feuilles coupées et fanées aux vers à soie. Outre les inconvéniens de la dépense de la cueille et ceux qui sont rapportés par Rozier, il y a chaque jour une perte considérable, produite par la dessiccation des dernières attaquées, et par l'altération que les excrémens des vers qui sont malades font éprouver à celles sur lesquelles ils tombent. De plus, il est prouvé que les feuilles, en se fanant, laissent dégager une partie du gaz acide carbonique contenu dans leur parenchyme, ce qui doit souvent être cause des mortalités qu'on éprouve dans les magnauderies qui manquent de courant d'air. Je voudrais qu'on substituât aux feuilles coupées des rameaux garnis de feuilles, dont le gros bout plongerait, à travers des trous exactement de leur diamètre, dans une auge de 6 pouces de profondeur, couverte d'une planche et presque pleine d'eau. Cette idée n'est pas le simple résultat de la théorie, attendu que j'ai élevé ainsi des milliers de chenilles de toutes les espèces, et même des vers à soie, afin d'en obtenir l'insecte parfait pour ma collection. Je gardais ainsi pendant quinze jours, et même plus, en état de végétation, des branches d'arbres qui eussent été impropres à mon but deux ou trois heures après leur coupe. C'est en s'écartant le moins possible de la nature qu'on peut espérer une réussite plus certaine dans toutes les opérations qui ont l'éducation des animaux pour objet : or, par le moyen que je propose, les vers à soie seraient dans une situation semblable à celle où ils se trouvent dans leur pays natal. *Voyez* Ver a soie.

Dans cette pratique, ainsi que dans les cas ordinaires, il me semble que la bonne manière de conduire les mûriers est de les tenir en Tètards (*voyez ce mot*), à 3 pieds de terre, s'ils sont dans un enclos, ou à 6 pieds, s'ils sont dans un lieu ouvert aux bestiaux, pour en couper les rameaux en totalité tous les deux ans. Sans doute les troncs seront retardés dans leur croissance, se carieront dans l'intérieur; mais il ne s'agit pas ici d'avoir du bois d'un fort échantillon et propre au service de la menuiserie, mais des feuilles, et par là on en aurait davantage et de plus belles. Les osiers, qu'on coupe aussi tous les ans, subsistent pendant cinquante ans, et leur bois est plus tendre et par conséquent plus susceptible d'altération que celui du mûrier. La circonstance la plus défavorable pour la coupe des branches des mûriers en tétard, c'est que ceux qui seraient les derniers tondus ne feraient peut-être pas toujours, à raison de la sécheresse du sol et du climat des départemens méridionaux, de secondes pousses de printemps, et que la pousse d'automne n'offrirait que des rameaux faibles : dans ce cas, on attendrait la troisième année pour les couper. Je ne fais qu'indiquer ce qui aurait besoin de longs développemens ; mais une note n'est pas un traité.

Ce conseil, donné par la théorie, est mis en pratique dans beaucoup de contrées de l'Orient. En effet, mon collègue et ami, Olivier, de

Émondage. Émonder, n'est pas tailler ; mais c'est, d'après la cueillette, supprimer tous les bois morts, les chicots, les ergots, le bout des branches cassées, réparer les déchirures, et tout au plus enlever quelques petites branches chifones, qui nuiraient à l'accroissement des bourgeons, ou qui leur feraient prendre une mauvaise direction. C'est encore le cas (pour le mûrier seulement) de supprimer les gourmands inutiles, ou de leur donner une direction qui tende à former la tête de l'arbre. Cette opération doit avoir lieu aussitôt après la récolte des feuilles, et la taille après leur chute naturelle, enfin lorsque l'arbre n'est plus en sève.

On ne fait pas assez attention aux onglets, aux bouts de branches, aux chicots, lorsque l'on taille les mûriers ; et l'on peut dire, à la lettre, qu'ils sont taillés à la serpe. Rarement la plaie est rasée près du tronc, près de la branche, et la partie excédante, raboteuse, chargée d'esquilles, ne peut être recouverte par l'écorce : le bois pourrit, la pourriture gagne l'intérieur de la branche du tronc, etc. : le tout a tenu dans le commencement à un Chicot (*voyez* ce mot.) C'est le cas, pendant l'émondage, de réparer les défauts ou la négligence de la taille.

---

l'Institut, nous apprend, vol. I , page 223 de son intéressant *Voyage dans l'Empire Ottoman*, que les Grecs des environs de Prusce ou Brusse suivent cette méthode. Voici le passage : « Ici, on ne permet pas au mûrier de s'élever comme dans nos climats ; on le tient nain , et chaque année on enlève tous les rameaux qui ont poussé l'année précédente, pour les donner, garnis de feuilles , aux vers à soie. Après cette taille, le mûrier pousse de nouveaux jets, qui doivent être coupés l'année suivante, à mesure des besoins. »

On voit aussi dans les *Voyages* de Pallas, que, sur les bords du Wolga, on donne aux vers à soie les feuilles tenant à leurs branches, et que ces branches, renouvelées chaque jour, forment un tas à travers lequel passent toutes les ordures, tas qu'on n'enlève qu'après que le ver s'est transformé en chrysalide. Les arbres souffrent moins du retranchement de ces rameaux, qu'en France de celui de leurs feuilles , et on économise des bras , un homme et une femme pouvant fournir de la nourriture, par ce moyen, à une immense quantité de vers.

Dans le Liban , on coupe les branches des mûriers pour la nourriture des vers, en préférant toujours les plus anciennes , de sorte que les arbres , élevés seulement de 8 à 9 pieds et disposés en têtards, n'en offrent jamais de plus de trois ans.

Cette dernière méthode me paraît la meilleure, comme je l'ai fait pressentir plus haut , car les feuilles des bourgeons de l'année partagent les inconvéniens de celles des arbres trop jeunes, plantés dans un sol trop fertile, placés à l'ombre, enfin greffés.

Et qu'on ne dise pas qu'il serait trop coûteux d'avoir trois fois plus de mûriers qu'il n'en faut en ce moment : la moindre perte de feuilles , la plus grande rareté des remplacemens des pieds compenseraient de beaucoup cet inconvénient , puisqu'on pourrait diminuer le nombre des arbres ou augmenter le nombre des vers.   (*Note de M. Bosc.*)

Quoique, à proprement parler, on ne doive pas tailler en émondant, on peut cependant, si l'on voit des pousses s'emporter et ne garder aucune proportion avec les branches voisines, les arrêter, afin que, poussant des branches latérales, elles n'aient plus la même impétuosité de sève favorisée par le canal direct. On peut encore, si la sève se porte visiblement plus d'un côté, ou dans une partie de l'arbre plutôt que dans l'autre, travailler à mettre le tout en équilibre, ou par le raccourcissement, ou par la soustraction de quelques branches. C'est toujours la faute de celui qui a taillé l'arbre dans le temps, si on est obligé, lors de l'émondage, de recourir à cet expédient. L'arbre vient d'éprouver une forte crise par la soustraction des feuilles, il ne faut pas encore l'augmenter par une nouvelle taille. Tout paysan se donne pour émondeur, pour tailleur du mûrier, on pourrait dire qu'ils le deviennent par miracle, ou plutôt ils sont et seront toujours les bourreaux des arbres. Une routine sans principe les guide, et lorsqu'ils ont enlevé une grande quantité de mères-branches, ils disent : Voilà un arbre bien dégagé ; et on admire leur travail. Le propriétaire et l'ouvrier en savent autant l'un que l'autre.

Maladies. L'éducation des mûriers est une des causes qui influent le plus sur leur dépérissement. On hâte, on presse leur végétation en branches, en feuilles, et leur épuisement en est accéléré. Il l'est bien plus par la cueillette des feuilles, qui arrête presque tout à coup la respiration de l'arbre par les FEUILLES ((*voyez* ce mot) ; et cette suppression opère un reflux de la matière de la transpiration dans la sève, ce qui la vicierait complétement si elle n'avait pas encore un peu sa sortie par les branches, et sur-tout par les bourgeons. La greffe accélère encore les pousses ; l'arbre cesse d'être naturel, il devient *civilisé,* et sa *civilisation* est l'origine de ses infirmités. La taille charge le tronc et les grosses branches d'une multitude de plaies qu'on a pas le soin de recouvrir avec l'onguent de Saint-Fiacre, afin d'empêcher le contact de l'air avec la partie ligneuse, et afin de faciliter la formation du bourrelet à l'endroit où l'écorce a été coupée. Après la taille restent les onglets, les chicots, etc. ; ils se dessèchent, se pourrissent, et la pourriture gagne le centre de la branche mère ou du tronc. Ajoutez à toutes ces mauvaises manipulations la taille générale faite après la récolte des feuilles, et vous aurez un abrégé des maux produits par la main de l'homme, auxquels on doit principalement ajouter l'écoulement sanieux du chancre formé par le reflux d'humeur, et par une sève corrompue, ou du moins qui se corrompt en suintant par la plaie. Il y aurait lieu de croire que la sève ascendante ne monte plus par la plaie, mais que cette plaie retient la sève descendante.

La brûlure des feuilles est une maladie accidentelle, mais dont les arbres se ressentent quelquefois l'année d'après. *Voyez* Brulure.

Souvent les feuilles du mûrier, au milieu du printemps où de l'été, jaunissent, tombent, et l'arbre meurt en peu de jours. Cette maladie, plus commune aux jeunes arbres qu'aux vieux, est produite par deux causes très-opposées. La première tient à une transpiration arrêtée subitement, qui cause une espèce d'apoplexie à l'arbre. Si l'on déchausse son pied, on trouve les racines flétries, mais entières : jai vu deux fois cet exemple, lorsqu'il règne des vents froids et violens. Peut-être ce que j'appelle ici transpiration arrêtée n'est-il qu'une évaporation trop rapide de cette transpiration, qui augmente l'intensité du froid. Quoi qu'il en soit, à peine a-t-on le temps de s'apercevoir que l'arbre est malade, que la mort survient aussitôt. *Voyez* Jaunisse.

Plusieurs écrivains parlent d'une espèce de maladie épidémique qui fait périr tous les arbres d'une plantation les uns après les autres, je n'ai jamais été dans le cas d'examiner ce fait (1).

Tout a son terme, et la vieillesse nous conduit pas à pas à la mort ; on peut cependant retarder ce moment de destruction complète du mûrier. On a proposé de couronner cet arbre, et on suit généralement cette méthode. Il en résulte que l'arbre est rajeuni pour quelque temps, qu'il s'épuise à donner de nouvelles branches, qu'il faut ravaler peu d'années après, enfin mettre la cognée au pied de l'arbre. Le couronnement complet est au mûrier ce que les grandes saignées sont aux vieillards ; elles les remettent de leur maladie pour leur en occasionner une plus forte, l'épuisement. Il vaut beaucoup mieux s'y prendre plus long-temps d'avance, ravaler petit à petit les mères-branches, à la fin de chaque année supprimer la plus faible, mais jamais deux dans la même année, s'il est possible de faire autrement.

Le point auquel on peut ravaler les grosses branches est indiqué par elles, c'est l'endroit où elles cessent d'être saines et tant soit peu au-dessous. Ceux qui aiment la symétrie ravalent toutes les branches à la même hauteur, comme si toutes les branches étaient également défectueuses au même niveau ;

______

(1) Cette maladie, déjà indiquée par M. le président de la Tour d'Aigne en l'année 1787, est la Mort des racines, produite par un champignon parasite du genre Isaire. Il m'a été apporté, du midi, des racines qui en étaient affectées. *(Note de M. Bosc.)*

il s'agit ici de la longévité de l'arbre et rien de plus. Sur la partie qui reste des mères-branches, on doit également ravaler les petites suivant leur force et leur santé. Il vaut mieux revenir à l'opération l'année d'après, que de trop mutiler l'arbre en une seule fois.

Le remède palliatif ou corroborant consiste dans les fréquens labours tout autour de l'arbre, et à une certaine distance du tronc. On ne doit pas épargner les engrais ; les placer près de l'arbre est un abus ; l'origine des grosses racines est trop dure, trop coriace, elles absorbent trop peu des principes de la sève ; il vaut mieux ouvrir une fosse à une toise et demie du tronc, sur une largeur et une profondeur d'un pied ; y enterrer du fumier déjà bien consommé, et le recouvrir de terre. Cette opération doit être faite à l'entrée de l'hiver, afin que l'eau des pluies de cette saison délave cet engrais et en entraîne les principes aux racines placées en dessous et à celles de la circonférence. On a recommandé dans les papiers publics de déchausser les vieux mûriers qui périssent pièce à pièce. Je ne vois dans cette opération qu'un fort labour donné à l'arbre lorsqu'on jette la terre dans la fosse. La nature n'a pas établi les racines pour être découvertes ; c'est donc le recreusement qui a agi comme labour et non autrement. Si la maladie provient de la stagnation des eaux près des racines, le seul moyen est d'ouvrir de larges et profondes fosses pour les y attirer et en débarrasser les racines. Si cet expédient ne suffit pas, on doit renoncer à planter des mûriers dans un sol qui leur convient si peu.

Le rabougrissement est encore une maladie du mûrier. Elle dépend presque toujours de la manière dont l'arbre a été planté, dont il a été conduit, et quelquefois du terrain. Dans cet état, il semble rentrer en lui-même ; ses pousses sont mesquines, maigres, fluettes, et avec toutes les marques de la misère ; son écorce écailleuse, raboteuse. On aura beau faire et beau travailler au pied, lui donner des engrais, s'il est depuis long-temps en cet état, c'est un arbre à arracher et à jeter au feu.

Choix des feuilles. Ce problème n'est pas encore résolu, et ne le sera peut-être jamais. Il en est de la qualité de la soie comme de celle des laines, des vins, etc. ; elles tiennent au climat, au sol et à l'espèce, qui se plaît plus dans un lieu que dans un autre. On sent combien cette vérité fondamentale offre de modifications, de divisions et de sous-divisions à l'infini. Les raisins de Malaga, de Madère, etc., donneront-ils la même qualité de vin, transportés en Hongrie ou en Champagne ; enfin, les plus belles soies d'Espagne, de France, seront-elles jamais comparables à celles de Chine, de Perse, etc. ? J'admets, si l'on veut, que dans quelques cantons d'Espagne, de France, et par les soins les plus assidus et les plus multipliés, on parvienne à avoir quelque peu de soie égale en beauté à celle de Perse. On citera cet exemple comme un modèle d'encouragement, et on fera très-bien, parce que chaque particulier doit perfectionner, autant qu'il lui est possible, la beauté et par conséquent porter à un plus haut prix la valeur intrinsèque de ses récoltes; mais j'ose dire affirmativement que la différence sera toujours très-grande entre la soie du Languedoc, de Provence, etc., et celle de la Bourgone, de la Touraine, etc. (1)

Admettons encore que l'on parvienne par-tout à avoir des soies de qualité supérieure, je demande pour qui sera le bénéfice le plus clair? il sera pour celui qui fait filer, et non pour le petit particulier qui lui vend ses cocons. Ceux qui font métier de la filature ressemblent aux COMMISSIONNAIRES. (*Voyez* ce mot.) Le petit particulier porte chez eux les cocons, et ces entrepreneurs lui disent : Dans un mois ou deux, vous serez payés, lorsque le prix des cocons sera établi. Or ce prix, c'est entre eux qu'ils le fixent, et bien entendu que ce n'est pas à leur désavantage. Il en résulte que le petit particulier qui a livré de très-beaux cocons n'est pas plus payé que celui qui a donné des cocons moins beaux et plus médiocres. L'époque de la foire de Beaucaire est celle où le prix des soies est fixé, et cette taxe devient à peu près celle de toute la France; si elle varie ensuite, cela tient au prix plus ou moins fort des soies étrangères, ou aux spéculations de quelques gros financiers. Comme le nombre des particuliers qui ne font pas filer est trois ou quatre fois plus considérable que celui des personnes qui font filer, il importe donc fort peu aux premiers que leur soie ait une qualité très-supérieure, et il est de leur intérêt d'avoir le plus grand nombre possible de bons cocons et bien pesans. Ceci posé, voyons quelle espèce de mûrier procure la soie la plus fine, et quelle espèce donne plus de soie de qualité.

Il est de fait que le mûrier planté dans un sol léger, substantiel, est naturellement sec; que celui qui est planté dans un sol rocailleux, pierreux et qui a du fond; que le mûrier qui croît sur le rocher calcaire, et dont les racines pénètrent dans les scissures, fournissent une feuille moins abondante en

---

(1) Les notes que j'ai ajoutées à cet article prouvent bien que les meilleures feuilles sont celles qui sont les moins larges, les moins épaisse; qui proviennent d'arbres plantés dans les terrains les plus secs, les plus chauds, les plus exposés au soleil, j'ajouterai les plus vieux; car ce fait a été reconnu il y a long-temps.   (*Note de M. Bosc.*)

sucs, moins noyée, mais que ses principes en sont mieux assimilés, et ses parties nutritives plus élaborées.

Les mûriers, au contraire, qui végètent dans un sol qui a beaucoup de fond de terre végétale, qui fournit un excellent champ à blé, lin ou chanvre, donnent une feuille plus large, plus épaisse, plus aqueuse : on ne peut mieux comparer la qualité de ces feuilles qu'à celle du vin que l'on retire des vignes qui y sont plantées ; le ver trouve sur ces feuilles une ample nourriture, mais une nourriture plus grossière.

Il est rare, dans les années pluvieuses, de voir la soie de belle qualité, toutes circonstances égales, parce que la feuille est trop remplie d'eau de végétation ; dès-lors ses sucs sont mal élaborés ; etc. : il en est ainsi du vin. Quelle sera donc habituellement la soie des vers nourris avec la feuille de l'arbre planté dans un bas fond, dans un terrain aquatique, ou dont la couche inférieure est de l'argile ? A coup sûr elle aura peu de qualité, et rarement et très-rarement les vers seront exempts de ces maladies qui en détruisent la moitié.

La même distinction opérée par le sol, le climat, etc., l'est également par la greffe. Il est constant qu'un mûrier sauvageon, c'est-à-dire qui n'a pas été greffé, est plus près de la nature, et par conséquent plus assimilé à la nourriture du ver que la feuille du mûrier greffé, et l'arbre sauvageon vit beaucoup plus long-temps que l'autre ; ce qui a fait donner la préférence au greffé est la beauté de la feuille et la facilité de la cueillir : elle est constamment plus ample, jamais découpée, il en faut moins, et un seul homme en ramasse plus dans un jour que dans deux sur le sauvageon. Plusieurs écrivains, d'après le témoignage d'un auteur, ont élevé jusqu'aux nues les avantages du mûrier greffé ; mais ils n'ont pas fait attention que cet auteur avait ses vues lorsqu'il vantait le mûrier greffé : il fallait se débarrasser de ses vastes pépinières.

Je ne donne l'exclusion ni au sauvageon ni au mûrier greffé : ces deux espèces, au contraire, sont à cultiver avec soin, relativement au climat et au but qu'on se propose. Si on plante des mûriers pour en louer la feuille, il est clair qu'il est plus avantageux au propriétaire d'avoir des mûriers greffés ; la beauté de la feuille et sa quantité frapperont celui qui loue, et il paiera chèrement : si, au contraire, le propriétaire se propose de faire filer ; s'il a un plus grand bénéfice en préparant de la soie de qualité superfine ; si le climat et le sol secondent ses vues, c'est le cas de planter des sauvageons à feuilles roses. Les uns ont donc eu raison de vanter les mûriers greffés, et les autres ceux qui ne l'étaient pas.

Propriétés médicinales. Les fruits mûrs apaisent la toux et favorisent l'expectoration; le suc exprimé et passé à travers un linge, donné en gargarisme, calme l'inflammation des amygdales et du voile du palais. Le suc exprimé des fruits ne diffère pas du sirop de mûres; mais comme on ne peut pas le conserver aussi long-temps qu'on le désire, on est réduit à le faire cuire avec du sucre jusqu'à consistance de sirop : on le prescrit depuis demi-once jusqu'à 2 onces, seul, ou en solution dans 5 onces d'eau.

On a regardé la feuille du mûrier comme vulnéraire, appliquée sur une coupure aussitôt qu'elle est faite : elle a soustrait la plaie au contact de l'air atmosphérique; voilà tout son mérite.

Propriétés économiques. L'écorce de mûrier préparée comme le lin donne de la filasse; cette propriété était connue très-anciennement, et cependant les papiers publics viennent d'annoncer cette propriété comme une découverte nouvelle. Écoutons parler Olivier de Serres, sieur de Pradel, dans son Théâtre d'agriculture, ouvrage précieux et qu'on lit trop peu.

« Le revenu du meurier blanc ne consiste pas seulement en la feuille pour en avoir la soie, mais aussi en l'escorce pour en faire des toiles grosses, moyennes, fines et déliées, comme l'on voudra; par lesquelles commodités se manifeste le meurier blanc estre la plante la plus riche et d'usage plus exquis, dont encore ayons eu cognoissance. De la feuille du meurier, de son utilité, de son emploi, de la manière d'en retirer la soie, a été ci-devant discouru au long : ici ce sera de l'escorce des branches de tel arbre dont je vous représenterai la faculté, puisqu'il a pleu au Roi de commander de donner au public l'invention de la convertir en cordages, toiles, selon les épreuves que j'en ai présentées à Sa Majesté. . . . . Ainsi m'en a-t-il prins, touchant la cognoissance de la faculté de l'escorce du meurier blanc : car pour sa facile séparation d'avec son bois, estant en sève, en ayant fait faire des cordes, à l'imitation de celles de l'escorce de tillet (tilleul), qu'on façonne en France, mesmes à Louvres en Parisis, et mises sécher au haut de ma maison, furent par le vent jetées dans le fossé, puis retirées de l'eau boueuse, y ayant séjourné quelques jours, et lavées en eau claire; après détorses et séchées, je vis paroistre la teille ou poil, matière de la toile, comme soie ou fin lin; je fis battre ces escorces-là à coups de massue pour en séparer le dessus, qui, s'en allant en poussière, laissa la matière douce et molle, laquelle, broyée, serancée, peignée, se rendit propre à être filée, et ensuite à estre tissue et réduite en toile. Plus de trente ans auparavant j'avois employé l'escorce des tendres jetons de meuriers blancs à lier des entes à écusson, au lieu de chanvre, dont communément on se sert en délectable mesnage.

» Voilà la première espreuve de la valeur de l'escorce du meurier blanc, lequel accident rédigé en art n'est à douter de tirer bon service au grand profit de son possesseur. Plusieurs plantes et arbres rendent aussi du poil ; mais les unes en donnent petite quantité, ou de qualité faible : il n'en est pas ainsi du meurier blanc, dont l'abondance du branchage, la facilité de l'escorcement, la bonté du poil, procédant d'icelui, rendent ce mesnage très-assuré. Voire avec fort petite dépense, le père de famille retirera infinies commodités de ce riche arbre, duquel la valeur non cognue de nos ancestres a demeuré enterrée jusqu'à présent, comme par les yeux de l'entendement, il le reconnoistra encore mieux par les expériences ; mais afin qu'on puisse rendre de durée à ce mesnage, c'est-à-dire tirer du meurier l'escorce sans l'offenser, ceci sera noté : que pour le bien de la soie il est nécessaire d'esmunder, d'eslaguer, d'étester les meuriers, incontinent après en avoir cueilli la feuille, pour la nourriture des vers, selon, toutes fois, distinctions requises. Les branches provenant de telles coupes serviront à notre invention, parce qu'estant lors en sève (comme en autre point, ne faut jamais mettre la serpe aux arbres), très-facilement s'escorceront elles, et ce sera faire profit d'une chose perdue : car aussi bien les faudroit jeter au feu, mesmes toutes dépouillées d'escorce, ne laisseront bien d'y servir, si mieux l'on n'aime, au préalable, les employer en cloisons de jardins, vignes, etc., où tel branchage est très-propre pour ses durs piquetons, étant sec et de long service pour la durée, ne pourrissant de long temps, d'où finalement retiré pour dernière utilité et brusle à la cuisine.

» Et parce que les diverses qualités des branches diversifient la valeur des escorces, dont les plus fines procèdent des tendres summités des arbres, les grossières des grosses branches endurcies, les moyennes, de celles qui tiennent l'entre-deux, lorsque l'on taillera les arbres, soit en les esmundant, eslagant ou étestant, le branchage en sera assorti, mettant à part, en faisceaux, chacune sorte, afin que sans confus meslange, toutes les escorces soient retirées et maniées selon leurs particulières propriétés. Sans délais les escorces seront séparées de leurs branches employant la fleur de la sève, qui passe tost, sans laquelle on ne peut ouvrer en cet endroit, et ayant embotelé les escorces, chacune des trois sortes à part, l'on les tiendra dans l'eau claire ou trouble, comme s'accordera, trois ou quatre jours, plus ou moins, selon leurs qualités et les lieux où l'on est, dont les essais limiteront le terme. Mais en quelque part qu'on soit, moins veulent tremper dans l'eau les minces et tendres escorces que les grosses et fortes : retirées de l'eau à l'approche du soir , seront estendues sur l'herbe de la prairie , pour y demeurer toute la nuit , afin d'y boire les rosées du matin ; puis devant que le soleil frappe , seront amoncelées jusqu'au retour de la vespérée ; lors remises au serein , de là retirées du soleil comme dessus , continuant cela dix ou douze jours à la manière des lins , et en somme jusqu'à ce que cognoistrez la matière estre suffisamment rouie , par l'espreuve qu'en ferez , desséchant et battant une poignée de chacune de ces trois sortes d'escorces , remettant au serein celles qui ne seront pas assez appareillées , et en retirant les autres comme le recognoistrez à l'œil. »

Un autre emploi de l'écorce du mûrier, c'est pour faire du papier. Il y a lieu d'être étonné que , d'après l'expérience des Chinois et des Japonais qui tirent tout celui qu'ils fabriquent des diverses espèces de ce genre, et les essais faits en France, essais dont le résultat a été si satisfaisant, on n'en voie nulle part de fabrique. *Voyez* BROUSSONNETTE.

Le fruit du mûrier engraisse très-promptement la volaille , les cochons, et les feuilles , rassemblées après leur chute et mises à sécher , sont dévorées par les troupeaux : c'est pour eux une excellente nourriture d'hiver.

Le bois des taillis est employé utilement comme perches à soutenir des treillages , comme tuteurs pour les arbres : celui du tronc et des grosses branches , fendu et scié en planches d'un à 2 pouces d'épaisseur , sert à la fabrication des vaisseaux vinaires qui contiennent depuis 1200 jusqu'à 3000 bouteilles et plus ; ce bois est encore avantageux pour les vins blancs , il leur communique un petit goût agréable et approchant de celui que l'on appelle *violette*. Dans les pays de vignobles à ÉCHALAS (*voyez* ce mot), longs ou courts, on apprécie le bois du mûrier ; il dure infiniment plus que tous les bois blancs , moins que le chêne à la vérité, mais autant que celui des taillis de châtaignier , sur-tout si on a la précaution de l'écorcer.

Propriétés d'agrément. Le mûrier devient un arbre très-précieux dans les provinces méridionales pour les décorations des jardins, puisque la charmille, le hêtre, etc., ne sauraient y croître sans être largement arrosés , et l'eau y est trop rare pour être consommée en objets de pur agrément. Le mûrier craint peu la sécheresse; ses branches se prêtent volontiers à la forme qu'on veut leur donner , et si on sait les conduire, si on sait à propos les incliner et supprimer le canal direct de la sève, on peut en faire des berceaux agréables, et des palissades semblables à celles des charmilles, et dont les feuilles seront d'un vert plus gai. (R.)

Le MURIER NOIR s'élève un peu plus que le précédent,

avec la variété à fruit violet ou noirâtre duquel il faut bien
se garder de le confondre. Ses branches sont nombreuses et
diffuses; ses feuilles rudes au toucher, d'un vert noir, et fort
larges; ses fruits ovales, gros comme le doigt; noirs à l'extérieur et remplis d'un suc rouge. Il est originaire d'Italie, et
fleurit, comme le précédent, au commencement de l'été. On
le cultive principalement pour ses fruits dans toute l'Europe
méridionale. Comme il est plus souvent dioïque que monoïque, et qu'on ne conserve que les pieds femelles, il porte rarement des graines; ce qui est un avantage réel lorsqu'on mange
ses fruits. Les gelées l'affectent dans sa jeunesse. Il pousse plus
lentement dans le climat de Paris que dans ceux qui sont
plus méridionaux, et ses fruits y sont moins doux; cependant, quand il est placé dans un bon sol et à une exposition
chaude, il vient bien et fournit un manger agréable. On le
plante ordinairement autour des maisons, dans les cours, où
il est plus abrité et plus défendu contre les pillages des hommes
et des oiseaux. Il produit assez jeune et vit long-temps. Comme
son fruit ne vient que sur les bourgeons de l'année, il est
utile de les pincer au milieu de leur croissance, d'abord pour
que les fruits deviennent plus gros, ensuite pour que les bourgeons soient plus nombreux l'année suivante. La quantité de
ces fruits est quelquefois prodigieuse. On les cueille à mesure
qu'ils mûrissent, et cette cueille dure plus d'un mois; cependant ils ne jouissent qu'un instant de toute leur bonté, c'est
celui où ils se détachent naturellement, ou par l'effet d'une
faible secousse : plus tôt, ils sont plus acerbes; plus tard, ils
ont fermenté. Leur goût est un acide faible et sucré. On les
regarde comme nourrissans et rafraîchissans. Tous les bestiaux
et les volailles les aiment avec passion. On en fait un sirop
propre à calmer la toux et à apaiser les inflammations de la
gorge. Mises en certaine quantité dans un tonneau avec de
l'eau, il s'y établit bientôt une fermentation, qui donne du vin
avec lequel on peut fabriquer de l'eau-de-vie et du vinaigre;
mais ce vin dure peu, il devient promptement acide, à moins
qu'on ne le mette en bouteilles dans un lieu frais, et alors il ne
prend point de corps.

Je ne sache point qu'on tire parti des mûrés sous ce rapport
dans aucune partie de la France.

Le bois du mûrier noir ressemble beaucoup à celui du mûrier
blanc; mais il est moins compacte, puisqu'il ne pèse que 40 livres 14 onces 7 gros par pied cube, tandis que ce dernier pèse
43 livres 13 onces trois gros.

On multiplie rarement le mûrier noir de graines, par la
raison mentionnée plus haut; mais comme les besoins du commerce ne sont pas très-étendus, on en obtient suffisamment

pour y satisfaire, par les rejetons, les marcottes et les boutures. Les marcottes se font en automne, après la chute des feuilles, et les boutures au printemps lorsqu'il n'y a plus de froids à craindre. Les unes et les autres prennent ordinairement racine la première année, et peuvent être relevées au printemps suivant. Elles doivent être couvertes pendant le fort de l'hiver, car elles sont très-sensibles aux gelées. Pour plus de sûreté, il convient, dans le climat de Paris, de faire les boutures dans des pots sur couche et sous châssis. Des arrosemens fréquens mais modérés leur sont nécessaires, sur-tout pendant les chaleurs; et à cette même époque elles doivent être abritées, vers le milieu du jour, des rayons du soleil.

La transplantation des mûriers noirs doit se faire au printemps, et être suivie de quelques arrosemens si la saison est sèche. Il sera prudent d'empailler l'hiver les jeunes pieds pendant les deux ou trois premières années, après quoi ils ne demanderont plus d'autres soins qu'un binage chaque hiver.

La feuille du mûrier noir est mangée par les vers à soie et peut être substituée à celle du mûrier blanc, mais on prétend qu'elle donne une soie plus grossière; d'ailleurs les vers à soie, quand ils sont jeunes, ne s'en accommodent pas volontiers.

On connaît plusieurs variétés de cet arbre fondées sur des différences de port, de feuilles et sur-tout de fruits. Les meilleures sont celles qui donnent les fruits les plus gros et les plus noirs. Ces variétés sont en général peu saillantes, et n'ont point été aussi étudiées que celles du mûrier blanc.

Le Mûrier rouge est un arbre de plus de 40 pieds dans son pays natal, où je l'ai observé. Son écorce est noirâtre, ses branches nombreuses; ses feuilles grandes, rudes au toucher, rarement lobées, noirâtres en dessus, blanchâtres en dessous; ses fruits sont ovales et rouges. Il croît dans les bons fonds des forêts de l'Amérique septentrionale. On le cultive depuis quelque temps dans les jardins paysagers, où il figure fort bien, à raison de la largeur et de la couleur de ses feuilles. La différence qui existe entre lui et le mûrier noir est peu considérable. Ses fruits sont plus acides et plus agréables, à mon goût, que ceux de ce dernier. Tantôt il est dioïque, tantôt monoïque. On le multiplie de graines, de marcottes et sans doute de boutures, comme les précédens. Je l'ai greffé avec un grand succès à œil poussant sur le mûrier blanc dans les pépinières de Versailles, mais jamais il n'a réussi à œil dormant. Il ne craint pas les gelées du climat de Paris. Son bois ne paraît pas beaucoup différer de celui des autres; mais comme il vient beaucoup plus grand et toujours plus droit, on peut employer ce bois plus fréquemment à des ouvrages de charpente ou de menuiserie.

Le Murier a papier. *Voyez* Broussonnétie.

On a reconnu dans le département des Hautes-Alpes que le mûrier à papier était très-avantageux, pour arrêter les ravages des torrens lorsqu'on le plantait sur leurs rives, parce que ses racines sont traçantes et nombreuses, et que ses tiges cèdent à la fureur des eaux, et arrêtent les sables et les terres entraînés par elles.

Les cochons étant fort avides de ses fruits, qui sont excessivement nombreux, il devient encore plus avantageux de l'y planter.

Je rappelle qu'il vient également bien dans les terrains arides. (B.)

MURIR LA TERRE. Expression impropre, usitée parmi les cultivateurs.

On trouvera à la suite du mot Maturité toutes les considérations qu'elle suggère. (B.)

MUROT. Tas de pierres provenant de l'épierrement des champs dans le département des Vosges. *Voyez* Merger. (B.)

MUSARAIGNE, *Sorex.* Genre de quadrupèdes de la famille des rongeurs, qui se rapproche infiniment des rats, et qui renferme plusieurs espèces, dont deux se trouvent en France.

La plus commune de ces espèces est à-peu-près de la grosseur de la souris, mais s'en distingue fort aisément à la longueur de son museau, à la petitesse de ses yeux, et à l'odeur forte qu'elle répand. Elle vit ordinairement dans les bois, mais se réfugie très-fréquemment dans les maisons pendant l'hiver. C'est principalement d'insectes morts dont elle se nourrit, de sorte que les dommages qu'elle cause sont fort peu considérables. Aussi n'est-ce pas comme l'ennemi des cultivateurs que je la signale, c'est parce qu'on l'a mal à propos accusée de faire naître par sa morsure une maladie qui enlève souvent beaucoup de chevaux, maladie à laquelle on a donné son nom. *Voyez* au mot Charbon. (B.)

MUSCADIER, *Myristica.* Lin. Arbre étranger, très-célèbre, de la deuxième ou troisième grandeur, qui croît naturellement aux Moluques, principalement dans les îles de Banda, et qui donne la noix muscade si connue dans le commerce et dans l'usage des épiceries. Cet arbre est de la famille des Lauriers; il appartient à un genre du même nom, qui, jusqu'à M. de Lamarck, avait été très-mal décrit par tous les botanistes. Ce savant professeur, dans un mémoire inséré parmi ceux de l'Académie des sciences en 1788, et dont nous avons donné un extrait à l'article Muscadier, du *Nouveau Diction-*

naire d'histoire naturelle, après avoir rectifié les erreurs de ses prédécesseurs sur le muscadier, en a développé avec précision les caractères génériques et spécifiques.

En 1781, M. de Sonnerat avait communiqué quelques branches sèches de cet arbre à M. de Lamarck, celui-ci, en les examinant, reconnut que ce que Linnæus fils venait de publier, dans son Supplément sur les fleurs du muscadier, présentait des erreurs évidentes. Il désira faire mieux connaître ce genre de plantes, l'un des plus intéressans qu'offre le règne végétal. Pour n'avoir et pour ne laisser aucun doute à cet égard, il fallait se procurer les éclaircissemens nécessaires, et observer de nouveau le muscadier, sinon dans les pays où il croît, au moins sur un ou plusieurs échantillons frais envoyés de l'un de ces pays. M. de Lamarck écrivit dans cette vue à M. Céré, directeur du jardin botanique de l'Ile-de-France, et le pria de lui envoyer des branches de muscadier munies de fructifications en bon état. Il ne fut point trompé dans son attente. M. Céré lui fit passer plusieurs branches de cet arbre, les unes en fleurs, les autres garnies de fruits bien conservés, et il joignit à son envoi des observations précieuses qu'il avait faites sur les lieux mêmes, et parmi lesquelles il y en avait une très-importante, et qui a été confirmée depuis par tous les botanistes. M. Céré a observé le premier que les fleurs du *muscadier aromatique* et des autres espèces qu'il nomme *muscadiers sauvages*, sont unisexuelles et dioïques; c'est-à-dire que les fleurs des muscadiers ne sont point hermaphrodites, mais mâles ou femelles, les fleurs mâles venant sur un individu et les fleurs femelles sur un autre. On verra tout à l'heure combien cette observation est intéressante, et le rapport immédiat qu'elle a avec la culture du muscadier, à laquelle elle a fait faire depuis peu de grands progrès. M. Céré est le même botaniste à qui M. Poivre, à son départ de l'Ile-de-France, confia la direction du magnifique jardin de *Montplaisir*, dans lequel cet illustre intendant avait naturalisé les arbres à épiceries qu'il venait de conquérir sur les Hollandais. J'ai donné, à l'article GIROFLIER, une notice historique de cette espèce de conquête, et de l'introduction successive de ces arbres dans nos colonies des deux Indes.

Le MUSCADIER AROMATIQUE, *Myristica aromatica*, Lin., est un bel arbre qui s'élève communément à 3o pieds, et qui se fait remarquer par la disposition de ses branches et par la verdure de son feuillage. Quand il croît avec vigueur, il présente une tête arrondie et très-touffue, qui lui donne l'apparence d'un de nos plus beaux orangers. Son tronc est droit et garni circulairement de branches disposées quatre et cinq ensemble, écartées les unes des autres; ces branches, qui ont des ramifications alternes, s'étendent beaucoup et presque horizontalement. L'écorce qui revêt le tronc est d'un brun jaunâtre au dehors, blanche et pleine de sucs intérieurement, assez unie, peu épaisse; celle des jeunes rameaux est luisante et d'un beau vert. Les feuilles sont ovales, lancéolées, très-entières, fort lisses, et soutenues par des pétioles; leur surface est marqué de nervures latérales, obliques, simples, et presque parallèles, qui partent à droite et à gauche de la côte moyenne : la surface supérieure est d'un beau vert, l'inférieure est d'un vert blanchâtre. Ces feuilles varient de forme et de grandeur sur le même arbre; leur longueur ordinaire est de 2 pouces et demi à 6 ou 7 pouces, et leur largeur d'un pouce et demi à 3 pouces; leur pétiole est long de 5 à 6 lignes.

Les fleurs naissent en petits corymbes aux aisselles des feuilles le long des petits rameaux; elles sont petites, jaunâtres, pédonculées et pendantes. Dans les individus mâles, les pédoncules communs soutiennent deux à sept fleurs, qui ont chacune leur pédoncule propre, avec une bractée à son sommet; dans les individus femelles, il y a quelques pédoncules simples qui n'ont qu'une fleur; mais la plupart en portent deux ou trois un peu plus courtes que les fleurs mâles attachées à des pédoncules propres, munies aussi d'une bractée placée à la base du calice. Chaque fleur mâle a un calice d'une seule pièce, charnu, coloré, fait en cloche, et découpé à son sommet en trois segmens; ce calice entoure et contient douze étamines réunies par leurs filets et leurs anthères en forme de colonne. Les filets, qui sont très-courts et occupent le tiers inférieur de la colonne; et les anthères, qui sont linéaires, forment un corps cylindrique, sillonné par 24 lignes longitudinales. Dans les fleurs femelles, on voit un calice à-peu-près semblable à celui des fleurs mâles, et un ovaire marqué d'un côté d'une raie, dépourvu de style et couronné per deux stigmates sessiles, courts, épais, séparés par un sillon qui se prolonge un peu plus d'un côté que de l'autre.

Le fruit est un drupe à peu près rond, lisse et d'un vert blanchâtre; il a environ 2 pouces et demi de diamètre. Son enveloppe extrérieure, ou *brou*, s'ouvre par le haut en deux valves charnues et épaisses d'environ 6 lignes; la chair en est blanche et filandreuse; elle contient un suc très-astringent. En s'ouvrant, ce brou laisse apercevoir la noix revêtue de son macis. Le *macis* est d'un rouge écarlate fort vif; il revêt la noix en la comprimant et la sillonnant par ses lanières. Cette seconde enveloppe, qui a l'apparence de la corne, jaunit en vieillissant, et devient cassante à mesure qu'elle se dessèche. La noix se compose d'une coque et d'une semence ou amande. La *coque* a une demi-ligne d'épaisseur; elle est dure, brune ou noirâtre à l'extérieur, et grisâtre en dedans; elle renferme la semence, et c'est cette semence qu'on connaît dans le commerce sous le nom de *muscade*. Elle est grosse, arrondie ou ovale oblongue, et recouverte d'une peau qui est roussâtre vers le bout inférieur, et piquetée de points rouges vers son sommet. La chair de cette semence est ferme, huileuse, très-odorante, et parsemée de veines rameuses et irrégulières. Le germe ou l'embryon est comme caché au gros bout de l'amande, c'est-à-dire à celui qui tient au pédoncule : cet embryon est fort petit, aplati, blanc, et revêtu de ses deux petites feuilles séminales.

Le muscadier aromatique est toujours vert, et il n'éprouve qu'une effeuillaison successive qui est presque insensible. Il porte en toute saison des fleurs et des fruits de différens âges. Il est impossible de distinguer l'individu mâle de l'individu femelle à l'inspection de la feuille et même au port de l'arbre; pour les reconnaître, il faut les voir l'un et l'autre en fleurs. Il y a des muscadiers qui donnent des noix rondes et longues, et d'autres qui les donnent toutes rondes; cet arbre commence à rapporter à l'âge de sept ou huit ans. Il est plus avantageux de planter la noix muscade nue qu'avec sa coque, parce qu'elle germe beaucoup plus vite, comme en trente ou quarante jours, et parce que les vers n'ont pas le temps de la dévorer. Au moment de la germination, la radicule pousse la première; elle sort du gros bout de la noix, c'est-à-dire de celui auquel était attaché le pédoncule; elle se développe à la manière de celle du gland, et pointe en terre. Quand elle a 7 ou 8 pouces d'accroissement et de longueur, la plantule s'élève alors immédiatement au-dessus de la radicule; elle offre d'abord deux petites feuilles séminales, et entre elles un sommet d'un rouge de sang. Bientôt cette tige a atteint 5 ou 6 pouces de hauteur; alors elle a l'air d'une asperge naissante, excepté qu'elle est d'un brun foncé et luisant. La noix reste à nourrir l'une et l'autre (la radicule et la jeune tige) quelquefois une année entière.

On cultive depuis trente ou quarante ans le muscadier aux Iles-de-France et de Bourbon; mais il n'y est pas, à beaucoup près, aussi multiplié que le giroflier. Quoiqu'il soit assez fort et vigoureux, on n'a pas pu jusqu'à présent en former de grandes plantations, soit parce que sa végétation est très-lente, soit parce que sa nature semble s'opposer à sa prompte multiplication, en ne produisant qu'un très-petit nombre d'arbres féconds. Parmi les noix muscades qu'on sème et qui germent très-bien, il se trouve toujours beaucoup plus d'individus mâles que de femelles, ce qui est un grand obstacle à la propagation de cet arbre. Comme le sexe des individus ne peut être reconnu, ainsi que je l'ai dit, avant la floraison, il est impossible de faire un triage de jeunes plants pour supprimer l'excédant des mâles et ne conserver que les femelles. C'est un inconvénient dans cette culture, car quel moyen employer pour ne pas se trouver surchargé, au bout de quelques années, d'arbres superflus auxquels on aurait donné à pure perte tous ses soins? Il semble qu'en plantant des boutures prises sur les pieds femelles, ou qu'en marcottant leurs branches, il serait peut-être aisé de les multiplier davantage et sans crainte d'erreur. Ces deux moyens ont en effet été tentés, j'ignore quel en a été le succès; mais un moyen plus ingénieux et plus sûr pour assurer cette propagation est celui qu'a imaginé M. Joseph Hubert, habitant d'une de ces îles, et cultivateur très-éclairé. Ne pouvant deviner le secret de la nature, il a tâché de la faire dévier de sa marche, et il a pris le parti de greffer le muscadier femelle sur tous les jeunes muscadiers dont le sexe ne pouvait lui être connu, conservant à chacun deux ou trois branches, une qu'il abandonnait à la nature, et les autres pour recevoir la greffe. Il s'est ainsi procuré d'une manière certaine plus de trente mille pieds de muscadiers femelles, dont plusieurs se sont trouvés réunir les deux sexes. Outre la multiplication des individus productifs, cette opération présente encore l'avantage d'assurer leur rapport, en plaçant à côté les unes des autres et sur le même pied une branche mâle et une ou plusieurs branches femelles. Les Hollandais avaient observé depuis long-temps que la plupart des muscadiers des Moluques, quoique indigènes à ces îles, étaient stériles; mais ils n'en avaient point connu la cause, et ils n'avaient trouvé aucun moyen de les rendre tous productifs. C'est à la sagacité et aux recherches de M. Hubert que nos colonies devront la multiplication de cet arbre précieux; car on le cultive aussi depuis quelques années dans la Guiane française.

N'ayant point l'expérience de cette culture, et ne connaissant point de guide sûr d'après lequel je puisse en parler, je m'abstiendrai d'entrer dans aucun détail sur les méthodes suivies aux Moluques ou ailleurs, parce que je ne pourrais pas en garantir la certitude. Valentini dit (lettre 25e. de *l'Inde littéraire*) que les muscadiers demandent une terre humide; qu'ils veulent être placés à l'ombre d'autres arbres qui les défendent des grandes chaleurs; que le temps de leur transplantation est celui des pluies; qu'il faut leur conserver leur pivot en les transplantant, et les placer à 40 pieds de distance, en mettant entre eux un arbre qui porte ombre. Il ajoute que ces arbres ont besoin d'air et d'un peu de soleil dans leur jeunesse, et que, lorsqu'ils sont un peu hauts, on doit en couper les branches inférieures de manière à pouvoir se promener sous les autres. Enfin il assure que les muscadiers fleurissent et fructifient au bout de cinq, six, sept, huit, dix ou douze ans, suivant les variétés, et que, dès qu'ils ont commencé à rapporter, ils ont toujours des fruits verts, et presque toujours des fleurs.

Le bois du muscadier est blanc, poreux, filandreux, d'une extrême légèreté ; on peut en faire de petits meubles : il n'a aucune odeur.

En incisant l'écorce de cet arbre, en tranchant une branche, ou en détachant une feuille, il en sort un suc visqueux assez abondant, d'un rouge pâle, et qui teint le linge d'une manière durable.

Les feuilles vertes répandent une légère odeur de muscade lorsqu'on les froisse ; mais sèches et écrasées dans le creux de la main, elles ont, à s'y tromper, l'odeur de celles du *ravensara*.

Le fruit, comme l'observent Valentini, Rumphe et M. Céré, ne parvient à l'état de maturité qu'environ neuf mois après l'épanouissement de la fleur qui le produit. Il ressemble alors à une gouyave blanche ou à une pêche-brugnon de grosseur moyenne. Son brou a la chair d'une saveur si âcre et si astringente, qu'on ne saurait le manger cru et sans apprêt. On le confit, on en fait des compotes et de la marmelade. L'emploi de la muscade est suffisamment connu, ainsi que ses qualités. On en fait un plus grand usage dans les cuisines qu'en médecine ; cependant l'huile essentielle qu'on en retire, et dont les Chinois font un grand cas, est très-utile lorsqu'on veut faire des onctions sur les membres paralysés.

Aux Moluques, selon Valentini, la dessiccation des noix se fait en les exposant à la fumée peu après la récolte, et en les chaulant. On prend de l'eau salée, dans laquelle on jette de la chaux vive et tamisée, jusqu'à ce que le mélange soit assez épais ; on plonge ensuite dans ce lait de chaux des corbeilles pleines de noix ; ensuite on les jette en tas dans le magasin, et on les laisse égoutter. Cette opération les préserve de la moisissure et de la pourriture, et ne leur communique aucune mauvaise qualité. Il est essentiel de leur donner de l'air dans l'endroit où on les tient enfermées, et de ne pas les comprimer, parce qu'elles s'échauffent aisément.

Le macis, dit le même auteur, a un parfum très-agréable, que quelques personnes préfèrent à celui même de la muscade ; on doit le détacher dès que le fruit s'ouvre, et le faire sécher au soleil. Si on le laisse trop long-temps dans le fruit, il brunit, il noircit même, et il est alors sujet à se moisir et à être piqué des vers. Pour extraire l'huile des noix, on choisit celles qui ont été brisées ; on les torréfie, on les pile, on les fait chauffer dans cet état une seconde fois, on les met après dans une toile forte et claire, et on les soumet à la presse : l'huile de macis s'obtient de la même manière.

Dans le petit nombre d'espèces connues que renferme le genre *muscadier*, il en est un autre qui donne un produit utile, c'est le Muscadier porte-suif, *Myristica sebifera*, Lam. Quoique Aublet et après lui Jussieu aient fait un genre particulier de cet arbre, sous le nom de *virola*, il n'en a pas moins, soit dans la fleur, soit dans le fruit, tous les caractères essentiels du muscadier : on le trouve à la Guiane ; il s'élève jusqu'à 5o et 6o pieds, et il est d'une grosseur proportionnée ; on tire de ses graines un suif jaunâtre, avec lequel on fait des chandelles dans le pays. Pour cet effet, on sépare les graines de leur coque, en passant un rouleau dessus, après les avoir fait sécher au soleil, ensuite on les vanne ; et lorsqu'elles ont été nettoyées, on les pile et on les réduit en pâte, que l'on jette dans de l'eau bouillante pour en séparer le suif, qui se ramasse à la surface, et s'y durcit quand l'eau est refroidie ; enfin on le fond encore séparément, et on le passe à travers d'un tamis. Ce suif est âcre, et ne doit pas être appliqué extérieurement sur les plaies et les ulcères, parce qu'il y cause de l'inflammation.

Il serait avantageux d'introduire cet arbre dans les Antilles. (D.)

MUSCARDINE. Maladie des vers à soie qui en fait mourir de grandes quantités. Elle est caractérisée, après la mort de l'animal, par le durcissement de son corps, par la couleur rougeâtre qu'il prend, par une sorte de moisissure qui le couvre. Les vers morts de cette maladie pourraient se conserver des siècles dans un lieu sec.

Le fait que tous les vers attaqués de la muscardine offrent un bout d'excrément hors de leur anus, peut faire croire que les excrémens jouent un rôle dans cette maladie ; mais il peut être expliqué par la contraction des intestins, suite de celle du corps, qui n'est mise en doute par personne.

On a dit que la muscardine était contagieuse, mais c'est une erreur ; ses causes n'en sont pas connues. L'air constamment renouvelé et une extrême propreté sont les moyens les plus efficaces pour diminuer ses ravages. *Voyez* au mot Ver a soie. (B.)

MUSCARI. Espèce de Jacinthe. *Voyez* ce mot.

MUSCAT. Variété de raisin. *Voyez* Vigne.

MUSELIÈRE. Petit panier d'osier, ou tissu de fil de fer, ou réunion de lanières de cuir, de rubans de fil, ou de grosse ficelle, etc., qu'on place autour du museau des chiens qui sont méchans, des poulains, des ânons, des veaux qu'on veut empêcher de teter.

On peut fabriquer des muselières d'un grand nombre de manières différentes. L'important est qu'elles empêchent l'animal d'ouvrir la bouche plus qu'il n'est nécessaire pour respirer, et qu'elles ne le blessent point.

On met aussi une muselière aux furets avec lesquels on chasse les LAPINS de leurs trous, aux cochons qu'on emploie à la recherche des TRUFFES. *Voyez* ces mots et le suiv. (B.)

MUSEROLE. Réunion de lanières de cuir avec laquelle on tient fermée la bouche des chiens pour les empêcher de mordre ou de manger le gibier; elle ne diffère de la bride que par le cercle qu'elle offre antérieurement, cercle qui est sa partie la plus essentielle.

On fait aussi des museroles en grillage, c'est-à-dire qu'on attache au cercle, qui, dans ce cas, ne serre pas autant les mâchoires, un grillage de fil de fer de la forme et de la grosseur du museau. *Voyez* l'article précédent. (B.)

MUSSE. Nom de l'habitation des oies et des canards dans quelques lieux.

C'est une chambre basse dans le voisinage du poulailler, le dessous du colombier, du four, etc. (B.)

MUSSE. TROUÉE dans une HAIE.

MUTAGE et MUTISME. Pratique qui consiste à introduire dans du moût (suc de raisin) du gaz acide sulfureux pour l'empêcher de fermenter, et qui a principalement lieu dans le vignoble de Bordeaux et autres voisins.

Ordinairement on mute en faisant brûler trois à quatre mèches soufrées dans un tonneau, en y introduisant le moût jusqu'à moitié, et en remuant pendant quelque temps ce moût soit avec un bâton, soit en roulant ce tonneau; ensuite on remplit ce tonneau, et on laisse reposer pendant quelques jours. Un abondant dépôt a lieu; on décante le moût, et on recommence l'opération une et même deux fois, quand la liqueur n'est pas claire.

La théorie du mutage n'est pas encore très-bien connue; mais il est probable qu'elle est basée sur la propriété qu'a le gaz sulfureux, 1°. d'absorber l'oxygène, sans lequel il n'y a pas de fermentation; 2°. de faire précipiter le mucilage qui concourt si puissamment à la faire naître. Cette question sera éclaircie aux mots VIN et SIROP.

La manière ordinaire de muter est très-longue et très-imparfaite. Il serait bien plus expéditif de faire brûler du soufre sur un réchaud, de recevoir la vapeur dans une caisse de bois dont la capacité serait connue, et ensuite de l'introduire dans le tonneau au moyen d'un soufflet, ou autrement.

On trouve dans Olivier de Serres l'indication d'une manière de muter, qui n'a pas les inconvéniens ci-dessus.

Voici ses propres expressions : « Remplissez des barils bien cerclés de moût fraîchement exprimé des raisins et incontinent jetez les barils dans l'eau, au lieu où ils puissent en avoir par-dessus une bonne toise et les y laissez séjourner six semaines ou deux mois : pendant lequel temps, pour la froidure de l'eau (il faut ajouter l'absence du contact de l'air) ce moût ne bouillera nullement ; non plus après comme par nouvelle habitude ayant acquis autre naturel, de sorte qu'il restera doux toute l'année, selon la doctrine des anciens et les modernes expériences.

Proust a indiqué le sulfite de chaux comme le moyen le plus facile d'exécuter le mutage. Pendant quelque temps, on a fabriqué de ce sel à Paris pour cet usage ; mais la suspension de la fabrication du sirop de raisin a amené la sienne. (B.)

MYOSOTE, *Myosotis*. Genre de plantes de la pentandrie monogynie et de la famille des borraginées, qui renferme une vingtaine d'espèces, dont trois sont assez communes en France pour être mentionnées ici.

L'une, la Myosote des marais, *Myosotis scorpioides*, Lin., a les racines vivaces, les tiges rarement rameuses ; les feuilles alternes, lancéolées, obtuses, glabres ou velues ; les fleurs bleu clair avec le fond jaune, disposées en corymbe terminal, et les semences lisses : elle croît très-abondamment sur le bord des étangs, des rivières, dans les marais, et fleurit au milieu du printemps. Les deux couleurs de ses fleurs, toutes deux amies de l'œil, et cependant fort opposées, lui donnent un aspect des plus agréables ; on ne peut les voir sans dire : Quelles jolies fleurs ! Ces fleurs n'ont aucune odeur et durent peu ; mais elles se succèdent pendant long-temps, sur-tout lorsque les bestiaux, qui aiment assez cette plante, ont brouté les premières tiges, parce qu'il pousse des rejetons latéraux qui fleurissent à leur tour. On n'en fait aucun usage ; cependant elle peut et même doit entrer dans la composition des jardins paysagers, où elle produira beaucoup d'effet à l'époque de sa floraison, sur le bord des ruisseaux, des lacs et autres eaux. On peut la multiplier de ses graines ou de plant enraciné ; elle fournit beaucoup de rejetons et couvre rapidement un espace où on en a placé quelques pieds.

La Myosote des champs a les racines annuelles ; les tiges très-rameuses, très-velues ; les feuilles ovales, oblongues, toujours velues ; les fleurs bleues et jaunes à leur centre ; les fruits glabres : elle est extrêmement commune dans certains cantons, dans les champs sablonneux, sur les jachères, etc. Les bestiaux, et sur-tout les moutons, la mangent. Son abondance doit nuire souvent aux récoltes ; cependant je n'ai jamais entendu les agriculteurs s'en plaindre : elle varie en grandeur depuis 6 lignes jusqu'à un pied et plus.

La Myosote lapule a les racines annuelles ; les tiges hérissées, rameuses à leur sommet, hautes d'un pied et plus ; les feuilles lancéolées et hérissées ; les fleurs bleues, très-petites et disposées en épis à l'extrémité des rameaux. Elle croît dans les terrains stériles, sur les rochers, les vieux murs ; je l'ai vue souvent couvrir entièrement certains lieux. Là, on aurait pu facilement en tirer parti pour augmenter la masse des fumiers. (B.)

MYROBOLAN. Espèce de Prunier d'Amérique. *Voyez* ce mot.

MYRTE, *Myrtus.* Genre de plantes de l'icosandrie monogynie et de la famille des myrtoïdes, qui renferme une trentaine d'espèces, dont deux doivent être mentionnées ici, à raison de leur importance agricole.

Le Myrte commun, ou simplement le myrte, est un arbre de troisième grandeur, dont l'écorce est d'un gris brun, les rameaux opposés, les feuilles opposées ou ternées, sessiles, ovales, aiguës, glabres, coriaces, stipulées, parsemées de points transparens, persistantes, odorantes ; les fleurs pédonculées, axillaires, solitaires, blanches ou rougeâtres, et les fruits d'un pourpre noirâtre ; il offre un grand nombre de variétés, dont il sera fait mention plus bas. Celui dont il est ici question croît naturellement dans les parties méridionales de l'Europe ; il se cultive fréquemment dans les jardins, à raison de la beauté de son port, de l'agréable odeur de ses feuilles : c'est l'arbre de Vénus, à laquelle il était jadis consacré. Les gelées de nos départemens septentrionaux, même du climat de Paris, ne permettent pas de l'y tenir en pleine terre pendant l'hiver : il fleurit en été ; sa pousse est très-rapide lorsqu'il a de la chaleur et de l'humidité. Sur les bords de la Méditerranée, on en fait des tonnelles peu agréables, parce que toute leur verdure est en dehors, et des palissades qui sont du plus bel aspect, parce qu'on peut les garnir également dans toute leur étendue, ses branches étant très-flexibles et ses feuilles très-nombreuses. On doit tondre les unes et les autres chaque année, pour empêcher qu'elles ne s'épaississent trop promptement, quoique cette opération diminue considérablement la production des fleurs, qui ne naissent que sur le bois de l'année précédente. Dans le Nord, on tient presque tous les myrtes en boules ou en buissons qu'on taille régulièrement chaque année.

La durée des myrtes se prolonge beaucoup : on en cite dans les parties méridionales de l'Italie, en Sicile et ailleurs, qui ont plusieurs siècles constatés ; mais ils perdent la plupart de leurs agrémens en vieillissant. Leur bois est très-dur et peut s'employer avantageusement dans la marqueterie, l'ébénisterie et le tour. Leur écorce, leurs feuilles, leurs fleurs et leurs fruits sont astringens à un haut degré, plus même, dit-on, que les parties correspondantes du chêne; aussi les emploie-t-on généralement au tannage des cuirs dans les pays où ils croissent naturellement. Leurs feuilles qui, comme je l'ai déjà dit, sont toujours vertes et d'une agréable odeur, ont, comme on peut bien le penser, une saveur austère; leurs fleurs ont la même odeur et la même saveur; leurs fruits sont sans odeur, mais avec la même saveur : les uns et les autres s'emploient fréquemment en médecine comme astringens. On en tire une eau distillée; on en fait un extrait qu'on trouve chez les apothicaires, le dernier sous le nom de *myrtille*. Ses fruits sont très-recherchés par les merles et les grives, à la chair desquels ils donnent une saveur très-délicate. Olivier, de l'Institut, rapporte que sur la côte de Syrie il en a vu deux variétés, une à fruits rouges, et l'autre à fruits blancs et de la grosseur des cerises, toutes deux d'un excellent goût, et qu'on cultive généralement comme arbres à fruit.

La culture des myrtes, dans les pays chauds, exige fort peu de soin; dans les pays froids, il faut, comme je l'ai déjà dit, les tenir en pots ou en caisses pour pouvoir les rentrer dans l'orangerie pendant l'hiver : ils demandent une terre substantielle et de fréquens arrosemens en été. On ne leur donne de nouvelle terre que tous les deux ou trois ans, et on ne les change que lorsque toute la capacité du pot ou de la caisse où ils se trouvent est complétement remplie par leurs racines. Pendant l'hiver, on doit avoir attention de les tenir toujours propres, c'est-à-dire de les débarrasser de leurs feuilles moisies ou de leurs branches flétries : du reste ils sont peu délicats sur la place qu'on leur destine, la plus éloignée de la lumière leur suffit.

Si on voulait mettre des myrtes en pleine terre dans le climat de Paris, il faudrait les palissader contre un mur exposé au midi, et les couvrir d'une grande épaisseur de litière ou de feuilles sèches, encore, si l'hiver était rude, y aurait-il lieu de craindre qu'ils mourussent.

La multiplication des myrtes a rarement lieu par leurs graines, attendu que cette voie est très-longue. On préfère par-tout les marcottes et les boutures, qui s'enracinent et donnent quelquefois des fleurs dans l'année : c'est au milieu de l'été, et avec les jets les plus vigoureux de la même année, qu'on doit faire les unes et les autres. Les boutures réussissent bien plus certainement dans le climat de Paris, si on enterre le pot où elles ont été faites sur une couche à châssis : il leur

faut, dans les premiers temps sur-tout, de fréquens arrosemens : ce n'est qu'au printemps suivant qu'on doit les repiquer
isolément dans de petits pots, qu'on mettra encore pendant
quelques jours sur une couche pour assurer leur reprise, et
qu'ensuite on placera, le reste de l'été, contre un mur exposé au midi. Dès la seconde ou troisième année, au plus tard,
ces myrtes peuvent déjà servir à la décoration; et soit qu'on
les tienne en buisson, soit qu'on les fasse monter en tige et
qu'on les taille en boule, en pyramide, en girandole, ou autrement, ils produiront d'agréables effets.

Les variétés les plus connues du myrte commun sont :

Le *myrte à larges feuilles et à longs pédoncules*, c'est le
myrte romain des jardiniers ; il double souvent.

Le *myrte de Tarente*, ou *à feuilles ovales*, ou *à feuilles de
buis*. Ses rameaux sont courts, et ses feuilles souvent disposées en croix; il fleurit tard : il a une sous-variété *à feuilles
bordées de blanc*, et une autre *à feuilles maculées*.

Le *myrte d'Italie* a les feuilles petites, pointues, et les rameaux relevés. Ses baies sont quelquefois blanches, et ses
feuilles quelquefois bordées de blanc.

Le *myrte bétique* ou *à feuilles d'oranger* a les feuilles ovales,
lancéolées, ramassées au sommet des rameaux.

Le *myrte de la Belgique* a les feuilles très-nombreuses, petites, avec la nervure mitoyenne rougeâtre en dessous; il
présente quelquefois des fleurs doubles.

Le *myrte à feuilles de romarin* ou *de thym* a les feuilles
presque linéaires, terminées par une pointe aiguë. Ses fleurs
sont petites et tardives, ses feuilles se panachent quelquefois.

Le *myrte de Portugal* a les feuilles lancéolées, ovales,
pointues, et les fleurs extrêmement petites; ces fleurs sont
souvent doubles.

On voit, par cette nomenclature, que je pourrais encore
étendre, que les variétés de myrtes diffèrent assez les unes des
autres pour pouvoir être prises pour des espèces distinctes par
quelqu'un qui ne serait pas prévenu : toutes ont des avantages
particuliers, qu'il serait trop long de développer ici, eu égard
à leur peu d'importance.

Le Myrte piment est un grand arbre dont les feuilles sont
alternes, lancéolées, semblables à celles du laurier, et les
fleurs disposées en grappes axillaires et terminales : il croît
principalement à la Jamaïque et fournit à cette île une branche
considérable de commerce, au moyen de ses fruits, qui, desséchés, sont employés en Europe, sous le nom de *tout épice* ou
poivre de la Jamaïque, à l'assaisonnement des mets. Comme
c'est sur les montagnes, au milieu des rochers, qu'il vient le
mieux, il est un moyen de culture pour des terres qui ne peu-

vent produire les autres denrées coloniales : au reste, sa culture ne consiste presque qu'à relever les pieds que les oiseaux, qui aiment beaucoup ses fruits mûrs, ont semés çà et là, à les planter en quinconce et à les biner une ou deux fois par an pendant leurs premières années. Ils fleurissent en été, et on récolte leurs fruits un peu avant leur maturité ; la seule préparation qu'on leur donne est de les parfaitement faire dessécher au soleil et de les purger de toute immondice. Arrivés en Angleterre, ces fruits sont dispersés dans toute l'Europe, et une partie, réduite en poudre en Hollande, est vendue sous le nom de poudre de *clous de girofle*. Une autre partie, soumise à la distillation *per descensum*, fournit une huile essentielle également vendue sous le nom d'*huile de clous de girofle*.

Cet arbre ne se cultive en Europe que dans les serres chaudes, même il s'y conserve fort difficilement et n'y fleurit jamais. (B.)

MYRTE SAUVAGE ou ÉPINEUX. On donne ce nom au FRAGON PIQUANT.

MYRTHOIDES. Famille de plantes qui a pour type le genre MYRTE.

Excepté ce genre et ceux GRENADIER et SYRINGA, tous les autres qui y entrent, au nombre de douze, ne contiennent que des espèces qui ne peuvent se cultiver en pleine terre aux environs de Paris ; il y en a cependant trois qui ont un article spécial, à raison de leur importance : ce sont les genres GOYAVIER, JAMBOISIER et GIROFLIER. *Voyez* ces mots. (B.)

MYRTILLE. Espèce d'AIRELLE.

N.

NAIN. Individu qui est d'une beaucoup plus petite taille que celle propre à son espèce. Il y a des hommes, des quadrupèdes et des oiseaux domestiques nains, les animaux sauvages en offrent rarement. Il y a aussi des arbres nains, des plantes naines.

Les nains parmi les animaux sont des espèces de monstres, c'est-à-dire des individus qui sortent des lois de la nature, et qui presque toujours ne servent qu'à satisfaire une stérile curiosité. Ils se propagent, dans certains cas, par la génération, lorsqu'ils s'accouplent entre eux. Rarement il est avantageux aux agriculteurs d'avoir des animaux nains, au contraire une de leurs principales sollicitudes, c'est d'augmenter la grosseur de leurs chevaux, de leurs vaches, de leurs moutons, de leurs oies, de leurs poules, etc. Je ne parlerai donc pas plus au long des nains du règne animal.

Mais il n'en est pas de même dans le règne végétal, où l'utilité, l'agrément ou le caprice font rechercher et propager les nains dans un grand nombre de circonstances, engagent à chercher les moyens d'augmenter la petitesse de ceux qui existent et d'en produire de nouveaux dans les espèces qui n'en ont pas encore.

Il y a trois sortes bien distinctes de nains parmi les arbres.

1°. Les espèces à qui la nature a donné une taille plus petite que les autres du même genre, comme l'amandier nain, le chêne nain.

Ce ne sont point des nains dans l'acception propre du mot, mais on leur en a donné le nom par comparaison à d'autres espèces de leur genre, et il faut se conformer à l'usage.

2°. Ceux que l'art du jardinier empêche de prendre tous les développemens dont ils sont susceptibles. Rendus à eux-mêmes, à quelque époque que ce soit de leur vie, ils se rapprocheraient, autant que possible, de leur grandeur naturelle.

3°. Ceux que le hasard a fait naître plus petits et qui se conservent naturellement tels par des causes à nous inconnues, lorsqu'on les multiplie par bouture, par marcotte ou par greffe, quelquefois même par semence. Ce sont les véritables nains du règne végétal ; c'est-à-dire que leur manière d'être peut se comparer, quelquefois même rigoureusement, à celle des nains du règne animal.

Je ne dois point parler ici des nains de la première série, puisque l'homme n'a aucune influence sur leur grandeur, qu'ils sont ce qu'ils doivent être. Seulement je dirai qu'il en est beaucoup dont on peut utiliser la petitesse sous plusieurs rapports, et qu'on en trouvera le mode à leur article.

Parmi les nains de la seconde série, il en est qui appartiennent en même temps à la troisième, et qui par conséquent doivent être considérés séparément.

Quand on plante un arbre dans un terrain de très-mauvaise nature relativement à son espèce, on doit être assuré qu'il ne parviendra pas, dans le même temps, à la même grandeur que s'il eût été planté dans un meilleur. Il sera donc plus ou moins rapproché des nains.

Toutes les fois qu'on s'oppose à la multiplication des racines, soit en les retranchant à mesure qu'elles se développent, soit en gênant leur développement (celles qui sont en caisse ou en pot), il y a diminution de croissance dans l'arbre.

Comme les plantes vivent autant par leurs feuilles que par leurs racines, lorsqu'on supprime ces dernières ou qu'on les empêche de se multiplier (par la taille rigoureuse des branches), on produit le même effet que lorsqu'on agit sur les racines.

Ces trois moyens réunis peuvent réduire un arbre de la plus haute taille aux dimensions les plus exiguës. Qui n'a pas vu dans les jardins, restes du goût de nos pères, de ces ormes, de ces tilleuls taillés en boule, qui, quoique âgés de cinquante, de cent ans même, n'avaient que quelques pouces de diamètre? Qui n'a pas vu de ces charmilles de même âge avoir l'apparence de plant de cinq à six ans? La plupart des arbres soumis habituellement à la culture, présentent des exemples analogues, tels que l'if, le buis, l'épine blanche, etc.; tous en peuvent présenter si on les soumettait aux mêmes circonstances. C'est par des moyens analogues que les Chinois parviennent à donner à des arbres de quelques années d'âge et de quelques pieds de hauteur, l'apparence de la décrépitude. *Voyez Annales d'agriculture,* 2e. série, volume 17.

Des arbres ainsi conduits dès leur jeunesse peuvent bien, comme je l'ai déjà observé, lorsqu'on cesse d'agir sur eux, reprendre de la vigueur; mais ils ne parviendront jamais à égaler ceux de leur espèce qui n'ont été contrariés pendant aucune époque de leur vie, sans doute parce que leurs vaisseaux n'ont pas pris, dès leur origine, l'amplitude qui leur est naturelle.

L'influence des circonstances sur la croissance future des arbres, soit avant, soit pendant, soit après leur germination, est extrêmement puissante. De deux glands semés dans le même terrain, l'un fera naturellement un arbre superbe; et l'autre un arbre rabougri, sans qu'il y ait eu de causes apparentes de cette différence.

Presque toujours il est possible à l'homme d'influer sur la germination de manière à former des arbres plus vigoureux qu'à l'ordinaire; cependant jamais il ne peut dire je vais faire un nain. Quel que soit le mauvais terrain dans lequel il placera un pepin de pomme, ce pepin produira un arbre qui, transplanté ailleurs, deviendra aussi gros que les autres. C'est peut-être dans un excellent sol que sont nées les deux variétés de pommiers qu'on appelle *doucin* et *paradis,* variétés sur lesquelles on greffe aujourd'hui toutes celles du même genre qui sont destinées à être tenues naines. Toutes les variétés des arbres d'agrément qui sont naines ont été trouvées par hasard dans des semis, comme je l'ai dit plus haut. De temps en temps il en paraît de nouvelles, sans qu'il ait encore été possible de remonter à la cause de leur formation. Il n'est pas vrai que la suppression des cotylédons fasse devenir un arbre nain, elle ne fait qu'affaiblir plus ou moins sa végétation.

Quoi qu'il en arrive, nous jouissons et jouirons des arbres nains qui se sont produits et qui se produiront. En effet, un arbre nain par variation est presque une espèce; il peut se placer dans les jardins aux lieux où son type n'est pas susceptible de croître.

Non-seulement la greffe peut propager des variétés naines, mais elle peut encore en former d'individuelles. Ainsi, une pomme calville, greffée sur paradis, ne s'élève pas autant qu'une calville greffée sur franc, et encore moins qu'une calville greffée sur sauvageon. On peut par conséquent plus facilement la régler par la taille à la hauteur convenable.

Une espèce plus petite, du même genre, peut produire le même effet sur les greffes qu'on lui confie. Ainsi une greffe de poirier placée sur coignassier deviendra un arbre de bien moins haute stature que pareille greffe placée sur franc ou sur sauvageon.

C'est sur ces deux observations qu'est fondée toute la théorie de la perpétuité des nains parmi les arbres fruitiers à pepins.

A force de multiplier les variétés naines dans de bons terrains, on finit par les perdre. Autrefois le *doucin*, qui est le plus ancien nain connu dans l'espèce du pommier, ne devenait pas plus haut qu'aujourd'hui le *paradis*. Les pépiniéristes observateurs se plaignent que ce dernier n'est plus si nain qu'il l'etait il y a cinquante ans. Probablement on gagnerait des poiriers plus nains, si, au lieu de les greffer sur des coignassiers cultivés depuis plusieurs siècles, on recherchait des sujets faibles dans des semis de ce dernier arbre.

L'avantage des pommiers et des poiriers nains (ces derniers s'appellent quenouilles, de la forme qu'on leur donne communément), c'est de donner plus tôt du fruit et du fruit plus gros. Leur désavantage, c'est de vivre peu de temps et de donner peu de fruits. Je suis loin de blâmer l'introduction dans le jardinage des arbres nains à fruits; mais je ne puis m'empêcher d'observer qu'ils sont un peu trop multipliés en ce moment comparativement aux arbres en plein vent. Si quelques pépiniéristes y gagnent, si quelques gens riches s'en applaudissent, la masse du peuple y perd et les pauvres en gémissent. Qu'est-ce que douze ou quinze pommes reinettes d'Angleterre, grosses comme les deux poings, que fourniront cinq à six pommiers nains, en comparaison des deux à trois mille pommes reinettes franches qui se trouveront annuellement sur un plein vent qui occupera le même espace?

Les jardiniers de Paris mettent des pommiers nains en pots, afin de les vendre en fleurs, soit pour les placer sur des croisées, soit pour les planter dans les jardins de l'intérieur de la ville. Dans le premier cas, il faut que les acquéreurs, s'ils veulent les conserver, en changent la terre tous les ans; et dans le second, qu'ils retranchent toutes les racines contournées. C'est faute de prendre ces deux précautions que presque tous ceux qui ont le goût de cette culture, se trouvent dans le cas de renouveler leurs arbres nains chaque année.

Pour la conduite des arbres nains, *voyez* au mot TAILLE DES ARBRES. (B.)

NAOU. Auge dans le département du Var.

NAPEE, *Napea*. Genre de plante de la monadelphie polyandrie et de la famille des malvacées, qui renferme deux espèces vivaces, à tige élevée, à feuilles lobées, et à fleurs blanches disposées en panicules terminales ; toutes deux originaires de l'Amérique septentrionale. Elles se distinguent l'une de l'autre par leurs feuilles ou glabres ou rudes.

Ces deux plantes ne craignent point le froid de nos hivers, et sont propres, par leur grandeur, à orner les grands parterres et les jardins paysagers. Les feuilles de la première se mangent cuites et ses tiges fournissent de la filasse.

Il est des localités où il serait peut-être utile de les cultiver toutes deux, ne fût-ce que pour faire du fumier et de la potasse ; car elles poussent avec une grande vigueur et s'élèvent à 5 à 6 pieds. On les multiplie par le semis de leurs graines, qui mûrissent dans le climat de Paris, et par séparation de leurs pieds au printemps. (B.)

NAPEL. Espèce d'ACONIT. *Voyez* ce mot.

NARCISSE, *Narcissus*. Genre de plantes de l'hexandrie monogynie et de la famille des narcissoïdes, qui renferme une vingtaine d'espèces, toutes d'un aspect agréable, la plupart à fleurs très-odorantes, et qui se cultivent habituellement dans nos jardins.

Les racines des narcisses sont surmontées d'un bulbe d'où sort un petit nombre de feuilles longues, étroites, aplaties, épaisses, et une hampe qui porte à son sommet une ou plusieurs fleurs renfermées avant leur épanouissement dans une spathe monophylle.

Le NARCISSE DES POETES a les feuilles ensiformes ; les tiges comprimées, striées, hautes d'un pied, et terminées par une seule fleur blanche, large de plus d'un pouce, avec la corolle intérieure courte, bordée de pourpre. Il croît naturellement dans les parties moyennes et méridionales de la France, dans les prés, sur le bord des bois, et fleurit au commencement du printemps ; c'est une très-belle plante, qui exhale une odeur agréable, et qui est aussi propre à orner les parterres que les jardins paysagers. Dans les premiers, on en fait des touffes, des bordures ; dans les seconds, on la place sur le bord des massifs, au milieu des gazons, etc. Une terre douce et fraîche est celle qui lui convient le mieux. On le multiplie par ses caïeux, qu'on lève à la fin de l'été, et qu'on replante à la fin de l'automne. Une seule touffe en fournit souvent des centaines. Ces caïeux ne fleurissent que la seconde et même quelquefois la troisième année; mais ensuite, devenus oignons, ils produisent tous les ans. On peut laisser ces oignons en place un grand nombre d'années; cependant il est mieux de les relever la quatrième ou la cinquième, et de les changer de place, parce qu'ils épuisent le terrain. D'ailleurs une trop grosse touffe fait moins d'effet qu'une moyenne. Les plus fortes gelées ne lui font aucun tort. Il y a une variété à fleurs doubles.

Le NARCISSE DES BOIS, *Narcissus pseudo-narcissus*, Lin., appelé *aiau* dans quelques endroits, a les feuilles ensiformes; la tige comprimée, striée, haute d'un pied et demi; une seule fleur grande, jaune pâle, dont la corolle intérieure est aussi longue que l'extérieure, et tubuleuse: il croît naturellement dans les bois un peu humides de presque toute l'Europe, et n'a point d'odeur. C'est une plante très-remarquable par la forme et l'éclat de sa fleur, qui s'épanouit en mars et en avril. J'en ai vu des lieux si peuplés que ses fleurs couvraient le sol : on le cultive comme le précédent, mais plus rarement dans les parterres et plus communément dans les jardins paysagers, attendu qu'il fleurit sous les massifs, pourvu qu'ils ne soient pas formés de trop grands arbres. On en connaît plusieurs variétés, dont une à fleurs doubles, et une dont la corolle extérieure est blanche. Cette dernière a aussi une sous-variété à fleurs doubles: à mon avis, l'espèce simple leur est préférable.

Le NARCISSE A BOUQUET, *Narcissus tazetta*, Lin., a les feuilles planes; la tige aplatie, d'un pied de haut, et portant à son sommet plusieurs fleurs dont la corolle intérieur est trois fois plus courte que l'extérieure. Il croît naturellement dans les prés couverts des parties méridionales de l'Europe, sur les côtes de Syrie et de Barbarie, et se cultive très-fréquemment dans les jardins pour la beauté, la bonne odeur et la précocité de ses fleurs. C'est lui qu'on voit si souvent orner les cheminées dans des carafes pleines d'eau, et embaumer nos appartemens pendant l'hiver, d'où le nom de *narcisse d'hiver* qu'il porte aussi. Les variétés qu'il fournit sont très-nombreuses, et s'augmentent chaque jour par le semis de ses graines, que font principalement les Hollandais. Parmi ses variétés, il faut remarquer comme types d'une série de sous-variétés qui portent des noms-emphatiques dans les catalogues des marchands, le *grand soleil d'or*, qui s'élève de plus d'un pied, qui porte un grand nombre de fleurs (12 ou 15 et quelquefois le double), dont la corolle extérieure est d'un jaune plus pâle que l'intérieure; le *narcisse de Constantinople*, qui s'élève un peu moins que le précédent, et dont les fleurs sont doubles; le *narcisse de Chypre*, qui a les fleurs plus petites, et dont l'odeur est plus suave. En général, ces variétés portent sur la grandeur, le nombre des fleurs, et sur la nuance du jaune des diverses parties qui les composent. Leurs oignons, assez semblables pour la couleur à ceux de la tulipe, sont ordinairement deux fois plus gros. Plusieurs variétés, telles que le narcisse de Constantinople et celui de Chypre, craignent les gelées du climat de Paris, et ne peuvent y réussir qu'en les couvrant l'hiver de châssis; aussi les y cultive-t-on rarement en pleine terre. Généralement on les place, en automne, dans des pots qu'on rentre dans la serre, sous une bache, dans l'orangerie, et même dans les appartemens aux approches de l'hiver. On en met aussi beaucoup dans des caraffes pleines d'eau, placées sur la cheminée. Dans l'un et l'autre cas, on jouit de leurs fleurs pendant la saison des frimas, lorsque toute la nature est engourdie. Ils sont l'objet d'un commerce d'une assez grande importance dans les grandes villes : on en consomme pour plus de cent mille fr. à Paris seulement, presque tous fournis par les Hollandais pour les variétés simples, et par les Provençaux et les Génois pour les doubles, trop sensibles aux gelées, comme je l'ai dit plus haut, pour être cultivées en grand dans la Hollande.

On a trouvé en Allemagne qu'un peu de charbon mis dans l'eau où on élève des narcisses, empêchait l'eau de se corrompre, et par conséquent dispensait de la changer, mais que si on augmentait inconsidérément la proportion de ce charbon, les fleurs perdaient leur odeur.

Lorsqu'on cultive les narcisses à bouquets dans des carafes, on doit, si on veut conserver l'oignon, le mettre en terre aussitôt que la fleur est passée. Il y végète encore et perfectionne ses caïeux, mais jamais il ne donne de fleurs l'année suivante. Il faut dans ce cas le traiter comme un caïeu, c'est-à-dire le mettre dans un pot sur couche et sous châssis, pour qu'il puisse reprendre la surabondance de vie qui sert d'aliment à la fructification.

Quoique j'aie dit qu'on cultivait rarement les variétés doubles de ce narcisse en pleine terre dans le climat de Paris, il est cependant des amateurs qui en plantent dans des expositions méridionales et abritées, et qui, au moyen de quelques paillassons, parviennent à les voir fleurir; mais ils courent toujours risque de perdre en une seule nuit le fruit de leurs soins. Le moment de mettre en terre leurs oignons est celui où les feuilles commencent à se montrer, qu'ils percent leur dard, comme disent les jardiniers.

L'oignon du narcisse à bouquets et celui des autres espèces est probablement sujet aux mêmes maladies que celui de la Tulipe (*voyez* ce mot). Il est de plus dévoré par la larve d'un Syrphe (*voyez* ce mot). Cette larve laisse ordinairement intacts les caïeux et force même leur production ; de sorte qu'elle ne fait que retarder d'un à 2 ans la jouissance des fleurs. Il n'y a d'autre moyen à employer que de visiter exactement tous les oignons avant de les mettre en terre et de détruire ceux qui sont percés de trous d'où sortent des grains noirs, excrémens de la larve.

Le NARCISSE LACTÉ, *Narcissus lacteus*, Bosc, a la tige plus aplatie ; les fleurs nombreuses (8 à 12), d'un blanc de lait, dont la corolle extérieure a les divisions plus étroites, plus longues, plus aiguës, et l'intérieure est plus petite et plus plissée que dans aucune des variétés de la précédente, avec laquelle on les confond sous la dénomination de *totus albus*, est certainement, à mon avis, une espèce distincte, puisqu'elle diffère par toutes ses parties, et que son odeur ne peut être comparée à celle du narcisse à bouquet ; on le cultive comme lui.

Le NARCISSE BLANC, *Narcissus dubius*, Willd., a la tige haute d'un demi-pied, terminée par deux ou trois fleurs blanches ; les pétales extérieurs ovales et trois fois plus longs que le pétale intérieur. Il est originaire des parties méridionales de l'Europe, et principalement des Pyrénées orientales ; son odeur est des plus suaves : on le confond généralement avec le précédent comme variété ; mais c'est une espèce bien caractérisée par la forme, la couleur, l'odeur et l'époque du développement de ses fleurs. Cette époque est plus tardive d'environ un mois, aussi peut-on avec beaucoup plus d'assurance la cultiver en pleine terre que les précédentes.

Le NARCISSE ODORANT a les feuilles demi-cylindriques, la tige haute d'un pied, terminée par une, deux ou trois fleurs jaunes, dont les pétales extérieurs sont lancéolés et deux fois plus longs que l'intérieur. Il est originaire des parties méridionales de l'Europe, et se cultive ou comme variété de *narcisse à bouquet*, ou sous le nom de *grande jonquille*. Il ressemble en effet beaucoup à la jonquille, mais il est deux fois plus grand ; ses pétales sont d'une forme différente, et son odeur bien plus faible : il se rapproche aussi du narcisse des bois par la longueur de son pétale intérieur. On le cultive fréquemment en pleine terre, parce qu'il ne craint point les gelées, qu'il fleurit au commencement d'avril, et qu'il est d'un bel aspect ; cependant il est peu estimé par les fleuristes, à raison de son odeur : il y a une variété à fleurs doubles.

Il résulte des expériences de Loiseleur des Longchamps, que l'oignon de ce narcisse, desséché et réduit en poudre, peut suppléer l'ipécacuanha à la dose depuis 18 jusqu'à 50 grains.

Le NARCISSE JONQUILLE a les feuilles presque cylindriques, subulées, lisses ; la tige d'un pied de haut, terminée par une,

deux et jusqu'à six à sept fleurs jaunes, dont les pétales extérieurs sont ovales et l'intérieur très-court. Il est originaire
des parties méridionales de l'Europe, et se cultive frequem-
ment dans les jardins, à raison de l'excellente odeur de ses
fleurs, odeur très-forte et qu'on ne peut comparer à aucune
autre ; c'est en avril qu'il les développe dans le climat de Paris. Du reste, sa tige grêle, ses feuilles jonciformes et ses fleurs
de moins d'un pouce de diamètre, lui donnent un aspect moins
remarquable que celui des précédentes espèces ; il aime comme
elles une terre légère et substantielle et une exposition chaude,
mais ne craint point les gelées ordinaires, c'est l'excès d'humidité qu'il redoute le plus. Comme son bulbe tend à s'enfoncer, et que, lorsqu'il l'est trop, il ne fleurit pas, il est bon,
quand on le plante, de le mettre un peu de côté. On le multiplie par ses caïeux, qu'il fournit abondamment lorsqu'on
le laisse, comme on le doit, trois ou quatre ans en terre avant
de le relever. Ces caïeux se plantent à 3 ou 4 pouces les uns
des autres et fleurissent ordinairement la seconde ou la troisième année.

Les oignons de la jonquille se conservent depuis le milieu
de l'été, époque où les feuilles fanées indiquent qu'ils sont
dans le cas d'être arrachés, jusqu'à la fin de l'automne, dans
un lieu sec et aéré; on les remet en terre, dans un endroit
autre que celui où ils étaient, par la considération qu'ils sont
soumis, comme les autres, aux lois de l'assolement. Quelques
fleuristes les replantent sur-le-champ; mais quoique cela soit
sans grave inconvénient, il est mieux d'attendre, puisqu'ils
ne commencent à végéter que lorsque les pluies de l'automne
les ont ranimés.

On voit rarement la jonquille dans les jardins paysagers ;
on la cultive plus communément dans les plates - bandes des
parterres; c'est dans des pots, des caisses placées sur des fenêtres, des terrasses, des gradins, etc., qu'elle se fait le plus
remarquer. On la fait fleurir deux fois lorsqu'on la rentre de
bonne heure dans la serre chaude, et qu'on l'en sort après
l'hiver ; elle produit une variété à fleurs doubles que beaucoup
de personnes préfèrent, parce qu'elle dure plus long-temps ;
mais il m'a paru que son odeur était moins suave.

La culture des narcisses est fort simple. Une terre potagère
plus légère que forte, un peu amendée avec des engrais très-
consommés, est celle qui leur convient le mieux. On place les
oignons à 5 ou 6 pouces, et on les y laisse deux ou trois ans,
suivant la quantité plus grande des caïeux et leur force : la
température détermine l'époque de la plantation. On reconnaît la nécessité de la plantation par la pousse des racines, et
le moment de tirer les oignons de terre par le desséchement

des feuilles. On peut les remettre de suite en terre, après en avoir séparé les caïeux, en ayant l'attention de leur donner une terre nouvelle; mais il vaut mieux attendre l'époque où la nature indique la nécessité de la plantation. L'expérience a prouvé que toutes les bulbes, griffes ou pattes dont les fleurs ont été perfectionnées par la culture, étaient moins sujettes à dégénérer, quand elles avaient été quelques mois exposées à l'air, que quand elles étaient toujours en terre.

Les amateurs qui sont jaloux de se procurer de nouvelles variétés, doivent avoir l'attention de rapprocher dans leurs planches les oignons des fleurs dont ils désirent des intermédiaires : le moment de la récolte des graines est indiqué par l'ouverture de la capsule qui les contient. Si on ne désire que des variétés à fleurs simples, il faut semer de suite; mais si on recherche des variétés à fleurs doubles, il faut retarder le semis : on sème dans des terrines remplies d'une terre légère et on recouvre peu; les jeunes plants peuvent y rester deux ans s'ils n'y sont pas trop serrés.

Quelques autres espèces de narcisses se cultivent encore dans les jardins des amateurs; elles ne sont pas assez communes pour être citées ici. (TH.)

NARCISSE D'AUTOMNE. C'est l'AMARYLLIS JAUNE.

NARCISSOIDES. Famille de plantes dont le genre précédent est le type. Elle en comprend encore seize autres, parmi lesquels les suivans ont un article dans cet ouvrage comme étant cultivés en Europe, soit pour l'utilité, soit pour l'agrément.

Ceux qui ont les racines fibreuses : ANANAS, AGAVE, HYPOXIS, PONTEDERE.

Ceux qui ont les racines bulbeuses : NIVÉOLE, GALANTHE, AMARYLLIS, CRINOLE, PANCRAIS, BULBOCODE, HÉMÉROCALLE, TUBÉREUSE, ALSTROEMERE. *Voyez* ces mots. (B.)

NARSE. Sorte de FONDRIÈRE ou de TOURBIÈRE de peu d'étendue, qui se remarque dans les montagnes volcaniques de la ci-devant Auvergne, et qu'on abandonne aux MULETS. *Voyez* ces mots. (B.)

NASITORT. *Voyez* CRESSON ALÉNOIS.

NATURALISATION DES ANIMAUX ET DES PLANTES. On dit qu'un animal, qu'une plante se sont naturalisés, lorsqu'ils vivent et se propagent dans un pays où ils ne se trouvaient pas, et où ils ont été portés par l'homme ou par quelque circonstance extraordinaire.

Il y a deux sortes de naturalisation : l'une, complète, c'est celle où un animal, une plante se multiplient sans le secours de l'homme, comme les animaux et les plantes sauvages; l'autre incomplète, c'est celle où un animal, une plante ont besoin du secours de l'homme pour se propager et se conserver dans une contrée quelconque. On dit de ces dernières qu'elles sont acclimatées.

On dit qu'une plante des environs de Montpellier s'est naturalisée aux environs de Paris, comme on le dit d'une plante du Pérou ou de la Chine : ainsi la distance n'influe en rien sur la valeur de ce mot.

Les animaux et les plantes étrangères naturalisées dans le premier sens, sont en très-petit nombre : parmi les animaux, je ne me rappelle que le lapin, originaire d'Espagne, et le surmulot, originaire de l'Inde ; parmi les plantes, je ne vois que l'onagre bienne, le phylotaca décandre, la vergerole du Canada, l'argémone du Mexique et quelques autres.

Ceux et celles qui sont naturalisés dans le second sens sont au contraire en grande quantité. Tous les quadrupèdes domestiques, excepté le chat, tous les oiseaux de basse-cour, excepté l'oie et le canard, sont étrangers à l'Europe. Le froment, le seigle, l'orge, l'avoine, le riz, le maïs, le sorgho, le chanvre, le lin, la plupart de nos légumes, de nos arbres fruitiers le sont également. J'ai fait voir dans les notes du septième livre de l'édition d'Olivier de Serres, donnée chez madame Huzard, ouvrage qui doit être entre les mains des cultivateurs, que, si nous étions privés de tous les articles de nos cultures qui ne sont pas naturels à la France, la population diminuerait des quatre-vingt-dix centièmes, et retomberait dans l'état sauvage où étaient les Celtes avant qu'ils les connussent. Je renvoie à ces notes, vol. 2, pag. 597, ceux qui voudront avoir connaissance du détail de mes preuves.

Mais pourquoi le froment, pourquoi le noyer, etc., qui se cultivent en France depuis tant de siècles, ne se sont-ils pas naturalisés au premier degré ? Pourquoi ne voyons-nous pas le premier se semer dans nos champs comme s'y sème l'ivraie ? Pourquoi ne voyons-nous pas nos bois remplis du second, lorsque la noix lève si facilement dans nos jardins ? C'est un mystère qui ne nous sera probablement pas dévoilé de long-temps.

Le siècle dernier a plus fait pour la naturalisation des plantes au second degré, que tous les autres ensemble. Le goût des voyages et de la culture, le perfectionnement de la raison humaine, se sont joints au perfectionnement de la botanique pour nous enrichir de quantité d'arbres et de plantes utiles ou agréables qui étaient inconnues à nos grands-pères, et qui se voient aujourd'hui très-communément dans nos jardins. Je crois qu'on peut dire, sans trop s'éloigner de la vérité, que le nombre des espèces ainsi naturalisées s'élève à plus de deux mille.

Des naturalistes dignes d'estime ont avancé qu'il était nécessaire d'accoutumer petit à petit les plantes à changer de température, pour les naturaliser avec plus de succès ; qu'ainsi une plante du Mexique devait d'abord être cultivée en Espagne, puis à Montpellier, ensuite à Lyon, à Paris, à Bruxelles, etc. Ils ont assuré que les graines d'une plante de la Chine récoltées à Paris, donnaient des produits plus robustes, plus susceptibles d'être naturalisés que celles venant directement de son pays natal. Je crois qu'ils se sont trop pressés de transformer en principe général des faits particuliers. Je n'ai pu voir de différence entre les semis de graines provenant des jardins de Versailles et ceux de celles que j'avais reçues directement d'Amérique ; cependant je répète tous les ans mes expériences sur des centaines d'espèces et de millions d'individus. Je sais que quelques arbres ou plantes qui étaient jadis cultivées dans les serres ne craignent plus aujourd'hui ou craignent peu la rigueur de nos hivers (il suffit de citer le catalpa) ; mais c'est l'ignorance de leur culture qui les avait fait ainsi tenir à une haute température, et non leur nature, que personne n'osera dire être changée.

Je suis du nombre de ceux qui désireraient voir naturaliser en France toutes les plantes susceptibles d'y croître en pleine terre, et toutes celles qui peuvent y être cultivées dans des serres, baches, etc., ou autres moyens artificiels, avec une utilité quelconque. J'ai toujours fait des efforts pour en ajouter quelques-unes à la liste de celles que nous possédons déjà, et j'en ferai tant que je me sentirai en position de réussir ; car telle qui n'est que d'un très-médiocre intérêt aujourd'hui, peut devenir d'une importance majeure demain.

C'est en cultivant les plantes provenant des graines apportées pour la première fois en Europe, dans les principes d'une théorie éclairée, en multipliant les chances à leur égard, qu'on peut se flatter d'arriver au but. Entrer ici dans des détails à cet égard serait chose superflue. (B.)

NATURE. Qu'est-ce que la nature ?

Je ne crois possible de répondre à cette question que sous le rapport grammatical. Je répéterai donc que nature, dans notre langue, signifie, 1°. le principe de toutes choses, comme dans ces phrases, *la puissance de la nature ne peut se calculer ; la nature a répandu les animaux et les végétaux dans tout l'univers ;* 2°. l'assemblage des choses qui existent : ainsi on dit *la nature offre des objets sans nombre aux recherches de ceux qui veulent l'étudier ;* 3°. l'état d'une chose lorsqu'on fait la remarque qu'*il est dans la nature de l'homme de marcher sur ses pieds ;* 4°. la propriété essentielle : par exemple, *la nature des terrains sablonneux est de laisser passer l'eau des pluies.*

Peut-être pourrais-je encore trouver, par une plus longue méditation, quelques autres acceptions du mot *nature*. (B.)

NAUCADE. Son, eau et herbes qu'on donne pour nourriture aux cochons dans le département de Lot-et-Garonne.

NAUSE. Large et profond fossé qu'on creuse dans le département de la Haute-Garonne pour servir de supplément à un ruisseau, dans le cas d'une grande crue d'eau. Il serait fort à désirer que cet usage fût plus général, car il offre des avantages sans nombre à l'agriculture.

NAVEAU, NAVIAU. *Voyez* Rave.

NAVET. Variété de Rave dont la forme est allongée. On donne aussi quelquefois ce nom aux Radis. *Voyez* ces mots et le mot Chou. (B.)

NAVET DU DIABLE. C'est la Bryone.

NAVETTE ou RABIOLLE. Espèce du genre des Choux, *Brassica napus*, Lin., qu'on cultive en grand pour sa graine dans toute la partie septentrionale et moyenne de l'Europe, et qui, à raison de ses produits et du peu de main d'œuvre qu'elle exige, devrait l'être encore plus.

Quelques auteurs ont confondu la navette avec le Colza (*voyez* ce mot); mais elle en diffère beaucoup, quoiqu'il soit difficile d'établir ses caractères distinctifs d'une manière bien positive. Sa racine est fusiforme, comme la rave; sa tige très-rameuse, haute de deux à trois pieds; ses feuilles glabres, glauques, les inférieures pétiolées, en lyre et dentées, les supérieures amplexicaules, lancéolées, cordiformes, souvent entières; ses fleurs jaunes, très-ouvertes et odorantes; ses siliques allongées et presque rondes. Elle est originaire de la partie maritime de l'Allemagne.

On ne connaît que deux variétés de cette plante, que plusieurs cultivateurs regardent comme la même, mais qui certainement peuvent être distinguées lorsqu'elles sont semées à côté l'une de l'autre, la *navette d'automne* et *la navette d'été*, ou *navette de printemps, navette de mai*. Cette dernière est moins connue dans le nord de la France; mais on la préfère dans les départemens intermédiaires, où elle est regardée comme une culture très-productive.

Au contraire des choux, la navette demande un sol léger, mais, ainsi qu'eux et la rave, de la fraîcheur et d'abondans engrais. Les sols calcaires lui conviennent extrêmement. J'en ai vu de superbes champs dans des cantons où il n'y avait pas plus de six pouces de profondeur de terre. Des labours multipliés et, comme je l'ai déjà observé, des engrais abondans, assurent par-tout son succès. Jamais on ne la sème qu'à la

Tome X.   20

volée, mais toujours peu épais, pour que les plants ne se gênent point dans le développement de leurs racines et de leurs rameaux. Il serait cependant possible de lui appliquer la culture par rangées, aujourd'hui si en faveur en Angleterre, et qui paraît réellement avoir des avantages si marqués, surtout quand, au lieu de biner à la houe, on bine avec une charrue légère ou une HOUE A CHEVAL. (*Voyez* au mot RAVE, où cette culture est détaillée.) J'observe en passant que la navette est peu connue en Angleterre, ou qu'elle y est confondue avec le colza, car Arthur Young n'en parle dans aucun de ses ouvrages.

D'après le principe reconnu que les vieilles graines donnent des plantes dont la force végétative se porte principalement sur la formation de la semence, il serait plus avantageux de semer celle de deux ans; mais elle est souvent si rance, qu'il n'en lève qu'une partie.

On sème presque toujours la navette d'hiver après un, deux et même trois labours et un fumage, sur les chaumes, c'est-à-dire après la récolte du blé, même dans les pays où les jachères sont encore en recommandation; ce qui est un tacite aveu qu'elles peuvent y être supprimées avec profit. Pour peu qu'il pleuve, la graine, dont on répand trois livres par arpent, ne tarde pas à lever, et le plant acquiert huit à dix pouces et même plus de hauteur avant les grands froids. On l'éclaircit lorsqu'il est trop épais. Il est rare que les gelées, quelque violentes qu'elles soient, lui fassent du tort; mais il n'en est pas de même des pluies abondantes, qui la font souvent périr. Aussi ne doit-on jamais manquer, dans les lieux où cela est à craindre, de faire des raies ou même des fossés d'écoulement. *Voyez* ÉGOUT.

Cependant si les navettes bravent les gelées de l'hiver, elles souffrent quelquefois de celles du printemps; c'est-à-dire que leurs jeunes pousses peuvent être frappées par celles qui sont tardives. Dans ce cas, elles repoussent et donnent une récolte quelconque, mais toujours plus faible qu'elle n'eût été sans cet événement. Je crois, par analogie, que dans ce cas il serait avantageux de couper les pieds à deux ou trois pouces de terre. *Voyez* un Mémoire de M. Ordinaire, inséré dans le tome 42 des *Annales d'agriculture*.

Le seul travail à faire, c'est un sarclage un peu avant l'époque de la floraison; il faut aussi empêcher, par une surveillance active, les bestiaux d'entrer dans le champ.

La récolte de cette navette se fait en mai ou en juin, selon le climat, l'exposition et la nature du sol. Les précautions à prendre sont les mêmes que celles indiquées pour le COLZA, tant pour cette récolte que pour les opérations qui en sont la suite. *Voyez* ce mot.

Cette navette produit, terme moyen, 16 hectolitres de graines par hectare, tandis que le colza cultivé de même en donne 18. La graine de l'une et de l'autre rend 26 litres d'huile par hectolitre, le tout terme moyen.

On a établi que sa graine donnait un dixième d'huile de moins que celle du Colza.

Il est des lieux où on cultive la navette d'hiver pour engraisser le sol, en l'enterrant au printemps. Cette pratique est bonne; mais le semis des raves, dans la même intention, est préférable : c'est pourquoi je ne conseillerai pas de l'employer pour cet objet. *Voyez* au mot Rave.

Il en est d'autres où la navette est destinée à la nourriture des bestiaux pendant et après l'hiver. Comme elle est moins abondante en feuilles et moins haute que le colza, ses avantages sous ce rapport sont donc inférieurs à ceux de ce dernier : or, j'ai fait voir que les choux verts, les choux-pommes, et le choux-navet de Laponie, méritaient de beaucoup la préférence. Je crois donc qu'à moins de circonstances impérieuses, on ne doit pas la cultiver sous ce rapport.

Depuis le milieu d'avril jusqu'au milieu de juin, plus tôt ou plus tard selon le climat, on sème la navette du printemps après avoir préparé la terre positivement comme pour celle d'hiver. On lui donne un sarclage un mois après que le plant est levé. Ordinairement, si le temps est favorable, il ne lui faut qu'environ deux mois (dans la ci-devant Bourgogne, où j'ai suivi sa culture) pour amener ses graines à maturité. Les précautions à prendre pour assurer sa récolte ne diffèrent pas de celles employées pour la récolte d'hiver, et par conséquent de celles indiquées pour celle du Colza. *Voyez* ce mot.

Dans les bons fonds des pays de plaines dont l'assolement est bien combiné, il n'y a presque jamais de l'avantage à semer cette variété de navette, parce qu'elle manque très-souvent, donne des récoltes inférieures, et qu'on peut la suppléer par des cultures plus productives et plus certaines; mais il n'en est pas de même dans les pays de calcaire argileux très-élevés, où les nuages entretiennent une humidité constante pendant l'été; là, elle est aussi et même plus productive que la navette d'hiver.

C'est principalement lorsqu'une autre culture a manqué par suite des intempéries de l'hiver, qu'il est avantageux de la remplacer par de la navette d'été, dont à cet effet il est toujours bon d'avoir une grande quantité de graines en réserve. Lorsque la navette du printemps lève trop tard par suite de la sécheresse, ou que la grêle l'a trop maltraitée, il vaut mieux l'enterrer, que de persister à en obtenir une récolte. Elle engraissera le sol comme il a été dit à l'occasion de la précédente, et il sera plus facile de la remplacer avant l'hiver par du froment, du seigle, de l'orge, etc.

Les oiseaux du genre de la linotte sont très-avides des graines de la navette, soit d'hiver, soit d'été. On est presque toujours obligé, si on ne veut pas en perdre une grande partie, de faire garder le champ par des enfans pendant la dernière quinzaine où elle reste sur pied, ou d'y mettre des épouvantails, qui ne remplissent pas toujours bien leur objet. C'est cette graine qu'on vend dans les villes pour la nourriture des sereins et autres petits oiseaux tenus en cage.

Les deux sortes de navettes dont il vient d'être question sont ordinairement récoltées d'assez bonne heure pour donner le temps de faire les labours précurseurs des semailles du blé. On peut donc les introduire dans la série des assolemens sans nuire aux rotations usitées.

Comme plantes oléifères, les navettes d'hiver et d'été effritent le terrain. Elles ne doivent être remises dans le même champ qu'au bout de cinq à six ans, d'après les principes d'une bonne culture, et on doit fumer après sa récolte, quelle que soit la graine qu'on lui substitue; mais il n'en est pas moins vrai qu'elles améliorent le sol. Je le dis d'après le rapport des cultivateurs mêmes.

L'huile de navette entre dans la préparation des alimens des habitans des campagnes. On s'en sert pour brûler, pour préparer les cuirs et les draps, pour faire du savon noir, etc. La mauvaise odeur qu'on lui connaît est très-peu sensible lorsqu'elle a été préparée avec de la graine suffisamment mûre et non altérée, et avec les précautions convenables. Le commerce dont elle est l'objet ne laisse pas que d'être considérable. *Voyez* au mot Huile et au mot Moulin a huile. (B.)

NAVETTE (GROSSE). On appelle quelquefois ainsi le Colza.

NAVETTE TRÉMOISE. Un des noms de la cameline. (B.)

NAY. Nom des réservoirs d'eau pour l'arrosage, dans la ci-devant Provence. (B.)

NAYADES. Famille de plantes autrement appelées fluviales, qui renferme quatre genres, dont toutes les espèces vivent sous l'eau et dont aucune n'est cultivée, mais qui toutes peuvent avantageusement être recueillies pour augmenter la masse des Engrais. *Voyez* ce mot.

Ces genres sont Potamot, Ruppi, Zanichellic et Zoostère. *Voyez* ces mots. (B.)

NÉ. Nom des TROUS dans lesquels on fait déposer les EAUX TROUBLES de la Durance.

Il est à désirer que les bords de toutes les rivières qui charient des eaux troubles, et qui sont sujettes aux débordemens, soient garnis de Nés. *Voyez* FOSSÉ. (B.)

NÈBLE. Nom qu'on donne, dans le département du Var, à un brouillard qui passe pour faire beaucoup de mal aux blés au commencement de l'été.

NÉCROSE. Nom nouvellement donné à des maladies des végétaux, qui les font devenir noirs. C'est une sorte de CARIE. *Voyez* ce mot.

Une des nécroses qui ont le plus fait de sensation, est celle qui eut lieu en Italie en 1811, à la suite d'une chute de neige arrivée au mois d'avril, c'est-à-dire quand les blés montaient en épi et que le soleil avait de la force. *Voyez* BRULURE. (B.)

NÉCROSE. MÉDECINE VÉTÉRINAIRE. Quelquefois il arrive que la surface d'un os mise à nu par l'enlèvement des parties molles, ou contuse seulement, ou irritée d'une manière quelconque, est frappée de mort, tandis que l'inflammation se développe dans les parties sous-jacentes. La suppuration s'établit dans ces parties, elle détache petit à petit la lame qui est privée de vie, et celle-ci finit par s'en séparer. Ces accidens sont annoncés par une fistule qui pénètre jusqu'à l'os et qui laisse échapper du pus ou des liquides puriformes, jusqu'à ce que la partie morte de l'os soit totalement séparée et portée au dehors. L'affection se fait remarquer plus particulièrement sur les os compactes et durs et porte encore le nom de *carie sèche*. Les soins qu'elle exige sont simples; il faut seulement aider la séparation de la lame morte de l'os, en faciliter la sortie et même l'effectuer, aussitôt qu'il est possible de le faire, par des débridemens, et des tractions opérées sur elle. Il n'y a d'autres topiques à appliquer que des émolliens quand la plaie paraît être irritée. Il ne faut pas confondre cet accident avec la *carie*, qui exige souvent un traitement tout opposé. (HUZ. fils.)

NECTAIRE. Petites fossettes rondes ou allongées qui se remarquent sur ou autour du germe de certaines fleurs, et qui distillent une liqueur miellée, limpide ou colorée, fluide ou épaisse.

Les nectaires semblent être destinés à servir de décharge à l'excédant du miel qui doit humecter le sommet du pistil, c'est-à-dire le stigmate, et favoriser la FÉCONDATION. *Voyez* ce mot et le mot PISTIL.

Linnæus avait étendu outre mesure la signification de ce mot, en l'appliquant à tout ce qui, dans une fleur, n'était ni calice, ni corolle, ni pistil, ni étamine, lors même qu'il n'offrait point de sécrétion mielleuse. Les botanistes modernes ont rejeté, avec raison, sa définition ; mais quelques-uns d'eux, par un défaut contraire, n'emploient jamais le mot nectaire, quoiqu'il soit évident qu'il en existe dans un grand nombre de plantes, telles que l'IMPÉRIALE, la SCROPHULAIRE, etc. (B.)

NÉFLIER, *Mespilus*. Genre de plantes de l'icosandrie pentagynie et de la famille des rosacées, qui a beaucoup varié dans le nombre de ses espèces, plusieurs botanistes lui ayant réuni les AUBÉPINES, d'autres les ALISIERS, d'autres enfin les SORBIERS (*voyez* ces différens mots). Ici, je le considère, avec Willdenow, comme ne renfermant que six espèces, dont cinq, qui sont des arbustes à feuilles alternes, pétiolées, entières, à fleurs solitaires dans les aisselles des feuilles, ou disposées en corymbes à l'extrémité des rameaux, se cultivent dans nos jardins.

Ce qui a causé les variations des botanistes, c'est que le nombre des pistils, et par conséquent des semences, varie dans les espèces de ce genre et autres précitées. Ainsi, lorsqu'il n'y en a que deux, cette espèce devient aubépine ; lorsqu'il n'y en a que trois, elle est sorbier, et de même un sorbier ou une aubépine peuvent devenir un néflier par l'augmentation du nombre de leurs pistils. Mais on sera facilement ramené à rectifier une erreur de la nature par la considération des feuilles, qui sont toujours entières dans le genre dont je m'occupe en ce moment, tandis qu'elles sont presque généralement ou lobées ou ailées dans les deux autres.

Le NÉFLIER COMMUN, *Mespilus germanica*, Lin., a un tronc rarement droit, de 15 à 20 pieds au plus ; des rameaux terminés par des épines dans l'état sauvage ; des feuilles ovales, lancéolées, légèrement dentées, vertes en dessus, velues et blanches en dessous ; des fleurs blanches, grandes, solitaires, et sessiles dans les aisselles des feuilles ; des fruits presque ronds, gris jaunâtre, d'un pouce de diamètre. Il croît naturellement dans les bois des parties moyennes et méridionales de l'Europe, et fleurit en juin. On le cultive depuis long-temps pour ses fruits, connus sous le nom de *nèfles* ou de *mesles*. Ses épines disparaissent dans nos jardins. Il présente plusieurs variétés, plus avantageuses à multiplier que l'espèce même : les principales sont, le *néflier à gros fruit*, le *néflier à fruit sans noyaux*, le *néflier à fruit précoce*, le *néflier à fruit allongé*.

Les nèfles sont d'une saveur tellement acerbe et astringente avant leur maturité, qu'elles ne sont pas mangeables ; aussi n'est-ce que lorsqu'elles sont parvenues à cet état voisin de la pourriture, qu'on appelle *blossissement*, qu'on les sert sur les tables, et cet état n'arrive sur les arbres qu'au commencement de l'hiver. Pour l'accélérer, on cueille les nèfles en automne, lorsque leur couleur commence à pâlir, et on les met sur la paille dans un grenier. Il ne faut quelquefois que peu de jours, à certaines, pour blossir, d'autres ne blossissent qu'au bout d'un mois et plus. Les meurtrissures les font blossir plus vite, mais en même temps favorisent la véritable pourriture. On reconnaît qu'elles sont arrivées au point désirable, à la couleur brune et à la mollesse qu'elles prennent. Au reste, quelque blosses qu'elles soient, elles sont fort indigestes, causent des coliques venteuses, resserrent les premières voies et occasionnent souvent le ténesme. Il ne faut jamais en trop manger à-la-fois. On en fait, en les écrasant et en les mettant dans l'eau avec des poires, des pommes sauvages et autres fruits des bois, une boisson très-astringente et peu agréable au goût, mais qui est saine, quand elle est faible et qu'on n'en use pas fréquemment. *Voyez* BOISSON.

Les feuilles et l'écorce du néflier sont également fort astringentes, et s'emploient dans la médecine pour guérir les cours de ventre et déterger les ulcères.

Le bois du néflier est très-dur, a le grain fin et égal ; sa couleur est grise avec des veines rougeâtres. Il se tourmente et se fendille beaucoup, ce qui ne permet pas de l'employer pour le tour. Il pèse environ 55 livres par pied cube. On le recherche pour armer les fléaux, pour faire des manches d'outils, de fouets, etc., car il ne casse jamais.

On place quelquefois le néflier dans les jardins paysagers, parce qu'il forme d'agréables buissons lorsqu'il est en fleur. Une variété à larges fleurs est préférée pour cet objet. C'est isolé au milieu des gazons ou sur le bord des massifs qu'il produit le plus d'effet. On en fait aussi d'excellentes haies ; mais comme il croît lentement et qu'il est difficile à multiplier, on ne l'emploie pas aussi souvent à cet objet qu'il serait à désirer.

Toute espèce de terre, pourvu qu'elle ne soit pas trop aquatique, et toute exposition conviennent au néflier ; cependant il croît mieux et plus vite dans un sol substantiel et léger et à une exposition chaude. Il se multiplie de graines, de marcottes, et par la greffe sur le poirier, le coignassier, l'aubépine, etc. Cette dernière greffe est à préférer lorsque son résultat doit être placé dans un terrain très-sec ou à une exposition très-chaude.

Sa graine doit être mise en terre avant l'hiver, sans quoi elle reste deux ans sans lever, et même avec cette précaution, si le sol n'est pas frais et chaud en même temps, ne lève-t-elle qu'en partie la première. Le plant levé se repique la seconde année à un pied de distance, et la quatrième ou cinquième à 2 pieds. Il s'élève très-lentement, comme je l'ai déjà observé, même dans ses premières années. Ce n'est qu'à sept ou huit ans qu'il commence à être propre à planter : cette lenteur fait qu'on emploie très-rarement ce moyen de multiplication.

Les marcottes se font en automne après la chute des feuilles. Lorsque le terrain est frais elles prennent racine dans le courant de l'année suivante, mais il est prudent de ne les relever que la seconde : alors elles peuvent, pour la plupart, être mises directement en place ; aussi est-ce ainsi qu'on se procure dans les pépinières les individus qu'on veut avoir francs de pied pour les jardins paysagers, les haies, etc.

Mais lorsqu'il s'agit d'avoir des néfliers pour le fruit, on ne les obtient généralement que par la greffe en écusson et à œil dormant sur les arbres cités plus haut et principalement sur le coignassier. Ces greffes manquent rarement, et les bourgeons qu'elles produisent poussent bien plus rapidement que les pieds francs : aussi la presque totalité des pieds qu'on voit dans les jardins des environs de Paris, et autres villes où il y a des pépinières, est-elle greffée. On conduit ces greffes comme celles des autres arbres fruitiers destinés à faire des pleins-vents, car rarement place-t-on les néfliers à fruits en espaliers ou contr'espaliers ; on les plante seulement dans un lieu abrité des vents froids du printemps, vents qui font souvent avorter leurs fleurs.

Le Néflier du Japon est un arbuste sans épines, dont les feuilles sont longues d'un pied, ovales, lancéolées, dentées à leur extrémité, velues en dessous ; les fleurs d'un blanc sale et disposées en panicules terminales. Il est originaire du Japon, où on le cultive pour ses fruits, très-agréables au goût. On commence à le voir dans nos jardins, où il fleurit souvent et donne quelquefois du fruit. Il exige l'orangerie ; cependant des expériences nouvellement faites tendent à faire croire qu'il sera possible de lui faire passer les hivers en pleine terre, en le greffant sur l'Aubépine. *Voyez* ce mot et celui Greffe.

Ce néflier ne tardera sans doute pas à devenir arbre fruitier dans le midi de l'Europe, où il a été envoyé, il y a déjà quelques années, de la pépinière du Roule, dans laquelle il a été déposé à son arrivée du Japon. (Th.)

Néflier buisson ardent, *Mespilus pyracantha*, Lin., ou simplement le *buisson ardent*, est un arbrisseau de 10 à 12 pieds de haut, très-rameux, très-garni d'épines, dont les feuilles sont ovales, légèrement crénelées, lisses et d'un beau vert ; les fleurs blanches, très-nombreuses, disposées en corymbes axillaires, et les fruits d'un rouge écarlate. Il est originaire des parties méridionales de l'Europe, fleurit au milieu du printemps, et conserve ses feuilles pendant tout l'hiver : c'est un charmant arbrisseau qu'on ne saurait trop multiplier dans les jardins, où il se place également, ou dans les plates-bandes des parterres, ou sur le bord des massifs, ou en palissade, etc. L'effet qu'il produit lorsqu'il est couvert de fleurs est presque aussi brillant que celui qu'il présente lorsqu'il est couvert de fruits mûrs : en ajoutant à ces avantages l'épaisseur et la permanence de son feuillage, ainsi que la facilité avec laquelle il se prête à tous les caprices du jardinier, à la taille la plus rigide, on pourra juger combien il est précieux pour les amateurs.

Les haies faites avec le buisson ardent seul sont aussi défensables que celles d'aubépine et plus fourrées. On en voit quelquefois dans les parties méridionales de la France, et on pourrait en fabriquer également dans le climat de Paris, car cet arbrisseau n'y craint pas les gelées. Les plus mauvais terrains lui suffisent, il n'y a que ceux qui sont aquatiques qu'il redoute. Il vient plus beau au nord et fournit plus de fruits au midi; aussi, à moins que ce ne soit pour cacher un mur ou pour d'autres causes de cette nature, doit-on toujours l'exposer au soleil.

On multiplie le buisson ardent par le semis de ses graines, par marcottes et par boutures.

Ses graines doivent être mises en terre avant l'hiver, si on ne veut pas risquer de ne les voir lever qu'au bout de deux ans, et encore, malgré cette précaution, en est-il beaucoup qui ne lèvent pas la première année. Le plant qu'elles donnent est d'abord faible et doit être laissé deux ans en place; après quoi, au printemps, on le repique, à 6 ou 8 pouces de distance, dans une autre localité bien préparée et même un peu fumée : ce n'est qu'alors qu'il commence à s'élever rapidement. On le transplante définitivement à cinq ou six ans. Il n'est point difficile à la reprise.

Les marcottes faites en automne, si le terrain n'est pas trop sec, seront assez enracinées pour être levées au bout d'un an; cependant il est bon d'attendre la fin de la seconde année, parce qu'on a des pieds plus vigoureux et dont la reprise est plus assurée.

Les boutures se font au printemps et dans un terrain frais et ombragé. Elles s'enracinent assez rapidement quand elles doivent le faire, mais elles manquent fréquemment sans qu'on puisse toujours dire pourquoi.

Le Néflier nain, *Mespilus chamæ mespilus*, Lin., est un arbuste de 3 ou 4 pieds de haut, très-rameux, dont les feuilles sont ovales, très-glabres, plus pâles en dessous; les fleurs rougeâtres, disposées en corymbes terminaux. Il croît naturellement sur les Alpes et autres montagnes élevées de l'Europe, où il forme de petits buissons très-touffus et d'un vert luisant très-agréable. On le cultive dans quelques jardins paysagers, où il se place sur le premier et sur le second rang des massifs. Il se multiplie presque exclusivement par la greffe sur l'aubépine, quoiqu'il ne soit pas difficile de le faire reprendre de marcottes. Ses feuilles sont velues dans leur jeunesse.

Les espèces suivantes ont été placées parmi les POIRIERS par Willdenow; Persoon a constitué pour elles et deux ou trois autres son genre ARONIA, qui ne paraît pas devoir être adopté. Il règne une très-grande confusion dans leur synonymie.

Le NÉFLIER COTONNIER, *Mespilus cotoneaster*, Lin., est un arbuste de 2 à 3 pieds de haut, dont les rameaux sont couchés; l'écorce noirâtre; les feuilles ovales très-entières, d'un vert noir en dessus et cotonneuses en dessous; les fleurs blanchâtres, petites et disposées en corymbes axillaires; les fruits rouges. On le trouve sur les montagnes élevées et arides des parties méridionales de l'Europe, où il fleurit au milieu du printemps. Il se cultive dans quelques jardins d'agrément, et on le multiplie presque exclusivement de marcottes, parce que la demande en est peu considérable, car il peut l'être également de semences et peut-être de boutures. L'effet qu'il produit n'est pas très-remarquable, ses feuilles et ses fleurs étant petites et peu nombreuses; cependant il contraste avec les autres arbustes lorsqu'il est placé convenablement.

Le NÉFLIER AMÉLANCHIER. Il a les feuilles presque rondes, pubescentes en dessous, les fleurs en grappes et les pétales linéaires. On le trouve dans les fentes des rochers et des montagnes du centre de la France. Sa hauteur surpasse rarement 5 à 6 pieds. Quoique peu distingué, on le place dans les jardins paysagers au premier ou au second rang des massifs. Je ne sache pas qu'on l'emploie à autre chose qu'à brûler.

Le NÉFLIER A FEUILLES OVALES. Il est originaire de l'Amérique septentrionale. Je l'ai fort abondamment multiplié dans les pépinières de Versailles, quoique encore moins intéressant que le précédent, dont il se rapproche infiniment, afin d'assurer la durée de son existence en Europe.

Le NÉFLIER A FEUILLES D'ARBOUSIER est un arbrisseau de 5 à 6 pieds de haut, dont les feuilles sont lancéolées, glanduleuses, dentées, glabres et luisantes en dessus; les fleurs rougeâtres, disposées en corymbes terminaux. C'est de l'Amérique septentrionale qu'il est originaire. On le cultive dans nos pépinières, et on le place comme les précédens dans nos jardins paysagers.

Le NÉFLIER DU CANADA, *Pyrus botryapium*, Willd., a les feuilles ovales, dentées, glabres dans leur développement complet; les fleurs blanches, disposées en grappes redressées. Il s'élève à 10 ou 12 pieds de haut. On le cultive dans la plupart de nos jardins, qu'il orne par son joli feuillage.

Le Néflier à grappes a été confondu avec le précédent, quoiqu'il soit fort différent; ses feuilles sont ovales, oblongues, velues; ses fleurs disposées en grappes pendantes. Il s'élève à plus de 30 pieds, comme on peut le voir à Daumont dans le parc de mon ami Gillet de Laumont. C'est un fort bel arbre quand il est en fleur.

Le Néflier en épi, *Cratægus spicata*, Lamarck, diffère encore fort peu des précédens. Il est du même pays et se place de même. Ses fleurs sont plus petites et ses fruits plus gros.

Toutes ces espèces se multiplient par graines, dont elles donnent souvent, dans nos jardins, par marcottes qui reprennent dans l'année, par racines qui ne manquent presque jamais, par drageons ou déchirement des vieux pieds, enfin par la greffe sur coignassier, sur poirier ou sur épine. (B.)

NÉFLIER PETIT CORAIL et ERGOT DE COQ. Espèce d'aubépine.

NEGRIL. On donne ce nom, dans le midi de la France, à la larve de l'eumolpe obscur, qui cause de grands dommages aux récoltes de la luzerne, ainsi qu'à celle d'une altise qui dévore les feuilles du pastel. (B.)

NEGUS. Espèce de limonade au vin dont on fait fréquemment usage en Irlande. (B.)

NEIGE. Eau glacée dans l'atmosphère l'instant avant celui où les nuages devaient se résoudre en pluie. Elle diffère donc de la grêle, parce que cette dernière ne s'est glacée qu'après que les gouttes de pluie ont été formées, c'est-à-dire lorsque dans leur chute ces gouttes rencontrent un courant d'air subitement refroidi par une commotion électrique.

Chaque glaçon de neige n'est et ne peut être plus gros que les vésicules creuses qui composent les Nuages (*voy*. ce mot); mais en se réunissant, soit au moment de leur congélation, soit en tombant, ils forment ces masses irrégulières plus ou moins grosses qu'on appelle *flocons*.

Les flocons de neige sont d'autant plus gros qu'il fait moins froid, probablement parce que dans ce cas l'attraction des petits glaçons est plus puissante. Je pourrais même le dire affirmativement, car il est connu que cette neige à gros flocons se tasse très-facilement lorsqu'on la comprime, tandis que celle si fine qui tombe pendant les fortes gelées se réunit difficilement en masse et reste exposée à tous les caprices des vents.

La véritable forme de l'eau congelée est l'octaèdre (*voyez* mon Mémoire sur la cristallisation de la grêle dans le *Journal de physique* de juillet 1778). C'est donc par suite d'une illusion qu'on a dit que la neige présentait des lames hexaèdres, puisque cette figure est celle que présente la coupe de tout octaèdre lorsqu'elle est parallèle aux faces.

Il ne peut tomber de la neige que lorsque les couches inférieures de l'atmosphère sont à une température au‑dessous de celle de zéro, parce qu'elle fond, quelle que soit la rapidité de sa chute (rapidité qui n'est cependant jamais bien grande à raison de sa légèreté), avant d'être arrivée à la surface de la terre, toutes les fois que cette température est plus élevée que zéro. C'est cette cause qui fait qu'il tombe plus de neige dans le nord que dans le midi de l'Europe, plus sur le sommet des hautes montagnes que dans les plaines.

Il tombe de la neige par tous les vents, parce qu'il pleut par tous les vents; mais il est dans chaque pays des vents qui l'amènent plus souvent que d'autres. *Voyez* au mot Pluie.

De tout temps on a remarqué que l'abondance et la longue durée de la neige, pourvu qu'elles ne passassent pas certaines bornes, étaient les signes certains de récoltes avantageuses. Nos pères ont expliqué ce phénomène en supposant qu'elle apportait des nitres, des sels, des huiles, etc., propres à engraisser la terre. Aujourd'hui qu'on sait qu'elle ne contient que de l'eau, et même de l'eau extrêmement pure, on dit qu'elle produit cet effet : 1°. parce qu'elle garantit les plantes et sur‑tout les jeunes, des effets des gelées, et concentre la chaleur autour de leurs racines; 2°. parce qu'elle empêche l'évaporation des Gaz (*voyez* ce mot), et les force de s'accumuler dans la couche supérieure de la terre, pour, en s'y décomposant, fournir, au printemps, une surabondance de nourriture aux plantes. Cela est si vrai, que lorsque la terre a été gelée à une certaine profondeur, 6 pouces, par exemple, avant la chute de la neige, l'effet ou les effets ci‑dessus sont bien moins marqués.

On peut encore regarder la neige comme un moyen de défendre les graines des plantes et les jeunes plantes même des ravages des quadrupèdes, des oiseaux et des insectes qui s'en nourrissent. La quantité de ces ennemis des récoltes, qui meurent de faim dans les hivers longs et abondans en neige, assure, souvent pour plusieurs années, la sécurité des cultivateurs.

Il est rare que, dans les plaines des parties moyennes de l'Europe, la neige soit assez épaisse pour que la température de sa surface inférieure soit fort différente de celle de sa surface supérieure; mais sur les hautes Alpes (et probablement vers le cercle polaire), elle est toujours un peu au‑dessus de zéro, de sorte qu'elle fond continuellement, comme le prouvent les torrens qui sortent des glaciers mêmes dans le fort de l'hiver, comme le prouvent les plantes alpines, à qui il ne faut que quelques jours, après la fonte de ces neiges, pour acquérir toute leur grandeur, donner des fleurs et des fruits.

La neige dispense, dans les pépinières et les jardins où on cultive des plantes étrangères, de ces couvertures de litière, de fougère ou autres, destinées à garantir les semis ou les jeunes plantes des gelées. Il en est de même dans les jardins potagers pour quelques semis et quelques plantes, entre autres les artichauts. *Voyez* COUVERTURE.

Comme mauvais conducteur de la chaleur, la neige prend très-difficilement une température inférieure à celle qu'elle avait en tombant : de là vient que, dans les plus grands froids, les voyageurs qui craignent de passer la nuit en plein air, peuvent dormir sans danger dans des trous faits dans son épaisseur, s'en couvrir même entièrement; de là vient l'utilité dont elle est pour rappeler à la vie un membre gelé : il ne s'agit, dans ce dernier cas, que d'en frotter ce membre.

Généralement on dit que le *vent mange la neige*, et en effet, comme présentant, par ses inégalités, plus de prise aux vents avides d'humidité, elle s'évapore beaucoup plus promptement que l'eau. Pour concevoir ce phénomène, il faut savoir que ce n'est pas seulement la chaleur qui cause l'évaporation, mais encore le plus ou moins d'aptitude qu'a l'air d'absorber l'eau, de sorte qu'un air chaud d'été qui en est déjà surchargé en prend moins qu'un vent froid d'hiver qui n'en contient pas du tout.

Si une couche épaisse et permanente de neige est utile, ses chutes et ses fontes fréquentes sont très-nuisibles, en ce qu'elles font varier trop rapidement la température des plantes et amènent une surabondance d'eau qui les fait périr, en ce que, dans les montagnes élevées, une petite masse détachée du sommet, en roulant sur les pentes rapides, acquiert la grosseur d'une maison, détruit les villages, tue les hommes et les animaux, obstrue les cours d'eau, etc. *Voyez* AVALANCHE.

La neige fond plus rapidement dans les forêts de sapins et d'épicéas qui couvrent les hautes montagnes, ce qu'on attribue et à la température plus douce qui est la suite de l'absence des vents, et au peu de disposition de la résine à perdre son calorique. On a remarqué que des branches de ces arbres placés contre des ceps, dans les vignobles de Reims et d'Epernai, avaient garanti ces ceps des gelées du printemps. *Voyez* VIGNE.

Il est beaucoup de pays où on dit qu'il est très-utile de labourer la terre lorsqu'elle est couverte de neige, et où l'on donne des raisons de cette pratique. Toutes celles de ces raisons dont j'ai connaissance ne sont pas admissibles; cependant je crois qu'il y en a une bonne, et c'est justement celle à laquelle on ne pense pas. En effet, il est probable que la neige, enfouie et mélangée avec la terre, laisse, en fondant, des vides au moyen desquels les racines des plantes pénètrent plus facilement et peuvent par conséquent fournir plus de sève à leur tige, au moyen desquels vides l'air atmosphérique pénètre dans son intérieur et s'y décompose : elle devient dans ce cas un supplément utile dans les labours des terres fortes, ou dans les mauvais labours.

On calcule qu'une masse de neige donne environ un douzième d'eau. La connaissance de ce fait peut avoir des applications dans la pratique de l'agriculture et de l'économie rurale.

Si la neige a des avantages pour l'habitant des champs, elle a aussi des inconvéniens : 1°. son abondance rend les communications difficiles et même dangereuses, retient trop long-temps les bestiaux à l'étable, rend plus avides les loups et autres animaux carnivores, occasionne, lors de sa fonte, des débordemens désastreux ; souvent en s'accumulant sur les branches des arbres, elle les fait casser sous son poids : sa longue durée retarde les travaux des champs, cause des maladies d'yeux, etc.

Les cultivateurs des hautes vallées des Alpes, qui n'ont que trois ou quatre mois d'été, et par conséquent pour qui un jour de moins de neige est une conquête importante, ont trouvé un ingénieux moyen d'accélérer sa fonte dans les lieux exposés au soleil. Ils sèment des terres noires (du terreau ou du schiste pourri) sur cette neige : la couleur de ces terres fait qu'elles s'imprègnent mieux que la neige des rayons du soleil, et qu'elles prennent par conséquent un degré de chaleur plus considérable ; de là la fonte de la neige qui les entoure immédiatement et par suite de toute la masse. Il est des cas, même dans les plaines, où ce moyen simple et peu coûteux pourrait aussi être employé avec avantage. *Voyez* Chaleur et Couleur.

Les montagnes chargées de neige pendant toute l'année ont une grande influence sur l'état de l'atmosphère à une distance souvent fort éloignée ; aussi les vallées des Alpes éprouvent-elles des variations de température si subites et si fortes, qu'elles causent de grandes pertes aux cultures ; aussi le vent du sud-est est-il beaucoup plus froid pour les deux tiers de la France, qu'il ne le serait si les Alpes n'existaient pas. *Voyez* Glacier.

On conserve la neige, comme la glace, pendant l'été, dans des souterrains privés de communication avec l'air extérieur. Elle se conserve même mieux, à raison de ce qu'on peut la

tasser, en former une seule masse, qui prête moins de surface
à cet air extérieur. *Voyez* GLACIÈRE. (B.)

NÉNUPHAR, *Nymphœa*. Genre de plantes de la polyandrie monogynie, et de la famille des renonculacées, qui renferme une demi-douzaine d'espèces, dont deux sont assez communes en Europe pour mériter d'être mentionnées ici.

Le NÉNUPHAR JAUNE a la racine vivace, traçante, grosse
comme le bras, charnue, couverte en dessus de nœuds, et
en dessous de fibrilles simples; les feuilles toutes radicales,
longuement pétiolées, en cœur arrondi, charnues, glabres,
larges de plus d'un demi-pied et nageantes; les fleurs jaunes,
de plus d'un pouce de diamètre, et solitaires au sommet d'une
hampe en tout semblable au pétiole des feuilles; les fruits ovales.
On le trouve très-abondamment dans les étangs, les fossés, les
mares, dans les rivières dont le cours est lent et le fond vaseux.
Il fleurit à la fin du printemps. Ses fleurs ont une odeur désagréable, et ne s'épanouissent jamais qu'à la surface de l'eau;
ses racines ont un goût fade et visqueux. On a beaucoup pré-
conisé les qualités rafraîchissantes de ces dernières, sur-tout
dans les cas où il s'agissait d'affaiblir les désirs amoureux; mais
elles agissent comme narcotique, et leur usage n'est pas sans
dangers pour l'estomac. On en trouve dans les pharmacies plusieurs préparations dont les vertus ont été, avec raison, con-
testées.

Le NÉNUPHAR BLANC a les racines et les feuilles presque
semblables à celles du précédent. Ses fleurs sont blanches, légèrement odorantes, larges d'environ 2 pouces, et ses fruits
globuleux. Il croît dans les mêmes lieux que le précédent,
mais moins communément. Ses qualités médicinales sont les
mêmes. Ses fleurs s'épanouissent au milieu de l'été.

Cette plante, qu'on appelle aussi *lis des étangs, volant d'eau*,
produit un très-bel effet lorsqu'elle est en fleur, dans les pièces
d'eau des jardins paysagers, et on ne doit jamais manquer d'y
en placer quelques pieds. Ses larges feuilles fournissent aux
poissons un salutaire abri contre les chaleurs du soleil de l'été.
Sa racine est astringente et s'emploie aujourd'hui, en Allemagne, pour teindre en noir et en gris avec des oxides ferrugineux, quoiqu'elle donne à ces oxides une couleur moins intense que celle qu'ils reçoivent de la noix de galle. On la multiplie par ses graines, qui doivent être semées en sortant de
leur enveloppe, ou par la section de ses racines. Ce dernier
moyen est le plus sûr et le plus prompt. (B.)

NÉPHRITE. MÉDECINE VÉTÉRINAIRE. Les reins, comme
tous les autres organes parenchymateux, sont sujets à l'inflammation. Elle se manifeste par les signes suivans : douleur dans
la région des reins, rétraction fréquente et alternative des tes-

ticules, gêne dans le train de derrière; l'urine devient rare, trouble, sanguinolente; elle se supprime tout-à-fait, et quoique le malade éprouve de fréquentes envies d'uriner, et qu'il se campe souvent, il ne rend alors que quelques gouttes glaireuses, qui sont le produit de la sécrétion de la membrane muqueuse de l'urètre; l'intestin rectum est chaud, et la main introduite dans sa cavité ne rencontre que difficilement la vessie, qui est vide. Si l'inflammation ne s'apaise pas, les symptômes augmentent; l'animal frappe la terre avec les pieds; il se tourmente, regarde ses flancs; des sueurs générales ou partielles surviennent; après quelques jours elles manifestent une odeur urineuse, et le pouls, qui jusqu'à cette époque avait été dur, petit, accéléré, devient mou, plus lent, s'efface, et l'animal ne tarde pas à succomber.

Cette affection, très-grave dans le cheval, et qui le conduit fréquemment à la mort, doit être combattue vigoureusement, aussitôt qu'on la reconnaît, par le régime antiphlogistique, des saignées fortes et répétées, des breuvages délayans, des lavemens nombreux, émolliens : des sachets d'avoine ou d'orge bouillie appliqués tièdes sur les reins, doivent être mis aussitôt en usage.

La néphrite est plus commune dans les ruminans que dans les autres animaux domestiques, heureusement elle est bien moins dangereuse; elle se caractérise plus particulièrement par le *pissement de sang :* aussi les bergers et les bouviers l'appellent-ils de ce nom. Les pousses de jeunes chênes et d'arbres, les plantes âcres des pâturages, sont les causes fréquentes de cet accident; les grandes chaleurs y contribuent aussi. Le repos, la diète, une saignée quand les symptômes sont graves, cinq ou six pots d'une décoction d'oseille dans du lait, par jour, pour un bœuf, ont bientôt calmé les accidens; un litre par jour de la même décoction suffit pour un mouton. On laisse l'animal dehors à la fraîche : si c'est dans les fortes chaleurs de l'été, s'il fait trop chaud, l'on peut, pour le bœuf seulement, mettre sur le dos de l'animal un drap mouillé, que l'on a soin d'humecter d'eau pendant la chaleur du jour. (Huz. fils.)

NERPRUN, *Rhamnus.* Genre de plantes de la pentandrie monogynie et de la famille des rhamnoïdes, qui renferme une trentaine d'espèces d'arbrisseaux et de sous-arbrisseaux dont plusieurs sont communs dans nos forêts, ou se cultivent dans nos jardins, et sont par conséquent dans le cas d'être mentionnés ici.

Parmi eux se trouvent,

Le Nerprun purgatif, *Rhamnus catharticus,* Lin. C'est un arbrisseau de 8 à 10 pieds de hauteur, très-abondamment

garni de rameaux piquans à leur extrémité, dont les feuilles
sont alternes, pétiolées, ovales, finement dentées, d'un vert
noir; les fleurs verdâtres, petites, disposées en bouquets dans
les aisselles des feuilles supérieures; les fruits jaunes. Il croît
dans presque toute l'Europe, dans les haies et les bois, et
fleurit en mai; ses fleurs le plus souvent sont dioïques par avortement, et n'ont que quatre parties. Son écorce, ses feuilles
et ses fruits ont une odeur particulière désagréable, une saveur
nauséeuse un peu âpre et amère. Ses fruits sont fréquemment
employés en médecine, comme altérans, purgatifs et hydra-
gogues. On en fait un sirop qu'on trouve dans toutes les pharmacies.

L'écorce de cet arbuste donne une mauvaise teinture jaune.
Ses fruits, lorsqu'ils sont mûrs, en fournissent une verte, qui,
rapprochée par l'évaporation en forme d'extrait, et mise dans
des vessies avec une certaine quantité d'alun, forme ce que les
peintres appellent *vert de vessie*, vert dont ils font un fréquent
usage dans la peinture en détrempe et dans le lavis. Cette couleur est l'objet d'un petit commerce pour quelques cantons de
la France.

On forme de très-bonnes haies avec le nerprun cathartique,
et on le place dans les jardins paysagers, où le vert foncé de
ses feuilles contraste avec le vert clair de la plupart des autres
arbustes. On le multiplie par ses semences, qu'on sème, aussitôt
qu'elles sont mûres, dans un terrain bien préparé. Si on attendait après l'hiver, la plupart de ces semences ne leveraient
que la seconde année, ou même point du tout. Le plant qui en
provient se repique la seconde année dans une autre place, à
un pied de distance, et se conduit comme les autres arbustes
des pépinières, selon la destination qu'on veut lui donner. On
peut aussi le multiplier par marcottes, qui reprennent ordinairement la même année. Une terre forte et humide est celle qui
lui convient le mieux. Tous les bestiaux, excepté les vaches,
mangent ses feuilles. Son bois pèse 54 livres 4 onces par pied
cube.

Le NERPRUN DES TEINTURIERS, *Rhamnus infectorius*, Lin.,
est un arbrisseau des parties méridionales de la France, qui s'é-
lève à 3 ou 4 pieds de haut seulement, dont les rameaux sont
terminés en épines; les feuilles alternes, pétiolées, dentées,
légèrement velues; les fleurs verdâtres, en petits bouquets axillaires, et les fruits jaunes. Il croît dans les haies, sur le bord
des rivières et fleurit au milieu de l'été. Ses rapports avec le
précédent sont nombreux. Il est encore plus propre que lui
pour former des haies d'une bonne défense. Ses fruits sont également purgatifs et fournissent une couleur jaune que les teinturiers du petit teint emploient beaucoup sous le nom de *graine*

d'Avignon, mais qui n'a aucune solidité. En unissant cependant cette couleur à l'argile, on en fait une couleur jaune verdâtre, qui s'altère rapidement à l'air et dont les peintres en détrempe font usage sous le nom de *stil de grain*.

Cet arbuste se cultive comme le précédent. Il ne craint point les hivers ordinaires du climat de Paris. On peut le placer dans les jardins paysagers au second rang des arbustes.

Le Nerprun des rochers, *Rhamnus saxatilis*, Lin., s'élève au plus à 2 pieds, a les rameaux terminés par des épines; les feuilles alternes, pétiolées, ovales, dentées, glabres; les fleurs ordinairement solitaires dans les aisselles des feuilles, et les fruits noirs. Il croît sur les montagnes de la Suisse et sur le mont Baldo, où je l'ai observé. Ses fruits ont les mêmes propriétés que ceux du précédent,

Les autres espèces du genre qu'il est important de connoître, sont mentionnées aux mots Bourgène, Alaterne, Jujubier et Paliure. *Voyez* ces mots. (B.)

NERTE. Nom du Myrte dans le département du Var.

NETOYER (LE) Nom du second Ébourgeonnement des vignes dans le vignoble de Metz.

NEUBLE. C'est la carie des grains dans le département des Deux-Sèvres.

NEUF (CHEVAL). C'est celui qui n'a pas encore été employé au service pour lequel on l'a acheté et qu'il faut y façonner.

Comme les chevaux véritablement neufs, c'est-à-dire qui n'ont jamais travaillé, sont souvent revêches, les *nourrisseurs* (c'est-à-dire ceux qui font des élèves de chevaux pour les vendre) ont soin de les façonner d'avance au tirer ou au porter. Pour aller plus vite, ils leur font traîner des voitures très-pesantes, et les surchargent avec exagération, etc.; ce qui souvent les rebute et les gâte. C'est toujours petit à petit et sans employer les coups, qu'il faut éduquer les animaux. *Voyez* Cheval. (B.)

NÉVROSE. Maladie des animaux domestiques, autrement appelée Mal de feu, Mal d'Espagne. *Voyez* ces mots.

Cette maladie, qui est une inflammation des membranes du cerveau, est fort dangereuse dans les chevaux. On la traite, mais pas toujours avec succès, au moyen des saignées, des vésicatoires, des sétons, des applications de l'eau froide sur la tête, ou, mieux, de la glace sur la tête.

Un cheval qui a été guéri de la névrose est long-temps à se remettre, et il faut le ménager si on ne ne veut pas l'en voir attaqué de nouveau; ce qui alors amènerait immanquablement sa mort. (B.)

NEZ COUPÉ. *Voyez* Staphylier.

NIACOULIER. Synonyme d'Alisier. (B.)

NICOTIANE, *Nicotiana*, Lin. Genre de plantes exotiques de la pentandrie monogynie, et de la famille des solanées, qui comprend une douzaine d'espèces, les unes vivaces, les autres annuelles, toutes originaires de l'Amérique, à l'exception d'une seule. Parmi ces espèces, il en est trois ou quatre très-connues, et qu'on cultive dans les quatre parties du monde sous le nom de TABAC. *Voyez* ce mot. (D.)

NICTAGE, *Mirabilis*. Genre de plantes de la pentandrie monogynie, et de la famille des nicta inées, qui renferme trois espèces, toutes originaires de l'Amérique méridionale, et cultivées dans les jardins en Europe, à raison de la beauté et de la bonne odeur de leurs fleurs.

Le NICTAGE DU PÉROU, *Mirabilis jalapa*, Lin., a la racine épaisse, en forme de navet, noire; la tige rameuse, dichotome, haute d'environ 2 pieds; les feuilles opposées, les unes sessiles, les autres pétiolées, presque en cœur, pointues, glabres, et d'un vert foncé; les fleurs rouges, jaunes, blanches ou panachées de ces trois couleurs, et disposées en bouquets axillaires et terminaux. Il est originaire du Pérou : on le cultive très-fréquemment dans nos jardins sous le nom de *belle-de-nuit* ou de *merveille du Pérou*. Ses fleurs ne s'ouvrent que le soir; cependant, lorsque le temps reste couvert, elles subsistent 36 heures épanouies. Leur nombre est considérable, et elles se succèdent depuis le commencement de l'été, jusqu'aux gelées. L'éclat de leurs couleurs et les variations qu'elles présentent ne permettent pas de la regarder avec indifférence, mais elles n'ont point d'odeur.

Cette plante est vivace; cependant comme elle est très-sensible à la gelée, ses tiges et ses racines même périssent si on les laisse en terre pendant l'hiver. Il faut donc lever ces racines et les conserver dans une cave ou une orangerie, ou semer des graines toutes les années. C'est ce dernier parti qu'on prend le plus communément, quoiqu'en suivant le premier on obtienne des fleurs bien plus tôt. Ces graines se mettent en terre, lorsqu'il n'y a plus de gelée à craindre, dans une planche bien préparée et bien abritée, qu'on couvre même de paillassons pendant la nuit, pour plus de sûreté. Lorsque les plants qui en sont provenus ont acquis 6 à 8 pouces, on les plante à demeure, deux ou trois ensemble, soit dans les plates-bandes des parterres, soit dans les corbeilles ou petites planches qui entourent les bosquets ou accompagnent les fabriques dans les jardins paysagers. Ils demandent de forts arrosemens dans les chaleurs de l'été : les touffes qui en résultent sont naturellement arrondies, et décorent plus d'un mois avant que les premières fleurs paraissent. Une terre légère et substantielle convient mieux qu'aucune autre à cette plante; mais elle s'accommode de toutes celles qui ne sont pas trop froides et trop humides.

Dans les parties méridionales de la France, la belle-de-nuit dure plusieurs années, et dans les climats plus septentrionaux que celui de Paris on est obligé de semer ses graines dans des pots sur couche et sous châssis pour accélérer et activer leur germination ; sans quoi, les pieds n'auraient pas le temps d'amener leurs graines à maturité.

Linnæus, trompé par de faux rapports, a pendant long-temps cru que la racine du nictage du Pérou était le véritable jalap du commerce, et en effet elle est purgative comme lui ; mais on sait aujourd'hui que cette drogue est la racine d'un LISERON. (*Voyez* ce mot). On ne se sert guère de la racine du nictage que pour les animaux, à cause du danger de son usage.

Les graines de cette plante contiennent une grande quantité d'amidon qu'on obtient en les faisant sécher, puis en les réduisant en poudre et les lavant à grande eau. On en pourrait tirer un parti utile sous ce rapport. Il est possible que la racine, qui dans les pays chauds est souvent plus grosse que la cuisse, en contienne également ; mais j'ignore si on a tenté de s'en assurer.

Le NICTAGE DICHOTOME ressemble beaucoup au précédent ; mais il a les tiges noueuses, les fleurs toujours rouges, plus petites et odorantes. Il est originaire du Mexique ; on l'appelle *fleur de quatre heures*, parce que c'est vers cette époque de la journée que ses fleurs s'épanouissent : sa culture ne diffère pas de celle qui vient d'être indiquée.

Le NICTAGE A LONGUES FLEURS a les racines épaisses ; les tiges fistuleuses, épaisses, velues ; les feuilles opposées, pétiolées, lancéolées, cordiformes, velues, visqueuses, les fleurs blanches avec une teinte rouge à leur fond, très-longues, fort odorantes, visqueuses et réunies en paquets terminaux. Il croît naturellement au Mexique, et se cultive dans nos jardins, où il fleurit depuis le mois de juillet jusqu'aux gelées. La faiblesse et la nudité de ses tiges en rendent l'aspect moins agréable que celui des précédens ; mais l'excellente odeur de ses fleurs en dédommage complétement ; sa culture est positivement la même que celle indiquée plus haut, si ce n'est que, comme il est plus sensible aux gelées, il demande à être semé, même dans le climat de Paris, sur couche et sous châssis, pour être repiqué ensuite en pleine terre ; cependant il est plus rustique que les autres.

M. Amédée Lepelletier a vu former sous ses yeux une hybride de cette espèce avec la première. Cette hybride est odorante et velue comme elle ; mais ses fleurs sont moins longues, plus colorées, et ses feuilles plus arrondies. Les graines qu'il en a répandues, et dont j'ai eu une part, la reproduisent annuellement. *Voyez les Annales du Muséum d'histoire naturelle,* où elle est décrite et dessinée. (B.)

NICTAGINÉES. Famille de plantes qui, outre le genre précédent dont elle a pris le nom, en renferme dix autres, dont aucune des espèces n'intéresse que le cultivateur botaniste : je ne les citerai donc pas ici. (B.)

NIELLE. On a donné ce nom à différentes maladies des plantes, et on l'a appliqué diversement dans chaque pays, de manière que ce serait chose difficile et même impossible, pour moi, de débrouiller le chaos des idées qu'il peut présenter dans toute l'étendue de la France et pays voisins. Je dirai donc seulement que c'est tantôt le Charbon, tantôt la Carie, tantôt l'Ergot, tantôt la Rouille, tantôt le Blanc, tantôt la Brulure. *Voyez* ces différens mots, et les mots AÉcidie, Urédo et Érysiphé. (B.)

NIELLE. Nom vulgaire de la Nigelle. *Voyez* ce mot.

NIELLE DES BLÉS. C'est l'agrostème githage.

NIER. Synonyme de noir. Nom de la carie ou du charbon aux environs du Puy. (B.)

NIGELLE, *Nigella.* Genre de plantes de la polyandrie pentagynie et de la famille des renonculacées, qui réunit quatre espèces, dont trois sont dans le cas d'être citées ici, parce que l'une est très-commune dans les champs, que l'autre se cultive fréquemment dans les jardins pour l'ornement, et la troisième est employée en médecine.

La Nigelle des champs a les racines annuelles ; la tige grêle, rameuse ; les feuilles alternes, sessiles, très-profondément découpées, à folioles linéaires et velues ; les fleurs grandes, d'un bleu pâle, et solitaires à l'extrémité des rameaux. Elle croît naturellement dans les blés des parties méridionales de l'Europe, et est connue sous les noms de *barbiche, barbe de capucin,* ou *tout épice.* Ses fleurs s'épanouissent au milieu de l'été, et se font remarquer par leur singulière conformation. Souvent elle est abondante ; cependant on ne dit pas qu'elle nuise aux récoltes. Ses semences ont une odeur aromatique, douce et une saveur âcre : on les emploie dans les offices pour suppléer aux épices. On les regarde comme diurétiques, incisives, antispasmodiques et résolutives.

La Nigelle cultivée a la racine annuelle ; les feuilles alternes, découpées très-finement, un peu velues ; les fleurs blanches et solitaires à l'extrémité des tiges. Elle est originaire de Crète, se cultive pour ses semences, dont on fait dans cette île et dans tout l'Orient une grande consommation pour assaisonner les viandes et autres mets ; c'est principalement elle qu'on doit appeler *tout épice*, car ce sont ses semences qu'on trouve le plus communément chez les droguistes sous ce nom ; et en effet elles sont plus fortement odorantes que celles de la précédente. Nous n'avons pas de renseignemens positifs sur la culture qu'elle exige ; mais il est très-probable qu'elle n'est pas très-compliquée. Sans doute on la sème avant l'hiver sur un seul labour, et on en recueille la graine à la fin du printemps.

La NIGELLE DE DAMAS a la racine annuelle ; la tige haute d'un pied, striée, plus ou moins rameuse ; les feuilles alternes, sessiles, encore plus finement découpées que celles des précédentes ; les fleurs plus grandes, d'un bleu pâle, ou blanches, terminales, et entourées d'une collerette multifide ; les capsules presque rondes. Elle est originaire de l'Orient et se cultive dans les jardins préférablement aux précédentes, qui s'y voient cependant aussi quelquefois, à raison de la plus grande beauté de ses fleurs. Une terre légère et bien amendée et une exposition chaude sont ce qui lui convient le mieux. On sème sa graine en automne ou au printemps, et sur place, parce qu'elle ne réussit pas bien à la transplantation. On a de plus beaux pieds et des fleurs plus hâtives lorsqu'on préfère la première époque. Le plant levé ne demande d'autre soin que d'être éclairci, sarclé, et arrosé au besoin. On en fait des touffes ou des bordures, qui, de loin ou de près, produisent toujours un fort agréable effet. Rarement on la place dans les jardins paysagers, où elle ne se fait pas suffisamment remarquer. Ses semences sont également odorantes. Il y en a une variété à fleurs doubles, qui a des agrémens particuliers ; mais qui, à mon avis, ne vaut pas l'espèce simple. (B.)

NIOUVA. Un des noms de la CARIE aux environs du Puy. (B.)

NITE. Nom provençal des terres déposées par la Durance dans les nays ou réservoirs, où ses eaux troubles sont reçues. *Voyez* LIMON, ACOULIS, CANAL, ALLUVION, ATTERRISSEMENT.

La qualité du nite varie selon que les orages ont crevé sur telle ou telle montagne des Alpes, qui versent leurs eaux dans la Durance. Elle est très-mauvaise quand elle est rouge, c'est-à-dire contient beaucoup d'OXIDE DE FER ; elle est médiocre lorsqu'elle est grise, c'est-à-dire est constituée par les détritus des SCHISTES. Enfin elle est bonne lorsque sa couleur jaune annonce une composition sablono-argileuse.

On fait un grand emploi de la nite dans la Crau, le long du canal de Crapone, pour AMENDER les terres cultivées, pour fabriquer des COMPOSTS. M. Stanislas de Belleval a fait connaître ses avantages, et indiqué les moyens de l'extraire, par un Mémoire imprimé tome 14 de la nouvelle série des *Annales d'agriculture*. (B.)

NITRE. Sel neutre composé d'acide nitrique et de potasse, qui se forme sur la surface de certaines roches calcaires et sur les murs des habitations autour desquelles il y a des matières animales ou végétales en décomposition, sur-tout sur ceux des caves, des écuries, etc. Lorsqu'il est impur on l'appelle SALPÊTRE. *Voyez* ce mot.

On a fait jouer un grand rôle au nitre dans l'agriculture. C'était le nitre de la terre, le nitre de la neige, le nitre de l'air, des fumiers, etc., qui fertilisaient les terres. Tous les phénomènes des engrais et des amendemens, qu'on ne pouvait expliquer, étaient dus au nitre ; cependant ce sel purifié n'est pas un amendement, et si le salpêtre produit quelquefois de bons effets momentanés sur les terres où on le répand, c'est qu'il contient du nitre à base de chaux, qui, en attirant et conservant l'humidité de l'air, donne momentanément à ces terres celle qui est nécessaire à toute végétation.

Il est possible que ce soit l'observation des excellens effets des décombres de maisons sur les terres, décombres qui contiennent, comme je viens de le dire, beaucoup de salpêtre, qui ait amené à la supposition de l'influence du nitre sur la végétation. Il est possible aussi que ce soit le *sentiment*, si je puis employer ce terme, de ce qui se passe dans l'air lorsque le nitre se forme; je dis le sentiment, car il y a très-peu de temps qu'on connaît les véritables élémens dont il est composé. *Voyez* AIR, AZOTE, OXYGÈNE et CARBONE.

On ne peut juger de la quantité de nitre que l'air peut déposer dans un canton et pendant un temps donné, parce que beaucoup de causes influent sur sa production ; mais les nitrières artificielles et le sol des pays où, comme en Egypte et au Pérou, il ne pleut jamais, prouvent que cette quantité doit être considérable. Que devient ce nitre ? Sans doute il se décompose à son tour, car on n'en voit que de très-légers vestiges dans les terres arables, et les eaux de sources n'en contiennent, même très-rarement, que lorsqu'elles sont superficielles.

C'est le nitre qui fait la base de la poudre à canon, et en conséquence les gouvernemens non-seulement s'en sont réservé la fabrication et la vente exclusive en grand, mais ils ont établi des lois pour empêcher la perte de celui qui s'est formé dans les habitations. Par-tout donc leurs agens peuvent venir fouiller les écuries, les celliers et autres lieux où il s'en trouve, sous la seule condition de rétablir les choses comme elles étaient. Cette servitude, qui ne laisse pas que d'être, dans certains cas, préjudiciable aux cultivateurs, peut être évitée par eux en construisant des nitrières artificielles, c'est-à-dire des murs de terre mélangée de cendre, de chaux, de fumier, de matières animales quelconques, qu'on élève de 3 à 4 pieds, et près à près, dans une écurie ou autre lieu peu aéré, et qu'on arrose légèrement de temps en temps. Le nitre s'effleurit sur la surface de ces murs. On le gratte tous les quinze jours en été, et tous les mois en hiver. Il est quelques localités basses et humides, dans les pays calcaires, où il peut être très-fructeux aux cultivateurs de spéculer sur des nitrières artificielles, lorsqu'ils ont de vieux bâtimens inutiles.

Je ne m'étendrai pas plus sur cet objet, qui devient étranger à l'agriculture, et en conséquence je renvoie aux instructions publiées par le gouvernement, pour la suite des opérations que nécessite une nitrière artificielle. (B.)

NITRIÈRE. Lieu où se forme naturellement du NITRE en grand. Ce sont ordinairement des cavernes creusées dans une roche calcaire argilo-sablonneuse. *Voyez* l'article précédent.

Les nitrières artificielles sont des bâtimens très-peu élevés, très-peu aérés, dans lesquels on a élevé des tas de terre humide, mêlée de substances animales et végétales; tas dans lesquels il se forme du salpêtre, qu'on en retire par la lexiviation. (B.)

NIVÉOLE, *Leucoïum*. Genre de plantes de l'hexandrie monogynie et de la famille des narcissoïdes, qui renferme quatre espèces, dont une est fréquemment cultivée dans nos jardins, à cause de la précocité de sa floraison.

La NIVÉOLE PRINTANIÈRE a la racine bulbeuse; les feuilles toutes radicales, engaînantes, linéaires, planes; la tige haute de 5 à 6 pouces, ne portant qu'une seule fleur de médiocre grandeur, blanche, bordée de vert et penchée. Elle croît, dans presque toute l'Europe, dans les prés, les bois, sur le bord des ruisseaux, et fleurit aussitôt que les neiges sont fondues : d'où lui est venu le nom de *perce-neige* qu'elle porte vulgairement. J'en ai vu des terrains si abondamment pourvus, que de loin ils paraissaient couverts d'un tapis blanc. On aime à voir cette plante parce qu'elle annonce la fin des frimas. Dans les parterres, on la met en touffes ou en bordures; dans les jardins paysagers, on la place çà et là en masses au milieu des gazons, sur le bord des massifs. Une terre fraîche et légère est celle qui lui convient. On la multiplie par caïeux, qu'elle fournit abondamment. Il faut relever, tous les trois ou quatre ans, les touffes qui sont dans les parterres, pour les changer de place et les débarrasser de la surabondance de leurs caïeux; mais celles des jardins paysa-

gers peuvent être sans inconvénient complétement aban-
données à elles-mêmes. C'est à la fin de l'été, lorsque
leurs feuilles sont fanées, qu'il convient de se livrer à cette
opération. On pourrait aussi la multiplier par graines ; mais
ce moyen serait long, et je ne sache pas qu'on l'emploie
nulle part.

Il y a une variété de cette plante à fleurs doubles, qui, à
mon avis, est moins agréable que la simple.

Quelques personnes confondent la nivéole avec la GALAN-
TINE. *Voyez* ce mot.

Il y a encore trois autres espèces de nivéoles, dont une
fleurit en été et une autre en automne. On les voit rarement
dans les jardins d'agrément. Elles diffèrent peu, au premier
coup d'œil, de celle dont il vient d'être question. (B.)

NIVEAU. On dit vulgairement qu'un terrain est de niveau
lorsque sa surface est sans élévation et sans enfoncemens : on
dit rationnellement qu'un terrain est de niveau lorsque sa surface n'est inclinée d'aucun côté.

L'œil, une règle et la stagnation des eaux pluviales, font
juger qu'un terrain est de niveau dans le premier cas.

L'œil, l'instrument appelé niveau, et la plus ou moindre
rapidité de l'écoulement soit des eaux pluviales, soit des
ruisseaux, font juger de l'inclinaison des terrains dans le second cas.

Tantôt il est à désirer pour le cultivateur que le terrain
soit uni, et alors il doit tendre à le rendre tel par des LABOURS
ou des TRANSPORTS DE TERRE. *Voyez* ce mot.

Souvent une petite inclinaison lui est avantageuse, mais
rarement une grande, parce que les eaux pluviales, lors de ce
dernier cas, enlèvent, ou lentement à la suite des PLUIES, ou
rapidement à la suite des ORAGES, la TERRE VÉGÉTALE qui recouvre le sol et sans laquelle il n'y a pas de bonnes RÉCOLTES.
Voyez ces mots.

Il est rare qu'un espace de terrain de quelque étendue soit de
niveau, à raison 1°. des MONTAGNES PRIMITIVES, que les lois de
la cristallisation ont fait grouper lors de la précipitation dans
l'eau plus que bouillante de leurs élémens, et qui constituent
la charpente du globe terrestre ; 2°. des courans sous-marins
qui ont formé les montagnes secondaires ; 3°. des vallées que
les eaux pluviales, les eaux des ruisseaux et des rivières, ont
creusées et continuent de creuser. *Voyez* MONTAGNE.

Les cultivateurs ont souvent besoin de connaître rigoureusement le degré d'inclinaison de leurs terres, et pour cela ils
emploient l'instrument que j'ai nommé plus haut, *voyez* l'article ARPENTAGE et celui NIVELLEMENT. (B.)

NIVEAUX D'EAU. Instrumens propres à mesurer l'Inclinaison du sol (*voyez* ce mot). Ils sont fondés sur la propriété qu'ont les liquides de tendre toujours à se mettre en équilibre, c'est-à-dire à se porter vers les lieux les plus bas; je n'en citerai que deux des plus simples, lesquels suffisent aux cultivateurs.

Le premier est un tube de verre de 4 à 5 lignes de diamètre et de 6 à 8 pouces de longueur, rempli d'eau à quelques lignes près et fermé à ses deux bouts : lorsqu'on place horizontalement ce tube, la bulle d'air qui s'y trouve vient se placer dans son milieu, lequel est indiqué par une marque; il est alors de niveau, et, lorsqu'il ne l'est pas, l'angle qu'il fait avec le sol mesure le degré d'inclinaison de ce sol.

Le second est un tube de fer-blanc de 3 à 4 pieds de long et d'un pouce de diamètre, qui se relève perpendiculairement de 2 ou 3 pouces à ses deux extrémités, à chacune desquelles est emmanché un tube de verre fermé en dessus; ce tube est rempli d'eau jusqu'à la moitié de la hauteur des allonges de verre, et est monté sur un pied à hauteur d'appui : la différence de hauteur de l'eau dans les deux allonges indique l'inclinaison du sol. *Voyez* Arpentage. (B.)

NIVELLEMENT. Opération qui consiste à déterminer le degré d'inclinaison d'un terrain de quelque étendue sur le plan de l'horizon, soit dans le but de le mettre de Niveau (*voyez* ce mot), soit, bien plus fréquemment, dans celui d'en diriger les eaux vers des points autres que ceux vers lesquels elles tendent.

On nivelle soit avec une planchette, soit avec un graphomètre, soit avec un niveau d'eau, ainsi qu'il a été dit à l'article Arpentage.

Pour bien niveler un terrain, il faut et des connaissances mathématiques, et une habitude de pratique qui ne se rencontrent pas toujours chez les cultivateurs : ainsi c'est à un ingénieur que doivent s'adresser ceux qui désirent faire niveler leurs propriétés, opération qui peut toujours leur être utile, et qui devient souvent indispensable pour les Irrigations, pour les Desséchemens. *Voyez* ces mots. (B.)

NO. On donne ce nom, dans quelques vignobles, aux sarmens les plus faibles, c'est-à-dire à ceux qui doivent être entièrement coupés à la taille, comme n'offrant pas l'espérance de donner des bourgeons susceptibles de produire du fruit : quelquefois cependant on conserve et taille les nos pour mettre plus de régularité dans la position des coursons; mais c'est alors sur la production du fruit dans deux ans, qu'on spécule. *Voyez* Vigne. (B.)

NOBLE. On donne ce nom au cochon dans le Perche. (B.)

NOBLE-ÉPINE. Ce nom se donne, dans les environs de Lille, à l'Épine-Vinette commune ou Vinettier. *Voyez* ces mots.

Dans beaucoup d'autres lieux, c'est l'aubépine. (B.)

NOCTUELLE, *Noctua*. Genre d'insectes de l'ordre des lépidoptères, qui renferme plus de quatre cents espèces, la plus grande partie propre à l'Europe, et dont les chenilles de quelques-unes, quoique généralement moins nuisibles que celles des bombices et des phalènes, causent quelquefois de grands dommages aux cultivateurs; il est donc bon de signaler ces espèces, afin qu'on puisse connaître les moyens et saisir les occasions de leur faire utilement la guerre.

Les noctuelles faisaient partie des phalènes dans les ouvrages de Linnæus, et c'est à Fabricius qu'on doit d'en avoir fait un genre particulier suffisamment caractérisé non-seulement par les organes extérieurs de l'insecte parfait, mais encore par la forme et les mœurs de la chenille : en effet presque toutes ces chenilles ont seize pattes, vivent solitairement, sont, comme celles des autres genres, rases ou velues, mais d'une manière particulière et telle, qu'on les distingue facilement ; il en est peu qui fassent des cocons de pure soie, c'est-à-dire que les unes se renferment entre des feuilles qu'elles lient, les autres se cachent sous les pierres, et le plus grand nombre dans la terre, pour subir leur transformation en nymphes. Un petit nombre restent peu de jours sous cet état, plusieurs quelques mois, et la majorité jusque après l'hiver.

Les chenilles des noctuelles se trouvent sur les arbres et les plantes, aux dépens des feuilles desquelles elles vivent ; certaines se cachent dans la terre pendant le jour : il en est qui sont carnassières et courent après les autres chenilles, les vers de terre, etc., ou se tiennent sous les cadavres.

Les insectes parfaits de ce genre restent, pendant le jour, cachés et immobiles sous les feuilles, contre le tronc des arbres, les murs, etc. ; ce n'est qu'un peu avant la nuit qu'ils volent, soit sur les fleurs pour en sucer le miel et s'en nourrir, soit çà et là pour trouver à s'accoupler. La durée de leur vie est généralement plus longue que celle des Bombices et des Phalènes (*voyez* ces mots); mais, comme ces dernières, elles meurent peu après avoir propagé leur espèce : leur grosseur est rarement considérable et leur couleur est presque toujours terne.

Les espèces qui se font le plus remarquer par leurs dégâts sont :

La Noctuelle de la cardère, *Noctua dipsacea*, Fab. Elle a le corcelet sans crête; les ailes en toit, pâles, avec une large bande brune tachée de blanc et de noir vers leur extrémité ;

elle paraît en mai : sa longueur surpasse rarement un demi-pouce. Sa chenille est rougeâtre, avec des lignes blanches interrompues ; elle vit dans l'intérieur des têtes de la cardère, des artichauts, du scorsonère, etc., et empêche souvent leurs fleurs de se développer.

La Noctuelle-Hibou, *Noctua pronuba*, Fab. Elle a une crête sur le corcelet ; ses ailes se recouvrent en partie, les supérieures sont d'un gris nébuleux, avec deux taches noires, et les inférieures d'un jaune doré, avec une large bande noire sur le bord postérieur : elle a plus d'un pouce de long et se montre à la fin du printemps. Sa chenille, qui est verte, avec deux lignes noires interrompues sur le dos, vit sur les plantes crucifères, et dévore quelquefois les juliennes, les giroflées, le thlaspi des fleuristes, les raves, les choux. Lorsqu'une de ces chenilles se jette sur un semis de ces derniers, elle le détruit souvent en une nuit : il est difficile de la surprendre sur le fait, parce qu'elle se cache dans la terre pendant le jour, et ne mange que la nuit.

La Noctuelle du seigle a une crête sur le corcelet ; les ailes en partie recouvertes, les antérieures couleur de rouille, avec des lignes ondulées plus obscures, les postérieures blanchâtres. Sa chenille est grise, avec quatre points noirs sur chaque anneau, et deux stries sur la tête ; elle vit dans la terre aux dépens des racines du seigle et cause de grands dommages aux cultivateurs des parties septentrionales de l'Europe, où elle est fort commune : je ne l'ai jamais trouvée en France.

La Noctuelle C noir a le corcelet pourvu d'une crête de poils ; les ailes planes, les supérieures cendrées, avec une tache noire en forme de C, extrêmement blanches sur leur bord extérieur, et une ligne noire à l'angle postérieur ; sa longueur est de 8 lignes. Sa chenille est variée de gris et de brun, avec des lignes latérales et transverses, noires et blanches ; elle vit sur les épinards, dont elle dévore quelquefois assez de feuilles pour que sa présence soit remarquée par les jardiniers.

La Noctuelle du chou a une crête sur le corcelet ; les ailes en recouvrement, variées de gris, de brun et de roux, et avec un crochet noir au-dessus d'une tache grise et ronde ; elle a 8 lignes de long. Sa chenille est verte ou brune, avec une ligne dorsale plus obscure et des points blancs sur les stigmates ; elle vit sur les choux, les raves et autres crucifères, et cause quelquefois de grands dégâts dans les jardins. Pendant le jour, elle est toujours cachée, ou entre les feuilles, ou en terre.

La Noctuelle gamma a une crête sur le corcelet ; les ailes en toit et dentées, les supérieures brunes, avec des taches plus foncées et un γ jaune au milieu. Elle a 8 lignes de long, et se voit pendant une partie de l'été. C'est une de celles, en petit nombre, qui volent pendant le jour pour sucer le miel des fleurs. Sa chenille est à demi arpenteuse; c'est-à-dire qu'elle n'a que douze pattes, et marche en relevant le milieu de son corps pour rapprocher sa partie postérieure de l'antérieure. Sa couleur est verte, avec deux lignes dorsales blanches et une latérale jaune. Elle vit sur presque tous les légumes et sur beaucoup d'autres plantes. Généralement elle est très-commune, et cause annuellement de grands dommages dans les jardins; cependant comme elle se tient cachée pendant le jour, on la remarque peu. Mais Réaumur rapporte qu'elle a paru de son temps en si grande abondance, qu'elle a tout dévoré, et est devenue un vrai fléau pour une partie de la France.

La Noctuelle du pied d'alouette, *Noctua delphini*, Fab., a une crête sur le corcelet; les ailes en toit, les antérieures rouge pourpre, avec deux lignes irrégulières, et l'extrémité blanche. Sa longueur est de 6 lignes. Elle paraît à la fin du printemps. Sa chenille est jaunâtre, ponctuée de noir, avec deux lignes plus jaunes. Elle vit aux dépens des feuilles du pied d'alouette des jardins, qu'elle dépouille quelquefois entièrement; souvent elle se jette même sur les capsules, et s'oppose par là à ce qu'on puisse recueillir de la graine.

La Noctuelle des pois a une crête sur le corcelet; les ailes en toit, les antérieures couleur de rouille, avec deux taches et une bande postérieure en zigzag blanches. Sa longueur est de 6 à 7 lignes. On la voit à la fin du printemps. Sa chenille est couleur de rouille, avec quatre lignes longitudinales blanches et la tête rouge. Elle vit sur les pois, les gesses et autres légumineuses, dont elle dévore les feuilles et même quelquefois les fruits. Je l'ai vue assez commune pour que ses ravages fussent remarqués.

La Noctuelle des légumes a une crête sur le corcelet; les ailes en toit, les antérieures couleur de rouille, avec un croissant jaune et une ligne blanche bidentée. Elle a 6 lignes de long et se montre presque pendant tout l'été. Sa chenille est grise, ponctuée de noir, avec une ligne dorsale brune et une latérale blanchâtre. Elle vit aux dépens de presque tous les légumes, principalement des salades, et cause souvent de grands dégâts dans les jardins. C'est elle qui est connue sous le nom de *ver gris*. Ordinairement elle se tient cachée dans la terre, et préfère aux feuilles le collet des racines ou le cœur des plantes.

La Noctuelle de la persicaire a le corcelet orné d'une crête; les ailes en toit, les supérieures d'un brun obscur de diverses nuances, avec une tache réniforme blanche, au milieu de laquelle est une autre tache jaune en croissant. Sa longueur est de 8 lignes. On la trouve à la fin de l'été. Sa chenille est verte, avec une ligne dorsale blanche, quelques taches obscures sur les anneaux et la queue conique. Elle vit sur beaucoup de plantes des jardins potagers, et y cause les mêmes dégâts que la précédente.

La Noctuelle du salsifis a le corcelet orné d'une crête ; les ailes en toit, les antérieures brunes, avec trois points noirs rapprochés dans leur milieu. On la trouve en automne. Sa longueur est de 6 lignes. La chenille d'où elle provient est verte ou brune, avec 6 lignes et les stigmates blancs. Elle vit sur les salsifis, les épinards et autres légumes, et cause souvent de grands dommages en dévorant ces plantes. Ses mœurs sont entièrement semblables à celles des deux dernières, avec lesquelles elle est généralement confondue par les jardiniers sous le nom de *ver gris*.

La Noctuelle de l'oseille a une crête sur le corcelet ; les ailes en toit, les supérieures, variées de brun et de cendré avec le bord du côté intérieur blanc. Sa chenille est velue, ponctuée de blanc et de rouge, avec un ligne latérale jaune. Elle vit sur l'oseille et autres plantes potagères.

La Noctuelle exolète a une crête sur le corcelet ; les ailes allongées, contournées autour du corps, brunes au milieu et cendrées sur les bords, avec quatre points blancs sur les mêmes bords. Sa longueur est de plus d'un pouce. Sa chenille est verte, ponctuée, avec une ligne latérale blanche. Elle vit sur les plantes légumières, et ses mœurs diffèrent peu de celles des précédentes.

La Noctuelle de la laitue a une crête sur le corcelet ; les ailes allongées, d'un blanc vergeté de fauve, sur-tout à l'extrémité. Sa longueur est de 8 lignes. Sa chenille vit sur la laitue, dont elle dévore le cœur. Ce que j'ai dit des précédentes lui convient encore presque complétement.

La Noctuelle psy a une crête sur le corcelet ; les ailes en toit, cendrées avec des lignes et des caractères noirs vers leur base. Sa longueur est de 6 lignes. On la voit au commencement de l'été. Sa chenille est velue, a le dos jaune, les côtés noirs tachetés de rouge, et elle a vers le tiers de son dos une corne droite et noire. Elle vit sur tous les arbres fruitiers et sur diverses plantes. C'est presque la seule de ce genre dont les cultivateurs de pommiers aient à se plaindre, mais elle leur cause quelquefois de grands dommages.

On voit par ce peu d'exemples qu'il n'est pas aussi facile de s'opposer aux ravages des chenilles des noctuelles qu'à ceux de celles des Bombices (*voyez* ce mot); mais aussi que ces ravages s'étendent très-rarement, au point d'être remarqués par la généralité des cultivateurs. La principale cause du défaut de succès dans leur recherche vient de ce qu'elles vivent isolées et presque toujours cachées pendant le jour. C'est donc aux insectes parfaits qu'on doit sur-tout faire la chasse, et c'est pour les reconnaître que je les ai tous exactement décrits. Une femelle tuée avant sa ponte diminue souvent de plusieurs centaines le nombre des ennemis que sa fécondité aurait fait naître.

Les ennemis des chenilles des noctuelles sont les mêmes que ceux de celles des bombices et des phalènes, c'est-à-dire les ichneumons et les oiseaux. Les uns et les autres en font périr bien des millions chaque année. Ces chenilles sont également sujettes aux mêmes maladies, principalement à cette diarrhée, suite des pluies froides, qui les fait fondre en deux ou trois jours. (B.)

NOIR. On donne ce nom, aux environs d'Aix, à la croûte noirâtre qui recouvre en automne les jeunes branches et les feuilles des oliviers qui ont été surchargés de COCHENILLES au printemps, croûte formée par la sève qui en a été extraite par ces insectes, et par la poussière apportée par les vents.

Cette croûte nuit aux arbres en empêchant les fonctions de leur épiderme. Pour l'empêcher de naître, il faut détruire les insectes. *Voyez* OLIVIER, COCHENILLE, KERMÈS et PSYLE. (B.)

NOIR DES GRAINS. *Voyez* CARIE et CHARBON.

NOIR-MUSEAU. Ce nom s'applique à une sorte de DARTRE qui se développe sur le nez des moutons, et qui quelquefois s'y maintient pendant long-temps.

Cette maladie n'est pas dangereuse; mais il n'en est pas moins bon d'isoler les animaux qui en sont atteints, et de leur frotter le nez avec un onguent où entre la fleur de soufre. *Voyez* DARTRE. (B.)

NOIR-PRUN. *Voyez* NERPRUN.

NOIRCISSURE. Altération des vins, dans laquelle ils deviennent noirs.

Cette altération n'est pas très-connue; cependant elle est fréquente dans certains vignobles. On regarde comme perdus les vins qui l'éprouvent, quoique quelques personnes soient parvenues à les rétablir en y mettant du tartre et de l'eau-de-vie, et en agitant fortement et à différentes reprises.

Les vins noircis sont encore susceptibles de donner de l'eau-de-vie, et c'est à cela qu'on les emploie lorsqu'on ne veut pas les perdre. *Voyez* VIN. (B.)

NOISETIER, *Corylus.* Genre de plantes de la monoécie polyandrie, et de la famille des amentacées, qui renferme quatre à cinq espèces dont une est fort commune, et donne un fruit

d'un goût fort agréable, connu de tout le monde sous le nom
de *noisette*.

Le Noisetier commun, *Corylus avellana*, Lin., est un
grand arbrisseau dont les racines sont rampantes; les tiges rameuses, droites; l'écorce velue dans sa jeunesse, ensuite ta-
chetée et enfin gercée; les feuilles alternes, pétiolées, assez
grandes, ovales, dentées, pointues, pubescentes, nervées, et
accompagnées de stipules ovales; les fleurs mâles en chatons
solitaires ou fasciculés et pendans; les fruits ordinairement
groupés plusieurs ensemble, et de 3 ou 4 lignes de diamètre
transversal.

Cet arbuste croît naturellement dans toute l'Europe, dans
les bois, les buissons et les haies; il en fait même souvent le
fonds principal. Tout terrain et toute exposition lui conviennent; cependant dans ceux qui sont secs et arides, il s'élève à
peine à 5 à 6 pieds, tandis que dans ceux qui sont légers et
humides et chauds, il parvient à 20 ou 30 : sa croissance est
rapide dans sa jeunesse. J'ai vu des gourmands, poussant des
racines, s'élever à 10 et 12 pieds dans une seule année : sa
grosseur arrive rarement à plus de 6 pouces de diamètre. Son
bois est très-élastique et flexible; on en fait des cerceaux,
des échalas, des claies, des harts, des étuis, et autres petits
articles de tour; sa couleur de chair pâle est assez jolie, et son
grain est assez égal; mais comme il est tendre, il reçoit difficilement le poli. Il s'altère très-facilement dans l'air et dans
l'eau, pèse 49 livres un gros par pied cube, et brûle rapidement quand il est sec, mais donne peu de chaleur; son charbon
est fort léger et très-propre à faire de la poudre : on voit d'a-
près cela combien peu le noisetier mérite d'être conservé dans
les forêts, dont, je le répète, il fait la masse dans beaucoup
d'endroits. Son abondance indique toujours un défaut d'intelligence agricole, ou de soin de la part du propriétaire; car
tout terrain où il croît peut nourrir des chênes. Il ne s'agit
pour, avec le temps, le remplacer presque sans dépenses par
ces derniers, que de semer des glands entre l'intervalle de
leurs trochées l'année qui précède celle de la coupe : ces glands
germent à la faveur de leur ombre tutélaire, et le plant qui
en provient acquiert assez de force après la première coupe
pour qu'après la suivante il puisse prendre le dessus.

Généralement on coupe les taillis de noisetiers à sept, dix
ou quatorze ans : au premier de ces âges, il ne sert qu'à faire
des fagots; au second, on en fabrique des échalas, et au troisième, des cerceaux. Il y a un tiers plus de profit à le couper
deux fois en quatorze ans qu'une fois, sur-tout quand il est
en mauvais terrain : ainsi dans tout pays où on peut avoir des
cerceaux de bouleau, de châtaignier ou autres de meilleure

qualité que ceux de son bois, il faut le couper toujours à sept ans, et en faire des fagots qu'on emploie soit à chauffer le four, soit à cuire la chaux, le plâtre, les tuiles, etc.

On prétend que le bois du noisetier est trois fois meilleur lorsqu'on le coupe à la chute des feuilles, que lorsqu'il est abattu pendant l'hiver.

La noisette est un des fruits les plus agréables de ceux qui sont propres à l'Europe ; aussi tout le monde, et sur-tout les enfans l'aiment avec passion ; mais elle se digère difficilement, et quand elle est sèche, la pellicule qui la recouvre excite un picotement dans le gosier. On en retire une huile très-douce, et qu'on peut employer aux mêmes usages que celle des amandes.

Il m'a paru, dans mes voyages, que le noisetier était bien plus abondant, et donnait plus de fruit, ainsi que du plus beau et du meilleur fruit, dans les terrains calcaires que dans les terrains quartzeux ou argileux.

Le noisetier figure fort bien dans les massifs des jardins paysagers, où tantôt on le laisse en buisson, ce qui est sa forme naturelle, tantôt on le met sur un brin et on en fait un arbre ; c'est au troisième ou quatrième rang qu'il se place ordinairement. Comme il ne craint point l'ombre, il est souvent employé à cacher les murs exposés au nord, à garnir les clairières, etc. Outre son ombre, il présente encore en automne aux promeneurs l'agrément de ses fruits, qui ne sont jamais meilleurs que quand on les cueille soi-même et qu'on en mange peu : il est intéressant pendant l'hiver même, car ses chatons pendans lui donnent alors une apparence très-pittoresque. Il fournit plusieurs variétés, peut-être des espèces, toutes plus belles ou meilleures que l'espèce des bois. Les principales d'entre elles sont :

Le *noisetier à fruit blanc* et coque tendre.

Le *noisetier à fruit rouge oblong* et coque tendre. On l'appelle aussi *noisette de Saint-Gratien*.

Le *noisetier à gros fruit rond* et coque dure. C'est l'*aveline* du commerce ; cependant, dans quelques cantons, on appelle de ce nom la variété précédente.

Le *noisetier d'Espagne* à gros fruit anguleux ; j'en ai vu de près d'un pouce de diamètre, mais qui le plus souvent ne contenaient pas d'amande.

Le *noisetier à grappe*, sous-variété peu intéressante.

Les deux variétés à préférer sont la seconde et la troisième. L'espèce des bois, quoi qu'on en dise, est aussi quelquefois excellente, et même a souvent la coque aussi tendre que celle de la première variété ; ses bonnes ou mauvaises qualités d'épendent du sol et de l'exposition autant que du pied même, ainsi que j'ai eu fréquemment l'occasion de m'en assurer.

Lorsqu'on veut garder les noisettes pendant l'hiver, il faut les cueillir complétement mûres, ce qu'on reconnaît à leur couleur brune et à la facilité avec laquelle elles se séparent de leur cupule, et les conserver dans du sable qu'on laisse exposé à l'air, ou qu'on place dans une cave aérée; car quand elles sont desséchées, non-seulement elles prennent un goût âcre, ainsi que je l'ai déjà dit, mais encore elles rancissent, ce qui les rend impropres à tout usage. Ordinairement cependant cette dernière altération ne se développe en elles qu'au retour des chaleurs.

On retire au milieu de l'hiver l'huile de la noisette: plus tôt, elle en fournirait moins; plus tard, elle risquerait d'être gâtée par celles qui seraient rances. Les procédés à suivre sont les mêmes que ceux employés pour l'huile de noix. *Voyez* Huile.

Un charançon dépose ses œufs dans l'ovaire de la noisette, et il en naît une larve qui mange l'amande du fruit; ce qui, certaines années, en fait perdre d'immenses quantités. *Voyez* Charançon.

C'est à la fin de l'hiver, souvent pendant l'hiver même, que les noisetiers fleurissent. J'ai déjà dit que leurs fleurs mâles, c'est-à-dire leurs chatons, étaient très-visibles; mais leurs fleurs femelles ne se reconnaissent qu'aux pistils rouges qui sortent des boutons. C'est de la plus ou moins grande constance du temps à cette époque que dépend l'abondance ou la nullité de la récolte; en effet, un air froid ou brumeux pendant quinze jours suffit pour la faire manquer: ainsi dans un jardin, le véritable moyen de l'assurer, c'est alors d'envelopper de toiles les noisetiers. Les feuilles ne commencent à se développer qu'un mois après que la fécondation est opérée.

On multiplie le noisetier par le semis de ses graines, par les rejetons qu'il pousse toujours en abondance de ses vieux pieds, par ses marcottes, par la greffe, et, disent Olivier de Serres et autres anciens cultivateurs, par ses boutures.

Le semis s'effectue aussitôt la chute des fruits ou au printemps, avec des fruits conservés tout l'hiver dans de la terre. Peu lèveraient si on employait ceux qui ont été desséchés. On enfonce ces fruits de 2 ou 3 pouces au plus, et on les espace de quatre ou six: une exposition fraîche est très-favorable dans ce cas. Le plant levé est sarclé et biné selon le besoin, et généralement laissé deux ans en place: alors il a ordinairement un pied de haut si l'été a été chaud. On le repique à 15 ou 18 pouces dans un autre terrain bien préparé, où il reste jusqu'à quatre et cinq ans, époque où il doit être mis définitivement en place; car plus tard on risquerait de ne pas le voir reprendre à la transplantation.

Ces semis faits avec les fruits des variétés cultivées ne rendent jamais exactement la variété, de sorte qu'on n'emploie ce moyen, préférable sous plusieurs rapports, que lorsqu'on veut planter des massifs, ou avoir des sujets pour la greffe.

La multiplication par rejetons est la plus facile et la plus communément employée : on l'effectue en automne. Les plants qui en proviennent doivent être mis en place sur-le-champ, après avoir raccourci les branches à 5 ou 6 pouces. Assez communément ces plants poussent faiblement la première année ; mais la seconde ils prennent de la force et s'élèvent rapidement.

Les marcottes se font en automne avec du bois de deux ans au plus et après avoir tordu la branche. Elles reprennent souvent la première année, sur-tout si le terrain est humide ou l'année pluvieuse ; mais en général il faut attendre deux ans. Ce moyen s'emploie avec succès pour conserver les variétés les plus importantes et pour peupler, je ne dirai pas les bois, mais les pentes de montagnes où il n'y a pas d'autres arbres.

La greffe par approche est la seule qui réussisse constamment sur le noisetier, et c'est par conséquent la seule qu'on pratique : elle se fait au commencement du printemps, et on attend ordinairement la seconde année pour séparer le sujet de l'arbre qui est greffé, afin que la réunion soit complète et bien assurée. La difficulté de réunir les circonstances propres à cette sorte de greffe fait qu'on n'y a recours qu'à la dernière extrémité.

J'ai essayée des boutures de noisetier en les faisant avant l'hiver ; car j'avais lieu de croire que si les cultivateurs modernes ne réussissaient pas à en faire, c'est qu'ils les exécutaient lorsque l'arbre avait déjà effectué sa fécondation, et que par conséquent il était en pleine végétation. Je n'ai pas été plus heureux que d'autres ; cependant il ne faut pas désespérer, et mon projet est de recommencer en variant les chances.

Le Noisetier de Bizance, *Corylus colurna*, Lin., est un arbre de 50 à 60 pieds de haut, dont l'écorce est blanchâtre et se lève par lanières ; les feuilles plus anguleuses et plus velues que celles de l'espèce commune ; les stipules linéaires ; les fruits petits, ronds et entièrement couverts par le calice, qui est très-charnu et dont les lanières sont très-larges. Il croît dans la Grèce et l'Asie-Mineure ; c'est un superbe arbre qui pousse avec une grande rapidité, et dont le bois est un de ceux qu'on emploie le plus généralement pour la construction des maisons et des vaisseaux à Constantinople : il vient fort bien dans le climat de Paris et n'y craint aucunement les gelées ; je l'y ai vu même pousser de 6 pieds en un an. C'est donc un arbre

22 *

des plus utiles à y multiplier ; mais il est encore rare, quoique depuis long-temps cultivé dans quelques jardins : son fruit m'a paru un peu inférieur au goût à celui de l'espèce commune, et il avorte fréquemment, mais cela tient peut-être à la jeunesse de l'arbre. Ses moyens de multiplication sont les mêmes que ceux du précédent, sur lequel il se greffe fort bien. Je l'ai fort répandu pendant que j'étais à la tête des pépinières de Versailles.

On cultive au Jardin des plantes une autre espèce de noisetier qui vient du même pays, qui a l'écorce grise, et qui porte le nom de *noisetier de Constantinople*. Il s'élève beaucoup plus que l'espèce commune, mais moins que celle-ci : il est regardé par Thouin comme en formant une distincte, et en effet son fruit diffère bien moins de l'espèce commune que celui de la précédente.

Le Noisetier a bec, *Corylus rostrata*, a les rameaux glabres et grisâtres ; les feuilles oblongues, cordiformes, pointues ; les stipules lancéolées ; le calice très-velu et prolongé en forme de bec bien au-delà du fruit, qui est presque rond : il croît en Amérique dans les lieux élevés. On le cultive dans les jardins des environs de Paris. Rarement il s'élève à plus de 4 pieds ; ses fruits sont inférieurs et en goût et en grosseur à l'espèce commune.

Le Noisetier d'Amérique, *Corylus americana*, Mich., a les feuilles en cœur ; le calice plus large à son extrémité, inégalement découpé et hérissé de poils glanduleux. Sa noix est presque globuleuse, mais plus large à sa base. Il se trouve dans l'Amérique septentrionale, où je l'ai observé : on le cultive dans les jardins des environs de Paris ; son fruit est également d'un goût médiocre.

Ces deux espèces, qui sont très-voisines, mais distinctes, se multiplient comme l'espèce commune ; elles n'ont d'autre mérite que de faire variété dans les jardins.

On cultive encore dans les jardins quelques espèces peu tranchées, sur lesquelles je n'ai pas pu me former une opinion précise, faute d'avoir vu leurs fruits. (B.)

NOIX. Fruit du Noyer. *Voyez* ce mot.

NOIX DE GALLE. Excroissance produite par un insecte sur un Chêne du Levant. *Voyez* ce mot et le mot Galle.

NOIX DE LALANDE. Variété du noyer commun : elle est la même que la noix ménage. *Voyez* Noyer. (B.)

NOIX MUSCADE. C'est le fruit du Muscadier. *Voyez* ce mot.

NOMBRIL DE VÉNUS. *Voyez* au mot Cotylet.

NONAIN. Nom vulgaire de l'asphodèle rameux dans les environs de Tours.

NONETTE. Variété de FROMENT BARBU à gros grains, qu'on cultive dans les environs de Genève, et qui exige des terres fortes et fertiles. Il varie à tige rouge et à tige blanche. On préfère la première sous-variété. (B.)

NONNE. Truie coupée. *Voyez* COCHON.

NOPAL. Plante du genre CACTIER, cultivée au Mexique, et qui donne la cochenille, qu'on trouve aussi sur quelques autres espèces du même genre, connues en général sous le nom d'OPUNTIA (1).

Les cactiers sont des plantes vivaces et grasses, indigènes de l'Amérique méridionale, et qui appartiennent à la famille du même nom. Il en existe un grand nombre d'espèces. Toutes ont un port qui leur est propre; toutes présentent des formes singulières très-variées et des fruits susceptibles d'être mangés; mais la plupart sont de peu d'utilité, c'est pourquoi on n'a pas dû en faire mention dans ce dictionnaire. Mais il n'en est pas ainsi du nopal et de plusieurs opuntias, dont on ne pouvait se dispenser de parler. La culture du nopal fait une des richesses de l'Amérique espagnole; et l'insecte précieux qu'on élève sur cette plante, ayant été introduit avec elle à Saint-Domingue, où il sera aisé de le propager, peut devenir à la paix une des branches les plus importantes. du commerce des colonies.

C'est à Thiéry de Menonville qu'on doit cette conquête. On peut regarder son entreprise comme la plus hardie et la plus intéressante de toutes celles qui, dans le dernier siècle, ont été faites par des particuliers. Lorsque Poivre conquit les arbres à épiceries sur les Hollandais, il était dans les Indes à la tête d'une grande administration, et pouvait disposer à son gré des vaisseaux et des officiers du prince. Mais quand Thiéry quitta la France pour aller enlever la cochenille au Mexique, ce fut avec ses seuls moyens et à ses périls et risques.

Depuis plus de deux cent cinquante ans, les Espagnols du nouveau continent possédaient exclusivement la cochenille. Quoiqu'elle fût devenue nécessaire aux arts et au luxe de l'Europe, et quoiqu'elle y fût toujours à un très-haut prix, aucune puissance maritime de cette partie dn monde n'avait encore songé à l'introduire dans ses colonies d'Amérique qui jouissaient de la même température que le Mexique. Réaumur, au commencement du dix-septième siécle, en avait fait inutilement la proposition au régent. Les Français et les autres Européens continuèrent d'acheter fort chèrement à l'Espagne

---

(1) On voit, dans la 44ᵉ. livraison des *Mœurs des Indous*, par Solvyns, une planche dans laquelle est figurée une récolte de cochenille dans l'Inde; ce qui prouve qu'on a dit à tort que c'était exclusivement le Mexique qui la fournissait au commerce.   (*Note de M. Bosc.*)

cette précieuse denrée. Thiéry conçoit le projet d'affranchir sa patrie de ce tribut. Il communique ses vues au ministère, qui lui fait des promesses encourageantes, mais ne lui donne aucun moyen d'exécution. Il n'entrait point dans la politique du gouvernement français d'avouer une entreprise aussi téméraire, il ne pouvait qu'en désirer le succès. Thiéry part donc seul, d'abord pour Saint-Domingue en 1776, d'où il se rend à la Havane et ensuite au Mexique. Réduit en quelque sorte au rôle d'aventurier, il poursuit son projet avec constance. Il fallait tromper la vigilance d'une nation jalouse, former des liaisons, inspirer de la confiance, observer en secret la culture de la cochenille, se procurer cet insecte avec la plante et enlever furtivement l'un et l'autre : tout cela était difficile et périlleux. Il fallait encore, après le départ, pouvoir conserver la cochenille pendant un long trajet de mer ; et enfin, pour mériter la gloire d'une telle entreprise, il était nécessaire d'intéresser la France et ses colonies à la propagation de l'insecte qui en avait été l'objet.

Le courageux naturaliste a l'adresse et le bonheur de réussir. Il gagne la bienveillance de quelques Indiens, de quelques noirs qui cultivent la cochenille. Au risque de perdre ou sa vie ou sa liberté, il parvient à connaître les différens cactiers propres à l'éducation de cet insecte. Il se procure, avec plusieurs échantillons de plantes, les deux espèces de cochenille les plus précieuses, et dont il avait appris à distinguer la nature, les habitudes et les produits. Muni de ces connaissances et de ces provisions, il s'embarque pour retourner à Saint-Domingue ; mais contrarié par une navigation longue et orageuse, il se voit exposé à perdre entièrement le fruit de son pénible voyage. Pour sortir de la Nouvelle-Espagne, il avait été obligé d'enfermer les nopals et la cochenille dans des coffres, qu'il osait à peine ouvrir dans la traversée. Ses plantes, privées d'air, périssaient les unes après les autres, et il en jetait chaque jour à la mer. Heureusement le vaisseau est forcé de relâcher à Campêche. Thiéry trouve dans cette partie du continent un cactier qui a la plus grande analogie avec ceux qui composent sa riche pacotille. Il en nourrit ses insectes, et bientôt après il arrive à Saint-Domingue avec sa petite colonie.

A peine est-il rendu au Port-au-Prince qu'il s'occupe de multiplier le nopal du Mexique ; il en forme une plantation assez étendue pour pouvoir conserver et propager la cochenille ; il étudie l'influence du nouveau climat sur sa constitution ; il suit les révolutions qu'elle peut éprouver dans les différentes saisons ; il cherche à connaître celles qui lui sont les plus favorables non-seulement au Port-au-Prince, mais dans toute la colonie ; enfin il tâche de distinguer les époques auxquelles il doit être plus avantageux de la semer. Tous ces essais demandent beaucoup d'observations , d'expériences et de peines : aucun obstacle n'arrête Thiéry , ceux qu'il rencontre ne servent qu'à ranimer son ardeur. Malheureusement une mort prématurée l'enlève au milieu de ses travaux et laisse à d'autres le soin de les continuer.

Après lui , ses expériences ont été répétées avec succès par le cercle des philadelphes du Cap , et , sans la révolution française , il est vraisemblable que l'île Saint - Domingue serait aujourd'hui en pleine possession de la cochenille. On peut espérer de la recouvrer à la paix et se flatter de faire revivre dans cette colonie une culture qui serait alors d'autant plus convenable, qu'elle exige très-peu de bras et de fonds. C'est le vœu que je forme. Puisse-t-il être bientôt accompli ! Pour concourir d'avance et autant qu'il est en moi à l'établissement de cette nouvelle branche d'industrie, je vais présenter aux colons une analyse courte et raisonnée des principes qu'ils devront suivre dans la culture du nopal et dans l'éducation de la cochenille. Je les ai puisés dans les écrits de Thiéry : je ne pouvais choisir un meilleur guide.

Ce botaniste reconnaît six principales espèces ou variétés de cactiers propres à nourrir la cochenille ; savoir ,

Le CACTIER PATTE DE TORTUE, *Cactus testudineus* , Th. Il est formé d'articulations plates et armé d'épines blanches très-longues et très-nombreuses. Il végète avec tant de vigueur, qu'une seule de ses articulations, étant plantée, parvient en trois ou quatre ans à la hauteur d'un arbre. Il a l'épiderme tuberculeux, les fleurs de couleur aurore, et il porte des fruits ronds, d'un vert clair, gros comme une pomme d'api, et dont la pulpe, d'un blanc grisâtre, est acide et peu agréable au goût ; il croît naturellement dans les lieux stériles de Saint-Domingue , et il est habité par la cochenille sylvestre.

Le CACTIER SYLVESTRE , *Cactus sylvestris* , Th. Il ne s'élève pas au-delà de vingt pieds. Ses articulations sont aplaties , larges , rétrécies à leur base, et armées à leur surface de faisceaux d'épines blanches très-poignantes ; ses fleurs sont rouges avec des pétales très-ouverts. Le fruit est gros comme une noix et de couleur de sang. Cette plante, dit Thiéry, croît dans les terres arides de l'intérieur du Mexique. La cochenille sylvestre y fait sa demeure et la préfère à toutes les autres plantes non cultivées. Elle s'y trouve en telle abondance, qu'elle en fait périr continuellement quantité d'articulations, qui tombent en pourriture avec les insectes qui les couvrent ; ce qui , suivant ce naturaliste, empêche cette espèce de s'élever en arbre comme la précédente.

Le **Cactier de Campêche**, *Cactus campechianus*, Th. Il est peu épineux, vient très-haut, et produit des fleurs et des fruits rouges, dont la pulpe a la même couleur. On peut, suivant Thiéry, élever sur ce cactier la cochenille sylvestre, et y nourrir une petite quantité de cochenille fine. C'est avec des plantes de cette espèce, prises à Campêche même, que ce botaniste a sauvé la cochenille qu'il a apportée de la Vera-Cruz à Saint-Domingue.

Le **Cactier jaune**, *Cactus luteus*, Th., vulgairement **raquette espagnole**. C'est une belle espèce, peu épineuse, et qui s'élève promptement en arbre. Sa fleur a les pétales ouvers; elle est jaune ainsi que le fruit, dont la pulpe est d'une saveur assez agréable. Thiéry a découvert et éprouvé que ce cactier peut être employé à l'éducation de la cochenille sylvestre.

Le **Cactier a cochenilles**, *Cactus cochenillifer*, Lin., appelé au Mexique **nopal des jardins**. Il a les articulations ovales, oblongues, comprimées, épaisses et presque entièrement dépourvues d'épines; ses fleurs sont petites et d'un rouge de sang.

Enfin, le **Cactier nopal de Castille**, qui est peut-être une variété du précédent. C'est le plus beau de tous les opuntias; il n'a presque point d'épines. Ses articles ont jusqu'à trente pouces de haut sur une largeur de vingt.

C'est de la culture des deux dernières espèces qu'il va être question, parce que ce sont les seules qui nourrissent la cochenille fine, et sur lesquelles on puisse cultiver avec profit la cochenille sylvestre. Cependant, dans les pays où ces deux nopals manquent, ou ne sont point encore communs, on peut, au commencement d'un établissement, leur substituer le cactier de Campêche, ou la raquette espagnole. Mais le cactier à patte de tortue et le cactier sylvestre, quoique propres à la cochenille, sont trop épineux pour être jamais cultivés avec avantage.

I. Culture du nopal.

Le terrain sur lequel on cultive les nopals pour y recueillir de la cochenille fine ou sylvestre, s'appelle au Mexique *nopalerie*.

§ 1. *Disposition et exposition d'une nopalerie : sol, abris, température.* Une nopalerie doit être bien fermée de murailles, s'il se peut, sinon d'une bonne palissade ou d'une haie vive, afin que les chiens, qui mangent le nopal, ne puissent pas s'y introduire, et afin qu'elle soit en même temps garantie de l'incursion des autres quadrupèdes, qui, quoique n'ayant aucun goût pour ce végétal, pourraient, en entrant par hasard dans une nopalerie, en fouler les jeunes plants, ou renverser les anciens, ce qui ne serait pas moins dommageable ; ou faire crouler une récolte de cochenilles dans leurs courses, par des mouvemens violens communiqués au nopal.

Une nopalerie d'un arpent ou d'un arpent et demi suffit pour occuper un seul Indien pendant six mois de l'année, et il peut faire le travail qu'elle exige. Dans une étendue de 40 lieues consacrée à cette culture, M. Thiéry n'a pas vu une nopalerie qui eût plus de 2 arpens.

Si la nopalerie est fermée de murailles, comme cette clôture recèle moins d'insectes que les haies, il suffira de tenir les plants éloignés de 4 pieds de la muraille ; mais si elle est entourée de haies, il faudra disposer entre la haie et les nopals une allée de 10 pieds de largeur.

La plantation doit être dirigée *est* et *ouest* par des lignes tirées du nord au sud, sur lesquelles on plantera les nopals, de manière qu'une de leurs faces ait l'exposition du soleil levant des équinoxes, et l'autre l'exposition du soleil couchant.

On plante les nopals en pépinière ou à demeure : dans le premier cas, on donne une distance de 2 pieds à chaque plant; dans l'autre cas, on les place à 6 pieds de distance les uns des autres sur des lignes parallèles, éloignées aussi de 6 pieds. On peut planter en quinconce ou en carré simple.

On ne doit laisser aucun arbre à l'est d'une nopalerie, afin qu'elle reçoive tous les premiers rayons du soleil levant, ce qui est d'une grande importance pour la marche des petites cochenilles, qui aiment à sortir du nid à cette heure pour aller se fixer sur la plante, parce que ordinairement le vent n'est pas encore levé ou n'est pas encore fort. Les arbres qui se trouveront au sud, à l'ouest et au nord de la nopalerie doivent être également abattus, à la distance de 20 toises environ, mais non pas au-delà, parce qu'il est certain que l'ombre de l'après-midi et l'abri du vent d'ouest sont favorables à la cochenille ; cependant comme les immondices des feuilles des branches sèches, et tous les insectes nuisibles qui habitent les grands arbres, gênent une nopalerie, la salissent et font tort aux cochenilles, dont elles attirent et recèlent les ennemis, il faut avoir soin d'en écarter tous débris d'animaux et de végétaux, tant pour éloigner les fourmis et les rats qui en vivent, que pour ne laisser aucune place commode à certaines mouches ou phalènes pour y déposer leurs œufs. Enfin une nopalerie doit être encore plus propre qu'un jardin d'indigo, et pour la tenir ainsi il faut la sarcler souvent : alors les ennemis de la cochenille, n'y trouvant aucune retraite pour se soustraire à l'œil vigilant du maître, se logeront ailleurs, ou, s'ils ne le font pas, il sera aisé de les exterminer.

On ne fera pourtant point la guerre aux araignées qui courent sans tendre de toiles, ni à celles qui tendent des filets autour des nopals. Au contraire, quoique le tissu formé par ces insectes présente un coup d'œil désagréable, il est avantageux de les conserver par les raisons suivantes : aucune araignée ne mange la cochenille ; les grosses araignées mangent les ravets, ennemis des nopals ; celles qui tendent des filets y prennent les papillons, les phalènes, les teignes, les mouches et d'autres insectes nuisibles par leurs vers ou chenilles ; les fils d'araignées, tendus d'une branche à l'autre, servent de route aux petites cochenilles pour se porter de leurs nids, par le chemin le plus court, à l'endroit qui leur convient le mieux, et souvent sur un nopal voisin où il n'y en a pas assez. Enfin les toiles d'araignées empêchent aussi les fourmis de passer outre, de molester les grosses cochenilles, de dévorer les petites, et quelquefois de manger les mères dans leurs nids aussitôt qu'elles sont mortes ; car il y a une espèce de fourmi qui dévore ces insectes vivans (1).

Le terrain d'une nopalerie doit être sec naturellement. Un sol marécageux, plein d'eaux croupissantes ou d'eaux vives qui sourdent, ne convient nullement à ces sortes de plantations. Par cette raison, le terrain doit être disposé et nivelé de manière que les eaux n'y séjournent pas, ou qu'elles n'en entraînent pas les terres. Telles sont les belles nopaleries de la plaine de Guaxaca.

Si l'on établissait une nopalerie sur la pente d'un coteau, il faudrait que les terres fussent mêlées d'une certaine quantité de pierres ou de cailloux qui pussent les retenir, et entre lesquels les nopals pussent jeter de fortes racines pour résister aux vents.

Toutes sortes de terres substantielles ou maigres, argileuses, graveleuses ou remplies de cailloux, conviennent à une nopalerie, le nopal y réussit à-peu-près également ; cependant il fera plus de progrès dans une bonne terre, et par conséquent il sera plus tôt en état de nourrir les cochenilles. Les terres des environs de Guaxaca sont excellentes, et c'est une des causes du grand succès de cette culture dans cette contrée.

Les nopaleries qui ont de grands abris naturels contre la violence des vents sont dans la situation la plus favorable. Ainsi les gorges des montagnes, les vallons, les culs-de-sac sont des places excellentes pour ces sortes de plantations. Comme, dans ces lieux le vent ne peut pas exercer aisément sa furie, les petites cochenilles qui sortent du nid ne sont point

---

(1) Ces faits auraient besoin d'être vérifiés, car ils sortent de l'ordre naturel.　　　　　　　　　　　　　(*Note de M. Bosc.*)

emportées de dessus le nopal avant qu'elles aient pu s'y fixer, et les cochenilles déjà avancées en âge ne sont point tourmentées.

Après l'avantage de l'abri on doit chercher celui de la température : la plus convenable est celle qui présente 16 degrés au-dessus de la congélation (*therm. de Réaumur*), à quatre heures du matin dans le mois de mai. C'est la température qui a été observée par M. Thiéry pendant huit jours dans les gorges et dans les plaines de Guaxaca. Ainsi on ne peut douter qu'elle ne soit préférable à toute autre, puisque c'est de cette province que l'on tire la plus belle cochenille de tout le Mexique.

Il importe aussi qu'une nopalerie soit placée sous un ciel parfaitement sec en hiver, ou s'il est alors pluvieux et que les pluies soient périodiques, il est avantageux de connaître le retour de ces périodes et leur fin. Si entre chaque période de pluie, il y a deux mois de sécheresse, le territoire situé sous un tel ciel sera propre à cette plantation ; mais dans les lieux où les pluies d'hiver sont irrégulières et d'une irrégularité constante, il faut renoncer à la culture du nopal, à moins que ces pluies ne soient de petites pluies douces et passagères ; car si ce sont des pluies d'orages et qui tombent par torrens, elles endommageront beaucoup la nopalerie, et rendront la récolte de la cochenille très-incertaine.

Voici donc l'ordre de sécheresse du ciel sous lequel on doit choisir le territoire propre à assurer la culture des nopals. On doit regarder comme le plus bas degré d'aptitude un ciel qui verse irrégulièrement des pluies, même légères et peu durables, depuis le mois d'octobre jusqu'au mois de mai, on peut y faire de la cochenille ; mais si ces pluies tombent au moment des semailles, il est à craindre qu'elles ne fassent périr un tiers ou moitié des nouvelles cochenilles. Vient ensuite le ciel nébuleux ou sujet aux brouillards ; il vaut mieux que le précédent, parce que les gouttes d'eau qu'il répand ne peuvent tuer par leur poids les cochenilles encore jeunes. Après un ciel brumeux on doit préférer celui qui est régulièrement pluvieux, et qui, de la fin des pluies à leur retour, reste serein au moins deux mois de suite. A ce dernier on préférera encore celui qui pendant l'hiver donne deux intervalles de sécheresse au lieu d'un. Enfin le ciel le plus favorable au succès des nopals et à l'éducation de la cochenille est celui qui depuis octobre jusqu'en mai ne répand aucune pluie, si ce n'est un ou deux petits grains en janvier. Tel est constamment le ciel de toutes les provinces de Guaxaca et celui de plusieurs vastes plaines ou cantons de l'île de Saint-Domingue.

§ 2. *Préparation du terrain ; manière de planter les nopals ;*

choix ; conservation et renouvellement des plants. Les nopals, ainsi que tous les cactiers, se multiplient de boutures avec une extrême facilité ; un tronçon de leur tige, un article ou feuille mis en terre prennent racine et donnent bientôt un nouvel individu. Il n'est guère de plantes qui exigent moins de culture ; cependant quand on a fait le choix du sol et du climat, il faut donner à la terre certaines préparations avant de planter les nopals, et ne les planter que dans une saison convenable, relativement au lieu qu'on habite. Le terrain doit être préparé pendant les sécheresses qui précèdent les pluies du printemps ou de l'automne. S'il est couvert d'arbres et de buissons, on ne doit pas se contenter de les couper, il faut les déraciner et emporter troncs, branches et feuilles hors de la nopalerie, pour les brûler ou les laisser pourrir. Si le terrain n'est rempli que d'herbes, on les arrachera toutes au couteau, en déracinant les plus petites et coupant les plus grandes entre deux terres ; on les étendra pour les faire sécher au soleil, et on y mettra ensuite le feu ; les cendres des légers débris de ces plantes ne peuvent que bonifier le sol, qu'on défonce ensuite à la bêche ou de toute autre manière, avec l'attention d'en ôter toutes les pierres un peu grosses.

Le terrain, ayant été nettoyé et labouré, est dressé et rendu uni avec le râteau ; on dispose alors autour de la nopalerie les allées qui la séparent des clôtures, et on la partage en deux ou quatre carreaux par une ou deux allées transversales, qui, en facilitant le passage, forment tout naturellement des divisions de travail. Dans chaque carreau, on trace des lignes du nord au sud à diverses distances, selon qu'on a l'intention de planter en pépinière ou à demeure, et sur chaque ligne on creuse un fossé d'un demi-pied de profondeur et d'un pied de largeur. Toutes les terres du fossé sont rejetées du côté de l'est. On y plante alors les nopals en carré ou en quinconce, et aux distances dont j'ai déjà parlé. A Guaxaca, on fait toujours cette opération un mois et demi ou environ avant les solstices d'été et d'hiver. Il est désavantageux de planter dans le temps de la floraison, parce que les plantes fleurissent avant de donner des bourgeons, et cela retarde leur développement.

Pour les nopaleries à demeure, on choisit des plants composés de deux articles, jamais de trois : le troisième tomberait et pourrirait. Ils peuvent être pris depuis le haut de la tige jusqu'aux racines ; les plus voisins des racines sont préférables, parce qu'ils poussent plus vigoureusement en terre, et donnent des bourgeons plus grands et plus promptement. On ne doit pas rompre, casser, ni arracher les articles destinés au plant, mais les couper avec un couteau au point d'intersection qui les sépare des articles voisins ; il en résulte deux bons effets.

En détachant ainsi le plant, sa blessure et celle de la plante restante se cicatrise mieux et plus tôt, et on évite par là les maladies que le tiraillement des nervures et la lacération de la substance causeraient infailliblement. D'ailleurs le nopal qui a fourni le plant ne présente alors, après sa séparation, rien de défectueux ni de choquant à l'œil.

Il est d'expérience constante que plus les articles que l'on plante sont grands, plus ils donnent de bourgeons et de beaux articles, de manière que si un article était coupé en quatre parties, dont on mettrait chacune en terre, ceux qui en naîtraient ne seraient jamais moitié de sa grandeur; il est vrai que les articles produits par les sèves suivantes sont toujours de plus en plus gros jusqu'à ce qu'ils aient atteint le terme de grandeur constante assigné à leur espèce; mais cela même est un inconvénient, car alors les tiges étant trop fortes pour le tronc, sont déracinées par le moindre coup de vent, et il faut replanter. Ainsi, un cultivateur qui, certain et prévenu que chaque gemme ou œil de la plante peut fournir une bouture, et qui, impatient de jouir, diviserait chaque article en autant de plants qu'il s'y trouve de gemmes, afin de multiplier tout à coup ses nopals, ferait une mauvaise opération. Il obtiendrait, il est vrai, des bourgeons de la majeure partie de ces plants; mais ces bourgeons seraient petits, cylindriques, spatulés et ordinairement chétifs jusqu'à la sève suivante : ce n'est qu'alors qu'ils donneraient des articles d'une forme régulière, mais d'une grandeur au-dessous de l'ordinaire. Enfin, il n'obtiendrait qu'à la troisième sève des plantes analogues, pour la grandeur et la forme, à celle sur laquelle il aurait pris le plant; mais ces plantes, ayant leurs articles supérieurs beaucoup trop forts relativement aux inférieurs et aux troncs, seraient exposés aux accidens dont j'ai parlé. Quand on veut établir ou agrandir une nopalerie, quelque petit nombre de sujets qu'on ait, il vaut mieux consacrer pour chaque plant un article entier, qui, dès sa première sève, en donnera deux ou trois semblables à lui; à la seconde, ceux qui naîtront de ceux-ci auront acquis la grandeur qu'ils doivent naturellement avoir. Cette manière d'opérer est plus sage que la précédente et promet des succès plus certains. On ne doit point oublier qu'en agriculture, ainsi que dans la médecine, tout l'art consiste à seconder la marche de la nature, et non point à la contrarier, pour satisfaire une avidité ou une impatience déraisonnable.

Quand l'Indien de Guaxaca plante une nopalerie à demeure, il met ordinairement dans chaque fosse deux plants, et quelquefois trois, composés de deux articles chacun: par ce moyen, la plantation est plus assurée, parce que, en cas d'accident,

les plants qui ont manqué sont aisément remplacés par les superflus, qu'on arrache dans la suite.

Le plant doit être placé obliquement dans la fosse, de manière que l'un des articles soit tout entier à plat sur la terre,
et que l'autre en sorte à moitié, formant avec le sol un angle
très-aigu à l'ouest.

Si cet article, au lieu d'être couché, était posé de champ,
il pousserait des pivots latéraux à droite et à gauche, mais toujours horizontalement, et qui, par cette raison, seroient peu
propres à affermir la nouvelle plante au sol; au lieu que,
lorsque l'article est couché, il sort de sa surface inférieure un
fort pivot perpendiculaire, qui, joint aux racines horizontales,
donne au jeune nopal une assiette inébranlable et le rend capable de braver les vents et les pluies d'avalasse. En plantant,
on remet à fur et à mesure dans les fossés la terre qui en a été
tirée, et on en recouvre de 2 pouces la partie du plant qui est
couchée. Si on le couvrait davantage, il pourrirait ou languirait
long-temps.

On ne doit point employer pour plants les articles qui ont
porté et nourri récemment de la cochenille, parce qu'ils sont
épuisés de sève, en partie vides ou remplis d'air qui, par son
action, en corrompt les parois et amène insensiblement la pourriture. Lorsque M. Thiéry arriva du Mexique à Saint-Domingue avec sa petite cargaison de nopals, les colons français,
trop impatiens de les multiplier, les plantèrent sans choix, et
tous les articles sur lesquels la cochenille avait vécu pendant
le voyage et qui furent imprudemment plantés pourrirent.

Lorsqu'on élève les nopals en pépinière, on ne plante qu'un
article au lieu de deux; on le pose à plat dans un fossé de
3 pouces de profondeur, et on jette une poignée de terre sur
le milieu de la feuille. Pour se procurer de beaux nopals, on
fume quelquefois la pépinière avec du fumier de bœuf et de
cheval, mis l'un et l'autre par moitié; il doit être parfaitement consommé, réduit en pur terreau et bien mêlé avec la
terre. A toute autre époque de cette culture, et après la transplantation des nopals, les Indiens ne mettent jamais de fumier
dans les nopaleries, parce qu'il y attirerait trop d'animaux,
tels que les souris, les lézards, les scarabées, les fourmis, les
ravets et beaucoup d'autres.

Les sarclaisons sont indispensables dans une nopalerie : si
elle n'est pas tenue proprement, les herbes étrangères étouf-
feront les jeunes nopals, gêneront les grands, et serviront de
retraite et de pâture à mille insectes pernicieux. Il ne doit y
avoir qu'un insecte dans ces plantations, c'est la cochenille;
tous les autres, quelque innocens qu'ils soient, y sont suspects,
l'araignée exceptée. Les nopals nouvellement plantés deman-

dent à être sarclés à la main, ou avec une faucille ou un petit couteau; on ne doit point se servir de la bêche ni de la houe, parce que ces instrumens pourraient mutiler le plant ou couper les racines, qui s'étendent assez loin. Une nopalerie doit être sarclée trois ou quatre fois par an, toujours après les pluies, et jusqu'à ce que les nopals soient assez grands pour être semés en cochenille; mais il faut bien se garder de sarcler lorsque la cochenille est près d'être récoltée, parce que le moindre mouvement peut la faire crouler; ou s'il est nécessaire de le faire, il faut sarcler alors avec le couteau.

Quoique les nopals s'accommodent très-bien des températures et des terrains secs, cependant les sécheresses trop prolongées leur sont nuisibles; pendant celles de Guaxaca, qui durent jusqu'à six mois, les articles supérieurs de ces plantes sont quelquefois flétris, et les cochenilles qu'elles nourrissent ridées et épuisées. Un arrosage fait à propos est donc avantageux aux nopals. Dans la pépinière, il suffit de tremper la terre seulement de 6 à 8 lignes, et l'on peut verser l'eau sur la plante avec la pomme de l'arrosoir; ses tiges, humectées et rafraîchies, poussent alors leurs bourgeons, et ceux qui sont sortis croissent plus vite. Dans la grande plantation, l'arrosage doit être plus abondant; mais il serait convenable de n'arroser que les racines; car les pluies et les eaux versées sur les tiges des nopals leur font tort, lorsqu'ils sont semés et couverts de cochenilles.

Les nopals croissent promptement. On les laisse parvenir à la hauteur de 4 à 5 pieds, 6 pieds au plus; ils y arrivent en deux ans. Mais dix-huit mois après qu'ils ont été plantés, ils sont déjà en état de recevoir la cochenille, et on les sème. On continuera à les semer pendant 6 ans. Après ce temps, on les coupe à un pied et demi de terre, ou on renouvelle tout-à-fait la plantation. De ces deux méthodes la première est la plus expéditive, mais elle est désavantageuse à beaucoup d'égards. Une nopalerie recepée en entier a toujours mauvaise grâce, elle est plus malpropre; elle recèle beaucoup d'insectes dans ses vieilles souches; et les nopals, abandonnés à eux-mêmes, redeviennent pour ainsi dire agrestes et conservent toutes leurs épines. Le renouvellement de la plantation présente les avantages opposés. Il éloigne de plus en plus les nopals de leur état sauvage; il leur fait perdre avec le temps une partie de leurs épines, et il procure en outre de jeunes sujets pleins de vigueur et de sève, et dont le suc plus substantiel est plus propre à nourrir l'insecte précieux destiné à vivre sur cette plante.

§ 3. *Maladies du nopal; ses ennemis; accidens qu'il peut éprouver.* Le nopal est sujet à des maladies; il a des ennemis à redouter et des accidens à craindre ; mais une nopalerie bien établie n'en peut jamais éprouver un trop grand dommage. Si quelques plants en souffrent, si d'autres périssent, la perte n'est pas complète comme dans les cotonneries et les indigoteries, dont les chenilles dévorent quelquefois en une nuit ou deux toute la récolte.

Les maladies du nopal sont la pourriture ou gangrène, la dissolution et la gomme. Toutes sont locales, aucune n'est contagieuse. En retranchant jusqu'au-delà du vif les parties qui ont souffert, on sauve la plante et on peut en profiter.

La pourriture ou gangrène se manifeste du soir au lendemain par une tache noire et ronde à la surface des articles. Si on enlève cette tâche, la substance intérieure pourrit quelquefois, et la pourriture s'étend et corrompt le reste de l'article. Quelquefois aussi il s'y forme une escarre naturellement, et la pourriture tombe d'elle-même. Il ne faut pas attendre l'événement, il faut scarifier tout de suite la partie malade. Le vrai nopal du Mexique est souvent attaqué de cette maladie.

La dissolution est une décomposition subite de toute la substance intérieure de la plante. Un article, une branche entière, quelquefois le tronc seul, d'un état de santé apparent passe dans une heure à la putréfaction. L'écorce perd son éclat et devient d'un jaune sordide. Si on sonde la plante avec une épingle, l'eau en coule abondamment ; si on la coupe avec un couteau, on voit tout le parenchyme pourri. Il n'y a point alors d'autre remède que la scarification ; on doit même enlever le tronc et les racines, s'ils sont affectés, changer la terre, et remplacer ce plant par un autre. L'opuntia de Campêche est particulièrement sujet à cette maladie.

La gomme est produite par une sève trop abondante. Dans cette maladie, la substance et la couleur de la plante ne sont point altérées, mais la partie affectée se tuméfie, et il s'y forme une crevasse par où découle une liqueur qui se fige en larmes et qui devient une gomme farineuse et opaque, jaune dans les nopals, blanche dans le nopal de Castille. On arrête le mal en scarifiant les canaux où cette liqueur se laisse apercevoir.

Les principaux ennemis du nopal sont les rats, les ravets et deux chenilles d'une espèce particulière. Les rats attaquent rarement le nopal en plein champ, et ailleurs ils ne le rongent que lorsqu'ils sont affamés. On les écarte par les moyens connus. Le ravet, *blatta americana*, Lin., ronge les jeunes bourgeons des articles et laisse les adultes. Cet insecte est communément dévoré par une araignée qui lui fait une guerre active ; on peut aussi le détruire en plaçant sous quelques nopals des vases à orifice étroit, à moitié remplis de sirop ; le ravet s'y jette et s'y noie.

Un troisième ennemi du nopal, plus nuisible que les deux précédens, est la larve d'une phalène qu'on n'a point encore vue. C'est une petite chenille jaune, transparente et sans poil, de la grosseur d'une plume de perdrix; elle se place toujours au milieu à-peu-près du bourgeon de l'article naissant, à couvert d'une galerie de toile qu'elle file à mesure qu'elle paît la surface tendre du bourgeon quand il est développé; elle creuse un trou à travers l'écorce, qu'elle conserve comme paroi de son logement, pénètre dans la substance charnue et la dévore. Une seule de ces chenilles détruit la moitié d'un article avant qu'il ait pu recevoir tout son accroissement; on la reconnaît à sa toile, à ses excrémens en bouillie jaune, et à la transparence de l'article, dont elle ne blesse pas l'épiderme : il ne faut pas négliger de la chercher soir et matin, et de l'écraser en la tirant de son trou. Dans une pépinière qui est en sève, elle se trouve très-communément sur tous les opuntias et les nopals.

Enfin le quatrième ennemi du nopal est un insecte particulier, autre espèce de COCHENILLE qu'on ne peut distinguer à la vue simple, mais que plusieurs indices décèlent. Les articles de ce cactier sont quelquefois couverts de petits points jaunes, qui prennent en croissant une forme orbiculaire, dont le centre est élevé en pointes noires; sous cette pointe on aperçoit une petite masse de matière verte, informe en apparence, mais qui, vue à la loupe, présente la femelle de l'insecte dont il s'agit; le mâle est niché dans de petits cylindres jaunes d'où il sort revêtu de deux ailes jaunâtres élevées; on n'aperçoit rien de plus sans microscope : le cultivateur n'a pas besoin d'en savoir davantage. Le nombre de ces insectes étonne l'imagination; sur une surface d'une demi-ligne on en a compté huit cents. Ils font souffrir tellement la plante, que l'écorce passe d'un vert vif à un jaune pâle; cette écorce disparaît quelquefois sous leur nombre, et les cochenilles n'y peuvent trouver place pour y insérer leur trompe. Heureusement ces insectes n'attaquent jamais que quelques nopals: n'importe, dès qu'on en aperçoit la plus petite quantité dans une nopalerie, on doit les détruire sur-le-champ. Pour cela on frotte fortement les articles avec une éponge imbibée d'eau, pour écraser et faire tomber les points noirs et les cylindres et ce qui est dedans et dessous; on lave ensuite la plante avec une autre éponge et de nouvelle eau. Alors les progrès ne sont jamais grands, et on s'épargne beaucoup d'ouvrage; car si on négligeait pendant un mois cette opération, le nopal se trouverait à la fin dévoré par cet insecte depuis les racines jusqu'aux extrémités des tiges.

Les nopals sont exposés à être renversés ou déracinés par les vents et les pluies. Quand un nopal provient d'un article trop petit ou trop faible, les premiers articles qu'il pousse sont tous cylindriques ; sur ces cylindres s'élèvent d'autres articles qui reprennent la forme de leur espèce ; ils croissent toujours de grandeur les uns sur les autres jusqu'à ce qu'ils aient acquis celle qui leur est affectée ; mais le tronc n'en reste pas moins faible, et s'il survient un grand vent il est déraciné. On remédie à ce malheur en replantant les plus grands articles du nopal renversé, et on le prévient en s'astreignant scrupuleusement à planter comme nous l'avons prescrit.

Cependant, quoiqu'un nopal ait été planté dans toutes les règles, il peut être renversé par une autre cause : ainsi lorsqu'il tombe une de ces pluies d'avalasse, si fréquentes en Amérique, et que la terre se trouve détrempée en bouillie à un pied de profondeur, si les nopals alors ne sont pas déjà pourvus d'un fort pivot et de racines horizontales, si leurs tiges sont trop diffuses, le vent qui accompagne ces pluies les renverse promptement. Cela arrive plutôt sur les coteaux que dans les plaines ; mais ce malheur est rare, et le remède est simple. Il n'est pas nécessaire de replanter le nopal, on doit même s'en garder ; mais dès que l'orage cesse, on prend deux pieux dépouillés de leur écorce et beaucoup plus longs que les sujets renversés ; pendant qu'on fait soutenir le nopal redressé, on engage dans ses branches la tête d'un pieu, on écarte sa pointe des racines, et on l'enfonce d'un pied et demi en terre. On fait de même de l'autre côté de la plante ; au bout de six mois, ce nopal est plus solidement enraciné qu'aucun autre, et on peut lui ôter ses tuteurs.

Après avoir parlé de la culture du nopal ou des nopals, il est indispensable de faire connaître la manière d'élever et de multiplier la cochenille ; car c'est la reproduction sûre et abondante de cet insecte précieux qui doit être l'unique objet des soins qu'on donne à la plante.

II. Éducation de la cochenille.

On élève et on cultive au Mexique deux sortes de cochenilles, la sylvestre et la fine. La cochenille sylvestre ou sauvage s'appelle en espagnol *grana sylvestra* ; elle habite naturellement sur le cactier sylvestre. On la trouve dans l'intérieur des terres et sur les côtes, dans les clairières des forêts, sur le bord des chemins ou dans les savannes sèches.

La cochenille fine se nomme *grana fina*, c'est-à-dire graine fine : on ne la voit nulle part dans les campagnes et les forêts du Mexique ; elle n'habite que les cases et les jardins des Indiens qui la récoltent. Elle est aussi connue sous le nom de *mestèque*, parce qu'on la cultive à Métèque, dans la province de Honduras. Cette cochenille est plus grosse que la sylvestre, dont elle est peut-être une variété perfectionnée, et elle n'est point revêtue d'un duvet cotonneux; mais à ces deux différences près, elle est conformée et organisée comme elle : elle naît et se perpétue de la même manière, croît dans les mêmes périodes, et achève son cours dans les mêmes termes.

Les femelles des cochenilles, dit M. Latreille, vivent environ deux mois, et les mâles la moitié moins; les uns et les autres restent dix jours sous la forme de larves, quinze sous celle de nymphes, et ensuite deviennent insectes parfaits propres à se reproduire. Les femelles, en changeant d'état, ne changent pas de forme; elles quittent seulement leur peau pour en prendre une autre, au lieu que les mâles sortent de leur dépouille de nymphes avec des ailes. Jusqu'à cette époque, rien ne les distingue des femelles, si ce n'est qu'ils sont de moitié plus petits; devenus insectes ailés, ils s'accouplent et meurent. Les femelles, qui vivent encore un mois après avoir été fécondées, prennent de l'accroissement pendant ce temps, et elles périssent après avoir donné naissance à leurs petits. *Nouv. Dict. d'hist. nat.*

La nature a couvert la cochenille fine d'une poudre blanche et grasse, comme pour la préserver de l'humidité d'une petite pluie ordinaire, dont les gouttes roulent sur cette poudre sans pouvoir mouiller l'insecte, et elle a armé la cochenille sylvestre d'un coton épais, tenace et fin, contre les chocs d'une pluie plus violente; aussi celle-ci résiste-t-elle plus que l'autre aux intempéries des saisons, et son éducation demande-t-elle moins de soins.

La grande différence extérieure entre la cochenille sylvestre et la cochenille fine, qui paraissent également blanches, c'est que le corps de celle-ci, malgré la poudre dont il est couvert, s'aperçoit parfaitement bien, au lieu que l'on voit à peine la sylvestre, qui est enveloppée de coton. La cochenille sylvestre est donc cotonneuse, et la cochenille fine farineuse ou poudreuse, mais toujours deux fois plus grosse environ que l'autre.

Toutes choses égales, la récolte de la cochenille sylvestre est plus sûre, et celle de la cochenille fine plus abondante : de deux nopals de pareille grandeur et également chargés de l'une ou l'autre espèce, celui qui aura nourri la cochenille fine donnera toujours un tiers plus de poids de cette denrée; elle est plus chère aussi d'un tiers que l'autre à Guaxaca même. Ainsi son produit est plus considérable : comparé à celui de la cochenille sylvestre, il présente à-peu-près un rapport de douze à cinq. Cependant la couleur que donne la sylvestre est meilleure et plus solide; mais elle a moins de brillant et d'éclat. D'ailleurs on n'a pas le même profit à l'employer; il en

23 *

faut quatre parties et quelquefois davantage, pour tenir lieu d'une seule partie de cochenille fine : cela vient, selon Thiéry, de ce que la matière cotonneuse qui la couvre, en augmentant son poids, absorbe une partie de sa couleur.

Néanmoins l'éducation de la cochenille sylvestre doit être regardée comme très-avantageuse, parce que ses récoltes se font toute l'année, parce qu'elles sont toujours certaines, et que leur produit supplée au défaut de la récolte de la cochenille fine. La cochenille sylvestre est pour le cultivateur une ressource, une indemnité ; d'ailleurs elle est essentiellement utile et même nécessaire aux manufactures de l'Europe, qui l'emploient au grand et bon teint ; enfin c'est celle qu'on peut se promettre le plus tôt de multiplier à Saint-Domingue, parce qu'on la trouve sur quelques cactiers de cette île. Je vais donc faire connaître d'abord la manière de l'élever ; et comme l'éducation de la cochenille fine est à-peu-près la même, en parlant après de celle-ci, je ne présenterai que les différences ou les exceptions.

§ 1. *De la cochenille sylvestre.* Cette cochenille ne peut être récoltée avec profit sur les opuntias épineux, parce qu'il est très-difficile de l'ôter d'entre les épines : le plus habile ouvrier n'en peut recueillir par jour que 2 onces séchées, tandis que sur le nopal des jardins il en recueille 3 livres dans le même temps ; aussi l'Indien a-t-il abandonné la cochenille sylvestre des cactiers épineux pour la nourrir sur le nopal, où elle s'est perfectionnée par la multiplication des récoltes et des nouvelles semailles. Non-seulement elle perd sur cette plante une partie de son coton ; mais elle y est plus grosse de moitié que dans l'état sauvage : elle y forme des groupes moins gros ; elle se répand plus également, plus distinctement, et trouve par conséquent plus de place propre à la nourrir.

Cette cochenille une fois posée sur le nopal s'y multiplierait sans aucun autre soin et jusqu'à fatiguer la plante, si on ne s'occupait pas de la recueillir tous les deux mois : quand même, après l'avoir recueillie, on ne la semerait pas de nouveau, les premiers nés des petits s'éleveraient d'eux-mêmes en nombre suffisant, pour y perpétuer l'espèce de manière à donner, quatre mois après, une récolte abondante ; mais le nopal serait alors épuisé. D'ailleurs la cochenille qui se propage d'elle-même est toujours plus petite que celle qu'on sème, parce que, dans le premier cas, les petits ne s'écartent guère de la mère, se gênent les uns les autres, et sont obligés de se contenter d'une place épuisée de substance par le long séjour de la mère : cet épuisement est tel, que la place où a vécu une cochenille mère se cave d'une ligne de profondeur et du diamètre d'un demi-pouce ; l'impression qu'elle y laisse est jaune, la plante souffre dans cette partie, et il en résulte la perte d'une récolte de petites cochenilles, qui, en périssant, ôtent encore au planteur l'espérance de la récolte suivante.

Pour prévenir donc la dégénération de cet insecte, pour en perfectionner l'espèce et éviter la ruine de la plante, il faut semer tous les deux mois, en proportionnant la quantité de cochenilles qu'on sème à la force du nopal, et récolter toujours à pareil terme ; mais la récolte doit être entière et parfaite, c'est-à-dire qu'il faut enlever non-seulement toute la cochenille, mais encore tout le coton qu'elle laisse attaché au nopal. Pour cela, on frotte fortement la plante avec un linge : par ce moyen, on enlève en même temps la partie colorante de quelques cochenilles écrasées, qui pourraient attirer les fourmis, et on purge enfin le nopal des œufs et des chrysalides des insectes destructeurs qui restent quelquefois cachés dans le coton de la cochenille : c'est en prenant tous ces soins qu'on peut semer avec succès et se promettre, avec la conservation des nopals, de belles générations d'insectes.

Mais quand et comment doit-on semer la cochenille ? et qu'est-ce que semer un insecte ? Cette expression, qui semble impropre, et qui vient peut-être de l'erreur qui a fait regarder long-temps la cochenille comme une graine, est pourtant la seule convenable pour énoncer l'opération dont il s'agit. Semer la cochenille, c'est mettre des mères dans des nids qu'on place sur un nopal, afin que la génération qui en doit provenir se répande, se fixe et croisse sur cette plante. Les nids sont faits ordinairement avec une espèce de filasse tirée des pétioles des feuilles de palmier : on peut y employer toute autre matière cotonneuse, toute étoffe de paille ou de fil, pourvu qu'elle soit d'un tissu lâche, et qu'elle permette aux petites cochenilles de s'échapper pour se rendre sur le nopal.

On peut semer la cochenille sylvestre dix-huit mois après que la nopalerie a été plantée ; lorsqu'on se propose de semer, il faut avoir des nids préparés d'avance. Le jour même où l'on sème, on y place les mères qui accouchent et celles qui sont le plus près d'accoucher ; on reconnaît les premières à un ou deux petits pendans à leur abdomen, et les secondes à leur extrême grosseur. On met dans chaque nid quatre, huit, douze ou seize mères, selon la quantité qu'on en a, selon leur fécondité, selon le nombre de nids à placer et celui des nopals ou des articles de nopal qu'on a à semer. Ainsi un nopal composé seulement de deux articles ne peut recevoir que deux ou quatre mères au plus ; si on y en mettait davantage, il serait fatigué par leur trop nombreuse génération. Mais dans l'extrême opposé, un nopal qui, par exemple, serait composé de cent articles (et il y en a qui en ont cent cinquante) peut comporter deux ou trois , ou quatre cents mères distribuées par quatre en cent nids , ou par huit en cinquante nids , ou par seize en vingt-cinq nids , de manière qu'un nid de seize soit placé à l'aisselle d'une branche de huit articles , un nid de huit à une branche composée au moins de quatre articles , et un nid de quatre sous une branche de deux articles. En général , pour que les insectes soient répartis sur le nopal le plus également possible , on doit toujours considérer le nombre de ses articles , et y proportionner celui des nids et des mères dans chaque nid sans cependant trop diminuer le nombre de celles-ci , ni trop multiplier les nids , parce que l'opération deviendrait alors minutieuse et difficile.

Pour peupler les nids , on doit préférer les cochenilles les plus grosses ; l'expérience a prouvé que leurs petits étaient plus forts , et la récolte plus certaine et plus avantageuse.

Quand on a rempli un nombre suffisant de nids pour les semailles du moment , on les place de grand matin et au premier rayon du jour : chaque nid est inséré de force aux aisselles des branches et fixé avec une ou deux épines ; on a soin de tourner le fond du nid du côté du soleil levant pour faire éclore promptement la petite famille. On commence à les placer à un pied et demi de terre , à la naissance de toutes les branches, montant toujours et finissant à l'article pénultième ou antépénultième de chaque branche.

Il faut , s'il est possible , qu'une nopalerie soit semée en deux ou trois jours , afin que toute la récolte puisse être faite à-la-fois , ce qui diminue alors la répétition des mêmes opérations ; car il n'en coûte pas plus de temps et de soins pour préparer et sécher cent livres de cochenille que pour en préparer une seule.

Aussitôt que les cochenilles ont été semées , l'accouchement des mères a lieu.

Leurs petits sortent alors sous la forme d'animaux vivans parfaitement bien organisés ; ils ont la grosseur de la tête d'un camion : les mâles sont moins gros d'un tiers que les femelles et paraissent plus allongés. Dans ce premier état , ils restent tous , pendant quelques jours , sous le ventre de la mère , comme sous un abri qui les protége contre les pluies et les orages. Elle les réchauffe de sa chaleur et les nourrit de sa substance. Dès qu'ils peuvent marcher , ils la quittent pour se répandre sur la plante. C'est la seule fois que les femelles marchent pendant tout le cours de leur vie, et c'est la première pour le mâle , qui ne marche une seconde fois qu'au moment de son accouplement avec la femelle. Arrivés sur les articles du nopal le même jour de leur départ , ou le suivant au plus tard , ces insectes se fixent sur les revers des articles qui leur conviennent le mieux. Ils préfèrent à tous les autres articles ceux des deux sèves précédentes, et ils se placent sur celle de leurs surfaces qui regarde l'est-sud-ouest, afin de se garantir par là des vents de nord-est, et sur-tout de la brise d'est, toujours régulière et violente dans la vallée de Guaxaca. Ainsi, quand la cochenille est parvenue à l'âge d'un mois, la nopalerie est à-peu-près nue d'insectes au levant, et paraît verdoyante, tandis que du côté du couchant elle paraît toute blanche et comme poudrée de fine fleur de farine. Mais les nopals abrités de tous côtés à l'est ont leurs articles toujours également chargés d'insectes sur chaque surface, et la cochenille en est toujours plus grosse que celle des nopals exposés en même temps à l'est et à l'ouest.

Les jeunes cochenilles se fixent sur le nopal en insérant leur trompe dans son écorce. Si, dans la suite, elles sont dérangées par quelque événement, leur trompe se rompt et elles périssent. Ainsi, les premiers jours de leur naissance passés, il n'est plus possible de transférer les cochenilles d'une plante à une autre; et lorsqu'un nopal meurt, tous les insectes dont il est couvert meurent nécessairement avec lui.

C'est au moyen de sa trompe enfoncée dans la plante que la cochenille en suce le suc gommeux, qu'elle rend ensuite par l'abdomen, en excrément, sous le forme d'une petite boule vésiculaire, remplie de sérosité blanche, orangée, ou jaune, ou rouge, suivant son espèce et suivant les différentes époques de son existence. Tout son corps, excepté le dessous du corcelet, est couvert d'une matière cotonnense, blanche, fine et visqueuse, et il est bordé de poils tout autour. Huit jours après qu'elle s'est fixée, les poils et la matière cotonneuse s'allongent et se collent sur la plante, et l'on y voit alors autant de petits flocons blancs qu'il y a de cochenilles. Plusieurs de ces flocons sont séparés les uns des autres; quelquefois une centaine sont groupés ensemble; le groupe augmente de volume à proportion de l'âge des insectes : le coton dont ils sont couverts contracte alors une telle adhérence à la plante, qu'il est difficile de l'enlever tout entier quand on récolte la cochenille.

Cette récolte a lieu deux mois après que l'insecte a été mis sur le nopal; il n'en est point qui soit plus facile et aussi peu dispendieuse. Elle se fait de la manière suivante.

Dès l'aube du jour, on entre dans la nopalerie, où toute la famille se rassemble. Chacun y arrive muni d'un bassin ou d'un panier, et armé d'un couteau long de 6 pouces, large de 2, et à tranchant arrondi et émoussé. On tient ce couteau de la main droite, et on en passe la lame entre l'écorce du nopal et les roses de cochenilles dont il est couvert, avec l'attention de ne couper ni la plante ni les insectes, qui tombent et sont reçus dans le vase ou panier qu'on soutient de la main gauche. Un enfant de dix ans peut récolter par jour 10 livres de cochenilles, qui, tuées et desséchées, en produisent 3 livres et demie marchandes. On travaille ainsi jusqu'à neuf heures du matin et à ce moment on tue, si l'on veut, la cochenille récoltée ; ou bien on travaille toute la journée, et l'on attend au lendemain pour tuer à-la-fois une plus grande quantité de ces insectes. Voici comme on s'y prend.

Pour dix livres de cochenille crue, on a un baquet de 2 pieds de diamètre et d'un pied de haut, au dedans duquel on étend une serpillière ou torchon, de manière que les coins sortent du baquet. Sur ce linge on place les 10 livres de cochenille, qu'on recouvre d'un autre torchon assujetti avec des cailloux. On jette alors de l'eau bouillante jusqu'à ce qu'elle couvre entièrement la serpillière supérieure : on laisse ainsi le tout pendant une, deux ou trois minutes ; il n'y a rien à craindre. L'eau n'a pas le temps de dissoudre les insectes s'ils ne sont broyés, et la chaleur ne peut pas les brûler ou calciner ; elle ne sert qu'à les tuer uniquement : elle n'en ôte même, selon les apparences, aucune partie essentielle, si ce n'est le flegme, dont elle facilite l'évaporation ; car il est prouvé, par plusieurs expériences, qu'une cochenille tuée par une blessure quelconque sèche plus difficilement et plus lentement qu'une autre tuée à l'eau bouillante. On retire les cochenilles après avoir décanté et versé l'eau, qui est toujours faiblement colorée. Il est impossible que cela soit autrement ; mais dans une manufacture en grand on ne doit point apprécier les petites pertes inévitables. On étend ces insectes fort clairement sur une table ou sur des planches, ou dans un bassin d'airain ou de fer-blanc, ce qui, au soleil et à l'abri d'un vent violent, vaut beaucoup mieux. Ils sèchent dans la journée, si on a soin de les retourner. Pendant cette opération, des ouvriers échaudent d'autres cochenilles, qu'on retire et qu'on fait sécher de la même manière. Afin que leur dessiccation soit parfaite, il est prudent d'exposer, le second jour, au soleil tout ce qui a été tué et desséché la veille.

Dix personnes peuvent ainsi préparer, en deux jours, 200 livres de cochenille : dans cet état, elle est marchande, et on peut la garder pendant un grand nombre d'années sans qu'elle se gâte et sans qu'elle perde rien de sa propriété tinctoriale. Quelques Indiens, pour tuer ces insectes, les mettent dans un four chaud ou sur des plaques échauffées ; mais il paraît que la meilleure manière est celle de l'eau bouillante. C'est de ces différentes méthodes de faire mourir les cochenilles que dépendent principalement les différentes couleurs de celles qu'on apporte en Europe.

§ 2. *De la cochenille fine*. Il faut élever la cochenille fine uniquement sur le nopal des jardins. Elle peut, il est vrai, s'entretenir et se perpétuer sur le cactier ou l'opuntia de Campêche, mais jamais elle ne s'y multipliera assez non-seulement pour indemniser le cultivateur de ses peines par une récolte, mais même pour alimenter une nopalerie de semences. On ne doit donc la semer sur cet opuntia que lorsque les nopals manquent absolument, ou en attendant qu'ils aient multiplié ; après quoi, il faut l'abandonner, et ne semer que sur les nopals, en choisissant toujours les plus beaux.

Le voisinage de la cochenille sylvestre est nuisible à la cochenille fine ; on ne doit donc point les mêler dans une nopalerie, celle-ci alors dégénérerait sans que l'autre devînt plus belle. Les cochenilles sylvestres sont de quelques jours plus précoces et beaucoup plus fécondes ; elles habitent le nopal toute l'année, et elles suffoquent par leur innombrable quantité les petites cochenilles fines. Quand ces dernières sont plus fortes, les sylvestres, étendant leur coton autour d'elles, les remuent, les chassent de leur place et les étouffent ; elles sont d'ailleurs beaucoup plus voraces, et leur enlèvent toute leur nourriture.

La cochenille fine souffre également du trop et du défaut de chaleur. Elle est toujours moins grosse dans les plaines de Guaxaca que dans les montagnes, parce qu'il y fait beaucoup plus chaud. Le froid lui porte une même atteinte, et la tue ou l'empêche de croître, en la fixant au terme où il l'a surprise ; mais il est plus facile d'y remédier qu'à l'excessive chaleur. Voici l'expédient dont les Indiens se sont avisés : ils ont toujours une grande provision de crottin de chevaux ou de mulets bien sec ; quand ils soupçonnent que le froid pourra descendre la nuit suivante à huit degrés au-dessus de la congélation, ils répandent ce crottin sec sous les nopals et ils l'allument. La vapeur douce et enflammée qui en sort échauffe très-lentement les plantes, dilate l'air et dissipe le froid et l'humidité pendant la nuit. Ce bain de chaleur, dont la cochenille se trouve bien, écarte en même temps ou détruit les insectes qui pourraient lui nuire.

Il y a six générations de cochenilles par an, on pourroit les recueillir toutes si les pluies n'arrêtaient ou ne dérangeaient pas cet ordre de reproduction. Il est difficile de déterminer les époques précises auxquelles il faut semer la cochenille fine. En général, elle demande à être semée dans une saison où l'on n'a plus à craindre de grandes pluies ; c'est au cultivateur à choisir le moment convenable selon le pays qu'il habite. Huit jours après la semaille, ou quinze jours au plus tard, et lorsque toutes les mères se sont reproduites, on les enlève de dessus les nopals et on les fait sécher ; on enlève aussi les nids, qui deviendraient des repaires d'insectes.

On est dans l'usage, à Guaxaca, de garder pendant la saison des pluies, dans ses jardins ou dans sa maison une provision de cochenilles mères pour pouvoir en semer en différens temps, soit au retour des secs, soit lorsqu'une semaille faite de trop bonne heure a manqué et demande à être renouvelée. On les conserve dans les jardins sur des nopals en pied couverts de nattes, et dans la case sur des branches de ces plantes détachées de la tige et tenues à couvert. Tout le monde pourtant n'a pas cette prévoyance, et parmi ceux qui l'ont, il en est qui voient périr leur provision par leur négligence ou par quelque accident : on a recours alors aux vendeurs de semences ; car, dans ce pays, tout le monde est convenu de vendre et d'acheter au besoin les mères cochenilles. On les achète fort cher dans leurs nids. La livre de ces nids coûte quelquefois 5, 6 et 10 piastres gourdes, selon la rareté de la marchandise et le besoin de l'acheteur. Les Indiens vont les uns chez les autres chercher quelquefois ces nids à 25, 30 ou 40 lieues, et ils sont encore bons à semer au bout de cette marche et du temps qu'elle exige. Ces sont les Indiens des montagnes qui font ordinairement ce trafic, et qui vendent les mères cochenilles aux Indiens de la plaine; ceux-ci les préfèrent aux leurs, parce qu'elles sont toujours plus grosses.

Au lieu de couvrir les cochenilles dans son jardin pendant la saison des pluies, ou d'embarrasser alors sa case par des branches de nopal chargées de mères exposées à tout instant à périr, il serait plus sûr et plus utile de former et d'avoir toujours un séminaire de ces insectes sur des nopals vivans et enracinés, qu'on placerait sous des hangars aérés et abrités convenablement.

Pour les soins qu'exige la cochenille fine quand on la sème et après qu'elle a été semée, pour le nombre et la formation des nids, la manière de les placer et distribuer, et les préparations que demandent les nopals sur lesquels ils doivent être répartis, *voyez* ce qui a été dit au paragraphe premier de la seconde section, où je suis entré à ce sujet dans des détails suffisans en parlant de la cochenille sylvestre. La récolte des deux cochenilles se faisant de la même manière, je n'ai rien à ajouter sur cet objet. Il ne me reste qu'à dire un mot sur les ennemis et sur les accidens qu'elles ont à craindre.

§ 3. *Ennemis et accidens funestes aux cochenilles.* Le premier de leurs ennemis est la coccinelle du cactier (*coccinella cacti*, de Fab.), qui les tue et les suce jusqu'à ce qu'elles n'aient plus que la peau. Les Indiens cherchent cet insecte avec soin et l'écrasent ; il faut en faire la chasse le matin avant le lever du soleil, parce qu'alors engourdi par le froid, il ne peut s'envoler, et on le saisit facilement; mais si le soleil est levé, il ne se laisse pas approcher.

Leur second ennemi est la chenille d'une petite teigne, probablement la larve d'une HEMEROBE, qui, ne présentant en apparence aucune forme, ne semble pas supecte. Elle se couvre de petits brins de paille, de sciure ou de vermoulure de bois, pour pouvoir, sous cette enveloppe, ronger à son aise les cochenilles. Un indice infaillible de sa présence est le mouvement que celles-ci font pour rompre leur trompe et fuir: cherchez alors l'insecte destructeur et vous le trouverez : on le tue en l'écrasant.

La souris fait aussi la guerre aux cochenilles; elle est surtout friande de la fine, car elle touche rarement à la sylvestre, à cause du coton dont elle est couverte, et qui lui embarrasserait les dents. On a plusieurs moyens de se débarraser de cet ennemi : c'est aux cultivateurs à choisir le plus certain, mais il ne doit pas mettre de chat dans sa nopalerie, parce que cet animal, en choquant les nopals dans ses courses, ferait tomber les cochenilles.

Leur plus redoutable ennemi est une espèce de chenille d'un gris sale, longue d'un pouce et grosse comme une plume de corbeau, qui se trame une toile légère pour lui servir de galerie sur l'article du nopal. Sous cet abri, elle creuse une tranchée par laquelle elle arrive, à la sape, jusque dans les rangs les plus épais des cochenilles, qu'elle massacre; elle leur suce le sang et leur laisse le corps, qui paraît sain et entier le premier jour, mais qui se dessèche et se cave le lendemain. Ce cruel ennemi des cochenilles en fait périr un grand nombre chaque jour, et détruit quelquefois en peu de temps toute une famille. Il est d'autant plus dangereux qu'on ne s'aperçoit de ses ravages que par les cadavres desséchés de ses victimes; il attaque également la cochenille sylvestre et la cochenille fine; mais il désole la première plus facilement, parce qu'on a plus de peine à l'y apercevoir que sur la seconde. Pour le découvrir il faut sonder avec une épingle ou une épine toutes les petites toiles que l'on voit sur un article chargé de cochenilles; on enlève la toile, il paraît dans sa tranchée tout ensanglanté, s'agite et se laisse tomber tout de suite en se tortillant. Il ne faut pas l'écraser, mais seulement le tuer, pour le dessécher et pour le vendre avec la cochenille, il en est tout farci, et il n'y en a point qui coûte si cher au cultivateur.

En lisant avec attention la seconde partie de cet article, on a dû pressentir et entrevoir qu'elle était de toutes les circonstances défavorables à la cochenille, celle qu'elle avait le plus à craindre. Ce qui fait ordinairement l'avantage et le bonheur des autres cultivateurs est souvent le fléau des Indiens riches ou pauvres qui cultivent des nopaleries. La pluie, redoutable aux cochenilles, cause presque toujours parmi elles beaucoup de ravages plus ou moins considérables, selon l'époque où elle arrive, selon sa direction et selon qu'elle est plus ou moins forte, plus ou moins abondante.

Il convient de distinguer ici quatre sortes de pluies : premièrement, les pluies lentes, dont les gouttes infiniment petites et rares, ressemblent à une brume, ces pluies ne nuisent ni à la cochenille sylvestre ni à la cochenille fine ; secondement, les pluies douces, comme les pluies ordinaires de l'Europe dont les gouttes sont plus grosses que la brume, et tombent plus vite, mais perpendiculairement, sans être chassées par les vents ; la cochenille sylvestre n'en souffre point, la fine en est incommodée ; mais elle la supporte quand elle est âgée d'un mois ; troisièmement, les grains, ce sont des pluies à grosses gouttes, qui tombent perpendiculairement à l'improviste, sans être en apparence chassées par aucun vent, et durent un quart d'heure plus ou moins avec violence ; la cochenille fine ne les supporte pas : le poids de ces gouttes d'eau la fait tomber ou la meurtrit, mais la sylvestre n'en est que légèrement incommodée. Enfin il y a les avalasses ou orages mêlés de tonnerre, d'éclairs, et chassés par le vent avec impétuosité ; l'eau tombe alors du ciel avec un fracas plus épouvantable que celui des grêles d'Europe ; elle fait le même ravage sur les jeunes plantes. Ces sortes de pluies sont funestes aux cochenilles fines qu'elles détruisent ; la cochenille sylvestre en est endommagée et totalement perdue quand elle n'a qu'un mois ; mais dans un âge plus avancé, lorsque, par exemple, on touche au moment de la récolter, elle n'en est pas ruinée ; la pluie ne peut l'entraîner et l'emporter, mais il faut la récolter le lendemain, parce que celle qui est tuée par le poids de l'eau pourrirait promptement.

Le tort causé aux nopaleries par les pluies peut quelquefois être réparé, quelquefois il est sans remède. Quand un grain fond sur une nopalerie nouvellement semée, depuis trois semaines, par exemple, tout est perdu ; l'unique ressource est de semer de nouveau bien vite sans perdre de temps ; on doit toujours avoir dans le séminaire des mères prêtes à être semées, et l'on n'éprouve qu'un retard de trois semaines. Si l'on est au commencement de la saison sèche, on ne doit pas être découragé, parce qu'on n'a rien à craindre de semblable. Si l'on est au milieu de cette saison, on peut encore espérer de faire une bonne récolte ; mais si cette saison touche à sa fin, il est inutile d'entreprendre une nouvelle semaille ; elle serait en pure perte.

Lorsqu'un grain surprend les cochenilles âgées de cinq ou six semaines, ou même plus, alors tout n'est pas perdu : on fait promptement une demi-récolte, car ces insectes n'ont que la moitié de leur grosseur ordinaire, et l'on sème encore tout de suite sans attendre. On ne perd ainsi que quinze jours, le reste étant compensé par le produit de la petite récolte forcée qu'on a faite. En général les pluies sont d'autant moins dangereuses pour la cochenille, qu'elle est plus avancée en âge.

Dans l'éducation de cet insecte, le point essentiel pour avoir des produits abondans et sûrs, est de répéter les semailles le plus souvent possible, et de les disposer cependant de manière que l'intervalle qui les sépare des récoltes soit toujours une saison sèche, ou au moins très-peu pluvieuse. (D.)

NORDS. Parties de la terre qui sont les plus éloignées du soleil, soit vers le pôle septentrional, soit vers le pôle austral.

L'extrême nord des deux côtés se confond avec le pôle.

Le nord n'est donc, pris abstractivement, que la partie la plus froide d'un des côtés de l'observateur, que cet observateur, supposé dans l'hémisphère septentrional, soit au Sénégal, en Espagne, en France, en Allemagne, en Suède, même en Laponie; mais, dans le langage agricole, il signifie le plus souvent les pays où la longue durée des hivers ne permet plus de cultures, tels que la Laponie, la Sibérie, etc.

C'est du nord que nous viennent les Vents Froids, et par suite les Gelées et les Neiges. *Voyez* ces mots.

Plus on avance vers le nord et plus le nombre des articles cultivés diminue. Au-delà du cercle polaire on ne peut plus rien cultiver, aussi les peuples qui s'y trouvent ne vivent-ils que de la viande de quelques quadrupèdes, de quelques oiseaux et de quelques poissons, et d'une petite quantité de végétaux qui croissent spontanément.

Dans les pays chauds, l'exposition du nord est souvent la meilleure pour les cultures. Il en est de même dans les pays tempérés pour la conservation de quelques plantes des montagnes élevées; cependant en général en France, c'est l'exposition du midi qui est la plus désirable. *Voyez* Exposition.

On reconnaît le nord pendant le jour à l'heure de midi, le soleil lui étant alors directement opposé; pendant la nuit, c'est à l'étoile de la queue de la petite Ourse, étoile qui est la plus voisine du pôle céleste. Il est donc bon que les cultivateurs apprennent à reconnaître cette étoile, ce qui n'est pas difficile. Dans les bois, on reconnaît le nord à la plus abondante pousse des mousses sur le tronc des gros arbres.

Je pourrais allonger considérablement les réflexions que ce mot suggère, mais ce serait un double emploi, toutes celles qui intéressent les cultivateurs ayant été prises en considération aux articles précités. (B.)

NOREG. On donne ce nom en Egypte à un petit CHARIOT attelé de deux bœufs, avec lequel on DÉPIQUE les grains. C'est le PLAUSTRUM des anciens. (B.)

NORIA. Nom arabe d'une machine composée par une chaîne tournant sur un cylindre horizontal, et garnie de distance en distance de pots ou d'augets propres à se remplir d'eau par le mouvement du cylindre sur lui-même, effectué au moyen d'une manivelle ou d'un équipage à cheval.

Cette machine diffère fort peu du CHAPELET, dont on trouvera la description et la figure au mot PUITS.

Lasteyrie, dans son importante Collection des machines utiles à l'agriculture, donne la figure de plusieurs norias, qui paraissent fort simples et fort dans le cas de servir de modèles en France.

NORMANDER. Synonyme de nettoyer le grain battu dans les environs de Laon. *Voyez* VANNAGE et CRIBLAGE. (B.)

NOUE. Dans quelques endroits, ce nom s'applique aux terres qui offrent des dépressions dans lesquelles l'eau des pluies séjourne, et où les récoltes sont exposées à manquer par cette cause. On diminue les effets nuisibles des noues par des GOUTTIÈRES, des SAIGNÉES, des EGOUTS, etc. *Voyez* ces mots et ceux MARE, FLACHE, ULIGINEUX.

Quelquefois aussi on applique ce nom aux intervalles des billons, dans les labours de ce nom, intervalles qui conservent les eaux pluviales pendant plus ou moins de temps. (B.)

NOUÉ, NOUER. Terme employé par les cultivateurs pour indiquer que la fécondation des fruits est accomplie et qu'il n'y a plus à craindre la COULURE. *Voyez* ce mot.

La nouure des fruits est toujours une sorte de crise pour les arbres; aussi, dans ceux qui sont faibles, est-elle souvent suivie d'une suspension de végétation, d'où s'ensuit quelquefois la chute complète des fruits, même la mort de l'arbre.

Il semble dans ce cas que l'acte de la fécondation est le dernier effort de la nature.

Un fruit noué n'est donc pas un fruit sauvé. Il y a encore bien d'autres cas où l'on peut dire la même chose. Ainsi des inondations printanières, des gelées tardives, des pluies froides, des coups de soleil, des sécheresses prolongées, des insectes, etc., produisent le même effet.

L'arqûre, la ligature, l'incision annulaire des branches assurent la nouure. (B.)

NOUEUX. On dit qu'un morceau de bois est noueux lorsqu'il est rempli de nœuds.

Tantôt l'emploi d'un bois noueux est avantageux , tantôt il est désavantageux , selon l'objet pour lequel on le destine. (B.)

NOUGAT. Dans le département de Lot-et-Garonne , c'est le marc de l'huile de noix , dont on se sert pour engraisser les bestiaux et les volailles. *Voyez* Noyer et Tourteau.

NOUGUÉ. Synonyme de Noyer.

NOUGUIER. *Voyez* Noyer.

NOURRAIN. Synonyme d'Alvin dans quelques cantons. (B.)

NOURRISSEUR. A Paris, on donne ce nom à celui qui tient des vaches dans l'intérieur de la ville pour en vendre le lait. Les méthodes qu'ils emploient pour augmenter la quantité de lait sont très-dignes d'être connues. Il en sera dit un mot au mot Vache. (B.)

NOURRITURE DES PLANTES. *Voyez* Nutrition.

NOURRITURE DES BESTIAUX. Il serait possible de composer un gros volume des seules considérations que rappelle ce titre ; mais comme les développer autant qu'elles le méritent, serait reproduire tout ce qui se trouve dans une infinité d'articles de ce dictionnaire, je me crois dispensé de le rendre long.

Dans l'état de nature, les animaux paissent l'herbe qu'ils trouvent sur leurs pas et en changent à chaque instant, puisque alors ils marchent continuellement, puisque chaque jour il en paraît de nouvelles, et ce jusqu'à l'année suivante, où la même série reparaît : aussi ces animaux, ne mangeant jamais plus un jour que l'autre, sont-ils rarement malades.

Dans l'état de domesticité, ces mêmes animaux sont nourris ou dans les Prairies ou dans des Paturages , ou dans des Jachères (*voyez* ces mots), où ils trouvent un assez grand variété de plantes , mais rarement en assez grande abondance pour qu'ils puissent satisfaire leur faim, principalement pendant qu'ils travaillent ou pendant l'hiver. Il est même de ces animaux, principalement des chevaux, dont le travail est journalier , et qui par conséquent ne peuvent pas être mis à la Pature. *Voyez* ce mot.

Les cultivateurs ont donc été obligés, dans tous les pays où la culture est perfectionnée , de leur donner plus ou moins souvent, plus ou moins abondamment à manger dans l'Écurie, dans l'Étable, dans la Bergerie, soit de l'Herbe ou des Fourrages nouvellement coupés , soit du Foin ou des Fourrages secs , soit de la Paille , soit enfin des Graines ou des Racines, qui, sous un moindre volume, les nourrissent bien davantage. *Voyez* tous ces mots.

Le foin n'étant que de l'herbe desséchée des prairies, il n'y a pas dans les résultats pour la nourriture des bestiaux, lorsqu'il est d'ailleurs de bonne qualité, de grande différence avec l'herbe verte, excepté qu'il nourrit plus sous le même poids, à raison de la perte de son eau de végétation.

Il n'en est pas de même du TRÈFLE, de la LUZERNE, du SAIN-POIN, de la VESCE, et autres plantes de la famille des légumineuses, fort du goût des bestiaux, sans doute, puisqu'ils en mangent avec excès toutes les fois qu'ils le peuvent; ce qui leur cause la TYMPANITE, autrement appelée l'ENFLURE (*voyez* ce mot), et ôte à leur LAIT, ainsi qu'au BEURRE et au FROMAGE qu'on en retire, un peu de leur bonté. *Voyez* ces mots.

Ces mauvais effets de la nourriture des vaches exclusivement avec des plantes légumineuses, et encore plus avec des POMMES DE TERRE, des RAVES, des CHOUX crus, s'aggravent encore plus lorsque ces vaches sont constamment tenues à l'étable, où elles ne prennent pas l'exercice si nécessaire au bien-être de tous les animaux, et qu'elles respirent le plus souvent un air chaud et chargé de gaz délétères : aussi périssent-elles souvent de la POMMELIÈRE, OU PHTHISIE PULMONAIRE, et toutes les autres maladies les affectent plus souvent que celles qui pâturent toute ou une partie de l'année.

Cependant on a calculé en Angleterre qu'il fallait six acres de trèfle ponr nourrir convenablement cinq bœufs au pâturage, tandis que dans le même terrain un acre de trèfle nourrisait cinq bœufs, lorsqu'on le leur donnait à l'étable.

Cependant en nourrisant les vaches à l'étable, on en obtient et une plus grande quantité de lait et une plus grande quantité de fumier. Il est donc de l'intérêt général, comme de l'intérêt particulier, toutes les fois que l'infériorité dans la qualité du lait est comptée pour rien, de tenir les vaches à l'étable pendant toute l'année, hors quelques promenades qu'on leur fera faire pour les tenir en haleine; mais les frais de coupe et de transport des fourrages sont-ils de beaucoup inférieurs, évalués en argent, à l'augmentation des fumiers évalués de même? C'est ce que je ne puis dire, le prix des uns et des autres variant sans cesse et par-tout. C'est donc à la décision de cette question que se réduit celle si débattue, dans ces derniers temps, des avantages de la nourriture à l'étable sur la nourriture des champs.

Un avantage très-important, et qui n'a pas encore été suffisamment reconnu, c'est que les plantes annuelles ou bisannuelles, peu du goût des bestiaux, et qui infestent si souvent nos prairies naturelles ou artificielles, disparaissent promptement par suite de la fréquence de l'application de la faux sur les prairies.

Quant aux MOUTONS, ils souffrent toujours d'un très-long séjour dans la bergerie : aussi toutes les tentatives faites pour les y tenir ont-elles été ruineuses pour ceux qui les ont faites. *Voyez* leur article.

Le Cochon (*voyez* ce mot) est celui des animaux domestiques qui s'accommode le mieux d'une habitation sale et du défaut d'air; cependant combien est préférable la chair et le lard de ceux de la ci-devant Lorraine, où ils pâturent continuellement dans les champs, comparée à la chair de ceux des environs de Paris, où ils sont renfermés toute l'année!

Les volailles, dans les mêmes circonstances, offrent le même résultat, soit relativement à leur chair, soit relativement à leurs œufs, soit relativement à leur santé, comme je l'ai constaté par mes propres observations.

D'après des expériences faites en Allemagne, 90 livres de trèfle, de luzerne, de sainfoin et de vesce secs; 200 livres de pommes de terre, 260 livres de carottes, 350 livres de rutabaga, 460 livres de betteraves, 525 livres de raves et 600 livres de choux, équivaudraient à 100 livres de foin sec, de bonne qualité, pour la nourriture des bestiaux.

Quant aux Plantes (*voyez* Nutrition). (B.)

NOVALE. Nom de la jachère dans quelques cantons, dans d'autres on l'applique à toute terre défrichée.

Ce nom est beaucoup tombé en désuétude.

Il paraît que les Romains appliquaient ce nom à toutes les terres très-fertiles. (B.)

NOVEMBRE. Dans ce mois, la nature achève de se dépouiller de sa verdure. On commence à couper le bois; on finit les semailles d'automne. On plante les arbres, la vigne. On pêche les étangs qu'il est possible de remplir d'eau en peu de jours. On fait le cidre, soutire et encave les vins. On laboure le pied des arbres du verger.

Il se trouve encore quelques légumes dans les jardins; mais on n'en sème plus que sur couche ou à des abris, et le nombre en est petit; ce sont des radis, de la salade, du persil, etc.

C'est alors qu'il faut butter les artichauts pour les garantir de la gelée; transporter dans la serre à légumes les panais, les carottes, les navets, cardons, betteraves, pommes de terre, choux-fleurs, et autres articles qu'on doit craindre de laisser exposés aux gelées; nettoyer enfin le jardin de toutes les plantes inutiles, lui donner le premier labour général. On achève de tailler les poiriers, les pommiers, les groseilliers, les framboisiers, et d'émonder les arbres de toutes espèces.

On continue de planter les oignons, les bulbes de fleurs, de ratisser les allées.

Dans ce mois, les agneaux naissent et exigent des soins ainsi que leurs mères.

Tome X. 24

Les cochons se tuent le plus avantageusement pour les provisions d'hiver.

Les bœufs de réforme se vendent.

On fait l'huile de noix et de faîne à l'époque de la récolte des glands.

On arrache les vieilles vignes, etc.

Les feuilles sèches se ramassent pour couvrir les plantes susceptibles de geler. (B.)

NOVELETTE. Jeune BREBIS qui n'a pas encore porté.

NOYAU. C'est l'enveloppe intérieure et ligneuse de l'espèce de fruit qu'on appelle DRUPE. (*Voyez* ce mot). La semence qui est renfermée dans le noyau se nomme amande : l'AMANDIER, le PÊCHER, l'ABRICOTIER, le PRUNIER, le CERISIER, le MYRTHE sont des fruits à noyau.

La consolidation du noyau commence par ses deux extrémités, ce n'est que lorsqu'elle est complète que celle de l'amande commence également par ses deux extrémités.

La partie ligneuse des noyaux est toujours composée de deux valves ou battans plus ou moins intimement unis avant la germination de l'amande, mais se séparent avec la plus grande facilité par l'effet même de cette germination. On sait quelle est la force de levier du morceau de bois sec et poreux qu'on mouille, ici le même effet est produit par la même cause.

L'amande des noyaux est très-huileuse, et rancit promptement lorsqu'elle est dans un lieu sec et chaud : aussi, pour qu'ils ne perdent pas leur faculté germinative, doit-on les semer aussitôt leur récolte ou les stratifier pendant l'hiver, lorsque la crainte des ravages des animaux rongeurs, qui en sont très-friands, ou d'autres motifs, obligent d'attendre jusqu'au printemps.

Quelques cultivateurs cassent les noyaux pour n'en semer que l'amande. Par ce moyen, ils accélèrent la germination de cette amande ; mais ils risquent de la perdre lorsque les pluies ou les sécheresses se prolongent par la disposition qu'elle a alors à pourrir ou à se dessécher. J'ai vu cette année un semis considérable entièrement perdu par suite de ce procédé. Je préfère de beaucoup faire tremper pendant deux ou trois jours les noyaux dans l'eau avant de les mettre en terre.

Souvent les noyaux ne lèvent pas la première année, par la difficulté qu'ils éprouvent à s'imbiber d'eau. Ainsi, lorsqu'ils sont d'une grande importance et qu'on ne veut pas risquer de perdre leurs produits, il faut ne labourer la planche où ils se trouvent qu'à la fin de la troisième année. J'ai même vu des noyaux de laurier-sassafras venus d'Amérique, et par conséquent très-desséchés, ne se développer qu'à la cinquième année.

Des arrosemens fréquens et copieux favorisent presque toujours leur germination.

On appelle spécialement *arbres à noyaux* les arbres fruitiers énumérés plus haut. Tous donnent de la gomme et exigent une culture particulière. Je renvoie le lecteur aux articles qui les concernent. (B.)

NOYÉ. Long-temps on a cru qu'un noyé qui ne faisait plus aucun mouvement était un homme mort, la loi s'opposait même, ainsi que les préjugés, à ce qu'on pût tenter les moyens de le rappeler à la vie : grâces aux progrès des lumières, ces obstacles n'existent plus; l'administration a même formé dans les grandes villes placées sur des rivières des établissemens uniquement destinés à sauver les noyés. Hommage soit rendu au respectable Pia, apothicaire de Paris, qui les a provoqués par ses nombreux écrits!

Aujourd'hui il est prouvé qu'un noyé, tant que son cœur conserve un peu de chaleur vitale (et on en a vu qui en offraient quelquefois deux et trois heures après la mort apparente), peut être rappelé à la vie. Il ne faut donc jamais, toutes les fois qu'on peut retirer de l'eau un homme qui y est tombé depuis cet espace de temps (même le double), tarder de lui appliquer les secours que l'observation a prouvé être utiles dans ce cas.

Ce n'est pas, comme on ne le croit encore que trop généralement dans les campagnes, parce que les noyés avalent trop d'eau qu'ils meurent. Le défaut de communication de leurs poumons avec l'air, c'est-à-dire la suspension de leur respiration, en est la seule cause, ainsi que des expériences sans nombre et les théories physiologiques, physiques et chimiques le constatent de la manière la plus certaine. Il résulte de ce fait qu'on ne doit point les suspendre par les pieds, position qui ne tarde pas à faire tomber en apoplexie un homme sain, mais rappeler leur chaleur, en rendant le mouvement à leurs poumons et à leurs muscles internes. C'est par des insufflations et des irritans qu'on peut y parvenir.

Je ne puis mieux faire que de transcrire ici l'instruction qui est jointe à l'ordonnance de police de Paris qui a rapport aux noyés, ordonnance qu'on affiche tous les ans, au commencement de l'été, à tous les abords de la Seine, même hors de la ville, en montant et en descendant cette rivière.

Pour l'intelligence de cette instruction, il est nécessaire d'observer que le préfet de police a placé dans soixante-neuf dépôts tous les instrumens et matières nécessaires pour apporter promptement, facilement et avec espérance de succès, les secours nécessaires aux noyés. Cette collection s'appelle une boîte; elle contient :

24 *

Une paire de ciseaux de 16 centimètres de long, à pointes mousses.

Un double levier.

Deux vessies.

Deux frottoirs de laine.

Un bonnet de laine.

Une bouteille contenant de l'eau-de-vie camphrée.

Une autre contenant de l'eau-de-vie camphrée et ammoniacée.

Trois petits flacons, dont un contenant de l'alcali ou ammoniac ; un de l'eau de mélisse, et un autre du vinaigre antiseptique, ou des *quatre-voleurs*.

Un gobelet d'étain.

Une canule à bouche avec son tuyau de peau.

Une cuiller de fer étamée.

Une petite boîte renfermant plusieurs paquets d'émétique de 18 centigrammes (3 grains chacun).

Une seringue ordinaire avec ses tuyaux.

Le corps de la machine fumigatoire.

Un *speculum oris* (petite glace ou miroir).

Une canule de gomme élastique.

Un soufflet à une âme, pour être adapté à la machine.

Quatre rouleaux de tabac à fumer, de 15 décigrammes (demi-once chacun).

Une pierre à fusil, de l'amadou, un fer à briquet et une botte d'allumettes.

Un tuyau et une canule fumigatoires, une autre de supplément et une aiguille à dégorger.

Des plumes pour chatouiller le dedans du nez et de la gorge.

Deux bandes à saigner.

Il y a aussi dans la boîte un nouet de soufre et de camphre pour la conservation des ustensiles de laine.

Nota. Ces boîtes, dont la première composition est due à M. Pia, échevin, ancien pharmacien de Paris, ont été augmentées et rectifiées d'après les avis du docteur Portal.

Cette collection peut être réunie par-tout ; mais si on voulait s'éviter la peine de la faire, on en trouverait à Paris à un prix modéré.

Le noyé retiré de l'eau, dépouillez-le de ses vêtemens en les fendant d'un bout à l'autre.

Disposez en même temps à terre, auprès d'un feu de flamme, quelques matelas et des oreillers un peu durs ; étendez dessus une couverture de laine ; couchez sur ce lit le malade, la tête élevée, le corps bien enveloppé.

Faites ensuite sous la couverture, avec des étoffes de laine bien chaudes, des frictions sèches d'abord, et ensuite des frictions avec des liqueurs spiritueuses à la surface du corps, et principalement sur le bas-ventre ; ou bien, ce qui est préférable, principalement pendant l'hiver, faites promptement chauffer de l'eau, remplissez-en aux deux tiers les vessies contenues dans la boîte-entrepôt, et appliquez-les sur les parties du corps où il est essentiel de rappeler la chaleur.

Pendant les frictions, ou immédiatement après l'application des vessies, on introduira de l'air dans les poumons du noyé, en plaçant la canule affectée à cet usage ou dans la bouche, ou, ce qui vaut mieux, dans l'une des narines, en comprimant l'autre avec les doigts. A défaut de canule, on peut se servir d'un tuyau quelconque, qu'on introduira par la même voie ; il est important, quel que soit le moyen qu'on emploie, de se servir d'un soufflet pour pousser l'air dans les poumons, et l'on ne doit faire passer dans la poitrine d'un noyé un air sortant d'une autre poitrine, que dans les cas où il est impossible de faire autrement.

Si l'on souffle par la bouche, on pincera les narines du noyé, afin que l'air qu'on introduit ne se perde pas ; mais il faudra lâcher de temps en temps les doigts, pour laisser échapper l'air par intervalles.

On fera respirer au noyé de l'alcali fluor (esprit volatil de sel ammoniac). On se sert pour cela de rouleaux de papier tortillés en forme de mèches, qu'on trempe dans un flacon d'alcali fluor. On les présente sous le nez du noyé : on les lui introduit même dans les narines, en réitérant plusieurs fois cette opération ; mais dans ce cas, il faut observer que l'alcali fluor ne soit pas trop caustique, afin d'éviter qu'il ne cautérise les parties sur lesquelles il serait appliqué.

On fera avaler en même temps, s'il est possible, au noyé une cuillerée à café de l'eau-de-vie camphrée qui se trouve dans les boîtes-entrepôts ; on se sert pour cela de la cuiller de fer étamée : quelquefois le noyé garde le liquide plus ou moins de temps dans sa bouche, et finit par l'avaler. Mais il faut observer de ne pas remplir la bouche jusqu'à ce que le mouvement de déglutition soit bien établi.

Si le noyé avale, on lui en donne une cuillerée entière ; s'il en résulte des soulagemens d'estomac sans vomissemens réels, ce qui fatiguerait inutilement le noyé, on lui fait avaler successivement trois grains d'émétique dissous dans trois ou quatre cuillerées d'eau ; s'il vomit par ce moyen, il faut aider par de l'eau tiède.

Si le remède opère par les selles, il faut fortifier le noyé, en lui faisant avaler quelques cuillerées de vin.

La saignée ne doit pas être négligée dans les sujets dont le visage est rouge, violet, noir, et dont les membres sont flexibles et conservent de la chaleur ; la saignée à la jugulaire est plus efficace et celle qui fournit le plus promptement une quantité suffisante de sang ; à défaut de cette saignée, on ferait celle du pied ; mais il faut éviter toute espèce de saignée sur des corps froids ou dont les membres commencent à se raidir, on doit au contraire d'autant plus s'occuper à réchauffer les noyés qui se trouvent en un tel état.

Si le noyé tardait à reprendre ses sens, il faudrait lui donner des lavemens irritans ; on s'est souvent servi avec succès du suivant : prenez feuilles sèches de tabac, demi-once ; sel ordinaire, trois gros ; faites bouillir dans suffisante quantité d'eau pendant un quart d'heure, et coulez.

Il faut presser doucement avec la main et à diverses reprises le bas-ventre du noyé, et enfin pour dernier secours lui souffler dans les poumons, à la faveur d'une ouverture faite à la trachée-artère.

On a conseillé d'introduire de la fumée de tabac dans le fondement des noyés : quoique l'expérience ait prouvé que ce moyen n'était pas toujours aussi efficace qu'on l'a supposé, on peut cependant le tenter, et pour cela on disposera la machine fumigatoire de la manière suivante :

Humecter du tabac comme si on voulait le fumer, et charger le corps de la machine, l'allumer avec un morceau d'amadou ou un charbon, adapter le soufflet à la machine ; quand on voit que la fumée sort abondamment par la cheminée et par le bec du chapiteau, y adapter le tuyau fumigatoire, au bout duquel on ajuste la canule, qu'on porte dans le fondement du noyé.

En faisant mouvoir le soufflet, on introduit de la fumée de tabac dans les intestins du noyé ; si la canule se bouche en rencontrant des matières dans le *rectum*, ce qu'on reconnaîtra à la filtration de la fumée au travers des jointures de la machine, et par la résistance du soufflet, alors on donne la canule à nettoyer et on substitue celle de supplément.

Après un quart d'heure de fumigation, on détache le tuyau fumigatoire du bec de la machine ; on présente ce bec au nez et à la bouche du noyé, et avec quelques coups de soufflet, on lui introduit de la fumée de tabac dans les narines et dans la gorge, afin d'irriter ces parties.

Il faut observer que cette dernière fumigation doit être faite avec beaucoup de prudence, sans quoi elle deviendrait plus préjudiciable qu'utile.

On reprend ensuite la fumigation par le fondement, ainsi que l'introduction dans le nez de mêches de papier imbibées d'alcali fluor.

Quelque utiles que soient les secours indiqués, il faut bien se persuader qu'ils ne réussiront qu'autant qu'ils seront administrés avec ordre pendant plusieurs heures et sans interruption; leurs effets sont lents et presque insensibles, c'est pourquoi il faut les continuer long-temps : il y a des noyés qu'on n'a rappelés à la vie que sept à huit heures après qu'ils avoient été retirés de l'eau. En général la putréfaction est le seul vrai signe de mort. (B.)

NOYER, *Juglans*. Genre de plantes de la monoécie polyandrie et de la famille des térébinthacées, qui renferme plusieurs arbres, parmi lesquels il en est un qui forme un article important dans notre grande culture.

Le NOYER COMMUN, *Juglans regia*, Lin., est un arbre d'un port majestueux, originaire de la haute Asie et cultivé en Europe depuis un temps immémorial. Son tronc est droit, sa tête est vaste et touffue; son écorce cendrée, épaisse et crevassée dans sa vieillesse; ses feuilles alternes, longuement pétiolées et composées de cinq à sept folioles sessiles, opposées, ovales, oblongues, presque égales, légèrement dentées, glabres et luisantes; ses chatons mâles d'un vert brun, et ses noix d'un vert gris, piquetées d'un vert plus clair; il fleurit en avril et en mai avant la pousse des feuilles. Toutes ses parties froissées exhalent une odeur résineuse particulière, odeur qui porte à la tête et qui devient nuisible même aux plantes qui se trouvent dans son voisinage.

On trouve aujourd'hui une grande quantité de noyers dans toutes les parties de l'Europe moyenne et méridionale; mais on ne peut cependant pas dire qu'il soit acclimaté, car il ne se multiplie pas de lui-même; c'est-à-dire qu'il a toujours besoin de la main de l'homme pour protéger sa jeunesse, qu'il ne forme pas naturellement des forêts. Il craint les fortes gelées de l'hiver et encore plus les gelées tardives du printemps; mais elles agissent sur lui d'une manière telle que souvent, dans le même canton, les uns en sont affectés tous les ans, tandis que les autres en sont rarement frappés, et que ceux des pays froids en souffrent beaucoup moins que ceux des pays chauds. C'est aux propriétaires à examiner les parties de leurs biens où les noyers sont les plus ménagés par ce fléau, pour les y placer; il m'a paru que le plus souvent c'était l'exposition à l'ouest et même au nord-ouest; mais je n'ai pas assez d'observations pour donner ce fait comme positif et général. Tant de circonstances peuvent agir dans ce cas; des abris placés à une grande distance peuvent avoir tant d'influence, que ce n'est que par un examen soigneux et prolongé pendant plusieurs années, qu'on doit prendre une opinion éclairée sur cet objet, dans un lieu quelconque.

On connaît un grand nombre de variétés de noyers dont quelques-unes sont préférables à d'autres sous quelques rapports ; il faut donc d'abord apprendre à les connaître pour déterminer son choix, lorsqu'on a le projet de multiplier cet arbre sur sa propriété.

Le Noyer a très-gros fruit, ou Noix de jauge. Ses noix ont quelquefois plus de 2 pouces de diamètre, mais l'amande qu'elles contiennent n'en remplit pas la capacité ; très-souvent même elle avorte. On peut dire que c'est une espèce d'apparat, car ses feuilles sont plus belles, sa tige plus haute et d'une végétation plus rapide ; mais son bois est inférieur en qualité.

Le Noyer a gros fruit long a un fruit de 15 lignes de diamètre sur 18 à 20 lignes de longueur ; son amande est toujours pleine et sa coque peu dure. C'est sans contredit celui qu'on doit le plus rechercher pour le produit, et celui qu'on cultive en effet le plus dans les lieux où il est connu.

Le Noyer a coque tendre, ou Noyer mésange, ou Noix de la lande. Sa coque est si tendre qu'on la réduit facilement en poudre entre ses doigts. C'est une très-agréable espèce, sur-tout pour manger à table ; son amande est toujours pleine : elle n'est connue que dans quelques cantons.

Le Noyer a coque dure, ou a noix anguleuse. Sa noix est si dure qu'il faut un marteau pour la casser. On la reconnaît à sa plus grande rondeur et aux angles qui, de son milieu, vont former une pointe piquante à son sommet ; son amande est très-petite, cependant fournit autant d'huile que de plus grosses et de meilleure qualité ; de plus, son bois passe pour le plus dur et le mieux veiné.

Le Noyer tardif, ou Noyer de la Saint-Jean. Il fleurit un mois plus tard que les autres et est par conséquent moins sujet aux gelées du printemps ; il serait très-précieux si les gelées de l'automne ne le frappaient pas si souvent avant la maturité de ses noix ; je n'ai jamais trouvé son fruit ni bon ni de garde : en faire des cerneaux est le seul parti qu'on en puisse tirer à mon avis, du moins dans le climat de Paris. Je l'estimais bien plus autrefois, lorsque je ne connaissais pas les inconvéniens ci-dessus ; au reste il est des variétés moins tardives qu'on peut lui substituer avec avantage.

M. Rast-Maupas, qui possède aux environs de Lyon une culture si riche d'arbres de pleine terre, m'a envoyé l'échantillon d'une variété de noyer remarquable par ses feuilles qui sont très-dentelées, et par ses branches disposées horizontalement : il appelle cette variété *juglans expansa*.

Outre ces variétés, il en est beaucoup d'autres moins tranchées ; il est même rare, dans les pays où on ne greffe pas les noyers, d'en trouver deux qui aient les fruits parfaitement semblables : j'en ai vu qui n'étaient pas si gros qu'une noisette.

On doit distinguer deux sortes de semis, celui à demeure et celui destiné à la transplantation. (B.)

Semis à demeure. Il faut environ soixante ans pour qu'un noyer soit dans sa grande force, il est rare que celui qui le sème voie sa plus grande élévation; mais un père de famille vit dans ses enfans, et sa plus douce satisfaction est de travailler pour eux. Du semis à demeure, il résulte que la noix enfonce profondément son pivot en terre; que la pousse de la tige gagne plus de dix ans en avance sur la noix semée en même temps dans la pépinière, et dont l'arbre a été ensuite replanté; le tronc s'élève beaucoup plus haut, plus droit, et on est le maître de l'arrêter à la hauteur qu'on désire, soit en retranchant son sommet, soit en élagant les branches inférieures. Tout le monde sait à quel bon prix on vend un gros tronc de noyer, soit pour la menuiserie, soit pour la construction des fortes machines, etc. : cet arbre mérite donc à tous égards qu'on s'occupe sérieusement de sa culture. L'hiver, en 1709, en fit périr la majeure partie en France et en Europe, et les Hollandais, qui ont toujours les yeux ouverts sur leurs intérêts, firent une spéculation : ils achetèrent presque tous ces arbres, et les revendirent ensuite très-chèrement pendant un grand nombre d'années. Au moyen du semis à demeure, il est possible de couvrir de verdure les masses et les chaînes de rochers, pourvu qu'ils présentent des scissures; la racine ou pivot du noyer va profondément chercher sa nourriture, et comme son travail et ses efforts sont continuels, on a vu de telles racines séparer des blocs des couches de rochers d'une prodigieuse grosseur. Il n'est pas à craindre que les ouragans les plus furieux enlèvent ces arbres-pivots, comme ceux qui ont été replantés; ils les rompront et les briseront plutôt. Je doute qu'il existe aucun arbre dont le pivot s'enfonce plus profondément dès qu'il ne trouve pas une résistance invincible : alors il donne très-peu de chevelu et de racines latérales. L'expérience a prouvé que le volume des branches est toujours en raison de celui des racines; il n'est donc pas surprenant qu'un pivot aussi prodigieux fasse un effort incroyable lorsqu'il se trouve gêné entre deux blocs ou entre deux couches, et qu'à la longue il les sépare.

Il y a deux époques pour les semis; l'une, aussitôt que la noix est mûre, et l'autre, après l'hiver : cette opération sera décrite ci-après.

Du semis en pépinière. L'arbre qui en provient est moins actif dans sa végétation, ainsi qu'il a été dit, que celui du semis à demeure. Plus il sera replanté souvent, plus tôt il donnera du fruit et du plus beau fruit, parce qu'il travaillera moins en bois : alors les racines latérales se multiplieront, et il n'aura plus de canal direct de la sève du tronc à la mère racine, c'est-à-dire au pivot : ainsi ce que l'on perdra d'un côté on le gagnera de l'autre ; cependant si on doit peupler des coteaux arides, des rochers, etc., le semis à demeure mérite à tous égards la préférence sur une replantation, où trois ans au plus suffisent lorsqu'on veut se procurer de belles noix.

Du choix des semences. On ne greffe point les noyers : cette assertion est vraie en général, malgré quelques exceptions. Il est donc indispensable de choisir les noix de l'espèce la plus grosse et dont l'amande remplira le mieux la coquille, il faut encore être assuré par l'expérience qu'elle fournit beaucoup d'huile. D'après cette observation, on doit sentir combien peu il est prudent de prendre chez les pépiniéristes des noyers tout formés : je conviens qu'ils ont l'attention de choisir les plus belles noix ; mais il leur importe fort peu qu'elles donnent beaucoup d'huile : c'était cependant le point essentiel pour le cultivateur. Certes, la noix dans laquelle on plie des gants (noix de jauge) est magnifique par son volume extérieur ; mais son amande, d'un tissu lâche, remplit à peine la moitié de la coquille et fournit peu d'huile. Le bon cultivateur établira lui-même sa pépinière, et ne semera que les noix de l'arbre qu'il connaît, et que l'expérience lui a prouvé être le plus productif en fruit et en huile.

Du sol de la pépinière. Le noyer ne cherche qu'à pivoter ; il aime donc un sol profondément défoncé, afin de faciliter le prompt développement de sa radicule et celui de sa tige, qui est toujours en raison de la première, il est inutile de chercher une terre trop bien préparée ; la surabondance de nourriture n'est pas nécessaire à cet arbre, il craint même les engrais animaux ; la cendre est ce qui lui convient le mieux, et même celle qui a déjà servi pour les lessives, si on a eu la précaution de la laisser quelque temps exposée à l'air dans un lieu à l'abri de la pluie (*voyez* le mot AMENDEMENT) ; et ses principes, combinés différemment dans celle qui n'a pas été lessivée, n'en sont pas moins actifs ; d'ailleurs, comme cendre pure et simple, même abstraction faite de ses sels, comme poussière très-fine elle sert à diviser le sol, le rend plus meuble, et par conséquent plus perméable aux racines. Il convient de défoncer ce sol deux ou trois mois d'avance, de le travailler de temps à autre, afin de le rendre de plus en plus meuble.

Méthodes du semis. Il y en a deux, et dans chacune on doit avoir grand soin de choisir les noix au moment de leur parfaite maturité ; on connaît ce point par les fentes ou crevasses qui s'opèrent d'elles-mêmes sur le brou.

Dans la première méthode, on prépare dans une cave, ou dans un lieu à couvert et à l'abri des gelées, une couche de sable, dans laquelle on place les noix à 6 pouces de distance les unes des autres, et on les recouvre de 2 pouces de terre fine; elles germeront pendant l'hiver, si on a eu soin de les arroser au besoin, et en mars ou plus tard, suivant les climats, c'est-à-dire lorsque l'on ne craindra plus l'effet des gelées, on les tirera de cette couche pour les transporter dans la pépinière : si on les a semées dans des caisses, l'opération sera plus facile. M. le baron de Thschudy assure, d'après sa propre expérience, qu'en coupant le bout du germe, le noyer ne pivote plus, qu'il se garnit de racines latérales; enfin qu'il n'est plus nécessaire de le replanter pour lui en faire pousser.

Dans la seconde méthode, après avoir défoncé le terrain, on enfonce les noix à 2 pouces de profondeur, en alignement, enveloppées dans leur brou, afin que l'amertume de cette enveloppe empêche les rats et les mulots d'attaquer les noix, dont ils sont très-friands : à cet effet, les sillons qui doivent les recevoir sont espacés de 2 pieds de distance, et chaque noix est séparée de ses voisines par un intervalle de 2 pieds.

De la conduite du semis. Lorsque dans le courant de l'été on sera bien assuré que les noix auront germé et seront sorties de terre, on arrachera un rang entier qui n'a été semé que par précaution, de manière que chaque tige soit séparée des autres de 4 pieds de distance en tous sens. Si dans la rangée que l'on conserve il manque quelques sujets, on réservera le même nombre, et un peu plus parmi les plus beaux de la rangée qui doit être supprimée, et on les replantera dans les places vides, suivant les climats, en novembre ou en mars, ou en août; ou bien on peut attendre l'une de ces époques pour faire la suppression totale des surnuméraires et en former une nouvelle pépinière.

Cette méthode mérite la préférence sur la première, en ce qu'elle est plus simple. Il paraît qu'en opérant ainsi on perd beaucoup de terrain, au moins dans les premières années. Rien n'empêche que pendant l'année qui suit celle du semis le champ ne soit couvert de grains. Il s'agit alors de labourer avec la charrue appelée *araire* (*voyez* le mot Charrue), avec ou sans oreille, comme on laboure les vignes dans le bas Dauphiné, la Provence et le Languedoc, et cette charrue n'endommage point les jeunes pieds; on laisse l'espace d'une raie ou sillon des deux côtés du pied, sans labourer et sans semer : de sorte qu'on a des bandes ou lisières de grains de 3 pieds de largeur, et que le jeune plant se trouve avoir un pied de dégagement. Avec une simple pépinière, pour peu que le champ soit grand, il y a de quoi fournir tout un village. Si on le désire moins considérable, on proportionne l'espace à ses besoins, ou bien on le consacre tout entier aux plants sans songer aux récoltes en grains.

Si l'on suit l'exemple de plusieurs cultivateurs qui replantent tous les jeunes pieds après la première année, afin de leur supprimer le pivot, il est inutile de laisser un si grand espace pour le semis : 12 à 18 pouces de distance d'une noix à l'autre suffisent, sauf, après la première transplantation, ou après la seconde, de les espacer de 3 à 4 pieds, afin de leur laisser la facilité de croître avec aisance jusqu'au moment où on les transplantera dans les champs.

Est-il bien démontré que ces premières et secondes transplantations en pépinières soient avantageuses? Est-il bien démontré qu'outre le pivot il n'y ait pas assez de chevelu pour assurer la reprise de l'arbre lorsqu'on le replantera à demeure? L'expérience prouve le contraire; car dans beaucoup de nos provinces on ignore le besoin de ces transplantations. Je conviens que les arbres ainsi traités ont beaucoup plus de racines latérales et de chevelu, que leur reprise est assurée; mais je conviens aussi que, pour peu que le tronçon du pivot qui reste soit garni de chevelu, il reprend assez bien. Enfin ces replantations multipliées retardent les progrès de la croissance de l'arbre. Les corbeaux, les corneilles, et jusqu'aux pies, sont les grands semeurs des noyers dans les campagnes. Si leur bec n'est pas assez fort pour casser la noix, ils la laissent tomber sur une pointe de rocher, sur une pierre, où souvent sa coquille ne se brise point, ressaute, et la noix va se perdre dans le champ, dans la vigne, dans un buisson, etc.

J'ai souvent fait replanter à demeure de pareils noyers, et leur pivot était considérable; il ne s'agit que de faire la fouille plus profonde, de bien ménager les chevelus, et d'avoir grand soin de la partie du pivot qui demandait d'être conservée. Je réponds, d'après ma propre expérience, que, quoique la reprise de ces arbres ait pu être moins parfaite dans la première année que celle des arbres transplantés en pépinière, ils ont très-bien réussi, et ont donné et donnent encore de beaux fruits et en quantité. La prudence exige cependant qu'on laisse sur place l'arbre, élève de la nature et du hasard, jusqu'à ce qu'il produise du fruit. Si la qualité et la grosseur sont bonnes, on le transplante; si l'une ou l'autre est défectueuse; il faut arracher l'arbre et le jeter au feu, puisqu'il va occuper inutilement un très-grand espace, à moins qu'il n'ait végété sur un sol qu'on ne saurait destiner à d'autres productions. Ces replantations dans les pépinières sont peut-être nécessaires dans les provinces du nord du royaume, puisque plusieurs écrivains d'ailleurs très-estimables les conseillent; mais, je le répète, d'après ma propre expérience, on peut très-bien s'en passer dans celles du centre et du midi du royaume. Le cultivateur choisira actuellement la méthode qui lui conviendra le mieux.

Quelques écrivains ont conseillé de placer un carreau ou une brique, une tuile, etc., sous la noix, en la semant, et de la recouvrir de terre, afin que ce corps dur oblige le pivot à s'étendre latéralement, et de ne pas s'enfoncer perpendiculairement. Cet expédient est tout au moins inutile : le pivot suivra la brique, la tuile, etc.; mais dès qu'il trouvera la terre du dessous en s'allongeant, il s'enfoncera toute de suite après avoir encore fait un petit coude.

J'ai demandé que chaque plant fût espacé de 4 pieds en tous sens, 1°. afin que l'arbre eût autour de lui une plus grande circonférence d'air atmosphérique ; 2°. afin de lui laisser la liberté d'étendre ses rameaux. Les pépiniéristes ont en général la mauvaise habitude de planter trop près, dans la vue de diminuer le travail et de ménager l'espace : aussi ils ont grand soin d'élaguer, avant ou après le premier et le second hiver, les pousses latérales du tronc. Il en résulte que la sève se porte avec violence au sommet, que la tige s'élance, et il ne reste plus que cette proportion requise entre sa hauteur et sa grosseur. Il vaut beaucoup mieux attendre à la troisième année à commencer le premier élagage; le tronc, déjà fort, gagnera plus en hauteur proportionnée entre la troisième et la quatrième année, qu'il ne l'aurait fait, si l'on eût suivi la méthode contraire. *Voyez* PÉPINIÈRE.

Dans les provinces du centre et du midi où la végétation est forte, commence de bonne heure et finit tard, la hauteur des plants est de 15 à 18 pouces, et dans les trois années suivantes, 7 à 8 pieds de hauteur. Il ne s'agit pas ici des arbres élancés par l'élagage, ou de ceux regorgeant de nourriture dans le terrain des pépiniéristes, mais de ceux élevés en plein champ et dans un sol convenable et bien travaillé.

Deux bons labours par an, à la bêche ou à la pioche, suffisent à l'éducation des noyers en pépinières; cependant plus on les multipliera, et mieux l'arbre s'en trouvera. D'ailleurs ces travaux détruisent les mauvaises herbes, objet de la plus grande importance pendant les deux premières années. Outre que ces façons données au sol le rendent plus susceptible de jouir des bienfaits des météores et de se les approprier, elles accumulent une plus grande masse de gaz acide carbonique, dont les jeunes plants profitent. On ne fait point assez attention à cette opération soutenue de la nature, et on ne voit communément dans un LABOUR que de la terre remuée. *Voyez* ce mot essentiel, ainsi que celui AMENDEMENT, et vous connaîtrez alors comment les plantes s'emparent de l'air, comment il contribue à leur forte végétation; enfin comment il devient le lien et le metteur en œuvre, et l'assembleur, si je puis m'exprimer ainsi, de tous les différens principes qui constituent leur charpente.

On peut, à la troisième année, commencer à l'élaguer par le bas, rendre unie la plaie et la recouvrir exactement avec l'onguent de Saint-Fiacre. (*Voyez* ce mot). Le bois du jeune arbre est tendre, presque spongieux, et rempli de beaucoup de moelle; dès-lors les plaies qu'on lui fait tirent à conséquence, si on n'a pas le soin de les garantir de l'impression de l'air : à la quatrième, à la cinquième et à la sixième, on continue à élaguer. Il est certain qu'en suivant cette méthode on a des pieds très-forts. Les branches basses servent à retenir la sève et à fortifier le tronc.

Il m'importe fort peu que ces avis ne soient pas conformes à la conduite des pépiniéristes, dont la démangeaison d'avoir promptement des arbres à vendre leur met sans cesse la serpette à la main; mais ils sont conformes à l'expérience et aux lois de la végétation. On ne doit planter que des arbres déjà très-forts, c'est gagner du temps. Olivier de Serres dit : « Pour avancement d'œuvre, fournissez-vous du plant de noyer les plus gros que vous pourrez rencontrer, à telle cause l'ayant bien laissé mûrir à la bastardière, ne tenant compte du mince et du menu dont la foiblesse ne peut donner espérance que de tardif avancement, ni résister à la violence des vents, ni à l'importunité des bestes, qui souventes fois, en frottant, et broutant les jeunes arbres de nouveau plantés..... Le plus gros plant est le meilleur pour tost s'agrandir, de la reprise duquel ne fault douter; encore que pour sa pesanteur fallust quatre à manier un seul arbre; à la charge que la fosse soit à grande suffisance en largeur et profondeur, pour à l'aise recevoir ses racines. »

Aux environs de Montsaugeon, pays où la terre est peu profonde, on amoncelle des pierres plates au pied des noyers nouvellement plantés, ce qui y conserve la fraîcheur et en assure la reprise : ce moyen est fort dans le cas d'être recommandé.

Les cultivateurs qui désirent ne planter que des arbres faits, et ne pas avoir l'embarras de placer des tuteurs aux plus jeunes, peuvent très-bien supprimer le pivot après la première année de pépinière sans avoir besoin de replanter. Il suffit à cet effet de découvrir par un de ses côtés le pied de l'arbre, de le déchausser ainsi jusqu'à 15 ou 18 pouces, en ménageant soigneusement tous les chevelus qu'il trouvera jusqu'à cette profondeur, alors couper le pivot, remettre les racines dérangées à leur place et combler la fosse; l'arbre ne se sentira presque pas de cette opération : ou bien le cultivateur, pour éviter ce nouveau travail, supprimera le bout du pivot lorsque la noix a germé dans le sable. Alors il sera sûr d'avoir un très-grand nombre de belles racines latérales et bien chevelues, et l'arbre souffrira peu de la transplantation, quelle que soit sa grosseur (1).

Plusieurs auteurs conseillent de couper le sommet de l'arbre dans la pépinière lorsqu'il aura 7 ou 8 pieds de hauteur. Cette opération est absolument inutile lorsqu'on n'a pas eu la manie d'élaguer sans cesse dans la pépinière, et lorsque sa tige n'est ni grêle ni effilée. Laissez agir la nature, elle en sait plus que vous. On sera toujours assez à temps de charger l'arbre de plaies, lorsqu'il s'agira de le transplanter. Je dirais à ces élagueurs et planteurs perpétuels : jetez un coup d'œil sur le noyer venu de semence sans transplantation et presque livré à lui-même, comparez-le avec celui que vous avez pris plaisir de maniérer, alors jugez sans partialité. — On ne doit couper le sommet de l'arbre que lorsqu'on le plante à demeure, si on a été assuré de la beauté et de la qualité de la noix que l'on a semée.

De la greffe. L'on ne cesse de répéter que la température de l'air est changée, que les saisons ne sont plus les mêmes. Ce n'est pas le cas d'examiner ici ces assertions, il suffit de dire que les saisons ont une révolution qui dure dix-huit ans; mais, en général, le température a changé visiblement dans un très-grand nombre de cantons du royaume et de l'Europe entière, parce que les grands abris ne sont plus les mêmes, parce qu'ils se sont abaissés, etc. (*voyez* les mots ABRI, CLIMAT, DÉFRICHEMENT) : il n'est donc pas surprenant que les gelées tardives emportent dans une matinée la récolte entière des noix. Il n'est pas au pouvoir de l'homme de s'opposer à l'effet de ces fâcheux météores ; mais le cultivateur intelligent sait profiter des avantages qu'un heureux hasard lui a procurés, en ne plantant que des noyers tardifs, ou des noyers de la Saint-Jean, dont la récolte est presque sûre, à cause du retard de sa fleuraison. Chacun doit étudier la manière d'être du climat qu'il habite ; et si les récoltes y sont trop casuelles, la prudence veut qu'il ne sème que des noyers tardifs, et qu'il greffe avec cette espèce les noyers précoces ; mais est-il possible de greffer le noyer (2) ?

---

(1) Il est à observer en outre que le noyer pourvu de pivot est plus coûteux à planter, et qu'il donne moins de branches et par conséquent moins de fruits.　　　　　　　　　　(*Note de M. Bosc.*)

(2) Dans un voyage que j'ai fait dernièrement dans les départemens de l'est, j'ai recueilli beaucoup de témoignages qui constatent qu'il devient de plus en plus difficile d'y planter des noyers avec succès ; aussi

M. Daubenton, dans l'article Noyer du Dictionnaire encyclopédique, première édition, s'explique ainsi : «Quelques-uns prétendent qu'on peut greffer les noyers les uns sur les autres : ils conviennent en même temps qu'on ne peut se servir pour cela que de la greffe en sifflet, et il paraît que le succès en est assez incertain. » M. le baron de Tschudy, dans le même article du Supplément de cet ouvrage, dit en parlant du noyer tardif : «La greffe serait un moyen infaillible de le multiplier sans variation. Je sais qu'il reprend en approche. L'ente réussit aussi quelquefois, lorsqu'on l'exécute avec les précautions indiquées pour l'ente du marronnier franc», c'est-à-dire en fente ou sifflet. Il résulte de ces citations que leurs auteurs regardaient cette greffe presque comme impossible, ou du moins comme très-difficile. On ne peut attribuer le manque de réussite au défaut de lumières et de manipulation des deux auteurs : je me fais un vrai plaisir de leur rendre toute la justice qui leur est due et le tribut de louanges qu'ils ont si bien mérité. Je crois qu'on devrait plutôt attribuer au climat le manque de succès. Cette idée n'est pas si étrange qu'elle le paraît. M. Daubenton cultivait à Montbar, M. Tschudy, dans les environs de Metz, pays très-froids, comparés aux cantons du royaume où le noyer réussit le mieux. On doit se ressouvenir qu'il est originaire de Perse, et qu'ainsi il doit moins bien réussir dans le nord que dans le midi du royaume, ou dans les provinces qui l'avoisinent. M. le baron de Tschudy a réussi quelquefois; ce commencement de succès devrait encourager les autres amateurs et sur-tout les pépiniéristes à multiplier l'espèce tardive. Dans les environs de Paris, on fait peu d'huile de noix, on consomme ce fruit en cerneaux ou frais ou secs; voilà pourquoi la culture et la conduite du noyer ont été moins suivies et étudiées, et cet arbre y est peu commun. Il serait à désirer que les riches propriétaires fissent venir des pieds du noyer tardif, et lorsqu'ils produiraient du fruit, qu'ils le distribuassent à leurs voisins, afin de les engager à les semer. Il serait plus généreux et plus profitable pour eux et pour les habitans de leurs cantons qu'ils fissent des pépinières, et qu'ils leur en distribuassent les arbres gratuitement; mais revenons à la greffe du noyer.

La méthode de la greffe en sifflet est aujourd'hui pratiquée par tous les cultivateurs des environs de Grenoble, de Romans,

n'y a-t-il plus, dans le département de la Côte-d'Or, par exemple, que les communes les mieux abritées qui en offrent de jeunes. Ces faits sont en rapport avec ceux cités aux articles OLIVIER, ORANGER, CAROUBIER. *Voyez* TEMPÉRATURE et MONTAGNE.   (*Note de M. Bosc.*)

le long de la rive du Rhône, dans la partie du Dauphiné. Dans cette province, on ne cultive en général que deux espèces de noyers : la mésange, qu'on peut appeler *noyer de mars*, et la tardive, *noyer de mai*, parce qu'elles y fleurissent à cette époque. Il vaut mieux cependant leur conserver leur dénomination ordinaire, puisque les époques des fleuraisons suivent la température du climat. La méthode de la greffe commence même à s'introduire dans les environs de Genève, dans la Suisse, etc.

L'époque à laquelle il convient de greffer les arbres de la pépinière est lorsqu'ils sont en pleine sève; on choisit les meilleures branches du sommet, au nombre de trois ou quatre, et on supprime les autres. On peut également greffer de très-gros noyers, la première ou la seconde année après qu'ils ont été couronnés. Les semis ainsi greffés n'ont plus qu'à se fortifier dans la pépinière ; on fera très-bien de ne les en tirer que lorsqu'ils auront, dans le milieu de la tige, 5 à 6 pouces de diamètre, et de rejeter rigoureusement tous ceux qui seront rabougris ou de médiocre venue : l'expérience a prouvé que de tels arbres profitent rarement.

Le bon cultivateur sait que la réussite dépend souvent des petites attentions; aussi il a grand soin, lorsque la pousse de la greffe a quelques pouces de longueur, de l'assujettir doucement, avec un chiffon de drap coupé en lanières, contre le bout du sifflet qui excède la place de la greffe : par ce moyen elle n'est point détruite par les coups de vent, etc.

Dans les observations qui m'avaient été communiquées par M. Duveure, il était dit qu'au Courrier, près de Crest en Dauphiné, on greffait les noyers en écusson. La possibilité de cette opération me surprit, et me porta à croire que l'auteur avait sans doute pris involontairement un mot pour l'autre. J'ai eu l'honneur de lui écrire à ce sujet, la réponse qu'il a eu la bonté de faire à ma lettre dissipe toute incertitude : en voici le précis.

Je ne me suis point trompé lorsque j'ai dit que l'on pouvait greffer le noyer en écusson. J'ai pour moi non-seulement l'expérience depuis dix ans que je greffe ainsi de gros noyers et des noyers de pépinières, mais encore la pratique commune de la même greffe à six lieues à la ronde de mon habitation.

Depuis la réception de votre lettre, j'ai consulté les trois greffeurs que nous avons ici, et ce sont les seuls en ce genre dans nos environs.

Vous savez, comme moi, quelle patience, quelle justesse, quelle précision exige la greffe en flûte, enfin la perte de temps qu'elle entraîne, pour peu qu'elle soit multipliée, tandis que celle en écusson est bien plus expéditive.

Le seul inconvénient de la greffe en écusson est d'être plus exposée à la rupture ou à la désunion par les coups de vent, on y remédie en coupant la pointe du jet à mesure qu'il pousse. Cette opération est répétée deux à trois fois au plus pendant la première année : la greffe en flûte exige la même précaution, mais elle est moins de conséquence.

La différence du temps serait moins à considérer, si l'on greffait toujours en pépinière, où trois ou quatre greffes suffisent pour chaque arbre ; mais s'il s'agit de greffer de gros noyers épars çà et là et souvent très-éloignés les uns des autres, le prix du temps mérite d'être compté pour beaucoup.

La plus grande partie des anciens noyers, au moins du Dauphiné, ne sont point greffés, et leur récolte est très-casuelle ; pour la rendre plus sûre, les bons cultivateurs ont pris le parti de les greffer. Au mois d'octobre ou de mai, on couronne l'arbre à 8 ou 10 pieds audessus du tronc : il pousse des jets considérables pendant l'année, et au printemps de la suivante on place, sur les nouveaux jets, depuis cinquante jusqu'à cent greffes sur des noyers d'environ quarante ans et bien sains : vous devez juger par là de quelle importance est le temps.

J'ai en mon particulier environ quarante gros noyers greffés en écusson dans l'espace de dix années ; tous ceux de ma pépinière le sont également. Ce sont des faits sur lesquels vous pouvez compter, et me citer comme garant de leur authenticité.

On doit lever les écussons dès que la sève commence à être assez établie, et on les conserve dans l'eau en les y faisant tremper à la hauteur de 2 pouces.

La greffe dite à l'*anglaise* se pratique avec un succès presque assuré sur le noyer, en la faisant de manière à ce que la moelle ne soit pas entamée dans sa longueur (1).

De la transplantation. Son époque dépend du climat. Dans

----

(1) M. Knight a trouvé qu'il était plus avantageux de prendre les petits yeux qui sont à la base des pousses, que les gros, pour la greffe du noyer en écusson, et de les placer, dans le même lieu, sur les sujets. J'avais, long-temps avant lui, remarqué que celles que je plaçais au collet des racines réussissaient toujours, et j'avais expliqué ce fait par la considération de l'humidité et de l'ombre dont jouissaient ces greffes ; ce qui retardait le desséchement de leurs yeux.

Dans les départemens formés de l'ancienne Auvergne et de l'ancien Limousin, on greffe les noyers sur eux-mêmes, uniquement pour retarder leur végétation au printemps, et par là rendre plus rare sur eux l'atteinte des gelées. Cette pratique est bien dans le cas d'être imitée plus au nord.　　　　　　　(*Note de M. Bosc.*)

les provinces méridionales, dans les cantons où les pluies son_
habituellement rares au printemps et dans l'été, il est indis_
pensable de transplanter peu de semaines après que les feuilles
sont tombées; c'est-à-dire qu'il faut donner le temps à la sève
de redescendre vers les racines, et laisser le tronc moins pé_
nétré d'humidité. L'époque est à-peu-près fixée depuis la mi_
novembre jusqu'à la mi-décembre : alors les pluies d'hiver
ont le temps de serrer, de tasser la terre contre les racines,
de pénétrer plus avant dans la fosse, et par conséquent d'y
retenir une humidité qui sera si nécessaire pendant l'été. A
moins que la mauvaise saison ne soit très-long-temps rigoureuse, les racines pousseront de petits chevelus qui se forti-
fieront de bonne heure au retour du printemps. Dans les provinces moins chaudes et naturellement plus humides, on fera
très-bien de différer les transplantations jusque après l'hiver.
Les fosses destinées à recevoir ces arbres demandent à être ouvertes plusieurs mois d'avance ; on en sent trop aisément les
raisons pour y insister.

Si on a transplanté les arbres après la première année de pépinière, ou si, par une manière ou par une autre, on a arrêté
le pivot, la peine sera moins grande pour déraciner l'arbre ;
mais, dans tous les cas possibles, on doit commencer à cerner
la terre à la plus grande distance que l'on pourra tout autour
des racines et à une profondeur convenable : par exemple, en
commençant par un des bouts de la pépinière, afin de ne pas
les endommager et de leur conserver une très-grande longueur.
Je ne répéterai pas de nouveau ce que j'ai dit plusieurs fois sur
l'utilité des RACINES. *Voyez* ce mot.

On sent bien, dans la supposition qu'on n'ait pas supprimé
le pivot, qu'il sera pour ainsi dire impossible, ou du moins
trop dispendieux, de défoncer la terre jusqu'à la profondeur à
laquelle il a pénétré, si le sol de la pépinière a eu beaucoup
de fond : ce n'est pas aussi ce que je demande ; cependant, si
on le pouvait, je dirais : ménagez ce pivot, donnez-lui une direction très-étendue et horizontale dans la fosse, et vous aurez
un arbre qui ne tardera pas à se charger de beaucoup de racines, et dont la végétation sera bien supérieure à celle de
l'arbre dont on aura coupé le pivot à un ou 2 pieds, quoiqu'il
ait déjà beaucoup de racines latérales.

Huit pieds de diamètre sur au moins 3 de profondeur sont
les proportions ordinaires des fosses que l'on ouvre long-temps
d'avance pour les noyers. Si on transplante le noyer avant
l'hiver, il est inutile de retrancher sa tête à cette époque, et
dangereux, comme quelques écrivains le conseillent, de laisser
2 à 3 pouces de la base des branches que l'on supprime, et
d'enfoncer une cheville dans le centre, c'est-à-dire dans l'en-

droit de la moelle. Le bois du sommet de la tige et des branches est naturellement plus spongieux que celui du tronc, la rigueur du froid pourrait l'endommager, au lieu qu'en laissant, pendant l'hiver, l'arbre tel qu'on l'a tiré de la pépinière, il n'est point chargé de plaies et son écorce le défend. Quelque temps avant qu'il entre en sève, on l'étête à la hauteur qu'on désire, et chaque plaie est aussitôt recouverte par l'onguent de Saint-Fiacre, et pour plus grande sûreté, on l'assujettit, au besoin, avec un peu de paille, afin que les coups de vent ou les grandes pluies ne le détachent pas avant que l'écorce ait commencé à s'étendre sur la partie ligneuse de l'endroit coupé. Quant aux chicots d'un à 2 pouces que l'on conseille de laisser, on doit sentir que ce n'est pas d'eux que partiront les nouvelles pousses; qu'ils pourriront peu à peu, et formeront un chancre, qui gagnera à la longue le tronc de l'arbre et le rendra caverneux: dès-lors voilà une perte réelle sur le prix de ce bois si précieux pour la sculpture, la menuiserie, etc. Peu d'arbres exigent, autant que le noyer, l'application de l'onguent sur ses blessures, afin de les soustraire au contact de l'air, qui y cause la pourriture.

Du sol. On ne cesse de répéter que le noyer vient par-tout: cela est vrai jusqu'à un certain point, à moins que le terrain ne soit marécageux, et encore il y subsiste si l'humidité se dissipe pendant l'été. Mais végéter d'une manière languissante, ou croître avec vigueur, la différence est extrême, soit pour la beauté de l'arbre, soit pour la quantité et la qualité du fruit. La noix de l'arbre planté dans un fond trop fertile ou trop humide ne donne pas autant d'huile que celle de l'arbre qui végète sur un sol élevé et un peu sec. L'on peut dire en général que le noyer aime les terres douces, un peu fraîches et qui ont beaucoup de fond; qu'il se plaît dans les vallons, sur les lieux un peu élevés; qu'il aime les grands courans d'air; que, proportion gardée, il réussit mal dans les terres trop argileuses, trop crayeuses; qu'il leur préfère les graveleuses et les sablonneuses, enfin toutes celles dans lesquelles il peut facilement approfondir ses racines.

Le produit de cet arbre est très-considérable lorsque la saison favorise sa fleuraison; mais sa valeur mérite-t-elle qu'on lui sacrifie celle de la production d'une bonne terre à froment, ou d'une prairie ou d'une luzernière, etc.? Je ne le crois pas. On voit des noyers couvrir de leurs branches une étendue de plus de 100 pieds de diamètre, sur laquelle il ne croît qu'une herbe rare et chétive. C'est au propriétaire à consulter son intérêt et non sa fantaisie, ou la coutume du pays, avant de planter cet arbre. Il me paraît qu'on ne doit le placer que sur les lisières des chemins, ou tout au plus sur les lisières des possessions, en observant la distance prescrite par la loi, et qui varie suivant les coutumes des provinces; c'est au cultivateur à les connaître. Je vois toujours avec peine de bons champs plantés de noyers en totalité.

Lorsque l'on plante sur le bord des chemins, 6 à 8 toises suffisent à la distance d'un arbre à un autre. Si on pense devoir sacrifier un champ à ces plantations, il faut au moins 12 à 15 toises : alors on pourra encore espérer quelques récoltes pendant un certain nombre d'années.

L'arbre planté demande d'être, pendant plusieurs années, travaillé au pied sur deux toises de diamètre, à moins que le sol du champ ne soit labouré en entier.

J'ai vu des haies de noyers aussi fourrées que celles faites avec l'*aubépin*; je crois même qu'il seroit possible de leur donner la plus grande hauteur de nos charmilles, en couchant presque parallèlement les branches, et en supprimant tout canal direct de la sève. Cette assertion est purement idéale. Je n'ai fait aucune expérience à ce sujet ; mais il me paraît qu'une telle palissade produirait beaucoup de fruit, attendu sa grande surface de chaque côté, et sur-tout parce que le noyer ne produit son fruit qu'à l'extérieur. *Voyez* HAIE.

On dit communément que les noyers craignent les grandes chaleurs de nos provinces méridionales. J'en ai trois qui réussissent à merveille et portent chaque année beaucoup de fruit. Il est plus probable qu'on ne le cultive pas, parce que l'olivier le remplace avantageusement, et que trois oliviers prospèreront dans une étendue à peine suffisante pour un noyer ; enfin parce que la qualité et le prix des deux huiles qu'ils donnent ne peuvent pas être comparés. Le noyer n'est regardé, dans nos provinces, que comme un arbre fruitier, et rien de plus.

De la taille. Tant que l'arbre n'a que quinze à vingt ans, la taille après l'hiver est préférable à la taille faite après la chute des feuilles, sur-tout dans les pays où le froid est ordinairement rigoureux ; la coutume de plusieurs cantons est de tailler aussitôt après la récolte du fruit : cette méthode est vicieuse, en ce qu'il reste encore trop de sève dans l'arbre ; il s'en fait une grande extravasion par la plaie ; elle se trouve baignée quand le froid survient, l'écorce n'a pas eu le temps de se cicatriser et le froid a plus de prise. C'est toujours de l'amputation des grosses branches faite à contre-temps, ou mal faite, que naissent les chancres et les cavités du tronc. On ne doit jamais couper une grosse branche sans recouvrir la plaie avec l'*onguent de Saint-Fiacre*, ou sans clouer pardessus une planche dont tout le tour est mastiqué avec le même onguent. Les clous qui entrent dans le tissu ligneux n'y por-

tent aucun préjudice, puisque cette partie du bois ne se régénère pas, et qu'elle n'est dans la suite recouverte que par la
seule écorce. A la fin de la première année, ou après la seconde, suivant l'étendue de la plaie, on peut supprimer la
planche : cet expédient paraîtrait minutieux, si on ne comptait pour rien la grande valeur d'un beau tronc de noyer bien
sain : c'est le seul moyen de l'empêcher de devenir caverneux,
à moins qu'il n'ait été semé en place, et simplement élagué
dans les commencemens, pour assurer la hauteur du tronc.

Le noyer livré à lui-même dispose ses branches et sa tête en
forme ronde, c'est donc sa forme naturelle et celle qu'on doit
lui conserver : le grand point est de lui laisser toujours un tronc
fort élevé, à cause de sa valeur quand il est sain, et afin que
les branches s'élancent en l'air. Les branches doivent être disposées de manière qu'elles ne s'entrelacent pas les unes avec les
autres ; que l'arbre soit dégagé dans le centre, afin que l'on
puisse aisément aboutir aux différentes parties pour faire
tomber les fruits lors de la récolte.

La feuillaison des branches s'exécute toujours sur le bois
nouveau de l'année précédente ; c'est une des raisons principales pour qu'elles s'allongent sans cesse, et que le plus grand
poids soit à l'extrémité. Ainsi, en supposant que, par la
taille, on ait donné à une mère-branche, par exemple, la
direction de l'angle de 45 degrés, on ne sera pas étonné si peu-
à-peu elle prend celle de 50 ou de 60, sur-tout si on ajoute au
poids de la branche et des feuilles celui du fruit : il résulte
donc de la croissance, du prolongement et de l'inclinaison annuelle des mères-branches et des rameaux secondaires, que
les inférieures toucheront presqu'à terre, et que les branches
supérieures s'inclineront sur les inférieures ; que celles du
sommet, moins longues, conserveront la perpendicularité jusqu'à ce que, pressées par de nouvelles, elles suivent la même
loi des premières ; enfin, de pression en pression s'établit la
forme ronde de la tête de l'arbre. On cherchera en vain à la
contrarier en taillant l'arbre en BUISSON (*voyez* ce mot), peu-
à-peu il reprendra ses droits. Je ne veux pas dire qu'il ne faille
tailler cet arbre ; au contraire, je demande la suppression des
branches les plus basses lorsque les rameaux sont près de
terre : il en résulte deux avantages : l'arbre a plus d'air dans
l'intérieur de ses branches, et les branches du sommet s'élèvent davantage ; enfin, par la suppression des branches inférieures, on a une plus grande partie de champ à cultiver ; d'ailleurs il est rare que les fruits placés sur ces rameaux pendans
et rapprochés du sol soient pour le propriétaire : c'est sur-tout
après l'amputation de ces grosses branches que l'on doit faire
usage de l'*onguent de Saint-Fiacre*, recouvert par une planche,

parce que la cicatrice se forme difficilement : le bon cultivateur ne se hâte pas de les séparer du tronc; il élague les rameaux
extérieurs, à mesure qu'ils s'inclinent trop, et même les branches secondaires qui partent des premières ; il évite par ce
moyen la surcharge du poids à l'extrémité du levier, et prévient l'inclinaison des mères-branches et de leurs rameaux. On
doit même observer que l'amputation des mères-branches sur
les vieux noyers leur est très-préjudiciable, et que peu-à-peu
l'arbre périt.

C'est sur-tout pendant les vingt premières années après la
plantation qu'on doit s'occuper essentiellement de la formation de la tête de l'arbre : jusqu'à cette époque, son produit
est de peu de conséquence ; il vaut mieux le sacrifier à l'accroissement de l'arbre. Si l'on diffère sa propre jouissance,
c'est pour mieux jouir dans la suite. Il est même essentiel, jusqu'à un certain point, d'empêcher l'arbre de se mettre à fruit,
puisque le bois y gagnera beaucoup. Tous les ans, ou tous les
deux ans, on peut émonder cet arbre, 1°. de tous les bois
morts, s'il y en a ; 2°. des branches qui se disposent mal ; 3°. des
rameaux trop pendans. Cette époque passée, il n'a presque
plus aucun besoin du secours de l'homme, à moins qu'un
coup de vent, un ouragan, n'aient brisé et déchiré quelquès-
unes de ses fortes branches, ou bien pour un peu receper les
rameaux trop pendans vers l'extérieur.

Dès qu'on voit que l'arbre commence à être sur le retour,
que sa tête commence à se charger de bois mort, il est temps
de mettre la cognée à sa racine, afin de prévenir un dépérissement qui diminue beaucoup la valeur du tronc. L'époque de
la coupe de ces arbres est lorsque la sève est concentrée dans
les racines, lorsque depuis quelques semaines il règne un vent
du nord sec et même froid ; la lune n'influe en rien sur cette
coupe. Dès que cet arbre est couché par terre, on coupe toutes
ses branches près du tronc, on ménage les plus grosses, afin de
leur conserver leur longueur, et les petites sont brisées et
destinées au feu. Aussitôt après la séparation des branches, il
convient d'écorcer le tronc, et de le placer ensuite droit sous
un hangar, afin qu'il sèche plus vite. Si l'on désire donner à
ce bois une qualité supérieure, et diminuer le volume de son
aubier, on écorcera le tronc sur pied pendant l'hiver, un an
avant d'abattre cet arbre : cette petite préparation est un peu
dispendieuse et d'un très-grand avantage, principalement
pour les beaux troncs des arbres semés à demeure et dont on
n'a pas coupé le pivot.

On demande si, supposition faite que le noyer ne portât
point de fruit utile, on devrait le semer et le cultiver uniquement pour son bois. Oui sans doute, puisque c'est le bois le

plus utile pour la sculpture, pour la menuiserie , et sur-tout pour les grosses vis , car, outre sa force, il est souple et pliant ; enfin que coûte-t-il de hasarder quelques noix dans les scissures des rochers, et même dans des terrains ingrats, dont on ne retire aucun produit ? On dit que les noyers attirent la foudre plus que les autres arbres , cela est vrai , en raison de leur grande circonférence et de l'humidité dont ils se chargent pendant l'orage, l'eau étant un excellent conducteur de l'électricité et par conséquent du tonnerre. Nos ancêtres , plus sages et sur-tout plus économes que nous , plantaient en noyers les avenues de leurs châteaux, de leurs maisons de campagne ; un luxe mal entendu leur a fait substituer le tilleul stérile ou l'ormeau parasite ; cependant le noyer est le plus bel arbre de l'Europe, et celui dont le produit est le plus considérable. Deux raisons ont concouru à sa proscription : la première, parce qu'il produisait du fruit, et parce qu'il n'était pas décent ou du bon ton qu'un grand seigneur ne parût pas sacrifier tout à l'agrément ; le bourgeois a été assez sot pour imiter le grand seigneur ; la seconde, parce que la transpiration des feuilles de cet arbre est forte, son odeur désagréable et porte à la tête. La première tient à une puérilité, mais la seconde est plus réelle ; cependant il est si facile d'y remédier, que l'on doit être étonné que l'on ne s'en soit pas plus tôt avisé. Si on reste long-temps sous un noyer , on se sent la tête pesante, et le malaise est quelquefois porté au point de donner des envies de vomir. Eprouve-t-on cet état fâcheux sous tous les noyers ? Non , sans doute, mais uniquement sous ceux dont les rameaux pendent de tous côtés presque jusqu'à terre : alors on se trouve comme sous un toit, sous une espèce de calotte où l'air se renouvelle difficilement , l'air qui s'échappe du noyer par la transpiration vicie l'air atmosphérique ; mais supprimez jusqu'à une hauteur proportionnée les branches et les rameaux inférieurs, alors vous établirez un grand courant d'air qui dissipera la mauvaise odeur.

C'est dans ces avenues que l'on doit principalement semer des noix à demeure , afin que l'arbre pivote, s'élance dans les airs, prenne un port si majestueux et si imposant , qu'aucun autre arbre ne saurait entrer en concurrence : alors l'homme guidé par le luxe et par la mode sera satisfait ; l'idée de récolte ne le fatiguera plus , car elle sera très-médiocre. Il pourra même , s'il le veut , faire tailler les branches en palissade du côté opposé à l'allée de l'avenue, faire exercer les ciseaux et le croissant de ses jardiniers , et les branches de l'intérieur formeront d'elles-mêmes le plus beau des berceaux. Qu'il est cruel cet empire du luxe et de la mode ! Il dépeuple d'hommes nos campagnes , les attire dans les villes et anéantit nos arbres les plus précieux, pour leur en substituer d'autres dont le bois est de nulle valeur !

Récolte et conservation du fruit. Plusieurs écrivains qui n'ont connu que Paris, ses environs, et quelques-unes des provinces du nord du royaume, regardent la récolte des noix comme de peu de conséquence ; c'est aussi l'opinion de M. Hall, anglais, et son rédacteur rend ainsi sa pensée : « Quoiqu'on élève des noyers principalement dans la vue de s'en procurer le bois, on ne doit point compter sur le profit qu'on peut tirer de leurs fruits. » Ces assertions prouvent tout au plus que les noyers ne réussissent pas aussi bien dans ces parties du nord que dans le centre et le midi de la France.

Si l'on parcourt les provinces déjà citées, l'Angoumois, l'Agénois, une partie du Languedoc, tout le Dauphiné, le Lyonnois, le Forez, le Beaujeaulois, l'Auvergne, etc. , etc. , on se convaincra que le montant de la récolte des noix destinée à être convertie en huile, excède de beaucoup et de beaucomp la valeur de celle de l'huile d'olive qu'on fabrique en Provence et en Languedoc. Il est démontré que le peuple de plus de la moitié de la France ne consomme d'autre huile que celle de noix. Revenons à la récolte des noix.

L'époque de la récolte n'est pas chaque année rigoureusement fixe dans le même canton : elle dépend de la saison. Elle varie également d'un climat à l'autre, et sur-tout par rapport aux espèces : le noyer de Saint-Jean n'est pas la seule de cette qualité, on en compte plusieurs parmi les noix communes , qui sont plus ou moins tardives. L'époque à-peu-près générale est depuis le milieu de septembre jusqu'à la fin d'octobre.

L'on connaît que le fruit est mûr lorsque son brou ou enveloppe se crevasse et se détache du fruit. Alors des hommes, avec des perches longues, minces, et dont le bout est flexible, frappent successivement , et suivent toutes les branches du bas de la partie à laquelle ils peuvent atteindre. Les grands coups sont inutiles et nuisibles; ils affectent, meurtrissent le jeune bois , et font tomber un grand nombre de feuilles encore nécessaires à la perfection du bouton ou œil placé à leur base , qui doit pousser l'année suivante, et dont elles sont les mères nourricières. Il est très-rare qu'un bourgeon un peu fortement meurtri donne du fruit l'année d'après.

Après ce premier battage , les mêmes hommes montent sur l'arbre, gagnent de branches en branches, et les gaulent successivement jusqu'à ce que tout l'arbre soit dépouillé de tous ses fruits. Il serait à désirer qu'on pût cueillir les noix avec la main , mais la chose est impossible. Elles sont toujours à l'extérieur de l'arbre, et l'extrémité des branches est trop faible, et casserait sous le poids de l'homme. Les femmes, les enfans, les vieillards sont occupés à ramasser les noix par terre et à les mettre dans des sacs. *Voyez* GAULER.

Si les noyers étaient renfermés dans une enceinte ; si les propriétés étaient respectées, il serait inutile d'abattre les noix, et on épargnerait aux rameaux un grand nombre de meurtrissures. Le vent seul, la maturité complète du fruit, et le desséchement de son pédoncule, suffiraient pour le détacher de l'arbre.

M. Hall, déjà cité, dit : il est essentiel de prémunir le cultivateur contre une erreur vulgaire. Comme il est difficile de cueillir le fruit à la main, on a contracté l'habitude de l'abattre avec des perches, et de cet usage, qui est un abus très-nuisible, est née une erreur qui s'est établie invinciblement : elle consiste à croire que cette façon d'abattre le fruit est très-favorable à l'arbre ; erreur d'autant plus grossière, que l'on ne saurait cueillir les noix avec trop de précaution, parce qu'on abat une quantité de feuilles avec le fruit, et que, foulées sur le terrain, elles y laissent un suc qui lui est très-pernicieux. Il n'y a d'autre moyen de remédier à ce préjudice que d'enlever toutes ces feuilles et ces petites branches de dessus le sol, en y répandant de la cendre ; ce qui serait très-avantageux à l'arbre et à toutes les plantes qui sont aux environs.

Je conviens avec M. Hall du mal que l'on fait aux rameaux en les gaulant, par les raisons indiquées ci-dessus ; mais lorsque l'arbre jouit d'une certaine élévation, il faudrait des échelles immenses, presque impossibles à manier, ou des échafauds portés sur des roulettes : or, l'on conçoit avec quelle peine on remuerait, on disposerait les uns ou les autres sur des sols inclinés, sur des coteaux, etc. C'est donc un mal inévitable que de gauler ; mais la main de l'ouvrier le diminue beaucoup, s'il est exercé à conduire la gaule.

Quant au suc dangereux que les feuilles communiquent au sol, c'est une supposition gratuite ; on a grand soin ou de les laisser pourrir sur place, ou de les ramasser soigneusement, afin d'en faire de la litière sous le bétail : certes, ce fumier n'est pas le plus mauvais, et l'expérience prouve qu'il ne nuit à aucune des productions de la campagne quand il est bien consommé. Les feuilles qui se dessèchent sur place ne perdent que leur eau de végétation et conservent tous leurs autres principes ; cependant, en se décomposant par la pourriture, on ne voit pas qu'elles endommagent le sol. Entre la feuille sèche et la feuille verte, l'absence ou la présence de l'eau de végétation fait toute la différence ; elles ne lui nuisent pas plus dans un état que dans un autre.

Lorsque toutes les noix d'un arbre sont abattues, on passe à l'arbre voisin, sur lequel on renouvelle la même opération, et ainsi de suite ; pendant ce temps, on remplit les sacs avec les noix ramassées, et on sépare celles qui sont détachées de leur brou d'avec celles qui lui restent encore attachées. Cette précaution n'est pas de rigueur ; mais elle est avantageuse et épargne beaucoup de peine dans le grenier.

C'est communément dans des sacs que l'on transporte les noix du champ à la métairie ; on les étend sur le plancher du grenier, sur 2 à 3 pouces d'épaisseur, et chaque jour on les remue avec des pelles de bois, afin de dissiper l'humidité : cette opération dure environ un mois et demi. Les noix qui tiennent au brou sont mises dans un semblable monceau, mais séparées, et à chaque râtelée on a soin de retirer le brou qui en est détaché. Dans quelques cantons, on amoncèle pêle-mêle les noix avec leur brou ou sans brou à la hauteur de plusieurs pieds ; c'est, dit-on, pour les *faire suer*, et on les laisse ainsi pendant quinze jours de suite plus ou moins : il en résulte que la fermentation s'établit dans le monceau, que l'amande travaille intérieurement, que sa chair s'altère, et que l'huile qu'on en retirera ensuite aura un goût fort.

Lorsque les noix ont été séchées d'après la première méthode, qui est à tous égards la meilleure, on les renferme dans un endroit qui ne soit ni trop chaud ni trop frais, afin de les empêcher de rancir, et souvent dans des coffres en bois de noyer destinés à cet usage et qui les mettent à l'abri des vicissitudes de l'atmosphère, tantôt sèche, tantôt humide : les noix s'y conservent bonnes à manger d'une année à l'autre.

Le surplus de la récolte de celles que l'on garde pour manger est destiné à faire de l'huile (1).

De l'huile. La noix, dans l'état de cerneau, renferme à la vérité les matériaux qui doivent dans la suite constituer l'huile ; mais l'huile n'y est point encore formée, elle est alors, dans son genre, ce que l'égrat ou verjus est au raisin avant sa maturité, c'est-à-dire que la substance vineuse n'est pas développée dans le fruit : il faut que la maturité opère cette magnifique et surprenante révolution.

L'amande blanche de la noix, dont la pellicule qui la recouvre se détache encore aisément, commence à avoir, mais en très-petite quantité, quelques parties huileuses ; ce n'est que lorsque cette pellicule devient fortement adhérente que l'huile remplace la partie émulsive..... Ces différens états indiquent

---

(1) Un noyer dans la force de l'âge produit, terme moyen, deux sacs de noix de la valeur de 12 francs. Si on brûlait ses feuilles et le brou de ses noix, on en tirerait un vingtième de leur poids en potasse, estimé 6 francs : ce qui donnerait un revenu représentatif d'un capital de 300 fr.
(*Note de M. Bosc.*)

donc l'époque à laquelle on peut commencer à envoyer le fruit au pressoir. Si l'on se presse trop, on perdra beaucoup d'huile, et une même masse du fruit bien conservé en donnera beaucoup plus à la fin de l'année que trois mois après la récolte.

L'émondage des noix est une des plus agréables occupations des villageoises : femmes, filles, garçons, enfans, se rassemblent à la veillée tour à tour dans les différentes habitations. Les uns cassent les noix ; les autres, assis autour d'une vaste table éclairée par une lampe, séparent le fruit des coquilles : l'on chante, l'on rit, l'on fait des contes, et la joie règne dans ces assemblées. Si par mégarde une fille laisse un débris de coquille avec le fruit choisi, le garçon qui s'en aperçoit l'embrasse, afin de la rendre plus attentive à l'avenir, et quelquefois il est secrètement lui-même l'auteur de la faute dont il retire tout l'avantage. Comme les pères et les mères sont présens à l'émondage, tout y est décent ; car les mœurs habitent encore aux villages un peu éloignés des grandes villes.

Les émondeurs et les émondeuses ont l'attention de ne laisser aucun débris de noix dans les coquilles, ni les débris des coquilles parmi les noix, enfin de séparer les amandes en deux lots : le premier de ces lots est destiné à celles dont la couleur blanche indique l'amande saine, et le second à celles dont la couleur est foncée ou noire ; les premières fournissent l'huile pour les apprêts, et les secondes pour brûler.

Les personnes chargées de casser les noix peuvent éviter beaucoup de peine aux émondeuses s'ils ont l'attention de tenir la noix de la main gauche, qu'elle porte d'aplomb sur un billot et la pointe en haut, sur laquelle frappe le petit maillet de bois tenu de la main droite.

Cependant il y a des espèces de noix dont la coquille est très-dure, contournée, profondément sillonnée en dedans et en dehors, dont on ne peut casser la coquille sans briser l'amande, et encore, quelque précaution que l'on prenne, il reste des débris de l'amande dans les cavités de la coquille. L'émondage de telles noix exerce beaucoup la patience et fait perdre beaucoup de temps ; dans certains cantons, on les appelle les *noix des amoureux*, parce que les filles les donnent aux garçons pour les éplucher.

Les noix à coque ou coquille dure sont beaucoup meilleures au goût et donnent plus d'huile que celles à coque tendre, ainsi qu'il est généralement reconnu dans les pays à noix ; mais elles sont plus petites : ce fait s'explique par la moins grande déperdition qu'elles font, et par la moindre influence des circonstances atmosphériques, influence qui est toujours très-puissante sur les graines huileuses.

On ne doit pas différer d'envoyer au moulin les noix émondées. La coquille et la pellicule qui recouvraient auparavant l'amande la garantissaient du contact de l'air et de la corruption ; mais dès qu'une partie de l'amande est brisée, séparée de sa pellicule, elle devient bientôt rance, d'une saveur exécrable, et elle communique promptement au reste de l'amande ses mauvaises qualités. Les noix émondées sont mises dans des sacs et portées au moulin. Il faut environ 40 livres de noyaux pour faire une bonne mouture, le plus ou moins de poids dépend de la coutume du canton.

Le noyau est jeté sur la table du moulin ; une roue perpendiculaire, mue par l'eau ou par le vent, ou traînée par un cheval, l'écrase et le reduit en pâte : cette pâte est mise dans l'auge du pressoir, un billot de bois par-dessus taillé de la largeur de l'auge, et sur lequel on baisse la vis, dont l'effort de pression oblige l'huile de se séparer du marc ; cette huile est appelée *huile-vierge*, parce qu'elle est tirée sans le secours du feu ou de l'eau chaude. La pâte retirée de dessous la presse est ensuite ou échaudée avec l'eau bouillante, ou échauffée dans une bassine avec l'addition d'un peu d'eau ; enfin, soumise de nouveau à la presse, elle fournit ce que l'on appelle l'*huile cuite*, dont le goût est fort. Le marc ou résidu après la pression est appelé *pain de trouille* ; il est excellent pour engraisser la volaille, pour la nourriture des bestiaux, est très-utile pour faire la soupe aux chiens de basse-cour, enfin forme un excellent engrais.

Si on désire de plus grands détails sur la fabrication de cette huile, sur la manière de lui conserver long-temps sa bonne qualité, il faut consulter les articles Huile et Moulin a huile.

L'huile que l'on retire par expression de la noix sert aux mêmes usages que celle des olives ; elle a les mêmes principes.

Il faut cependant convenir que l'huile de noix, même tirée sans feu et qu'on appelle *vierge*, a un goût de fruit qui ne plait pas, au premier abord, à ceux qui n'y sont pas accoutumés, mais auquel on s'accoutume plus facilement qu'à celui de *fort*, d'*âcre*, si commun aux huiles d'olives. Le noyer supplée l'olivier dans presque toutes les provinces de l'orient, de l'occident et du centre du royaume, excepté dans celles du nord, où il ne réussit pas très-bien : cette différence mérite un examen particulier (1).

_____

(1) On a reconnu que dans les années où les noix sont parvenues à toute leur maturité, elles ne rendent que 5 pintes d'huile par double décalitre, ce qui est inférieur au produit de la plupart des graines huileuses ; et elles rendent encore moins, c'est-à-dire au plus 3 pintes, dans celles où l'humidité ou le froid s'est opposé à la maturité.

On peut tirer parti du marc des noix après que l'huile en a été expri-

Avantages et inconvéniens de la culture du noyer. M. Duvaure s'explique ainsi dans les observations qu'il a eu la bonté
de me communiquer sur la culture du noyer : J'ai beaucoup
de noyers dans ma campagne (près de Crest en Dauphiné) ;
j'ai suivi alternativement le rapport de plusieurs plantés dans
un assez bon sol. Le produit a été plusieurs fois de dix mesures
du pays par chaque arbre ; chaque mesure contient environ
65 livres de froment, poids de marc, et le produit de dix mesures a été de 25 à 30 livres. Je pourrais citer plusieurs exemples
semblables ; je ne conclus pas de là que chaque noyer puisse
produire autant, puisque le produit tient à beaucoup de circonstances locales ; mais ce que je dis prouve le parti qu'on
peut tirer de cet arbre.

Ce qui le rend précieux à mes yeux, c'est le peu de mise
que sa récolte exige ; j'ai éprouvé plus d'une fois que 30 à 36
livres de frais suffisaient pour récolter une masse de noix dont
le produit était environ de 400 livres.

Trowel dit qu'un bon noyer très-bien conditionné se
vend en Angleterre 40 jusqu'à 50 liv. sterlings, et M. Hall
assure que cet arbre a plus de qualité en Angleterre qu'en
France. Sans entrer dans l'examen de ces faits, on doit convenir qu'aucun arbre ne mérite plus d'être cultivé que le noyer,
si de telles assertions sont vraies ; ce qu'il y a de très-certain,
c'est que le tronc du plus beau noyer de France ne sera pas
vendu au-delà de cinq à six louis d'or.

Les ébénistes, les menuisiers, les carrossiers sur-tout, se
passeraient difficilement de ce bois : il est doux, flexible, liant,
souffre le ciseau, prend un beau poli, fournit des planches
larges, minces, et qui se prêtent, au moyen du feu, à tous les
contours qu'on veut leur donner ; enfin ce bois une fois sec ne
se tourmente point, ne se resserre pas, et reste dans le même
état où il est employé. Les tourneurs, les statuaires et les
sculpteurs, font beaucoup de cas de ce bois, et il serait très-
difficile de le suppléer par un autre.

Tel est le précis de l'éloge que mérite le noyer : examinons
actuellement par quelles raisons le nombre de ces arbres diminue de plus en plus dans certaines parties de la France, et
s'il est dans l'ordre de la bonne économie de le diminuer.

Il faut attendre plus de vingt ans avant d'avoir une récolte
passable de l'arbre que l'on a planté, et soixante pour qu'il

---

mée, pour la nourriture de l'homme, lorsque ces noix ne sont pas rances.
A cet effet, on le délaie dans une grande quantité d'eau, opération à la
suite de laquelle les peaux qu'il contient montent à la surface, et la chair
se précipite : cette dernière se moule sous une presse en petits pains
de deux lignes d'épaisseur, qui se conservent bons à manger pendant
plusieurs mois.   (*Note de M. Bosc.*)

soit dans sa perfection ; il est long-temps en pépinière, et on aime à jouir : peu de cultivateurs prennent la peine d'en établir ; il faut donc, en général, recourir aux pépiniéristes, qui vendent chèrement ces arbres : ces raisons réunies s'opposent aux remplacemens.

On a vu très-souvent des récoltes entièrement perdues par des gelées tardives. On voit chaque jour de très - grands espaces sacrifiés dans les meilleurs champs au noyer, et aucun grain ne prospérer sous son ombre, et cette perte a excité beaucoup de regrets ; enfin la muriomanie est survenue, et dans un quart d'heure on a décidé la suppression d'un arbre qui, depuis soixante ans, faisait l'ornement d'une campagne ; on a pris pour excuse l'ombre funeste du noyer, et l'on n'a pas examiné que les racines du mûrier feraient beaucoup plus de tort ; que la cueillette des feuilles abîmait les champs semés ; enfin on n'a pas mis en problème lequel de ces deux arbres rapportait ou rapporterait le plus au propriétaire : dans tout ceci, il n'est question que du noyer destiné à la récolte des noix, et par conséquent planté dans un bon fonds.

D'après cet exposé, le cultivateur doit-il ou ne doit-il pas arracher tous les noyers plantés dans l'intérieur de ses champs ? Je serais pour l'affirmative. Doit-il supprimer ceux des lisières, des bordures des chemins, et les remplacer par des mûriers ? Je ne le crois pas : ces deux sentimens sont susceptibles de beaucoup de modifications qui tiennent à la localité, et que le cultivateur peut infiniment mieux apprécier que moi, qui parle en général.

Il est constant que la Provence, le bas Dauphiné et le Languedoc ne fournissent pas la vingtième partie de l'huile d'olive qui se consomme en France : on est donc forcé de recourir à d'autres huiles que celle des olives. La noix est donc une ressource bien précieuse ; mais l'est-elle si fort qu'on ne puisse s'en passer ? C'est le vrai point de la question : s'il m'est permis d'avoir un avis sur ce sujet, je ne craindrais pas de dire que, si des expériences réitérées et faites avec soin, me prouvaient que, pendant l'année des jachères, mes champs étaient susceptibles de produire du Colza, de la Navette, du Pavot (*voyez* ces mots), je préférerais leur culture au produit du noyer : il en résulterait de grands avantages ; les champs seraient Alternés (*voyez* ce mot), et la récolte en grain y serait complète et beaucoup meilleure ; on aurait donc chaque année un produit plus considérable que ne le sera jamais celui du champ planté en noyers. Ces assertions paraîtront peut-être des paradoxes aux yeux de ceux qui jugent sans examen, ou qui sont accoutumés depuis leur tendre enfance à voir des noyers. Je leur demanderai de ne pas les juger, les condamner sans avoir fait des expériences; je leur citerai l'exemple de plusieurs grands tenanciers du Beaujolois, etc., qui ont supprimé les noyers pour suivre la culture des graines à huile, et qui s'en trouvent si bien, que leur exemple gagne de proche en proche. Je ne parle pas d'une suppression totale : il convient au contraire de boiser les bords des chemins, de former des avenues, de planter les balmes, et même, s'il se peut, de hasarder des semis de noyers dans les crevasses des rochers : cet arbre donne un air d'opulence aux campagnes ; il flatte le coup d'œil, son bois est précieux, mais la culture des grains doit passer avant tout.

Le Flamand, le Picard, l'Artésien, etc., ne cultivent le noyer que pour avoir le plaisir de manger son fruit en cerneaux, ou des noix fraîches; ils le cultivent uniquement comme arbre fruitier. Les graines à huile leur suffisent, et l'huile qu'ils en retirent est un gros objet de commerce; ils ont vu que le noyer occupait un trop grande espace, et que cette étendue de terrain pouvait être remplie d'une manière bien plus utile. Le climat et le sol s'opposent, à la vérité, à la belle végétation de cet arbre ; la récolte du fruit y est très-casuelle, et si l'on y plantait le noyer tardif, afin de prévenir les effets des gelées, la noix n'aurait pas le temps d'y mûrir. Soit par cette raison ou par telle autre, cet arbre n'est dans ces provinces qu'un simple arbre d'agrément, un simple arbre fruitier.

Propriétés. L'huile de noix tirée sans feu peut être employée dans tous les cas où celle d'olive est d'usage. Le cerneau est indigeste, ainsi que les noix fraîches; mangez-en une grande quantité, ils fatiguent la poitrine : la noix sèche provoque la toux. Les feuilles froissées et récentes, ou leur suc, détergent les ulcères rebelles, sanieux, vermineux et peu douloureux. L'eau dans laquelle on a mis infuser pendant plusieurs jours quelques feuilles, donnée à la dose de deux verres par jour, a souvent produit de très-bons effets dans les affections scrophuleuses.

Le brou a un goût acerbe, amer et un peu âcre; il est vomitif et son suc astringent. Les chatons sont un peu émétiques et sudorifiques; le suc de la racine fraîche est diurétique, et même un violent purgatif.

Avec des noix encore vertes et tendres, on prépare une confiture qui est stomachique.

Lorsque l'on veut passer en couleur les carreaux d'un appartement, on fait bouillir dans un chaudron et réduire en pâte les brous de noix, et on n'y ajoute que la quantité d'eau suffisante pour que le fond du chaudron ne brûle pas : alors de tout se réduit en pâte, dont on recouvre tous les carreaux ; on laisse sécher, on balaie, on cire et on frotte.

Les menuisiers, charpentiers, etc., ont chez eux en réserve un vase rempli de brou qui trempe dans l'eau, et ils se servent de cette eau pour donner aux bois blancs une couleur de noyer.

Les teinturiers emploient la racine et le brou, et leur teinture est très-solide.

L'extrait du brou mêlé avec un peu d'alun sert aux dessinateurs pour laver leurs plans.

L'huile de noix est la meilleure que l'on puisse employer en peinture : pour l'avoir plus belle, on la met dans des vases de plomb de forme aplatie, et on l'expose ainsi au soleil. Si, lorsqu'elle y a pris la consistance d'un sirop épais, on la dissout en y ajoutant de l'essence de térébenthine, il en résulte un vernis gras, propre aux ouvrages de menuiserie ; elle reçoit dans cet état les couleurs qu'on veut lui donner, telles que la céruse, le minium, etc.

L'eau ou le ratafia de noix est assez employé dans les campagnes comme stomachique. Prenez douze noix vertes avec leur brou, jettez-les dans une pinte de bonne eau-de-vie, après les avoir un peu concassées ; trois semaines après, décantez la liqueur et ajoutez-y du sucre. (R.)

Les forêts de l'Amérique septentrionale renferment un grand nombre d'espèces de noyers, dont plusieurs se cultivent dans les jardins et pépinières des environs de Paris. Michaux fils a fixé les caractères qui les distinguent, et les noms qu'il est le plus convenable de leur laisser. Quoique j'en possède une vingtaine en herbier, que jai vus dans le pays, ou cultivés dans les pépinières royales, je n'en citerai que dix ; savoir,

Le Noyer noir, qui a les bourgeons et les feuilles presque glabres, composées de neuf à dix paires de folioles en cœur, lancéolées, dentées ; les fruits presque ronds, hérissés d'aspérités, terminés par une pointe saillante ; la noix d'un pouce et demi de diamètre, également ronde, profondément et irrégulièrement ridée et sillonnée.

C'est un arbre de première grandeur, d'un superbe port, et dont la cime est très-vaste ; il croît avec une telle rapidité, qu'il n'est pas rare qu'il atteigne à 6 pieds de haut en trois ou quatre ans dans les pépinières royales. Son bois, d'un gris brun de diverses nuances, est propre à tous les services du noyer ordinaire et à plusieurs autres. Son acquisition peut être pour la France d'un avantage inappréciable ; déjà beaucoup de pieds donnent, dans les environs de Paris, des graines qui permettent de le multiplier abondamment; j'avais fait des dispositions pour en augmenter le nombre, mais elles ont été rendues nulles par l'effet d'une crasse ignorance ou d'une coupable malveillance. On ne peut trop engager les propriétaires à le planter en avenues, objet auquel il est extrêmement propre, même peut-être plus propre qu'aucun autre arbre susceptible de lui être comparé sous ce rapport, soit pour l'agrément, soit pour l'utilité : je ne doute pas qu'un jour les vœux que je forme soient exaucés, tant je suis pénétré de sa supériorité. Son amande, recouverte d'une coquille extrêmement épaisse, est fort huileuse, mais très-désagréable au goût.

C'est au printemps qu'on doit mettre en terre les noix du noyer noir, noix qu'on aura conservées en jauge pendant l'hiver : elles lèvent assez promptement. Comme celui de tous les arbres à long pivot, le plant qui en provient ne devrait pas être repiqué; mais cela devenant impossible dans les pépinières, il faut donc le relever dès l'hiver suivant, soit pour le mettre en place, en respectant ce pivot, soit pour le repiquer autre part en le supprimant. Toujours cette dernière opération nuit à la croissance de ce plant, mais elle ne l'empêche pas. Les années suivantes, on donne des binages : il est rarement utile de faire usage de la serpette.

On multiplie aussi assez facilement le noyer noir par le moyen des marcottes; mais les arbres qui en proviennent ne sont jamais aussi beaux que ceux venus de semis.

Une terre un peu fraîche et profonde paraît être la plus convenable à cet arbre; cependant j'en ai vu de superbes pieds dans des sables en apparence fort arides.

Il fournit plusieurs variétés, entre autres celles que j'ai appelées NOYER MAILLET et NOYER OMBILIQUÉ, de la forme de leur fruit sur l'arbre.

Le NOYER CENDRÉ, NOYER CATHARTIQUE de Michaux fils, a les bourgeons et les feuilles extrêmement velues, composées de six à huit paires de folioles lancéolées, dentées; les fruits ovales, allongés, mucronés; la noix également allongée, profondément et irrégulièrement ridée, sillonnée.

Cette espèce, aussi anciennement connue que la première, paraît s'élever moins qu'elle. Elle donne des fruits dans plusieurs de nos jardins. Sa culture ne diffère pas de celle que j'ai indiquée plus haut.

Le NOYER PACANIER, *Juglans olivæformis*, Mich., a les bourgeons et les pétioles velus; six à sept paires de folioles lancéolées, courbées, dentelées, l'impaire très-longue. Ses fruits sont oblongs, légèrement tétragones; sa noix lisse et de moins d'un pouce de diamètre. Il croît dans l'ouest de l'Amérique septentrionale, principalement sur les bords du

Mississipi, et s'élève autant que les précédens. Ses amandes
sont très-bonnes à manger. On en cultive quelques pieds dans
les jardins des environs de Paris ; mais ils gèlent presque tous
les ans en automne, ce qui les empêche de s'élever. Une très-
bonne terre lui est nécessaire. Les amis de la culture doivent
désirer qu'on le multiplie par marcottes et par greffe, en attendant qu'il donne des fruits bons à semer.

Linnæus avait décrit, sous le nom de *juglans alba*, un
noyer d'Amérique, qui a, terme moyen, sept paires de folioles et la noix anguleuse ; mais il se trouve aujourd'hui que
ce caractère appartient à plus de quinze espèces, comme je l'ai
observé au commencement de cet article, toutes également
confondues par les auteurs qui sont venus après lui, avec une
d'elles appelée *hicheri* ou *hychori* par les sauvages. Presque
toutes ont été cultivées dans les jardins et pépinières des environs de Paris, où il y en a encore quelques-unes vivantes.

Voici l'extrait du travail fait par Michaux fils, dans son
Traité des arbres de l'Amérique septentrionale, pour les débrouiller :

Le NOYER AMER. Il a les feuilles composées de sept ou de
neuf folioles sessiles, glabres, dentées, l'impaire à peine pétiolée ; le fruit sessile, ovoïde, mucroné ; l'amande amère.
C'est un très-grand arbre, qui demande un bon terrain.

Le NOYER TOMENTEUX a les feuilles composées de sept ou
neuf folioles, dentées, velues en dessous, l'impaire légèrement
pétiolée ; le fruit quadrangulaire, mucroné et très-dur. Il s'é-
lève beaucoup et croît dans les terrains de bonne qualité.

Le NOYER ÉCAILLEUX a les feuilles composées de cinq folioles fort larges, pétiolées, dentées, légèrement velues en dessous ; le fruit globuleux, un peu comprimé, assez gros et peu
dur. Il s'élève plus que le précédent et préfère les terrains
frais. Son écorce se lève par écailles. Son fruit se mange sous
le nom de *shellbark*, et on en tire de l'huile : c'est le plus beau
de tous.

Le NOYER LACINIEUX a les feuilles composées de sept à neuf
folioles, dentées légèrement, velues en dessous ; l'impaire pétiolée ; les fruits gros, oblongs, anguleux, légèrement com-
primés. Il se rapproche beaucoup du précédent. Son écorce s'ex-
folie aussi, mais par bandes. Son fruit, différent en grosseur
et en couleur, se mange également.

Le NOYER-PORC a les feuilles composées de cinq ou de sept
folioles dentées, glabres ; le fruit, pyriforme, est très-dur.
C'est un des plus grands. On ne mange pas son fruit, dont
les cochons profitent.

Le NOYER AQUATIQUE a les feuilles composées de neuf ou de
onze folioles sessiles, dentées ; l'impaire légèrement pétiolée ;

le fruit, pédonculé, comprimé, anguleux, mucroné, petit, a l'amande acerbe. Il croît dans les marais.

Le NOYER-MUSCADE a les feuilles de cinq folioles, dentées, glabres; le fruit ovale, très-petit et très-dur.

Tous ces noyers ont été cultivés par moi dans les pépinières de Versailles : les deux derniers seuls y étaient atteints de la gelée; je les multipliais par graines envoyées par Michaux, par marcottes et par greffes.

Les pieds venus de graines offraient à deux ans une tige de 6 pouces et un pivot de 2 à 3 pieds; aussi quand on les repiquait à cet âge, la moitié au moins périssait, et plus tard, quand on les transplantait, les trois quarts manquaient.

Ceux venus de marcottes et greffés sur le noyer commun donnaient des arbres de mauvaise apparence et de peu de durée.

C'est donc en place qu'il est bon de planter exclusivement leurs noix.

On n'en voit qu'un très-petit nombre de pieds dans les jardins des environs de Paris, dont quelques-uns donnent des noix encore infertiles.

Toutes ces espèces sont d'un bel aspect. Leur bois pourrit facilement; mais il est excellent, à raison de sa ténacité, pour faire des manches d'outils, des essieux de voiture, des vis, etc. Il est recherché pour le feu, et ce avec raison, ainsi que j'ai pu personnellement m'en assurer dans leur pays.

Le NOYER A FEUILLES DE FRÊNE, *Juglans pterocarpa*, Mich., s'élève de 20 à 30 pieds; ses feuilles sont ordinairement composées de dix-neuf folioles, dentées, lisses et d'un vert gai; ses fruits, gros comme des pois, entourés d'une membrane, sont disposés sur de longues grappes pendantes. Il a été apporté, par Michaux, des bords de la mer Caspienne. On voit à Versailles, où il fleurit tous les ans, le premier pied levé en Europe. C'est de marcottes, très-faciles à faire réussir, qu'on le multiplie. Quoique sensible aux gelées, il est très-propre à l'ornement des jardins paysagers, et s'y emploie fréquemment au second ou au troisième rang des massifs. (B.)

NUAGE. Les nuages ne diffèrent des brouillards que par la place qu'ils occupent dans l'atmosphère, c'est toujours de l'eau sous forme vésiculaire réunie en masses plus ou moins étendues, mais à une certaine distance de la terre. *Voyez* BROUILLARD.

En interceptant les rayons du soleil, en se chargeant de l'électricité et du gaz hydrogène qui émane de la terre, les nuages doivent avoir une influence directe réelle et même puissante sur la végétation; mais il n'a été fait aucune expérience propre à nous donner des idées positives à cet égard. *Voyez* LUMIÈRE, OBSCURITÉ, ÉTIOLEMENT.

C'est comme générateurs de la pluie, comme dépositaires des orages, que les cultivateurs doivent principalement considérer les nuages. Ils leur offrent des pronostics plus ou moins certains propres à les guider dans leurs déterminations; aussi leur hauteur, leur direction, leur forme, leur couleur, etc., sont l'objet constant de leur étude. *Voyez* au mot Pronostic. Consultez aussi les mots Eau, Soleil, Pluie, Vent, Tonnerre, etc. (B.)

NUIT. La terre, tournant sur elle-même en vingt-quatre heures et étant ronde, présente toujours une moitié de sa surface au Soleil (*voyez* ce mot); dans cette moitié, il fait Jour (*voyez* ce mot), dans l'autre il fait nuit.

La nuit succède donc continuellement au jour, et ce par degrés insensibles, sur toute la surface de la terre.

Si l'axe de la terre n'était pas incliné, les jours seraient partout et pendant toute l'année égaux aux nuits, comme ils le sont sous l'équateur; mais cette inclinaison fait qu'il y a six mois de nuit et six mois de jour aux pôles, et qu'il y a d'autant plus d'inégalité entre les jours et les nuits dans une partie de la terre, que cette partie est plus rapprochée des pôles.

C'est pendant l'hiver, époque où la partie de la terre où se trouve l'Europe est le plus près du soleil, que les nuits sont les plus longues pour elle. En France, pays situé à distance égale de l'équateur et du pôle, la plus grande nuit est à-peu-près de dix-huit heures et la plus petite à-peu-près de six. La première arrive au 21 décembre, la seconde au 21 juin. (*Voyez* au mot Solstice.) Aux Equinoxes (*voyez* ce mot), c'est-à-dire au 21 mars et au 21 septembre, elles sont égales aux jours.

Ces nuits ne sont cependant pas réellement aussi longues que la théorie l'indique, parce que les rayons solaires, se réfractant dans l'atmosphère, arrivent, par ce moyen, à un point quelconque un peu plus tôt que s'ils fussent venus directement. C'est ce qu'on appelle Crépuscule (*voyez* ce mot), qui est d'autant plus long dans un pays qu'on se rapproche des pôles. Sous l'équateur la nuit arrive subitement.

L'influence de la nuit sur les animaux et sur les plantes, mais sur-tout sur ces dernières, est extrêmement puissante, en ce qu'elle les prive de la lumière et diminue la température dans laquelle elles se trouvaient. C'est pendant la nuit que les animaux, ou, mieux, la plupart des animaux, réparent leurs forces par le sommeil. Il y a tout lieu de croire que les plantes jouissent aussi de la faculté de dormir, puisque la plupart ferment leurs feuilles et leurs fleurs dans la même circonstance. Il a été prouvé par divers physiciens qu'elles exhalaient alors de l'Azote, tandis que pendant le jour elles exhalent de l'Oxygène. *Voyez* ces mots.

Il y avait long-temps qu'on savait que les plantes étiolées s'élevaient davantage et plus promptement que celles qui restaient exposées au soleil, mais on n'en avait pas tiré la conclusion qu'elles devaient pousser la nuit avec plus de force que le jour. On doit à M. Gardini des observations qui constatent la réalité de ce dernier fait. *Voyez* ÉTIOLEMENT.

Décandolle a fait voir par des expériences directes que la lumière des bougies pouvait suppléer jusqu'à un certain point celle du soleil ; cependant il ne faut pas se flatter que les cultivateurs profitent utilement de cette observation. On doit se borner à empêcher les effets du refroidissement qu'amène la nuit sur quelques plantes précieuses, soit en les couvrant si elles sont en pleine terre, soit en les rentrant dans une serre si elles sont en pots. *Voyez* COUVERTURE.

Je pourrais beaucoup m'étendre sur les effets de la nuit relativement aux plantes ; mais l'habitude où on est généralement de ne la considérer que négativement m'oblige à renvoyer le lecteur aux articles LUMIÈRE et CHALEUR. (B.)

NUMMULAIRE. Espèce du genre des LISIMACHIES.

NUTRITION DES PLANTES. Fonction qui convertit les sucs nourriciers des plantes en BOIS, en RÉSINE, en GOMME, en HUILE, en SUCRE, en POTASSE et autres principes qui entrent dans leur composition. *Voyez* ces mots.

Deux opinions partagent les physiologistes sur la nutrition des plantes. Les uns pensent que chacune a une nourriture propre que ses racines savent aller chercher ; les autres, que leur principe nutritif est identique, mais que chacune le modifient dans leurs organes. Je tiens pour cette dernière, en avouant cependant que c'est plutôt idéalement que positivement ; car tout ce qui a rapport à la vie végétale est encore entouré d'obscurité. Tout ce qu'on sait, c'est que l'humus, c'est-à-dire la terre provenant de la décomposition des animaux et des végétaux, est la seule véritablement nutritive, et encore que pour l'être il faut qu'elle soit à l'état soluble. *Voyez* TERREAU, HUMUS, CHAUX et ALCALI.

Toutes les observations constatent que le véritable organe élaborateur des plantes est la FEUILLE (*voyez* ce mot) ; mais si on y voit évidemment entrer de l'acide carbonique et sortir de l'oxygène, on ne comprend pas comment la décomposition du premier s'y opère, comment le carbone se change en suc propre, s'organise en parenchyme, en bois, en fleur, en fruit, etc.

Lorsque les plantes sont jeunes ou que leurs feuilles sont très-amples ou très-charnues, elles tirent plus de principes nutritifs de l'air que de la terre. C'est tout le contraire lorsque leur fécondation s'est accomplie, qu'elles perfectionnent leurs graines. Aussi voit-on que les plantes qu'on cultive pour leurs graines épuisent beaucoup plus la terre que les autres. C'est sur cette observation qu'est fondé un des plus importans principes des Assolemens. *Voyez* ce mot et celui Substitution de culture.

Le sujet que je traite a été l'objet d'ouvrages spéciaux, et il serait par conséquent possible de l'étendre beaucoup ; mais comme les développemens qu'il présente ont déjà été pris en considération aux mots Sève, Carbone, Oxygène, Air, Lumière, Chaleur, Eau, Racine, Pore, Plante, Végétation, etc., ce serait faire un double emploi que de les présenter ici.

Cependant je ne puis m'empêcher de citer le passage suivant d'un mémoire d'Ingenhouze sur l'aliment des plantes, inséré dans le sixième volume des *Annales d'agriculture*.

« Quoique la plupart des plantes annuelles qui fournissent à l'homme ses meilleurs alimens, tels que le froment, le seigle, le maïs, réussissent dans les terres maigres, elles ne végètent cependant avec force que dans un sol naturellement riche ou bien fumé. Ces plantes arrivent promptement à leur terme, c'est-à-dire à l'acte de la multiplication de leur espèce. Cette opération, objet final de leur végétation, épuise leurs facultés vitales, et elles meurent aussitôt qu'elles l'ont consommée. Toutes ces plantes sont d'une structure délicate ; comme en général elles enfoncent peu leurs racines, elles exigent un sol préparé avec soin, afin que leurs radicules puissent s'étendre facilement et trouver la nourriture qu'elles doivent absorber. Il ne faut pas même qu'elles en prennent trop, l'excès ainsi que le défaut d'engrais fait mourir les plantes. Dans ce dernier cas, on peut dire qu'elles meurent de faim, comme dans le premier elles sont suffoquées par l'abondance. Peut-être y a-t-il ici quelque analogie avec la poule, qui, soit qu'on lui donne trop ou trop peu de nourriture, ne pond point d'œufs. Si, par exemple, on lui donne chaque jour 3 ou 4 onces de bon grain, elle pondra tous les jours un œuf pesant environ 2 onces ; mais si on la gorge de 8 onces de grain, elle ne fera point d'œufs ou en fera très-peu. Je crois, pour le dire en passant, que dans la manière de nourrir les animaux destinés, soit au travail, soit à l'engrais, on fait trop peu d'attention à la quantité, à la qualité et à la préparation des alimens nécessaires pour parvenir a u but qu'on se propose. On pourrait probablement épargner une grande quantité de nourriture, si on faisait à ce sujet des observations exactes. Il est certain que plusieurs animaux pr ennent plus de nourriture qu'il ne leur en faut : tels sont les chevaux, dans les excrémens desquels on trouve souvent de l'avoine si peu digérée, qu'elle n'a pas perdu sa faculté végétative. Il est très-probable qu'on maintiendrait un cheval en bonne santé et dans toute sa force, en lui donnant une médiocre quantité de grain broyé, moulu ou bouilli. Le meilleur, selon le lord Dundonnald, serait le grain fermenté comme on le prépare pour la bière. Dans les Pays-Bas, on donne souvent aux chevaux du grain de seigle ou d'orge. Ces animaux l'aiment fort, et ils montrent, après en avoir mangé, beaucoup de vivacité. On obtient le même effet de la bière et du lait qu'on leur donne aussi quelquefois. On trouve dans le même pays un grand profit à nourrir les vaches à l'étable avec des turneps, des pommes de terre et autres végétaux bouillis. Cette nourriture leur donne de la force, et leur fait produire une grande quantité de bon lait. Il en est probablement des plantes comme des animaux, trop de nourriture nuit aux uns comme aux autres. Un chien, un chat abondamment nourris perdent leur vivacité naturelle, deviennent gras, lourds, et dorment jour et nuit. »

Je terminerai cet article par la comparaison faite par M. Décandolle de la nutrition animale et de la nutrition végétale, dans sa nouvelle édition de la *Flore française*, ouvrage que tous les cultivateurs jaloux de s'instruire doivent faire entrer dans leur bibliothèque, s'ils veulent apprendre à connaître toutes les plantes qui croissent naturellement dans leurs environs.

Si on réduit les phénomènes de la nutrition des animaux à leurs généralités fondamentales et aux faits qui paraissent communs à toutes les classes dont la structure est bien connue, nous y distinguerons six périodes qui se retrouvent aussi dans les végétaux vasculaires.

1°. Les animaux introduisent dans leur bouche des alimens mélangés de différentes matières, les unes nutritives, les autres inutiles à la nutrition.

Les végétaux pompent par leurs racines l'eau et les matières qui y sont dissoutes, soit utiles, soit inutiles à leur nutrition.

2°. Les alimens des animaux suivent un canal particulier, qui, par sa contractibilité organique les conduit jusqu'au lieu où les matières vraiment alimentaires doivent être séparées des autres.

Les alimens des végétaux sont forcés par la contractibilité organique des vaisseaux à s'élever jusque dans les organes foliacés, où paraît s'opérer la séparation des matières utiles ou inutiles à la nutrition.

3°. La partie des alimens inutiles à la nutrition est rejetée au dehors par les animaux sous la forme d'excrémens.

La partie des alimens des végétaux qui est inutile à leur nutrition est rejetée en dehors sous la forme d'une émanation aqueuse.

4°. Le chyme des animaux, c'est-à-dire la partie nutritive des alimens est pompée par des vaisseaux lymphatiques qui la conduisent dans un réservoir, où elle reçoit l'influence de l'atmosphère.

La partie nutritive des alimens des végétaux va, par des routes inconnues, se mêler avec une autre sorte d'aliment pompée dans l'atmosphère par les organes foliacées.

5°. Après avoir reçu l'influence de l'atmosphère, le chyme, changé en sang, parcourt tout le corps et sert à la nutrition de tous les organes.

Après avoir reçu l'influence de l'atmosphère, la lymphe des végétaux, changée en suc descendant, s'éloigne des organes foliacés, et va nourrir les parties qui se développent.

6°. Dans les différentes parties du corps, le sang sécrète des substances particulières ou inutiles à la nutrition, comme l'urine; ou nécessaire au jeu de certains organes, comme les larmes; ou propres à la reproduction, comme le fluide spermatique.

Dans différentes parties de la plante, le suc descendant sécrète des substances ou inutiles à la nutrition, comme les odeurs, ou nécessaire à la conservation de certains organes, comme le glauque, ou propres à la génération, comme le fluide du pollen.

Voilà de grands traits de ressemblance dans la marche de la nutrition de tous les êtres organisés, continue Décandolle. Leurs différences peuvent maintenant se déduire de la manière la plus claire. Ainsi, en suivant le même ordre, on trouvera que,

1°. Les animaux, étant doués de volonté et de mouvement, peuvent choisir leurs alimens, les saisir et les emporter avec eux, ce qui suppose que ces alimens ont une certaine solidité. Les végétaux, étant dépourvus de sensations et de mouvemens volontaires, se nourrissent de matières inorganiques les plus répandues, et qui s'offrent à eux sans résistance, telles que l'eau, et absorbent avec elle, sans faire de choix, toutes les matières qui y sont dissoutes. Les premiers font entrer ces alimens dans leur corps par un effet de leur volonté; les seconds, par un effet nécessaire de la faculté hygroscopique de leur tissu. La plupart des animaux n'ont qu'une seule bouche. Les végétaux en ont une immense quantité. *Voyez* Nourriture.

2°. Les alimens des animaux, avant d'arriver au lieu où se fait la séparation de leurs principes, reçoivent une première élaboration dans un sac particulier. Ce sac manque dans les végétaux, et si cette élaboration préalable des alimens y existe, elle s'opère graduellement dans toute la longueur des vaisseaux séveux.

3°. Les excrémens des animaux, c'est-à-dire ce qui servait de support ou de véhicule aux matières nutritives, sont généralement solides. Ceux des végétaux sont de l'eau presque pure, parce que c'est en effet l'eau seule qui, en dissolvant différentes matières, les rend propres à la nutrition des végétaux.

4°. L'action de l'atmosphère sur la nutrition des animaux consiste principalement à leur enlever le carbone surabondant. Elle tend au contraire à fixer le carbone dans les végétaux.

5°. Le sang, ou le fluide nourricier des animaux, se meut dans leur corps en repassant plusieurs fois par les mêmes canaux, c'est-à-dire par une véritable circulation ; le suc nourricier des végétaux descend des feuilles aux racines, et ne paraît jamais revenir dans une autre direction.

D'après ce parallèle, on voit que la ressemblance des deux règnes organisés consiste dans la marche des phénomènes, et leurs différences dans la cause qui détermine ces phénomènes, et dans le choix des matières qui y sont employées. *Voyez*, au mot PLANTE, le complément de cette comparaison. (B.)

NYMPHE, ou PUPE, ou CHRYSALIDE. Second état par lequel passent la plupart des insectes avant de parvenir à celui où ils sont en état de se reproduire.

L'histoire des nymphes, quelque curieuse qu'elle soit, n'intéresse pas assez directement les cultivateurs pour que j'entreprenne de la faire. Je me contenterai donc de renvoyer à ce que j'en ai dit aux mots INSECTE et LARVE.

Cependant il est des cas où la connaissance des nymphes peut être utile, c'est lorsque les larves et les insectes parfaits sont plus difficiles à détruire qu'elles. Par exemple, la chenille du grand papillon du chou se cache pendant le jour entre les feuilles de cette plante, et le papillon échappe, au moyen de ses ailes, tandis que la nymphe s'attache contre le tronc des arbres, contre les murs, sur-tout sous les saillies des pierres de ces derniers lieux, où il est facile de la voir, et par conséquent de la tuer. (B.)

NYSSA, *Nyssa*. Genre de plantes de la polygamie dioécie et de la famille des éléagnoïdes, qui renferme cinq à six espèces, toutes propres aux lieux marécageux de l'Amérique septentrionale, et qu'on peut cultiver en pleine terre dans les parties méridionales de la France.

Le Nyssa a une fleur est une arbre de 40 pieds de haut, dont les feuilles sont alternes, pétiolées, dentées, plus grandes que la main; les fleurs mâles en tête, et les femelles solitaires sur des pédoncules axillaires; les fruits oblongs et de la grosseur d'une olive. Il croît dans l'eau des marais, dans les parties chaudes de l'Amérique septentrionale, où il est connu sous le nom de *tupelo*; il fleurit au printemps en même temps qu'il pousse ses feuilles. Toujours il indique un excellent fond de vase, et il périt dès que l'eau qui baignait son pied est détournée. Son bois est mou et blanc, et encore plus celui de ses racines. Ce dernier est plus léger que le liége, et peut être employé à un grand nombre d'usages dans les arts. C'est avec lui et avec un morceau de chêne que les sauvages, au moyen d'un mouvement violent, produisaient du feu.

Le tupélo est un bel arbre, très-propre à décorer les jardins paysagers, et il supporte passablement les hivers du climat de Paris lorsqu'il est à sec; mais la nécessité de le planter dans l'eau même et de plus dans une eau vaseuse, fait qu'on n'en voit aucun vieux pied, malgré la grande quantité de graines qui a été semée. Ce n'est que dans les parties les plus chaudes de la France qu'on peut espérer de le conserver. Il pousse fort bien pendant deux ou trois ans dans la terre de bruyère placée à l'exposition du nord, après quoi il dépérit et finit par mourir. On le sème dans des terrines sur couche et sous châssis. Ordinairement il ne lève que la seconde année; selon moi, c'est le *nyssa aquatique* des auteurs.

Le Nyssa a deux fleurs est un arbre de même grandeur que le précédent, mais dont les feuilles sont entières, à peine de 2 pouces de long; les fleurs femelles géminées sur leurs pédoncules, et les fruits de la grosseur et de la forme d'un grain de café. Il croît le long des marais de l'Amérique septentrionale, mais non dans l'eau. Son aspect est moins beau que celui du précédent; mais son bois est de meilleure qualité. On en fait des moyeux de roues. On en a prodigieusement semé de graines dans les environs de Paris, et cependant il n'y en a aucun pied d'une certaine force. Les observations précédentes sont applicables à sa culture. C'est le *nyssa des montagnes* des jardiniers.

Le Nyssa velu, *Nyssa multiflora*, Walter, a les feuilles ovales, entières, velues sur leurs nervures; les fleurs femelles au nombre de trois et plus sur chaque pédoncule. Il croît comme le précédent sur le bord des eaux. Ce que j'en ai dit lui convient complétement.

Le Nyssa ogechée, *Nyssa candicans*, Mich., a les feuilles ovales, cunéiformes, blanchâtres en dessous, et longues de 4 à 5 pouces; les fleurs solitaires sur des pédoncules axillaires ; les fruits oblongs et de la grosseur du petit doigt. Il croît dans les lieux montueux et humides de l'Amérique septentrionale. La pulpe de ses fruits est acide, agréable au goût, et, ainsi que je l'ai expérimenté, très-propre à faire de la limonade; on le multiplie et on le cultive comme les précédens. J'en ai, ainsi que Michaux, rapporté considérablement de graines, dont une partie a bien levé; mais on n'en voit cependant pas un pied dans les jardins de Paris. Ils ont tous péri la troisième ou quatrième année, par les causes ci-dessus indiquées ; c'est cependant une espèce très-précieuse à introduire en France. (B.)

O.

OBELISCAIRE. On donne ce nom au **Rudbecque velu.** (B.)

OBÉLISQUE. On appelle ainsi des pyramides très-élevées relativement à la largeur de leur base, d'une forme le plus souvent quadrangulaire, hexagone ou octogone, qu'on place dans les jardins et dans les parcs, au point de réunion de plusieurs allées, au centre des salles de verdure, au milieu des gazons, etc. *Voyez* au mot **Pyramide.**

Il fut un temps où il étoit de mode de multiplier les obélisques ; mais la dépense de leur construction et le peu d'agrément qu'ils ajoutent au paysage fait qu'on en élève rarement aujourd'hui.

Pour qu'un obélisque remplisse bien son objet, il faut que sa hauteur soit proportionnée et à la grandeur du lieu où il doit être placé, et à la largeur de sa base. Le goût de l'architecte le guide mieux à cet égard que les préceptes le plus minutieusement développés. Il est bon qu'il soit d'une seule pièce ou du plus petit nombre de pièces possible. Sa base peut être chargée de quelques ornemens, et son sommet d'un globe ou d'une pointe de métal ; mais plus ces objets seront simples, et plus leur effet sera agréable. Les pierres les plus inaltérables sont celles qu'on doit toujours préférer ; car, présentant une grande surface à l'air, elles sont très-exposées à son action destructive. C'est pour n'avoir pas fait attention à cette circonstance que tant de beaux obélisques des anciennes maisons royales sont détruits en partie ou en totalité.

Comme les obélisques ne sont dans le cas d'être considérés par les cultivateurs qu'à raison des rapports qu'ils ont avec les plantations environnantes, je ne m'étendrai pas plus au long sur ce qui les concerne. (B.)

OBÉSITÉ, CORPULENCE, EXCÈS DE GRAISSE. Mé-

DECINE VÉTÉRINAIRE. Le porc est plus sujet à cette maladie que tous les autres animaux. La grosseur du corps est augmentée, l'animal jouit d'un bon appétit, ses forces musculaires sont diminuées, il sue au moindre exercice, et lorsque la graisse est considérablement accumulée, il a peine à se soutenir, il mange peu, il respire avec difficulté, et souvent il succombe accablé sous le poids de la graisse.

Les causes de l'obésité sont, 1°. le repos continuel auquel on assujettit l'animal; 2°. les plantes et les semences abondantes en mucilage qu'on lui prodigue, les bouviers et les valets s'imaginant que plus l'animal est gras, mieux il se porte. Cette erreur, dit M. Vitet, prend sa source dans l'intérêt même, puisque ces animaux augmentent de prix en raison de leur embonpoint, sur-tout le bœuf, le mouton et le porc.

Mais en considérant attentivement avec quelle difficulté les fonctions musculaires et vitales s'exercent dans cet état, pourra-t-on s'empêcher de blâmer les palefreniers et les bouviers qui n'épargnent rien pour engraisser le bœuf et le cheval, sur-tout lorsqu'ils sont destinés au travail? La force et l'agilité, qualités essentielles à ces deux animaux, sauraient-elles exister avec cet excès de graisse? Ne vaudrait-il pas mieux leur faire tenir un juste milieu entre la maigreur et l'embonpoint? Ne seraient-ils point alors plus à même de rendre service, et moins exposés à des maladies dangereuses et souvent mortelles?

Un animal quelconque est-il près de succomber sous le poids de la graisse, retranchez insensiblement les plantes abondantes en mucilage, et substituez au foin et à l'avoine la paille et le son. Les premiers jours, faites-le promener tranquillement une heure le matin, autant le soir, ensuite augmentez tous les jours le temps et les difficultés de l'exercice; envoyez le bœuf et le mouton pâturer une partie du jour dans des terrains arides; ne laissez point séjourner long-temps le cheval dans l'écurie. Ces moyens, quoique simples, entraîneront la graisse surabondante par les selles, diminueront l'embonpoint sans qu'il soit utile de recourir aux purgatifs violens, toujours dangereux dans ce cas, en ce qu'ils exposeraient l'animal à mourir. (R.)

OBIER. C'est le SAULE, aux environs de Libourne. (B.)

OBIER. *Voyez* AUBIER. C'est la partie extérieure du bois des arbres.

OBIER. Espèce du genre des VIORNES.

OBSCURITÉ. C'est la privation totale de la LUMIÈRE. *V.* ce mot.

Les graines germent fort bien à l'obscurité; mais, excepté quelques champignons, aucune plante ne peut y prospérer.

Les plantes ou parties de plantes qui s'y trouvent s'étiolent et n'y donnent point de fleurs et encore moins de fruits. (*Voyez* ÉTIOLEMENT.) Celles prêtes à fleurir qu'on y met n'ouvrent point leurs fleurs (*voyez* COULURE), perdent leurs FEUILLES , puis leurs FRUITS (*voyez* ces mots), et poussent ensuite comme celles qui y sont depuis leur naissance. Ces phénomènes ne sont pas encore expliqués d'une manière complétement satisfaisante.

Mais si l'obscurité est désavantageuse aux plantes, elle est favorable à la conservation de leurs parties mortes et de leurs produits de toutes espèces. Les fruits sur-tout gagnent, lorsqu'on veut prolonger leur durée , à être tenus dans un lieu privé de lumière. La cause de ce fait n'est pas encore suffisamment connue. *Voyez* FRUITIER.

Cependant les plantes vivaces passent presque la moitié , et les plantes annuelles, un tiers de leur vie, dans l'obscurité, celle de la NUIT (*voyez* ce mot), et il n'y a pas de doute que cette obscurité n'ait beaucoup d'influence sur elles. Nous savons d'abord qu'elle abaisse beaucoup leur température, ce qui devrait retarder leur action végétative, et que cependant elles poussent plus rapidement en hauteur, comme les plantes étiolées; ensuite qu'elle change le mode de l'action chimique qu'elles exercent. En effet, pendant le jour, leurs feuilles dégagent de l'OXYGÈNE, et pendant la nuit de l'ACIDE CARBONIQUE. (*Voy*. ces mots.) De plus, beaucoup de plantes, principalement de la famille des légumineuses, replient alors les folioles de leurs feuilles, qui par là semblent se coucher les unes sur les autres pour dormir.

Nous n'avons pas encore, malgré les recherches faites pendant ces dernières années, des données suffisamment certaines sur ce que je traite en ce moment: ainsi je ne m'en occuperai pas plus longuement.

Les cultivateurs sont rarement dans le cas d'avoir à considérer l'obscurité complète, hors celle de la nuit, sur laquelle ils ne peuvent avoir presque aucune action; mais il est des diminutions de lumière dont l'influence est très - importante pour eux. C'est ce qu'on appelle OMBRE. A ce mot, on trouvera un supplément à ce qui vient d'être dit. (B.)

OCHRE. C'est une ARGILE très-chargée de FER, et par conséquent infertile. (*Voy*. ces mots.) Lorsqu'elle est fine et pure, on en tire une couleur jaune, ou, après qu'on l'a fait chauffer à un feu vif, une couleur rouge , couleur dont on fait un grand usage en peinture. Les argiles moins chargées de fer et plus chargées de silice se nomment GLAISE. *Voy*. ce mot. (B.)

OCTOBRE. Pendant ce mois, qui est le premier de l'automne, on achève de dépouiller les arbres de leurs fruits, sur-

tout de terminer les vendanges et de récolter les pommes à
cidre, après quoi il semble que le cultivateur n'a plus qu'à se
reposer; mais il n'a pas terminé un de ses travaux, qu'il s'en
présente de nouveaux, aussi importans, aussi pressés. Ainsi,
après ses récoltes, je dirai même pendant ses récoltes, il faut
qu'il donne la dernière façon à ses jachères, qu'il sème le froment, l'orge carrée, etc. Il faut qu'il plante ses arbres fruitiers et autres dans les terres sèches, réservant pour la fin de
l'hiver la mise en place de ceux qui sont destinés à des sols
humides; qu'il enlève ses échalas de la vigne et les dispose en
tas; qu'il donne le dernier râtissage à ses allées des jardins,
le dernier nettoyage à ses gazons. Il faut aussi se précautionner
de fougère ou de feuilles sèches, ou enfin de paille, pour couvrir ses artichauts, ses semis d'hiver, etc., aussitôt que les gelées seront à craindre.

Dans les pépinières, on taille en crochet et on arrête à 6 ou
8 pieds, afin de leur faire prendre du corps, la croissance des
arbres qui ont encore une année à y rester.

Comme aussitôt que la feuille est tombée, on peut tailler le
poirier et le pommier, les jardiniers actifs profitent des beaux
jours qui se montrent ordinairement à la fin de ce mois pour
faire cette opération.

Les labours d'hiver dans les jardins et les pépinières commencent aussi dans ce mois.

On continue à faire les huiles de graines. On commence à
teiller le chanvre, égruger le lin.

Les brebis sont mieux nourries pour l'avantage des agneaux
qu'elles portent.

Les vins nouveaux se soignent.

Les travaux de l'intérieur deviennent alors très-multipliés
et exigent toute la surveillance possible.

Le Beurre et les Fromages de ce mois (*voyez* ces mots)
sont d'une bonne qualité et d'une bonne conservation. (B.)

ODEUR DES PLANTES. Sensation produite par les émanations de quelques plantes ou partie de plantes; le principe de
ces émanations a été appelé anciennement *esprit recteur*, et
plus nouvellement nommé Arome.

Linnæus, à qui on doit une excellente dissertation sur les
odeurs des médicamens, vol. 3 de ses *Amœnit. acad.*, divise
les odeurs en sept classes : 1°. les ambrées, *ambrosiaci*, comme
la mauve musquée; 2°. les pénétrantes, *fragrantes*, comme le
lis; 3°. les aromatiques, *aromatici*, comme l'œillet; 4°. les
alliacées, *alliacei*, comme l'ail; 5°. les fétides, *hircini*, comme
le chénopode vulgaire; 6°. les vénéneuses, *tetri*, comme la
jusquiame; 7°. les nauséabondes, *nauseosi*, comme l'ellébore.

A quoi il faut ajouter les piquantes, *acri*, comme celle de la moutarde qui diffère de toutes les autres. *Voyez*, au mot Arome, une autre division des odeurs proposées par Fourcroy.

Toutes les parties des plantes sont susceptibles d'exhaler des odeurs, c'est-à-dire qu'il est des racines, des tiges, des feuilles, des corolles, des calices, des fruits, des graines, des poils même, qui ont de l'odeur, lorsque le reste n'en a point. Quelquefois une partie en développe une agréable, et une autre une fétide (la valériane à odeur de lavande, par exemple, dont les fleurs sentent la lavande, et les racines le cuir pourri). Ce sont les fleurs qui généralement sont le plus souvent odorantes; mais leur odeur est plus fugace que celle des feuilles; elles ne sentent rien avant leur développement, et elles perdent leur odeur dès qu'elles sont fanées; peu les conservent après leur dessiccation, tandis qu'il est des familles entières de plantes dont les feuilles sentent aussi bon et même meilleur, lorsqu'elles sont desséchées, que dans leur état de vie, telles que les labiées, les ombellifères, les myrtoïdes. Ordinairement c'est le matin et le soir, au moment où la chaleur n'est pas très-forte que les plantes exhalent le mieux leur odeur; mais il en est cependant qui sentent seulement à midi, d'autres pendant la nuit. Quelques-unes sentent bon à une époque de la journée, mauvais à une autre, et rien dans l'intervalle. *Voyez* au mot Cestrau.

Toutes ces circonstances doivent être prises en considération par un cultivateur qui est appelé à faire des plantations de fleurs ou autres.

Il est des odeurs fixées dans une huile essentielle, et dont on peut facilement s'emparer au moyen de l'alcool. Il en est d'autres qui sont si fugaces, qu'on ne peut les saisir qu'avec peine ou même point du tout. La connaissance de ces variations et des moyens d'isoler les odeurs des plantes constitue l'art du parfumeur. Il est peu de cas où un cultivateur doive tenter de s'en occuper; la facilité qu'il a de jouir des plantes mêmes qui les fournissent l'en dispense preque toujours.

L'odeur est un des plus puissans moyens que la nature a donnés aux animaux pour distinguer les plantes nuisibles des plantes innocentes : aussi ne se trompent-ils jamais dans le choix qu'ils ont perpétuellement à en faire; c'est pour cela que le nez a été placé près et au-dessus de la bouche de tous sans exception. Les exemples d'erreurs à cet égard sont si rares, qu'ils doivent être regardés comme nuls.

Mais si les odeurs sont flatteuses, elles sont aussi quelquefois délétères; leur action sur les nerfs est si marquée, qu'elle fait tomber en syncope les personnes délicates. Elles affaiblissent beaucoup les organes de l'estomac, comme le prouvent les indigestions qu'elles font éprouver à certains hommes très-robustes sous d'autres rapports. Malgré que les expériences de Sennebier tendent à prouver qu'elles ne vicient pas autant l'air qu'on l'a prétendu, je crois qu'il est prudent de ne pas mettre trop de fleurs dans un appartement fermé et habité, sur-tout pendant la nuit.

Je termine cet article, quelques développemens dont il soit susceptible, parce que je craindrais d'induire en erreur sur les principes, qui ne sont encore rien moins que certains. D'ailleurs ce que je pourrais ajouter ne serait d'aucune utilité aux agriculteurs. (B.)

OECONOME. C'est celui qui est chargé de régir les biens d'un autre, auquel il est comptable de son administration et de qui il reçoit un salaire : il s'appelle aussi, et même plus communément, régisseur. *Voyez* ECONOMIE.

Il est très-facile de trouver un économe, mais très-rare d'en trouver un bon, c'est-à-dire un qui soit en même temps honnête, actif et instruit dans toutes les parties de l'économie rurale et domestique ; ce sont presque toujours des considérations étrangères à ses fonctions, ou le désir d'économiser sur la remise qu'il faut lui allouer, qui détermine son choix. Dans la majeure partie de la France, on y appelle de préférence les praticiens qui habitent les campagnes, et que je me refuserai à caractériser, pour ne pas humilier ceux d'entre eux qui se conservent dignes d'estime : aussi comment les biens en régie sont-ils administrés presque par-tout ?

Un bon économe, dit Rozier, doit être très-entendu dans la maçonnerie, dans la charpente, dans la connaissance de tous les animaux domestiques, de tous les genres de culture, dans la conservation et la vente de tous les produits agricoles. Que de choses ne doit-il pas savoir ? Il faut qu'il soit universel, et le plus souvent il ne sait rien, absolument rien que lire et écrire.

C'est par la presque impossibilité d'avoir un bon économe que les propriétaires qui voudraient conserver tous les avantages de la propriété sont forcés, malgré eux, d'y renoncer et de louer leur bien ; opération qui au moins assure leurs revenus et par conséquent leur tranquillité. Combien en est-il en effet qui ont été ruinés par la friponnerie ou par l'impéritie d'un économe ?

Je fais des vœux avec tous les amis de la patrie, pour qu'à l'école des arts et métiers de Châlons-sur-Marne, à l'école vétérinaire d'Alfort, il soit établi un cours spécialement propre à l'instruction des jeunes gens qui se destinent à l'état d'économe. Déjà celui de mon estimable colloborateur Yvart remplit en partie ce but. Il ne faudrait qu'une légère modification au programme de ses leçons, pour en étendre le bienfait sous le point de vue que j'indique. Les élèves pourraient compléter leur instruction agricole en suivant à Paris les leçons de jardinage que mon autre collaborateur Thouin donne avec tant de succès depuis quelques années au Jardin du Muséum.

Une des choses qu'un économe devrait aussi savoir, c'est la tenue des livres de sa gestion, non des livres de simples recettes, mais des livres où toutes ses opérations et leurs résultats seraient inscrits avec détail. J'aurais voulu pouvoir offrir un modèle de la forme qu'il conviendrait de donner à ces livres; mais la nécessité de me restreindre m'oblige à renvoyer aux ouvrages et aux tableaux de MM. Gabion et de Plancy ceux qui voudraient étudier cette importante partie de la science agricole. (B.)

OEDÈME. Médecine vétérinaire. Dans tous les organes il se fait un abord de fluides, soit liquides, soit vaporeux, qui servent d'abord à l'entretien de l'organe, et de plus, dans quelques-uns, à la sécrétion de matières particulières, telles que celle de la bile dans le foie, à celle de l'urine dans les reins, ect.; ce qui, dans ces fluides, n'a pas servi à la nutrition de l'organe ou à la sécrétion, qu'il est chargé d'exécuter, est repris par d'autres vaisseaux et est reporté dans la circulation. Dans les cellules du tissu cellulaire, ces fluides se convertissent en graisse; mais il arrive, dans certaines circonstances, qu'ils sont apportés en trop grande quantité, qu'ils s'y accumulent sous la forme d'un liquide séreux, et qu'ils y produisent des tumeurs d'autant plus grandes, que le tissu cellulaire est plus lâche et se prête d'autant plus à l'abord des fluides. Ces tumeurs, quand elles se développent dans le tissu cellulaire sous-cutané, sont apparentes au dehors et forment ce que l'on appelle des *œdèmes*. On reconnaît ces tumeurs aux signes suivans : la peau est boursoufflée, dépourvue d'élasticité; en appuyant le doigt dessus, l'impression reste marquée et ne s'efface que lentement; l'enflure, qui est égale dans toute la tumeur, n'est point en général douloureuse; si l'on ouvre la partie affectée, le tissu cellulaire laisse échapper un fluide séreux, limpide, sans couleur. Il ne faut pas confondre ces œdèmes avec les tumeurs phlegmoneuses et charbonneuses, qui ont des caractères différens. *Voyez* les mots Phlegmon et Charbon.

Ces œdèmes se développent quelquefois autour d'une plaie, et se guérissent en même temps que la plaie elle-même ou peu de temps après la cicatrisation. Le plus souvent ils ne sont que symptomatiques et indiquent des affections d'organe internes : c'est donc ces affections qu'il faut chercher à connaître et qu'il faut traiter. Les plus ordinaires sont des affections de l'appareil digestif et de l'appareil de la circulation : ainsi ces œdèmes viennent dans les vieux chevaux qui ont

beaucoup travaillé, beaucoup souffert, dont les digestions
sont mauvaises; ils viennent sous le ventre, sous la poitrine,
sur les côtes, à l'encolure; ainsi ils viennent aux moutons sous
la ganache, et forment ce que l'on appelle la bouteille dans
les animaux affectés de la pourriture, affection où le système
circulatoire et l'appareil digestif sont manifestement affectés.
Quand l'œdème est dû à ces affections internes, l'on en trouve
quelquefois dans l'intérieur des cavités splanchniques, dans
l'abdomen, sous le péritoine, dans la poitrine sous la plèvre,
dans le médiastin; ils accompagnent encore les hydropisies du
péritoine et des plèvres : dans tous ces cas, c'est la maladie
principale qu'il faut traiter d'abord. Les moyens à employer
contre l'œdème ne viennent qu'en second ordre et quand ils ne
contrarient pas le traitement principal.

Ces œdèmes viennent quelquefois sans aucune cause apparente et quoique l'animal paraisse jouir d'une parfaite santé.
Dans ce cas même, ce sont des espèces de crises qui préser-
vent de maladies des organes plus essentiels, et s'ils viennent
à disparaître trop subitement, la santé de l'animal se trouve
compromise; des frictions sèches, des frictions spiritueuses et
un régime diététique bien entendu, tel qu'un exercice modéré;
des alimens bons en petite quantité, le pansement fréquent de
la main, une douce chaleur, sont les moyens à mettre en
usage; si l'œdème est considérable, des scarifications facilitent
le dégorgement du tissu cellulaire et éliminent de l'économie
des fluides qui lui sont presque devenus étrangers; le feu
même, employé dans les scarifications, en produisant l'inflammation et la suppuration, est, dans quelques cas, un
bon moyen de terminer l'œdème, sur-tout quand les autres
moyens n'ont point réussi. A l'intérieur, les purgatifs et les
diurétiques ne doivent être employés que lorsque l'œdème est
déjà un peu ancien et lorsque la santé paraît bien stable : dans ce
cas encore, aimerais-je autant les scarifications et l'application du cautère actuel.

Les œdèmes sont moins communs dans le bœuf : le traitement est le même.

Il y a des chevaux d'un tempérament particulier qu'on appelle tempérament lymphatique, et chez lesquels ces œdèmes
se développent plus facilement, sans qu'un organe paraisse
particulièrement affecté : c'est aux extrémités qu'on les remarque, autour des boulets et des canons; les jambes s'enflent
dans le repos, et cette enflure disparaît par l'exercice. Dans
les commencemens, elle s'efface entièrement; peu-à-peu elle
cesse de s'effacer aussi complétement, et enfin elle reste presqu'en entier et l'animal éprouve une diminution de valeur

d'autant plus grande, que ses enflures sont plus considérables, que les extrémités sont plus œdémateuses.

Cette espèce d'œdème des extrémités est assez difficile à traiter : la position perpendiculaire des vaisseaux, leur énergie moins grande par le fait de leur éloignement de l'organe principal de la circulation, rendent l'absorption des liquides extravasés plus difficile et la cure moins aisée. L'exercice modéré, un régime diététique sévère, les moyens propres à exciter et à maintenir la transpiration cutanée, tels que les pansemens fréquens, les diurétiques, même de légers purgatifs et qui agissent sur la dernière portion du tube intestinal, sont les moyens à employer; des sétons comme dérivatifs, placés aux fesses, ont souvent produit beaucoup de bien; enfin il faut tenir les extrémités aussi sèches et aussi chaudement que possible. Des bandages exerçant une compression égale sur toutes les parties œdémateuses empêchent l'abord des liquides, facilitent leur résorption, et sont encore de bons moyens. Quand ils ont réussi, quand la cure est complète, le feu appliqué en raie prévient souvent une récidive. (Huz. fils.)

OEIL. Petit tubercule qui sort de l'Aisselle des Feuilles plus ou moins de temps après le développement de ces dernières. Ce tubercule devient Bouton en automne et bourgeon au printemps suivant. Il est donc l'origine d'une Branche; quelquefois il l'est aussi d'un Fruit, soit médiatement, soit immédiatement. *Voyez* ces mots.

Un petit nombre de plantes offrent cependant, dans certaines circonstances, des yeux hors des aisselles des feuilles : on les appelle adventifs ou surnuméraires; ils ne donnent le plus souvent qu'une feuille, qui, l'année suivante, fournira un véritable œil. *Voyez* Bouton.

Hors ce cas, la feuille est indispensablement nécessaire à l'œil, c'est sa mère nourricière; lorsqu'on la coupe, et encore plus lorsqu'on l'arrache avant la fin de la première sève, c'est-à-dire avant le mois d'août, on doit être assuré de le voir périr. Plus tard il subsiste souvent après cette opération; mais il cesse de croître avec la même force, et le bourgeon qu'il donne l'année suivante est plus faible. Ce n'est qu'au moment de la chute des feuilles que les yeux ont pris assez de force pour se nourrir uniquement de la sève de l'arbre. *Voyez* Feuille.

Comme c'est avec les yeux qu'on greffe en écusson à œil dormant, les jardiniers et les pépiniéristes ont été forcés de les observer avec le plus grand soin et de saisir les moyens de les faire naître, d'accélérer leur végétation et de les empêcher de périr. Ils appellent *yeux éteints* ceux qui sont morts pendant le cours de leur croissance; *bons yeux*, ceux qui sont propres à être employés ; *faux yeux,* ceux qui ne donneront pas naissance à une branche.

M. Knihgt a reconnu que les petits yeux qui se trouvent à la base des bourgeons, c'est-à-dire les yeux adventifs, sont, pour la greffe des noyers, préférables aux gros. Il serait possible que cette belle observation fût applicable à beaucoup d'autres arbres, et j'engage les amateurs à en faire l'essai.

On détermine la formation et l'accélération de la croissance des yeux en diminuant ou arrêtant la circulation de la sève, c'est-à-dire en courbant le bourgeon, en le ligaturant, en coupant son extrémité, en lui faisant une incision annulaire. Le troisième de ces moyens est fréquemment employé. *Voyez* aux mots Aouter et Greffe.

Dans les années où la sève d'août manque, les yeux sont moins gros et les boutons à fruits moins nombreux. *Voyez* Sève.

La courbure exagérée des branches fait souvent éteindre leurs yeux. J'ai remarqué principalement ce fait dans les sautelles des arcs ou la vigne. *Voyez* Œil éventé.

Ordinairement les yeux s'oblitèrent naturellement, par suite de la trop grande vigueur de la végétation, dans les aisselles des feuilles inférieures, et ils ne prennent que très-tard, au sommet des branches, la consistance nécessaire, de sorte que c'est la partie moyenne de ces branches qui les fournit presque toujours exclusivement pour la greffe à œil dormant. (B.)

ŒIL. Médecine vétérinaire. Ce serait s'écarter de notre but que de traiter ici au long de la composition et du mécanisme de l'œil du cheval ; il nous suffit, pour mener le lecteur à la connaissance solide de ses vices ou de ses beautés intérieures, d'entrer dans le détail des parties qui forment le globe : on ne doit attendre et espérer aucun secours certain de l'expérience informe et dénuée de toute théorie, adoptée dans les campagnes.

Dans la recherche des tuniques du globe, il faut considérer, 1°. la sclérotique ou la cornée : elle s'offre la première ; elle se montre comme un corps sphérique imparfait, extrêmement compacte, dur, opaque, diminuant insensiblement d'épaisseur, mince, diaphane dans sa portion antérieure. Par cette même raison, cette tunique est nommée *cornée lucide ;* c'est ce que les maréchaux et les maquignons appellent encore aujourd'hui *la vitre.* Cette membrane, percée vers le milieu de la portion postérieure de sa convexité, où elle reçoit le nerf optique, peut être divisée en plusieurs couches ou lames, qui, quoique intimement unies, sont néanmoins très-distinctes à l'endroit de sa diaphanéité, lieu où sa convexité saillit au-delà de la cornée opaque, en sorte que la cornée lucide paraît vé-

ritablement comme le segment d'une petite sphère ajouté au
segment d'une sphère plus grande. Cette tunique, quelle que
soit sa consistance, est obliquement traversée par de petits
vaisseaux sanguins et par des filamens nerveux, et est, dans sa
portion transparente, criblée d'un grand nombre de pores par
où suinte continuellement une liqueur très-fine et très-subtile,
qui s'évapore à mesure qu'elle en sort : on y a vu aussi des
vaisseaux séreux, qui, par leur oblitération, donnent quelquefois lieu à de petits filets ou à des raies blanchâtres, barrent
et coupent cette portion dans certains chevaux.

2°. La choroïde, ou la seconde tunique du globe, infiniment plus déliée que la sclérotique, dont elle tapisse la surface
concave, a deux lames, l'externe sensiblement plus forte que
l'interne, enduite d'une matière noirâtre, dont la source est
peut-être la même que celle de la liqueur noire ou brune qui
se trouve dans l'intérieur de la plupart des glandes. Cette couleur noire peut d'ailleurs modifier, éteindre et absorber les
rayons lumineux, à-peu-près comme le fluide cérumineux qui
enduit l'oreille peut de même modifier, éteindre et absorber
les rayons sonores, et arrêter la vivacité de leurs impressions,
la nature ayant dû placer dans les organes des sens des agens
qui les défendent et qui en assurent l'énergie et l'intégrité.
Quoi qu'il en soit, la lame externe qui est du côté de l'humeur
vitrée, à la capsule de laquelle elle est visiblement unie dans
le cheval, est d'une couleur azurée, mêlée dans de certains endroits d'un rouge vif; cette même tunique, ainsi composée de
deux lames, se porte jusqu'à l'endroit où commence la cornée
lucide, et où se termine la cornée opaque, à laquelle sa lame
externe adhère dans tout ce trajet par un tissu cellulaire et par
quelques vaisseaux tant sanguins que nerveux : là elle s'attache exactement à toute la circonférence de la première
membrane, et cette attache, ce cintre blanchâtre et bien différent par la couleur dont il est formé, est ce que quelques
anatomistes ont appelé ligament, et que les zoologistes ont
nommé orbicule ciliaire. Ce ligament est de la largeur d'une
ligne, au-delà de laquelle la lame interne ou postérieure de
la choroïde prend particulièrement le nom d'uvée; et la lame
externe ou intérieure celle d'iris, attendu la variété et la
diversité des couleurs qu'elle présente. Ces couleurs naturellement plus foncées dans le cheval, et le plus souvent approchant de celle de son poil, sont distribuées différemment que
dans l'homme : dans celui-ci, les rayons que forme l'iris
s'étendent de la circonférence au centre, tandis que, dans le
cheval, elle est comme marbrée, parce que ses rayons sont
circulaires et transversaux. Nous voyons au surplus des chevaux dans lesquels cette partie est presque toute blanche,

et n'est colorée que dans l'espace de 2 ou 3 lignes autour de
la prunelle, et c'est ce que vulgairement on appelle yeux vé-
rons.

De l'orbicule ciliaire partent encore plusieurs petits filets
noirâtres qui semblent naître uniquement de la lame interne
de la choroïde; ces petits filets ont été appelés *procès ciliaires*:
ils avancent jusque sur le bord du cristallin, par dessus sa
capsule, où ils se terminent, et laissent, lorsqu'on les a enlevés, des vestiges et des traces noires sur la surface antérieure
du corps vitré.

Dans le cheval, il est, outre ces procès ciliaires, d'autres
prolongemens de cette même uvée, qui se montrent tantôt
dans le haut et dans le bas de la prunelle, quelquefois dans
le haut seulement, et toujours dans la chambre antérieure,
comme des espèces de fungus très-distincts et très-visibles,
lorsque la cornée lucide n'est point obscurcie et lorsque l'humeur aqueuse a sa limpidité naturelle. Ces fungus, désignés
par M. de Soleysel et ses copistes sous le nom de grains de
suie, ne consistent qu'en quelques petites vésicules remplies
de l'humeur qui colore cette tunique. Quelques personnes, et
particulièrement M. Nouffer, dans une thèse soutenue à Tu-
bingen, le 29 mars 1745, sur la mydriase, ont regardé ces
fungus comme des excroissances capables d'empêcher la dilatation de la prunelle, et M. Lower, comme une maladie
très-fréquente dans les chevaux: ce dernier ignorait sans
doute ce point de conformation de cet organe dans l'animal,
et les vues que la nature a peut-être eues dans cette singularité, au moyen de laquelle il paraît que l'œil du cheval,
lorsqu'il est exposé au grand jour, reçoit moins de rayons
lumineux et ressent une impression moins vive de ces mêmes
rayons.

En ce qui concerne la prunelle ou la pupille, elle n'est
autre chose que l'ouverture, transversalement elliptique dans
le cheval comme dans tous les animaux herbivores, percée
dans le milieu de la cloison qui résulte de la portion flottante
de la choroïde, c'est-à-dire de l'uvée et de l'iris. Le grand diamètre de cette ouverture et sa position facilitent à ces animaux, obligés par leur structure naturelle de porter leur tête
en bas pour chercher leur nourriture, les moyens d'apercevoir
les objets placés de côté et d'autre, et d'éviter dès-lors ce qui
pourrait leur nuire et les incommoder; 3º. la rétine, ou la
troisième tunique du globe: elle est d'une substance molle,
baveuse, blanchâtre, s'étend depuis l'insertion du nerf optique, se termine par un cercle à l'orbicule ciliaire, et lui est,
dans tout ce trajet, également adhérente: elle paraît être une

continuation de ce nerf: aussi l'envisage-t-on comme l'organe immédiat de la vue.

Dans l'examen des humeurs du globe, il faut considérer, 1°. l'humeur vitrée, ainsi nommée, à cause de sa ressemblance au verre en fusion. Elle occupe et remplit la plus grande partie de la capacité du globe, puisqu'elle s'étend depuis la rétine jusqu'au commencement de la chambre postérieure. Cette liqueur gélatineuse est très-transparente, très-flexible, plus dense que l'humeur aqueuse, moins dense que le cristallin, par-tout convexe, et a, dans la partie antérieure, une cavité ou une fossette, qu'on appelle le chaton, dans laquelle est logée l'humeur cristalline.

2°. Le cristallin, ou l'espèce de lentille solide, situé dans le chaton de l'humeur vitrée dont nous venons de parler, vis-à-vis la prunelle, à quelque distance de l'iris, est semblable au cristal par sa transparence. Il est composé d'un nombre infini de couches membraneuses parallèles, qui sont formées d'une multitude de vaisseaux que parcourt une liqueur diaphane et des plus déliées. Il est renfermé dans une capsule particulière, très-transparente, membraneuse, formée par la duplicature de la tunique vitrée : la lame externe revêt la face antérieure, tandis que la lame interne, qui garnit le chaton dans lequel il est fixé, recouvre la face postérieure : la première de ces lames a paru au célèbre M. Winslow composée, dans l'œil du cheval, de deux pellicules unies par un tissu spongieux très-fin et très-serré : cette humeur est albugineuse de sa nature, elle se durcit au feu, tandis que l'humeur vitrée, qui est de nature gélatineuse, s'y réduit en une eau un peu salée, à l'exception d'une petite partie élastique qui paraît être le tissu folliculeux qui la contient.

3°. L'humeur aqueuse, ou la sérosité très-limpide et très-fluide, qui n'a point de capsule particulière, et qui occupe les deux chambres de l'œil, procure non-seulement des réfractions, mais empêche qu'il ne s'éteigne, que la cornée lucide ne se ride, qu'elle ne s'affaisse, et que de sphérique qu'elle est, elle ne devienne plane, ainsi que nous l'observons dans les chevaux morts ou mourans, lorsque, cessant d'être poussée par l'action du cœur dans l'extrémité, ou dans les porosités des artérioles, qui la déchargent, elle ne chasse et ne soutient plus en dessous cette tunique, et ne la détermine plus en avant. Hooveus a pensé qu'elle est produite par une espèce de transsudation au travers des humeurs vitrée et cristalline, et que cette portion, la plus limpide et la plus fine du suc nourricier de ces corps transparens, s'échappe au travers des pores de la cornée pour faire place à l'humeur qui se produit de nouveau.

Quoi qu'il en soit, elle maintient l'uvée suspendue, de manière que cette tunique ne peut tomber ni sur la cornée ni sur le cristallin; elle lubrifie, elle humecte, elle entretient la transparence des parties délicates, qu'elle baigne et qu'elle arrose : il est certain qu'elle est repompée dans la masse, et reprise par de petites veines absorbantes ; elle suinte aussi par les porosités de la cornée lucide. S'il en était autrement, elle s'accumulerait de façon à causer l'hydropisie du globe, et dès qu'elle croupirait, elle serait bientôt viciée, colorée, épaissie. La preuve de sa régénération ou de son renouvellement est évidente dans l'opération de la cataracte par extraction ou par abattement. *Voyez* CATARACTE.

On doit bien comprendre que ce n'est qu'après s'être muni de toutes ces connaissances qu'on peut décider sûrement de l'intégrité de l'œil du cheval, de la réalité, comme des raisons de sa dépravation et des causes des dérangemens multipliés dont cet organe est susceptible. Rien n'est plus aisé que d'apercevoir le défaut des yeux quand on en connaît bien la structure : autrement, rien n'est plus difficile. Nous voyons journellement des personnes qui passent pour habiles connaisseurs se tromper et prendre pour maladie du cristallin ce qui en est une de la cornée, l'affection de la cornée pour celles des humeurs, et confondre en général les différentes maladies qui attaquent cet organe.

Mais pour n'être pas induit à erreur, voici les vrais moyens d'examiner les yeux d'un cheval ; placez-le à l'abri d'un grand jour, pour diminuer, jusqu'à un certain point, la quantité des rayons lumineux, et faites-le ranger de manière à vous opposer à la chute de ceux qui, tombant trop perpendiculairement, causeraient une confusion qui ne vous permettrait plus de distinguer clairement les parties ; faites attention encore à ce qu'aucun objet capable de changer la couleur naturelle de l'œil en s'y joignant, ne soit voisin de l'abri que vous avez choisi ; placez-vous ensuite vous-même de manière à chercher les différens points d'où vous pourrez distinguer plus clairement toutes les parties de l'organe que vous vous proposez de juger ; et considérez-en,

1°. La grandeur; elle est une beauté dans le cheval comme dans l'homme : de petits yeux sont nommés yeux de cochon.

2°. La position. Ils doivent être à fleur de tête : des yeux enfoncés donnent à l'animal un air triste et souvent vicieux ; de gros yeux, des yeux hors de la tête, le font paraître hagard et stupide.

3°. L'égalité. Un œil grand et l'autre petit doivent inspirer de la défiance ; il est vrai que cette disproportion peut être un vice de conformation, et alors les yeux, quoique inégaux, n'en sont pas moins bons.

On distingue le vice de conformation de celui qui est contre nature, en ce que, dans le dernier cas, les parties qui défendent le globe, ou celles qui l'entourent, ou celles qui le composent, ne se montrent jamais dans un état sain.

Les paupières. Leur agglutination, la rétraction, l'abaissement involontaire de la supérieure, le relâchement ou le renversement de l'inférieure, les tumeurs qui surviennent quelquefois à l'une et à l'autre, le doublement des cils qu'on remarque au bord de la supérieure, un hérissement de ces mêmes cils produit par différentes causes qui en déterminent et en dirigent la pointe contre la cornée, etc., sont autant de circonstances maladives. On doit sur-tout faire attention à la paupière inférieure, fendue dans quelques chevaux à l'endroit du point lacrymal : cette fente est occasionnée par l'âcreté des larmes qui découlent dans le cas de la fluxion périodique, qui a fait appeler très-improprement l'animal qui en est atteint cheval LUNATIQUE. *Voyez* ce mot.

5°. La netteté ou diaphanéité, sans laquelle on ne peut discerner clairement ni l'iris, ni la prunelle, ni le fungus, et porter ses regards au-delà. Elle dépend de celle de la cornée lucide et de celle de l'humeur aqueuse, renfermées dans les chambres antérieure et postérieure ; une tache, une taie, ou un véritable ALBUGO (*voyez* ce mot), qui s'étend plus ou moins sur la première de ces parties, en occasionnent, suivant leur épaisseur, le plus ou moins d'opacité ; et si le point d'obscurcissement est borné, mais se trouve placé vis-à-vis de la prunelle, il intercepte l'entrée des rayons lumineux, et l'animal ne peut recevoir l'impression des objets. Il en est de même dans la circonstance de l'épaississement de l'humeur aqueuse, dans celle d'une collection de matière purulente derrière la cornée lucide, à la suite de quelques coups ; enfin dans l'obscurcissement plus ou moins considérable de cette même humeur ; à raison d'une cause quelconque, suivant le degré de ce même obscurcissement, les objets sont entièrement dérobés ou ne frappent l'œil vicié que d'une manière très-indistincte. Il est à remarquer aussi que, dans les poulains, dans ceux qui jettent la GOURME (*voyez* ce mot), ou qui sont prêts à jeter, dans ceux qui mettent les dents, et sur-tout les coins et les crochets, comme dans les chevaux qui sont atteints de quelques maladies graves, la cornée et même l'humeur aqueuse sont plus ou moins chargées de nuages ; elles s'éclaircissent peu-à-peu et par degrés insensibles, à mesure que l'autre se vide ou se dégage, que le sang se dépure, que la dentition s'achève, et que les maux cèdent à l'efficacité des remèdes.

Du reste, pour bien juger de l'étendue de l'opacité ou du trouble de la cornée, il faut nécessairement que l'observateur en parcoure tous les points, en se plaçant de manière à les suivre, et en variant sa position, pour diversifier les jours; il faut encore, lorsqu'il est question de s'assurer si l'opacité ou l'obscurcissement ne réside que dans l'humeur aqueuse, la cornée étant parfaitement intacte, qu'il se place de côté, et qu'il laisse la cornée lucide entre le jour et lui : si les rayons lumineux pénètrent cette membrane également dans toute la surface, le défaut sera incontestablement dans l'humeur.

6°. La cornée opaque, dont la portion apparente occupe, dans certains chevaux, plus d'espace que dans d'autres. Cette circonstance a fait appeler les yeux dans lesquels cette tunique propagée diminue l'étendue de la cornée lucide, des yeux cerclés : on a même pensé qu'ils étaient totalement défectueux ; mais cette idée est destituée de tout fondement, car comment cette anticipation pourrait-elle intéresser l'organe ? La conjonctive tapisse la surface interne ou postérieure de la paupière, et se replie pour s'étendre sur la cornée opaque ; la rougeur qui caractérise ce qu'on nomme OPHTHALMIE (*voyez* ce mot), est véritablement l'inflammation de cette membrane lâche, mobile et transparente, et non celle de la cornée.

7°. Le cristallin, situé plus près de la cornée lucide que de la rétine, et dans un lieu où son centre passe par l'axe de la vision et le forme. Ce corps, étant transparent et n'ayant aucune couleur par lui-même, ne peut pas être distinctement aperçu : on n'entrevoit aussi, dans un œil sain, au-delà de la prunelle, qu'une couleur noire, qui n'est autre chose que la réflexion naturelle de l'uvée au travers des humeurs du globe. Dans de vieux chevaux, il devient terne, comme dans l'âge de la caducité des hommes; dans d'autres, on le trouve quelquefois opaque, et cette opacité règne dans tout le contour oval de la prunelle : alors ce corps lenticulaire est plus terne ; il présente une couleur blanche, verdâtre et comme transparente, et l'œil est dit cul de verre : cette opacité gagnant peu-à-peu toute l'étendue du cristallin, il en résulte ce que nous appelons CATARACTE (*voyez* ce mot). Assez communément cette maladie commence aussi par quelques points blancs très-petits et en quelque sorte imperceptibles, principalement aux yeux de ceux qui n'ont aucune idée de la conformation de cet organe ; mais, dans tous les cas, le dragon, une fois formé et parvenu à sa maturité, abolit totalement le sens, en s'opposant au passage des rayons de la lumière. Le cristallin n'est point en effet l'organe essentiel et principal de la vision, sa présence est nécessaire seulement à la perfection de la vue ; car la faculté de voir n'est point anéantie par son absence :

aussi, dès que ce corps opaque a été détrôné, abattu, ou, pour mieux dire, extirpé, ce qui est une opération bien plus sûre; l'animal discerne, à la vérité, plus confusément les objets, mais il recouvre la puissance qu'il avait perdue.

8°. Les mouvemens de l'iris. Il y a entre l'uvée et l'iris deux plans de fibres charnues; les fibres de l'un d'eux environnent la prunelle, et resserrent par leur contraction cette ouverture, tandis que sa dilatation est opérée par les fibres du second plan : le premier de ces mouvemens a lieu dans l'œil exposé au grand jour; le second, dans l'œil exposé à une lumière plus faible, ou réduit à l'obscurité : or, il est des chevaux dont les yeux paraissent parfaitement beaux et sains, et qui sont néanmoins privés de la faculté de voir; et il n'est d'autre moyen de juger en eux de l'abolition de la vue, que celui de s'attacher à l'examen de ces mêmes mouvemens. Pour cet effet, abaissez la paupière supérieure, tenez-la dans cet état pendant un instant ; laissez ensuite ouvrir l'œil, remarquez si la prunelle se resserre et à quel point est portée cette action : dès qu'elle est totalement dénuée de mouvement, le sens est irrévocablement aboli.

On peut encore procéder à cet examen d'une manière plus sûre. Le cheval placé à la porte d'une écurie lorsqu'il est prêt à sortir, ou dessous une remise, afin qu'il n'y ait point de jour derrière lui, faites-le reculer insensiblement dans un lieu plus obscur, la prunelle doit se dilater alors visiblement; ramenez-le en avant et pas à pas, à mesure qu'il revient au grand jour la prunelle doit se resserrer. Cette méthode est d'autant plus certaine, qu'en s'y conformant exactement, tous les mouvemens de la pupille sont extrêmement sensibles, et qu'on peut observer en même temps les divers états dans les deux yeux, conclure du plus ou moins de constriction, du plus ou moins de sensibilité de l'un et de l'autre, et décider parfaitement de la force, de la faiblesse, de l'égalité et de l'absence de la faculté de la vue dans l'animal.

Outre les maladies que nous venons de rapporter dans cet article, les yeux sont encore sujets à beaucoup d'autres maladies qui exigent la plus grande attention de la part de l'artiste vétérinaire. Nous les divisons en deux parties: la première comprenant les affections des parties qui environnent cet organe, tandis que la seconde a pour objet celle du globe, c'est-à-dire les maladies des tuniques et des humeurs.

Les premières sont l'Emphysème des paupières, l'Œdème, les Verrues, les Poireaux, le Larmoiement et la Paralysie.

Les secondes comprennent l'Ongle, les Lésions de la

Cornée, sa Perforation, la Goutte sereine. *Voyez* ces mots. (R.)

OEUIL DE BOEUF. Les bûcherons appellent ainsi, dans certaines localités, les trous qui se voient sur le corps des arbres et qui sont produits par la pourriture d'une branche. Ces trous, dont les piverts, les lérots et autres animaux profitent souvent, altèrent toujours la valeur des arbres.

OEIL DE BOEUF. *Voyez* Camomille des teinturiers.

OEIL DE CHRIST. C'est l'Astère amelle.

OEIL DE PERDRIX. Nom vulgaire de l'Adonide d'été.

OEIL ÉVENTÉ. Synonyme d'oeil éteint. C'est un bouton a bois, qui périt, soit parce qu'on a coupé trop tôt la feuille qui le nourrissait, soit parce qu'on a taillé trop court la partie de la branche qui le surmontait, soit par toute autre cause. La vigne est principalement dans le cas d'offrir des yeux éventés, par cette dernière circonstance, à raison de la grande déperdition de sève, qui est la suite de sa taille au printemps. *Voyez* Pleurs de la vigne.

Des milliards d'yeux s'éventent chaque année sur les espaliers et autres arbres fruitiers les mieux soignés. (B.)

OEILLET, *Dianthus.* Genre de plantes de la décandrie digynie et de la famille des caryophyllées, qui renferme une quarantaine d'espèces, la plupart propres à l'Europe, et dont plusieurs font l'ornement de nos jardins, à raison de la beauté et de l'odeur suave de leurs fleurs.

Parmi les œillets les plus importans à connaître sont,

L'Oeillet des fleuristes, *Dianthus caryophyllus.* Il a les racines vivaces, fibreuses; les tiges noueuses, rameuses, glabres; les feuilles opposées, amplexicaules, linéaires, lancéolées, glabres; les fleurs grandes et portées sur de longs pédoncules axillaires. Il est originaire de l'Italie et autres parties méridionales de l'Europe. C'est lui qui sous le nom de *grenadin* sert de type à l'œillet proprement dit. Sa fleur est rouge; mais elle varie dans des nuances sans nombre, et elle devient double par l'effet de la culture. Qui ne connaît pas cette charmante fleur? L'œillet l'emporte sur toutes les autres fleurs, même sur la rose, par sa durée, la variété de ses couleurs et de son odeur. Aussi quels soins ne prend-on pas pour s'en procurer de nouvelles variétés, pour l'élever, pour le multiplier, le conserver! Ces soins lui sont indispensables : si elle est la plus importante aux yeux des amateurs par une réunion de qualités rares, elle est aussi une des plus difficiles à cultiver et des plus sujettes aux maladies.

Le goût de la culture des œillets est un peu passé de mode; mais comme il est fondé sur des bases solides, il est à croire qu'il reviendra, et que cette superbe fleur ne sera pas long-temps abandonnée, tandis qu'on prodigue les soins à des arbustes qui ne présentent pas la dixième partie de ses agrémens.

On fait un sirop avec les pétales du grenadin à fleurs simples, qu'on cultive en grand, pour cet objet, aux environs de Paris et autres principales villes de France. C'est l'objet d'un revenu agricole fort restreint, mais très-avantageux ; car j'ai calculé qu'un quart d'arpent à Bagnolet avait, une certaine année, rapporté plus de trois cents francs à son propriétaire. Cette culture se fait par rangées, à deux pieds de distance, et les tiges sont liées pendant la floraison autour d'échalas. On donne trois à quatre labours par an. Au bout de quatre à cinq ans, on détruit le plant pour le porter ailleurs. Tantôt on renouvelle les pieds par les semis des graines, tantôt par le déchirement ou le marcottage des vieux pieds. Il a été remarqué que les plantations provenant de semis fournissaient plus de fleurs et des fleurs plus colorées. On cueille ces fleurs lorsqu'elles sont complétement épanouies, une à une, avec des ciseaux, et on les vend le jour même, sans les éplucher, aux liquoristes et aux confiseurs.

Quant aux propriétés médicinales des œillets, elles sont presque nulles. Ce n'est que par préjugé qu'on les a autrefois vantées. (B.)

Les amateurs ont fait quatre classes principales de l'œillet des fleuristes. La première est l'œillet à ratafia, qui ne se cultive que pour son parfum, qu'on emploie pour les liqueurs, les sirops, les pommades et les essences ; la seconde est l'œillet à carte ou prolifère ; la troisième l'œillet jaune, et la quatrième l'œillet flamand. Cette première division ne suffisant pas pour le grand nombre de variétés obtenues par les semis, on les a subdivisés en œillet purs ou d'une seule couleur, en œillets bicolores, tricolores et bizarres, ou à quatre couleurs. Enfin on a distingué les panachés des piquetés, et on a établi une nomenclature pour chaque division, en prenant les couleurs en considération. Ainsi, dans un catalogue d'œillets flamands, on classe les œillets par le nombre des couleurs. Tous ont le fond blanc. On dit un œillet feu, un rose, un violet, un incarnat, des œillets qui ont des panaches couleur de feu sur un fond blanc, ou rose, ou violet. On nomme feu tricolore, rose tricolore, etc., ceux qui ont en outre des panaches d'une autre couleur, mais où celles de la couleur de feu ou rose dominent, etc. ; et comme les variétés dans chaque couleur sont nombreuses, on a donné un nom particulier à chaque variété.

Les œillets à carte ou crevarts, ou, mieux, prolifères, ont joui long-temps d'une grande réputation ; mais les soins qu'ils exigent au moment de la floraison les ont fait abandonner pour les flamands. Dans le nord et l'ouest de la France, ces œillets sont ordinairement à fond blanc, avec des piquetures de différentes couleurs ; quelques-uns sont panachés ou sans fond blanc : tels sont le grand bichon, le romieux, le feu soyer et le feu grégeois. Dans cette classe, les pétales sont dentelés et le calice crève. Quand les pétales commencent à se développer, il paraît au centre un second calice rempli de pétales qui en contiennent souvent un troisième. Les qualités de ces œillets sont d'avoir le fond d'un beau blanc, les premiers pétales longs, larges et épais, d'avoir des piquetures d'une couleur qui tranche sur le blanc, et de faire le dôme au moyen de la seconde fleur, qu'on réunit à la première par l'extraction du calice. Il faut aussi que la tige soit forte et d'une longueur proportionnée à la grandeur de l'œillet.

Les œillets jaunes sont des plantes de fantaisie ; ils sont d'un jaune pur ou ont des piquetures cramoisi ; les pétales sont découpés et leur calice ne crève pas. J'en ai cependant eu un qui crevait et avait besoin d'une carte ; mais il n'était pas aussi large que ceux à fond blanc, et n'était pas prolifère. Par le mélange de cet œillet et du flamand on a obtenu des jaunes panachés dont la dentelure est fort légère.

Le caractère principal des œillets flamands est d'avoir les pétales bien ronds et non dentelés. Ils sont panachés et on n'estime que ceux qui sont larges, dont les panaches sont bien vifs et bien tranchés avec la fleur, dont les pétales sont nombreux et font le dôme : on rejette ceux qui sont plats et ceux qui crèvent. Cependant, si ces derniers sont très-beaux, on les garde ; mais on incise le calice en six endroits pour conserver la forme de la fleur, et empêcher les pétales de s'incliner tous du même côté. Quand la fleur est en partie developpée, on serre le calice avec un morceau de feuille de poireau qu'on a fendue sur son épaisseur. On applique le côté intérieur de la feuille sur le calice et on fait deux ou trois tours. La matière visqueuse qu'elle contient suffit pour l'y coller, et, par ce moyen, les fleuristes cachent le défaut de la fleur.

On n'a pas, dans les collections, d'œillets flamands piquetés. Le hasard m'en procura, à Rennes, d'une manière digne de fixer l'attention des physiologistes. J'avais mis en pleine terre et mélangé sans ordre des pieds d'œillets prolifères et de flamands ; ils furent trois ans dans la même place. La troisième année, les secondes fleurs des prolifères furent remplacées par un pistil et des étamines, et le pollen des œillets flamands contribua à les féconder. Leurs graines produisirent des flamands piquetés qui, mêlés avec les panachés sur les gradins, faisaient, par leur fond très-blanc, un bel effet.

On aurait pu faire une cinquième division des œillets dont

la tige est couverte de feuilles très-courtes et imbriquées ; mais cet effet singulier, qui avait donné de la valeur à ces plantes quand elles étaient rares, a perdu de son prix quand elles sont devenues communes, et on les a négligées, parce qu'elles ne fleurissaient pas, ou que leurs fleurs n'avaient aucun mérite aux yeux des fleuristes.

Culture. L'œillet des fleuristes exige beaucoup de soins. Il demande une terre potagère substantielle, plus légère au nord et plus forte au midi. Le choix des engrais n'est pas indifférent ; en général le terreau provenant du détritus des plantes lui convient le mieux. C'est ce qui fait rechercher la terre qui se forme dans les vieux saules creux, et les gazons qu'on coupe dans les prairies, et dont on doit laisser consommer les racines avant de s'en servir.

Dans les pays froids et humides, il est utile de mêler un peu de poudrette au tas de terre préparée. Ce mélange est inutile au midi.

Des amateurs recherchent la terre des taupinières. Cette terre n'a d'autre qualité que d'être très-divisée, et ne vaut pas plus que celle qui a été tamisée, à moins qu'elle ne soit chargée d'humus.

Tout consiste donc à avoir des terres substantielles, plus ou moins légères, suivant la chaleur et la sécheresse, le froid et l'humidité, et les préparations de terre que tant d'amateurs vantent ne peuvent avoir d'autre but. Le point principal consiste, après avoir établi son mélange, à ne l'employer que lorsque les parties végétales sont bien consommées, et à passer sa terre à la claie pour les plantes en pleine terre, et au tamis pour celles en pots. Si on se sert de terre onctueuse, trop grasse, trop chargée de fumier non consommé, on exposera les plantes à la maladie du jaune, qui les détruira si on n'y remédie pas en changeant la terre.

On élève les œillets de semis, de boutures et de marcottes, et pour cet effet il faut se procurer quelques plantes choisies dans les belles variétés. C'est en vain qu'on veut se procurer de la bonne graine avec de l'argent, les amateurs qui cultivent les espèces choisies n'en récoltent qu'en petite quantité et la gardent pour eux. On ne trouve chez les marchands grenetiers que celle de l'œillet à ratafia ou de plantes rebutées, que quelques jardiniers fleuristes cultivent en planches pour en vendre la fleur, et dont ils ramassent les graines lorsque le débit des fleurs n'a pas été considérable.

On sème en terrine ou en caisse, en plein air ou sous châssis, suivant l'époque des semis. En général on ne doit semer qu'au printemps, même dans le midi. Je n'ignore pas qu'il y serait facile de faire passer l'hiver aux jeunes plants qu'on aurait eu le temps de repiquer et qui auraient repris racine avant l'hiver ; mais on serait exposé à deux inconvéniens majeurs. Le premier est que le jeune plant fleurirait, l'été suivant, avant d'avoir formé plusieurs pousses propres à le multiplier de marcottes ; le deuxième est qu'on serait exposé à n'avoir que des plantes simples (*voyez* FLEURS DOUBLES.) Or on ne sème que pour avoir des fleurs doubles : il est donc préférable d'attendre au printemps suivant. Un autre motif doit déterminer à semer plus tard dans le midi que dans le nord. Comme la végétation y est plus forte, les plantes ont un accroissement plus prompt, et si l'hiver est très-doux, toutes leurs branches se mettent à fleurs, et on ne peut faire de marcottes et conséquemment multiplier les belles variétés.

Le mois d'avril est le moment le plus favorable pour semer dans les départemens de l'ouest. On remplit ses terrines et ses caisses d'une terre plus légère, mais non plus substantielle que pour les plants formés. On les prépare quelques jours d'avance pour donner à la terre le temps de se tasser, ou, si on veut semer de suite, on foule légèrement la terre avec la main ou une espèce de truelle destinée à l'égaliser. Quand la terre est bien égalisée, on jette par-dessus un peu de terre fine pour empêcher les graines de s'entasser en glissant sur une surface très-unie, et en se réunissant dans les parties où il y aurait un peu de pente. Cette précaution, qui paraîtra minutieuse, me paraît essentielle pour toutes les graines fines, dont plusieurs sont très-élastiques. Les terrines ne doivent pas être entièrement pleines, il doit rester un vide de quatre à six lignes. On répand ensuite sa graine le plus également possible et pas trop serrée, pour ne pas s'exposer à l'étiolement. On appuie ensuite la main ou la truelle dessus pour l'unir à la terre, et on couvre avec une demi-ligne ou une ligne de terre au plus, qu'on répand avec la main ou avec le crible. Un léger arrosement termine l'opération.

Dans les pays froids, il est bon de mettre les terrines sur une couche tiède et de les couvrir d'un châssis, ou, à défaut, d'une cloche : cette mesure concentre le carbone et diminue l'évaporation. Les arrosemens sont moins fréquens et la terre moins tassée : les pommes des arrosoirs doivent avoir les trous fort petits, comme pour tous les semis de graines fines. Dans le midi, où la chaleur est suffisante et où l'on ne fait usage ni de châssis ni de cloches, un paillasson placé à quelques pouces de la terrine doit suffire pour abriter les semis pendant la chaleur du jour. Je préfère ce moyen à la mousse, qui sert de retraite à beaucoup d'insectes qui dévorent les jeunes plants, et qui tend à les affaiblir et à les étioler ; mais dès que le semis prend un peu de force, on doit lui donner le plus d'air qu'il est possible.

Lorsque le semis est levé, il faut le surveiller et le visiter de temps à autre, soit pour arracher les mauvaises herbes, soit pour détruire les limaces et les cloportes, soit pour le garantir des forts coups de soleil et des pluies continues.

Les jeunes plantes ont le plus communément deux cotylédons, quelques-unes en ont trois; plusieurs fleuristes affirment que c'est l'indice certain que la fleur sera double : j'ai voulu deux fois vérifier le fait, et deux fois mes marques ont été arrachées par étourderie, de sorte que je ne puis affirmer le fait. S'il était bien constaté, il éviterait aux fleuristes des frais et du temps, parce qu'on ne repiquerait que les plantes doubles, et comme elles ne sont pas très-nombreuses, on pourrait repiquer en pots, et, dans les températures froides et humides, les mettre à l'abri pendant l'hiver.

Quand les plantes ont un pouce ou un pouce et demi de hauteur et six à huit feuilles, on les transplante; si on a semé clair, on peut attendre plus long-temps et choisir un temps couvert, le plus propre pour tous les repiquages. On a préparé, quelques jours d'avance, une planche de terre de la qualité indiquée ci-dessus, on y place les plantes à une distance relative à la qualité de la graine : si on l'a choisie soi-même, 8 à 10 pouces sont à peine suffisans; mais si on l'a achetée, on ne doit laisser que 6 pouces entre les plantes, parce qu'il en faudra arracher les dix-neuf vingtièmes ou plus, et que la place manquera pour marcotter celles qu'on conservera : il ne faut donc alors que la place nécessaire à ces plantes pour végéter jusqu'à la fleur. S'il survient de fortes chaleurs après la plantation, on ombre la planche ; on peut la pailler dans le midi pour conserver la fraîcheur de la terre. La planche doit être élevée au-dessus des sentiers, et un peu en dos d'âne dans les températures humides ; il faut au contraire qu'elle soit plate dans le midi.

On arrose après la plantation et on continue les arrosemens suivant la sécheresse ; mais il vaut mieux que la plante souffre par le défaut d'eau que par son abondance. Les feuilles indiquent le besoin des arrosemens, elles mollissent et se fanent ; mais un peu d'eau leur a bientôt rendu leur fraîcheur et leur fermeté. Quelques sarclages et de légers binages sont les seuls soins à donner aux plantes jusqu'à l'hiver, à moins que les insectes ne les attaquent ou que les pluies ne fassent pourrir les premières feuilles, qu'il faut retrancher en les détachant par un mouvement de droite à gauche et successivement.

L'hiver arrive, et cette saison est souvent funeste aux œillets en pleine terre ; ils ne sont pas très-sensibles aux gelées de 2 à 4 degrés, sur-tout les plantes de semis, toujours plus vigoureuses que les marcottes, et on ne doit les couvrir qu'autant que le froid augmente d'intensité : les couvertures les plus légères sont les meilleures, et la fougère et les feuilles sont préférables aux autres ; on doit les retirer dès que le froid diminue.

Mais ils craignent l'humidité, qui leur nuit sous deux rapports. Quand elle est de longue durée, la pourriture attaque les racines, et se communique de proche en proche : la plante finit par périr ; les plantes de semis résistent souvent, mais elles n'en sont pas moins perdues pour le cultivateur, il se forme sur les feuilles et la tige des taches vineuses : ces taches annoncent que la plante a bu (expression des fleuristes), c'est-à-dire que les couleurs des panaches des fleurs se répandront sur les pétales, et qu'on ne distinguera pas la place des panaches ou seulement par une teinte plus foncée. On prévient cet inconvénient en garantissant les œillets des pluies de longue durée par des paillassons élevés de quelques pieds au-dessus des plantes, pour que l'air circule.

Le printemps expose aussi les plantes à un autre danger : les brouillards épais, les nuits froides suivies de jours chauds, et les arrosemens faits avec de l'eau trop froide, donnent lieu à la maladie du blanc, qui détruirait les œillets, si on n'arrêtait promptement le mal en relevant la plante attaquée, pour détruire toutes les racines charnues ; on coupe les feuilles gâtées, et si la plante est faible, on arrête la pousse principale ; on la replante ensuite, et si elle est en pots on renouvelle la terre ; on la tient à l'ombre pendant quelques jours, et quand la végétation se rétablit, on la traite comme les autres.

Les mêmes causes produisent la gale, qu'on reconnaît à des taches noires ou grises et à des tubérosités, on retranche les feuilles malades, et le mal cesse avec la cause. A cette époque, la branche du centre s'élance et forme une tige qui s'allonge assez promptement : il faut alors visiter les œillets tous les jours ; les limaces en rongent les feuilles et même la tige, qui est encore tendre ; plusieurs pucerons s'y établissent, les uns en familles nombreuses, qui couvrent, comme aux rosiers, l'extrémité des tiges, les autres séparément. Ces derniers se logent ou sous les feuilles, ou dans leurs aisselles, ou dans le cœur des tiges. On aperçoit souvent un peu d'écume blanche qui fait connaître la retraite des premiers ; les ravages des seconds sur les feuilles rongées, recourbées et en partie desséchées, décèlent leur présence ; enfin lorsque la sève est arrêtée dans l'extrémité des tiges, et que les dernières feuilles, au lieu

28 *

de s'allonger, s'appliquent les unes contre les autres en se recourbant un peu et en prenant une teinte de feuille morte, il
existe un insecte dans le cœur : on doit rechercher et détruire
tous ces ennemis des œillets ; pour y parvenir promptement,
on peut faire usage de l'eau dont j'ai donné la composition à
la fin de l'article ARTICHAUT, elle tue ceux qu'elle mouille et
écarte les autres pendant quelques jours ; mais comme les insectes placés entre les feuilles ne pourraient être atteints par
cette eau, à raison des feuilles qu'ils ont réunies et qui les mettent à l'abri, il faut séparer les feuilles, chercher l'animal et
l'écraser ; s'il est dans le cœur de la tige et qu'on craigne que
l'eau ne puisse parvenir jusqu'à lui, on met une prise de tabac
dans ce cœur.

L'arrivée des fourmis sur les œillets est un indice certain de
la présence de quelques-uns des ennemis de cette plante,
quoiqu'on n'ait pas encore aperçu leurs ravages. Ils sont atti-
rés par l'odeur de la sève qui s'échappe par les plaies que les
pucerons ont faites ; c'est le moment de redoubler de vigilance,
d'examiner les feuilles particulièrement en dessous et de les
mouiller avec l'eau ci-dessus.

Quelques soins suffisent ordinairement pour prévenir le mal ;
mais l'attention la plus suivie ne suffit pas toujours pour mettre
les œillets à l'abri des ravages d'un ennemi plus redoutable :
les mois de mai et de juin sont l'époque où les jeunes perce-
oreilles commencent à rechercher les œillets ; ils en sont si
avides, que la mort seule de ces ennemis peut soustraire ces
plantes, et principalement les fleurs, à leurs ravages ; mais
comme ils se retirent ou se cachent le jour et ne dévorent
les œillets que la nuit, il n'est pas facile de les trouver. Un
perce-oreille suffit pour détruire une fleur dans une nuit ; il
pénètre dans le fond du calice, coupe les pétales à l'onglet et
ruine en un moment l'espoir et les travaux du cultivateur. On
a tenté de les écarter des plantes en pots, en plaçant les pots
sur des terrines remplies d'eau, en répandant autour de la suie
ou du mauvais tabac, en faisant fabriquer des pots à doubles
rebords, entre les vides desquels on pouvait mettre de l'eau ou
de l'huile en quantité suffisante pour empêcher les perce-oreilles
de parvenir jusqu'à la plante, enfin en donnant aux rebords
des pots une couche de peinture à l'huile très-épaisse et sans
dessiccatif.

Tous ces moyens n'ont réussi que jusqu'à la floraison ; mais
lorsque les fleurs commencent à se développer, leur odeur
attire si puissamment ces insectes, que rien ne peut les écarter
des plantes ; s'ils ne peuvent monter le long du pot, ils grim-
pent contre l'amphithéâtre ou un corps quelconque, et au
moyen de leurs ailes ils s'élancent sur les fleurs. Les fleuristes

n'ont alors qu'une ressource pour surprendre leurs ennemis, c'est dans ce but qu'ils placent à l'extrémité des baguettes, un peu avant la floraison, de petits cornets de carte évasés, ou des ergots de cochons dont l'ouverture est renversée : les perce-oreilles s'y retirent le jour, et on en surprend quelquefois jusqu'à cinq et six dans ces retraites.

Il sort de l'aisselle des feuilles des tiges secondaires qui se divisent en plusieurs pédoncules, lesquels portent chacun deux fleurs : on détruit toutes ces fleurs et on ne conserve que celle de l'extrémité de la tige dans les plantes prolifères ; mais dans les autres divisions, on laisse plusieurs fleurs, et ordinairement on ne détruit, quand les calices paraissent, qu'une fleur sur chaque pédoncule, à moins que leur nombre ne soit trop grand et la plante faible. Cette opération se fait en saisissant le pédoncule avec les doigts au point où il se divise, avec l'autre main on saisit le calice de la fleur qu'on veut détruire, on le plie de côté jusqu'à ce qu'il se sépare du pédoncule. Sans cette précaution, on serait exposé à rompre l'extrémité du pé-doncule, et on perdrait la fleur qu'on veut garder. Il est de règle qu'on ne doit jamais laisser qu'une fleur sur chaque pé-doncule.

La tige des œillets cultivés n'est pas assez forte pour soutenir les fleurs, et on les soutient par des baguettes. Les liens doivent être lâches, parce que les tiges s'allongent dans toutes leurs parties, au lieu de le faire uniquement par leurs extrémités ; il faut en conséquence que les liens soient mobiles, autrement ils retiendraient les tiges aux aisselles des feuilles et les for-ceraient à se courber : c'est ce qui a déterminé les fleuristes à faire des liens avec des portions de carte qui représentent un marteau dont le manche s'élargit par son extrémité. On fait dans cette dernière partie une fente longitudinale où on passe les deux parties prolongées de l'autre extrémité.

Lorsque les dernières divisions viennent à fleurir, elles ne demandent que les soins nécessaires pour leur conservation, c'est-à-dire les arrosemens et la destruction des insectes ; mais l'œillet prolifère ne peut être beau que lorsque les fleuristes ont disposé leurs pétales.

Ils préparent d'avance des cartons minces comme des cartes de diverses proportions, tels qu'ils dépassent la fleur d'envi-ron une ou 2 lignes. Ces cartons, arrondis et souvent dé-coupés avec des instrumens faits exprès, remplacent le calice pour soutenir les pétales. On fait un trou circulaire au milieu, égal au volume des onglets, et de cette ouverture on commence une fente d'un demi-pouce ou plus, dirigée vers la circonfé-rence. Lorsque le calice commence à s'ouvrir par une de ses divisions, on le fend avec la pointe d'un canif dans les quatre autres, et on coiffe l'œil; c'est-à-dire qu'on place son carton, dans l'ouverture duquel on introduit les pétales jusqu'aux onglets, en augmentant cette ouverture au moyen de la fente. A mesure que les pétales s'étendent, on les dispose sur le carton, et dès que la fleur intérieure grossit un peu, on enlève le calice qui la renferme, en fendant ce calice en plusieurs parties que l'on détache avec adresse. S'il y a une troisième fleur, on renouvelle l'opération sur son calice.

Le moment de la fleur est celui de la vérification des œillets de semence : on doit les examiner avec attention, s'assurer s'ils ont les qualités requises, et détruire toutes les plantes inférieures en beauté. Cette destruction, qui nuit au coup d'œil de la planche, est essentielle, si on veut récolter de bonnes graines : autrement, le pollen des mauvaises fleurs, en se mêlant avec celui des bonnes, nuirait à la beauté des fleurs des semis suivans.

Les œillets demandent des arrosemens un peu plus fréquens à l'époque de la floraison, pour que les fleurs soient bien nourries et qu'elles fournissent de bonnes graines.

Les amateurs sont dans l'usage de préparer des gradins sous un appentis, où ils placent leurs pots d'œillets pendant la floraison. Ce soin n'est pas perdu; la fleur prend plus de développement et dure le double. La réunion de toutes ces variétés, qui contrastent ensemble par leurs nuances et dont les couleurs paraissent plus vives à raison du fond de l'appentis qui est toujours sombre, forme un ensemble qui produit de l'effet sur les personnes les plus indifférentes, et frappe d'admiration tous les fleurimanes, qui ne manquent pas de les visiter et de s'extasier à la vue de ces amphithéâtres, où cette belle fleur réunit les formes les plus agréables aux couleurs les plus riches pour doubler leur jouissance. Elle se prolonge quand on a beaucoup d'œillets, parce qu'on remplace ceux qui se fanent par d'autres espèces plus tardives ou marcottées plus tard.

L'amateur augmente encore ses plaisirs quand il sait marcotter; l'époque de la fleur est celle des premières marcottes : il ajoute, par ce travail, à sa jouissance actuelle l'espoir au moins aussi doux d'une jouissance nouvelle pour l'année suivante, et dans les soins qu'il donne aux capsules celui de l'avoir plus complète. Ces capsules n'ont besoin que de surveillance; mais elle est essentielle, parce que les perce-oreilles sont aussi friands des semences que de la fleur. Les beaux œillets donnent peu de graines et souvent point du tout, parce que leurs pétales nombreux étouffent le pistil et les étamines. Lorsqu'on désire en avoir d'une plante, on lui laisse toutes ses fleurs; la sève disséminée ne peut fournir une nourriture suffisante à ce grand nombre de fleurs pour développer dans chacune autant de pétales. Les parties fécondantes sont moins gênées et peuvent remplir le vœu de la nature. Après la fécondation, on supprime une partie des fleurs, et sur-tout les tardives, et on ne laisse que quatre ou cinq capsules. A ce moyen on doit en ajouter un autre quand on désire se procurer de nouvelles variétés bien vigoureuses : et dont les fleurs seront plus larges et les couleurs plus vives. On choisit, à cet effet, dans les œillets de semis des plantes dont les fleurs sont simples, mais bien larges et rondes, dont les pétales ont de l'épaisseur, un fond blanc, bien net, et deux autres couleurs bien vives et bien tranchées. On les marcotte et on en met en pots. On les place pendant la floraison parmi les plus beaux et les plus doubles, le mélange de leur pollen procurera plus de plantes doubles de la graine des simples, et des plantes plus vigoureuses de celle des doubles. La graine des simples donnera peu de plantes à fleurs doubles; mais on sera dédommagé de la quantité par la beauté des fleurs.

On reconnaît la maturité des graines lorsque la capsule prend une couleur fauve et s'ouvre à son sommet. On se contente de détacher les capsules, qu'on jette dans un sac de papier qu'on expose au soleil pendant deux ou trois jours; on n'en tire les graines qu'au moment de les semer.

J'ai dit que la saison des fleurs était le temps propre pour faire les premières marcottes, parce que les fleuristes qui veulent jouir long-temps doivent en faire pendant deux mois, et qu'il y a d'ailleurs des espèces plus primes et d'autres plus tardives qu'on ne peut marcotter en même temps, parce que les branches ne sont pas également aoûtées.

On marcotte de plusieurs manières; mais avant de procéder à cette opération, il est utile de tenir les plantes plus sèches qu'à l'ordinaire. Les branches sont plus souples, et rompent moins dans les nœuds, ce qui arrive souvent quand elles sont chargées d'eau séveuse. Il faut aussi s'approvisionner de petits crochets qu'on tire de la fougère, ou, mieux, fendre de l'osier de l'année précédente en deux, quatre ou six parties, suivant sa grosseur, et le faire tremper pendant vingt-quatre heures. On le coupe à 4, 5 et 6 pouces de longueur, et on le plie par la moitié.

On procède au marcottage en épluchant les branches, dont on coupe avec des ciseaux les feuilles qui nuisent à l'opération; on bine la terre et on enlève la superficie, qu'on remplace par de la terre nouvelle de même qualité. On saisit la branche de la main gauche, et de la main droite on fait en dessous une incision de bas en haut qui pénètre jusqu'à la moitié de l'épaisseur de la branche. L'incision a lieu sur un nœud et se prolonge de 2 ou 3 lignes. Elle doit être aussi éloignée du pied que la longueur de la branche peut le permettre, pour faire jouir la marcotte de plus d'air, pour pouvoir l'enlever quand elle aura pris racine, sans endommager les fortes racines du maître-pied, et parce que l'expérience a constaté que les marcottes les plus voisines du bord des pots s'enracinaient plus sûrement et plus promptement.

On met dans l'incision une portion de feuilles ; on couche la branche, qu'on enterre un peu et qu'on fixe avec un crochet. Si on place le crochet au-dessous de l'incision, on redressera mieux la marcotte, et on facilitera sous ce rapport la reprise ; si on la met au-dessus, la marcotte sera mieux consolidée. La longueur des branches et leur force déterminent le placement du crochet. Plusieurs amateurs prolongent l'incision jusqu'au nœud suivant ; mais il arrive quelquefois que la partie destinée à prendre racine pourrit en terre. D'une autre part, une blessure d'un demi-pouce ou d'un pouce de longueur affaiblit beaucoup la partie destinée à former le tronc de la plante, qui n'a plus en épaisseur que la moitié de ses dimensions, et si l'hiver suivant est humide, la pourriture a plus de facilité à pénétrer par cette blessure.

Le seconde méthode de marcotter consiste à faire une entaille en incisant à quelques lignes au-dessous d'un nœud et en prolongeant l'incision jusqu'au nœud. Par une seconde coupe perpendiculaire à la branche, on enlève le morceau qui, contre le nœud, doit avoir au moins la moitié, ou, mieux, les deux tiers de l'épaisseur de la branche, et on la couche. Cette méthode vaudrait mieux que la première, en ce que les racines couvrent absolument la plaie, et que le tronc de la marcotte conserve toutes ses dimensions, si la plaie n'était pas sujette à se recouvrir sans produire de racines. Plus on redresse la branche, plus on est certain de réussir.

Lorsque les branches sont trop longues pour être couchées dans le pot, à raison de ses dimensions, ou que leur petitesse ne permet pas de les coucher, on met une hausse au pot. Les amateurs en font préparer d'avance, soit en terre cuite, soit en bois, soit en fer-blanc. Toutes ces hausses, qui n'ont pas toujours les dimensions que l'on désirerait, sont dispendieuses. Comme les marcottes sont peu de temps en place, il est une matière qui n'a presque aucune valeur, et qui fournit les moyens de faire les hausses dans les proportions qu'on désire : c'est le papier, et on peut faire usage de celui qui est écrit. Pour peu qu'il ait du corps, une feuille suffit ; s'il est faible on le double, et on l'attache avec deux épingles. Je m'en sers avec avantage depuis plusieurs années ; et M. Soyer, qui cultive avec succès les œillets depuis son enfance, et qui en possède à Sarcelles, près Saint-Denis, une belle collection, dont il tire parti, n'emploie pas d'autres hausses.

La troisième méthode de marcotter a lieu en Flandre. On se procure du plomb laminé très-mince ; on lui donne 3 pouces de hauteur, 3 pouces et demi ou 4 pouces de large dans le haut, et un pouce dans le bas ; on en fait un cornet que l'on arrête par un petit pli à la jointure supérieure, et on l'attache à la baguette.

Lorsque l'on veut s'en servir, on saisit la branche que l'on veut marcotter avec du fil, et on l'attache contre la tige ou la baguette ; on lui fait ensuite une forte entaille. L'incision a lieu 3 ou 4 lignes au-dessous d'un nœud et s'y termine. L'entaille doit être telle qu'il ne reste que la dixième partie de l'épaisseur de la branche contre le nœud. On renferme ensuite la marcotte, qui conserve la situation verticale dans le cornet de plomb, et on le remplit de terre. Cette méthode, comme la précédente, a l'avantage de recouvrir entièrement la plaie par le bourrelet qui s'y forme et d'où partent les racines.

Quelque méthode qu'on adopte pour marcotter, on doit, après l'opération, tenir les plantes à l'ombre, et conserver la terre fraîche pour provoquer la sortie des racines. Les marcottes en cornet exigent une grande surveillance et de fréquens arrosemens.

Il est indifférent de couper les feuilles des marcottes ou de les laisser entières ; je préfère de n'y point toucher, parce que ce retranchement n'a aucun but utile.

Le temps le plus favorable pour le marcottage est après la floraison, il est même dangereux de le faire plus tôt, parce que toutes les branches pourraient se mettre à fleurs au printemps, et que l'on n'aurait rien à marcotter l'année suivante ; mais les fleuristes qui ont beaucoup de plantes peuvent marcotter de bonne heure et tard pour prolonger le temps de la floraison.

Les boutures se font un mois plus tôt que les marcottes, parce que, détachées du maître-pied, elles n'ont pas, comme ces dernières, l'avantage d'en tirer de la nourriture ; leur végétation est plus lente et leur reprise moins assurée.

Les branches destinées pour boutures se coupent sur un nœud. On leur fait une incision cruciale fort légère, et on les plante, à 3 pouces de distance, dans des terrines garnies de terre comme pour les semences : on les couvre d'un châssis ou d'une cloche et on les ombre ; elles s'arrosent de manière seulement à ce que la terre ne se dessèche pas. On les tient en cet état jusqu'à ce qu'elles commencent à pousser ; on leur donne alors un peu d'air, qu'on augmente par gradations et à raison de leur végétation. Si elles ont acquis beaucoup de force à l'automne, on les transplante ; dans le cas contraire, on les laisse dans la terrine jusqu'au printemps, et on les traite comme les marcottes.

Quand les marcottes sont bien enracinées, on les détache des pieds principaux et on les met dans des pots séparés de 6 à 7 pouces. Dans l'ouest et le nord de la France, où ces plantes passent l'hiver plus difficilement, on en repique quatre ou cinq dans des pots de 8 pouces pour économiser la place et le temps : on a l'attention, en les sevrant, de couper fort court et bien net la partie de la tige qui tient au pied principal ; la plaie se guérit plus facilement, et il en sort fréquemment des racines qui fortifient la marcotte.

Si les pluies sont fréquentes et continues dans l'automne, l'on veille à ce que l'eau ne séjourne pas dans les pots, et on les couche, le fond tourné au midi ; dans les lieux humides, les pots doivent être sur des tablettes de bois ou de pierre, et non sur la terre.

Les vieux pieds, qui sont en pots, se mettent en pleine terre après avoir levé les marcottes ; c'est quelquefois une ressource précieuse si l'on vient à perdre beaucoup de marcottes, ou si plusieurs dégénèrent. Ces vieux pieds sont encore utiles pour la graine, parce qu'on ne tient pas autant à la beauté de leurs fleurs et qu'on leur en laisse plus qu'aux plantes en pots : quelques amateurs les mettent dans de grands pots uniquement pour y récolter des semences ; d'autres, pour jouir du nombre de leurs fleurs, qu'ils peuvent couper à volonté.

L'hiver expose les amateurs à des pertes dans les départemens exposés à des changemens continuels de température, comme les environs de Paris : le point essentiel est d'éviter la trop grande humidité, de donner aux œillets beaucoup d'air, et de les préserver de la neige et des gelées si elles deviennent très-fortes. Je pense que, pour les garantir de l'humidité et des fortes gelées, on pourrait les enterrer dans des caisses élevées d'un ou 2 pieds au-dessus du niveau du terrain et exposées au soleil levant. On les y garantirait des fortes pluies par des paillassons, qui formeraient, au besoin, une couverture à quelques pieds d'élévation ; et si le froid passait 4 degrés au thermomètre de Réaumur, on couvrirait les caisses avec des châssis et par-dessus des paillassons, avec l'attention de retirer au besoin les paillassons et les châssis dès que les grandes pluies, ou les neiges et les grands froids, auraient cessé.

L'exposition du levant est également la meilleure au printemps ; il est même essentiel que les œillets soient, dans les mois de mars et d'avril, à l'abri du soleil, depuis dix heures du matin jusqu'à trois heures du soir. Le soleil du mois de mars est souvent funeste à des plantes que l'on a sauvées avec peine des rigueurs de l'hiver.

Les amateurs qui ne mettent pas leurs œillets pendant les grandes chaleurs, c'est-à-dire pendant la floraison, sous l'appentis, doivent les placer à une exposition telle, qu'ils ne reçoivent pas les rayons du soleil de midi à trois heures. Cette mesure de simple précaution dans les terrains ouverts est de nécessité dans les petits jardins entourés de murs élevés, où l'air ne circule pas et la chaleur est étouffante pendant trois ou quatre heures : les œillets qui y sont exposés sont sujets à la rouille, qu'on ne peut guérir qu'avec peine, en les changeant d'exposition et en coupant les parties malades.

L'OEILLET A BOIS, *Dianthus lignosus*, est une variété qui ne diffère de l'œillet des fleuristes que parce qu'il a de plus grandes dimensions, des tiges ligneuses, longues, presque sarmenteuses; mais elle est plus robuste : on en conserve les plantes cinq à six ans en pots. Sa fleur a les mêmes proportions que celles de l'œillet flamand; les pétales sont très-découpés : on n'en a obtenu qu'une variété à fleurs doubles, dont les couleurs mêlées ne peuvent attirer l'attention pendant la floraison des autres ; mais on la cultive, parce qu'elle a l'avantage de fournir des fleurs presque toute l'année. La grandeur de ses branches exige un treillage, contre lequel on les palisse ; au reste elle demande la même terre, la même culture, et est exposée aux mêmes maladies que l'œillet des fleuristes. (FEB.)

On a indiqué un moyen d'avoir des œillets précoces, qui mérite d'être rapporté. Il consiste à couper les rameaux qui devaient naturellement donner des fleurs en automne, avant que ces fleurs s'annoncent, et à en former des boutures : cette opération retarde de six mois le développement de la fleur, qui s'épanouit au mois de mai de l'année d'après.

Les autres espèces d'œillets aussi cultivées dans les jardins sont :

L'OEILLET BARBU, *Dianthus barbatus*, Lin. Il a les racines vivaces; la tige noueuse, haute d'un à 2 pieds ; les feuilles lancéolées, glabres ; les fleurs réunies en corymbe terminal, et ayant les écailles du calice extérieur aussi longues que le tube du calice intérieur et terminées par un poil. Il est originaire des montagnes de l'est de l'Europe et fleurit au milieu de l'été : ses fleurs sont naturellement rouges, mais varient en jaunâtre, en panaché, en tiqueté et en blanc; elles sont sans odeur et doublent facilement. On le connaît sous le nom de *bouquet parfait*, parce qu'effectivement le nombre et la disposition de ses fleurs, souvent la différence de leurs couleurs, semblent faire croire qu'il est le produit de l'art.

L'OEILLET DE POÈTE, *Dianthus hispanicus*, Dum. Courset, ressemble beaucoup au précédent, dont on le regarde généralement comme une variété ; mais ses fleurs sont plus grandes, autrement disposées, d'un beau rouge qui ne varie point, et ses feuilles sont bien plus étroites. Il est naturel à l'Espagne, et se cultive également dans les jardins, où il double facilement.

L'OEILLET DES CHARTREUX, *Dianthus carthusianorum*, Lin., a les racines vivaces; les tiges grêles, droites, noueuses, hautes d'environ un pied; les feuilles opposées, linéaires, engaînantes; les fleurs rouges, peu nombreuses, disposées en corymbe terminal et accompagnées d'un involucre formé par les écailles du calice extérieur, qui se terminent par un long poil. Il est naturel aux lieux arides des hautes montagnes des parties méridionales de l'Europe, et se cultive dans les jardins, où il se fait remarquer par l'éclat de la couleur de ses fleurs; il n'a point d'odeur.

Ces trois espèces se placent fréquemment dans les plates-bandes des parterres, et en effet elles s'y font agréablement remarquer par la beauté et la variété des bouquets qu'elles forment naturellement : on les laisse en touffes, ni trop petites, ni trop grosses. Elles ne demandent que les soins ordinaires aux parterres. Les plus mauvais terrains leur sont bons, pourvu qu'ils ne soient pas aquatiques; mais cependant elles viennent mieux dans ceux qui sont fumés. Elles se multiplient par le semis de leurs graines au printemps dans des plates-bandes bien préparées et exposées au midi, ou, mieux, sur une vieille couche, ou par le déchirement des vieux pieds, ou par marcottes : ces dernières se font lorsque les tiges entrent en fleur, et peuvent être levées deux ou trois mois après. Le plant provenant du semis doit être levé et repiqué au printemps suivant à 6 pouces de distance, et une année après il est assez fort pour être mis en place. Cette multiplication par semis est sur-tout pratiquée pour la première espèce, afin d'avoir de nouvelles nuances de couleurs : il faut, autant que possible, mélanger ces nuances dans la même touffe et y joindre des pieds des deux autres espèces, afin de les faire fortement contraster. On laisse ces touffes dans la même place pendant quatre à cinq ans; après quoi, on les détruit ou on les change de place, parce qu'ayant épuisé le terrain, elles sont dans le cas de périr. En général, il est bon d'avoir toujours du jeune plant en réserve pour parer à cet inconvénient et à celui de la pourriture, qui est souvent la suite des hivers humides.

L'OEILLET MIGNONNETTE OU MIGNARDISE, OU OEILLET DE PLUME, a les racines vivaces; les tiges couchées à leur base, noueuses, glauques, presque toujours simples; les feuilles opposées, amplexicaules, subulées, glauques; les fleurs moyennes, odorantes, à pétales très-découpés ou laciniés. On le regarde comme provenant des *dianthus plumarius*, *monspessulanus* et *superbus* de Linnæus, lesquels ne seraient que des variétés. Lui-même, dans nos jardins, en produit de très-nombreuses, soit par la hauteur des tiges, la grandeur, la couleur et même l'odeur des fleurs. Toutes ces variétés doublent aisément; les principales, relativement à la couleur, sont les blanches, les roses, les unes ou les autres avec une couronne pourpre ou brunâtre. Après l'œillet des jardins, c'est le plus agréable : on en fait des touffes et des bordures, qui produisent un superbe coup d'œil, et qui embaument l'air lorsqu'elles sont en fleur, c'est-à-dire au milieu de l'été. Il peut rester pendant trois ans dans la même place ; mais ensuite il languit et finit par périr si on ne le change pas, parce qu'il épuise le terrain : un sol léger, sec, fumé, et une exposition chaude, sont ce qui lui convient le mieux. Les variétés simples se multiplient par le semis de leurs graines sur couche ou dans une plate-bande au midi ; les doubles se propagent par le déchirement de leurs pieds au printemps. On augmente ce moyen de multiplication en écartant les touffes au commencement de l'automne, et en mettant sur la base des tiges une poignée de terre, qui en fait autant de marcottes. On prolonge la durée de la floraison des mêmes touffes en coupant leurs fleurs dès qu'elles commencent à se former.

L'OEILLET DE LA CHINE a les racines bisannuelles ; les tiges hautes d'un pied et rameuses à leur sommet ; les feuilles opposées, amplexicaules, étroites et vertes ; les fleurs solitaires et à pétales crénelés. Il est originaire de la Chine, d'où il a été apporté sous la minorité de Louis XV : de là lui est venu le nom vulgaire d'*œillet de la régence*, qu'il porte chez les jardiniers. Ses fleurs s'épanouissent au milieu de l'été, varient extrêmement dans leurs couleurs, et se succèdent jusqu'aux gelées ; il y en a de semi-doubles et de doubles : on le multiplie de graines, que l'on sème au printemps sur couche, et dont on transplante le produit en mai. Lorsque l'hiver est doux, cette espèce subsiste pendant deux ans ; mais ses fleurs sont moins belles la seconde année.

L'OEILLET EN GAZON, *Dianthus cespitosus*, Lam., a la racine vivace, même un peu ligneuse ; les tiges à peine hautes de 3 à 4 pouces ; les feuilles linéaires et les fleurs d'un pourpre violet à pétales crénelés. On le trouve sur les montagnes élevées de l'Europe, principalement au Mont-d'Or, où il forme des gazons très-denses, et d'un très-agréable effet avant qu'il soit et encore plus lorsqu'il est en fleur ; on le cultive dans quelques jardins. Les bordures qu'on en fait sont moins riches que celles de l'œillet mignardise, mais plus régulières et plus agréables à la vue, parce qu'elles sont moins hautes ; on le multiplie positivement comme ce dernier : ses fleurs sont très-peu odorantes.

Il y en avait beaucoup dans les pépinières de Versailles ; mais tout a été arraché, à mon grand déplaisir, et jeté dans la fosse aux ordures.

L'OEillet prolifère a la racine annuelle ; la tige noueuse, haute d'un pied et plus ; les feuilles opposées, amplexicaules, très-étroites et glabres ; les fleurs d'un rouge pâle et ramassées en tête à l'extrémité des tiges ; il est commun sur les pelouses sèches et arides et fleurit en août : tous les bestiaux le mangent.

L'OEillet velu, *Dianthus armeria*, Lin., a les racines annuelles ; les tiges hautes de 2 pieds, presque simples ; les feuilles opposées, amplexicaules, très-étroites et velues ; les fleurs d'un rouge vif, et disposées en faisceau terminal ; on le trouve fréquemment dans les bois, les buissons, etc. ; il fleurit au milieu de l'été : les bestiaux le mangent. (B.)

OEILLET D'AMOUR. C'est la Gypsophylle saxifrage.

OEILLET DE DIEU. C'est ainsi qu'on appelle quelquefois l'Agrostème couronné. (B.)

OEILLET FRANGÉ. Nom jardinier de l'oeillet mignon-nette.

OEILLET D'INDE. Nom jardinier des tagets.

OEILLET JANSÉNISTE. On donne ce nom à la lychnide visqueuse. (B.)

OEILLET DE POÈTE. C'est la même chose que l'oeillet barbu.

OEILLET DE LA RÉGENCE. C'est l'oeillet de la Chine.

OEILLETON. On appelle œilletons les pousses latérales qui ont lieu en automne, c'est-à-dire après la floraison, au collet des racines des plantes vivaces, sur-tout de celles qui perdent leur tige à la suite de cette floraison. Ce mot ne vient pas d'œillet, comme on le croit assez généralement, mais d'œil (bouton), et en effet ce sont des boutons qui ont poussé des feuilles ; on peut les comparer aux Rejetons des arbres et arbustes. *Voyez* ce mot.

Les cultivateurs tirent tantôt un parti très-avantageux des œilletons pour la multiplication des plantes, tantôt ils sont obligés de les supprimer, soit pour empêcher le pied de trop s'étendre, soit parce que leur grand nombre, en épuisant le terrain, s'oppose à la beauté des fleurs que doivent donner ces plantes. C'est principalement parmi les fleurs cultivées dans les parterres que ces deux opérations qu'on appelle oeille-tonner se pratiquent communément. Dans les jardins paysagers, on œilletonne avec la bêche ; c'est-à-dire qu'on coupe les touffes des plantes vivaces en deux, trois et un plus grand nombre de morceaux pour les planter autre part, ou pour les jeter dans la fosse aux ordures.

L'Artichaut, parmi les légumes, présente l'exemple le plus prononcé et le plus commun de la formation et de l'emploi des œilletons. *Voyez* son article. (B.)

OEILLETTE. C'est l'huile qu'on retire de la graine des Pavots. *Voyez* ce mot. (B.)

OENANTHE, *OEnanthe*. Genre de plantes de la pentandrie digynie et de la famille des ombellifères, qui renferme une douzaine d'espèces, dont plusieurs sont dans le cas d'être citées ici, à raison de leurs avantages ou de leurs inconvéniens.

L'OEnanthe pimpinelloide a les racines charnues, vivaces; les feuilles radicales en coin et fendues; les feuilles caulinaires, entières, linéaires et pendantes; il croît dans les prés des parties du midi et de l'ouest de la France. On mange ses racines à Angers sous le nom de *jouannettes*, au rapport de Décandolle; ce sont les plus vieilles qui sont préférées : leur goût est en même temps fade et sucré.

L'OEnanthe safranée a les racines vivaces, fusiformes, épaisses, disposées en faisceaux comme une botte de navets, et les feuilles multifides; on la trouve dans les marais : elle est connue, dans quelques lieux, sous le nom de *ciguë aquatique*. Il découle de ses racines, lorsqu'on les blesse, une liqueur laiteuse qui devient jaune par son exposition à l'air, qui est un des plus dangereux poisons qu'on connaisse, puisqu'une seule goutte avalée suffit pour faire naître une inflammation dans la gorge et dans l'estomac, qui est bientôt suivie de gangrène et de la mort. Il n'y a point de remède contre ces effets, à raison de la rapidité de leur développement; cependant l'analogie indique les acides végétaux comme propres à être essayés. Les propriétaires dans les marais desquels cette plante se trouve, ne doivent donc pas craindre de faire quelque dépense pour l'en faire disparaître.

L'OEnanthe fistuleuse a les folioles des feuilles supérieures linéaires et fistuleuses; c'est dans les lieux humides qu'elle croît. Elle passe pour suspecte, cependant on l'emploie quelquefois en médecine. (B.)

OENOLOGIE. On a donné ce nom à l'art de faire le vin. *Voyez* Vigne, Vendange, Cuve, Pressoir, Fermentation, Vin, Tonneau, Cave, Vinaigre, Eau-de-vie, Distillation, etc. (B.)

OENOMÈTRE. Nom de deux instrumens différens, tous deux destinés aux opérations qui ont le vin pour objet. *Voyez* Fermentation.

Le premier, inventé par Bertholon, a pour but de reconnaître le point où le vin en fermentation est arrivé au dernier degré de son élévation ; il a été depuis appelé GLEUCOMÈTRE. *Voyez* ce mot.

Le second n'est autre chose qu'un AÉROMÈTRE ou *pèse-liqueur* (*voyez* le premier de ces mots), appliqué spécialement au vin. Il est destiné à indiquer combien le vin fait renferme d'alcool : plus il s'enfonce dans le vin , et plus ce vin est léger, contient de spiritueux.

Je n'indiquerai pas ici la construction de cet instrument, attendu qu'il n'est ni facile ni économique à un cultivateur de la tenter. C'est aux fabricans d'instrumens de physique des grandes villes, principalement à Paris, que doivent s'adresser tous ceux qui voudront en faire usage.

Au reste, je ne regarde pas l'œnomètre comme très-avantageux à employer. Il peut bien apprendre si le vin d'une cuvée ou d'une année, ou d'un canton voisin, est plus chargé d'alcool que celui d'un autre ; mais il est infidèle quand on veut comparer des vins d'une nature fort différente , tels que les vins de Languedoc, avec les vins de Champagne ; car les premiers , quoique contenant cinq à six fois plus d'alcool, paraîtront, à raison de la surabondance de matière colorante, des principes extractifs, des sels tartritiques, etc., qui s'y trouvent, moins pesans que les derniers. *Voyez* au mot VIN. (B.)

OESTRE , *OEstrus.* Genre d'insectes de l'ordre des diptères, qui renferme huit ou dix espèces, dont plusieurs doivent être connues des cultivateurs, par la raison qu'elles déposent leurs œufs sur le corps ou dans le corps des animaux domestiques, et qu'elles donnent souvent lieu à des accidens graves.

Les œstres vivent peu de temps sous l'état d'insectes parfaits , et en effet la nature leur a refusé les moyens de se nourrir, puisqu'ils n'ont point de bouche. Ils s'accouplent et pondent leurs œufs dans les lieux où les larves doivent trouver l'aliment nécessaire à leur existence, c'est-à-dire une substance muqueuse animale. Lorsque ces larves sont parvenues à toute leur croissance, elles quittent ces lieux pour se réfugier sous une pierre, dans un trou , et s'y transformer en insectes parfaits.

L'OEstre des bœufs a le corcelet jaune avec une bande noire au milieu, l'abdomen blanc à la base et fauve à l'extrémité. Sa longueur est de 6 lignes. La femelle dépose ses œufs sous le cuir des vaches, des bœufs, des cerfs et autres grands quadrupèdes , au moyen d'une tarière très-composée dont elle est pourvue. Chaque œuf (il n'y en a jamais qu'un seul dans chaque trou) éclos, la larve qui en naît produit une tumeur de la grosseur d'un œuf de pigeon , au milieu de laquelle elle vit

de l'humeur que l'irritation qu'elle cause fait continuellement
fluer autour d'elle. Elle respire par un petit trou qu'elle sait
entretenir au centre de la tumeur. Cette larve est sans pattes ;
mais elle est pourvue, autour de ses anneaux, d'épines aplaties qui lui servent à exciter l'irritation ci-dessus mentionnée,
et à changer de place lorsqu'elle a quitté sa tumeur pour chercher un lieu propre à subir sa transformation. Elle reste dans
sa tumeur depuis le mois d'août jusqu'au mois de juin. Ordinairement il n'y en a que quatre ou cinq sur chaque animal, mais
quelquefois il s'en trouve jusqu'à trente ou quarante. Il pourrait
y en avoir des milliers, chaque femelle contenant assez d'œufs
pour en fournir à tous les bestiaux d'un canton de plusieurs
lieues carrées ; mais la nature lui a indiqué qu'elle devait les
disperser pour en assurer la conservation : car comme ces larves
causent de véritables ulcères aux animaux qui les nourrissent,
la mort de ces animaux et par conséquent des larves pourrait
être la suite de leur trop grand nombre. C'est ordinairement
des deux côtés de l'épine du dos qu'il y en a le plus. Les jeunes
animaux y sont plus sujets que les vieux, et ceux qui paissent
dans les bois bien plus que ceux qui ne sortent pas des prairies.
Il est des cantons où les œstres tourmentent plus les bestiaux
que par-tout ailleurs, et cela paraît tenir uniquement à l'i-
gnorance des cultivateurs. En effet, au lieu de tuer les larves
dès qu'ils s'aperçoivent de leur présence, ils les défendent
contre les pies, qui s'en nourrissent, et, ainsi que je l'ai éprouvé,
contre les naturalistes qui voudraient en enrichir leur collection, sous le prétexte que les tumeurs qu'elles occasionnent
assurent la santé des bestiaux. Cela est peut-être fondé jusqu'à
un certain point, puisqu'un cautère est souvent un moyen utile
sous ce rapport ; mais il n'est pas moins vrai que les vaches
qui en ont beaucoup maigrissent et donnent moins de lait.
Peut-être même elles en meurent quelquefois. Je crois donc
que toujours ou presque toujours il est utile de débarrasser les
bestiaux de ces larves, et on le peut facilement ou en piquant
les susdites larves avec une épingle un peu grosse à travers le
trou par lequel elles respirent, ou, si on craint que la putréfaction de leur corps ne cause un ulcère plus dangereux, en
l'extrayant par le moyen d'une incision faite à la tumeur. Une
circonstance qui doit encore engager les cultivateurs à détruire
ces larves, et par elles leurs générations futures, c'est que le
cuir des animaux sur lesquels elles ont vécu perd de sa qualité, chaque plaie formant une nodosité d'une densité différente du reste de la peau.

Dans quelques endroits, on croit faire périr ces larves avec
de la térébenthine, du suif et autres ingrédiens ; mais, je le
répète, le moyen le plus facile, et le plus certain, c'est de les

blesser assez fortement pour que leurs intestins puissent sortir par la plaie.

M. Clark, auquel on doit, dans les Mémoires de la Société linnéenne de Londres, un excellent travail sur les œstres, accompagné de figures coloriées, prétend que celui du bœuf fait beaucoup de mal à l'animal sur lequel il dépose ses œufs; que sa seule présence met en rumeur tout un troupeau, mais il y a lieu de croire qu'il exagère la douleur de la piqûre, qui ne doit guère être plus forte que celle du Taon ou d'un Asile. *Voyez* ces mots.

Les cerfs, les chevreuils, les daims nourrissent aussi de ces larves; mais j'ignore si elles appartiennent à l'espèce précédente ou à une des deux appelées des rennes et trompe, qui vivent en Laponie sur les rennes.

L'Œstre des chevaux a le corcelet couleur de rouille avec une bande brune, et l'abdomen fauve avec l'extrémité noire; ses ailes sont jaunes à la base et tachées de brun à leur extrémité. Il a 5 lignes de long. La femelle dépose ses œufs sur le devant des jambes antérieures et sur le flanc des chevaux, qui, en se léchant, les portent dans leur bouche, où ils éclosent, et d'où les larves qui en naissent s'introduisent dans l'estomac, vivent aux dépens de l'humeur qui le lubrifie, et dont elles ont la faculté d'augmenter la sécrétion par l'irritation qu'elles causent. Pour n'être point chassées par la sortie des alimens, la nature a placé vers leur tête deux crochets, au moyen desquels elles se cramponnent contre la paroi de ces intestins avec une force telle qu'on les casse plutôt que de les arracher. Elles ont de plus des épines aplaties et triangulaires sur le corps comme celles de l'espèce précédente. Ces larves restent dans le corps des chevaux depuis le mois de juin ou de juillet jusqu'au mois de mai ou de juin de l'année suivante. Lorsqu'il n'y en a qu'un petit nombre, les chevaux ne paraissent pas s'en inquiéter; mais quand il y en a beaucoup, qu'elles remontent sur-tout jusqu'à l'estomac, elles nuisent nécessairement à la digestion, en absorbant la majeure partie du suc gastrique nécessaire à cette opération. On a compté 700 œufs dans le corps d'une femelle, et on conçoit d'après cela combien fréquemment il peut y avoir une grande quantité de larves; aussi est-ce à cette grande quantité que Vallisnieri a attribué une maladie épidémique qui, en 1713, fit périr beaucoup de chevaux dans le Véronais et le Mantouan. Je ne sache pas qu'on ait fait d'observation semblable en France; mais, dans les pays de montagne et de bois, presque tous les chevaux qui paissent en liberté en ont, et on conçoit que telle année favorable peut en doubler et tripler le nombre, et par conséquent occasionner des accidens semblables. Au reste, il

n'est pas aussi facile de détruire les larves de cette espèce que
celles de la précédente. L'huile en lavement, qu'on a préconisée, ne produit pas de grands effets, au rapport de Réaumur.
Il en est de même des purgatifs gastriques et de l'opium, au
rapport de Clark. La main qu'on introduit dans le fondement
n'en arrache qu'un petit nombre, c'est-à-dire seulement celles
qui sont les plus près de la sortie. Le meilleur moyen serait
peut-être de les empêcher de naître en retenant les chevaux à
l'écurie pendant le temps de la ponte ; mais ce temps est justement celui des grands travaux de la campagne et de l'époque
où l'abondance des pâturages invite à les mettre au vert.

La transformation de ces larves en insectes parfaits ne diffère
point essentiellement de celle indiquée plus haut.

Il est remarquable que ce soient les piqûres des taons, des
stomoxes et autres diptères qui, excitant les chevaux à se lé-
cher, favorisent le transport des œufs ou des larves de l'œstre
dans l'estomac.

La larve de cet insecte reste quelque temps suspendue à
l'anus en dehors avant de se laisser tomber ; ce qui tourmente
extrêmement les chevaux, et fournit aux naturalistes les moyens
d'en avoir.

L'OEstre hémorrhoidale est brun, avec l'extrémité de
l'abdomen fauve et les ailes d'une seule couleur. Il est moitié
plus petit que le précédent. Il dépose ses œufs, les uns disent
à l'orifice de l'anus des chevaux, les autres sur le bord des
lèvres. Clark est de cette dernière opinion, que je n'ai pas été
à portée de vérifier. Au reste, à la grosseur près, elle ressemble à celle du précédent, avec laquelle elle est généralement confondue par les vétérinaires. Sa manière d'être est positivement la même.

L'OEstre utérin est couleur de rouille, avec les côtés
blanchâtres et les ailes d'une seule couleur. Il vit, à ce qu'on
croit, dans les intestins des chevaux, des bœufs, des moutons et autres bestiaux. On l'avait appelé *nasal*, dans l'idée
fausse que, comme le suivant, c'était dans les fosses nasales
que sa larve faisait son séjour. Il est un peu plus gros que le
précédent.

L'OEstre des moutons a le corps d'un brun noirâtre, ponctué et taché de blanc. Ses ailes sont ponctuées de brun. Il a
4 lignes de long. Sa larve vit dans les sinus frontaux des
moutons, des chèvres, des cerfs et autres animaux des mêmes
genres. Rarement, au rapport de Réaumur, y a-t-il plus de
trois ou quatre de ces larves dans la tête d'un seul mouton.
Cependant il arrive souvent qu'elles occasionnent des vertiges à
ces animaux, ou qu'elles les tourmentent au moins beaucoup.
Ces larves vivent ainsi depuis le mois de juin ou de juillet jus-

qu'au mois d'avril ou de mai de l'année suivante, aux dépens du mucilage qui suinte de la cavité où elles se trouvent, mucilage dont elles augmentent la sécrétion par l'irritation qu'elles causent. Elles ont aussi deux crochets à la tête pour pouvoir s'attacher à la membrane des sinus frontaux; car, comme les moutons ont toujours la tête baissée, elles seraient exposées à tomber, ou à être rejetées par le plus faible éternuement, si la nature ne leur avait donné cet organe. Leurs anneaux ne sont point entourés d'épines, comme dans les deux espèces précédentes, dont elles ne diffèrent pas du reste par le mode de leur transformation.

Ce n'est pas une chose facile aux femelles de l'œstre des moutons que de s'introduire dans le nez des moutons pour y aller déposer leurs œufs, ces animaux y mettant tous les obstacles possibles, en se cachant le nez en terre ou dans la laine de leurs voisins. Il y a une agitation extrême dans tout le troupeau, toutes les fois qu'une seule de ces femelles se présente. J'ai été une fois témoin de ce fait.

Je ne sache pas qu'on ait tenté de faire mourir les larves de cet œstre dans les cavités qui les recèlent, cavités qui sont si sensibles qu'on n'y peut rien introduire sans danger.

Réaumur a calculé qu'il y avait un tiers des moutons d'un troupeau paissant dans un pays montagneux et boisé qui nourrissait de ces larves.

Il y en a aussi plusieurs espèces peu connues en Asie, en Afrique et en Amérique. J'en ai rapporté une de ce dernier pays, dont la larve vit sur les lièvres à la manière de celle du bœuf.

Je possède, dans ma collection, toutes les espèces ci-dessus nommées. (B.)

ŒUF. Produit de la ponte des oiseaux, des reptiles, des poissons, des insectes, etc., et destiné, sous un mode particulier, à la reproduction des espèces.

Lorsqu'on ouvre une poule, on trouve des œufs tout formés et de différentes grosseurs, disposés en grappes dans chacun de ses deux ovaires; lorsqu'en hiver on ouvre une carpe femelle, on en trouve des milliers.

Ces œufs n'ont pas cependant la faculté reproductive, il faut qu'ils aient été auparavant imprégnés de la liqueur prolifique fournie par le mâle. De là l'inutilité de faire couver les œufs des Poules qui ne peuvent être approchées par des Coqs. *Voyez* ces deux mots et Fécondation.

Les œufs des oiseaux, les seuls qui intéressent directement les cultivateurs renferment, sous une enveloppe calcaire, plusieurs membranes qui entourent une liqueur albumineuse, transparente, qu'on nomme *le blanc*, dans laquelle est suspendu un globe qu'on nomme le jaune; sur ce globe est comme une tache gélatineuse , ayant des éradiations blanchâtres , et tournant librement autour de lui, quoiqu'il lui soit uni : c'est le *germe* ou la *cicatricule* , c'est-à-dire un nouvel être en miniature, qui n'aura besoin que de chaleur pour se développer. *Voy*. le mot Incubation et ceux Poule, Dindon , Canard, Oie , Pigeon, etc., et l'article suivant.

M. Cadet Gassicourt, Journal de pharmacie, octobre 1821, cite des œufs trouvés dans le mur d'une église, près le Lac Majeur, qui étaient encore bons à manger , quoiqu'ils dussent être depuis environ trois cents ans. (B.)

OEUFS. On sait combien les anciens faisaient cas des œufs; ils ont cru devoir les placer au premier rang parmi les alimens. Si les auteurs eussent pu ou voulu apprécier à sa juste valeur cette ressource, ils se seraient bien gardés d'écrire qu'il ne fallait pas compter dans une métairie sur le bénéfice du poulailler. Dans les grandes fermes, en effet, les détails de cette partie de la basse-cour sont abandonnés au premier venu : on ne se donne pas même la peine de compter le nombre des coqs et des poules qui existent, de s'assurer de la proportion dans laquelle ils doivent se trouver respectivement, et si les uns et les autres réunissent les conditions propres à remplir le but pour lequel on les entretient. D'un autre côté, on n'attache pas suffisamment les volailles à leur demeure; elles vont pondre par-tout, excepté dans le poulailler; leurs produits ne sont soumis à aucune combinaison ni à la moindre surveillance. Faut-il s'étonner si, dans cet état d'abandon, elles ne présentent souvent qu'une source de dépense? *Voyez* Poule et Poulailler.

J'ai eu la curiosité de parcourir plusieurs de ces fermes avec l'intention d'y examiner particulièrement cet objet , qui était le seul négligé. Après m'être assuré que le nombre des poules s'élevait à cent cinquante environ, et qu'il y avait un coq au moins pour le service de six poules, lorsque six mâles sur la totalité des femelles pouvaient suffire pour assurer la fécondation de la totalité des poules, je questionnai la fille qui en avait le gouvernement, pour savoir à combien s'élevait la quantité d'œufs qu'elle recueillait chaque jour : c'était au mois de mai, époque où la ponte est dans la plus grande activité; elle me répondit que la quantité allait de trente à quarante, ce qui me fit présumer que le maître perdait au moins journellement, par aperçu, soixante à soixante-dix œufs. Cette fille ne put en disconvenir; mais elle m'ajouta que le logement des poules était peu commode et mal placé; que les poules se rendaient aux champs par toutes les ouvertures de la cour, et qu'alors il lui était impossible de se charger seule de ramasser les œufs.

Je donnai au propriétaire le conseil de rendre le poulailler plus attrayant pour les poules, d'exiger qu'on leur jetât leur manger dans le lieu le plus voisin, et, en attendant, de faire suppléer la fille de basse-cour par des enfans auxquels il serait accordé 2 sous par quarteron d'œufs qu'ils ramasseraient hors de la cour. Ce conseil, mis à profit, a eu un succès complet.

La précaution d'intéresser, par une récompense quelconque, à la recherche et à la collecte des œufs pondus çà et là dans la cour et dans les champs, aurait peut-être un autre avantage, celui de faire perdre à certaines poules vagabondes leur disposition à pondre à l'aventure : encore si les poules trouvaient leur compte à faire leurs œufs hors du poulailler; mais pendant la nuit, les animaux de proie qui découvrent la touffe ou le buisson dépositaire des œufs les mangent, ce qui détermine les femelles, qui voient leur nid vide, à continuer de pondre et les expose à s'épuiser, par la raison qu'elles n'en trouvent jamais suffisamment pour couver.

Destinés par la nature à la reproduction de l'espèce, les œufs ne remplissent pas toujours ce but important, les animaux en détruisent considérablement, parce qu'ils y trouvent une nourriture dont ils sont extrêmement friands; l'homme, qui partage ce goût, mais souvent devancé par eux dans la recherche des nids, a imaginé de rassembler autour de lui les oiseaux les plus féconds en œufs, et en œufs de qualité supérieure; et tel est le succès de sa spéculation, qu'en leur procurant un gîte commode, un abri contre leurs ennemis, une subsistance appropriée, suffisante et assurée dans tous les temps, des soins et un traitement méthodique, il est parvenu non-seulement à favoriser, mais encore à augmenter la propagation de ces oiseaux, à varier et à améliorer les races et en perfectionner les résultats : il faut convenir cependant que si la domesticité est parvenue à perfectionner la chair des oiseaux de basse-cour, elle n'a pas eu une influence aussi marquée sur la qualité des œufs; elle en a seulement augmenté le nombre et le volume par les croisemens. L'état sauvage donne tant de qualité aux œufs, qu'on assure que dans le pays d'Almon, où la perdrix rouge est très-commune, il y avait autrefois des pourvoyeurs qui cherchaient à enlever les œufs pour les faire passer en Hollande, où ils étaient estimés pour la table, au point qu'on les payait jusqu'à 40 sous pièce.

S'il paraît difficile de déterminer d'une manière positive les propriétés des œufs sous le point de vue alimentaire, nous croyons pouvoir assurer d'avance que les œufs d'*oie*, de *dinde*, de *cane*, de *pintade* et de *poule commune* sont généralement bons à manger; qu'avec le secours d'organes exercés on ne saurait les méconnaître, puisqu'ils varient entre eux pour le goût et la consistance : en voici une courte description.

OEufs d'oie. Ils sont les plus volumineux de tous ceux des oiseaux que nous avons captivés ; l'oie ne laisse pas que d'en fournir quand sa ponte n'est interrompue ni par l'incubation, ni par la conduite des oisons, ni par le froid.

Les œufs d'oie sont constamment blancs, d'une forme peu allongée, ayant la coque fort dure : la femelle, dans les cantons méridionaux, peut faire jusqu'à trois pontes par année, ce qui produit un bénéfice considérable ; car dans les environs de Toulouse on les vend jusqu'à 5 sous pièce à des particuliers, qui les font couver par des femelles d'emprunt ; mais, tout en convenant de la fécondité de l'oie, il faut cependant l'avouer, ses œufs sont pour la cuisine inférieurs en qualité à ceux de poule.

OEufs de dinde. Après les œufs d'oie viennent ceux de dinde pour la grosseur ; leur coque est ordinairement moins unie, parsemée de petits points rougeâtres mêlés de jaune.

La nature ne connaît qu'une seule race de dindons ; mais l'homme est parvenu à créer des bigarrures dans les couleurs, en croisant les blancs avec les noirs : à la vérité, l'œuf n'a changé ni de forme, ni de volume, ni de qualité.

OEufs de cane. La coque paraît plus lisse, plus mince, plus arrondie aux deux extrémités que celle des œufs dont il a été question jusqu'à présent ; elle est colorée d'une teinte verdâtre ou d'un blanc terne ; le jaune est gros et assez foncé ; cuit à la mouillette, le blanc ne devient pas laiteux ; il acquiert une consistance de colle transparente et un œil opaque : son goût est un peu sauvageon.

On connaît certains endroits en France où leurs habitans sont à portée de faire en été d'amples provisions d'œufs de canes sauvages ; ils deviennent même une ressource pour les Islandais, qui les amassent par milliers, et les consomment sous toutes les formes, à l'instar des œufs de poule.

Comme la cane est en général une excellente pondeuse, qu'elle peut faire de suite cinquante à soixante œufs, que ces oiseaux voyagent sans cesse et se multiplient volontiers par les croisemens dans presque toutes les parties du monde dont le sel est humide et marécageux, on conçoit que ses œufs doivent varier en couleur et en volume sans néanmoins changer de qualité.

OEufs de pintade. Ils font exception à la loi générale, qui établit que le volume des œufs dépend assez ordinairement de celui des femelles ; les pintades, plus grosses que les poules communes, pondent néanmoins de petits œufs, mais en assez grand nombre.

Obtus par les deux bouts, les œufs de pintade ont assez constamment la coque épaisse et dure; leur surface est lisse et présente trois couleurs, gris, rose et verdâtre, avec des points blancs sur ceux de la pintade sauvage; au lieu que les œufs des pintades domestiques sont couleur de chair plus ou moins foncée.

On remarque que le jaune, toutes choses égales d'ailleurs, est plus considérable que le blanc : l'un et l'autre se trouvent recouverts, dans l'intérieur, d'une pellicule membraneuse plus tenace.

OEufs de poule. Ce sont les plus communs et les plus universellement usités, parce que la femelle prospère dans tous les cantons, qu'elle vit de tout, s'accommode de tous les climats et de tous les aspects; qu'elle pond sans interruption pendant quatre à cinq mois, et que ses œufs sont, sans contredit, au jugement de ceux qui ont eu l'occasion de les examiner avec attention et de les comparer entre eux, les plus délicats à manger.

Causes qui influent sur le volume des œufs. Ceux de poule varient considérablement : il y en a depuis la grosseur des œufs de dinde jusqu'à celle de l'œuf de pigeon, selon l'espèce, l'âge et l'époque où on les recueille. On sait que la première ponte ne fournit jamais des œufs aussi gros que la ponte qui lui succède, et qu'ils diminuent de volume à mesure que la ponte arrive vers sa fin, comme ils augmentent lorsque la femelle vieillit; mais il faut qu'elle ait atteint deux années pour produire des œufs dans le volume qui appartient réellement à l'espèce; mais tous sont d'une bonne qualité, et les seuls qui, lorsqu'ils sont frais et cuits à la coque, présentent le fluide laiteux, qui s'épaissit bientôt par le temps, et se perd dans la masse de l'albumen, ou du moins n'en est plus séparé par une cuisson de deux à trois minutes. Il n'y a guère que les œufs de poule qui circulent dans le commerce; les autres sont employés pour la reproduction de l'espèce.

En adoptant l'opinion que les alimens pouvaient contribuer au volume des œufs, on a cherché à augmenter et à varier la nourriture des pondeuses; mais les tentatives à cet égard ont produit un résultat absolument contraire : car en doublant leur ration, elles passent quelquefois à la graisse, et donnent souvent des œufs *lardés* et sans coquille. Il y a des poules qui font des œufs sans jaune, et le vulgaire imagine que ce sont des œufs de coq; mais c'est une vieille erreur que de supposer des œufs dans les coqs, tantôt sans jaune et tantôt sans blanc, d'où l'on faisait venir le basilic : il n'est pas permis d'écrire pour réfuter de pareilles absurdités; l'expérience et la raison en ont fait justice.

Quelques auteurs ont prétendu que si les œufs de la ci-devant Picardie étaient sensiblement moins gros que ceux de la ci-devant Normandie, cette différence provenait de ce que les grains recueillis dans le premier de ces départemens contenait spécifiquement moins de matière nutritive ; mais ne sait-on pas qu'en Egypte, où les terres sont extrêmement fertiles, et où le froment est plus substantiel qu'en Normandie, les œufs ont un volume moindre que ceux que nous tirons de la Picardie, par la raison que les poules y sont d'une espèce très-petite ?

J'ai eu en expérience, dans ma basse-cour, cent poules, parmi lesquelles se trouvaient réunies les différentes espèces qu'on entretient dans les fermes ; toutes étaient au même ordinaire, et j'ai remarqué que le volume des œufs était constamment en raison des races qui les produisaient.

Après avoir séparé de ma peuplade volatile douze des poules dont les œufs étaient les moins gros, j'ai augmenté progressivement leur nourriture, et ces œufs n'ont pas acquis plus de volume que ceux des mêmes espèces et du même âge qui vivaient en commun.

L'œuf est aux ovipares ce que le lait est aux mammifères, c'est-à-dire la nourriture principale des nouveau-nés ; et lorsqu'on les fait entrer dans la pâtée des poussins, soit crus, soit cuits, mêlés avec des herbes hachées et appropriées, de la mie de pain et du grain écrasé, le succès de leur éducation est plus assuré ; les œufs, en un mot, par leur composition, sont uns et homogènes dans la nature, comme le lait, c'est-à-dire formé des mêmes principes.

Approvisionnement des œufs. Comme aliment, comme assaisonnement et comme médicament, les œufs présentent une ressource infiniment précieuse dans toutes les circonstances de la vie ; ils ajoutent à la masse de la subsistance publique plus que ne le fait la chair de toutes les espèces d'oiseaux domestiques réunis ; apprêtés sous une multitude de formes également utiles et salutaires, ils figurent sur la table de l'homme riche et sur celle du pauvre, du citadin et de l'habitant des champs, de l'homme robuste et de l'homme faible ; le voyageur, en un mot, y trouve une nourriture substantielle qui supplée à toutes les privations auxquelles il peut être exposé dans ses courses ; et le malade lui-même, sans consulter son médecin, se permet l'usage d'un œuf frais.

Les personnes qui ont le malheur de ne pas aimer les œufs sont donc véritablement à plaindre, puisque ce produit des ovipares sur lequel la cuisine s'exerce, à chaque instant de l'année, pour augmenter, varier et perfectionner ses résultats dans tous les genres de services dont elle couvre la table, n'a jusqu'à présent aucun substitut, aucun remplaçant.

Quand on se détermine à faire des provisions d'œufs, ce n'est en général que ceux de la seconde ponte qu'on choisit de préférence, parce que l'expérience a prouvé que, pondus depuis août jusqu'aux froids, ils se conservent avec plus de facilité; on n'en a plus besoin d'ailleurs pour le maintien et le renouvellement de l'espèce. A cette époque de l'année, les poules se nourrissent d'herbe, les coqs sont moins passionnés, les temps chauds ne règnent pas aussi long-temps, et il est reconnu que les poussins d'automne n'ont jamais la même vigueur que ceux qui sont éclos au printemps, malgré tous les soins qu'on prend de leur première éducation.

Commerce des œufs. On ne connaît guère que les œufs de poule dans le commerce; leur multiplication a toujours intéressé les véritables économes. Dans les marchés d'un certain ordre, on en distingue communément plusieurs classes par rapport au volume; ceux des acheteurs qui choisissent les plus gros ne les jugent guère au-delà de 3 centimes de plus par douzaine, cependant cette différence dans le prix n'est pas dans la proportion du volume; car il y a des œufs dont la douzaine pèse trois fois plus que le même nombre des plus petits. Ce sont les regrattiers qui en font le triage: ils mettent les plus gros à part pour les vendre davantage, ainsi que cela se pratique dans les grandes villes. Ils font à cet égard ce que font à Paris les écosseuses de pois, ou les propriétaires des capriers dans les cantons méridionaux.

Dans le commerce des œufs à Paris, on en distingue de trois qualités: les œufs de Normandie, ce sont les plus gros; les œufs de Picardie, ce sont les plus petits, et ceux de Flandre, qui tiennent le milieu pour le volume. On conçoit qu'une denrée dont la fragilité exige des soins et des frais d'emballage, ne saurait guère provenir d'une plus grande étendue de rayon; mais le volume, comme l'on sait, appartenant aux races de poules, la qualité des œufs est absolument la même; mais si la nature des alimens dont les poules font usage à un certain degré n'a aucune influence sur le volume des œufs, elle peut cependant déterminer une manière de saveur, de couleur et de consistance que les organes exercés saisissent facilement. Lorsque, par exemple, les poules avalent beaucoup de hannetons et d'autres insectes dans la saison où ils sont abondans, et sur-tout les larves des vers à soie, qui deviennent pour elles une friandise, les œufs mangés à la coque noircissent et n'ont pas autant de délicatesse, l'orge fonce la couleur du jaune et augmente le liquide qu'on appelle le lait; les herbes, et spécialement la laitue, augmentent leur fluidité; enfin l'usage des bourgeons de sapins leur communique un goût de résine, et la graine de gentiane une saveur amère.

Dans la Picardie, ce sont particulièrement les ouvrières en dentelle qui se chargent de conserver les œufs pour les vendre dans la saison où les poules n'en donnent plus; elles les achètent, à mesure qu'ils sont pondus, chez les fermiers, pendant les mois d'octobre et de novembre; elles les rangent sur des tablettes placées contre les murs de leurs chambres, où ils sont à l'abri du froid; elles les retournent très-souvent pour empêcher que le bois, qui pourrait renfermer de l'humidité, ne la leur communique; tous les huit jours, elles les présentent à la lumière d'une chandelle : ceux qui se sont un peu vidés par l'évaporation insensible sont aussitôt vendus aux hommes qui font cette espèce de courtage, c'est-à-dire aux coquetiers, qui achètent dans les petits marchés des bourgs et en parcourant les campagnes, où ils font souvent des échanges à bon compte, en sorte que par ce moyen ils en ramassent de grandes quantités qu'ils portent ensuite, soit aux marchés des villes voisines, soit directement à Paris.

Conservation des œufs. Il n'est pas d'essais que l'homme n'ait tentés pour s'approprier les divers produits de la nature dans nos climats, comme dans ceux qui sont situés aux deux extrémités du globe; par-tout les œufs sont devenus pour lui un aliment de première nécessité, et il a cherché les moyens de les conserver comme les autres denrées de la même importance, jusqu'au moment où les poules, affaiblies par la maladie périodique de la mue, ou engourdies par le froid, cessent de pondre.

On a encore remarqué que les œufs récemment pondus, étant conservés dans l'eau fraîche, n'éprouvaient aucune évaporation; ils ont, il est vrai, autant de lait que les œufs frais, quand on les fait cuire à la coque, mais leur saveur est un peu altérée au bout de quelques jours.

Un autre moyen plus efficace encore pour prolonger l'état frais des œufs, moyen pratiqué depuis plusieurs siècles dans nos campagnes, qu'on trouve décrit presque par-tout, c'est de les plonger, le jour où ils sont pondus, au moyen d'une écumoire, dans l'eau bouillante, comme pour les manger à la coque, et les y laisser environ deux minutes. En les retirant de l'eau, on les marque, soit à l'encre, soit au charbon, afin de pouvoir, à l'aide de numéros, les employer selon leur rang d'âge, puis on les met en réserve dans un lieu frais, où il est possible de les garder pendant plusieurs mois; en employant ce procédé, la chaleur opère la cuisson d'une très-petite couche de blanc, le plus voisin de la surface interne de la coquille : dans cet état les œufs souffrent infiniment moins de déperdi-

tion. Quand on veut s'en servir pour les manger à la mouillette, on les fait réchauffer dans l'eau bouillante, à-peu-près
autant de temps qu'ils y ont déjà été, c'est-à-dire environ
deux minutes; ils ressemblent à-peu-près pour le goût à des
œufs frais de deux jours; la partie appelée improprement le lait
y est abondante : on a remarqué qu'au bout de quatre à cinq
mois, la membrane qui tapisse l'œuf devient plus épaisse. Ce
moyen ne serait peut-être pas à dédaigner; cependant l'opération préliminaire qu'il exige le rend tout au plus praticable dans
les ménages; il est donc nécessaire d'en trouver un autre pour
le commerce.

Tout intermède capable de produire du froid, et d'empêcher
l'évaporation de l'intérieur de l'œuf, peut être employé utilement à la conservation de cette denrée; mais les cendres, qui
ont l'inconvénient de se charger de l'humidité de l'atmosphère;
le son, qui s'échauffe et se couvre de mittes, doivent être pros-
crits pour cet usage; les grains bien secs, le sable pur, la sciure
de bois, la petite paille, méritent la préférence, pourvu que le
panier ou la caisse qui contiennent les œufs soient recouverts
d'une toile bien assujettie et placés dans le lieu le moins
humide, à l'abri de la lumière.

Mais la paille est le plus mauvais conducteur du calorique;
aussi les grains et tous les corps sujets à s'altérer se conservent
plus facilement dans un grenier couvert de chaume que dans
un magasin dont la toiture est en tuile ou en ardoise; on se
garde bien de recouvrir les glacières d'une autre matière :
tous ces motifs m'ont déterminé à donner à des paillassons la
forme de paniers, dans lesquels j'ai isolé les œufs par couches
alternatives avec des balles de grains, et j'ai suspendu le panier dans un lieu sec et obscur : c'est à la faveur de ce moyen
que je suis parvenu à prolonger la durée des œufs, et à leur
conserver, pendant l'été, sinon le caractère d'œufs frais, du
moins une qualité propre à les soumettre à tous les procédés de
la cuisine.

Quand on dit qu'un œuf sent la paille, parce que celle-ci a
servi à sa conservation, on est dans l'erreur, puisque cet intermède, lorsqu'il n'est pas mouillé, ne peut rien lui communiquer, et que quand un œuf commence à s'altérer et à se dé-
sorganiser, il a le même mauvais goût (qu'on désigne ainsi),
quel que soit le moyen employé pour l'en garantir; d'ailleurs,
je l'ai déjà dit, la paille est le plus mauvais conducteur du calorique : bien sèche, elle ne peut communiquer aucune mauvaise odeur non-seulement aux œufs, mais encore aux fruits,
lorsqu'on les dépose dessus. Il n'est pas douteux que dans les
paniers dans lesquels on transporte les œufs, si un seul vient
à se gâter ou à se casser, répandu dans la masse, il viendrait

bientôt à bout de donner mauvais goût à tous les autres; et une fois que l'œuf a ce goût de paille, il est difficile de le lui enlever, ce qui prouve qu'il tient à une partie de l'œuf qui est altérée.

Indépendamment des usages de la cuisine, les œufs ont encore d'autres destinations: la clarification et le collage des vins en consomment énormément. Combien il serait avantageux de n'y employer que les œufs clairs, c'est-à-dire des œufs qui, étant privés de germe fécondé, seraient beaucoup moins susceptibles de se gâter! (Par.)

OGNON. *Voyez* Oignon.

OIE. Avant la découverte du nouveau monde, les oies étaient extrêmement communes en France, ainsi que dans les autres parties de l'Europe; il n'y avait guère de repas un peu splendide où cet oiseau ne parût avec intérêt. En Angleterre, on mange une oie rôtie le jour de Noël, en mémoire de ce que la reine Élisabeth en avait une sur sa table au moment où elle reçut la nouvelle de la destruction de la fameuse armada de Philippe II, roi d'Espagne, qui devait envahir l'Angleterre et détrôner cette reine. Il existait autrefois à Paris un marché particulier affecté au commerce des oies. Ceux qui les vendaient se nommaient *oyers;* mais l'acquisition du Dindon (*voyez* ce mot) en Europe a fait abandonner l'oie, à cause de son volume à peu près égal, de sa chair beaucoup plus fine et plus délicate. A la vérité, les poussins-dindes, moins faciles à élever que les oisons, ne sont pas, comme nous l'avons déjà dit, à l'abri de tous les événemens qui menacent leur existence jusqu'à ce qu'ils aient poussé le rouge. L'oie est donc, de ce côté, supérieure au dindon, et même pour les différens produits: aussi, dans les provinces où la culture du maïs est en considération et où il y a des pâturages, l'oie est ce qu'elle était il y a un siècle; et il faut convenir que sa chair, ses plumes, son duvet, sa graisse, sa fiente, ne sont à dédaigner dans aucun endroit où les circonstances favorisent sa propagation.

On n'achète pas toujours les oies dans la vue de les engraisser. De gros propriétaires de la Beauce sont dans l'usage de s'en procurer au moment de la moisson, et de les faire conduire sur les pièces de blé après que les gerbes sont enlevées. Là elles ramassent tout le grain, qui serait perdu sans cette espèce de glanage; et c'est à peu près l'affaire d'un mois jusqu'aux labours d'automne, quoiqu'on ne les vende ensuite guère plus cher qu'on ne les a achetées; elles laissent cependant pour profit à la ferme leurs plumes et leur duvet, et sur les champs où elles ont pâturé l'engrais de leurs excrétions et celui qu'elles laissent dans les étables où elles passent la nuit, et qui, employé moyennant quelques soins, n'est nullement préjudiciable aux champs et aux prairies.

Dans le ci-devant bas Languedoc, le moindre métayer élève des oies ; mais il ne conserve qu'une ou deux femelles et point de jars, à cause de la nourriture qu'ils coûtent au printemps, et moyennant une légère rétribution il conduit la femelle au mâle, qu'on a gardé dans les fermes un peu considérables ; il est vrai qu'on ne peut les faire accoupler que dans l'eau.

Lincoln est peut-être la ville de l'Europe au marché de laquelle il se vende le plus d'oies : le nombre de celles qu'on élève dans ses environs est immense (1).

Choix du mâle et de la femelle. Pour avoir une bonne race d'oies, il faut choisir le jars d'une grande taille, d'un beau blanc avec l'œil gai. Mais il existe, du côté de Toulouse beaucoup de mâles panachés ; ils ont sur la tête des plumes qui se hérissent quand ils sont en colère, et semblent être une petite huppe. La femelle doit être brune, cendrée ou panachée ; on préfère celle qui a le pied et l'entre-deux des jambes bien larges, et les panachées aux grises, parce que la plume s'en vend beaucoup plus cher, et qu'elles sont plus attachées à la troupe, ou moins volages. Leur vigilance, parfaitement secondée par une bonne vue et par la finesse de l'ouïe, n'est jamais en défaut, et si on joint à ces qualités les signes d'intelligence qu'elles manifestent, on se convaincra du peu de justesse de cette expression ou comparaison vulgaire : *Bête comme une oie.*

Tous les ouvrages d'économie rurale prétendent qu'un jars suffit à six femelles ; mais l'expérience des possesseurs d'un mâle pour servir d'étalon, leur a appris qu'il a la faculté

---

(1) En liberté, les oies causent quelquefois de grands dommages aux récoltes, sur-tout aux prairies, dont elles paissent l'herbe aussi près de terre que les moutons, et les infectent, souvent pour deux ans, avec leurs excrémens, de manière à en dégoûter les bestiaux. Pour éviter ces inconvéniens, tantôt on les fait garder par des enfans armés de longues perches et accompagnés de chiens, tantôt on leur passe une plume à travers les ouvertures du nez, plume qui s'oppose à ce qu'ils entrent dans les terrains fermés de haies ; tantôt on leur attache un carcan au cou, c'est-à-dire une petite barre transversale, qui produit le même effet ; tantôt on leur met une muselière comme aux chevaux.

Une propreté constante est indispensable à la réussite de l'éducation des oies ; en conséquence leur retraite pour la nuit, soit qu'elle soit en plein air, ce qui vaut mieux, soit qu'elle soit couverte, sera tous les jours, ou au moins tous les deux jours garnie de paille neuve, et leur fumier sera enlevé tous les huit jours pendant l'été, et tous les quinze jours pendant l'hiver : ce fumier sera mêlé avec celui des vaches et des chevaux.

On donne, dans quelques lieux, le nom de MUSSE à l'habitation spéciale des oies. (*Note de M. Bosc.*)

d'en féconder un plus grand nombre sans se fatiguer ; il nous manque des données à ce sujet.

Variétés d'oies. On connaît deux races d'oies domestiques, la grande et la petite, qui en est une variété ; mais on ne s'occupe guère que de la première, vu qu'elle est d'un meilleur rapport. Il serait possible de trouver dans les oies sauvages des jars qui pourraient s'acccoupler avec nos oies apprivoisées, d'où résulteraient des métis, dont la chair aurait peut-être plus de finesse que celle de l'oie ordinaire. Il paraît qu'en Espagne, où les rivières et les lacs sont par-tout couverts de canards et d'oies sauvages, ces croisemens ont été tentés avec grand succès.

C'est sur-tout dans le ci-devant haut Languedoc que les oies sont d'une belle venue et aussi grandes que les cygnes. Leur marque distinctive est d'avoir sous le ventre une masse de graisse qui touche à terre au moment où elles marchent. Cette graisse, à la vérité, n'est bien sensible qu'au mois d'octobre. Elle augmente à mesure que les oies prennent de l'embonpoint ; mais l'espèce diminue quand on s'éloigne de Toulouse, en remontant vers Pau et Baïonne.

Ponte des oies. Aussitôt qu'on s'aperçoit que les oies veulent pondre, il faut les tenir renfermées dans leurs toits, où on a préparé des nids avec de la paille ; une fois qu'elles ont fait leur premier œuf, elles continuent de les déposer successivement dans le même endroit, et en font de suite jusqu'à quarante et cinquante, si elles ne sont pas interrompues par la couvaison.

Couvaison des oies. Lorsqu'on remarque que l'oie commence à garder le nid plus long-temps que de coutume, c'est une preuve, comme toutes les femelles d'oiseaux domestiques, qu'elle ne tardera pas à couver ; il faut songer à lui construire un nid dans la forme et les dimensions indiquées à l'article Poule. On peut mettre sous chaque femelle quatorze à quinze œufs selon son volume, et placer près d'elle de l'orge détrempée, ainsi qu'un grand vase d'eau où elle puisse se laver et boire ; mais il faut bien se garder de les enlever de leur nid pour les faire boire et manger, comme cela se pratique dans quelques fermes ; elles y retournent sans la moindre contrainte, et jettent en approchant des cris de joie qui annoncent combien elles sont attachées à leur couvée. L'incubation dure trente jours. Le mâle ne s'éloigne pas trop des œufs en couvaison ; il paraît les garder et montrer un grand empressement à voir naître les petits (1).

---

(1) J'ai indiqué, aux mots Dindon et Incubation, un moyen facile et assuré de forcer les femelles des gros oiseaux domestiques de couver : j'y renvoie le lecteur.   (*Note de M. Bosc.*)

Des oisons. On les tire de dessous la mère à mesure qu'ils éclosent ; on les met dans des corbeilles ou compartimens couverts d'un linge et garnis de laine : lorsque toute la couvée est sortie, on rend les premiers venus à la mère.

Leur première nourriture est préparée avec de l'orge grossièrement moulue, du son et des remoulages détrempés et cuits dans du lait ou du lait caillé avec du mélilot, des feuilles de laitue, de bettes hachées et des croûtes de pain bouillies dans du lait.

Deux ou trois jours après la naissance des oisons, on peut, s'il fait chaud, les faire sortir pendant quelques heures, mais il faut avoir la précaution de ne pas les exposer à la trop grande ardeur du soleil, qui les tuerait ; la pluie et le froid leur sont également très-préjudiciables.

A mesure que les oisons se développent, on rend la même nourriture du matin et du soir plus substantielle et plus abondante, et on la leur continue jusqu'à ce que les ailes commencent à se croiser : alors ils sont assez forts pour se défendre contre les attaques hostiles de ceux avec lesquels on les mêle ; à deux mois, on les réunit avec le mâle et la femelle qu'on avait conservés pour la ponte.

Nourriture des oies. Dans la vue d'apaiser leur faim vorace, on leur donne des feuilles de chicorée et de laitue hachées, toutes sortes de légumes cuits et détrempés avec du son dans l'eau tiède ; on les laisse barboter dans l'eau tout le temps qu'il leur plaît ; on les conduit aux pâturages ou dans les champs après la moisson, et on les détermine insensiblement à aller d'eux-mêmes en troupes à la prairie et sur le bord des étangs, à y rester la journée, à rentrer le soir à la maison sans le secours de qui que ce soit ; on épargne par ce moyen la dépense d'un conducteur : l'exemple une fois donné se perpétue sans que le propriétaire y pense.

Cependant les oies étant coureuses et vagabondes, il pourrait se faire qu'une trop grande sécurité sur leur compte devînt funeste aux intérêts du fermier ; celles de passage, qui arrivent par bandes pour vivre pendant l'hiver parmi nous, s'apprivoisent facilement, s'abattent près des oies domestiques dans les prairies : or, comme il pourrait prendre fantaisie à celles-ci de recouvrer leur liberté, la ménagère doit avoir la précaution de leur tirer quelques plumes des ailes et d'en casser même un bout ; souvent elles amènent à leur demeure des oies sauvages qu'elles ont débauchées.

Engrais des oies. Avant d'indiquer les diverses méthodes usitées pour engraisser les oies, nous observerons que les vieilles ne prennent pas aussi facilement la graisse que les jeunes, et que les oisons de primeur doivent être vendus, parce que la saison de l'engrais étant encore éloignée, il en coûterait trop si on attendait cette époque.

On engraisse les oies à deux époques différentes de leur vie, dans leur jeune âge, ou lorsqu'elles ont acquis le volume ordinaire : dans le premier cas, c'est l'affaire de quinze jours ou trois semaines au plus ; dans le second, il faut un mois plus ou moins. Tout le travail consiste à les plumer sous le ventre, à leur donner une nourriture abondante, à les renfermer dans un endroit obscur, tranquille, peu spacieux, et faire en sorte sur-tout qu'elles ne puissent pas entendre les cris de celles laissées en liberté pour la propagation de l'espèce, et à ne les en sortir que pour les tuer.

C'est au mois de novembre et quand le froid s'est déjà fait sentir qu'il faut songer à engraisser les oies, plus tard il en coûterait de la nourriture en pure perte ; elles entreraient en rut, s'occuperaient de la ponte, et l'opération alors n'aurait pas le même succès ; pour y parvenir, on met en pratique plusieurs méthodes, nous allons les décrire toutes : cet oiseau est d'une ressource trop avantageuse dans nos départemens de l'ouest et du midi pour omettre sur ce point le moindre détail.

Première méthode. Lorsqu'on n'a que quelques oies à engraisser, on les met dans une barrique à laquelle on a pratiqué des trous par où elles passent la tête pour prendre leur nourriture ; mais comme cet oiseau est vorace, et que chez lui la faim est plus forte que l'amour de la liberté, il s'engraisse facilement, pourvu qu'on lui fournisse abondamment de quoi avaler. C'est ordinairement une pâtée composée de farine d'orge, de blé de Turquie ou de sarrasin, avec du lait et des pommes de terre cuites.

Le procédé usité par les Polonais pour engraisser promptement les oies est à-peu-près le même ; il consiste à faire entrer l'oison dans un pot de terre défoncé, d'une capacité telle qu'il ne permette pas à l'animal de s'y remuer d'aucun côté : on lui donne à discrétion la pâtée dont il vient d'être question. Le pot est disposé dans la cage de manière à ce que ses excrémens n'y restent point. A peine les oies ont-elles séjourné quinze jours dans une pareille prison, qu'elles acquièrent tant de volume qu'on est forcé de briser les pots pour les en tirer.

Seconde méthode. Aussitôt que les oies ne trouvent plus à glaner dans les chaumes, et qu'elles ont ramassé les grains restés sur l'aire, elles sont renfermées, douze par douze, dans des loges étroites et assez basses pour qu'elles ne puissent se tenir debout, ni faire beaucoup de mouvement. On les entretient proprement, en renouvelant souvent leur litière ; on enlève à chacune quelques plumes sous les ailes et autour du croupion; on met dans une auge tout le blé de Turquie, préalablement cuit, qu'elles peuvent consommer, et dans une écuelle de l'eau en abondance. Dans les premiers jours, elles mangent beaucoup et à tous momens; mais leur appétit diminue au bout de trois semaines environ, et dès qu'on s'aperçoit qu'elles commencent à le perdre tout-à-fait, alors on les souffle ou on les gorge d'abord deux fois par jour et ensuite trois fois. Pour cet effet, on introduit du grain, à l'aide d'un instrument, dans le jabot de l'animal : c'est un entonnoir de fer-blanc, dont le tuyau, long de 5 pouces et demi et de 10 lignes de diamètre dans toute sa longueur, a le bout coupé en bec de flûte, et arrondi, formant un petit rebord soudé et uni, pour prévenir toute écorchure nuisible à l'animal; à ce tuyau s'adapte un petit bâton, pour en faire couler la graine. La ménagère, accroupie sur ses genoux, après avoir mis l'instrument dans le cou de l'oie qu'elle tient d'une main, de l'autre elle prend du grain qui est à sa portée, le laisse tomber doucement, et pousse avec une baguette, afin qu'il n'en reste point dans l'entonnoir. Par intervalle, elle met sous le bec de l'animal une écuelle d'eau fraîche. En Alsace, on recommande d'ajouter au fond de l'écuelle une poignée de gravier fin, et un peu de charbon pulvérisé, dans la persuasion que cette boisson contribue à engraisser plus vite l'oie, à faciliter le passage du maïs, et à faire grossir davantage le foie : d'autres indiquent des lavures de vaisselle, et lorsque la ménagère s'aperçoit que son jabot est à-peu-près rempli, elle la quitte pour en prendre une autre.

Cette opération, quoique praticable par toute personne, est cependant assez délicate pour n'être confiée qu'à des mains adroites. Il faut tenir de l'eau dans la loge; car une nourriture forcée et surabondante les altère beaucoup et les suffoquerait sans cette précaution : dix oies occupent ainsi une femme pendant une heure, soir et matin. On peut les gorger trois fois le jour, si elles digèrent facilement; mais il serait dangereux d'y revenir tant que leur digestion n'est pas achevée. En moins d'un mois, les oies prennent une graisse prodigieuse, et acquièrent le double de leur poids, c'est-à-dire de 18 à 20 livres chacune.

Troisième méthode. L'objet de celle-ci est de faire grossir le foie. Personne n'ignore les recherches de la sensualité pour faire refluer sur cette partie de l'animal toutes les forces vitales en lui donnant une sorte de cachexie hépatique. En Alsace, le particulier achète une oie maigre qu'il renferme dans une petite loge de sapin assez étroite pour qu'elle ne puisse s'y retourner. Cette loge est garnie dans le bas-fond de petits bâtons distanciés pour le passage de la fiente, et en avant, d'une ouverture pour sortir la tête : au bas, une petite auge est toujours remplie d'eau, dans laquelle trempent quelques morceaux de charbon de bois.

Un boisseau de maïs suffit pour sa nourriture pendant un mois, à la fin duquel l'oiseau se trouve suffisamment engraissé.

Vers le vingt-deuxième jour, on mêle au maïs quelques cuillerées d'huile de pavot. A la fin du mois, on est averti, par la présence d'une pelote de graisse sous chaque aile, ou plutôt par la difficulté de respirer, qu'il est temps de tuer l'oie : si l'on différait, elle périrait de graisse. On trouve alors son foie pesant depuis une livre jusqu'à deux, et l'animal se trouve excellent à manger, fournissant, pendant la cuisson, depuis 3 jusqu'à 5 livres de graisse, qui sert pour assaisonner les légumes le reste de l'année.

Sur six oies il n'y en a ordinairement que quatre (et ce sont les plus jeunes) qui remplissent l'attente de l'engraisseur; il les tient ordinairement à la cave (1), ou dans un lieu peu éclairé. Les Romains, friands de ces foies, avaient déjà observé que l'obscurité était favorable à ce genre d'éducation, sans doute parce qu'elle éloigne des oies toute distraction, et détermine toutes les facultes vers les organes digestifs. Le défaut de mouvement et la gêne qui survient dans la respiration peuvent y être ajoutés : le premier, en diminuant les pertes, et tous deux en ralentissant la circulation dans le système de la veine-porte, dont le sang doit s'hydrogéner à mesure que son carbone s'unit à l'oxygène qu'absorbe ce liquide; ce qui favorise la formation du suc huileux, qui, après avoir rempli le tissu cellulaire, s'insinue dans les conduits hépatiques, s'y engorge pour pénétrer ensuite le tissu même du foie, et constituer cette substance grasse et abondante qui, fondant dans la bouche des gourmets, flatte délicieusement leur palais. Le foie ne contracte donc qu'un engorgement consécutif, puisque la gêne dans la respiration ne se manifeste qu'à la fin, en empêchant le développement du diaphragme.

On parle souvent de la maigreur des oies soumises à ce régime, elle n'a pu avoir lieu que sur celles à qui l'on clouait les pattes après leur avoir crevé les yeux, par suite des souffrances qu'une méthode aussi barbare devait exciter. Sur cent

---

(1) Je n'ai point vu engraisser d'oie d'après cette méthode; mais il m'a été assuré que, loin de les mettre à la cave, on les plaçait dans un lieu très-chaud : ce qui est plus en concordance avec la théorie.

(Note de M. Bosc.)

3o *

engraisseurs, à peine s'en trouve-t-il maintenant deux qui la suivent, encore ils ne leur crèvent les yeux que deux ou trois jours avant de les tuer. Aussi les oies d'Alsace, exemptes de ces cruelles opérations, prennent un embonpoint prodigieux, que l'on pourrait appeler à la fin hydropisie graisseuse, suite d'une atonie générale dans le système absorbant, occasionnée par le défaut de mouvement, avec une nourriture succulente et forcée, dans une atmosphère trop désoxygénée.

N'oublions pas d'ajouter à ces détails que le canton où l'engrais des oies se pratique avec le plus de succès, c'est le Lauraguais, dans lequel le maïs est généralement cultivé. M. Villette, placé entre Toulouse et Carcassonne, a fait en différens temps des expériences très-intéressantes, dont le résultat, qu'il m'a adressé, sert à prouver que les plus belles oies ne pèsent guère au-delà de 10 à 12 livres lorsque l'on se borne à les laisser manger à discrétion sans ensuite les gorger; que si cette opération s'exécute trop promptement et que l'on cherche à économiser quelques livres de graines, on n'obtient que des oies demi-grasses de 12 à 13 livres, tandis que celles méthodiquement et parfaitement engraissées pèsent jusqu'à 20 livres. Or cet excédant consistant en graisse valant 16 sous la livre, chaque oie entièrement grasse vaut au moins 6 francs de plus que celle à demi grasse : d'où il suit que quand l'on cherche à économiser quelques livres de grains dans l'engrais des oies, le profit que l'on en retire ne peut jamais compenser celui que l'on a épargné.

La question de savoir s'il faut saler la chair des oies crue ou rissolée, a été discutée dans la Feuille du cultivateur par MM. Puymaurin et Jalabert, et n'a pas été résolue : chaque canton suit encore sa méthode, et prétend s'en bien trouver. (Par.)

Les oies se mangent principalement rôties, l'on en fait aussi des daubes, des fricassées de plusieurs sortes. Leur viande est de difficile digestion pour les estomacs délabrés : souvent une seule, sans perdre de sa qualité, fournit, en graisse propre à l'assaisonnement des légumes et autres mets, assez de graisse pour équivaloir à l'argent qu'elle a coûté.

Avant l'invention des tourne-broches, on employait souvent des animaux pour suppléer à la main, et parmi ces animaux se trouvait l'oie, qui ainsi était dans le cas de faire rôtir celle avec laquelle elle paissait la veille; ce qui moralement aurait dû être proscrit.

Dans les départemens du midi de la France, on prépare le cuisses de l'oie en les noyant, ou dans sa graisse, ou dans le Saindoux (*voyez* ce mot), de manière à pouvoir les conserver une année bonnes à manger. Le commerce de ces cuisses d'oie procure d'importans bénéfices à ces départemens ; je ne puis pas comprendre pourquoi il n'en est pas de même dans le nord, où les oies prospèrent également bien. Pour cela, dès qu'elles sont grasses, c'est-à-dire en novembre et en décembre, on les tue, on les plume, et l'on enlève leurs cuisses avec le plus d'amplitude possible ; on les fait cuire à demi dans de l'eau salée ; on les dépose dans des pots de terre, que l'on remplit de graisse fondue jusqu'au bord, et que l'on dépose à la cave.

Après la viande des oies, leur plus grand produit c'est leurs plumes. Il y en a de deux sortes : 1°. les petites, qui s'emploient à faire des matelas, des oreillers, des traversins, etc., qui suppléent même souvent à l'ÉDREDON (*voyez* ce mot), dont elles diffèrent fort peu lorsqu'elles sont bien choisies ; 2°. les grandes des ailes, qui servent à écrire : toutes deux donnent annuellement des produits de quelque importance quand on sait en tirer tout le parti possible.

Pour avoir les premières, on plume les vieilles oies vivantes dans les mois de juin, juillet et août, et les oies qui viennent d'être tuées. Les plumes se séparent en trois lots : les fines, les moyennes et les grosses : les premières se vendent généralement sous le nom d'édredon. Dès que l'opération est terminée, on fait sécher les plumes au four une demi-heure après que l'on en a retiré le pain, et on les conserve soit dans des tonneaux, soit dans des sacs placés au grenier.

Pas assez sèches, elles se gâtent et prennent une mauvaise odeur, dont on ne peut les débarrasser ensuite.

Trop sèches, elles se brisent et ne peuvent pas davantage remplir les objets que l'on a en vue.

Les oisons sont généralement plumés deux fois avant leur mort, et quinze jours plus tard que les pères et mères, et au moment de leur mort. Ils donnent moins de plumes que ces dernières ; mais c'est toujours quelque chose : cette opération leur est quelquefois funeste.

On attend, pour enlever les plumes de leurs ailes, que les oies commencent à entrer en mue, parce que plus ces plumes sont grosses, sont mûres, si je puis employer cette expression, et meilleures elles sont et mieux elles se vendent. Les plumes de Hollande sont les plus estimées, et parce qu'elles proviennent d'une plus belle race, et parce que l'on sait mieux les préparer, les *hollander*, pour me servir de l'expression technique. La plus grande partie de ces belles plumes, qui se vendent 6 sous pièce à Paris, proviennent des environs de Velche, en Westphalie. La préparation précitée a été long-temps un secret ; mais l'on sait aujourd'hui qu'elle consiste à les faire bouillir dans une eau alcaline plus ou moins forte, afin de les priver de la graisse qui leur est inhérente en la transformant en savon , à les débarrasser des membranes qui les entourent, enfin à les faire sécher dans un bain de cendre. Plus ces plumes sont sèches, et meilleures elles sont pour écrire. On les divise ordinairement en trois lots : les grosses, les moyennes, et les petites ou *bouts d'aile*, et on les dispose en paquets de vingt-six, paquets que l'on réunit quatre par quatre , etc.

Ces sortes de plumes sont l'objet d'un grand commerce, et l'on est blâmable lorsqu'on les laisse perdre, quelque peu grosses qu'elles soient, comme on le fait dans tant de parties de la France; car elles sont toujours trop chères, relativement à l'importance des services qu'elles rendent à la société. (B.)

OIGNON. Sorte de racine ovale ou arrondie, tendre, succulente, composée de tuniques ou d'écailles en recouvrement, de la base desquelles naissent des fibres de même nature. *Voyez* Liliacée.

Comme l'oignon s'appelle aussi Bulbe, et qu'une plante porte le même nom, j'en ai parlé à ce dernier mot, auquel je renvoie le lecteur, ainsi qu'aux mots Tulipe, Jacinthe et Lis. (B.)

OIGNON , *Alium cepa*, Lin. Espèce du genre de l'Ail. (*voyez* ce mot), qu'on cultive de toute ancienneté pour la nourriture ou pour l'assaisonnement; qu'on croit originaire d'Egypte, mais qui plus probablement y a été apportée de la haute Asie par les peuples qui en sont descendus avant les temps historiques.

Les caractères qui distinguent l'oignon sont une racine bulbeuse, tuniquée, aplatie ; des feuilles cylindriques, fistuleuses, longues d'un pied et plus ; une tige nue, fistuleuse, renflée à sa partie inférieure, plus haute que les feuilles; des fleurs rougeâtres disposées en tête à l'extrémité de la tige. *Voyez* au mot Ail pour le surplus.

Comme plante cultivée depuis bien des siècles, l'oignon doit fournir beaucoup de variétés de forme, de grosseur, de couleur, de saveur, d'odeur, etc., etc. Il doit y en avoir de précoces, de tardifs, de propres aux terrains secs, aux terrains humides, etc. En effet, il suffit de parcourir la France, surtout les départemens éloignés et peu en relation avec les grandes villes, pour s'assurer qu'il en est plusieurs qui n'ont pas encore été citées. Ce fait se remarque aussi en Espagne et en Italie, et probablement dans les autres pays. Ici cependant, faute d'avoir pris les notes nécessaires, je suis forcé à ne faire mention que des variétés les plus communes dans les environs de Paris, variétés qui au reste peuvent suffire à tous les emplus, et nous dispenser de désirer les autres avec plus d'ardeur qu'il ne convient.

Dans le midi, les oignons sont plus gros, plus doux que dans le nord, mais ils ne se gardent pas si bien. Leur graine, semée dans le climat de Paris, est sujette à donner des produits dépourvus de bulbe solide.

L'Oignon rouge. Il est très-gros et de forme aplatie. On peut le regarder comme le type de l'espèce.

L'Oignon pale, de même forme, un peu moins gros et plus piquant que le précédent. C'est celui qu'on préfère aux environs de Paris, et que par conséquent on y cultive le plus généralement. C'est un de ceux qui se conservent le mieux.

L'Oignon jaune. Encore plus pâle que le précédent, mais du reste en différant peu pour ses qualités..

L'Oignon blanc ordinaire. Il est très-gros, de forme aplatie, se conserve bien et craint le moins les gelées. Sa saveur est très-piquante.

L'Oignon blanc hatif de Florence est plus petit et plus doux que le précédent. Il mûrit le premier et se conserve le plus.

L'Oignon rouge d'Espagne est oval, allongé, très-gros et très-doux. On le cultive beaucoup dans l'est de la France.

L'Oignon blanc d'Espagne ne diffère presque du précédent que par sa couleur.

L'Oignon bulbifère. Il porte de petits oignons au lieu de fleurs, et ces petits oignons, mis en terre, en donnent plus promptement de gros que les semences. Malgré que cette variété ait été vantée en Allemagne, il ne paraît pas qu'elle se soit beaucoup propagée. J'en ai vu anciennement cultiver dans le jardin d'un amateur à Dijon ; mais nulle part à Paris, hors du jardin du Muséum.

Il y a tout lieu de croire que le sol naturel à l'oignon est un sable gras et humide ; aussi est-ce dans les terres légères et fraîches qu'il se plaît le mieux. Lorsque avec un sol de cette sorte il a de la chaleur, il devient monstrueux. J'en ai vu de près d'un pied de diamètre, et on en cite de beaucoup plus gros encore. C'est dans les parties méridionales de la France, en Espagne, en Italie, dans les îles de la Grèce, sur la côte d'Afrique, sur-tout en Egypte, qu'il faut aller pour voir de belles cultures d'oignons. La consommation qu'on en fait dans ces pays est prodigieuse, tous les habitans l'aimant avec passion, et beaucoup d'entre eux s'en nourrissant presque exclusivement.

Les terrains argileux, soit qu'ils aient trop d'eau ou qu'ils en manquent, les terrains caillouteux, les sables purs qu'on ne peut arroser, ne sont pas favorables aux oignons. Ils y restent petits et âcres, ou même n'y lèvent point.

L'expérience a prouvé que les fumiers non consommés, et ceux qui portent une odeur particulière, ne conviennent pas aux oignons, qui y prennent une âcreté et un goût désagréable. J'en ai mangé à Paris, qui annonçaient, les uns, qu'ils avaient crû dans un sol fumé avec les boues infectes de cette ville, les autres avec des matières fécales. Il faut donc n'employer que des terreaux dans les jardins, et des fumiers de première qualité dans les campagnes. Les CURURES d'étangs, de rivières, sont préférables à tous autres ENGRAIS (*voyez* ces mots) lorsqu'on en a à sa disposition.

Quoique l'oignon naisse et croisse à la surface du sol, un ou deux labours profonds, soit à la charrue, soit à la bêche, ne lui sont pas moins utiles. Il faut sur-tout, au moyen de la herse ou du râteau, briser toutes les mottes de terre et égaliser le terrain avec la plus scrupuleuse exactitude. *Voyez* EMOTTER.

Dans les départemens méridionaux de la France, où, comme je l'ai dit, la culture de l'oignon est d'une importance majeure, on fait toujours des semis avant l'hiver dans des lieux abrités, et on les couvre de longue paille, ou de paillassons, pour les garantir encore plus des effets du froid. Il paraît même que du temps d'Olivier de Serres on n'en semait jamais au printemps.

Aux environs de Paris, on sème aussi quelquefois avant l'hiver, mais c'est beaucoup plus tôt, c'est-à-dire en juillet, août ou septembre : alors le plant a le temps de prendre de la force, et se trouve, à l'arrivée de l'hiver, en état de braver plus facilement les gelées. Là, on le repique ordinairement en janvier ou février à une bonne exposition, pour être mangé en vert en mars. Quelques maraîchers même en repiquent sous châssis lorsqu'ils jugent, par la rareté des vieux oignons, que ce travail sera fructueux.

C'est l'oignon blanc hâtif ou même l'ordinaire qu'on préfère, comme craignant moins l'excès du froid et de l'humidité.

Le commencement de février, si le temps ne s'y oppose pas, est généralement l'époque des grands semis d'oignons dans le midi et dans le nord ; mais il est bon de réserver de la graine pour semer en mars et même en avril, en cas d'accident ; cependant les produits d'un semis dans ce dernier mois ne sont jamais aussi profitables que les autres, les oignons étant petits ou n'arrivant pas à complète maturité.

On peut encore semer plus tard dans les jardins pour la consommation, en vert, de la cuisine, lorsque cette consommation est considérable. Les maraîchers de Paris vendent toute l'année de ces jeunes oignons sous le nom de ciboule ; mais on les distingue facilement à leur grandeur, à leur odeur et à leur saveur, de la véritable CIBOULE. *Voyez* ce mot.

Les semis d'oignon manquent souvent en tout ou en partie, soit parce que la graine était trop vieille, ou cueillie avant sa maturité, soit parce qu'elle a été trop ou trop peu enterrée, soit parce que la sécheresse a été trop grande ou les pluies trop abondantes, soit enfin par l'effet des gelées. Dans ces cas, il faut semer de nouveau, comme je l'ai dit plus haut.

Dans les jardins, des arrosemens légers et fréquens lorsque la sécheresse se prolonge, préviennent leur perte. En général, plus ils ont d'eau pendant l'été et plus leurs produits sont abondans et de bonne qualité, car rien n'adoucit plus l'oignon que l'eau. C'est généralement à la volée qu'on répand sa graine, et rarement ses pieds sont régulièrement espacés, parce que la graine est facilement emportée par les vents, et qu'il y en a toujours beaucoup de mauvaises dans la meilleure ; le remède à cet inconvénient est de regarnir au printemps les places vagues avec le superflu des places trop garnies.

Les Tartares multiplient les oignons en les fendant en quatre presque jusqu'au point d'où sortent les racines, et en les plantant ainsi en écartant autant que possible les parties : il se produit un nombre plus ou moins grand de petits oignons entre les tuniques du gros. Ce moyen exige un très-grand emploi de gros oignons, et donne des produits trop peu abondans pour être conseillé. *Voyez* au mot JACINTHE.

Aux environs de Paris, on ne replante jamais des oignons dans la culture en plein champ, mais dans le midi on le fait toujours.

Là, avant de repiquer les oignons, on fume et donne un bon labour à la terre, et on en unit la surface autant que possible au moyen du rouleau et de la herse ; cependant on conserve les ados.

Les produits des semis du mois d'août et de septembre sont en état d'être transplantés à la fin de novembre, ceux d'octobre restent l'hiver sur place, et le sont, ainsi que ceux de janvier, février ou mars, lorsqu'ils ont la grosseur d'une petite plume à écrire.

Une distance de 8 à 10 pouces est celle qu'on met ordinairement entre chaque plant repiqué dans les parties méridionales. A Paris, on ne les écarte que de la moitié de cette distance, parce que tous les oignons repiqués y sont mangés avant leur maturité, en réservant, entre chaque rang, un ados, qu'on cultive en salade ou autres plantes de peu de durée. En général on pratique fort mal cette opération, c'est-à-dire qu'on arrache le plant à la main, au lieu de l'enlever avec toutes ses racines au moyen d'une pioche; qu'on rogne ces racines, ainsi que les feuilles, au lieu de les laisser les plus entières possible; qu'on presse trop la terre contre la bulbe lorsqu'on remplit le trou fait avec le plantoir, au lieu de la laisser se tasser d'elle-même, etc. On veut faire vite et on fait mal. Aussi combien de ces oignons qui auraient repris si on avait suivi de meilleurs procédés, et qui périssent! Combien d'autres qui languissent pour avoir été trop écourtés, trop enterrés, trop fortement blessés, etc. !

Au lieu de repiquer les oignons au plantoir, comme on le fait par-tout, il vaudrait mieux, ainsi que le conseille Olivier de Serres, les planter dans des sillons faits à la houe. Les inconvéniens ci-dessus seraient ainsi plus facilement et même nécessairement évités pour la plupart.

Un fort arrosement est utile après une plantation de cette sorte, lorsqu'on peut le donner.

Des sarclages et des serfouissages, au besoin, sont encore très-avantageux.

Le changement de couleur dans les feuilles est le signe qui annonce la prochaine maturité de la bulbe. A cette époque, on tord les feuilles près de leur collet, et on les écrase légèrement, dans l'intention de concentrer dans la bulbe les derniers efforts de la végétation ; mais la théorie repousse cette pratique, comme produisant des effets directement contraires à ceux qu'on en attend. Il faut laisser à ces bulbes le temps de se consolider, et par conséquent leurs feuilles, qui concourent autant que leurs racines à ce résultat, doivent être ménagées. *Voyez* Feuille.

Lorsque les oignons sont bien mûrs, c'est-à-dire que leurs feuilles et une partie de leurs racines sont desséchées, on les enlève de la planche successivement, et on les expose pendant quelques jours au soleil pour enlever leur eau surabondante, ensuite on les nettoie des restes de leurs racines, des pellicules inutiles, et on en forme, par le moyen de leurs fanes et de liens de paille, des chaînes qu'on suspend dans un lieu sec à l'abri des brusques variations de l'atmosphère.

Une Sphérie et une Urédo, observées par Palisot Beauvois, nuisent souvent à la végétation de cette plante dans les années et dans les terrains humides. *Voyez* ces mots.

Pendant l'hiver, il faut placer les oignons dans un lieu où ils ne puissent pas être gelés, mais aussi qui ne soit pas assez chaud et assez humide pour les faire pousser. Comme ces deux circonstances ne sont pas toujours faciles à réunir, beaucoup de personnes les laissent au grenier, quoiqu'ils y soient exposés à la gelée. Il est de fait qu'une première gelée, quelque complète et durable qu'elle soit, n'a pas des effets bien dangereux sur eux lorsqu'on ne les touche pas. On en est quitte pour perdre ceux qui n'étaient pas arrivés à une maturité complète, à moins qu'on ne les mange pendant qu'ils sont gelés. Après leur dégel, une seconde gelée leur est bien plus funeste. Un soin que doit avoir tout cultivateur jaloux de conserver ses oignons le plus possible, c'est d'ôter des chaînes ceux qui commencent à se gâter. *Voyez* Gelée et Chaine.

Les petits oignons et ceux destinés à être consommés les premiers, s'étendent sur le plancher, ou, mieux, sur des claies dans le grenier. Il est même des pays où on n'en met aucun en chaîne, quoique cette pratique ait réellement des avantages.

Il est bon de ne pas mélanger les oignons des récoltes du même champ (on en fait ordinairement trois), parce que ceux de la première sont de plus de garde que ceux de la seconde, et ceux de la seconde plus que ceux de la dernière. Cette troisième doit, en conséquence, être consommée la première, comme contenant beaucoup de bulbes encore en état de végétation ou fort disposées à s'y remettre.

Quelquefois, lorsque l'air est en même temps chaud et humide, les bulbes, même les mieux consolidées, poussent des feuilles, et par conséquent perdent la faculté de se conserver. On a proposé plusieurs moyens d'empêcher ou d'arrêter cet inconvénient; mais il n'y en a pas de certains, si les précautions indiquées plus haut ne réussissent pas.

Le plant d'oignon pour le repiquage est l'objet d'un commerce dans les parties méridionales de la France. On en vend bien aussi à Paris, mais c'est un article de très-peu d'importance, si j'en juge par ce que j'en connais.

On appelle *oignons tapés* ceux qui n'excèdent pas la grosseur d'une noix, et qu'on recherche dans les villes pour faire certains ragoûts, des matelotes, par exemple. Les semis ordinaires des environs de Paris ne donnent que trop de ces petits oignons, qu'on trie et qu'on vend au boisseau; mais dans les départemens méridionaux il faut en semer exprès. Leur culture ne diffère des autres qu'en ce qu'on les sème tard, en avril, par exemple, qu'on pousse fortement le plant à l'eau pendant le premier mois de son apparition, et qu'ensuite on l'abandonne à lui-même. Ces oignons tapés ne sont donc que des oignons qui ont parcouru plus rapidement les phases de leur végétation, parce que les chaleurs les ont saisis avant qu'ils aient acquis assez de force pour les braver.

Quelques jardiniers replantent, au moment de la récolte, dans un local particulier les oignons qui ne sont pas arrivés à maturité, afin d'en obtenir la graine l'année suivante. Cette méthode est très-blâmable, et ne peut qu'amener la dégénérescence des bonnes variétés. Il faut au contraire réserver pour cet objet les bulbes les plus grosses et les plus tôt arrivées à maturité, ne les remettre en terre qu'au printemps, dans un lieu bien exposé. On doit leur donner les labours et les sarclages nécessaires, et lorsque leurs tiges seront arrivées à toute leur hauteur, les assujettir contre des tuteurs qui puissent les garantir contre l'action des vents ou des accidens.

La récolte de la graine d'oignon est très-casuelle, comme celle de toutes les liliacées ; la meilleure en contient toujours beaucoup de mauvaise. On reconnaît sa maturité à l'ouverture de la capsule. A cette indication, on peut couper les tiges, les assembler en paquets, et les déposer dans un lieu sec et aéré, la tête en haut. Cette graine se conserve mieux dans la capsule que dans des sacs. Elle est bonne pendant quatre ans. Celle de la seconde année germe plus vite que celle de la première et des troisième et quatrième années. On reconnaît la bonne à son poids et à sa couleur très-noire.

L'art du cuisinier se passerait difficilement de l'oignon. Il entre dans une grande quantité de sauces et fait le fond de plusieurs mets. J'ai déjà dit qu'il s'en consommait immensément dans le midi ; là, où il est beaucoup plus doux que dans le nord, on le mange le plus souvent cru, avec du pain, à déjeûner, à dîner, à goûter : c'est l'unique friandise des ouvriers et des pauvres habitans de la campagne. On sait que sa saveur est âcre, et son odeur si pénétrante, qu'elle irrite les yeux et excite le larmoiement.

Fourcroy et Vauquelin, qui ont analysé l'oignon, le disent composé, 1°. d'une huile blanche, âcre, volatile et odorante ; 2°. de soufre combiné à l'huile, à quoi l'oignon doit son odeur fétide ; 3°. d'une grande quantité de sucre incristallisable ; 4°. de beaucoup de mucilage analogue à la gomme arabique ; 5°. d'une matière végéto-animale analogue au gluten ; 6°. d'acide phosphorique en partie libre, en partie combiné à la chaux ; 7°. d'acide acétique ; 8°. d'une petite quantité de citrate calcaire ; 9°. d'une matière parenchymateuse.

Le suc de l'oignon est regardé comme un puissant diurétique, et l'oignon cuit comme un excellent maturatif.

Lorsqu'on ne peut garder les oignons, on doit les confire dans le vinaigre, quelques personnes en font même confire tous les ans pour manger crus comme les cornichons. C'est un aliment très-sain, que les cultivateurs devraient préparer en abondance pour manger et faire manger le matin à leurs ouvriers pendant les grandes chaleurs de l'été, principalement à l'époque de la moisson. Que de maladies seraient prévenues par ce seul moyen ! (B.)

OIGNON. Médecine vétérinaire. Dans le cheval, l'on appelle ainsi une exubérance de la sole, due à une tumeur de la face inférieure de l'os du pied. Elle est plus commune aux quartiers, et ne se voit ordinairement que dans les pieds plats. Elle reconnaît pour cause des contusions de la sole qui se sont fait sentir jusqu'à l'os; on ne peut y remédier que par une bonne ferrure, qui empêche les parties malades de toucher le sol, en distribuant le poids sur toutes celles qui sont saines. Un fer couvert et bombé en proportion de la grosseur de l'oignon est le meilleur moyen d'user l'animal. La conformation du pied des ânes et des mulets rend ces animaux moins sujets à cet accident. (Huz. fils.)

OIGNON DE COULEUVRE. C'est un des noms vulgaires de l'AIL DES VIGNES. (B.)

OISEAUX DE BASSE-COUR. Comme il faut toujours, dans l'éducation des oiseaux de basse-cour, seconder leur instinct autant qu'il est possible, que vraisemblablement c'est pour trop s'en écarter qu'ils produisent peu, que les races s'abâtardissent, deviennent plus susceptibles d'accidens, de maladies ignorées dans l'état sauvage, il convient d'abord d'avoir l'attention de leur procurer un gîte commode et salutaire.

L'instinct qui porte les poules et les pintades à se serrer au poulailler les unes à côté des autres, les dindons à percher en plein air sur des arbres, les canards et les oies à se nicher sous des toits pratiqués exprès dans les lieux bas et humides, les pigeons à occuper le faîte des bâtimens les plus élevés : toutes ces inclinations naturelles sont déjà autant d'indices pour la conduite qu'il est nécessaire de tenir dans tous les endroits où l'on s'occupe de leur éducation.

Le renouvellement d'air dans la demeure des oiseaux domestiques paraît tellement essentiel, que, quand ils ont passé la nuit dans ces endroits serrés, malpropres, et qu'on leur en ouvre la porte, ils se précipitent avec une si grande vivacité, qu'il n'y a absolument que le malaise qu'éprouve l'animal ainsi enfermé, et le besoin qu'il a d'échapper à un péril imminent, qui peuvent le déterminer à se presser ainsi pour en sortir. Il faut donc les soustraire à l'influence de leur propre infection, en donnant plus d'espace à leur logement, en changeant fréquemment leur litière, en blanchissant l'intérieur avec un lait de chaux, en y consumant de temps en temps une botte de paille enflammée pour détruire l'air lourd et méphitique, les insectes et leurs œufs, mais non pas, comme le conseillent quelques auteurs, qui recommandent pour ces objets de brûler des plantes aromatiques et d'évaporer du vivaigre, dont les émanations augmentent plutôt encore l'insalubrité.

Une des causes qui contribuent le plus à faire languir les oiseaux de basse-cour, c'est la mauvaise odeur qu'exhale leur fiente, ils ne résistent pas long-temps à ce foyer d'infection : aussi, pour en éviter les effets, les pigeons, par exemple, ont-ils grand soin de ne nicher que dans les boulins supérieurs. Il est donc essentiel de nettoyer à fond de temps en temps le poulailler et le colombier, en enlevant sans bruit et le plus promptement possible les litières pourries.

En général, les oiseaux aiment la propreté; ils sont soigneux de leur parure. On les voit souvent occupés à se peigner, à polir, à lustrer leurs plumes avec leur bec; ils fuient la demeure quand elle n'est pas entretenue propre. Voici un fait, dans mille autres, qui servira à le prouver.

Lorsque des propriétaires se déterminèrent un jour à habiter leur ferme après une location de neuf années, ils trouvèrent le colombier, qu'ils avaient laissé amplement peuplé d'individus, abandonné, dégarni, malpropre; mais aussitôt qu'ils l'eurent fait blanchir en dedans et au dehors, rétablir les dégradations, nettoyer parfaitement, il repeupla comme par enchantement, au point que quand ils quittèrent de nouveau leur domaine, il s'y trouvait plus de 150 paires de pigeons, auxquels on ne donnait cependant presque aucune nourriture. Il n'avait fallu que trois ans pour opérer ce changement, ainsi que la désertion des colombiers d'une lieue à la ronde.

Ce n'est pas seulement sur la santé des oiseaux de basse-cour que l'influence de la demeure est sensible, leur chair devient plus ferme et plus savoureuse, et ne contracte pas de mauvais goût, comme il arrive à ceux qui couchent dans ces endroits peu aérés, exigus, remplis de fiente et de vermine. Je citerai encore un fait qui m'a été certifié par un observateur digne de foi. Il dînait chez un de ses amis, dans la saison des dindonneaux; on servit sur la table un de ces oiseaux, qui paraissait assez bien nourri; mais à peine fut-il découpé, et le premier morceau dans la bouche, qu'une odeur de fiente de poulailler se fit sentir si vivement qu'il ne fut pas possible de le manger. La cuisinière consultée ne put assigner aucune cause du mauvais goût; mais la fermière appelée en donna sur-le-champ l'explication, en disant qu'il provenait du poulailler malpropre dans lequel on tenait les dindons renfermés, par rapport aux voleurs qui rôdaient de toutes parts, et que cet effet des émanations de leur fiente lui était parfaitement connu depuis très-long-temps.

Mais il ne suffit pas de donner des soins à la demeure des

oiseaux domestiques, il faut encore que les nids dans lesquels ils pondent et couvent, les perches sur lesquelles ils juchent, les auges, les abreuvoirs à leur usage, soient nettoyés, lavés quelquefois à l'eau bouillante mêlée avec un peu de vinaigre, grattés et frottés avec un linge mouillé; renouveler souvent la paille et le foin dont ils sont garnis, sur-tout après l'incubation, sans quoi la fiente ne tarde pas à procurer aux petits de la vermine, qui incommode quelquefois la couveuse au point de les lui faire abandonner : d'ailleurs les pères et les mères tiennent aux nids dans lesquels ils ont déjà élevé leur famille; et j'ose affirmer que, moyennant une très-grande propreté, il est rare que les volailles soient attaquées d'autre maladie que celle de l'incurable vieillesse.

Les oiseaux domestiques qui peuplent une basse-cour bien montée ont pour chefs le coq ordinaire, le coq d'Inde, la pintade, le jars, le canard et le pigeon. Ces oiseaux, dont les variétés sont multipliées à l'infini, existent dans les deux mondes, et demandent peu de frais pour leur entretien quand on sait en proportionner le nombre et l'espèce à l'étendue de l'exploitation, à la nature du sol et des produits qu'on récolte, aux débouchés que l'on a pour s'en défaire avantageusement. Si toutes les localités ne sont pas propres à l'éducation des oiseaux que nous avons soumis à la domesticité, il n'y en a point où l'on ne puisse entretenir des poules : fidèles à la maison qui les a élevées, et non contentes de l'enrichir tous les jours de leurs œufs, elles ne s'en écartent jamais; de sorte qu'en apercevant une poule, le voyageur qui chercherait une habitation est assuré qu'elle est près de lui.

Les canards, quoique très-voraces dans leur premier âge, ne sauraient prospérer que dans les endroits aquatiques; l'humidité est leur élément. En vain l'on s'obtinerait à vouloir en élever dans des lieux secs et arides, leur chair aurait infiniment moins de délicatesse. Il en est de même des oies; elles sympathisent bien avec les canards. Mais comme elles aiment mieux pâturer que barboter, on ne peut, à moins de prairies naturelles, où elles trouvent une grande partie de leur nourriture, en retirer aucun profit.

L'éducation des dindons deviendrait également trop coûteuse, jusqu'au moment de les engraisser, si on n'avait pas dans son voisinage une bruyère, une pelouse et des champs, sur lesquels il serait possible de conduire ces oiseaux après la moisson, pour leur faire consommer les grains avant que la charrue ne les enterre.

Mais quand bien même les citadins réuniraient les conditions énoncées, forcés d'acheter tout ce qu'il faut pour nourrir les oiseaux de ce genre, et resserrés souvent par leur emplacement, ils se tromperaient en croyant trouver du bénéfice à en élever. Il n'en est pas de même à la campagne, où, pour les entretenir, on peut disposer d'une foule de substances qui seraient absolument perdues sans cet emploi. Or, les dépenses que leur entretien peut occasionner sont compensées au-delà par les ressources du moment qu'ils offrent, dans tous les cas imprévus, pourvu toutefois, je ne cesserai de le répéter, que la fermière ne dédaigne pas de s'occuper spécialement de sa basse-cour, et que dans le nombre de ses servantes elle s'applique à en dresser une capable de la seconder et même de la suppléer dans les détails de ce gouvernement, qui demande plus de soin que de travail. On verra, au mot Poulailler, les avantages qu'on peut retirer d'un pareil agent.

Les soins du cultivateur ne doivent pas aller au-delà des oiseaux que nous venons de nommer, dès qu'on a pour but unique de procurer à la ferme des alimens et de l'argent. Les ménageries de luxe et de fantaisie qui consomment du grain sans valoir aucun profit sont dénuées de tout intérêt pour lui; quelle a été l'utilité de plusieurs espèces que nous avons rendues domestiques! Les faisans et les perdrix, par exemple, ont toujours un naturel sauvage, ombrageux et farouche; leur amour violent pour l'indépendance semble les avoir destinés à habiter les plaines et les bois taillis, et par conséquent à être relégués dans les parcs.

A l'égard des paons, quoiqu'ils soient l'ornement des basses-cours, la chair et les œufs, si recherchés par les anciens, ne sont plus aujourd'hui considérés comme des mets très-friands. On ne les nourrit plus que pour contempler les beautés dont ils brillent; mais ils tyrannisent et maltraitent les autres volailles; ils dégradent les combles sur lesquels ils aiment à s'élever; ils dévastent les potagers, les vergers; leur cri est aigu, désagréable et perçant; enfin ils ont une disposition à se rendre maîtres par-tout où ils se trouvent.

La pintade, ou poule de Numidie, qui faisait chez les Romains les délices des meilleures tables, est aujourd'hui assez commune dans plusieurs de nos basses-cours pour espérer que, moyennant les soins de l'éducation, on parviendra à empêcher cet oiseau de crier, à calmer son ardente impétuosité, à adoucir son humeur irascible, et à affaiblir ses dispositions à faire la guerre aux autres volailles. Cette conjecture est d'autant mieux fondée que déjà on a pu, dans quelques endroits, la familiariser au point d'accourir de très-loin à la voix qui l'appelle, et de venir, aux heures du repas, manger jusque sur la table.

L'outarde présenterait un bien plus grand intérêt que la pintade. Quelques tentatives infructueuses, entreprises à dessein de l'apprivoiser, n'ont pas été soutenues assez long-temps pour nous faire perdre l'espérance d'un meilleur succès. Nous ne doutons pas qu'un jour ce grand oiseau, si précieux par la bonté de sa chair et par sa fécondité, ne perde de son caractère sauvage, et ne vive en société avec les autres volailles. Le sénateur *Chaptal*, pendant son ministère, a écrit aux préfets des départemens à travers lesquels les outardes passent deux fois l'année, pour nous en procurer, soit à la faveur des filets, ou en s'emparant de leurs œufs, lesquels, couvés par une de nos poules ordinaires, donneraient des petits plus propres encore à la naturalisation.

Pourquoi la gelinotte ne pourrait-elle pas également être admise dans nos basses-cours? Il a fallu peu d'efforts à un habitant de la Silésie pour en fixer une grande quantité dans ses domaines. Ne bornons jamais nos recherches en ce genre : l'exemple du dindon, transporté de si loin, et qui s'est multiplié parmi nous comme dans sa terre natale, ne devrait-il pas être, pour les voyageurs, un motif puissant de faire à l'Europe de pareils présens?

Le Vaillant, entre autres plusieurs auteurs, dit avoir vu dans les basses-cours des Hollandais, au cap de Bonne-Espérance, plus de vingt espèces de canards et d'oies sauvages qui nous sont inconnues; elles s'y multiplient comme les autres oiseaux domestiques de nos climats. L'oie de la Chine, de Norwége, de Guinée, d'Egypte, de Barbarie, du Canada, de la Frise, les différens canards du cap de Bonne-Espérance, la sarcelle de la Caroline, les hoccos d'Amérique, prospèrent non - seulement sur les marais glacés de la Hollande, mais dans d'autres états du nord de l'Europe, et on en obtient des métis en croisant leurs races.

Produits des oiseaux de basse-cour. Ce n'est pas seulement pour le bénéfice de leur chair, de leur graisse et de leur fiente qu'on se détermine à élever un certain nombre d'oiseaux de basse-cour; leurs œufs et leurs plumes offrent encore un assez bon produit pour fixer l'attention des fermiers placés dans les cantons les plus favorables à ce genre d'éducation, pour augmenter la masse de nos ressources et ajouter au revenu du domaine rural. Il a déjà été question des produits en œufs qu'on ne soumet pas à l'incubation, et de l'engrais qu'on en obtient pour favoriser la végétation de quelques plantes économiques, indiquons maintenant ceux qu'on retire de leurs plumes.

Des plumes et duvets. Leur usage principal est de servir à ombrager le casque des guerriers, à orner la chevelure des femmes, à former ces tresses, ces panaches élégans dont les plus riches ameublemens sont surmontés ; à devenir les interprêtes de nos pensées ; à remplir en un mot ces coussins, ces matelas sur lesquels, fatigués des travaux du jour, nous savourons pendant la nuit les douceurs du sommeil.

Plumes de pintades. Elles sont de trois couleurs, blanches, grises et noires ; les fourreurs les recherchaient autrefois. Ils en faisaient des manchons fort jolis pour les femmes ; mais celles-ci ont renoncé à cette parure d'hiver et préféré nos gros manchons composés de toutes sortes de fourrures : l'usage en est abandonné par l'un et l'autre sexe.

Plumes de dindons. En attendant qu'on parvienne à naturaliser en Europe l'espèce d'autruche de Magellan, qui, habitant les pays froids de l'Amérique méridionale, pourrait p rospérer dans nos climats et fournir les panaches les plus estimés, il serait possible de faire servir à cette destination les parties latérales des cuisses de dindons à robes blanches : nous invitons les cultivateurs qui s'adonnent à l'éducation de cet oiseau, et dont l'opinion est que cette nuance est préférable à celle des dindons noirs, à ne pas dédaigner le profit que procurerait cette nouvelle branche d'industrie nationale.

Plumes et duvet de cygnes. Dans l'espèce sauvage, il y en a dont le plumage est entièrement blanc comme celui des cygnes domestiques ; d'autres, et c'est le plus grand nombre, sont plutôt gris que blancs, et ce gris plus foncé paraît presque brun sur la tête et le dos de l'oiseau. On plume les cygnes domestiques, comme les oies, deux fois l'année ; ils fournissent un duvet recherché par la mollesse, qui en remplit les coussins et les lits. On sait que la même substance, extrêmement fine et plus douce que la soie, forme aussi des houppes à poudrer, qu'on en fait de beaux manchons et des fourrures fort chaudes ; les plumes des ailes sont préférables à celles de l'oie, soit pour écrire, soit comme tuyaux de pinceaux.

Plumes et duvet de canards. Quoiqu'on ne néglige pas, dans quelques cantons, les plumes et le duvet qui recouvrent les gallinacés et même les pigeons, pour garnir les oreillers, les traversins, les matelas et les coussins des meubles, ce sont les palmipèdes qui fournissent la plus grande quantité de ce qu'en consomme l'Europe.

La plume des canards est assez élastique et se vend à un certain prix dans la ci-devant Normandie, où il y a de grandes éducations de cet oiseau.

Plumes et duvet d'oies. Long-temps on a été dans l'opinion que c'était préjudicier directement à la santé des oiseaux que de les plumer ; cependant l'opération, ayant lieu avant la mue, n'est suivie d'aucun accident quand elle s'exécute à propos, avec adresse, et de manière à n'enlever à chaque aile que quatre à cinq plumes et le duvet.

Dès que les oisons ont atteint l'âge de deux mois, on les conduit à plusieurs reprises dans une eau claire; on les expose ensuite sur un lit de paille net, afin qu'ils s'y sèchent; on les plume promptement pour la première fois, et une seconde fois au commencement de l'automne, mais avec modération, à cause des approches du froid, qui pourrait les incommoder.

Une autre précaution qu'on doit toujours avoir, c'est que, quand les oies viennent d'être plumées, il faut empêcher qu'elles n'aillent à l'eau, et se borner à les faire boire pendant un ou deux jours, jusqu'à ce que la peau soit raffermie; on les plume enfin une troisième fois quand, après les avoir engraissées, on les tue : or, cet oiseau, qui a vécu neuf mois environ, peut produire pendant sa vie trois récoltes de plumes.

Le bénéfice qu'on peut en retirer n'est à dédaigner nulle part; elles forment un article important de commerce dans une province de l'Angleterre, et s'y vendent à raison d'une livre 16 sous par an, soit en duvet, soit en plumes à écrire.

Ce serait donc renoncer bien gratuitement au profit assuré et considérable qu'il est possible de retirer d'une éducation nombreuse d'oies, si on négligeait l'avantage d'avoir une, deux ou trois fois par an une récolte de plumes propres à écrire, et de duvet pour garnir les coussins et les lits. On a estimé que ce produit variait selon l'âge, et qu'une oie mère donnait communément sa livre de plume; la jeune en fournit assez constamment une demi-livre.

Les oies réservées pour soutenir la basse-cour, qui sont ce qu'on nomme les *vieilles oies*, peuvent, il est vrai, sans inconvénient, être plumées trois fois l'année, de sept semaines en sept semaines; mais il faut attendre que les oisons aient treize à quatorze semaines pour subir cette dépouille, sur-tout ceux qui sont destinés à être mangés de bonne heure, parce qu'ils maigriraient et perdraient leur qualité.

Il y a une sorte de maturité pour le duvet qu'il est facile de saisir, c'est lorsqu'il commence à tomber de lui-même : si on l'enlève trop tôt il n'est pas de garde, et les vers s'y mettent. Les oies maigres en fournissent davantage que celles qui sont grasses, et il est plus estimé; les fermiers ne devraient jamais permettre qu'on arrachât les plumes des oies quelque temps après qu'elles sont mortes, pour les vendre : elles sentent ordinairement le relent et se pelotonnent. On ne doit mettre dans le commerce que les plumes arrachées sur les oies vivantes ou qui viennent d'être tuées; dans ce dernier cas, il faut se hâter de les en dépouiller, et faire en sorte de terminer l'opération avant que l'oiseau soit entièrement refroidi : la plume possède plus de qualité. On est encore dans l'usage de

31 *

leur tourner les pattes derrière le dos, de manière à tenir les ailes; sans quoi, elles se casseraient, et les oies ne seraient plus de vente.

Plumes à écrire. Les pennes, car c'est ainsi qu'on nomme les plumes des ailes et de la queue des oiseaux, pour les distinguer des plumes proprement dites qui recouvrent leur corps; les pennes sont les plus longues et les plus fortes de toutes les plumes; celles des cygnes, des oies et des corbeaux sont employées de préférence aux usages économiques, et cela suivant les qualités reconnues au tuyau de chacune d'elles.

Manière de hollander les plumes. L'oiseau qui fournit une grande quantité de plumes à écrire est l'oie. Une seule peut en donner dix de différentes qualités; mais il reste toujours à leur surface une matière grasse dont il faut les débarrasser pour les rendre pures, transparentes, luisantes, et propres en un mot à acquérir les qualités qui leur conviennent. Ce sont principalement les Hollandais qui se chargent de cette préparation : de là l'expression *hollander les plumes,* pour désigner l'opération qu'ils leur font subir. Elle consiste à plonger la plume arrachée de l'aile dans l'eau presque bouillante, à l'y laisser ramollir suffisamment, à la comprimer en la tournant sur son axe avec le dos de la lame d'un couteau. Cette espèce de frottement, ainsi que les immersions dans l'eau se renouvellent jusqu'à ce que le cylindre de la plume soit transparent, et que la membrane, ainsi que l'espèce d'enduit gras qui la recouvrent, soient entièrement enlevés. On la plonge une dernière fois pour la rendre parfaitement cylindrique, ce qui s'exécute avec l'index et le pouce : on la fait ensuite sécher à une douce température.

Plumes et duvet pour les coussins. On choisit de préférence pour cet objet le duvet des palmipèdes; on y emploierait encore aussi volontiers celui des oiseaux de proie, s'ils étaient assez nombreux pour permettre une récolte de leur fourrure épaisse et douillette.

Il y a deux espèces de duvets: l'un, qu'on laisse perdre, consiste en barbes légères, molles, effilées, sans liaison, hérissées, qui revêt beaucoup de jeunes oiseaux à leur naissance, et tombe à mesure qu'ils se développent; l'autre, plus adhérent, qu'on recueille avec beaucoup de soin, est cette plume courte à tuyau grêle, à barbes longues, égales, désunies, dont la nature a composé le vêtement chaud des oiseaux de haut vol et de ceux qui sont aquatiques, pour les garantir du froid qu'ils éprouveraient sans son secours, les uns dans les hautes régions de l'atmosphère, les autres par le contact de l'eau. Ce duvet, chez ces derniers, est d'ailleurs recouvert à l'extérieur d'un plumage serré et huilé, qui le préserve entièremeut de l'humidité, et par là lui permet de conserver à ces oiseaux leur chaleur naturelle.

Le duvet des oiseaux de proie étant, comme nous l'avons dit, très-rare, on ne s'occupe guère que des moyens de se procurer celui des palmipèdes, classe d'oiseaux très-nombreuse, et dont trois espèces principales ont été soumises à la condition de la domesticité; savoir, le cygne, l'oie et le canard.

Indépendamment de ces trois duvets, il en existe un autre qui leur est beaucoup supérieur par sa douceur, sa légèreté et son élasticité.

L'*édredon*, par corruption aigledon, est fourni par un cygne qui habite l'Islande, et qu'on appelle *eider*. La Norwege et l'Islande fournissent cette matière; elle s'y vend jusqu'à une pistole la livre lorsqu'elle est bien épluchée et pure.

Mais c'est une règle générale, que le duvet pris sur l'eider mort est d'une qualité inférieure à celui qu'il s'arrache lui-même. Nous avons déjà fait cette observation, et nous ajoutons qu'elle est générale pour les oiseaux.

Il y a en effet une différence énorme entre les plumes arrachées à l'animal vivant, et celles dont on le dépouille quand il est mort à la suite d'une maladie : ces dernières n'ont que fort peu d'élasticité; leurs franges se pelotonnent à la moindre humidité; elles ont encore un autre inconvénient, c'est que, quoique passées au four, les mites les attaquent bien plus promptement, et les réduisent en poussière en très-peu de temps.

Crins et laines. Ce ne sont pas seulement les plumes des oiseaux domestiques qui présentent cette différence, les laines et les crins y sont également assujettis, l'état même de maladie d'un mouton déprécie considérablement la qualité de sa laine. Toutes les toiles faites d'un crin coupé sur un animal mort de maladie n'ont aucune force; aussi les marchands ont-ils grand soin de dire que leur crin est le produit d'un animal vivant. Peut-être une pratique exercée leur enseigne-t-elle à le distinguer autrement que par l'usage. Il n'y a pas même jusqu'à l'ivoire, ou le morfil, qu'on ramasse au hasard dans les contrées qu'habitent les éléphans, qui ne diffère de celui qui résulte d'un éléphant qu'on vient de tuer; celui-ci, très-reconnaissable par le moindre tourneur, est d'un prix bien supérieur, d'un plus beau blanc, bien moins cassant, plus fin, et susceptible de prendre un plus beau poli.

Dessiccation des plumes et duvets. Quelles que soient les espèces d'oiseaux qui en fournissent le plus abondamment, celles dont on fait le plus de cas doivent être recueillies sur l'animal vivant; et il est facile de les reconnaître, en ce que les tuyaux, étant pressés sous les doigts, donnent un suc sanguinolent;

celles qui ont été arrachées après la mort sont sèches, légères et sujettes à être attaquées par les vers et les mites ; mais les plumes et le duvet de la meilleure qualité, recueillis avant la mue et dans la saison qu'il convient, demandent, comme nous l'avons déjà observé, des précautions pour les conserver en bon état ; elles emportent toujours avec elles une matière grasse et lymphatique, qui, en s'altérant, leur communique une odeur extrêmement désagréable. Il faut donc leur faire subir une dessiccation préalable, les exposer au four après que le pain en est retiré ; il convient même de porter cette dessiccation plus loin quand il est question des plumes des oiseaux aquatiques, à cause de leur nature très-huileuse.

Conservation des plumes et duvets. Quand cette dessiccation préalable a été opérée, on transporte les plumes dans un lieu sec et aéré ; on les remue tous les jours : par ce moyen on dessèche la moelle que contiennent intérieurement les tuyaux ; les parties graisseuses et membraneuses de leur surface se dissipent en poussière : alors la plume peut se conserver pendant des siècles. Mais si on néglige ces précautions ; si la plume n'est pas réduite à un état de pur parenchyme, si elle renferme des sucs à moitié desséchés, elle deviendra la proie des insectes : dans ce cas, il faut la blanchir dans une eau de savon, et la laver ensuite à plusieurs eaux ; opération secondaire qui détermine la qualité élastique de la plume et occasionne des déchets.

Dans l'incertitude où l'on est du choix des matières premières employées dans les couchers d'une maison de campagne, il faut les mettre sur une claie supportée par des tréteaux au milieu d'une grande pièce bien aérée, les remuer, les battre de temps à autre avec des houssines, les exposer souvent au grand air, au froid par les beaux jours d'hiver, et au soleil dans le commencement du printemps, pour en écarter cette espèce d'insecte, la TEIGNE (*voyez* ce mot), qui ne propage qu'à l'ombre et dans le repos ; le grand jour et l'agitation sont des moyens infiniment préférables aux plantes aromatiques, proposées dans la vue d'opérer cet effet. *Voyez* TEIGNE.

Le procédé d'épuration consiste à mettre dans trois pintes d'eau bouillante une livre et demie d'alun et autant de crême de tartre, qu'on délaie dans vingt-trois autres pintes d'eau froide, à y laisser tremper pendant quelques jours les plumes ; après quoi, on les lave et on les sèche ; elles ne sont plus alors exposées à l'attaque des insectes.

La pureté des plumes dont on se sert pour faire des matelas et des coussins doit sans doute être regardée comme un premier objet de salubrité. Les émanations animales peuvent, dans une foule de circonstances, préjudicier à la santé ;

mais le danger est bien plus grand encore lorsque la laine se trouve imprégnée de la sueur et des parties excrémentitielles des personnes qui ont éprouvé des maladies putrides et contagieuses. On ne saurait donc trop souvent battre, carder, nettoyer, laver les plumes et blanchir la toile des matalas ; c'est un soin que ne doit jamais oublier de renouveler chaque année une maîtresse de maison attentive. Nous le lui recommandons pour la conservation de sa famille et l'intérêt du ménage, dont le gouvernement lui est entièrement dévolu. (PAR.)

OISONS. On donne ce nom à des tas d'AVOINE composés de deux ou d'un plus grand nombre de JAVELLES, qu'on laisse sur le champ jusqu'à ce qu'on ait eu le temps de les lier. *Voyez* ces mots. (B.)

OISONS. Jeunes OIES.

OLI-D'AULE. Synonyme d'HUILE DE LIN dans le midi de la France. (B.)

OLIVAISON. Epoque de la récolte des olives dans les environs de Narbonne. *Voyez* OLIVIER. (B.)

OLIVIER, *Olea*. Arbre qu'on croit originaire de la Grèce ou de l'Asie mineure (1), qu'on a introduit, depuis un grand nombre de siècles, dans les parties les plus méridionales de la France, et que l'huile qu'on retire de la pulpe de ses fruits, rend l'objet d'une culture de première importance.

C'est à la dyandrie monogynie de Linnæus, et à la famille des jasminées de Jussieu, qu'appartient cet arbre. Il est caractérisé par un tronc à écorce crevassée, des rameaux opposés, très-nombreux, cendrés ; des feuilles opposées, sessiles, lancéolées, très-entières, coriaces, persistantes, d'un vert foncé en dessus, blanchâtres en dessous, des fleurs blanchâtres, odorantes, disposées en petites grappes paniculées dans les aisselles des feuilles supérieures ; chacune de ces fleurs composée d'un calice très-petit à cinq dents, d'une corolle monopétale à quatre divisions ovales, de deux étamines courtes, d'un ovaire supérieur, surmonté d'un style à stigmate obtus. Son fruit est ovale, formé par un noyau très-dur, recouvert par une pulpe huileuse, et renfermant deux amandes, dont une avorte presque toujours. Il fleurit aux environs de Marseille à la fin de mai, et ses fruits sont près de six mois avant d'arriver à leur complète maturité.

L'olivier véritablement sauvage ne peut se trouver en France; mais les botanistes sont convenus d'appeler de ce nom, *oleaster*, ceux qui sont venus de graines, et ont crû sans culture

---

(1) Olivier, membre de l'Institut, l'a trouvé sauvage au sud du Taurus, à 12 ou 15 lieues de la Méditerranée. *Voyez* son *Voyage dans l'Empire Ottoman*, vol. III, pag. 485.

dans les bois, les haies, les fentes de rochers et autres lieux. Ils se reconnaissent à une forme plus pyramidale, plus régulière ; à des rameaux plus piquans à leur extrémité ; à une écorce plus grise et plus lisse ; à des feuilles plus rares, plus petites, plus arrondies, plus vertes ; à des fruits plus petits, plus luisans, plus pointus, moins charnus. Ils offrent un grand nombre de variétés, qui presque toutes produisent souvent plus de fruit que les variétés cultivées, et du fruit dont l'huile est plus légère, plus parfumée, qui se conserve plus long-temps. Ainsi on peut dire que si l'art a fait augmenter la grosseur du fruit, c'est aux dépens de la qualité. *Voyez* la figure d'un de ces oliviers, *Pl.* 26 du vol. 5 du *Nouveau Duhamel.*

Les oliviers sauvages, transportés dans un meilleur sol, soumis à la taille, à des labours réguliers, à des engrais abondans, donnent des fruits plus gros, mais ne perdent pas l'ensemble de leurs caractères. On en tire parti dans quelques pays, en les greffant avec de bonnes variétés; mais en France on les dédaigne.

Comme arbre cultivé depuis un grand nombre de siècles, l'olivier fournit une immense quantité de variétés qui se perpétuent par les rejetons, les marcottes, les boutures et la greffe. On a fait, à différentes époques, sentir la nécessité d'établir une synonymie à leur égard. Magnol, Garidel et Tournefort d'abord, ensuite Gouan, puis, dans ces derniers temps, Bernard et Amoureux, ont fait des tentatives à cet égard, qui doivent leur mériter la reconnaissance des amis de l'agriculture ; mais s'il est jamais possible d'en avoir une complète et parfaite, même seulement pour la France, ce ne sera qu'après avoir rassemblé, dans un même local, toutes les variétés connues, c'est-à-dire les avoir cultivées pendant un certain nombre d'années dans les mêmes circonstances ; car il est prouvé que le sol, l'exposition et l'âge influent sur elles jusqu'à un certain point. J'ai dit s'il est jamais possible, parce qu'il est de fait qu'il se perd et qu'il se produit chaque année des variétés. Déjà la plupart de celles mentionnées par Olivier de Serres ne sont plus connues, et ce n'est qu'avec effort qu'on peut rapporter celles existantes aux phrases descriptives des botanistes moins anciens que lui.

L'importance d'avoir une connaissance exacte des diverses variétés d'oliviers tient à ce que certaines croissent mieux ou plus mal dans telle ou telle sorte de terrain, sont plus ou moins sensibles à la gelée, fleurissent plus tôt ou plus tard, fournissent des fruits plus gros, plus abondans, de meilleure qualité, etc. Tel canton ne cultive que la variété la moins avantageuse, lorsque, quelques lieues plus loin, sans qu'on le sache, se trouve en abondance celle qui convient le mieux à sa position et à son sol. Malgré qu'on ait souvent fait sentir la nécessité d'établir des pépinières publiques en Provence et en Languedoc ; malgré le bon exemple donné par M. Gasquet dans la première de ces provinces, pour multiplier et répandre les meilleures variétés, ces établissemens sont encore à former ; même fort peu de particuliers font le commerce de plants d'olivier chaque propriétaire renouvelant ses arbres avec les produits de sa propre culture : mauvaise méthode sous tous les rapports, car les meilleures variétés sont souvent les plus rares dans certains lieux, quoiqu'elles y soient très-bien connues. Il est d'ailleurs des variétés étrangères, et j'en citerai quelques-unes, dont l'introduction serait d'un intérêt majeur, variétés qu'il est très-difficile d'espérer voir arriver en France si le gouvernement ne s'en mêle.

L'OLIVIER FRANC. C'est l'olivier sauvage perfectionné par la culture ; ses feuilles sont plus larges, ses fruits plus gros : il est avantageux de l'employer de préférence pour recevoir la greffe des bonnes variétés, parce qu'il est plus vigoureux, craint beaucoup moins les gelées et les effets des sécheresses.

L'OLIVIÈRE ou *livière*, ou *galliningue*, ou *laurine*, *Olea angulosa*, Gouan, a les feuilles longues, peu nombreuses ; les fruits gros, rougeâtres, tiquetés, portés sur un long pédoncule ; sa chair est molle, fournit une huile peu délicate et surchargée de mucilage. Elle craint moins les gelées que la plupart des autres variétés, devient grosse et aime un sol substantiel. On la cultive fréquemment autour de Narbonne, de Beziers et de Montpellier. Ses fruits se confisent.

L'AMANDIER ou *amellingue*, ou *amelou*, ou *plant d'Aix*, a les feuilles larges, les fruits noirâtres, tiquetés, renflés d'un côté, portés sur un court pédoncule. Son noyau est petit. Il charge beaucoup. Un sol caillouteux est celui qui lui convient le mieux. On le cultive abondamment à Gignac et à Saint-Chamas. Son fruit fait de très-bonne huile, et se confit préférablement à celui de la plupart des autres. Sa figure se voit *Pl.* 31 du cinquième volume du *Nouveau Duhamel*. Les gelées le frappent souvent.

L'OLIVIER D'ENTRECASTEAUX a les feuilles longues, écartées, peu foncées. Ses fruits sont souvent blancs, toujours les premiers mûrs et donnent une fort bonne huile. Il craint les gelées et demande une taille rigoureuse. *Voyez* sa figure dans le *Nouveau Duhamel*, tom. 5, p. 27.

Le COURNAUD, *corniaud*, *courgnal*, ou *plant de Salon*, ou *plant de la fane*, *olivier de Grasse*, le *cayonne* ou *cayane*, le *rapugnier*, a les feuilles rares, grêles, les fruits petits, arqués, allongés, noirs, portés sur de courts pédoncules. Leur huile est très-fine. On le cultive fréquemment Il s'élève beaucoup, et se fait remarquer par la vigueur de sa végétation, ainsi que par la réclinaison de ses branches vers la terre. On peut compter, presque toutes les années, sur l'abondance de ses produits. Une taille rigoureuse lui est très-favorable. *Voyez* sa figure sous le nom d'olivier-pleureur *Pl.* 29 du tom. 5 du *Nouveau Duhamel.*

Autour de la ville du Saint-Esprit, on distingue le *cournaud* du *courniaud* ; et en effet les arbres qui portent ce nom offrent quelques différences : le premier y est regardé comme le plus productif de tous les oliviers.

La cayane de Marseille, ou *aglandou,* a été confondue avec la précédente variété, quoiqu'elle s'en distingue fort bien par ses fruits plus gros et plus arrondis : c'est la plus multipliée aux environs de Marseille et d'Aix. Ses rameaux supérieurs sont droits, et ses inférieurs réclinés. Ses feuilles sont étroites, blanchâtres et couchées. Ses fruits deviennent blancs avant de se colorer ; ils donnent des récoltes alternatives et une huile fine. Ils concourent pour beaucoup à la production de l'*huile d'Aix*, si estimée ; mais il lui faut un terrain léger, et elle craint infiniment les gelées, à raison de la précocité de sa végétation.

Latour d'Aigues, dans une notice insérée dans la Feuille du cultivateur, du 21 frimaire an 2, indique l'aglandau ou la litiane comme la plus propre à supporter les gelées de l'hiver. L'huile qu'elle fournit n'est pas très-fine ; mais sa quantité dédommage de sa qualité. Il est probable que c'est une variété différente de la précédente.

Le cayon, ou *naries,* ou *plant étranger de Cuers*, est un arbre moyen, à rameaux droits et allongés, à feuilles étroites, à fruit petit, arrondi et peu coloré. Il fleurit et amène plus tôt ses fruits à maturité. Ses récoltes sont biennes, et l'huile qui en provient est des meilleures. Il exige une taille fréquente. Tous terrains lui conviennent, sur-tout ceux qui sont secs ; mais il craint les gelées, à raison de la précocité de ses pousses. On le multiplie beaucoup autour de Draguignan, de Toulon, d'Hyères, etc. La *blanquette* de Tarascon lui ressemble.

L'ampoulleau, ou *barralenque*, a le fruit presque sphérique et donne une huile très-fine. On le confond avec plusieurs autres variétés, de sorte que sa synonymie est fort difficile à débrouiller. Cet arbre est très-multiplié en Languedoc et en Provence.

Le rouget, ou *marvailletto*, a les rameaux droits et longs; les feuilles grandes et d'un vert foncé ; les fruits de grosseur moyenne, allongés, mais arrondis aux extrémités. C'est peut-être la même variété que la précédente. L'huile qu'elle donne est des plus fines. On la cultive beaucoup à Aix, Marseille et cantons voisins.

La PICHOLINE, ou *saurine*. Ce nom se donne à quatre sous-variétés.

La première se cultive à Saint-Chamas, où est établie la famille de M. Picholini, qui lui a donné son nom, et à Istrès, d'où son autre dénomination de *plant d'Istrès*. Sa feuille est grande et pointue ; son fruit est allongé, d'un noir rougeâtre lorsqu'il est mûr ; son noyau est sillonné : elle est presque généralement confite en vert, d'après les procédés de M. Picholini, et devient l'objet d'un commerce de grande importance. De toutes les variétés qu'on confit de même, c'est la plus délicate au goût, mais aussi celle qui se conserve le moins. L'huile qu'elle fournit est très-bonne. L'arbre aime beaucoup les engrais, et charge considérablement

Cette variété vient fort bien aux expositions froides, et y brave les gelées de 14 degrés ; mais ce n'est qu'immédiatement sur le bord de la mer qu'elle donne des récoltes importantes, et elle périt, comme les autres, à la suite de celle de 8 degrés ; ce qui prouve que moins la végétation de l'olivier est avancée et moins il risque de périr par suite de leurs effets.

La seconde se voit aux environs de Pezenas, où on l'appelle aussi *piquette*. Ses feuilles sont courtes et très-étroites ; son fruit est plus allongé et plus obtus.

Dans le canton de Beziers, on trouve la troisième, dont les feuilles sont très-étroites et très-allongées, dont le fruit est presque rond, un peu pointu à son sommet, et de couleur très-noire ; son noyau est lisse. Elle se rapproche de la petite mourette, vient par-tout, charge considérablement, et donne une huile très-fine.

La quatrième se cultive aux environs de Nîmes et de Lucques. On l'appelle aussi *olivier de Lucques, olivier à fruit odorant*. Son fruit est long, recourbé et odorant. On avait cru qu'elle résistait mieux à la gelée que les autres ; mais, apportée aux environs de Marseille, elle y a succombé.

La VERDALE, ou le *verdau*, a les feuilles longues, élargies dans le milieu ; les fruits ovoïdes, pointus au sommet, obtus à la base, et d'un vert brun dans leur maturité. Son pédoncule est long. Elle est très-commune aux environs du Pont-Saint-Esprit, de Montpellier et de Beziers. Elle charge peu, et son huile n'est pas estimée. Les gelées lui nuisent moins qu'à d'autres. Il n'en est presque point péri de pieds, en 1820, aux environs de Montpellier. C'est pour son fruit qu'on confit, qu'on la cultive principalement.

Le MOUREAU, ou la *mourette*, ou la *mourescale*, ou la *ny-*

grette, a les feuilles nombreuses, larges, épaisses, pointues; les fruits ovales, courts et noirs, tombant souvent avant leur maturité; ils sont portés sur un très-court pédoncule, et leur noyau est très-petit, presque sans sillon; ils mûrissent en deux temps; leur première récolte est très-précoce : c'est la variété que l'on cultive le plus généralement et qui donne la meilleure huile. Comme elle pousse beaucoup de rameaux et donne beaucoup d'ombre, il faut l'espacer plus que les autres. Elle craint le froid, le vent, et demande par conséquent à être bien abritée; cependant elle passe pour les braver le mieux dans quelques lieux.

On connaît plusieurs sous-variétés de celle-ci. Celle qu'on appelle la morelette ou la more au Pont - Saint - Esprit a le fruit encore plus noir et petit. Elle donne beaucoup plus de fruit, mais peu d'huile, parce que ses noyaux sont très-gros; celle qu'on connaît aux environs de Montpellier sous le nom d'*amande de Castres*, du village de Castries, où on la cultive beaucoup, a les feuilles moins longues et moins larges, et le fruit plus gros, elle donne également peu d'huile par la même cause.

Le REDOUAN DE COTIGNAC est le plus petit des oliviers; ses rameaux sont courts et peu cassans; ses feuilles grandes et fort rapprochées; ses fruits peu nombreux, gros, arrondis, noirâtres et disposés en grappes, comme dans le bouteillan. Ces derniers sont très-bons confits, et donnent une huile fine; mais ils sont souvent attaqués par le ver, et sujets à tomber avant leur complète maturité.

Cette importante variété, qui se distingue fort bien de la suivante, exige un terrain gras et humide, des engrais abondans et une taille peu sévère. On la cultive à Cotignac et dans les environs.

Le BOUTEILLAN, ou *boutiniane*, ou la *ribiène*, ou *ribiès*, ou la *rapugette*, a les fruits rassemblés en bouquets, c'est-à-dire réunis sur le même pédoncule. Cette disposition des fruits est si remarquable, que quelques botanistes l'ont regardé comme une espèce particulière. L'huile qu'ils fournissent est bonne, mais fait beaucoup de dépôt. Cette variété vient dans toutes sortes de terrains et craint peu le froid; elle ne charge pas souvent, mais quand elle le fait c'est à outrance. On doit la ménager à la taille, parce que ses rameaux sont courts. Cette variété ne doit pas être confondue avec le véritable *ribiès*, mentionné plus bas; ni avec le *cournau*, mentionné plus haut.

Le BOUTEILLAN, ou *plant d'Aups*, a les feuilles grandes, d'un vert foncé; des pousses longues et réclinées. Il ne grossit ni ne s'élève beaucoup, mais il a l'avantage de donner annuellement des fruits distingués par leur grosseur. On le cultive à Aups. Quoique portant le même nom que le précédent, il s'en distingue beaucoup.

La BECU a le fruit de deux sortes : les uns gros, ovales, peu pourvus de chair, terminés par une pointe recourbée; les autres petits, ronds, presque dépourvus de noyaux, comme l'avant-dernière variété. J'en dois la connaissance à M. Gasquet, qui en cultive près de Draguignan. Elle est figurée *Pl.* 31 du 5°. vol. du *Nouveau Duhamel*, sous le nom d'*olivier à bec*. Ses récoltes sont constamment abondantes, et fournissent de l'excellente huile. Les terrains médiocres lui suffisent, pourvu qu'il soit fréquemment taillé. Plusieurs autres variétés d'olivier donnent souvent, principalement à leur pousse d'automne, des fruits avortés sans noyau, entre autres le cournaud et le bouteillan.

L'*oliva sanctana* des environs de Naples, que j'ai décrit dans le *Nouveau dictionnaire d'histoire naturelle*, est une variété qui jouit plus complétement de la faculté d'avorter.

L'OGNIMÈSE, ou PROLIFÈRE, du même pays, a les fruits petits, ovales, noirâtres, qui donnent une huile délicieuse. Elle fleurit depuis le mois d'avril jusqu'au mois de septembre, de sorte que l'arbre est presque toute l'année chargé ou de fleurs ou de fruits, qu'on en obtient cinq récoltes par an. On la trouve dans le même village que la précédente. Il paraît que les anciens l'ont connue.

Il serait bien à désirer que ces deux remarquables variétés fussent apportées en France, et plus propagées qu'elles ne paraissent l'être.

La SAYERNE, ou *sagerne*, ou *salierne*, a les feuilles petites, obovales et pointues des deux côtés; ses fruits sont aussi ovoïdes, d'un violet noir, et couverts d'une poussière farineuse. Ils fournissent une huile des plus fines. L'arbre ne devient jamais bien gros, craint le froid et aime les terrains caillouteux. Le fruit tombe facilement; son noyau est petit.

La MARBRÉE, ou *tiquetée*, ou *pigale*, ou *pigau*, a les feuilles larges et courtes; les fruits presque ronds, d'un violet foncé ponctué de blanc. On en distingue deux sous-variétés plus petites dans toutes leurs parties, dont la plus petite se cultive à Nîmes et se confond avec les *mourettes* en Provence.

Le PALMA a le bois très-dur; les feuilles très-blanches en dessous; le fruit oblong, légèrement recourbé et pointu, devenant noirâtre à sa maturité, et tombant souvent avant cette époque. L'huile qu'il donne est très-douce, mais peu abondante.

Cette variété, qui se rapproche de l'*espagnole*, et qu'on cultive beaucoup en Roussillon, ne redoute pas les gelées de 10 degrés. Elle est la plus robuste de toutes.

L'ESPAGNOLE, *plant de Figuières*, est la variété à plus gros fruit qu'on cultive en France, mais n'approche cependant pas de celle du Chili, qui est de la grosseur d'un petit œuf de poule, ni de celle de la Palestine, qui approche de celle d'un gros œuf de pigeon : ce fruit est taché de blanc. Ses rameaux sont droits, ses feuilles courtes et ses fruits ovoïdes. L'huile qu'ils fournissent est amère, aussi ne les emploie-t-on qu'à confire. On la cultive peu en France, mais elle est très-commune en Espagne ; celle qu'on nomme *coiasse* à Nîmes, ne semble pas s'en éloigner beaucoup. L'arbre acquiert un volume proportionné. *Voyez sa fig. Pl.* 32 du 5 vol. du *Nouveau Duhamel*.

Le PRUNEAU DE COTIGNAC se rapproche du précédent par la grosseur de ses fruits ; mais ses rameaux sont en partie réclinés. Il se rapproche du plant de Grasse, mais ses rameaux sont plus courts et moins nombreux. L'arbre est de moyenne grandeur et devrait être multiplié dans les bons fonds, à cause de la grosseur du fruit, dont le noyau se détache aisément. On le cultive à Cotignac et dans ses environs.

La ROYALE, ou la *triparde*, a les feuilles petites et allongées, et son fruit semblable à celui de la précédente, quoique moins gros. Il est charnu et pulpeux, mais donne une huile de médiocre qualité, et très-chargée de mucilage.

La POINTUE, ou *punchude*, a les feuilles très-étroites et très-allongées, les fruits également très-allongés et pointus, d'un vert noirâtre : son noyau est très-gros. Elle donne une huile fine, mais qui dépose beaucoup.

La ROUGETTE a les feuilles semblables à celles de la précédente ; mais le fruit est d'une couleur rouge qui approche de celle de la jujube à sa plus grande maturité ; son noyau est plus petit, ce qui fait qu'elle donne plus d'huile. On la cultive principalement au Pont-Saint-Esprit. Elle donne une récolte chaque année.

La ROUGETTE BATARDE se rapproche encore des deux précédentes, mais sa feuille est plus large. Elle n'est pas délicate sur le choix du terrain et charge beaucoup. Son huile est bonne et d'une belle couleur dorée.

La BLANCANE, ou la *vierge*, a les feuilles courtes, larges ; les rameaux grêles et pendans ; les fruits très-petits, ovales, tronqués, couleur de cire blanche jusqu'au moment de leur maturité, qui est très-tardive. Leur noyau est très-gros. Cette variété est plus curieuse qu'utile ; car elle charge peu, et l'huile qu'elle fournit est fade et peu abondante ; aussi est-elle rare par-tout, excepté aux environs de Nice. Elle ne doit pas être confondue avec le caillet blanc.

L'ARABAN a les rameaux écartés et légèrement réclinés ; les feuilles grandes et rares ; les fruits assez gros, ronds et noirs.

Il ne se voit qu'à Vence. Ses récoltes sont alternes, mais abondantes ; son huile est grasse et forme beaucoup de dépôt.

La CAILLOUNE a les rameaux nombreux, les feuilles rapprochées, courtes et larges ; les fruits ronds, petits et âcres. Ses récoltes sont alternes et son huile fine : on ne la cultive qu'à Vence.

Le RIBIÈS, ou *callas*, ou *blau*, a les rameaux courts et droits ; le fruit moyen, presque rond et noir ; ses fleurs sont tardives et sujettes à couler ; son huile est de médiocre qualité : on le cultive beaucoup à Callas, Grasse, Draguignan et autres lieux circonvoisins ; il aime les hauteurs, exige des engrais et une taille fréquente. Avec ces soins, il est fort productif, quoique ses récoltes soient alternes. Il est figuré *Pl.* 29 du cinquième volume du *Nouveau Duhamel.*

On trouve dans les mêmes cantons le *petit ribiès*, qui n'en diffère que par la petitesse de son fruit.

Il ne faut pas confondre cette variété avec le bouteillan, qui porte aussi le nom de ribiès en Provence.

Le CAILLET ROUGE, ou *olivier de figanière*, ne s'élève jamais beaucoup, a les feuilles d'un vert foncé ; les fruits gros, longs, rouges seulement d'un côté lorsqu'ils sont mûrs. Ces fruits donnent une huile agréable et abondante, mais ils pourrissent facilement ; il croît mieux dans les terrains bas et donne du fruit tous les ans : on l'a multiplié autour de Draguignan. Il est figuré *Pl.* 30 du cinquième volume du *Nouveau Duhamel.*

Le CAILLET ROUX se voit aussi fréquemment dans les mêmes endroits. Il ressemble au précédent par son port ; mais il en diffère par son fruit moins charnu, moins abondant en huile, et par ses récoltes plus incertaines : il lui est donc inférieur à tous les égards. Il est figuré *Pl.* 27 du cinquième volume du *Nouveau Duhamel.*

Le CAILLET BLANC ne s'élève pas beaucoup ; ses rameaux sont très-nombreux ; ses feuilles grandes et plus blanches qu'à l'ordinaire ; ses fruits gros et charnus, peu colorés, quelquefois même blancs quoique mûrs. Il pousse beaucoup de gourmands et demande à être rigoureusement taillé : ses récoltes sont annuelles et abondantes ; il ne doit pas être confondu avec la blancane, qui a aussi le fruit presque blanc. On le cultive aux environs de Draguignan.

Le RAYMET a les feuilles larges, peu nombreuses et blanchâtres ; les rameaux longs et réclinés ; les fruits allongés, rougeâtres, de grosseur moyenne et donnant abondamment de l'huile fine : ses récoltes sont alternatives et régulières : il réussit mieux dans les terrains bas.

Le PARDIGUIÈRE DE COTIGNAC est un arbre moyen, à tête arrondie, à rameaux horizontaux, peu cassans et très-nombreux ; ses feuilles sont étroites, d'un vert foncé peu luisant ; les fruits moyens et obtus : il mérite d'être plus multiplié, car il produit du fruit en abondance et son huile est des plus fines. Il demande une taille sévère ; on le cultive à Cotignac et dans les environs.

Le VERMILLAOU ou VERMILLAU a les feuilles étroites, d'un verd pâle ; les fruits moyens, oblongs, jaunes et rouges avant leur maturité ; son huile est excellente : on le cultive principalement auprès du pont du Gard, où il résiste fort bien aux gelées.

L'OLIVIER A FRUITS NOIRS ET DOUX a les feuilles grandes, nombreuses, le fruit au-dessus de la grosseur moyenne et assez hâtif. Ce fruit n'est point âpre comme celui des autres variétés, et peut par conséquent être mangé sans préparation dès qu'il est mûr : il est abondant en huile. On ne peut se dispenser d'en cultiver au moins quelques pieds dans chaque propriété.

L'OLIVIER A FRUITS BLANCS ET DOUX ne paraît différer du précédent que par la couleur du fruit : il est fort rare.

Quant à l'olivier à feuilles de buis, c'est souvent une altération dont toutes les variétés sont susceptibles lorsqu'elles croissent dans des terrains très-secs et très-pierreux, et que leurs pousses sont constamment broutées par les chèvres et les moutons. C'est souvent aussi une variété venue de semis.

Les trois principales variétés d'olives du territoire d'Athènes sont : les *colymbades*, les *rapha* et les *coronades*; les premières se confisent, de préférence, de toute ancienneté.

On cultive quatre variétés d'oliviers dans l'île de Corfou : les *mirtades*, dont le fruit est gros et la feuille petite ; les *glycoglieydes*, qui donnent des fruits de deux sortes, l'un noir, que l'on mange cuit, l'autre, qui devient jaune en mûrissant ; les *codiglyes* grosses et qu'on sale ; les *yénoglyes* donnent de petites olives verdâtres très-abondantes en huile : c'est la plus cultivée de ces variétés, celle qui fait réellement la richesse de l'île.

Il est de fait que ce n'est pas toujours la grosseur du fruit qui décide du mérite de la variété. Telle grosse olive ne donne pas toujours plus d'huile qu'une petite, et généralement l'huile des grosses olives est moins fine que celle des petites. Le nombre des variétés propres à être mangées est encore plus circonscrit.

La plupart des arbres et des plantes ne peuvent croître au delà de la zone que leur a fixée la nature ; c'est-à-dire qu'ils craignent également et le trop grand chaud et le trop grand froid, et l'olivier, plus que beaucoup d'autres, est assujetti à cette loi. Les auteurs anciens ont dit qu'il ne pouvait subsister

à plus de trente lieues de la mer, et quoique cette assertion
ne soit pas rigoureusement vraie, en ayant vu dans le royaume
de Léon, en Espagne, à plus du double, et Olivier, de l'Institut,
en ayant observé, dans l'Asie mineure et dans la Mésopotamie
à plus du triple de cette distance ; cependant il est certain
qu'on ne le trouve que sur les bords de la Méditerranée, de la
mer Noire et de la mer Caspienne, et que les plants qu'on a
portés au Chili et autres contrées ne sont pas non plus très-
éloignés de la mer.

Des documens authentiques constatent qu'on cultivait autrefois en France l'olivier à un plus grand éloignement de
la mer, par exemple, aux environs de Valence : aujourd'hui
on n'en voit plus même aux environs d'Avignon, et ceux
de la plaine d'Aix sont si souvent maltraités par la gelée, que
beaucoup de propriétaires commencent à les faire arracher
pour les remplacer par les amandiers, dont la récolte est plus
certaine et plus productive ; il en est de même aux environs
de Limoux. Est-ce à la destruction des bois sur les montagnes
qui longent le cours du Rhône ? Est-ce à l'abaissement de ces
montagnes ? Est-ce au refroidissement graduel du globe que
ce fait est dû ? Probablement à ces trois causes ensemble. Je
tiens principalement pour la dernière ; mais j'ai vu des oliviers
séculaires dans la vallée de Gardonenque, bien au-dessus
d'Anduze, c'est-à-dire à une latitude de quelques lieues plus
au nord que la localité de la vallée du Rhône où on en trouve
encore, et j'ai dû reconnaître qu'ils devaient leur conservation
et leur bon état aux montagnes voisines. Cette vallée, fond
d'un ancien lac, ainsi que j'en ai acquis la certitude par l'inspection des lieux, est extrêmement profonde et dans la direction du midi. Une autre preuve de l'influence des abris sur
la réussite des plantations d'olivier, c'est que Baïonne est à
la même latitude que Beziers, Montpellier, Aix, etc., toutes
villes autour desquelles on cultive beaucoup d'oliviers, et que
cependant il n'en vient ni n'en peut venir aucun dans le territoire ; c'est donc aux abris formés par les montagnes des Cévennes, des Alpes et autres qui bordent la Méditerranée, du
levant au couchant, que sont dues les richesses que procure
l'olivier aux habitans de la côte depuis Gênes jusqu'à Perpi-
gnan ; il peut sans doute mieux s'en passer dans les climats
plus chauds, tels que ceux des royaumes de Valence, de Naples,
de Sicile, dans les îles de l'Archipel, la côte d'Afrique, etc. ;
cependant tous les rapports constatent que là ils lui sont au
moins encore utiles, c'est-à-dire que là il prospère mieux lorsqu'il est placé à mi-côte, que lorsqu'il est à la base ou au
sommet des montagnes.

Le froid est presque le seul destructeur de l'olivier ; sans lui il serait immortel : il y a des pieds, dans les pays ci-dessus, qui sont la véritable patrie de cet arbre, dont on n'ose pas citer l'âge, crainte d'être pris pour exagérateur ; on ne voit pas en effet d'autres causes naturelles qui puissent le faire mourir que les fortes gelées ; mais si l'olivier craint le froid, il ne s'accommode pas du grand chaud : on ne le trouve plus, en Afrique, au-delà de l'Atlas, quoiqu'au rapport de Desfontaines il soit très-abondant dans les royaumes de Tunis et d'Alger.

Le froid peut agir en France sur l'olivier à deux époques différentes, époques qui semblent liées l'une à l'autre, mais qui cependant sont le plus souvent distinctes.

La première est dans le fort de l'hiver, lorsque le thermomètre descend à plus de 10 degrés au-dessous de zéro : alors non-seulement les branches, mais encore les troncs périssent et il faut les couper ; ce qui éloigne d'un grand nombre d'années le retour des récoltes.

La seconde a lieu au printemps lorsque les nouveaux bourgeons ont commencé à pousser. Ici, la perte de la récolte n'est à craindre que pour une ou deux années ; cependant, comme ce cas arrive plus fréquemment, ses effets dans certains cantons sont presque les mêmes : c'est cette cause, ainsi que je m'en suis assuré sur les lieux, qui a empêché de réussir les plantations d'oliviers tentées en Caroline, aux environs de Charleston, climat plus chaud qu'aucun canton de France.

Il faut à l'olivier, une chaleur moyenne, mais égale pour qu'il prospère et donne des récoltes régulières ; des abris d'autant plus puissans qu'il se rapproche des pays froids, lui sont donc indispensables : on ne peut trop répéter cette vérité. Au reste, quelque favorable que soit l'exposition, c'est folie de vouloir entreprendre de le cultiver en Europe au-delà du 45e. degré. Je crois que les oliviers que j'ai vus autour du lac de Garda, un demi-degré plus au nord, sont les plus septentrionaux de toute l'Europe, et c'est en faveur de cette circonstance que j'en ai cueilli des échantillons, car ils n'offraient aucun intérêt.

Toute espèce de terre, pourvu qu'elle ne soit pas marécageuse, convient à l'olivier ; cependant comme il donne souvent plus de bois que de fruits dans les terrains fertiles, et que ces terrains sont toujours précieux pour la culture du blé, des prairies, etc., on le plante le plus généralement dans des lieux caillouteux, sablonneux, sur les coteaux les plus arides, pourvu qu'ils soient exposés au midi ou au levant. Là, d'ailleurs, les gelées du printemps sont moins à craindre pour lui que dans les plaines et les vallées humides, et l'huile qu'il fournit est plus délicate.

Il est constaté, par beaucoup de faits, que ces oliviers, plantés au nord, gèlent moins facilement que les autres, mais aussi alors les récoltes sont moins avantageuses, sur-tout quand on s'éloigne des bords de la mer.

Les racines de l'olivier sont naturellement pivotantes ; cependant, comme on le multiplie presque toujours de marcottes, de boutures ou de rejetons, elles deviennent le plus souvent traçantes ; quelquefois même, à raison du peu de profondeur de la bonne terre du lieu où on le plante, elles courent à la surface du sol, et alors, étant blessées par les labours, elles poussent une grande quantité de rejetons qui nuisent à la végétation du tronc, et qu'on doit par conséquent retrancher avec le plus grand soin. La plus petite partie de ces racines, laissée en terre lorsqu'on arrache un pied, suffit pour en reproduire un autre : voilà pourquoi cet arbre est si propre à servir de borne aux propriétés. *Voyez* aux mots CORNOUILLER, CORMIER ou PIED-CORNIER.

Le tronc de l'olivier s'éleverait et s'élève, dans quelques endroits, à plus de 20 pieds ; mais il n'est jamais avantageux, du moins en France, de le laisser acquérir cette hauteur : 1°. parce que le vent a plus de prise sur lui, casse ses branches, fait tomber ses fruits ; 2°. parce que la récolte de ses fruits devient plus difficile ou plus dangereuse ; 3°. parce que ces mêmes fruits, étant très-éloignés de la terre, ne jouissent pas ou ne jouissent que très-peu de l'influence de la chaleur qui en émane, influence telle qu'elle peut accélérer leur maturité d'un mois. Cet effet de la chaleur de la terre est, selon moi, si important à considérer, que je suis persuadé que si, dans la plaine d'Aix, dans celle de Salon et autres lieux sujets, par l'éloignement des abris, aux gelées du printemps, et où j'ai vu les oliviers être arrêtés dans leur croissance, on les tenait en buissons dont les branches seraient inclinées circulairement le plus près possible du sol, ils donneraient des récoltes et plus certaines, et plus hâtives, et plus abondantes : par suite non du nombre, mais de la grosseur des fruits, j'invite les propriétaires éclairés à faire cet essai. Les oliviers sont très-bas à Aix, parce qu'ils y périssent très-souvent par l'effet du froid.

Il est, dit-on, des cantons entiers dans le midi de l'Espagne où on les conduit ainsi en rabattant de loin en loin les plus vieilles tiges.

L'intérieur du tronc de l'olivier est sujet à se pourrir par l'effet de la coupe inconsidérée des branches ou par autres causes tenant à une mauvaise culture, ou, mieux, à une mauvaise taille ; quoique quelquefois entièrement creux, et même à jour, il n'en produit pas moins de bonnes récoltes (1).

____

(1) Les cultivateurs sont presque toujours obligés d'avoir recours à ces grandes amputations, à cause des gelées, qui ont fait périr une partie des

Les fleurs de l'olivier ne sortent pas des rameaux de l'année, mais de ceux de l'année précédente : cette considération est d'une grande importance pour la taille. Il n'est point d'arbre en France dont l'inflorescence soit si lente à se compléter; en effet les grappes, paraissant dans le cours d'avril, l'arbre n'est en pleine fleur que dans le courant de juin, et le fruit n'est mûr qu'au mois de décembre.

Il est rare que l'olivier ne soit pas chargé chaque année de fleurs; mais généralement il ne donne abondamment du fruit que tous les deux ans et s'il survient une pluie ou un vent froid pendant que ses fleurs sont épanouies, il n'y a pas de récolte de fruits, même dans l'année d'abondance. Les brouillards produisent le même effet, sur-tout dans les vallons, le long des rivières (*voyez* COULURE). Pendant l'été, la sécheresse, les grands coups de vent et les insectes, font tomber beaucoup de fruits encore verts, de sorte que, par ces causes réunies, les arbres les plus vigoureux ne donnent souvent pas de récolte pendant plusieurs années de suite : aussi en y ajoutant les considérations prises des effets des gelées, de la mauvaise culture, etc., aucune production, même la vigne, ne donne-t-elle des revenus plus incertains que cet arbre.

Presque toujours, comme je l'ai déjà dit, les propriétaires d'olivettes multiplient leurs arbres avec les rejetons qui poussent naturellement, et souvent plus qu'on ne le voudrait, de leurs racines; le plus souvent ils laissent ces rejetons se fortifier pendant deux ou trois ans avant de les enlever. Quelquesuns emploient aussi la voie des marcottes et des boutures; on ne le sème nulle part. Très-peu de personnes ont des pépinières pour leur usage et celui du public, et cependant ce n'est que lorsqu'il y en aura, lorsqu'on n'y élevera que les meilleures variétés, qu'on y conduira le jeune plant d'après les principes d'une saine théorie, qu'on pourra espérer que la culture de cet arbre en France produira tous les avantages qu'on doit en attendre.

La véritable cause qui empêche, en tous pays, la formation des pépinières marchandes d'oliviers, c'est l'impossibilité d'en vendre les produits avec avantage, vu la longueur du temps

branches des arbres. Quoiqu'une mauvaise taille produise incontestablement un pareil résultat, on peut dire qu'elle en est rarement la cause : du reste, quoique le retranchement des grosses branches soit fatal à presque tous les arbres, l'olivier heureusement en souffre moins que les autres; car les grands froids mettent dans la nécessité de les faire souvent, et les mauvaises coupes, et les plaies qui ne se recouvrent pas (ce qui est trèsfréquent), n'entraînent qu'au bout d'un long temps, et souvent même des siècles, la pourriture dont il est ici question.

(Note de M. de Gasquet, correspondant du Conseil
d'agriculture dans le département du Var.)

et les chances défavorables, les propriétaires aimant mieux acheter à bon marché du mauvais plant levé dans les bois et sur les vieilles souches, que fort cher celui qui a été cultivé dans les pépinières.

Les anciens états du Languedoc et de la Provence ont fait, à différentes époques, des efforts pour déterminer des établissemens de pépinières d'oliviers; mais ces efforts n'ont pas eu de succès. Je ne conçois pas comment le plant d'olivier étant si cher, il ne se forme pas de pépinières par le seul effet de l'intérêt particulier (1).

---

(1) Il est certain que les anciens états du Languodoc et de la Provence n'avaient jamais pu déterminer d'une manière efficace à l'établissement de pépinières d'oliviers, quoiqu'ils eussent proposé des encouragemens à cet effet.

Il est extrêmement rare de voir un propriétaire former une pépinière, même pour son usage, encore moins pour en vendre les plants : cela prouve que la culture de l'olivier a besoin d'un stimulant, et il n'y a que les mesures sages et paternelles du gouvernement qui puissent le procurer. Les différentes mortalités qui attaquent si fréquemment l'olivier obligent à des recepages entre deux terres, seul moyen de remettre un arbre lorsqu'il a souffert fortement : cette opération donne naissance à de nouveaux rejetons, qui poussent avec une grande vigueur lorsqu'ils sont secondés par des labours, des engrais et une douce température. Pendant quelques années, cette souche peut nourrir quatre, cinq et même six rejetons, qui y deviennent de la grosseur d'un manche de bêche. On en laisse alors deux ou trois pour refaire l'ancien arbre, et les autres sont enlevés et servent à de nouvelles plantations. L'olivier sain produit également des rejetons, qui sont dus soit à quelque blessure produite par la bêche, soit à ce que les racines sont trop près de la surface de la terre, soit à d'autres causes. Souvent on détruit ces rejetons à mesure qu'ils paraissent; mais d'autres fois aussi on laisse croître ceux qui viennent, sur-tout à quelque distance de l'arbre. Cette pratique, toute mauvaise qu'elle est, puisque ces rejetons affament l'arbre en attirant à eux toute la sève, ne laisse pas que de fournir assez de plants; elle est souvent mise en usage par des propriétaires pauvres, qui vendent à vil prix le rejeton qu'ils ont élevé, car la misère reçoit toujours la loi. Le nombre des plants produits par ces divers moyens est donc assez considérable, et il le devient d'autant plus que les mortalités ont été fréquentes ; c'est ce qui arrive depuis trente ans.

D'un autre côté, le nombre des propriétaires qui font des plantations est tous les jours plus restreint, soit à cause de l'idée généralement répandue que les hivers sont maintenant plus rigoureux, soit à cause de l'impôt foncier, qui pèse durement sur l'olivier ; tandis qu'autrefois il était affranchi de la dîme, une des charges les plus fortes auxquelles la propriété fût assujettie. D'après le mode d'impositions en fruits usité autrefois en Provence, l'olivier, si incertain dans ses récoltes, n'était imposé que lorsqu'il les donnait ; tandis qu'aujourd'hui le malheureux propriétaire est obligé de payer au fisc l'impôt d'un revenu imaginaire, puisque cet arbre demeure souvent plusieurs années de suite sans en donner aucun ; l'impôt est donc alors intolérable : ces inconvéniens ont fait ralentir davantage de jour en jour l'établissement des pépinières et des plantations d'oliviers.

La mortalité survenue dans toute la Provence, par la gelée du mois de janvier 1820, n'a pas peu contribué à augmenter la répugnance que

Je vais entrer dans quelques détails sur la multiplication de l'olivier, renvoyant au mot **Pépinière** pour les considérations générales, en supposant qu'on est bien convaincu que la bonne conduite du plant dans sa jeunesse influe sur la vigueur de l'arbre pendant tout le cours de sa vie.

---

les propriétaires montraient déjà à faire des plantations d'oliviers. Ils ont frémi de voir qu'une nuit suffisait pour les priver de leur revenu pendant un grand nombre d'années, et cette catastrophe leur a fait mieux sentir encore la dureté, j'oserai même dire l'injustice de notre loi fiscale, qui continue d'exiger l'impôt établi sur un revenu devenu désormais impossible (*).

Si l'on ajoute encore à ces circonstances la grande multiplication des huiles de graines, et l'introduction maintenant autorisée des huiles d'Espagne, ce qui fait diminuer considérablement le prix de cette denrée, on verra aisément qu'à moins d'un encouragement prompt et puissant, la culture de l'olivier court le risque d'être abandonnée en Provence, et sur-tout dans le Var, où cet arbre a le plus souffert. Le gouvernement remplirait donc un but paternel et politique, en proposant dans le Var une prime annuelle de trois ou quatre mille francs, qui serait répartie également entre les quatre arrondissemens, et partagée entre les deux pépinières les plus nombreuses et les mieux soignées, qui devraient contenir au moins mille plants; il faudrait que cet encouragement fût continué au moins pendant huit ou dix ans. Les propriétaires de ces pépinières seraient alors obligés à fournir les plants, bons à planter, à un très-bas prix qui serait fixé, à ceux qui les demanderaient et seraient porteurs d'un ordre du sous-préfet de l'arrondissement.

Si le découragement n'était point aussi grand qu'il l'est, le conseil-général du département ne manquerait pas de s'adjoindre à des mesures de cette nature; mais l'humeur et l'aversion contre une culture, qui jadis fit prospérer la Provence, sont si prononcées maintenant, que ce conseil a retiré, dans le budget de cette année, les encouragemens qu'il donnait annuellement aux pépinières d'oliviers qui avaient été formées depuis peu à son instigation.

Mais de tous les encouragemens le plus convenable et le plus juste sans doute, serait d'affranchir l'olivier de l'impôt foncier, en n'imposant que le sol qui le porte suivant sa qualité pour produire des grains : cette réclamation, dont le Conseil d'agriculture s'est déjà occupé avec intérêt, et dont S. Exc. le ministre de l'Intérieur a bien voulu parler dans son dernier rapport au roi (1821), donnerait, si elle était écoutée, une impulsion d'enthousiasme à la culture de l'olivier, et l'état regagnerait dans la suite, par l'augmentation de valeur des terrains qu'il faudrait défricher pour ces nouvelles plantations, ce qu'il perdrait momentanément par la diminution de l'impôt.

De toutes les manières de former des plantations d'oliviers, il n'en est

(*) La loi du 2 octobre 1791, et l'arrêté du Gouvernement du 14 mai 1800, ont cependant prévu le cas où la *gelée* ou *autres fléaux* priveraient un contribuable de son revenu, et ont ordonné qu'il lui serait fait *remise* de la totalité ou d'une partie de ses contributions, suivant qu'il aurait perdu tout ou partie seulement de ce revenu : malgré ces lois, faites pour mitiger des clauses trop sévères, deux exercices ont été recouvrés, et le malheureux propriétaire d'oliviers n'a reçu pour soulagement que quelques indemnités si minimes, qu'il n'a pu en éprouver de reconnaissance ; je dirai plus, le bienfait a été blasphémé par le malheureux qui, ayant tout, croyait avoir droit à la justice.

L'olivier jouit de l'avantage de se multiplier par toutes les voies possibles ; la meilleure est celle qu'on pratique le moins, c'est-à-dire le semis des noyaux. On a été jusqu'à croire que cet arbre ne venait pas de semences ; cependant cette ridicule opinion est démentie par l'expérience, renouvelée authentique-

aucune, sans contredit, qui égale celle d'employer des plants élevés préalablement dans des pépinières ; ce n'est que par ce moyen que l'on peut espérer d'avoir des arbres vigoureux et sains, et qu'un bon empâtement de racines met en état de résister à la rudesse de la vie qui leur est destinée dans des collines arides et pierreuses. Cependant comme ce moyen est le moins usité de tous, parce qu'il n'existe pas ordinairement de pépinières, l'olivier, qui est toujours lent dans ses développemens, a la réputation de l'être encore plus qu'il ne le mérite, à cause de la mauvaise qualité des plants arrachés sur les vieilles souches et dépourvus de racines que l'on emploie le plus souvent. Il est certain qu'un bon arbre, sortant d'une pépinière, fera plus de progrès en dix ans qu'un rejeton de même grosseur arraché au pied d'un vieil arbre n'en fera dans vingt ; si l'on ajoute à cela que le rejeton n'a tout au plus des racines que d'un côté, et qu'en le détachant il y adhère souvent du vieux bois, qui peut communiquer au jeune arbre un germe de maladie ; si on remarque que cette circonstance est cause qu'il ne pousse souvent des branches que du côté où sont ces racines, et que le côté opposé se dessèche et laisse apercevoir, dans la jeunesse de l'arbre, les signes d'une précoce caducité, on aura de la peine à concevoir qu'un moyen aussi imparfait ait été jusqu'à présent aussi répandu : il faut pour l'expliquer savoir qu'une infinité de chances menaçant les pépinières d'oliviers, et celui qui les aurait établies n'ayant guère d'espoir de vendre les plants au-dessus de deux francs ou deux francs cinquante centimes, prix que l'acheteur aurait encore de la peine à donner, le cultivateur industrieux préfère former des pépinières d'autres arbres, dont le débit est assuré et la réussite infaillible.

Multiplication des Oliviers par le moyen des semis.

Presque tous les auteurs qui ont traité de l'olivier ont dit que le moyen des semis était le plus mauvais de tous les moyens de le multiplier ; mais ils se sont trompés : ils n'ont fait que répéter ce qu'Hésiode avait dit avant eux, aucun de ces auteurs ne cite d'expériences faites à ce sujet. Depuis une vingtaine d'années, j'ai semé de grandes quantités d'olives et j'ai réussi à en faire lever le plus grand nombre. Le moyen que j'emploie est, après avoir enlevé la pulpe des olives bien mûres, de laver les noyaux dans une forte lessive, qui en détruit et enlève toutes les parties huileuses. Les olives semées avec leur chair ne lèvent qu'en très-petite quantité et souvent pas du tout ; j'ai cru en trouver la cause dans la propriété que l'huile a de conserver les corps et sur-tout le bois : elle empêche la suture du noyau qui en est recouvert, de s'ouvrir, ou de laisser pénétrer l'humidité, qui, en gonflant l'amande, lui ferait briser sa prison. Il arrive bien qu'au bout d'un certain temps, par l'effet d'une lessive naturelle que les alternatives des diverses saisons opèrent dans la terre, l'olive se trouve enfin dépouillée de toute partie huileuse ; mais alors l'amande étant devenue rance, elle n'est plus propre à la germination ; les olives semées avec leur chair sont encore sujettes à être attaquées dans la terre par une infinité d'animaux qui en sont friands.

Le procédé que je viens d'indiquer, quoique bien simple, n'ayant point été employé, il était naturel qu'on conclût de la difficulté que l'on éprouvait à faire lever des olives, que c'était un mauvais moyen de multipli-

ment dans ces dernières années par M. Gasquet, d'ailleurs les oiseaux, dont plusieurs espèces n'aiment que trop les olives, répandant leurs noyaux dans les haies, les halliers et autres terrains incultes, et ces noyaux y produisant de nombreux pieds d'oliviers sauvages.

Le fait est que tout noyau d'une olive parfaitement mûre, mis en terre immédiatement après la récolte, donne ou doit donner (car un grand nombre de causes font manquer cette graine comme toutes les autres), la première ou la seconde année, un jeune pied d'olivier, mais que ce pied ne sera propre à donner des produits qu'au bout de douze ou quinze ans, tandis que celui provenant de rejetons, de marcottes, de boutures, de racines, etc., en donnera dès la cinquième ou sixième année (1); de plus, ce même pied sera peut-être, j'oserais même dire certainement, une variété distincte, soit supérieure, soit inférieure en qualité à celle dont il est sorti.

Ainsi donc on ne multiplie pas les oliviers par graines uniquement, parce qu'il faut les attendre plus long-temps et qu'on est incertain sur leur nature jusqu'à l'époque de leur fructification.

Cependant il est prouvé, par des milliers d'observations, que les arbres provenant de graines sont meilleurs que ceux venus

---

cation; je fus conduit à essayer cette préparation d'après la remarque que je fis que les noyaux d'olives qui étaient portés dans mes bois par les troupeaux, qui les rejettent en ruminant, ou par les petits oiseaux, qui les dépouillent parfaitement de leur chair, germaient facilement dans les buissons.

C'est une erreur de croire que les oliviers de semis ne peuvent donner des fruits qu'au bout de douze ou quinze ans; je puis attester en avoir eu souvent au bout de quatre ans, et le plus grand nombre en produit à six ans lorsqu'ils sont convenablement espacés.

L'olive mise en terre au mois de mars ne lève qu'à la fin d'octobre; ses progrès sont très-lents et très-chanceux pendant le premier hiver, c'est là un très-grand inconvénient; j'ai cherché à y parer en mettant les noyaux à stratifier dans du sable, et en ne les semant qu'au mois de mars suivant; je dois dire que ce moyen ne m'a pas réussi aussi bien que je m'en flattais. Les germes des noyaux d'olive sont extrêmement délicats, et ils paraissent souffrir beaucoup, soit de se trouver à l'air, soit d'être secoués par l'opération.

Les oliviers venus de semis m'avaient donné plusieurs nouvelles variétés intéressantes; mes plants ont péri en 1820 : j'avais espéré qu'ils résisteraient mieux au froid; cependant j'ai plusieurs raisons de croire qu'ils n'auraient peut-être pas succombé si le degré de froid n'avait été aussi fort. (11 degrés R.) (*Note de M. de Gasquet.*)

(1) Un jeune olivier commence, dans un terrain médiocre, à donner quelques fruits à sa cinquième ou sixième année; mais comme ces fruits sont toujours plus gros que ceux qu'il donnera plus tard, ce n'est qu'à douze ou quinze ans qu'on peut être assuré qu'on a obtenu une variété préférable à celles jusque alors cultivées dans le canton : c'est dans ce sens que je parle ici. (*Note de M. Bosc.*)

autrement, ou, en d'autres termes, que les arbres dégénèrent, au moins quant à leur force végétative, lorsqu'on ne les ramène pas de temps en temps à leur essence naturelle par le moyen de la fécondation.

Il est à croire, par suite de quelques observations, que l'huile qui entre dans la composition de la pulpe qui recouvre l'olive, retarde l'action de l'humidité sur l'amande et par conséquent sa germination; c'est pourquoi enlever cette pulpe avant de la mettre en terre lorsqu'on veut multiplier l'olivier par les semis, peut être souvent une utile opération.

Quoique dans la ci-devant Provence on ne sème pas les olives cultivées pour avoir du plant, on sait cependant, pour former des olivettes, aller chercher dans les bois et les halliers celui produit par celles que les oiseaux y ont portées. M. Bernard cite à cette occasion une pratique qui est dans ce cas, et mériterait d'être plus répandue. Les cultivateurs d'Hières et lieux voisins, voulant considérablement augmenter leurs oliviers, et n'ayant pas suffisamment de plant, en ont arraché de très-petit dans les bois, l'ont planté dans leurs vignes, et l'ont greffé la seconde année; ce plant n'a pas d'abord nui à la production du vin, c'est-à-dire que la vigne n'a été détruite que lorsqu'il a commencé à donner des récoltes de quelque importance.

Une ordonnance de Sénat de Gênes a, il y a soixante ans, obligé de greffer tous les oliviers sauvages de la Corse qui en seraient susceptibles, et c'est à cette ordonnance que cette île doit la prospérité agricole de deux ou trois de ses cantons.

Je conseillerai donc, avec M. Gasquet, d'établir des pépinières marchandes d'oliviers, de les entretenir principalement par le semis des olives des meilleures variétés, et de greffer dessus ces mêmes variétés ou autres, sauf à conserver de temps en temps quelques pieds pour chercher de nouvelles variétés. Le propriétaire d'une semblable pépinière, s'il ne cultivait que des oliviers provenant de graines, serait sans doute dans le cas d'attendre trop long-temps la rentrée de ses fonds et les bénéfices sur lesquels il doit compter; mais il ne faut jamais, dans les entreprises de ce genre, se borner à un seul genre de culture, et d'ailleurs une fois la rotation en train, cet inconvénient ne serait plus sensible.

Les boutures de l'olivier réussissent presque toujours de quelque manière qu'on les fasse, et quelque gros que soient les rameaux que l'on y consacre : tout ce que l'on a écrit sur la préférence à accorder à une méthode sur une autre n'a réellement pas d'objet. Fendre le gros bout, et écarter les parties au moyen d'une pierre, est inutile et même nuisible, en ce que cela détermine le commencement d'un chancre; les principes sont de préférer un gourmand de deux ans, et d'enterrer plus ou moins profondément son gros bout, selon que le sol est plus ou moins sec. Lorsqu'on les fait en pépinière, on doit les espacer au moins de 3 pieds ; c'est la fin de l'hiver qu'il faut choisir pour cette opération, quoiqu'elle réussisse assez bien pendant l'interruption de la sève en été.

Il est possible d'attribuer en grande partie la perte des oliviers dans le midi de la France, à l'usage de ne multiplier cet arbre que de boutures, qui affaiblissent son organisation. *Voyez* Bouture.

La multiplication par racines est également des plus faciles : il suffit, lorsque l'on arrache un vieux pied, de réserver les racines secondaires, de les couper en tronçons d'un pied de long, et de les mettre en terre à 4 à 5 pouces de profondeur, un peu inclinés sur leur gros bout : chacun de ces tronçons, que l'on appelle *souquets* en Provence, poussera immanquablement un bourgeon la même année, si le sol n'est pas ou trop sec, ou trop humide.

Les marcottes se font en couchant, pendant l'hiver, en terre des branches de la grosseur du pouce et plus ; elles prennent racine le plus souvent dès la même année, et peuvent être levées l'année suivante pour les planter en pépinière.

En général, il est toujours mieux d'employer le plus jeune bois pour les boutures et les marcottes, et si j'indique des branches de plus de deux ans, c'est pour me conformer à la pratique généralement adoptée.

Par tous ces moyens, excepté le semis, l'on peut se procurer des oliviers en état d'être plantés au bout de six ou sept ans.

Quelques agronomes ont conseillé d'arroser les plants d'oliviers en pépinière pour accélérer leur croissance, je n'approuve pas cette pratique, parce que les arbres ainsi avancés souffrent et même périssent lorsqu'on les transplante dans un terrain sec, qui ne peut pas leur fournir la même quantité de sève.

Les rejetons sont de plusieurs espèces : 1°. ou ils sortent naturellement des racines ; 2°. ou l'on détermine leur production en blessant ou en coupant ces racines ; 3°. ou, après avoir coupé un vieux pied, l'on entoure de terre les nombreux bourgeons qui sortent de ses racines. Les résultats de ces opérations ne diffèrent pas en définitif, sur-tout lorsque l'on cultive en pépinière, pendant quelques années, les pieds qui en proviennent ; l'important est que les plants soient suffisamment enracinés lorsqu'on les lève. Avant de mettre en usage ce moyen de multiplication, il faut s'assurer si le pied sur lequel l'on opère n'a pas été greffé ; car s'il l'avait été, l'on n'obtiendrait qu'un sauvageon.

La pratique des rejetons est la plus expéditive et la plus employée ; mais elle nuit aux plantations, en affaiblissant les arbres qui les composent, comme je l'ai déjà observé plus haut.

Les moyens de reproduction ci-dessus, excepté encore le semis, dispensent de la greffe, puisqu'ils rendent exactement la variété.

Toutes les sortes de greffes réussissent sur cet arbre; cependant il paraît que l'on est dans l'usage de n'employer que celles en écusson sur les jeunes branches, et celles en fente sur les vieilles (1) : elles se font, comme sur tous les autres arbres, quand le sujet est bien en sève, et n'offrent aucune difficulté. *Voyez* au mot GREFFE.

En Provence, l'on enterre toujours la greffe des oliviers, afin qu'il puisse sortir des racines au-dessus, et rendre ainsi l'arbre franc de pied.

Lorsque l'on veut planter des oliviers à demeure, faire, par exemple, une nouvelle olivette, il faut, aussitôt que la récolte du terrain désigné est levée, faire les trous, ou, mieux, les tranchées dans lesquelles on doit les placer; ces trous ou ces tranchées seront plus ou moins grands, selon la grosseur des pieds qu'ils doivent recevoir, et selon la nature de la terre où ils sont faits. Ainsi je ne puis donner leur mesure, je dirai seulement que l'on ne risque jamais de les faire trop grands et trop profonds, et qu'il n'y a que la dépense qui doive arrêter à cet égard, parce que plus il y aura de terre remuée, plus les oliviers prospéreront. *Voyez* DÉFONCEMENT.

La plantation de l'olivier s'exécute en hiver, plus tôt dans les terrains très-secs, et plus tard, c'est-à-dire au premier printemps, dans ceux qui le sont moins. Les soins qu'elle demande ne diffèrent pas de ceux indiqués pour les autres arbres; il faut, autant que possible, la faire suivre d'un copieux arrosement : c'est une grave erreur que de croire qu'il faille, et fortement tasser la terre sur ces racines, et élever le sol autour du tronc. Dans le premier cas, l'on fait périr beaucoup de racines qui se trouvent en situation forcée; dans le second, l'on empêche les eaux pluviales de s'introduire autour de ces racines. *Voyez* PLANTATION.

Cependant il est prudent, comme on le fait aux environs

---

(1) Toutes les espèces de greffes se pratiquent sur l'olivier. Dans le pays que j'habite (à Lorgues), où les oliviers sont très-multipliés, la greffe en couronne est la plus usitée, mon expérience me la fait préférer à la greffe en écusson, sur-tout dans les pépinières. J'aime mieux attendre un an de plus, pour que le sujet prenne plus de force, avant de lui faire subir l'opération, et la greffe en couronne, étant faite alors sur un sujet plus vigoureux, donne une plus belle pousse, qui forme l'arbre. En opérant un an plus tôt, par la greffe en écusson sur un sujet plus faible, on n'obtient qu'un jet médiocre, et l'olivier étant déjà fort sujet, de sa nature, à se bifurquer, il devient plus difficile de lui former une belle tige.   (*Note de M. de Gasquet.*)

de Narbonne, d'élever de la terre autour du jeune plant pendant les trois premiers hivers, pour la répandre sur le sol environnant dès les premiers jours du printemps suivant.

Je remarque ici, en passant, que l'olivier, à raison de sa longue existence, est encore plus sujet aux lois de l'assolement que les autres arbres; qu'ainsi il ne faut en remettre, en principe général, dans un terrain qui en a porté, qu'après une longue suite d'années; qu'ainsi l'on ne doit pas remplacer ceux qui meurent dans une plantation, mais leur substituer des amandiers ou autres arbres de nature différente.

Il est assez commun de transplanter des oliviers très-vieux, soit pour les ôter d'un lieu où ils gênent, soit pour regarnir : cette pratique n'est pas à approuver; mais lorsque des circonstances y déterminent, il faut augmenter la capacité des trous outre mesure, ménager le plus possible les racines, décharger la tête de la plus grande partie de ses branches, et arroser fréquemment pendant la première année.

Généralement, pour peu que le terrain soit propre à la culture, l'on espace beaucoup les pieds d'oliviers, afin d'obtenir des récoltes d'une autre espèce dans l'intervalle de leurs tiges : on ne peut qu'applaudir à cet usage, et parce que l'olivier étant sujet à ne pas donner de produits, l'on ne perd pas tout le revenu de sa propriété, et parce qu'il profite de la culture annuelle qu'exigent les autres récoltes, et parce que plus les arbres sont écartés, et plus ils prennent d'amplitude, plus ils se chargent de fruits et donnent de meilleurs fruits.

Puisque ce sont la sécheresse et le défaut d'engrais qui rendent les oliviers si souvent improductifs lorsqu'ils sont éloignés des lieux habités, il semble qu'il serait avantageux de cultiver, dans leurs intervalles, des prairies artificielles ou des plantes propres à être enterrées en vert, puisque l'on conserverait par ce moyen l'humidité dans le sol, et que l'on y introduirait plus ou moins d'engrais. Je sais qu'on dira que les PRAIRIES ARTIFICIELLES ne prospèrent pas dans les sols arides, que les RÉCOLTES ENTERRÉES coûtent des frais, je renverrai, pour la réponse, aux articles qui les concernent.

La distance moyenne des oliviers doit être fixée dans les bons fonds à 8 toises, et dans les mauvais à 6.

La plantation en quinconce est la meilleure de toutes lorsque l'on consacre un terrain à la culture de l'olivier, celle en allée ou en avenue simple ou double a fréquemment lieu : il est aussi beaucoup d'arbres isolés dans des haies, au milieu des rochers, autour des habitations, etc.; en général, les plantations régulières sont assez rares dans les parties de la France où j'ai vu des olivettes.

Outre les labours qu'exigent les objets que l'on cultive sous

les oliviers, l'on est dans le bon usage de labourer au moins
une fois par an , c'est-à-dire au commencement de l'hiver, le
pied de chaque arbre , soit à la bêche , soit à la pioche. L'expérience de tous les temps et de tous les lieux a prouvé l'importance de cette opération pour une plus grande production
d'olives; elle ne doit être ni trop superficielle, parce qu'elle
ne remplirait pas son objet, ni trop profonde, parce qu'elle
pourrait être nuisible aux racines.

Butter les pieds des oliviers en automne est une excellente
méthode , en ce que, conservant plus long-temps la chaleur à
leurs pieds, elle accélère la maturité des olives, et en ce que ,
retardant leur végétation au printemps, elle les garantit des
effets des gelées.

On a reconnu, depuis des siècles, que trop fumer les oliviers,
d'un côté nuit à la qualité de l'huile, de l'autre diminue l'a-
bondance des récoltes : il en est de même des irrigations; les
cultivateurs prudens doivent donc les ménager.

Le fumier le plus consommé , n'importe de quelle espèce ,
doit être employé de préférence : celui de mouton et de chèvre
est le plus actif, celui de bœuf et de vache le moins bon ; on
peut aussi faire usage, pour le même objet, du marc d'olive,
du marc de raisin et autres engrais , ainsi que des terres de
transport, des marnes , des plâtres et autres amendemens.

La quantité de fumier à mettre au pied de chaque arbre
doit donc être proportionnée et à sa grosseur, et à la nature
du sol où il est planté. Il se répand avant le labour , et s'enterre, par son moyen, non pas en l'accumulant contre le collet
des racines, comme on ne le fait que trop, mais à 2 ou 3
pieds de distance, afin qu'il agisse sur l'extrémité des fibrilles
de ces racines, seule voie par laquelle la nourriture parvient
au tronc. *Voyez* RACINE.

Dans un mémoire sur la fabrication de l'huile, inséré dans
le tome 42 des Annales d'agriculture, M. Maccary fait valoir
les immenses avantages que les cultivateurs de la Ligurie tirent
des chiffons de LAINE , des POILS, des CORNES , des ONGLES
des animaux (*voyez* ces mots), pour fumer le pied des oliviers ;
ils viennent acheter fort bon marché ces diverses matières
dans nos départemens méridionaux, où l'on en ferait un emploi également si utile. Quand donc cesserons-nous d'être la
dupe de notre ignorance ?

Dans beaucoup de pays, l'on abandonne l'olivier à lui-même
après qu'on a labouré son pied ; mais aussi, dans beaucoup
d'autres, on le soumet à une taille plus ou moins fréquente
et plus ou moins rigoureuse. Les principes de cette taille varient souvent d'un village à l'autre, et chacun prétend suivre
les bons.

La première question qu'il faudrait ici résoudre, est celle de savoir si la taille est, non pas nécessaire, puisque j'ai dit plus haut que dans beaucoup de pays on ne l'y soumettait pas, mais utile. Or la pratique de l'agriculture prouve que, par le moyen de la taille, on a de plus beaux fruits : donc la taille ne sert qu'à procurer des olives plus grosses, et ce parce qu'elle fait développer beaucoup de jeune bois. *Voyez* au mot TAILLE.

M. Bernard dit qu'il n'y a pas long-temps que l'on taille les oliviers en Provence, et que cette pratique a infiniment contribué à augmenter les produits de leurs récoltes ; mais il ajoute que les cultivateurs des environs d'Avignon, qui se transportent par-tout pour tailler, rabattent généralement trop les arbres vigoureux, tels que ceux des environs d'Hiéres, de Draguignan, etc., et que ces arbres ainsi traités ne donnent pas autant de fruit que les autres.

Ce fait est dans la nature : je ne le cite en faveur de mon opinion, que parce que beaucoup de personnes repoussent toute théorie qui n'est pas appuyée de l'expérience.

Quelques agriculteurs ont pensé que la taille faisait aussi nouer un plus grand nombre de fruits ; mais c'est ce que l'aspect des oliviers sauvages, toujours plus chargés que les oliviers cultivés, dément annuellement : d'ailleurs il est de fait que plus un arbre, ou une portion d'arbre, pousse de branches vigoureuses, et moins il produit de fruit. D'autres ont soutenu que, sans elle, on obtiendrait de toutes les variétés d'oliviers des récoltes annuelles ; cependant les récoltes de certaines variétés sont biennes dans les pays où on ne taille pas : les récoltes sont biennes sur les chênes et autres arbres forestiers abandonnés à eux-mêmes ; donc la taille ne produit pas cet inconvénient par elle-même, ou si elle le produit, c'est lorsqu'elle est faite sans intelligence.

Dans certains endroits, à Grasse, par exemple, on ne désire pas que les oliviers donnent des récoltes tous les ans ; les arbres qui produisent du fruit tous les ans y sont appelés *désassaisonnés*.

Olivier, de l'Institut, à qui on doit un excellent mémoire sur cet objet, a fort bien prouvé que ce n'est pas à la taille qu'est due l'interruption des récoltes de l'olivier, mais à l'épuisement qu'occasionne en lui une récolte trop abondante : en effet, à Aix, où on cueille les olives en novembre, ce cas est peu sensible, et en Italie, où on les laisse une partie de l'hiver sur l'arbre, il se remarque constamment. Je développerai encore plus d'un motif propre à engager tous les cultivateurs d'oliviers à accélérer la récolte de leurs fruits.

Lorsqu'on rapproche les grosses branches, c'est-à-dire qu'on les coupe près du tronc, qu'il ne reste plus de rameaux, il pousse, la même année, des bourgeons qui donneront des branches la seconde, et du fruit seulement la troisième : ainsi, dans ce cas, la taille rend l'olivier trienne. Dans la taille ordinaire, on laisse les bourgeons, et ils produisent l'année suivante : ainsi par là il devient bienne.

Mais l'art de la taille ne consiste pas à couper toutes les branches sans exception, ou toutes les branches qui ont plus d'un an d'âge : son but doit être uniquement de débarrasser l'arbre, 1°. des branches mortes ; 2°. des branches d'une végétation trop faible ; 3°. d'arrêter les branches d'une végétation trop forte (les gourmands) ; 4°. d'empêcher l'arbre de s'élever et de s'étendre outre mesure ; 5°. de diminuer la trop grande quantité de ses rameaux.

Cet ordre de considération à suivre dans l'opération de la taille n'est point à la portée de ceux qui l'entreprennent le plus ordinairement ; presque par-tout ce sont des hommes sans principes qui s'en chargent, et qui, pourvu qu'ils coupent, croient avoir rempli le but. Un usage très-abusif vient encore dans beaucoup de lieux augmenter les effets de l'ignorance : on abandonne, pour salaire aux tailleurs, les branches qu'ils ont coupées. Il en résulte que si, comme cela arrive souvent, c'est un berger, il coupe toutes les jeunes branches pour avoir du fourrage propre à la nourriture de ses chèvres et de ses moutons, et que, s'il ne l'est pas, il coupe le plus de grosses branches qu'il peut pour en faire du bois de chauffage, et par là augmenter son bénéfice.

Dans quelques endroits, on taille en même temps qu'on récolte les olives ; dans la plupart, on remet cette opération après l'hiver, en mars ou en avril ; puisqu'on peut la faire sans inconvéniens pendant tout le cours de l'hiver, cette dernière époque paraît préférable.

Lorsque les oliviers ont été frappés de la gelée, il faut les tailler ou rapprocher dès la même année, avant le développement de la sève, quoiqu'on ait prétendu dernièrement le contraire ; car, dans ce cas, toute perte de sève les affaiblit encore plus : alors il faut toujours tailler dans le vif.

Beaucoup de cultivateurs du midi de la France, qui ont craint de receper leurs oliviers à la suite de l'hiver de 1820, espérant qu'ils repousseraient de leurs branches, de leur tronc, les ont perdus, l'été suivant, après quelques efforts de sève impuissans.

Il serait bon de toujours recouvrir les plaies, lorsqu'elles sont larges, avec de l'onguent de Saint-Fiacre ; mais comment astreindre les tailleurs d'oliviers à cette utile précaution ?

On a beaucoup disputé pour savoir si on devait tailler tous

les ans, toûs les deux ans, tous les trois ans, ou à des intervalles encore plus longs, et chaque écrivain cite des exemples qui appuient son opinion.

La taille annuelle est certainement, lorsqu'elle est faite dans les bons principes, celle qui convient le mieux, parce qu'elle fatigue moins l'arbre, et n'interrompt pas la production dans les variétés qui donnent du fruit annuellement ; je la conseillerai donc à tous les propriétaires jaloux de leur culture, comme le conseille Olivier, de l'Institut, propriétaire à Draguignan, et qui, par conséquent, joint de grandes connaissances théoriques à de grandes connaissances pratiques. *Voyez* son Mémoire précité.

Les plus ardens partisans de la taille bienne avouent que cette taille fait perdre totalement la récolte d'une année. Ils proposent, pour ne pas enlever aux propriétaires tout leur revenu, de n'y soumettre chaque année que la moitié de leurs arbres ; mais cette moitié les dédommagera-t-elle de la perte de la récolte de l'autre ? Cela, toutes circonstances égales, est plus que douteux pour moi.

Le but de la taille est de déterminer la pousse d'une plus grande quantité de jeune bois : or la vigueur de végétation varie, presque dans chaque pied, à raison de la variété à laquelle il appartient, et de la nature du sol où il se trouve planté : ainsi on ne peut pas raisonnablement donner de règles générales sur l'époque où elle doit être faite. Tant qu'on voit l'arbre donner annuellement de nouveaux rameaux, la taille est presque inutile ; lorsque tel pied commence à pousser faiblement, il faut l'y soumettre plus ou moins rigoureusement selon l'occurrence.

Si donc on se borne, dans les tailles annuelles, aux retranchemens indiqués plus haut, on pourra d'autant plus reculer les tailles uniquement destinées à la production de nouveau bois, tailles qu'on appelle rajeunissement ou rapprochement dans la pratique du jardinage, que les arbres appartiendront à des variétés plus vigoureuses et seront dans un meilleur fond. Alors tous les dix, quinze, vingt, trente ans, on pourra utilement tailler sur les grosses branches, afin d'en former de nouvelles, qu'on conduira ensuite comme auparavant ; dans certains cas, il sera même bon de couper ces grosses branches à quelques pieds du tronc pour renouveler entièrement l'arbre. *Voyez* Rajeunissement.

La pire méthode est celle qu'on suit malheureusement dans quelques cantons du ci-devant Roussillon et autres lieux, c'est-à-dire de couper chaque année une grosse branche près du tronc, afin d'avoir sur le même arbre continuellement, et des rameaux à fruits, et des rameaux propres à en donner l'année suivante. Je dis que cette méthode est la pire, parce qu'il est prouvé, par la théorie et la pratique, qu'il faut toujours tendre à faire distribuer la sève avec égalité dans toutes les parties de l'arbre, et, qu'ici, un côté n'ayant que du vieux bois, et l'autre que du jeune, elle se porte plus fortement dans ce dernier. Si les gourmands, qu'on appelle vulgairement *suceurs*, *teteurs*, *buveurs d'huile*, à raison de leur influence sur le défaut de production du fruit, sont reconnus nuisibles, comment se fait-il qu'on ne leur assimile pas les jeunes pousses de la taille du Roussillon et autres du même genre, qui produisent absolument les mêmes effets?

En enlevant un anneau circulaire à l'écorce d'une branche d'olivier un peu avant sa floraison, on assure la production du fruit; les anciens connaissaient cette pratique : Magnol l'a recommandée à la fin du seizième siècle. On l'assure encore en découvrant les racines de cet arbre, à la même époque, ou en l'affaiblissant de quelque autre manière que ce soit. La courbure des branches produit les mêmes effets; mais ces pratiques ne peuvent être proposées dans des cultures en grand, il faut les réserver pour quelques arbres dont le fruit est plus recherché; d'ailleurs elles fatiguent l'arbre. *Voyez* INCISION ANNULAIRE et COURBURE DES BRANCHES.

La forme qu'on donne à l'olivier varie selon les cantons et doit varier en effet; mais elle est presque par-tout assujettie aux caprices de l'usage. J'ai déjà dit un mot de celle qu'il conviendrait de lui donner dans ceux sujets aux gelées du printemps. Il semble que dans ceux où il n'a rien à craindre à cet égard, on devrait conserver à l'olivier sa forme naturelle, c'est-à-dire la forme ovale régulière : il a été parlé plus haut de la hauteur à laquelle il convient de le laisser s'élever.

Dans le territoire de Monapoli, ville située dans la Pouille, on taille les oliviers en cône évidé, comme ici les abricotiers et les pruniers; ce qui détermine une plus abondante production et une plus prompte maturité de son fruit. *Voyez* BUISSON (ARBRE EN).

La crainte des troupeaux oblige presque par-tout de tenir hors de leur portée les rameaux inférieurs des oliviers; il est cependant prouvé par l'expérience que ceux qui pendent se chargent le plus de fruits.

L'année 1709 rappelle une époque funeste dans l'histoire de l'olivier. Un froid subit et très-intense les fit presque tous périr en France ; heureusement que leurs racines furent épargnées et qu'ils ont produit de nouveaux troncs qui ont réparé le mal : depuis ils ont encore été frappés de la gelée, mais moins généralement et moins fortement, dans les hivers de 1740, 1745, 1748, 1755, 1768, 1820.

TOME X.

Par le seul exposé de ces dates, on peut juger combien les revenus fondés sur les récoltes des oliviers sont précaires.

Les effets du froid sur l'olivier sont,

1°. De faire tomber toutes ses feuilles : cet accident détruit immanquablement tout espoir de récolte pour l'année suivante, puisque ce sont les feuilles qui donnent la nourriture aux fleurs et aux fruits ; mais il n'a pas ordinairement d'autre suite ;

2°. De faire périr leurs branches et même leur tronc : alors les feuilles restent en place ; et, ainsi que je l'ai déjà dit, il n'y a d'autre ressource que de couper les branches jusqu'au tronc, ou le tronc rez terre ;

3°. De faire fendre le bois et l'écorce et de soulever cette dernière. Souvent le mal se rétablit de lui-même ; mais souvent aussi, sur-tout dans le dernier cas, on doit couper jusqu'au vif, comme dans le cas de gelée complète.

L'influence de la variété contre le froid est réelle ; mais elle est très-peu marquée.

En général, plus les oliviers sont dans une exposition froide, dans un terrain sec, plus ils sont épuisés par une récolte abondante, par les cochenilles, les psyles, etc., plus enfin ils sont retardés dans leur végétation, et moins ils sont facilement atteints par les gelées.

Comme les abris contre les vents sont un moyen de diminuer les effets de la gelée, je proposerais des haies épaisses, de grands arbres pour enclore les olivettes. Je voudrais que les pins entrassent pour beaucoup dans la formation de ces haies ; car il est certain qu'ils émanent plus de chaleur ou repoussent mieux le froid que les autres arbres. *Voyez* PIN.

Outre ces causes de dépérissement, l'olivier en a encore plusieurs qui tiennent à sa nature ou qui sont la suite de sa mauvaise culture ; mais on est extrêmement peu avancé sur leur connaissance : la seule qui soit mentionnée dans les auteurs, est celle qui est connue à Draguignan sous le nom de *mouffe*. C'est une espèce de chancre, accompagné d'une grande déperdition de sève, qui se manifeste au-dessous du collet des racines, principalement dans les sols fertiles ; l'arbre devient languissant et périt souvent. On prévient sa perte en découvrant les racines, en enlevant avec une hache toute la partie morte, et en mettant des cendres et de la nouvelle terre autour de la plaie, enfin en déchargeant la tête d'une partie de ses rameaux.

La maladie du BLANQUET, qui enlève successivement des rangs entiers d'oliviers, est due à un champignon filamenteux blanc, parasite des racines de beaucoup d'espèces d'arbres, dont on a fait un genre sous le nom d'ISAIRE. J'en ai parlé à ce mot et à celui de BLANC DES RACINES qu'elle porte dans quelques lieux. Je n'y connais pas d'autre remède que l'isolement des pieds infectés, par des fosses circulaires et profondes, dont la terre sera rejetée contre ces pieds.

Il découle, dans les pays chauds, une résine de l'olivier, que les anciens ont désignée sous le nom d'*éléoméli*. Cette matière est si rare en France que peu de personnes en ont vu. Olivier, de l'Institut, en a trouvé une fois aux environs de Draguignan sur le tronc d'un arbre jeune et vigoureux. Mise sur des charbons ardens, elle répandait une odeur pour le moins aussi suave que celle de l'encens.

On a dit que les racines du chêne et celles de l'amandier étaient plus nuisibles à l'olivier que celles des autres arbres.

Un assez grand nombre d'insectes vivent aux dépens de l'olivier, et quelques-uns s'opposent à ce qu'il fournisse des récoltes. Je ne rangerai pas avec eux le BOSTRICHE TYPOGRAPHE, qui ne vit que sous les écorces des branches mortes, et qui d'ailleurs n'est pas particulier à cet arbre, ni même les BOSTRICHES OLÉIPERDE et DE L'OLIVIER, que Fabricius a décrits dans ma collection, et qui avaient été signalés par Bernard, sous les noms, le premier, de *scarabée de l'olivier*, parce qu'il a les antennes pectinées, et le second, de *vrillette de l'olivier*, parce qu'il a les antennes en masse allongée, ces deux insectes n'attaquant que le bois mourant.

Cependant M. Gasquet, déjà cité, m'a fait voir ces insectes dans des branches d'un an qu'ils rendent cassantes; ce qui prouve qu'ils peuvent aussi vivre dans le bois le plus sain.

Le premier des insectes qui nuisent réellement aux oliviers est la COCHENILLE ADONIDE de Fab., la COCHENILLE DES SERRES de Géoff., que Bernard, qui, le premier, a décrit ses ravages, a figuré *Pl.* 2 de son Mémoire sur l'olivier. En naissant, cet insecte se répand sur les feuilles et les pousses les plus tendres. Sa couleur est alors d'un rouge clair. Il devient ensuite gris. A quatre à cinq mois, il abandonne les feuilles et se fixe sur les rameaux et les jeunes branches, et prend une couleur rouge foncée. Il y en a de tous les âges sur le même arbre. On lui donne le nom de *pou* parmi les cultivateurs; Bernard l'appelle *chermes*. Cet auteur a compté deux mille œufs sous une seule femelle. Sa multiplication est telle, que souvent, en été, le terrain est mouillé par la sève qu'il pompe de l'arbre, et qu'il laisse ensuite sortir par son anus; que dans beaucoup de lieux on a été obligé de couper toutes les branches des oliviers pour s'en débarrasser. En effet, la déperdition de sève qu'il fait éprouver à ces arbres les fait languir, les empêche de porter du fruit, et peut même les conduire à la mort.

On appelle Noir (*voyez* ce mot) la croûte qu'il occasionne en automne sur ces jeunes branches et les feuilles.

Le seul moyen de se débarrasser de cet insecte lorsqu'il est trop multiplié, c'est de l'écraser en frottant les branches qui en sont chargées avec une toile rude ou avec un morceau de bois tranchant, ou de les laver exactement ou avec une lessive caustique, ou avec de l'eau acidulée par de l'acide sulfurique; car on pense bien que la soustraction de ces branches est un remède extrême.

Ces cochenilles sont toujours accompagnées de fourmis qui sucent la sève sucrée qui sort de leur corps. *Voyez* aux mots Cochenille et Fourmi.

Le second insecte dont les cultivateurs d'oliviers aient à redouter la présence est la psylle de l'olivier, *chermes*, Fab. Il a une ligne de longueur; ses ailes sont pointillées de jaune et de noir; sa larve se cache sous une matière visqueuse blanche, qui ressemble à du duvet; elle se place à l'aisselle des feuilles, suce la sève comme la cochenille, et produit à-peu-près les mêmes effets sur l'arbre, sur-tout au moment de la floraison, époque où elle est la plus abondante et où l'arbre a le plus besoin de toute sa vigueur. On regarde le duvet à qui cette larve donne naissance, comme une maladie qu'on appelle le *coton*, et on aime à voir régner le vent du nord-ouest lorsque les oliviers sont en fleur, parce qu'il enlève ce coton, ou, mieux, fait périr ces larves. *Voyez* au mot Psylle.

Les anciens Grecs avaient remarqué que les récoltes des oliviers des bords des routes sont moins sujettes à manquer que les autres; ce qui s'explique fort bien par l'influence de la poussière sur les cochenilles et les psylles, qui ne peuvent supporter cette poussière.

Le troisième insecte très-nuisible aux oliviers, mais cependant moins que les précédens, est la teigne de l'olivier, *tinea oleella*, que Fabricius a décrite dans ma collection et dont l'histoire a encore été publiée par M. Bernard. Cette teigne dépose ses œufs, à la fin de l'hiver, sous les feuilles de l'olivier. Sa larve ou chenille s'introduit dans leur épaisseur, et, en minant le parenchyme pour le manger, détruit l'organisation de la feuille, et l'empêche de remplir les fonctions qui lui sont attribuées, c'est-à-dire de nourrir l'arbre, et sur-tout la grappe de fleurs qui doit sortir de son aisselle. Au printemps, les insectes parfaits provenant de cette première génération, déposent leurs œufs sur les jeunes pousses, et la chenille se fait, dans ces jeunes pousses des galeries qui les empêchent de s'allonger, et occasionnent ensuite ou leur chute, ou la croissance de galles qui absorbent une grande quantité de sève. Lorsque la plupart des jeunes pousses sont ainsi attaquées, l'arbre souffre beaucoup, et il ne peut par conséquent y avoir de production de fruit; enfin la troisième génération dépose ses œufs sur la base du fruit. La petite chenille perce le brou, et par le moyen du trou par où passent les vaisseaux nourriciers, va gagner l'amande du noyau, amande aux dépens de laquelle elle vit jusqu'à sa métamorphose. Les olives ainsi attaquées tombent presque toutes avant leur maturité.

Il est des années et des lieux où cette teigne, ou, mieux, sa larve, cause des dommages inappréciables, et dont les effets se font sentir pendant plusieurs années. Il n'y a d'autres moyens, pour en diminuer le nombre, que d'allumer des feux de paille au moment de la naissance des insectes parfaits, à la chute du jour, au milieu des olivettes, afin de les engager à se brûler. *Voyez* aux mots PYRALE et TEIGNE.

Un insecte noir long d'une ligne, du genre des TRIPS, appelé BARBAN aux environs de Nice, et PUNAISE STAPHYLIN dans quelques écrits, nuit beaucoup aux récoltes de l'olivier. Je la possède dans ma collection. Ce n'est pas en perforant ses branches, comme on le suppose, qu'il se rend dangereux, c'est en soutirant la sève de ses pousses et de ses feuilles comme les PUCERONS, à la famille desquels cet insecte appartient. *Voyez* ce mot.

Outre ces insectes, M. Risso cite (comme faisant beaucoup de tort à l'olivier) le STOMOXE KEIRON et la TIPULE, qui font naître sur l'écorce ces bosses qu'on nomme *rasquetta*. Je n'ai rien à dire sur ces insectes, que je ne connais pas.

Enfin le dernier insecte dont il sera ici question sera la MOUCHE DE L'OLIVIER, *musca oleæ*, que Fabricius a encore décrite dans ma collection, et que Bernard a figurée planche 26 de son Mémoire précité. Elle a les antennes à soie simple; son abdomen est conique, couleur de rouille, latéralement taché de noir. Les femelles déposent un œuf dans chaque olive, en faisant un petit trou avec la pointe de leur abdomen; ce trou se ferme promptement, mais la cicatrice reste visible. La larve qui naît de cet œuf mange la chair de l'olive, en plus ou moins grande partie (environ un cinquième); elle se change en nymphe au bout de quinze à seize jours, et en insecte parfait dans le même espace de temps, lorsque la température de l'atmosphère est douce. Dans les saisons froides, elle reste plus longtemps dans ces deux états. Il paraît qu'il n'y a que deux ou au plus trois générations par an. Les larves se transforment ordinairement dans l'olive même; mais lorsqu'on les a cueillies et mises en tas dans les greniers, la fermentation qui s'établit les force de se sauver et de s'aller transformer en nymphes dans les fentes des murs. Le plancher en est quelquefois couvert.

Cette mouche cause souvent de grands dommages aux récoltes. On a vu des années et des cantons où peu d'olives en étaient exemptes. Le meilleur moyen à opposer à leur multiplication, c'est de cueillir, comme on le fait aux environs d'Aix, les olives au mois de novembre, c'est-à-dire avant l'époque de la transformation de la larve de cette mouche en insecte parfait. On sent en effet que, dans ce cas, elle ne peut pas se reproduire l'année suivante. *Voyez* le Mémoire d'Olivier, de l'Institut, cité ci-dessus.

M. Danthoine a observé une autre espèce de mouche qui attaque aussi les olives, mais que je connais pas. Elle a les antennes à soie simple; le corps noir, luisant, hérissé de poil, les pattes antérieures et les tarses postérieurs blancs.

Les olives, outre les gros et petits oiseaux (les becfigues) et les insectes, ont encore à craindre les grands vents, qui les font tomber, les grandes sécheresses, qui les empêchent de grossir, les premières gelées d'automne, qui leur ôtent toutes leurs qualités. Je ne parle pas des voleurs et des bestiaux, parce qu'il est facile de les écarter.

L'olive, arrivée à maturité, contient quatre espèces d'huile :

1°. Celle de la peau. Elle est renfermée dans des vésicules globuleuses, ou en forme de points distincts; quoique analogue à celle de la chair, elle est plus résineuse, c'est-à-dire contient de l'huile essentielle.

2°. Celle de la chair. Elle est contenue dans des vésicules irrégulières, qui se touchent et ne sont visibles que lorsque l'olive est encore verte. L'intervalle de ces vésicules renferme une eau de végétation, d'abord âpre et acerbe, ensuite amère. Il s'y trouve suspendue une fécule indissoluble à l'eau.

3°. Celle du noyau. Elle est très-peu abondante. C'est plutôt une espèce de mucilage épais, d'une saveur fade, qui rancit promptement, et prend une odeur et un goût exécrables. Il faut noter ici que cette huile n'est pas exactement celle que M. Sieuve a cru retirer des noyaux, et dont la quantité n'allait pas moins qu'à moitié de leur poids, parce qu'il n'en avait pas enlevé la pulpe avec exactitude.

4°. Celle de l'amande. Elle est d'une nature particulière, un peu âcre quoique douce, ne formant pas de dépôt, mais se rancissant promptement. Elle est jaunâtre et limpide. On en retire environ un tiers du poids du noyau.

Il n'y a pas de doute pour ceux qui ont examiné l'influence de ces deux dernières sortes d'huile sur celle de la pulpe, que leur mélange avec elle n'accélère sa rancidité, et n'aggrave son âcreté lorsqu'elle est arrivée à cet état. *Voyez* au mot

Huile, où j'ai rapporté l'expérience de M. Sieuve, expérience convaincante, et sur laquelle je crois qu'on a eu tort de jeter des doutes. On doit en conclure qu'il ne faut pas broyer les noyaux des olives sous le moulin, comme on le fait généralement, sauf à en tirer parti séparément. L'huile qu'on peut obtenir de l'amande peut, d'ailleurs, être employée à plusieurs usages dans les arts analogues à ceux auxquels on consacre celle d'amande douce, de noix, etc.

Enfin les olives sont arrivées à l'époque de leur maturité; il ne s'agit plus que de savoir quand et comment il faut les cueillir.

L'expérience a prouvé que l'huile était formée, dans la pulpe de l'olive, un mois avant le moment où sa peau se colorait; que sa quantité augmentait avec sa maturité, et qu'un mois après cette dernière époque sa qualité s'altérait.

Il résulte de ces faits, 1°. qu'il faut cueillir les olives un peu avant leur maturité complète, lorsqu'on veut avoir de l'huile fine et qui *sente son fruit,* comme on dit vulgairement; 2°. qu'on a un mois pour cueillir toutes celles dont on veut faire de l'huile commune; 3°. encore plus pour celle de la qualité de laquelle on ne s'inquiète pas, comme celle destinée à faire du savon, à préparer les peaux, etc.

Aux environs d'Aix, on cueille les olives plus tôt qu'aux environs d'Antibes, c'est-à-dire en novembre, quoique leur maturité soit plus tardive, parce que là on préfère la qualité à la quantité; mais presque par-tout ailleurs on ne les cueille que long-temps après qu'elles sont devenues noires; cependant alors, on ne remplit pas ce dernier but, comme Olivier, de l'Institut, dans son excellent Mémoire sur les causes alternes des récoltes de l'olivier, l'a prouvé par des expériences positives. En effet, l'olive diminue de grosseur en restant sur l'arbre, et c'est par sacs qu'on mesure ce fruit lorsqu'on le porte au moulin. Un sac doit donc contenir plus d'olives cueillies en février, en mars, que d'olives cueillies en novembre ou décembre. Par conséquent il n'est pas étonnant qu'il donne plus d'huile. Ajoutez à cela les pertes causées par les oiseaux, par les voleurs, etc. Ajoutez encore les considérations citées plus haut des récoltes alternes supprimées, et des insectes destructeurs anéantis. Que de motifs pour accélérer la récolte des olives !

Si on ne veut pas admettre ces excellens principes dans la pratique, il serait au moins à désirer que par-tout on consacrât une petite portion de la récolte pour la fabrication de l'huile de table, afin que les personnes habituées à la finesse et au bon goût de l'huile d'Aix et lieux circonvoisins, pussent se satisfaire, ne pas souffrir autant que moi lorsqu'ils voyageront en Italie et en Espagne, où on ne mange que des huiles âcres et puantes, aussi désagréables au goût que nuisibles à la santé.

L'époque de la maturité des olives dépend du climat, de l'état de l'atmosphère et de la variété. On ne peut donc pas l'indiquer d'une manière absolue. La couleur noire, déjà si souvent mentionnée, l'indique suffisamment à chaque propriétaire dans tous les cas, excepté dans les variétés qui prennent alors une nuance blanchâtre ou rougeâtre.

Dans les climats froids, aux environs d'Aix, par exemple, les olives tombent naturellement à l'époque de leur complète maturité; mais généralement, dans les climats plus doux, il n'y a que celles piquées de vers à qui cela arrive. Les autres se dessèchent sur l'arbre, et si les grands vents ne les jettent par terre, elles y restent deux ans avant d'être expulsées par la force de la végétation; on doit donc les cueillir.

Il est très-important de commencer la récolte des oliviers par celle des variétés dont les fruits sont gros et fondans, parce que ce sont ceux qui s'altèrent le plus promptement.

Dans la plupart des pays à oliviers, on gaule les olives, c'est-à-dire qu'on frappe sur les branches avec de longues perches, et qu'on les fait tomber, par l'effet de la percussion, sur de grandes nappes qu'on a étendues autour de leur tronc. Il résulte de cette méthode que les jeunes branches, celles qui doivent donner du fruit l'année suivante, et quelquefois même de plus grosses, sont cassées, mutilées et par conséquent perdues pour la reproduction. Il en résulte encore que beaucoup d'olives sont écrasées par l'effet du coup, tallées par leur chute sur les branches ou sur la terre, et qu'elles s'altèrent bien plus promptement lorsqu'on tarde à les porter au moulin. Si cette méthode est économique en apparence, elle est presque toujours en réalité très-coûteuse. Autrefois il fallait une permission du magistrat pour la pratiquer, et même pour obtenir cette permission il fallait justifier de l'impossibilité ou du moins du danger de la suivante.

Aux environs d'Aix, pays qu'on ne peut se lasser de présenter comme exemple à tous les autres où on cultive l'olivier, on cueille, à la main, toutes les olives, comme on cueille partout les cerises, les prunes et autres fruits. Cette opération, qu'on fait faire par des femmes et des enfans, est très-rapide et peu coûteuse. Là, il est vrai, les oliviers sont tenus très-bas; mais, dans les cantons où on les laisse monter à leur hauteur naturelle, on peut parvenir au même résultat au moyen des échelles doubles ou même simples.

Dans ces deux cas, avant de commencer la récolte, il faut soigneusement ramasser toutes les olives naturellement tombées et les mettre à part, parce que l'huile qu'elles donnent est toujours très-mauvaise, et qu'elle gâterait celle provenant des olives encore sur l'arbre.

On doit choisir un beau temps pour effectuer la récolte des olives, et ne pas ménager les bras, afin de la terminer en une seule fois, parce que celles cueillies à différentes époques, comme je l'ai déjà observé, donnent des huiles plus ou moins sujettes à rancir. Au reste, lorsqu'on ne veut pas la qualité, on peut attendre jusqu'en avril sans beaucoup d'inconvéniens pour la quantité.

Les olives cueillies sont portées à la maison et amoncelées dans des greniers et dans des hangars jusqu'à ce que leur tour d'être portées au moulin arrive. Là, elles se perfectionnent d'abord en perdant une partie de leur eau de végétation, et en transformant leur mucilage en huile ; ensuite elles fermentent, s'échauffent, rancissent, pourrissent et prennent un détestable goût qu'elles communiquent à l'huile qu'on en retire. De là vient la multiplicité des huiles impropres à toute autre chose qu'aux arts, qui se trouvent dans le commerce. La quantité même de cette huile diminue par la prolongation de cet état : car il n'y en a plus du tout dans les olives qui sont pourries, et beaucoup moins dans celles qui ont subi la fermentation. Cependant le préjugé de beaucoup de lieux est que cet amoncellement des olives en tas pendant des mois entiers est avantageux.

Les lieux où on dépose les olives doivent être les plus secs et les plus aérés possible. Il serait bon de faire les tas petits et de les établir sur des claies un peu élevées, afin que la circulation de l'air fût d'autant plus favorisée, et que l'eau de la végétation pût plus facilement s'écouler.

Les anciens voulaient qu'on pressât les olives le lendemain du jour où elles avaient été cueillies ; mais il est évident, comme je viens de le dire et comme je crois devoir le répéter, qu'on gagne à attendre trois ou quatre jours, lorsqu'on les a disposées convenablement, tant pour donner à l'eau de végétation surabondante le temps de s'évaporer que pour que les portions d'huile encore sous la forme mucilagineuse puissent se perfectionner. *Voy.* aux mots GRAINE HUILEUSE, HUILE, NOYER, AMANDIER, CHANVRE, COLZA, NAVETTE, etc.

On trouvera au mot HUILE la manière de les exprimer, et au mot MOULIN la description des machines les plus avantageuses à employer pour arriver à ce but.

Quoique la fabrication des savons avec les autres huiles et les graisses animales fût connue dans les Gaules avant la conquête des Romains, et que le savon fait avec l'huile d'olive fût un des meilleurs, on n'a employé cette dernière que dans les temps très-modernes, puisque aucun écrivain, même Olivier de Serres, n'en parle.

J'ai dit, dans la description des variétés d'oliviers, qu'il y en avait qui donnaient un fruit doux et qu'on pouvait manger sans préparation aussitôt qu'elles étaient arrivées à l'époque de leur maturité; mais ces variétés sont rares. Généralement, pour pouvoir faire usage des olives comme aliment, il faut détruire l'âcreté et l'amertume dont elles sont presque toutes pourvues. L'expérience a appris que l'eau seule suffisait pour les en dépouiller, mais qu'il fallait long-temps pour qu'elle produisît cet effet sur des fruits entiers.

Lorsqu'on désire rendre des olives promptement mangeables, il faut les cueillir encore vertes, c'est-à-dire en octobre ou en novembre, et les mettre dans de grandes jattes d'eau qu'on renouvelle tous les jours. Au bout de neuf ou dix jours, on cesse de renouveler l'eau et on la sale fortement, quelques jours après on y ajoute des graines de fenouil et du bois rose. Alors on peut en faire usage.

L'emploi de l'eau chaude rend ce procédé bien plus court; mais les olives ne se gardent pas.

Les olives, qu'on destine à être conservées, subissent, avant celles dont il vient d'être fait mention, une autre préparation dont on doit la connaissance à Picholini, d'où vient le nom de *picholines*, sous lequel sont connues celles qu'on met dans le commerce.

Cette préparation consiste à les mettre dans une lessive caustique, c'est-à-dire dans une dissolution de potasse ou de soude, rendue caustique par le moyen de la chaux, et de les y laisser jusqu'à ce que leur chair cesse d'être adhérente au noyau. Si la lessive était aussi caustique que celle des savonniers, elle produirait son effet en peu de minutes; mais les olives deviendraient noires, s'amolliraient et ne tarderaient pas à tomber en pourriture. Il vaut mieux en général que la lessive soit faible et qu'elles y restent plus long-temps. C'est une erreur de croire que dans ce cas l'huile contenue dans les olives est changée en savon, elle est aussi coulante qu'auparavant. La liqueur amère et le tissu fibreux sont seuls modifiés.

Il est des variétés d'olives qui sont préférables pour cette opération, je les ai indiquées dans leur énumération. Toutes doivent être saines, d'une bonne grosseur et encore bien vertes.

Une recherche dans la préparation des olives confites, qui ne date pas de bien loin, est celle qui consiste à les fendre lorsqu'elles sont sorties de leur saumure, à ôter leur noyau, et à mettre en place un petit morceau d'anchois ou une câpre. Ces olives sont ensuite renfermées dans des bouteilles pleines d'huile fine. Ainsi disposées, elles restent agréables tant que l'huile n'est pas altérée, c'est-à-dire deux ou trois ans.

Les olives confites sont plus délicates quelques heures après qu'elles sont sorties de leur saumure, sur-tout après qu'elles ont été légèrement tallées et exposées à la chaleur, qu'elles ont été *pochées*, comme on dit vulgairement, c'est-à-dire portées dans la poche.

A Sarzane, en Toscane, on fait sécher les olives au four et on les mange pendant le carême, après les avoir fait tremper dans l'eau bouillante et les avoir assaisonnées avec du sel et du thym.

La quantité d'huile produite par la même variété d'olive et dans le même terrain, n'est pas la même toutes les années, quoique les olives soient parvenues à la même grosseur. Dans le même climat, on remarque que la même variété donne généralement plus d'huile dans les terrains secs et élevés que dans ceux qui sont humides et bas, de là on peut conclure qu'il est nuisible de planter des oliviers sur le bord des eaux et de les arroser trop immodérément, comme on le fait en Espagne. Il est des variétés qui, quoique plus grosses, donnent moins d'huile, malgré que leurs noyaux soient de même volume. C'est donc au choix des variétés que doit s'attacher principalement celui qui veut spéculer sur les produits de l'olivier.

Il n'y a pas d'huile plus limpide, plus fine et moins sujette à former des dépôts que celle provenant des oliviers sauvages. Ces arbres sont cependant presque tous différens les uns des autres, et leur fruit ne se ressemble qu'en ce qu'il a la chair peu épaisse, et qu'elle se dessèche facilement. On a vu, au mot HUILE, que la matière fibreuse et mucilagineuse de cette chair, les seules parties susceptibles de la fermentation putride, et qui forment ce qu'on appelle le *dépôt* ou la *lie d'huile*, sont ce qui contribue le plus à l'altérer.

En général, plus l'olive est acerbe, et plus l'huile qu'elle fournit est de bonne qualité; plus elle est mûre, et plus elle est grasse et désagréable au goût.

Des dix autres espèces d'oliviers qui sont connues des botanistes, cinq se cultivent dans les orangeries de Paris. La plus intéressante d'entre elles est, à mon avis, l'OLIVIER ODORANT, originaire de la Chine, dont les fleurs sont très-petites, blanches, réunies en bouquets, mais d'une odeur des plus agréables. Les Chinois parfument le thé avec elles. Il n'y a pas de doute pour moi qui ai cultivé cet arbuste, en pleine terre, en Caroline, qu'il pourra l'être de même dans tous les pays où croît l'olivier dont il vient d'être question. (B.)

OMBELLE. Disposition de fleurs portées sur des pédoncules, qui tous convergent au même point et sont égaux en hauteur, quoique inégaux en longueur.

Il y a des ombelles simples et des ombelles doubles.

C'est principalement dans la famille qui porte leur nom que se trouvent les plantes à ombelles. *Voyez* l'article suivant.

OMBELLIFÈRE. Famille de plantes bien caractérisées par un petit calice à cinq dents, une corolle de cinq pétales, cinq étamines, un ovaire inférieur surmonté de deux styles persistans, un fruit composé de deux semences appliquées l'une contre l'autre.

Les plantes de cette famille ont la tige droite, striée, rameuse ; les feuilles alternes, le plus généralement composées, portées sur des pétioles membraneux et engaînans à leur base ; les fleurs petites et disposées en ombelles simples ou doubles, et accompagnées fréquemment d'involucres.

L'agriculture tire un grand parti de quelques ombellifères, dont on mange ou les racines, ou les tiges, ou les feuilles, ou les graines, dont on fait un fréquent usage en médecine et dans l'art du parfumeur, beaucoup étant agréablement odorantes ; quelques-unes sont des poisons.

Il résulte des expériences de Parmentier et Desyeux, ainsi que des observations des bergers des Alpes, que les ombellifères augmentent, et la sécrétion du lait des vaches, et sa partie sucrée ; on devrait, d'après cela, semer des plantes de cette famille dans les pâturages et cultiver en plus grande quantité les Panais ainsi que les Carottes. *Voyez* ces mots.

Les genres des ombellifères où se trouvent les espèces qu'il est le plus important aux cultivateurs de connaître sont, comme plantes utiles, le Panais, la Carotte, le Carvi, le Persil, le Cerfeuil, le Fenouil, le Seseli, la Coriandre, le Cumin, l'Angélique, la Baccille, le Suron, la Sanicle, la Buplèvre, le Panicaut ; comme plantes nuisibles, le Phellandre, l'OEnanthe, la Cigue et la Cicutaire. *Voyez* ces mots. (B.)

OMBRE. Interception des rayons du Soleil par un Nuage, une Montagne, un Mur, un Arbre, etc., etc., pour une localité, une plante, etc. *Voyez* ces mots et Lumière.

Comme étant une simple diminution de la lumière, l'ombre varie sans fin en intensité, jusqu'à ce qu'arrivée au dernier degré, elle prenne le nom d'Obscurité. *Voyez* ce mot.

L'influence de la lumière est si puissante sur les végétaux, que, quoiqu'ils en soient privés pendant la moitié ou au moins le tiers de leur vie, à raison des alternatives du Jour et de la Nuit, ils s'Étiolent, et finissent par mourir lorsqu'on les met dans l'impossiblité d'en jouir par leur transport et leur séjour dans un lieu où elle ne pénètre pas. *Voyez* ces mots.

Une diminution de lumière long-temps prolongée et, encore plus, habituelle, doit produire sur les plantes une partie plus ou moins grande des effets de l'obscurité ; aussi celles qui se trouvent dans ce cas, sont-elles moins colorées, moins odorantes, moins savoureuses, plus aqueuses, plus allongées relativement à leur grosseur, dans toutes leurs parties ; aussi leurs fleurs sont-elles moins nombreuses, avortent-elles plus souvent, et leurs fruits sont-ils plus petits et plus tardifs.

Ces résultats, qui sont chaque jour des milliers, même des millions de fois sous les yeux des cultivateurs, dont ils sont si souvent les victimes, devraient les engager à ne point faire des semis ou des plantations à l'ombre des arbres, à ne point semer trop dru ou planter trop rapproché, à ne point mélanger de petites et de grandes plantes, des plantes d'une végétation hâtive et d'une végétation tardive, dans le même semis ou dans la même plantation, etc ; malgré cela ils le font et, ce qui est plus affligeant, ils le font avec connaissance. *Voyez* Semis et Plantation.

Cependant il est des cas où on est obligé de planter à l'ombre, malgré les inconvéniens qui en résultent ; le plus commun de ces cas est celui où il est question de remplacer les arbres morts d'un quinconce, de regarnir les vides d'un massif, etc. Il est tel jardin où, depuis cinquante ans, on plante dans cette intention, et toujours sans succès ; bien des fois on m'a consulté sur les moyens à employer pour arriver complétement et rapidement au but, et j'ai dû répondre qu'il n'y en avait pas d'autre que de renouveler la plantation, ou de l'éclaircir de manière que les arbres eussent toute la lumière nécessaire, mais que si on persistait à vouloir remplacer ou regarnir, il fallait substituer une espèce d'arbre de genre et même de famille différente, afin que les obstacles à la réussite produits par le défaut de lumière ne se combinent pas à ceux non moins grands de l'appauvrissement du sol. *Voyez* Plantation, Assolement et Substitution de culture.

Cependant il est des terrains, tels que ceux qui sont sablonneux et secs, ou argileux, et exposés à tous les feux du soleil du midi, pour les productions desquels l'ombre est un bien, parce qu'elle diminue leur température, et empêche la trop prompte évaporation de l'humidité qu'ils contiennent, humidité sans laquelle il ne peut y avoir de belle végétation.

Cependant il est des plantes qui, par leur nature, ne peuvent vivre lorsqu'elles sont constamment frappées des rayons du soleil, et pour qui une ombre continuelle, ou seulement pendant les chaleurs de l'été, est indispensable. Le semis des graines fines, dont le plant ne doit avoir qu'une ou 2 lignes de longueur de racines pendant les premiers mois de son existence, serait immanquablement desséché, à moins qu'on ne l'arrosât plusieurs fois par jour, si on ne le faisait pas à l'ombre ou si on ne l'ombrageait pas : de là l'importance, dans les pépinières, des murs à l'exposition du nord ou des abris mobiles. *Voyez* ABRI.

Les plantes herbacées, qu'on transplante à l'époque des chaleurs de l'été, ont besoin d'être ombragées pendant quelques jours, afin que l'évaporation qui se fait par leurs feuilles soit diminuée autant que possible, et toujours proportionnée à la petite quantité de sève qu'elles peuvent tirer de la terre, ou des arrosemens, par leurs racines.

On emploie, dans les pépinières bien montées, plusieurs moyens artificiels pour donner de l'ombre aux semis ou aux plantations qui en demandent.

1°. Les murs exposés au nord : il ne faut pas qu'ils soient fort élevés, parce que les plants n'auraient pas assez d'air; il ne faut pas, par la même raison, semer ou planter trop près de leur base, et s'ils sont nouveaux, à cause des émanations du plâtre ou de la chaux.

2°. Des RIDEAUX d'arbres qui poussent peu de racines. On préfère généralement les PEUPLIERS D'ITALIE, comme croissant plus rapidement, faisant naturellement la pyramide et ayant moins de valeur : on les place à un pied et on les arrête à 8 ou 10 ; lorsqu'ils deviennent trop vieux pour cet objet, c'est-à-dire tous les huit à dix ans, on les remplace. L'important est qu'ils soient bien garnis du pied ; ce genre d'abri a, sur le mur, l'avantage de laisser passer l'air et quelques rayons de soleil, sur-tout en hiver, ce qui fait souvent du bien ; si ce n'étaient les racines, ce serait le meilleur.

3°. Les PALISSADES en bois, en roseau, en paille. Elles sont excellentes; mais les premières sont fort chères, et les autres d'un entretien perpétuel : les CLAIES sont préférables, parce qu'elles durent long-temps, et ont les avantages, sans avoir les inconvéniens, des rideaux d'arbres.

4°. Les PAILLASSONS et les TOILES : on les place le plus souvent horizontalement et momentanément, c'est-à-dire pendant la chaleur du jour.

5°. Des branches d'arbres, de larges feuilles, des pots renversés, des paniers faits exprès, des PARASOLS en bois, en fer, etc., également temporaires. *Voyez* tous ces mots et le mot ABRI.

Les arbres résineux dans leur première jeunesse, et la plus grande partie des arbustes de terre de bruyère, pendant toute leur vie, sont en général les articles de la culture à qui l'ombre est le plus nécessaire ; ce sont sur-tout les châssis,

qui demandent à être défendus du feu brûlant des rayons solaires, c'est-à-dire ombragés depuis dix heures du matin jusqu'à trois après midi, terme moyen. Des paillassons, et encore mieux des toiles, y sont employés; un jour d'oubli peut
faire perdre le semis-le plus précieux, les boutures, les repiquages auxquels on met le plus d'intérêt, parce que non-
seulement le soleil agit sur les plantes même, mais encore
sur le terrain de la couche, dont il augmente considérablement la chaleur, et d'où il dégage des gaz délétères. *Voyez*
Châssis.

Il résulte des observations que je viens de mettre sous les
yeux du lecteur, que tantôt l'ombre est nuisible aux productions de la culture, tantôt elle leur est utile; la science et l'expérience indiquent les cas. J'ai eu soin de ne pas oublier de les
mentionner à tous les articles, et, de plus, de dire quel était le
degré d'intensité, et quelle était la durée qu'il fallait donner
à l'ombrement.

Mais il faut aussi parler de l'ombre relativement à l'homme
et aux animaux qu'il s'est assujettis.

Autant il est agréable de ressentir directement l'influence
des rayons du soleil pendant l'hiver, autant il est pénible
d'être exposé à leur action pendant l'été; c'est principalement
pour les éviter dans cette dernière saison, que les personnes
riches ont des jardins plantés d'arbres et d'arbrisseaux autres
que ceux qui donnent des fruits bons à manger. Le désir d'a-
voir de l'ombre est donc la cause d'un grand développement
d'industrie agricole; car on ne peut nier que l'établissement et
les cultures des jardins d'agrément soient une partie importante de l'art. *Voyez* Jardin.

Nos pères, dont le goût n'était pas aussi développé, dont les
jouissances n'étaient pas aussi recherchées, se contentaient
d'avoir de l'ombre dans leurs jardins; car que trouvait-on de
plus dans ces éternelles allées, dans ces berceaux si tristes,
dans ces salles de verdure si monotones? Aujourd'hui on veut
que toutes les sensations soient mises en jeu dans les jardins,
et ce but est souvent rempli : on y trouve de l'ombre, et
beaucoup d'ombre; mais elle se fait souvent chercher, et elle
change de place dans certaines parties à toutes les heures de
la journée, et d'intensité dans toutes celles où elle est permanente. La plantation d'arbres isolés, la formation des angles rentrans dans les massifs, l'inégalité de grandeur des
arbres, font arriver au premier but; la nature des espèces
d'arbres, leur plus ou moins d'écartement, etc., font arriver
au second.

Une humidité constante régnait dans les parties ombragées
des anciens jardins; souvent on ne pouvait pas y trouver un

gazon pour s'y coucher, sans être exposé aux inconvéniens de cette humidité. Dans les jardins modernes, une heure après le lever du soleil, c'est-à-dire lorsqu'il a pompé la rosée des parties exposées à ses rayons, on trouve des réduits ombragés où on peut s'arrêter sans crainte, penser, méditer, réfléchir, rêver au gré de la disposition où l'on se trouve. Cet avantage, serait-il seul, devrait faire préférer les jardins paysagers aux jardins ornés. (B.)

ONAGRAIRE ou ONAGRE, *OEnothera*. Genre de plantes de l'octandrie monogynie et de la famille des épilobiennes, qui réunit une trentaine d'espèces, dont plusieurs sont cultivées dans les jardins pour l'agrément.

L'ONAGRAIRE BISANNUELLE a les racines fusiformes, épaisses, bisannuelles; les tiges cylindriques, rarement rameuses, hérissées de poils raides, hautes de 3 à 4 pieds; les feuilles alternes, sessiles et même décurrentes, ovales, lancéolées, souvent longues d'un pied; les fleurs jaunes, larges d'un pouce, et disposées en long épi à l'extrémité des tiges. Elle est originaire de l'Amérique septentrionale; mais elle est devenue très-commune en Europe, et peut y être regardée comme véritablement naturalisée, puisque dans beaucoup de lieux elle se multiplie d'elle-même par ses semences. C'est une fort belle plante, qu'on connaît vulgairement sous le nom d'*herbe aux ânes*, de *jambon de Saint-Antoine*, et qui fleurit pendant une grande partie de l'été, mais dont chaque fleur ne dure malheureusement que quelques heures. On la cultivait autrefois beaucoup plus dans les grands parterres qu'on ne le fait aujourd'hui; mais elle tient toujours un rang distingué dans les jardins paysagers, où on la place çà et là entre les buissons des derniers rangs des massifs, et même sous les massifs lorsqu'ils ne sont pas trop épais. Par-tout elle produit un bel effet par la grandeur de ses feuilles, qui la première année forment une large rosette sur la terre, la hauteur de ses tiges et le nombre de ses fleurs. Tout terrain lui est bon; mais elle pousse plus vigoureusement dans les fonds gras et humides. Là elle devient souvent vivace naturellement, parce qu'après la floraison elle pousse du collet de ses racines des bourgeons qui la conservent, et elle le devient toujours artificiellement lorsqu'on coupe ses tiges avant la maturité des graines. Ses racines sont agréables au goût et se mangent crues ou cuites dans quelques parties de l'Allemagne. Les cochons les aiment beaucoup, ainsi que j'ai eu occasion de m'en assurer. Peut-être pourrait-on la cultiver utilement dans l'intention de la leur donner pour aliment. Les clairières des bois, les places où l'on a fabriqué du charbon, sont des lieux où elle se plaît beaucoup, et qui presque par-tout sont perdus pour l'agriculture : pourquoi ne pas les employer pour cet objet ? Sa culture ne consiste qu'à répandre la graine sur le sol, et elle en produit une si grande quantité, que quelques pieds suffiraient pour en semer un arpent. Il faudrait donner ses racines aux cochons pendant l'hiver de la première année, parce que, lorsque la plante est montée en tige, elles deviennent ligneuses et par conséquent très-dures. Les tiges peuvent également être employées, soit à chauffer le four, soit à être brûlées dans des fosses pour en obtenir de la potasse ; souvent elles sont plus grosses que le pouce. J'ignore si les bestiaux mangent ses feuilles, mais leur saveur douce semble l'annoncer.

M. Braconnot a reconnu que le tannin était abondant dans cette plante, et qu'elle pouvait en conséquence être substituée à la noix de galle dans la teinture, la fabrication de l'encre, et le tannage des cuirs.

L'Onagraire a longues fleurs a les tiges légèrement velues, les feuilles ovales, lancéolées ; les fleurs peu nombreuses, rougeâtres et à onglets réunis en long tube. Elle est bisannuelle et originaire du Brésil. On la cultive dans les jardins pour la beauté de sa fleur ; car ses tiges, débiles, peu élevées et peu garnies de feuilles et de fleurs, n'y produisent pas autant d'effet que celles de l'espèce ci-dessus.

L'Onagraire odorante a la tige glabre, haute d'un à 2 pieds ; les feuilles linéaires, lancéolées, légèrement dentées ; les fleurs grandes, jaunes, odorantes et formant un long tube, comme la précédente, avec laquelle elle a été long-temps confondue. Elle est bisannuelle, originaire de l'Amérique méridionale et cultivée dans nos jardins. Ce serait une superbe plante si elle avait le port de la première ; on la multiplie de même.

Les autres espèces sont, ou moins agréables que celles-ci, ou susceptibles des atteintes de la gelée pendant l'hiver. Il faut cependant encore citer l'Onagraire a fleur rose, qui a les tiges très-rameuses ; les feuilles ovales, dentées, d'un vert noir ; les fleurs petites, rouges et disposées en corymbes terminaux. Elle est vivace et d'un aspect fort agréable quand elle est en fleur ; mais ce n'est que dans les parties méridionales de l'Europe qu'on peut la cultiver en pleine terre. (B.)

ONCE. Ancienne mesure de pesanteur. *Voyez* Mesure.

ONDÉE. Pluie violente et de peu de durée, qui tombe quelquefois au milieu de l'été, au moment où l'on s'y attend le moins, le vent étant nul et les nuages très-légers. C'est un phénomène électrique selon toutes les apparences : aussi la végétation avance-t-elle beaucoup les jours où il a lieu. (*Voyez* Orage.) Le seul inconvénient qu'il ait, c'est de Tasser les terres nouvellement binées. *Voyez* ce mot. (B.)

Tome X.   34

ONGLE. C'est la partie cornée qui termine le pied ou les doigts des quadrupèdes, des oiseaux et des lézards. *Voy.* Pied.

Dans quelques animaux, comme dans le cheval et l'âne, il est unique et ne sert qu'à prémunir le pied contre les frottemens ou les chocs auxquels il est exposé. On le fortifie encore en le ferrant. *Voyez* Cheval.

Dans quelques autres, comme le bœuf, le mouton, le cochon, il est double et remplit la même destination. On ferre dans les pays montagneux les ongles du bœuf, qui sans cela s'useraient en peu de temps. *Voyez* Bête a corne et Bête a laine.

Les ongles des chats, au nombre de cinq, sont destinés à l'attaque et à la défense, de plus à grimper sur les arbres, et en conséquence très-crochus, très-pointus et rétractiles. Ceux des lapins sont employés par eux à creuser la terre.

Parmi les oiseaux, il en est qu'on peut comparer à ceux des chats et des lapins, comme ceux des faucons et ceux des poules.

La matière dont sont composés les ongles ne diffère pas, quant aux principaux élémens, de celle des plumes, des poils et des cornes; elle se régénère d'un côté à mesure qu'elle s'use de l'autre : c'est une gélatine épaisse qui forme un excellent engrais. *Voyez* au mot Corne, où je donne une idée de ses avantages.

L'ongle du cheval, qu'on appelle Sabot, est sujet à plusieurs maladies graves. (*Voyez* ce mot.) Sans doute ceux des autres quadrupèdes en offrent également; mais elles ont été peu observées, excepté leur chute, qui a lieu, soit par l'effet d'une maladie locale, soit par celui d'un accident.

Moins on tourmente un animal qui a perdu ses ongles, et plus on doit être assuré qu'ils repousseront avec promptitude et régularité; il suffit donc de les mettre à l'abri des chocs des corps durs, par un bandage épais, et de laisser agir la nature. (B.)

ONGLET. Botanique. Partie inférieure des pétales s'attachant au fond du calice ou réceptacle, par exemple, dans l'œillet, dans la fleur du choux, des raves, etc. La partie supérieure, qui s'étend horizontalement, est appelée *lame.* (R.)

ONGLET, ONGLÉE, PTÉRYGION. Médecine vétérinaire. Dans nos animaux domestiques, l'on remarque à l'angle interne de l'œil une membrane blanchâtre assez épaisse, qui de temps en temps est ramenée sur la cornée lucide, et qui paraît destinée à la débarrasser des corps étrangers qui peuvent s'y être arrêtés. Cette membrane, qui a pour base un cartilage entouré de graisse et recouvert extérieurement par la conjonctive, a reçu le nom de membrane clignotante ou troisième paupière; dans quelques cas, cette troisième paupière

s'engorge, devient proéminente, apparente : c'est ce cas que
l'on a désigné par les trois mots ci-dessus.

Dans une ophthalmie un peu forte, la membrane clignotante
participe quelquefois sympathiquement à l'inflammation de la
membrane qui la recouvre, et comme le tissu graisseux qui
l'environne se prête à l'abord des fluides amenés par l'irritation, elle devient plus grosse, plus apparente : c'est un des
cas d'onglet ou de ptérygion. Il doit être traité par les mêmes
moyens employés pour l'ophthalmie pure et simple. (*Voyez*
OPHTHALMIE). On le distingue en ce que la conjonctive qui le
recouvre est rouge, enflammée, et cependant lisse comme
dans l'état naturel, encore en ce que la saillie n'est pas considérable.

A la suite de cette première affection, où le plus souvent,
sans qu'on se soit aperçu d'aucune lésion, la membrane clignotante augmente de volume, forme une petite tumeur irré-
gulière, blanchâtre, tantôt indolente, tantôt douloureuse,
plus ou moins dure, qui recouvre en partie le globe de l'œil,
empêche la vision, et tient même les paupières écartées quand
l'œil est fermé. Les lotions émollientes doivent être employées
les premières : si elles ne réussissent pas, on leur substitue
les lotions d'eau végéto-minérale fortement étendue d'eau, ou
quelques gros de sulfate de zinc dissous dans une grande quantité d'eau ; enfin si ces moyens, long-temps continués, ne
réussissent pas, on est réduit à enlever la membrane clignotante elle-même avec l'instrument tranchant. Ce gonflement,
de nature cancéreuse, nécessite l'enlèvement total des parties
malades, afin que les parties qui restent ne végètent pas comme
auparavant. L'animal abattu et maîtrisé, on soulève la tumeur
avec une érine, et on la coupe en prenant bien garde de blesser
les parties environnantes, le globe de l'œil sur-tout. Heureusement cet accident se présente rarement. L'opération terminée, on bassine l'œil avec de l'eau fraîche, et l'on tient l'animal pendant quelque temps à une diète sévère.

Il est inutile, je pense, de dire qu'il est extravagant d'enlever cette troisième paupière dans le cas de coliques ou de
douleurs aiguës ; il est également inutile d'inviter à ne pas
confondre son gonflement maladif avec les taies blanchâtres
que l'on trouve quelquefois sur la cornée lucide. (Huz. fils.)

ONGUENT DE SAINT-FIACRE. JARDINAGE. Nom
donné à un mélange de bouse de vache avec de l'argile ou
autre terre tenace ; il a été appelé de *Saint-Fiacre*, parce
que ce saint est le patron des jardiniers. Lorsque ces deux substances sont fortement corroyées ensemble, elles se gercent peu,
et présentent un tout solide et très-utile pour recouvrir les
plaies faites aux arbres, ou la place sur laquelle on a fait l'am-

putation de quelque branche. La bouse de vache lie entre elles les molécules de l'argile et leur sert de gluten; ce qui n'empêche pas cependant, si la plaie est considérable, que l'argile ne prenne de la retraite en se desséchant, et que l'onguent ne se gerce : mais si, pendant le corroi, on ajoute des balles de blé ou d'orge, elles forment, par leur entrelacement, autant de liens qui empêchent les gerçures. Il en est de cet onguent comme de ceux qui sont employés sur les chairs de l'homme et de l'animal; il soustrait la plaie au contact de l'air, préserve la partie ligneuse qui correspond à la chair de l'animal, du hâle, du desséchement, et permet à l'écorce et tout ensemble à l'épiderme de s'étendre, de s'allonger, de recouvrir la plaie, enfin de fermer la cicatrice.

Si chaque fois que l'on taille un Olivier, un Mûrier, un Chataignier (*voyez* ces mots), ou tel autre arbre, on avait la sage précaution d'employer l'onguent de Saint-Fiacre, la pourriture ne s'établirait pas dans la plaie, et le bois ne pourrirait pas depuis le sommet jusqu'à la base, et par ce moyen on n'aurait aucun tronc creux ou caverneux. Il faut entendre bien peu ses intérêts pour ne pas conserver, avec le plus grand soin, les troncs des arbres dont le bois est si précieux pour la menuiserie, et dont les fruits offrent d'excellentes récoltes. L'amateur des arbres fruitiers à toujours en réserve une certaine quantité d'onguent de Saint-Fiacre, afin de s'en servir au besoin, pendant que l'agriculteur charpente ses arbres sans tâcher de remédier au mal qu'il leur fait (1).

On prépare avec soin et l'on vend dans les boutiques des cires jaunes, vertes, rouges, etc., dont on se sert inutilement pour les orangers ou pour tels autres arbres fruitiers. On verrait, si l'on prenait la peine de l'examiner, 1°. que les cires ou telles autres préparations graisseuses ne s'appliquent jamais bien sur les plaies des arbres; l'humidité causée par l'ascension de la sève s'y oppose, et la cire se détache par écailles; 2°. on verrait que la portion de l'écorce, seule partie régénérative, se dessèche, parce que la transpiration a été interceptée : dès-lors elle peut, tout au plus et à la longue, être chassée par l'extension de l'écorce inférieure à elle, et la plaie n'est que très-tard cicatrisée. Un pareil inconvénient n'est point à craindre si l'on se sert de l'onguent de Saint-Fiacre : il s'a-

---

(1) Les résines, mêlées avec de la cire et de la graisse, suppléent souvent à l'onguent de Saint-Fiacre dans les pépinières des environs de Paris : *voyez* Englument.

Le principal avantage de l'onguent de Saint-Fiacre est qu'il absorbe l'eau des pluies et entretient par là antour des plaies une humidité favorable à la fermentation du bourrelet.   (*Note de M. Bosc.*)

dapte intimement au bois, intercepte l'action de l'air extérieur, et garantit la plaie du hâle et du desséchement; ensuite les bords de l'écorce forment le BOURRELET (*voyez* ce mot); ce bourrelet soulève l'argile, qui lui devient inutile; enfin peu-à-peu l'écorce recouvre toute la superficie de la plaie. Ceci n'est point un objet de théorie, il suffit d'avoir des yeux pour être en état de juger soi-même. *Voyez*, pour le surplus, au mot ENGLUMENT. (R.)

ONOPORDE, *Onopordon*. Genre de plantes de la syngénésie égale et de la famille des cinarocéphales, qui renferme neuf à dix espèces remarquables par leur grandeur, la couleur blanche de toutes leurs parties et la quantité d'épines dont elles sont armées : une d'elles est très-commune dans toute l'Europe : c'est l'ONOPORDE ACANTHIN, plus connu sous les noms de *pet d'âne*, *d'épine blanche*, de *chardon à feuilles d'acanthe*. Il a la racine bisannuelle, fusiforme, assez grosse; la tige presque toujours simple, haute de 3 à 4 pieds, couverte de longs poils blancs; les feuilles ovales, oblongues, décurrentes le long de la tige, sinuées, épineuses, couvertes de longs poils blancs; les radicales très-longues; les fleurs grandes, rougeâtres, disposées en petit nombre au sommet de la tige, ou sur des pédoncules qui sortent des aisselles des feuilles supérieures, à calice formé d'écailles épineuses très-ouvertes. On le trouve le long des chemins, autour des villages, sur la berge des fossés, etc. Il fleurit au milieu du printemps. Toute espèce de sol lui convient; seulement il s'élève davantage et fournit plus de fleurs dans celui qui est gras et humide. Sa racine est douce et bonne à manger, cuite avec de la viande ou assaisonnée au beurre : on emploie sa décoction dans les maladies vénériennes; le réceptacle de ses fleurs a presque le même goût que celui de l'artichaut et peut se manger de même. Ses semences sont une excellente nourriture pour la volaille, et fournissent une huile qui brûle plus lentement que les autres, et qui ne se fige qu'à 13 degrés au-dessous de la congélation; enfin ses tiges servent à chauffer le four, et peuvent fournir une quantité considérable de potasse lorsqu'on les fait brûler d'une manière convenable. Qui croirait d'après cela que cette plante, qui quelquefois couvre exclusivement des espaces considérables, est rendue inutile dans presque toute la France, par suite de la paresse et de l'ignorance des habitans de la campagne? Certainement je ne conseillerai pas de la semer dans les bons fonds où l'on peut placer des céréales, des plantes à graines huileuses ou des prairies artificielles; mais dans les sols sablonneux et argileux, elle peut devenir très-avantageuse sous les derniers rapports. Le principal inconvénient qu'elle ait, c'est que ses fleurs s'épanouissent les unes après les autres, et que la graine des premières est tombée lorsque les dernières sont à peine en bouton ; mais cet inconvénient s'affaiblit dans les terres arides, parce que là il n'y a qu'un petit nombre de fleurs sur des pieds de 15 à 20 pouces de haut, et que là le nombre compense à-peu-près la grandeur.

En râclant légèrement les poils de cette plante, on obtient une espèce de coton, qui, séché, prend aisément le feu sous le briquet ; c'est presque le seul amadou dont on fasse usage en Espagne et sur la côte d'Afrique.

L'Onoporde d'Illyrie et l'Onoporde d'Arabie, et une ou deux autres espèces apportées de l'Orient par Olivier, sont plus grandes que la précédente, et sont extrêmement propres à orner les jardins paysagers ; j'en ai vu qui avaient plus de 12 pieds de haut, et dont les feuilles inférieures couvraient un espace de 3 ou 4 pieds de diamètre. On les multiplie de graines, ou, mieux, elles se sèment facilement toutes seules, de sorte qu'une fois introduites dans un lieu, il s'agit plutôt d'en diminuer le nombre que d'en assurer la conservation ; on mange leurs réceptacles dans l'Orient. Si on voulait faire un semis, il faudrait préférer ces dernières à l'espèce commune, comme plus grandes et plus abondamment pourvues de fleurs.

L'Onoporde sans tige, que j'ai cultivé dans les pépinières de Versailles, se fait remarquer par la grandeur de ses rosettes de feuilles et le grand nombre de ses fleurs. (B.)

OPALE. Espèce du genre ÉRABLE.

OPHIOGLOSSE, *Ophioglossum*. Genre de plantes de la famille des fougères, qui renferme une quinzaine d'espèces, dont une est fort commune dans les bois dont le sol est argileux et humide ; c'est l'ophioglosse vulgaire, plus connu sous le nom de *langue de serpent*, qui passe pour vulnéraire, et qui se fait remarquer par sa fructification en épi et par sa feuille cordiforme unique, sortant du milieu d'une tige de 6 à 8 pouces. (B.)

OPHRYSE, *Ophrys*. Genre de plantes de la gynandrie diandrie et de la famille des orchidées, qui renferme plus de quarante espèces de plantes vivaces, à racines bulbeuses, à feuilles alternes, sessiles, lisses ; à fleurs disposées en épi, dont la plus grande partie est propre à l'Europe.

Les espèces les plus remarquables de ce genre sont :

L'Ophryse a feuilles ovales, qui n'a que deux feuilles ovales et fort grandes, la tige haute de plus d'un pied et les fleurs d'un blanc sale : elle croît dans les bois et fleurit au printemps. C'est une plante que l'on doit introduire dans les jardins paysagers, et y placer entre les arbustes des derniers rangs des massifs, et même au milieu de ces massifs, à raison de son port agréable. Une fois plantée, et elle doit impérativement l'ôtre avec sa motte, il n'y a plus à y toucher ; car elle est du nombre des plantes qui ne peuvent supporter la culture.

L'Ophryse-Mouche et l'Ophryse-Araignée ont la tige feuillée, haute de 5 à 6 pouces, avec une corolle qui dans la première ressemble assez bien à une mouche, et dans la seconde à une araignée ; elles se trouvent dans les prés secs, sur les montagnes pelées, et fleurissent au printemps. La forme remarquable de leur corolle doit les faire placer au milieu des gazons, sur les pelouses des jardins paysagers, sur-tout lorsque leur sol est aride et calcaire ; ce que j'ai dit de la précédente leur est applicable. (B.)

OPHTHALMIE. Médécine vétérinaire. La partie libre du globe de l'œil que l'on aperçoit est recouverte d'une membrane fine, transparente, que l'on a nommée la conjonctive, parce qu'elle unit ce même globe de l'œil avec les paupières, dont elle tapisse aussi la face interne, en se reployant du globe sur elles. Cette conjonctive de la nature des membranes muqueuses sécrète un fluide limpide, destiné à faciliter le jeu des paupières. Elle est sujette à s'irriter, à s'enflammer : c'est cette affection qui constitue l'ophthalmie. Il ne faut pas la confondre avec l'*inflammation du globe de l'œil. Voyez* Médécine vétérinaire. (Tome IX, page 468.)

L'ophthalmie est assez fréquente dans les animaux : elle s'annonce par la sensibilité plus grande de l'œil affecté, par la tuméfaction des paupières, par la rougeur de la conjonctive, par un écoulement de larmes hors de l'œil. Les vaisseaux qui sont sur la cornée lucide, et qui ne sont point apparens dans l'état ordinaire, le deviennent quelquefois par l'effet de l'inflammation ; l'œil est en outre plus fermé que l'autre et paraît plus petit. Elle reconnaît pour cause l'introduction dans l'œil de corps étrangers irritans.

Dans la période d'invasion, on cherche à calmer l'inflammation en préservant l'œil du contact de la lumière et de l'air, en le couvrant de cataplasmes émolliens, et enfin en employant même la diète et la saignée, si l'intensité des symptômes ou de la cause faisait craindre une terminaison funeste. L'inflammation de la conjonctive, comme l'inflammation de toutes les autres membranes muqueuses, passe assez facilement à l'état chronique par l'emploi continu des émolliens ; il est donc bon de ne pas les employer trop long-temps et de leur subtituer de légers résolutifs. L'eau fraîche seule, l'eau fraîche animée d'un peu d'eau-de-vie camphrée, ou mêlée d'une légère quantité d'eau végéto-minérale, ou d'une dissolution de sulfate de zinc, les collyres, sont les moyens à mettre en usage en lotions fréquemment répétées : dans le cas d'ophthalmie chronique, un séton à l'encolure produit quelquefois de bons effets. Dans une ophthalmie récente peu intense, des lotions fréquentes d'eau fraîche suffisent ordinairement.

Quand l'ophthalmie est simple, c'est-à-dire le résultat de l'irritation pure et simple de la conjonctive, le traitement local suffit presque toujours. Il n'en est pas de même quand la maladie est symptomatique ou compliquée d'autres affections : c'est la maladie principale qu'il faut s'attacher à traiter, et l'ophthalmie disparaît souvent avec la maladie dont elle n'est qu'un symptôme : ainsi, dans des fièvres d'un mauvais caractère, où on la remarque assez souvent, on la voit disparaître quand ces maladies disparaissent elles-mêmes.

Les jeunes femelles des lapins éprouvent souvent, à la fin de l'allaitement, une ophthalmie qui les fait périr assez promptement ; c'est ordinairement dû à la malpropreté des loges : on arrêtera les progrès du mal en les transportant dans une loge aérée, bien propre, et remplie d'une litière de paille fraîche. (Huzard fils.)

OPIAT. Médicament en consistance de bouillie épaisse, que l'on administre souvent aux grands animaux au moyen d'une grande cuiller ou d'une spatule : on le compose de poudres amères, de fleur de soufre, de sel, de gomme-résine, etc., etc., mêlés avec du miel ou de la pâte de seigle, d'orge, etc. (B.)

OPIUM. Suc gommo-résineux, qui découle, dans les pays chauds, soit naturellement, soit par incision, des capsules encore vertes du pavot. *Voyez* ce mot.

On fait un fréquent usage de l'opium dans la médecine humaine, et quelquefois dans la médecine vétérinaire, comme calmant et soporatif.

M. Loiseleur Deslongchamp a lu à l'Institut un mémoire sur l'opium indigène et a prouvé, par un grand nombre d'expériences, qu'il produisait les mêmes effets que celui venant de l'Orient : d'après cela, il semble qu'il n'y a aucun motif pour se refuser à en faire usage, et par conséquent à cultiver le pavot sous ce rapport. Quoique tous les départemens de la France puissent fournir cette gomme-résine à la médecine, ce sont cependant ceux du midi qui donneront la meilleure, c'est-à-dire la plus rapprochée de celle que l'on apporte de l'Orient sous le nom d'*opium en larmes*. (B.)

FIN DU TOME DIXIÈME.

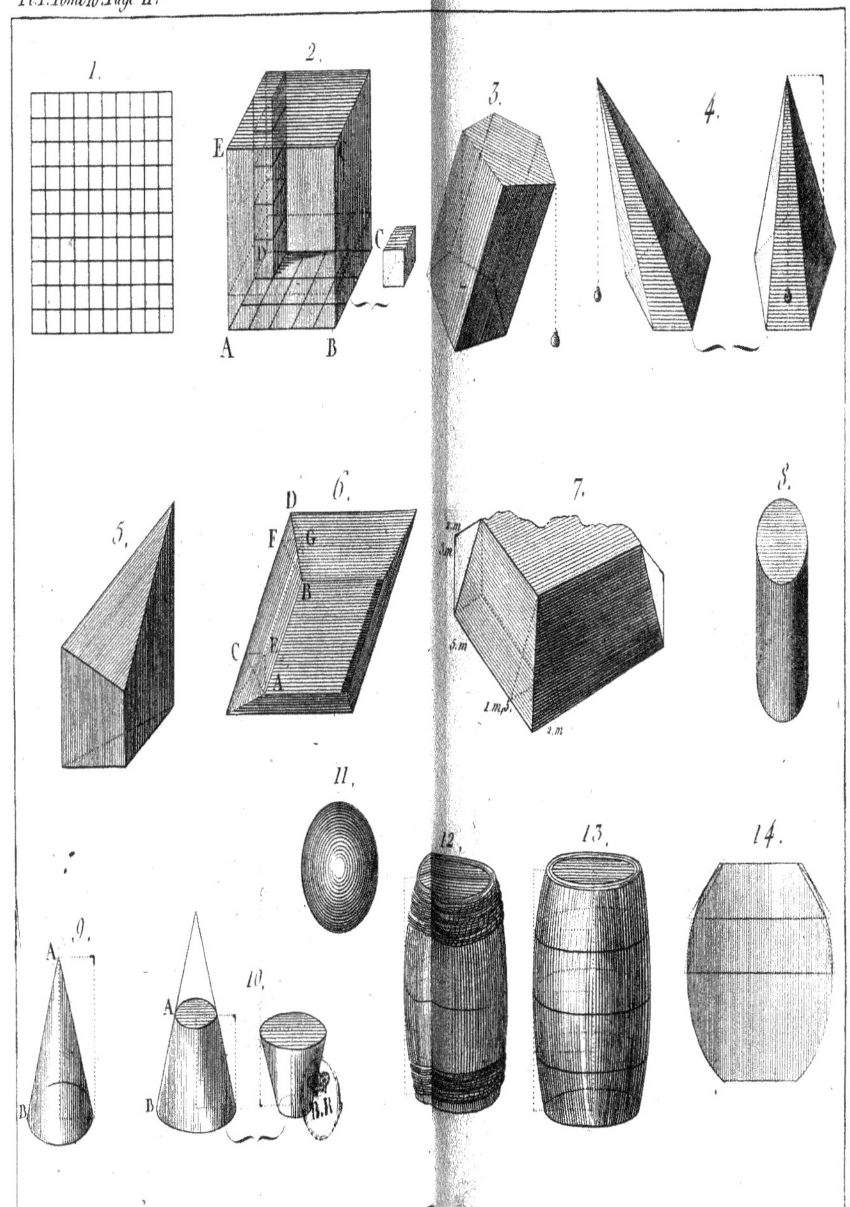

Deseve del, dir.

Mesures.

Moisson

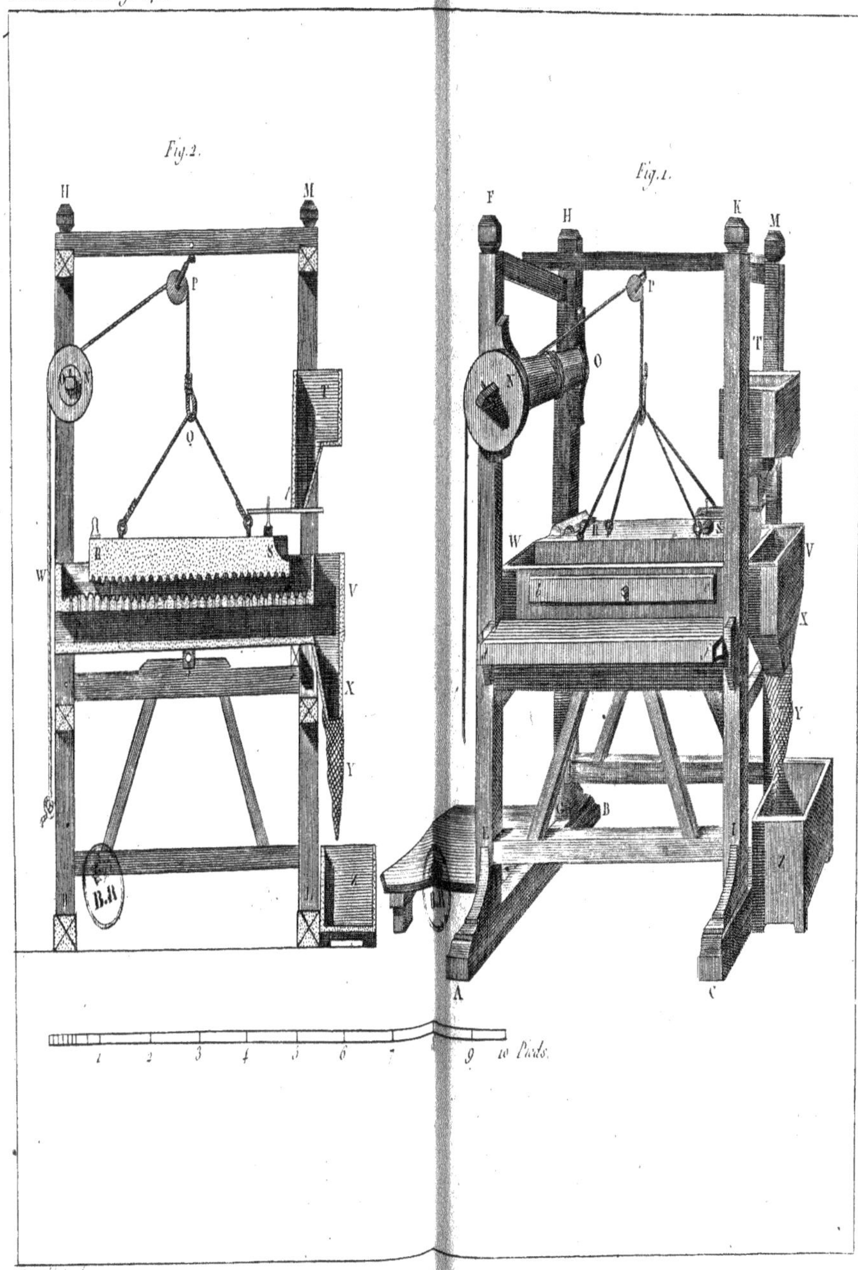

Moulin à détiler les olives.

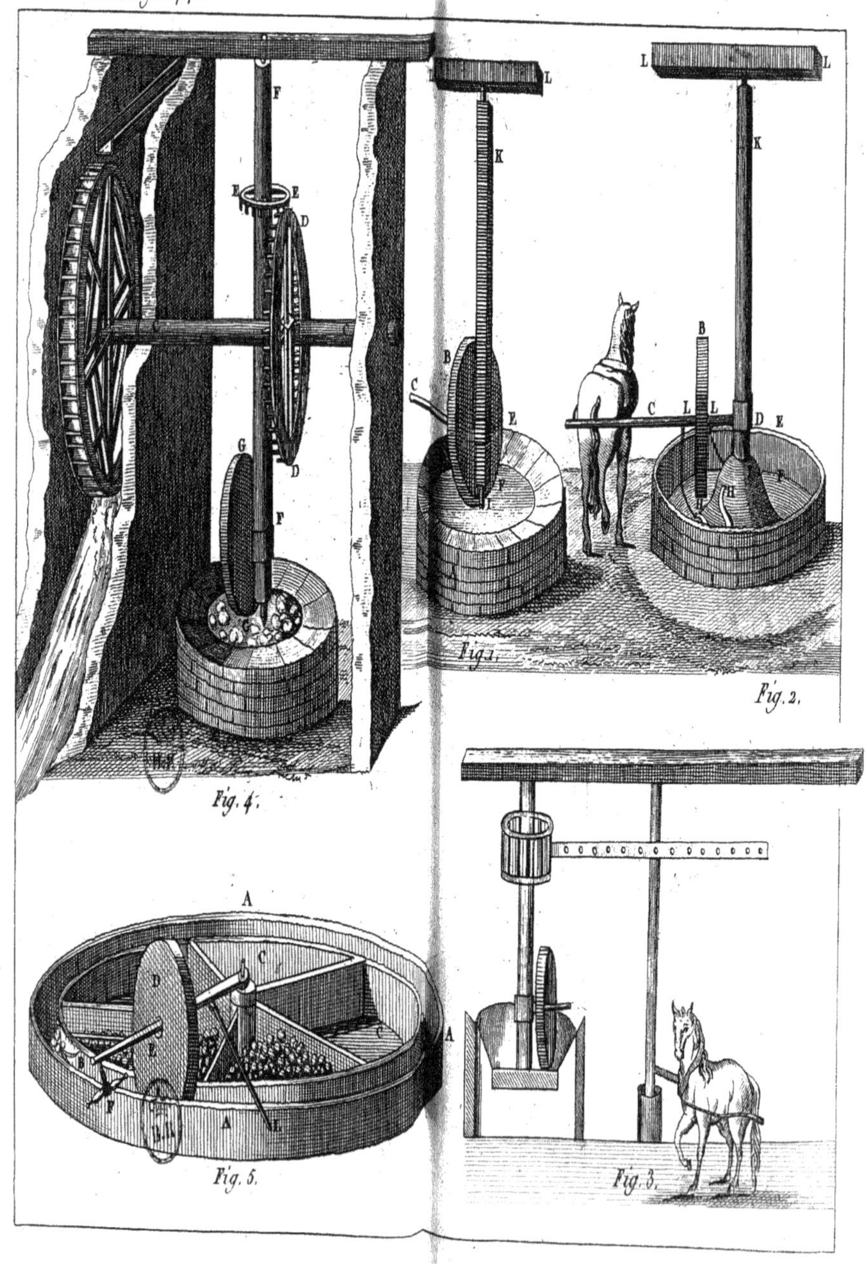

Fig. 1.

Fig. 2.

Fig. 4.

Fig. 5.

Fig. 3.

Moulins à Huile

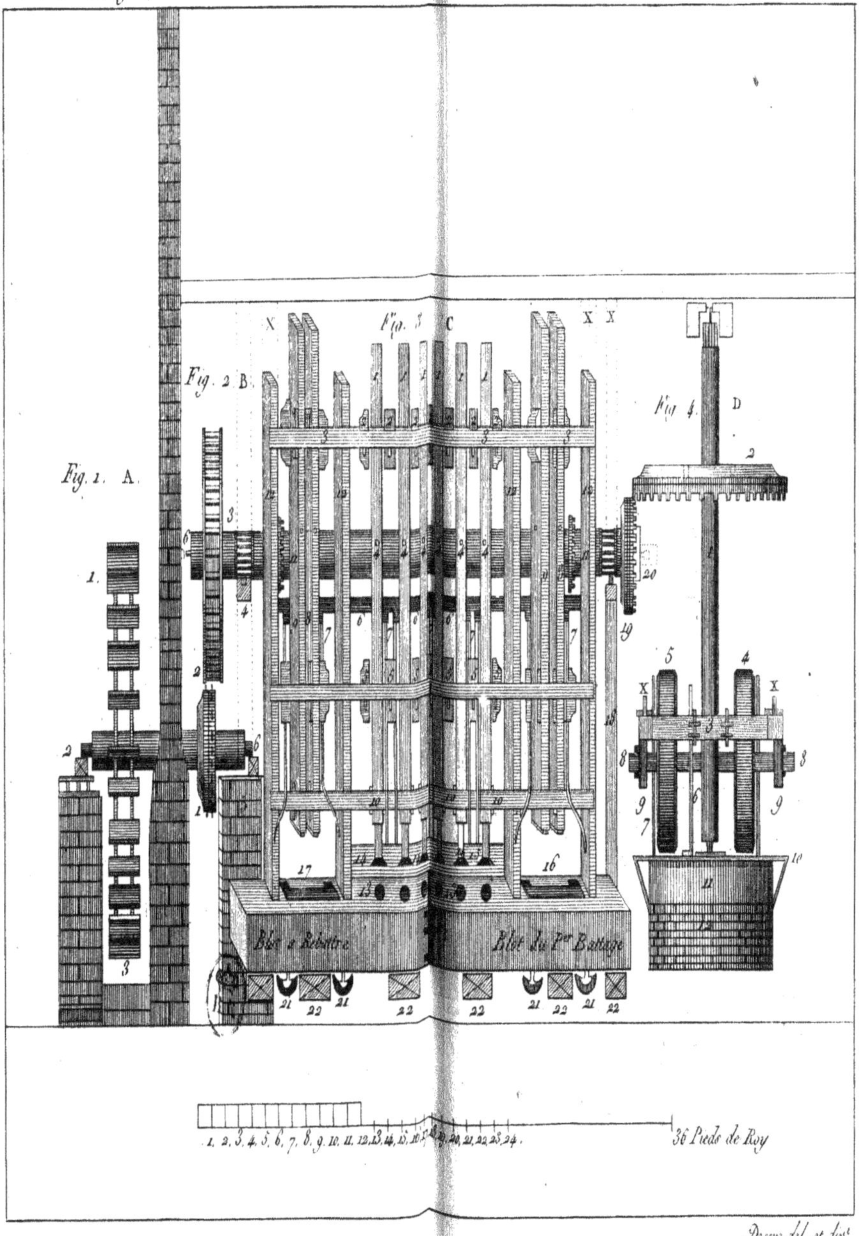

Moulin Hollandais à huile

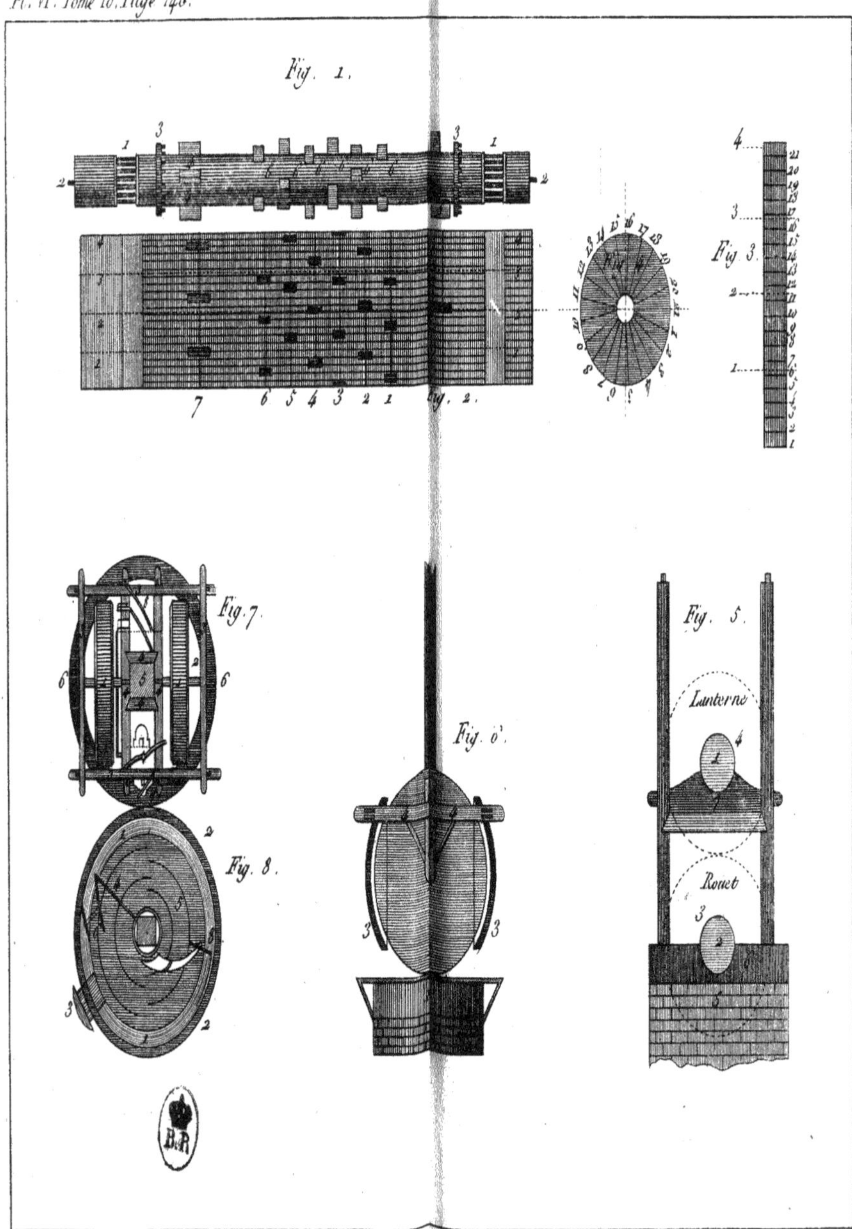

Desove del. et dir.r

Moulin Hollandais à huile (Développemens)

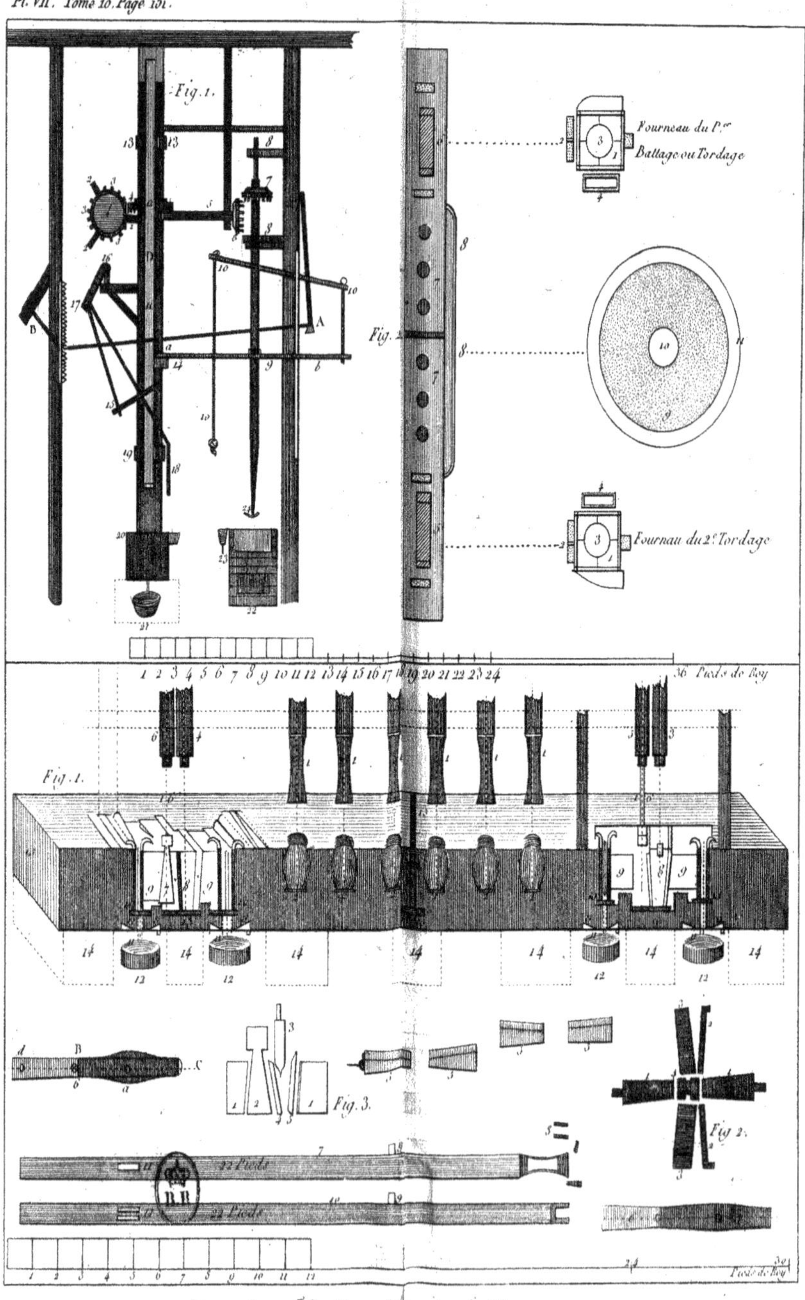

Moulin Hollandais à huile (Développemens.)

Moulin de Rêveuse